研究生教学用书

教育部学位管理与研究生教育司推荐

现代
工业发酵调控学

第三版

Modern Concepts of Industrial Fermentation

Third Edition

储　炬　李友荣　编著

化学工业出版社

·北京·

图书在版编目（CIP）数据

现代工业发酵调控学/储炬，李友荣编著．—3 版．
北京：化学工业出版社，2016.9（2024.5重印）
ISBN 978-7-122-27630-8

Ⅰ．①现…　Ⅱ．①储…②李…　Ⅲ．①工业发酵-调控　Ⅳ．①TQ920.6

中国版本图书馆 CIP 数据核字（2016）第 164609 号

责任编辑：赵玉清　　　　　　　　　　文字编辑：周　偑　焦欣渝
责任校对：吴　静　　　　　　　　　　装帧设计：关　飞

出版发行：化学工业出版社（北京市东城区青年湖南街 13 号　邮政编码 100011）
印　　装：北京虎彩文化传播有限公司
787mm×1092mm　1/16　印张 26½　字数 654 千字　2024 年 5 月北京第 3 版第 6 次印刷

购书咨询：010-64518888　　　　　　　售后服务：010-64518899
网　　址：http://www.cip.com.cn
凡购买本书，如有缺损质量问题，本社销售中心负责调换。

定　　价：55.00 元

第三版前言

自 2006 年《现代工业发酵调控学》第二版问世以来，又过了近 10 年，本书已经先后 7 次印刷。发酵科学理论和行业工程技术又有了新的提升与拓展，引进了许多新的概念和具体科研与生产经验，极大丰富了有关微生物代谢调控、优化发酵产物合成生产的知识。在大数据信息化新时代，海量数据与信息的积累、整合、精炼，开拓了发酵工业新的视野，开创了更为高效、绿色、节能的生物过程产品研究技术路线和调控思路。

第三版延续体现了多学科交叉的优势，在生物过程优化与放大的问题上引入系统生物学的概念和内容，介绍生物技术产业化中需要解决的共性和关键技术问题。以基因工程、代谢工程手段优化代谢调控网络，利用^{13}C同位素示踪技术研究发现细胞微观代谢流的定量研究。通过细胞生理特性与反应器流场特性相结合的手段，最终实现工业规模发酵工艺的优化及理性放大。

编者为了使本书跟上时代，适应广大读者的需要，通阅了新近大量的有关文献、专著、学术会议纪要，收集整理一些精辟的有关发酵工程的新观点与论述，以充实本教材，并附有被引用的文献。

本书相比第二版，做了如下调整：对所有章节都进行了精简；对第 1 章微生物生长与调节主要增添了有关菌丝结团的动力学，并且更详细阐述了菌体的运输机制及其过程动力学。第 2 章中的初级代谢，对其相关新近研究成果做了补充介绍。重点对第 3、4、5 章三章内容进行修订与增补，并列举了大量的 2006～2014 年的国内外相关文献内容。第 3 章内容中更详细介绍了细菌转录的分子基础；在代谢工程的应用上补充了提升目标产物产率与得率的具体策略和重构全新产物的方法。第 4 章在基因工程应用方面增添了强化产物的分泌，并介绍了合成生物学的最新研究进展，特别介绍了如何把合成生物学的理念应用于发酵工程研究中。第 5 章发酵过程控制与优化方面增添了动物细胞培养方面的进展；混合过程中流变学的定量测定；计算流体动力学分析在生物反应器流场分布研究中的应用，尤其在过程参数对菌丝形态从而对产物合成的影响方面做了系统的介绍。

针对发酵过程采集获得的海量数据，在第 6 章"发酵过程参数检测与计算机监控"中，重点就发酵过程建模和计算机控制方面提出了具体解决方案和应用实例。

第三版不仅可作为研究生或本科生的学位课程教材，还可以作为发酵行业技术人员与工程硕士学位工业发酵工艺技术培训的教材。

尽管编者与出版社编辑对第三版作了多次的修改和校核，疏漏与不妥总是难免，欢迎有关专家与学者批评指正。

编者　于华东理工大学

2016 年 6 月

第一版序言

微生物种类繁多，包括细菌、真菌、病毒、单细胞藻类和原生动物。在生物圈中，微生物分布范围最为广泛，在生物圈的物质循环具有关键功能，对人类生活和社会发展也起着其他生物不能替代的作用。

因为微生物形体微小，被认为是简单的生命，但微生物细胞内生化反应是错综复杂的，各个反应过程之间是相互制约、彼此协调的，可随环境条件的变化而迅速调整代谢反应的速度，有效地利用养分，维持生存与发展。其调节方式是各式各样的，例如酶活性调节有变构调节、修饰调节；合成途径的反馈抑制更是花样繁多，总的来说是不过量合成不需要的物质。微生物技术的目的却是要想方设法破坏微生物细胞的自主调节，使产物大量积累。这就要在微生物的遗传性能上加以改变、阻断或者延伸。此外，微生物技术还要在环境条件上争取优化，使改变了的遗传性状得到充分的发挥。"现代工业发酵调控学"就是调节微生物细胞活力朝着有用产物积累的方向发展。作者对微生物生长、基础代谢、代谢调节以及次生代谢合成都作了深入的阐述，笔者尚未见到对微生物调节功能如此详尽综合的书。作者还对发酵过程控制与优化、参数检测与在线监控，进行了比较全面的介绍，做到理论与实践的密切结合。

两位作者是对我国抗生素事业做出贡献的集体中的主要成员。远在 20 世纪 50 年代抗生素事业在我国开创之际，就在当时的华东化工学院设立抗生素制造工学专业，后来改为生化工程系。50 年来生化工程系为国家输送了几千名技术骨干。笔者和生化工程系多年来保持着联系，有幸参加与该系有关的一些活动，如研究生的答辩、承担历届国家生物技术课题的验收、申请反应器国家重点实验室的论证等，参与诸多盛事，感到无比欣慰，今适逢本书的出版更是分外高兴。

本书是两位作者多年来研究生教学的结晶，糅合了当代学科前沿与科研生产经验，是呕心沥血之作。笔者衷心向读者推荐，这是一本值得认真学习的书。

俞瑞钊

2001. 10. 30

第一版前言

  本书是在华东理工大学（前华东化工学院）生化工程系的"发酵生理学"课程的基础上，结合作者多年从事本科生的"发酵生理学"以及研究生的"发酵调控学"学位课程的教学心得和发酵调控学方面科研经验而编写的。在内容方面既兼顾系统的基础理论知识，又尽可能介绍研究与工业生产应用方面的最新进展。本书适合作为发酵调控学、生物工艺学、工业微生物、工业生化、发酵工程、微生物制药与抗生素工艺学的专业教材，也可作为医药、轻工、农林与师范的专业参考书以及从事生物技术、生化工程、工业发酵方面的研究与生产人员的进修与参考资料。每章后都列有大量的参考文献，供读者进一步参阅。

  微生物是地球上不可缺少的生物成员，它与动、植物及人类有着唇齿相依的关系，并为他们与环境的改造不断做出重大贡献。利用微生物酿造是人类在文字出现以前就已掌握的技术，直到今日，微生物工程已发展到各个领域的广泛应用。由于微生物细胞相对简单，它又是研究生命活动的基本材料。通过细胞与分子水平的研究，现已掌握了大量有关细胞生理生化与代谢调节的知识，且能运用这些知识来改造微生物，使之造福于人类。

  微生物的生理代谢活动涉及由多种代谢途径组成的网络，其中有上千种酶，这些酶的活性在野生型菌株中受到严密的控制。为了适应环境，它们能及时调整自身的生理代谢机能，使之合理地利用养分，以求生存与发展。在自然界，微生物从不过量合成一些它所不需要的物质。因此，过量生产某些化合物对生产菌来说，是一种"病态"过程，其固有的调节机制随时可能恢复到有利于其生长繁殖的方向，这也许就是生产菌种经多次传代，其生产性能容易蜕变的原因之一。

  如果人们掌握了微生物内在的调节规律，各种生理机能，代谢网络的调控机制，便能操纵微生物，充分满足生产菌种过量合成某些代谢产物的环境需求，让它始终按人们需要的方向发展。

  好的发酵工艺不仅要有生产性能优良的菌株，还要有合适的环境条件，才能使其生产潜力充分表达出来。一般而言，能表达生产菌种的最大潜力的 90%，便很不错。通常，高产菌种对工艺控制的要求更高，对一些影响因素更敏感，因此，如果没有发酵调控的基本知识，就很难保证生产的稳定与发展。

  基因工程技术的引进，使得菌种的改造更容易按人的意志转移。因此，要得到一株高产，甚至能合成新产物的重组菌，已不是高不可攀。但要从实验室研究进入生产开发阶段，到产品问世却非轻而易举的事。重组菌的充分表达，高产菌株潜力的挖掘，需要相应的发酵工艺与设备条件的紧密配合才能做到。

  尽管对微生物的一些主要代谢途径与产物合成途径已积累了相当多的知识，但对许多天然产物的合成调节机制仍是一知半解。近年来，生物工厂的上游与下游工段引进了不少新的生产方法与监控策略，特别是设备的改进，发酵调控策略的更新，过程监控方法的日益完善，使得这些公司得益不浅。

工业发酵过程是实现产物合成所必需的重要生产步骤。许多生物活性物质，如抗生素和基因工程菌产物能否顺利表达获得高产，关键在于发酵调控的正确与否。发酵过程的控制除了要详细了解对象的动态生物特性，对与生产有关的代谢网络作定量分析，还要有工程的概念与技巧，才能控制研究或生产的对象。本书从分子、细胞和工艺工程水平去研讨微生物产物合成与调节的内在机制及外在环境条件的优化和控制。

本书的特色是以工业发酵过程的调控为主线，将微生物的生理生化和分子生物学的知识运用于阐述微生物的代谢调节与发酵规律，并结合生化反应过程原理，解释影响发酵过程的各种因素，如何进行数据分析，过程正常与否，怎样实现优化控制。介绍各类典型代谢产物的生产与调节和各种用于判断发酵进程的参数，分析各参数与产物合成之间的关系，介绍计算机在发酵工程中的应用和定量生物工程研究与开发以及代谢调控的新进展，如代谢工程。本书注重理论联系实际，学以致用，经典与现代相结合。

本书的内容共分为6章。第1章微生物生长与调节是研究微生物的个体细胞及整个菌群的生长现象及其调控规律，对内是研究生长、分化、营养、呼吸与运输；对外是研究其受周围环境的影响，作出相应的调节。通过细胞周期与生长效率的阐述，剖析了生长速率对细胞大小与胞内核酸含量的影响，以及各种环境因素对生物量得率的影响。第2章介绍微生物的基础代谢，包括能量代谢的热力学，分解与组成代谢。活细胞是一开放的、永不平衡的系统；生命的进程是不可逆的。应用热力学来了解活细胞，通过引入"不平衡"或"不可逆"热力学可以克服其中若干限制。分析一些远离平衡的生化系统，包括进出物料流系统，由中枢与支路代谢途径和运输步骤组成的代谢网络将有助于了解微生物的生长繁殖和代谢产物合成的规律。第3章是在前一章的基础上论述微生物的代谢协调方式，了解通过哪些方式来控制酶活及酶的合成，并通过实例来阐明如何运用推理筛选与基因工程等手段打破或避开微生物的固有代谢调节机制，过量生产所需代谢产物。对近年来兴起的代谢工程的一些基本概念，代谢流（物流、信息流）分析，代谢控制分析，对基因操纵目标的分析与代谢设计均作了详细介绍。第4章，次级代谢产物的合成与调节着重研讨抗生素的生物合成机制与调节对抗生素工业生产的指导意义；微生物的表达调控技术在提高生产性能上的应用。第5章以较大篇幅阐述发酵过程技术原理、动力学、影响产物合成的各种因素，论述如何实现发酵过程的优化控制，并介绍基因工程产物的研究开发动向。第6章介绍表征发酵进程生理状态的各种参数的监测，各种参数间的相互关系及其与产物合成的关系，介绍用于控制的生物过程建模，发酵过程的估算技术与控制策略，用于发酵诊断和控制的数据分析。

本书综合收集整理了国内外大多数学者与专家在代谢调控与发酵控制方面的观点和经验，材料内容较为新颖，可反映出发酵调控学的最新水平，且理论与工业生产实践密切结合。

本书的基础理论部分引用的一些经典著作，主要有 Rehm H J 等主编的 "Biotechnology" 2nd ed. Vol. 1 "Biological Fundamentals" 和 Vol. 3 "Bioprocessing"; Stouthamer A H 编的 "Quantitative Aspects of Growth and Metabolisms of Microorganisms"; Betina V 编的 "Bioactive Secondary Metabolites of Microorganisms"; Fiechter A 主编的 "Adv. in Biochem. Eng. /Biotechnol. Vol. 51"; Mandelstam J 等编的 "Biochemistry of Bacterial Growth"; Vining L C 编的 "Biochemistry and Genetic Regulation of Commercial Important Antibiotics"; Rose A H 编的 "Secondary Products of Metabolism"; 李友荣，马辉文编的《发酵生理学》; Fiechter A 编的 "Modern Biochemical Engineering"; Bu Lock J D 等编的 "Basic Biotechnology"; Stanbury P F 等编的 "Principles of Fermentation Technology"；俞俊棠，唐孝宣主编的《生物工艺学》，上册；Yoshida T，Shioya S 编的 "Proceeding of the 7th International Conference on Computer Application in Biotechnology"。

　　本书的编撰获得焦瑞身研究员的鼓励和帮助，并且得到上海市研究生教育课程改革与教材建设委员会及本校的关心与资助，生物工程学院与生化工程系的领导对本书的申请和编写给予支持和协助，化学工业出版社对本书的出版做了不懈的努力，赵玉清编辑对书稿作了精心的审阅修改，特此表示由衷的感谢。尽管我们对本书作了多次校对，但错漏在所难免，欢迎专家与读者批评指正。

编者　于华东理工大学
2001 年 8 月

第二版前言

发酵调控学是生物工程中的重要研究方向，是进行过程优化的基础。只有充分了解与深入研究微生物的内部代谢调节规律，掌握微生物生理和代谢的协调，才能打破其固有的遗传守恒，充分表达其潜在的遗传型。世界上借助细胞培养的产品已占生物技术的40%以上，达数百亿元的产值。要提高生产水平，无不涉及细胞代谢及其调控的研究。由此生产的抗生素、氨基酸、维生素等在整个医药产品中占很大比例。目前大量生物技术已从实验室成果走向产业化，特别是基因工程药物、疫苗、单克隆抗体等现代生物技术产品已进入商品化阶段，成为国民经济重要的支柱产业。

发酵实际上是各种生化反应的综合过程，只要某一条件成为限制因素，就会对最终生产产生影响。如何发现和控制这些限制因素就成为重要的研究课题。发酵过程控制除了要详细了解对象的动态生物特性，对与生产有关的代谢网络作定量分析，还要有工程学的概念与技巧，才能驾驭研究和生产的对象。发酵过程调控应与计算机在线传感监控手段相结合，才能实现过程优化。

本书的特色是以工业发酵过程的调控为主线，运用微生物的生理生化和分子生物学的知识来阐述微生物的代谢调节与发酵规律，并应用工程化的概念去实现生物过程研究成果的产业化。整个教材内容贯穿怎样才能充分表达菌种的生产潜力及如何运用发酵调控的理论和手段来分析和解决发酵研究及生产中遇到的实际问题。

本书旨在让读者系统了解与发酵有关的微生物生理生化、代谢网络、产物合成与调控、代谢工程技术原理及微生物的代谢规律和发酵调控的基本知识；从分子、细胞和工艺工程水平去探讨微生物产物合成与调节的内在机制及外在环境条件的优化、控制；重点介绍典型代谢产物的生产与调节，从物料或能量流的变化去发现其中的代谢本质，判断发酵进程的各种参数变化规律，分析各参数与产物合成之间的关系，并介绍了计算机在发酵工程中的应用及放大策略。

发酵调控学是我校生物化工及发酵工程两个硕士点的学位课程，自开课十几年来，曾采用《发酵生理学》及一些参考文献作教材。通过新老教师的共同努力，已出版了相应的教材《现代工业发酵调控学》，并获2002年第六届石油和化学工业优秀教材二等奖。教学方式也进行了摸索，取得了较好课堂效果，获2002年度研究生课堂教学一等奖。

本书初版自2002年问世以来，一直受到有关读者的欢迎与关注，多次印刷。在这几年里发酵调控学的内涵又有了新的发展，如组合生物化学，代谢系统工程方法在发酵工程上的应用；生物信息，包括基因组学，代谢物组学，蛋白组学，相互作用组学等各种组学技术在工业微生物技术中的应用，运用多尺度（水平）及系统生物学的理论来全局性地优化微生物发酵过程。为了跟上现代发酵技术的发展步伐，第二版经多次修改，删除了一些过时的内容，补充了国内外有关文献的最新内容及科研生产方面的新进展和本校科研的最新成果，并被教育部学位管理与研究生教育司推荐为研究生教学用书。书中的重点概念均用黑体标注，并在每一章的后面列出相应的参考文献和复习思考题。

尽管编者与出版社编辑对再版作了很大的努力，以尽量满足有关读者的需求，但难免有错误与遗漏之处，欢迎有关专家与读者批评指正。

编　者
于华东理工大学
2006 年 5 月

目　录

1　微生物生长与调节 / 1

2 微生物的基础代谢 / 62

3 代谢调节与代谢工程 / 116

4　微生物次级代谢与调节 / 181

5 发酵过程控制与优化 / 250

6 发酵过程参数检测与计算机监控 / 345

1

微生物生长与调节

1.1 微生物的生长

　　活细胞的最基本的生命特征是生长和繁殖。对生长的定义不同学科的学者有不同的见解。细胞生物学家关注单细胞的形态变化，特别是细胞的分裂方式；而生化学者对成千个与生长有关的酶反应、动力学及代谢途径感兴趣，认为**生长是所有化学成分有秩序地相互作用的结果**。生物物理学者则认为，细胞是热力学不平衡的开放系统，与其周围环境进行物质与能量的交流，特别表现在熵的溢流上。生化工程师把生长看作是生物催化剂数量的增长，通常以质量和细胞数目的增长来表达细胞的生长。**分化（differentiation）则是生物的细胞形态和功能向不同的方向发展，由一般变为特殊的现象。**

　　为了控制菌体的生长，需要了解生长的方式，细胞分裂和调节的规律，测量微生物生长的各种办法，微生物生长繁殖的形式与工业生产的关系，环境变化对微生物生长的影响。在此基础上设计合理的培养基配方和工艺条件。有许多迹象表明，微生物的分化和产孢子的过程与次级代谢产物的合成有某种联系。因此，研究微生物的生长分化规律无疑是发酵调控原理的一个重要组成部分。

1.1.1 生长的形式

　　为了测量微生物的生长，需研究不同类别微生物的生长性质，确立其生长测定的若干原理。研究的对象将主要放在工业生产菌种上，着重研究其遗传背景、复制的机制和生长的形式。

1.1.1.1 细菌的生长

　　细菌属于原核生物。其代谢方式尽管各式各样，但都有相似的细胞结构和繁殖机制。根据革兰氏染色的不同，可分为革兰氏阳性和阴性细菌，前者的细胞壁的主要组成是含有30分子层的多糖胞壁质；后者的细胞壁主要是由单层的多糖胞壁质，以及脂多糖和脂蛋白组成。原核生物没有核膜和细胞器。

　　细菌是通过一分为二的裂殖过程繁殖的。新生的两个细胞具有相同的形态和组成，其细

胞组分、蛋白质、RNA 和基因组是一样的。细胞的分裂，如图 1-1 所示，是由细胞壁的向内生长启动的，最终形成一横断间隔，继而间隔分裂，形成两个相同的子细胞。每个子细胞均保留亲代细胞壁的一半。这两种菌的细胞壁合成方式不同，阳性菌是沿着中纬带，而阴性菌是沿着整个细胞壁，以居间并生方式合成的。

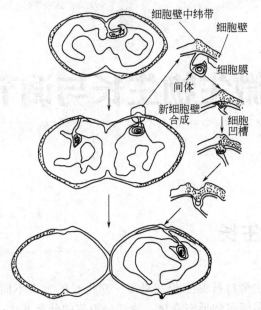

图 1-1　粪链球菌细胞壁生长模式

细菌的菌龄一般以培养时间表示，但实际上其真实菌龄应以繁殖的代数表示。细菌的个体很小，一般为 1μm 左右。它们以单个、成双、呈链或簇状存在，有些带鞭毛，能运动，有些能形成芽孢。典型细菌的湿重为 $1.05 \sim 1.1 \mathrm{g/cm^3}$，单个细胞的干重约为 $10^{-12}\mathrm{g}$，其密度为 $1.25 \mathrm{g/cm^3}$。有些细菌（如大肠杆菌）的倍增时间在最佳生长条件下为 $15 \sim 20 \mathrm{min}$，在一般情况下为 $45 \sim 60 \mathrm{min}$。细菌的大小随生长速率而异（见 1.2.4 节）。细菌在双碟上的菌落形态具有种的特异性。

1.1.1.2　酵母的生长

酵母属于真核生物，它不形成分生孢子或气生菌丝。在其生长周期中部分时间以单细胞形式存在。其常见的生长方式是出芽繁殖，酵母细胞的体积起初逐渐增大，到一定程度便开始出芽。在芽成长期间母细胞加上子芽的体积几乎维持不变，芽长大的同时母细胞缩小，如图 1-2 所示。

在子细胞与母细胞间形成横隔后，子细胞脱离。新生的子细胞比其母细胞小些，生长速率快些，最终长成跟母细胞一样。子细胞脱离后在母细胞表面留下一个芽痕。按其出现的位置可将酵母芽殖方式分为两类：一类是两极性，母细胞轮番在其两端同一位置上萌芽；另一类是多极性的，母细胞萌芽每次出现在不同的位置上，如酿酒酵母。从芽痕的数目有可能确定酵

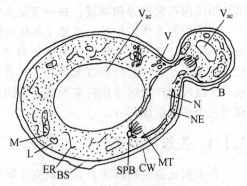

图 1-2　萌芽酵母形态示意图

B—萌发中的芽；BS—芽痕；CW—细胞壁；
ER—内质网；L—脂质球；M—线粒体；
MT—纺锤器微管；N—核；NE—核外膜；
SPB—中心粒；V—泡囊；Vₐc—液泡

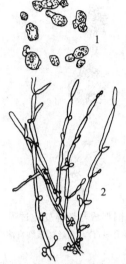

图1-3 热带假丝酵母
1—营养体；2—假菌丝

母的菌龄。如子细胞不与母细胞脱离，便形成链状，称为**假菌丝**，见图1-3。酵母细胞大小取决于其生长速率，其倍增时间愈短，细胞愈大。

　　Yoda等对酵母的泡囊运输与高尔基体作过一篇较全面的综述[1]。酵母细胞构建了一种复杂的胞内膜系统，把细胞分隔成几个能就地进行高效生化反应的间室。它们也建立了输送适当材料到各间室中去的系统。**泡囊运输是一种连接细胞中大多数主要细胞器的投递系统。**高尔基体占据了内质网与核内体（endosome）/液泡、质膜之间的交通中心位置。投递是通过材料的成熟与分拣过程。他们通过研究高尔基体，鉴别了泡囊运输的每一种特性。现已能充分地从分子水平解释如何借材料的分拣，给体萌芽，捡接，入坞与融合到目标处来进行运输。泡囊的生成、消耗的循环过程见图1-4。

　　待分泌的蛋白质从内质网被集中罩上外衣的COPⅡ泡囊，然后输送到早期高尔基体间室，在那里被修饰，分类和输送到其最终目的地。可溶性蛋白与膜蛋白通过其固有的固位机制维持其适当的定位作用。这类固位机制部分涉及蛋白质-蛋白质的相互作用与逆行输送到罩上外衣的COPⅠ泡囊处。

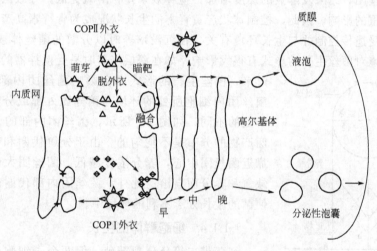

图1-4　酵母的分泌途径

1.1.1.3　菌丝的生长

　　霉菌和放线菌均为丝状微生物。其生长方式是孢子发芽，长出芽管，形成菌丝（hyphae），末梢伸长、分枝（图1-5）和交错成网（图1-6），称为菌丝体（mycelium）。早期的生长靠孢子固有的养分，长成一定长度其横切面有间隔膜的菌丝后，靠吸收培养基中的养分生长。真菌属真核生物，为多细胞，且每个细胞含有多个细胞核和各种细胞器。细胞一旦形成后便保持其完整性，且其菌龄与相邻细胞的不同，越靠近末梢的菌丝越年轻。放线菌、链霉菌和诺卡氏菌属均属于放线菌，为原核生物，革兰氏染色呈阳性。它们无核膜和细胞器，其菌丝直径（约1μm）比霉菌（2~10μm）细，易折断。许多真菌能形成孢子，称为**分生孢子**。

　　图1-6显示产黄青霉菌丝团形成与解体过程的形态变化。菌丝团（球）生长的密实程度

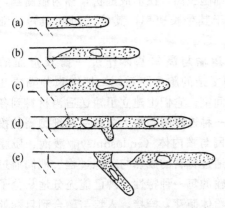

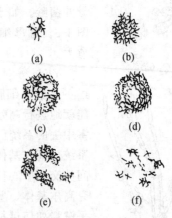

图 1-5 一种无孔间隔真菌的生长方式

(a) 预端细胞充满细胞质；(b) 顶端伸长；(c) 核分裂；
(d) 形成间隙；(e) 细胞质流向新形成的分枝

图 1-6 产黄青霉的菌丝团形成与解体变化过程

(a)~(c)：菌丝生长成团；(d)~(f)：菌丝球破裂自溶

受培养条件（如搅拌、供氧和温度）的影响，特别与碳源的性质有关。**已知使产黄青霉生长过程中菌丝团变得密实的条件有：过程添加易利用的碳源，如葡萄糖；搅拌加快；供氧改善。反之，用乳糖、搅拌缓慢或供氧跟不上，则菌丝团变得疏松。**如溶氧低于某一临界值，菌丝则不成菌丝团，结果发酵液的黏度增加，搅拌效果差，溶氧更低，导致菌的生长和产物的合成受到严重的影响。因此，控制球状产黄青霉的生长状况成为青霉素高产的关键之一。

菌丝长度受遗传控制并与生长环境有关。在沉没培养时以分散的菌丝体或菌丝团（球）形式存在。环境对菌丝生长的形式有很大影响，如在深层培养时易受搅拌器的剪切作用，反过来，菌丝生长的形式亦会影响菌丝团内部的理化环境。菌丝团内细胞所处的环境与菌丝团外部或分散生长的细胞所处的不同，如图 1-7 所示，菌丝团内部的营养物质与代谢产物的分布是不均匀的。由于分解代谢和扩散阻力，越靠近菌丝团中心，养分浓度越低。菌丝团大而紧会因内部缺氧和养分而自溶。此外，菌丝团内部代谢产物的积累会使菌的生长处于不利的环境中。

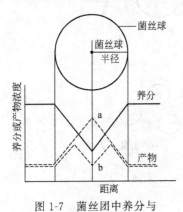

图 1-7 菌丝团中养分与
产物浓度的分布

a—产物在菌丝球内合成；
b—菌丝球中心的细胞缺氧或已失活

1.1.1.4 细胞群体的生长

细菌借二等分分裂繁殖，但两个子细胞可能以不同的生长速率生长，其分裂也不一定同步。因此，**在一正在生长的群体中存在范围广的不同世代时间（generation time），故群体的"倍增时间"（doubling time）这一术语通常是指测量的时间，而不是平均世代时间。**尽管个体世代时间有不同，一般，只要外界环境无太大变化，细胞群体以相对恒定的倍增时间增殖。因此，细胞群体（数目 N）经培养一代时间（t_d），便产生 $2N$ 个子细胞，再过一代便得 2^2N 个子细胞。这一进程可用指数系列表示：

$$2^0 N_0 \rightarrow 2^1 N_0 \rightarrow 2^2 N_0 \rightarrow 2^3 N_0 \rightarrow 2^4 N_0 \rightarrow 2^n N_0$$

式中，N_0 为初始群体数目；n 是经时间（t）的培养物倍增的次数。

由此可得：$n = t / t_d$。

因此，在 n 次倍增后细胞的数目（N_t）与初始细胞数目的关系可用式(1-1)表达：

$$N_t = N_0 \cdot 2^{t/t_d} \tag{1-1}$$

以对数方式表示，得：

$$\ln N_t - \ln N_0 = \frac{t}{t_d}\ln 2 = t\frac{0.693}{t_d}$$

故以细胞数目的对数与培养时间作曲线可得一直线，其斜率为 $0.693/t_d$。

另一种表示生长速率的方法是，假定在任何时间（t）与细胞数目的增长速率（dN/dt）正比于已经存在的总细胞数目，则得：

$$\frac{dN}{dt} = \mu N \tag{1-2}$$

式中，μ 是一常数，一般称为比生长速率，h^{-1}。

式(1-2)经积分得：

$$\ln N_t - \ln N_0 = \mu t, \quad \ln\frac{N_t}{N_0} = \mu t, \quad N_t = N_0 \cdot e^{\mu t}$$

由此，可确立比生长速率与倍增时间之间的关系。对应倍增时间 $t = t_d$，$N_t = 2N_0$ 的培养物：

$$\ln\frac{2N_0}{N} = \mu \cdot t_d$$

$$\mu = \frac{\ln 2}{t_d} = \frac{0.693}{t_d} \tag{1-3}$$

由于生物量（biomass）的测定一般比细胞数目的测量要准确，基本的生长方程式通常用质量而不是数量来表达。常规表示菌浓和比生长速率分别用 x 和 μ 表示（$\mu = \frac{dx}{x\,dt}$）。

比生长速率 μ 受环境条件的影响很大。在自然界生态系统中微生物的比生长速率的变化很大，而在实验室，可以控制培养物的比生长速率长时间不变。

1.1.1.5 细菌群体的生长周期

将少量细菌接种到适当的培养基中，一般不会立即开始生长，存在一可变的停滞期（lagphase）。一旦生长开始，便很快（常少于 10 次倍增时间）进入**对数或指数生长期**（logarithmic or exponential phase）。然后，生长中止或达到一种动态的平衡，于是培养物便进入所谓**静止期**（stationary phase），这以后细胞逐渐死亡和自溶。故细菌的生长周期一般可分为停滞期、指数生长期和静止期。

(1) 停滞期 刚接种后的培养物，如原来已进入静止期，便需要有一段较长的适应时间生长才能恢复，因在静止期细胞的化学成分曾发生显著的变化（后面还会详细介绍）。如接种的种子仍处在指数生长期，停滞期一般会短许多，甚至无。若细胞接种到和原来的成分大不相同的培养基中，即使原来生长旺盛的细胞，其停滞期也会延长。有许多因素是通过阻碍细胞的适应和（或）生长过程来使停滞期延长的。尤其是小接种量的培养物比大接种量的培养物对这些因素更为敏感。例如，某些固氮菌在固定氮时对氧非常敏感。接种量小的培养物在新鲜氧饱和的培养基中无法固定氮而不能生长，而接种量大的培养物很快将培养基中的氧消耗到不至于阻碍氮的固定，故生长可以继续。同样，即使是异养菌，对 CO_2 也有一定的需求，一般分解代谢生成的 CO_2 完全能满足其自身的需求。然而，接种量过小而前期又剧烈通气搅拌和 pH 小于 7 的情况下，需 CO_2 的反应受阻，从而影响生长。在这种情况下添加低浓度的 TCA 循环中间体，如延胡索酸、琥珀酸或苹果酸可能会"点燃"生长。

通常，从不太能满足需求的培养基移种到较能满足需求的培养基，其停滞期缩短；相反，如培养物从丰富培养基移种到贫乏培养基，停滞期一般会延长。这是由于受丰富培养基组分阻遏的生物合成必须重新启动后生长才能恢复。但这种情况对自养菌不适用，因复合有机养分的存在会抑制其生长。

(2) 指数(对数)生长期　　停滞期可看作是代谢调整阶段，不久便会进入细胞高分子组分的平衡合成（即生长）和繁殖阶段。如前所述，比生长速率受环境条件，特别是培养基的丰富程度（主要是碳源）的影响。一般异养菌在含有复合有机成分，如氨基酸、嘌呤、嘧啶和维生素等的培养基中的生长比在简单的矿物盐培养基中要快。通常，在补充有碳源，特别是含葡萄糖的矿物盐培养基中的生长比其他碳源快些。

对兼性厌氧菌来说，有氧下的生长通常比无氧快些。这反映出在有氧条件下微生物合成ATP的效率更高。此外，生长在需要花费更多的能量来同化的基质，如硝酸盐，比花费能量少的，如氨，通常要慢些。温度、pH、渗透压等对生长的影响，请参阅1.1.3节。

(3) 静止期　　一些必需养分随生长不断消失，终产物却以指数方式增长。待主要养分耗竭，生长也就中止。在含有有限的碳源的合成培养基中从指数生长期转到静止期是突然的，但对生长在复合培养基的培养物，其过渡时间较长，一些辅助的碳基质（主要是氨基酸）先后耗竭。"静止"并不是指所有的生化活动都停止。进入静止期确实常出现很大的代谢变化。对产芽孢的细菌，如枯草杆菌，某些养分的耗竭启动相继的形态变化，随后在母细胞内形成高度稳定的休眠芽孢。细胞在形成芽孢的过程中在代谢方面不是静止的，而是顺序合成许多酶和新化合物。

静止期的出现也不总是必需养分缺乏的缘故。生长通常伴随pH的改变，有时这一改变也会抑制细胞的进一步合成。即使生长在中性糖中和产生唯一的分解代谢终产物 CO_2，也可能引起 pH 的显著移动。这可能是由于阳离子（NH_4^+、K^+ 和 Mg^{2+}）与阴离子（PO_4^{3-}、SO_4^{2-}）的吸收比例失调。例如，枯草杆菌可能含有占干物质 12% 的氮和 5% 的钾，而细胞的磷和硫含量分别为 3.5% 和 0.5% DCW（细胞干重）。因此，被同化的 NH_4^+、K^+ 与 PO_4^{3-}、SO_4^{2-} 的分子比为 7，其电荷比为 2.5。在革兰氏阴性细菌中也存在类似的不平衡，尽管细胞钾和磷的需求低许多。细胞生长在葡萄糖为唯一的碳源中会使培养液的 pH 不断下降，除非初始培养基加有强缓冲剂。相反，生长在乙酸盐、乳酸盐或琥珀酸盐中会使 pH 升高。这是由于阴离子的消耗比阳离子多所致，生长常由于 pH 的升高而停止。

1.1.2　生长的测量

微生物的数量是微生物和其他生物过程的很重要的过程状态变量。要了解生物反应系统中生物催化剂的效率就离不开此状态参数。生物的代谢活动与菌的生长直接相关，为此，需要获得单位细胞量的养分消耗与产物形成的信息。菌量是可利用的生物催化剂的一种简单度量，它在生长速率与产物合成、得率系数以及比速率和物料衡算方面是一关键的参数。菌量的测定对次级代谢物的生产尤为重要，如所需产物为菌的代谢产物，便存在菌的生长、菌体浓度的优化控制问题。如生产菌的浓度（X）低，合成产物的数量 $P(=QX)$ 不会多；菌生长过于旺盛，如 $X \gg X_c$（临界菌浓），则菌的比生产速率 Q（表征菌的生产能力）降低，产量 P 也不会高。**故优化菌浓是工艺控制的一重要环节。**那么，菌浓可用什么方法表示和测量？通常单细胞生物以细胞的个数或重量表示，菌丝体则以重量表示；也有用细胞的某一代表性组分（如核酸含量）或代谢活动（如呼吸的强弱）来表示。在含有非细胞性固体的培养液中难以用直接方法测量细胞的数目和干重。据此，有不少研究者在寻找一种能用于这种情况的准确有效的方法。这方面的进展，将使发酵工艺控制技术跃上一个台阶。无论用什么方法，在解释结果时应谨慎从事。在实际生产过程中可将菌浓的测量分为在线和离线两种。优化取样的时间很重要，可节省精力，以及获得更多的与生长有关的信息。Singh 等对生物量测定作了较系统和全面的综述[2]。

1.1.2.1 细胞数目的测量

细胞数目的测量可采用以下几种方法，表 1-1 列举了它们依据的原理、优缺点和适用范围。

表 1-1 各种细胞数目的测量方法的比较

方　法	依据的原理	优　点	缺　点	适用范围
直接显微计数	用相差显微镜观察 Petroff-Hausser 载玻片格子里的细胞数 A，单位体积的总细胞数 N 可用式(1-4)表示[①]	直接，快速	难以区分活的或死细胞，除非事先用次甲基蓝染色，能将染料氧化成无色的，为活细胞	适用于分散的单细胞悬液，不能用于游动细胞、菌丝体或呈链状而不能分散的细胞
平板活菌计数	活细胞[②]在营养琼脂平板上能长成单个分散的菌落。其数量宜在 50～200 个范围。在测量厌氧菌时，稀释液需先驱除氧，可以添加无毒的还原剂，移液和培养均需避开氧	较经济，直观，在含有非细胞性固体下，经适当稀释后能测定	费时费力。选择培养基要小心	适用于分散性很好的细胞或单孢子悬液
载片培养计数	把待检样品适当稀释后置于铺有营养琼脂的载玻片上，经 2～4 个世代的繁殖，便可用显微镜找出微型菌落	用此法可缩短培养时间		
微孔过滤法	用一微孔(0.43～0.47μm)过滤器(可用醋酸纤维多孔膜)过滤，收集有菌的滤片，置于合适的培养基上培养，直到菌落出现，用显微镜可定活菌数	此法可在短时间内测定菌的总数，具有富集微生物的作用		适用于菌量稀少的液体样品
库尔特计数器	经稀释的培养物置于含有电解质溶液的容器内，里面有一细管，在管内外各安上一电极，以形成一电位差。抽真空使标准液体经过小孔进入管内，当每一细胞通过小孔时电阻增加，电流下降，采用脉冲强度分析仪可测出细胞的总数和大小的分布	省时省力，每小时可自动处理 40 个样品，其效率是人工活菌计数法的 50 倍	小孔易被灰尘或细胞团堵塞	不含非细胞性固体的样品
流动式细胞光度计	是一种把细胞分析与分拣结合的仪器。样品在液流中被轴向地分开，当流动的细胞遇到激光光束时，反射回的散射光可用于计数，如选择适当波长，细胞发出的荧光可用于分析细胞中的核酸、蛋白质和抗体等的含量	快速，高效。可计数、分析和收集大量细胞，每秒可达 3000 个	仪器昂贵，测定费用高，难以推广	可用于筛选大量基因工程菌和产生单克隆抗体的杂交瘤细胞
表荧光滤光技术	细胞染上荧光染料(吖啶橙)，用一聚碳酸酯膜滤器收集细胞，最后用荧光显微镜计数	简单，迅速	重现性欠佳	不适用于聚结的细胞。需打散成单个独立的细胞后方能用
荧光-抗体技术	一般，此法是将细菌的细胞组分注射入试验动物体内。经纯化的抗体带上适当的荧光标记。此抗体与微生物的抗原结合，便使它发荧光，可用表荧光显微镜检测发荧光菌的数目	灵敏，可就地使用。具有种的特异性。可同时鉴别与测量	主要问题是抗体荧光的非特异吸收	此技术广泛用于细菌病理学、生态与环境学，对产生黏液的微生物系统不适用

方法	依据的原理	优点	缺点	适用范围
微型-ELISA	给兔子服用细菌培养物的无细胞萃取液,所得的抗血清被用于制备抗血清化合物。抗体与酶结合,用戊二醛将其交联	灵敏	比较慢,死亡细胞的抗原也有反应	适合于大分子。用于硫酸还原细菌的计数
电子显微镜	采用投射式电子显微镜。样品经超速离心后直接置于电子显微镜网格下计数	操作简单,迅速	仪器昂贵	难于应用推广

① $N = \dfrac{\sum\limits_{n-1}^{n} A_n}{nd}$ (1-4)

② 这里的活性是指在特定培养基下的生长能力,有的培养基有利于生长,对正要死亡或突变的细胞,情况更是如此。

(1) 库尔特计数器　此装置的原理如图 1-8 所示,经稀释的培养物被置于含有电解质的容器内,里面放有一根管子,在管内与容器内各安上一电极,以形成一电位差。抽真空使预先定量的液体穿过小孔进入管内,每一个细胞通过小孔时电阻增加,电流下降。电流下降的幅度与细胞体积成正比。采用一种脉冲强度分析仪,便可测出细胞的总数和细胞大小分布状况。有各种孔径的库尔特计数器,孔径为 $30\mu m$ 的一种适用于测量细菌,但小孔易被灰尘堵塞。该仪器可计数到每秒 500 个细胞,测量一个样品仅需几秒钟,每小时可自动处理 40 个样品,效率是人工的 50 倍。

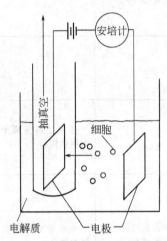

图 1-8　库尔特计数器示意图

(2) 流动式细胞光度计　这是一种把细胞分析与分拣结合在一起的仪器,如图 1-9 所示。

培养物在液流中被稀释,细胞被轴向地分开,当流动的细胞遇到激光光束时反射回的散射光可用于计数。如激光波长选择在会使细胞发出荧光的波段中,这种荧光能反映出细胞的若干特性,从而可以分析细胞中的核酸、染色蛋白质或荧光抗体等物质的含量。此仪器还具有收集特殊细胞群体的功能。细胞分拣是让含有所需细胞的液滴带上电荷进行的。通过细胞的荧光信号可辨别所需的细胞。当液滴经过带有电荷的偏转板装置时,所需的细胞液滴因带电荷而偏转向一收集器。用此装置可计数、分析和收集大量特殊细胞,每秒可达 3000 个。此技术的关键在于能否使所需细胞带上能检出荧光或光散射标记,在筛选大量基因工程菌和产生单克隆抗体的杂交瘤细胞方面日益显示其重要性。

Katsuragi 等对流动式细胞光度计的应用作了一篇较全面的综述[3],特别是在细胞分拣方面可用于测量细胞的组分、肽和核苷酸的序列、细胞功能与酶的活性。

1.1.2.2　细胞量的测量

以细胞量来表征生长情况虽然有不足之处,但在工艺控制和工程上仍不失为一种切实可行的手段。在工艺控制上菌(体)浓(度)是一个重要的状态参数,菌浓的失控将严重影响产物的合成。然而,工业发酵多用含大量难溶的固体复合培养基,给菌量的测定带来很大的困难。由于菌浓对工艺控制的重要性,各国研究人员想了许多办法,尤其希望能在线获得有关生长方面的信息,便于加强工艺控制。在工程方面如不能确定研究对象在过程中的数量

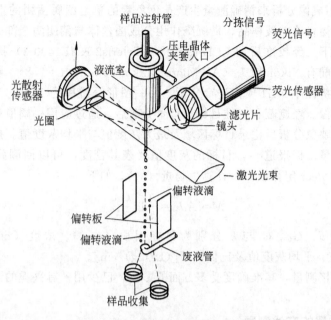

图 1-9　流动式细胞光度计示意图

变化，就难以有针对性地设计更为先进高效的反应器。一些间接参数，如呼吸强度、比生长速率、生产强度（比生产速率）和比基质消耗速率均需知道菌浓才能求得。

菌浓的测量先要将菌体从发酵液中分离出来。一般采用离心或过滤方法。前者的缺点是洗涤不方便，操作时间较长，离心过程中菌仍在活动，使菌量变化，细胞干燥后误差较大；后者所需的样品量少，易洗涤，时间短，但需防止细胞的流失，不适用于黏稠的样品。其他一些方法的优缺点以及适用范围见表 1-2。

表 1-2　测量菌浓的几种可行方法

方法	依据的原理	优点	缺点	注意事项	适用范围
干重法（DCW）	样品经过滤或离心、洗涤、烘干和称重求得	操作简便	误差较大，所得干重包含死亡或失活细胞	所取样品应具代表性；样品需先除泡沫；干燥到衡重，避免温度过高，时间过长	只适用于可溶性液体培养基内生长的细胞。多用于丝状菌量的测定
比浊法	透过的光强度与菌浓成正比，一般在 $600\sim700nm$ 内测量	简易，快速	线性关系受一定条件的限制。稀释或洗涤会干扰细胞的渗透压，从而改变折射率和浊度	样品的菌浓不能过高，否则光散射增加，误差加大。标准曲线只适用于个别的菌与一定的生长条件	对含大量非细胞性固体的培养液不适用
离心压缩细胞体积（PCV）法	样品置于一刻度离心管，离心后测量细胞等固形物所占百分比[①]	简易，可行	只能表示相对菌浓；受菌形态变化、丝状或成团状的影响	培养液的渗透压会影响细胞的膨胀性，从而影响 PCV 测定值	适用于含非细胞性固体的发酵液菌量测定

① 如离心后细胞与非细胞固形物有明显界限，可测量细胞所占体积，取一定量的湿细胞，烘干，称重，计算其含水量，便可求得较准确菌浓。例如，将 5.0mL 湿细胞烘干后，细胞干物质占湿菌的 20%，密度约为 1.0g/mL，则菌浓＝压缩细胞体积/5(g/L)。

成像分析（image analysis）法对于微生物的分类和菌量的估算是一种有用的手段。发酵液的样品用显微镜放大约 10 倍，**图像通过一成像分析软件，用计算机处理，以求得菌的分类与计量。**但这种方法仍需若干试探性调整，以调节其临界值和排除干扰。

Krairak 等采用成像分析来精确测量生产黄色色素的单孢菌属菌团的重量[4]。其分析方法扼要介绍如下：稀释培养液样品，借沉降作用分成菌丝体与菌团两个部分。将含菌团的双碟置于日光反射镜下。经校准后用 CCD 照相机（Teleris2-KAF1400-3）摄下整个样品的反射镜映象，照相机配有 Nikon 镜头（AF Micro Nikkor 60mm，1∶2.8）。影像用一计算机的共享图像加工与分析程序 NIH 成像进行分析。用一图形分辨率为 1024×1024 像素和 12 位的灰度值来记录图像。经遮蔽和校准目标与背景分离后，通过应用一阈值可以获得一种二进制映象。经二进制映象分析后记录目标区域及最大灰度值与平均灰度值。按下式计算生物量与菌团部分的生物量。据报道[5]，目标的灰度值代表其密度，可以回溯到一三维的形态结构。用 Lambert 与 Beer 定律模拟，计算生物量（M），如下：

$$M = Adc = \frac{A}{k} \lg \frac{G_0}{G} \tag{1-5}$$

式中，A、c、d、G_0、G 与 k 分别为目标面积（cm^2）、浓度（mg/L）、三维扩展（cm）、最大灰度值、平均灰度值及比例因子[(L/mg)/cm]。

菌浓也可以间接测量，其准确度受多方面的影响，已少用。有兴趣的读者可参阅本书第二版的第 9～12 页。

1.1.2.3 生物量的在线测量

近年来，在实验室与工业规模的生物过程中优化控制方法有了长足的进步[6]，见表 1-3。在使用现代技术来优化生物过程方面虽然遇到一些困难，但这些方法在实时分析、提高现有的工艺水平上具有明显的优势。

表 1-3 生物量的在线测量方法

方　　法	评　　论
微量热计	快速,基于热的释放,与菌浓及 O_2 的吸收相关,也适用于缓慢生长的细胞,如杂交瘤细胞及含不溶性基质的生物过程;活性受温度的影响
荧光	对 NAD(P)H、F350、F420 等特异,取决于细胞的生理状态
电容/电导/阻抗	电容/阻抗/电导,快速准确;信号取决于培养基成分与 pH;气泡干扰
就地显微法	监测速度快,及时,较准确,但观察室堵塞问题有待改进,适用于合成培养基的发酵
在线监测 CO_2、O_2	CO_2 的监测常用红外分析仪和质谱仪,反应及时有效,CER 或 OUR 与生长的关联取决于 ATP 生成的途径

在许多测量菌量的方法中理想的办法是直接监测生物反应器内的生物催化剂，这是控制工业发酵的现有重要参数之一。电子传感器能传送代谢速率或生物量的低阻抗模拟或数字信号，但在使用这些现代技术时会遇到一些困难。

(1) 微量热法 发酵产生的热量同生长与产物形成有化学计量关系，可利用来间接估算生物量。在发酵过程中热的输入与输出具有式(1-6)的关系：

$$Q_{acc} = Q_f + Q_{ag} - Q_e - Q_s - Q_{cond} - Q_{cool} \tag{1-6}$$

式中，Q_{acc} 为热的积累；热的输入项 Q_f、Q_{ag} 分别为发酵热和搅拌热；输出项 Q_e、Q_s 分别为蒸发损失和空气中显热损失；Q_{cond} 为导热损失[$=(T_0 - T_f)uA$]；Q_{cool} 为冷却系统的热损失（$=WC_p \Delta T$）。

有两种方法可以从式(1-6)求得发酵热：

第一种是稳态热平衡法，在热的累积 $Q_{acc} = 0$ 时：

$$Q_f = Q_{cond} + Q_{cool} + Q_e + Q_s - Q_{ag} \tag{1-7}$$

代入各项的热等式得：

$$Q_f = WC_p\Delta T + (T_0 - T_f)uA + FC_{p,\text{air}}\Delta T_{\text{air}} + FH\lambda - KN^n \tag{1-8}$$

式中，W 是冷却水流速；C_p 是冷却水比热容；ΔT 是冷却水的温差；u 是总的传热系数；A 是发酵罐的导热面积；T_0 和 T_f 为罐内与罐外温度；F 是气体流速；$C_{p,\text{air}}$ 是空气热容量；ΔT_{air} 是气体流经发酵罐的温差；H 是在温度 T_f 下空气中饱和水蒸气的含量；λ 是蒸发汽化热；K 是把搅拌热与 N（搅拌转速）的 n 次关联起来的比例常数。

显热损失通常比 Q_f 小得多，可忽略。如用水将输入空气在 T_f 下饱和，则蒸发热也可忽略。也可用干湿球温度计测量进出口空气，求得 Q_e。搅拌热可用 KN^n 估算，其中 K 与 n 宜从经验中求得，n 值一般为 $2\sim3$。

第二种测量发酵热的方法是动态法。在式（1-6）的 $Q_{\text{cool}}=0$ 时：

$$Q_f = Q_{\text{acc}} + Q_{\text{cond}} + Q_e + Q_s - Q_{\text{ag}} \tag{1-9}$$

$$Q_f = MC_p\Delta T/\Delta t + (T_0 - T_f)uA + FC_{p,\text{air}}\Delta T_{\text{air}} + FH\lambda - KN^n \tag{1-10}$$

将冷却水关闭后，测量随时间而变化的温度（$\Delta T/\Delta t$），按式（1-10）便可求得 Q_f。以酿酒酵母为例，产热的速度与比生长速率成正比。每克细胞所产生的热量 $K=4.4\text{kcal}$❶。其热得率（每克细胞产生的热）取决于基质利用效率（g 细胞/g 基质），细胞得率随时间变化，热得率 K 也在变。从图 1-10 可见，当细胞得率处于同一值时（如 0.5），基质的氧化状态越低，热得率就越高，即甲烷＞十六烷＞乙醇＞甲醇＞葡萄糖。

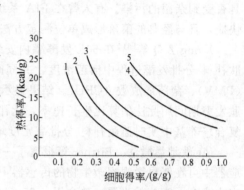

图 1-10　酵母细胞热得率与细胞得率的关系
1—葡萄糖；2—甲醇；3—乙醇；
4—十六烷；5—甲烷

新生霉素发酵前期（0~38h）热量的产生与菌的生长关系对应得很好。但在生产期热量继续以 $0.095(\text{kcal/g})/\text{h}$ 的速率产生，而此时生物量的增长中止。这相当于葡萄糖的比消耗速率为 $0.025(\text{g/g})/\text{h}$。这是细菌和霉菌用于维持除生长以外的各种活动所需的能量消耗。热量的产生和葡萄糖的消耗均与抗生素的产生有关，每克葡萄糖的消耗相当于产生 20mg 新生霉素。因此，产生的热量对监测整个发酵的生长与生产有参考价值。

热量的产生与氧耗速率也相对应。用大肠杆菌（葡萄糖为碳源）、假丝酵母、枯草杆菌、黑曲霉（葡萄糖或糖蜜为碳源）进行试验，所得关系式为：

$$Q_f = k_{O_2}Q_{O_2} \tag{1-11}$$

故只要知道 $Q_{O_2}[(\text{mmol/L})/\text{h}]$ 与产热 $Q_f[(\text{kcal/L})/\text{h}]$ 的相关系数 $k_{O_2}(=0.124\pm0.003)$，便可以从氧吸收数值求得发酵热。用 CO_2 生成速率也可推出类似的关系式：

$$Q_f = k_{CO_2}Q_{CO_2} \tag{1-12}$$

式中的相关系数 $k_{CO_2}(=0.097\pm0.004)$。有人用 Ciba-Geigy 热流-量热计监测生物过程。当 *Kluyveromyces fragilis* 在好氧气条件下生长在乳糖合成培养基中时，热的产生与生物量成正比。生长条件的改变并不影响热与生物量的比值保持恒定，为 10.59kJ/g DCW。量热计也适用于测量缓慢生长的细胞，如杂交瘤细胞。

(2) 培养物荧光法　测量培养物的荧光可以实时估算菌浓。荧光主要来自胞内 NADH 和

---

❶　1kcal=4.1840kJ。

NADPH。有人曾用荧光传感器，如荧光检测系统（Biochem Technology，Malbern）来测量生物量[7]。这种方法的主要限制是 NADH 随生理状态而变。

（3）电容、电导和阻抗法 监测培养基电导率的变化可以获得有关生长的信息。培养基的离子浓度因微生物的代谢物而改变。电导率用于表征溶液的离子浓度，因而可以作为细胞群体的可靠度量。此法快捷，更为准确，灵敏，即使只有一个活的微生物也能测出来[8]。用一种数字电导仪 PW09527（Philips Co.，England）测量的电导率与植物细胞量在 10g/L 范围内呈线性关系。

在补料分批培养的色素生产中很难利用光密度准确测量细胞浓度，Krairak 等采用一种电容探头（胶体电介体探头 HPE5050A 型，Hewlett-Packard 公司）[9]来在线监测发酵液的电容率值，使用频率为 184kHz，100 周波数（cycle），总取样时间为 7min。

测量生长培养基中的阻抗变化可以得知微生物的生长活动。酵母的生长引起阻抗的增加，而细菌使之降低。这种差异可作为啤酒酿造的质量控制，有一种阻抗计可用于监测啤酒是否受到杂菌的污染。有人曾在 FIA 系统中使用电化学方法在线监测大肠杆菌，发现此法快捷，且与经典的菌落形成单位测定方法有很好的对应关系[10]。

Xiong Z Q 等[61]在 50L 发酵罐内安装了一种电容探头，实时在线监测酿酒酵母谷胱甘肽补料-分批发酵过程中活菌浓度，并同时离线测定细胞干重（DCW）、离心压缩细胞体积（PMV）、菌落形成数（CFU）。结果显示，CFU 与电容量的相关系数 $R=0.995$。在谷胱甘肽发酵期间用此法估算比生长速率，比用 OUR 和 CER 法更可靠。因此，电容探头可用于复合培养基中实时监测补料-分批高密度培养过程的活菌浓度。

（4）就地显微法 Bittner 等报道了一种能就地在线测定生物量的显微法。在发酵期间反应器中可在线显微观察微生物的传感器[11]。此传感器是一种在线显微镜（ISM），在其测量室内含有一直接的光源，整合于一 25mm 不锈钢管中，有 2 台 CCD 摄像机和两个帧捕获器。所得数据由一自动成像分析系统处理。

ISM 通过生物反应器的标准开口插入罐内，浸入培养基中。显微观察是在测量室中进行的，测量室位于传感器头的前沿。观察室定期开启和关闭。在开启状态下，反应器中的液体不受限制地流入室内；关闭后，室内便装有 2.2×10^{-3} mL 的液体。在室内细胞的流动停止后的几秒内便被显微镜检测。

（5）在线监测尾气中 CO_2 与氧含量 发酵过程中 CO_2 的生成是另一种生长指标，特别适用于早期生长阶段。在对数生长期 CO_2 的释放在一定条件下与细胞量成正比。但培养条件的变化有时会影响菌量的测定，因 pH 即使是很小的变化也可能明显影响 CO_2 的释放量。监测 CO_2 的生成是跟踪生长活动的有效方法。最常用的是红外分析仪和质谱仪。这两种仪器均可接通多个发酵罐。计算 CO_2 释放速率需借助于式(1-13)，同时需要知道氧的吸收与气流速率。

$$CER = \frac{F_n}{V}\left(\frac{p_{c[out]}}{p - p_{c[out]} - p_{w[out]} - p_{o[out]}} - \frac{p_{c[in]}}{p - p_{c[in]} - p_{w[in]} - p_{o[in]}}\right) \qquad (1-13)$$

式中，CER 为 CO_2 释放速率，(mol/L)/min；F_n 为 N_2 流速，mol/min；V 为液体体积，L；p 为总压力（与分压相同），Pa；$p_{c[out]}$ 为排气 CO_2 分压，Pa；$p_{w[out]}$ 为排气水蒸气分压，Pa；$p_{o[out]}$ 为排气 O_2 分压，Pa；$p_{c[in]}$ 为进气 CO_2 分压，Pa；$p_{w[in]}$ 为进气水蒸气分压，Pa；$p_{o[in]}$ 为进气 O_2 分压，Pa。

用 CO_2 生成速率监测生长，无需无菌取样便能精确测定排气中的 CO_2 含量。单位细胞量生成的 CO_2 取决于分解代谢途径及产能分解代谢与耗能合成代谢偶合的效率。对于许多好氧或厌氧发酵，上述因素几乎不变。在产黄青霉生长期间，CO_2 生成速率是细胞生长的指标。CO_2 是分解代谢的最终产物，它与 ATP 的生成有关。若每摩尔 ATP 所产生的细胞量是恒定的，且 ATP 以恒定速率合成，则 CO_2 的生成速率与细胞的生长成正比关系。确切的比例取决于 ATP 的产生途径，如在好氧条件下则取决于末端氧化的电子传递效率。若生长与分解代谢未偶合（如静息细胞代谢），则这种相关性便不成立。

氧吸收的测量也可以作为细胞活性的度量。活菌的氧吸收速率相当稳定，所以氧的吸收可与生物量关联，条件是未出现主要的生理变化，如对新能源的适应。有人发现，在不同碳源上生长的一些酵母，其氧吸收速率可作为代谢活动的指示。在好氧培养中热的释放速率与氧细胞得率（形成单位细胞量的氧的吸收）的关联较好。

1.1.3　环境对生长的影响

环境因素会影响菌的生长和产物的合成，故有必要了解微生物代谢调节与环境之间的关系。微生物与环境是相互影响的。微生物在生长和适应环境过程中会改变其所在的环境，有时是为了提高其竞争优势。了解环境对微生物的生长是为了控制其生长，为提高产品的质和量服务的。微生物生长的好坏，菌量的多寡直接影响生产。控制生长可从物理或化学因素着手。

1.1.3.1　物理环境

一些物理因素，如温度、搅拌、空气流量、超声波和膜过滤等对生长均有不同程度的影响。

(1) 温度　不同的微生物，其最适生长温度和耐受温度范围各异。嗜冷菌、嗜温菌、嗜热菌和嗜高温菌的最适生长温度分别为 18℃、37℃、55℃ 和 85℃ 左右，其共同特点是**菌在低于最适生长温度的温度范围内比在高温度范围内有更强的适应力**；其生长温度的跨度为 30℃ 左右。

微生物的生长速率可用式(1-14) 表示：

$$\mathrm{d}x/\mathrm{d}t = \mu x - \alpha x \tag{1-14}$$

式中，μ 为比生长速率；α 为比死亡速率。

一般，温度对比生长速率与比死亡速率的影响可用 Arrennius 方程表示：

$$\mu = A\mathrm{e}^{\frac{-E_a}{RT}} \tag{1-15a}$$

$$\alpha = A'\mathrm{e}^{\frac{-E_a'}{RT}} \tag{1-16a}$$

式中，A 和 E_a 分别为 Arrennius 常数和活化能；R 和 T 分别为通用气体常数和热力学温度。将生长速率对热力学温度的对数作曲线得：

$$\ln\mu = \ln A - \frac{E_a}{RT} \tag{1-15b}$$

$$\ln\alpha = \ln A' - \frac{E_a'}{RT} \tag{1-16b}$$

从图 1-11(b) 可以看出，在高温或低温下温度与生长速率的关系偏离线性。在高温下会引起蛋白质的变性，并伴随酶的失活。不是所有细胞蛋白质都是热不稳定的，但只要一个关键酶被钝化，便会导致生长的停止。**一种对生长必需的酶的改变会使生长对热变性比野生型更为敏感**。因此，要想通过一次突变来降低微生物的最高生长温度是可能的；但要提高最高生长温度却绝非易事。

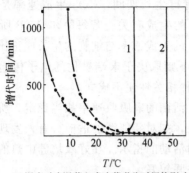

(a) 温度对嗜温菌和嗜冷菌世代时间的影响

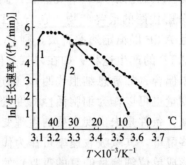

(b) 对同样两种菌,将其生长速率(以代数/min 表示)对热力学温度的倒数作曲线

图 1-11　温度与生长速率的关系

1—嗜冷菌；2—嗜温菌

微生物典型活化能值在 $50\sim70kJ/mol$。当温度超过最适的生长温度，比生长速率开始迅速下降，见式(1-14)。这是由于微生物的死亡速率增大。微生物死亡的活化能 E'_a 为300～380kJ/mol。**高的死亡活化能说明，随着温度的升高，死亡速率的增加远大于低活化能的生长速率的增加。**

温度影响细胞的各种代谢过程，生物大分子的组分，如 RNA 随温度上升比生长速率增大，细胞中的 RNA 和蛋白质的比例也随着增长。这说明为了支持高的生长速率，细胞需要增加 RNA 和蛋白质的合成。对于重组蛋白的生产，曾将温度从 30℃提高到 42℃来诱导产物蛋白质的形成。

几乎所有微生物的脂质成分均随生长温度而变化。温度降低时细胞脂质的不饱和脂肪酸含量增加。如表 1-4 所示，细菌的脂肪酸成分随温度而变化的特性是细菌对环境变化的响应。脂质的熔点与其脂肪酸的含量成正比。因膜的功能取决于膜中脂质组分的流动性，而后者又取决于脂肪酸的饱和程度，故微生物在低温下生长时必然会伴随脂肪酸不饱和程度的增加。

表 1-4　温度对大肠杆菌主要脂肪酸组分的影响

脂肪酸品种	脂肪酸含量/%		脂肪酸品种	脂肪酸含量/%	
	10℃下生长	43℃下生长		10℃下生长	43℃下生长
饱和脂肪酸：			不饱和脂肪酸：		
豆蔻酸(十四烷酸)	3.9	7.7	棕榈油酸(9-十六碳烯酸)	26.0	9.2
棕榈酸(十六烷酸)	18.2	48.0	十八碳烯酸	37.0	12.2

在过程优化中应了解温度对生长和生产的影响是不同的。如黄原胶的发酵前期的生长温度控制低一些（27℃），中后期控制在 32℃，可加速前期的生长和明显提高产胶量约 20%（见表 1-5）。故此两目标函数必须兼顾优化[12]。

表 1-5　温度对黄单胞菌生长和黄原胶生产的影响

温度/℃	菌浓/(g/L)	R_p/[(g/L)/h]	R_s/[(g/L)/h]	R'_p/[(g/g)/h]	R'_s/[(g/g)/h]	$Y_{P/S}$/[(g/g)/h]	P_{yr}/%	发酵周期/h
22	1.92	0.25	0.38	0.13	0.20	0.54	1.9	87.5
24	2.06	0.31	0.45	0.15	0.22	0.67	2.9	71.0
27	1.99	0.46	0.64	0.23	0.32	0.76	4.5	50.0
32	1.60	0.58	0.66	0.36	0.41	0.81	3.3	52.0

温度 /℃	菌浓 /(g/L)	R_p /[(g/L)/h]	R_s /[(g/L)/h]	R_p' /[(g/g)/h]	R_s' /[(g/g)/h]	$Y_{P/S}$ /[(g/g)/h]	P_{yr} /%	发酵周期 /h
22→32	2.0	0.40	0.44	0.20	0.22	0.80	2.2	72.0
25→32	1.9	0.60	0.67	0.32	0.35	0.79	2.6	51.0
27→32①	3.1	0.73	0.78	0.24	0.25	0.77	3.7	52.0
27→32②	33	0.74	0.69	0.27	0.21	0.90	3.8	49.0
27→35③	2.5	0.65②	0.60②	0.27②	0.25②	0.94②	3.0	62.0③

① 在培养20h后变温。② 在培养25h后变温。③ 初始糖浓度高些，为30g/L。

注：R_p 为黄原胶生产速率；R_s 为葡萄糖消耗速率；R_p' 为黄原胶比生产速率；R_s' 为比糖耗速率；$Y_{P/S}$ 为最终黄原胶得率；P_{yr} 为丙酮酸在黄原胶中的含量。

从表1-5可见，≤24℃黄原胶的形成显著滞后于生长，呈典型的次级代谢模式；≥27℃黄原胶的合成紧跟生长，从对数生长开始直到静止期。在35℃细胞生长受阻，$\mu=0$；27～31℃下，$\mu_{max}=0.26h^{-1}$；在22℃和33℃的细胞得率分别为0.53g/g和2.8g/g；在22℃和33℃的黄原胶得率分别为54%和90%。黄原胶比生产速率随温度升高而增加。黄原胶中的丙酮酸含量随温度变化在1.9%～4.5%之间，最高出现在27～30℃。这说明黄单胞菌的最适生长温度在24～27℃间，最适黄原胶形成温度在30～33℃间。培养20～25h进行变温发酵对前期生长和中后期产胶有利。

(2) 机械的影响 在搅拌罐中靠近搅拌叶尖的地方是高能输入区。这里存在剪切应力的问题，特别对丝状菌，情况更为严重。

(3) 渗透压对生长的影响 各种微生物对环境中渗透压变化的耐受能力是不同的。绝大多数的微生物在稀溶液中能生长，而有一种嗜高渗菌称为耐盐菌，能在NaCl饱和溶液中生长。按其耐盐程度可将微生物分成四类（表1-6）：非嗜盐菌、海洋细菌、中等嗜盐菌和极端嗜盐菌。

表1-6 按耐盐程度将微生物分成四类

生理类别	代表性菌种	能耐受NaCl的浓度 /%	生理类别	代表性菌种	能耐受NaCl的浓度 /%
非嗜盐菌	大肠杆菌	0～1		嗜盐片球菌	0～20
海洋细菌	海洋假单胞菌	0.1～5	极端嗜盐菌	盐卤嗜盐球菌	12～36(饱和)
中等嗜盐菌	反硝化嗜盐微球菌	2.3～20.5			

耐渗透性是指微生物在其内部和外界渗透压差别很大的情况下能调节其内部渗透压。K^+ 的积累在这种调节中起主要作用。耐渗透压越强的细菌，胞内的 K^+ 强度越大。腐胺在确保胞内离子强度的大致恒定起重要作用。胞内腐胺浓度与培养基的渗透压成反比，培养基的渗透压增加，胞内的渗透压也随 K^+ 的吸收而增加。于是排出腐胺可维持大致恒定的胞内离子强度。

(4) 水的活度 水对细胞的生长是非常重要的。细胞质中约80%的重量都是水，而且许多反应都需在水中进行。水又可作为反应物，参与水解反应，在电子运输链中它也是 O_2 被还原的产物。水对细胞的影响常用水的活度 A_w 表示：

$$A_w=P_s/P_w \tag{1-17}$$

式中，P_s 和 P_w 分别为溶液和纯水在同一温度下的蒸汽压；A_w 相当于相对湿度。

在同一温度下纯水的 $A_w=1$。 在低溶质强度的溶液中同渗重摩 O_s（osmolality, mol可溶物/kg溶质），纯水中的 $O_s=0$。海水含3.5%盐分，其 $A_w=0.98$，$O_s=1.0$；果酱含大量糖，其水活度低，$A_w=0.9$，$O_s=6.0$；在蜜饯和盐湖中 $A_w=0.7$，$O_s=20$。各种微生物对水活度的反应是不一样的，见图 1-12。细菌比霉菌对水活度更敏感。这是防止细菌污染食物的重要途径。要阻止细菌和霉菌的生长，水活度需分别低于 0.9 和 0.7 才行。革兰氏阳性细菌和酵母通常比阴性细菌更能耐受低水活度。

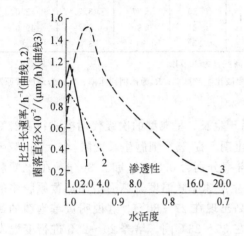

图 1-12　培养基的渗透压和水的活度对比生长速率的影响

1—新港沙门氏菌；2—金黄色葡萄球菌；
3—阿姆斯特罗丹曲霉

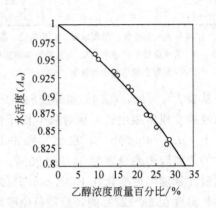

图 1-13　乙醇浓度对水活度的影响[13]

随 A_w 降低，克雷伯氏肺炎球菌的生长适应期延长，呼吸商（RQ）增加，非生长基质消耗的百分比增加，当 $A_w<0.983$ 时，变化更显著，见表 1-7。

表 1-7　非生长基质消耗与 A_w 的关系

A_w	适应时间/h	RQ	非生长基质消耗/%	A_w	适应时间/h	RQ	非生长基质消耗/%
0.996	<1	0.68	4	0.983	<1	0.70	11
0.993	<1	0.66	1	0.980	21	0.72	18
0.989	<1	0.67	5	0.977	37	0.75	28
0.986	<1	0.69	9	0.970	88	0.78	40

Hallsworth 等曾在不同温度（25℃，40℃和42.5℃）下用 6 种试剂（乙醇、KCl、甘油、葡萄糖、山梨醇与聚乙二醇 400）改变水活度（1～0.75），比较其对米曲霉生长的影响[13]。一般来说，随温度的升高，水的活度 A_w 降低。含 KCl、甘油、葡萄糖、山梨醇或聚乙二醇 400 培养基的极限水活度大约为 0.85，不随温度变化。但生长在含乙醇培养基的极限 A_w 却随温度在 0.97～0.99 间变化。由乙醇诱导的水应力所致的生长抑制作用在25℃、40℃和42.5℃下分别为 31%、18%和 6%。对于含乙醇的培养基，每单位 A_w 的降低所引起的生长速率的减小随温度的升高而加大。乙醇的副作用实际上是由乙醇降低水活度和乙醇本身的毒性所致。乙醇浓度对水活度的影响见图 1-13。随温度的降低，乙醇对生长的抑制作用（归咎于水应力的）的比例减小。但总的生长抑制作用相应增加，即乙醇的毒性增加。实际上，由乙醇诱导的水应力不随温度变化，换句话说，乙醇的非水应力的破坏作用在高温下变得更严重。

由乙醇引起的水活度的降低对维持细胞、酶与膜的功能和结构不利。对高浓度（>10%）乙醇的耐受量是与细胞对水活度相应降低的忍耐力有关。酵母细胞对中、高浓度乙醇的代谢响应与对水应力的响应相似。况且，受乙醇影响的胞内主要部位与受水活度影响的部位相同。乙醇会松弛 DNA 的超螺旋和影响调节性蛋白的结构，从而直接控制基因表达。

1.1.3.2 化学环境

化学环境是指培养基中的各种化学因素，如 pH、溶氧、养分和代谢物等。养分被吸收，用于生长；也可诱导和启动代谢系统，有些化合物并不直接参与代谢。在许多生物过程中，生长不仅取决于可利用的养分的浓度，还受有害代谢物和抑制剂的影响。尤其在厌氧发酵过程中生长受发酵代谢产物的抑制，其产率和得率因而受影响。这可能是由于一些关键酶受到调节，干扰了代谢调控（特别是能量代谢以及膜的运输），最终导致生长的下降，转化率和产率降低。

(1) pH 的影响 **pH 是微生物生长和产物合成的重要的状态参数。大多数微生物生长适应的 pH 跨度为 3～4 个 pH 单位，其最佳生长 pH 跨度在 0.5～1 个 pH 单位范围。不同微生物的生长最适 pH 范围不一样，细菌在 pH6.5～7.5，酵母在 pH4～5，霉菌在 pH5～7。其所能忍受的上下限分别为：pH5～8.5、pH3.5～7.5、pH3～8.5。因 pH 影响跨膜 pH 梯度，从而影响膜的通透性。微生物的最适 pH 和温度之间似乎也有一定的规律：生长在最适温度高的菌种，其最适 pH 也相应高一些。**这一规律对设计微生物生长的环境有实际意义，如控制不需要的微生物的生长。

在发酵过程中 pH 是变化的，这与微生物的活动有关。NH_3 在溶液中以 NH_4^+ 的形式存在。它被转化为 $R—NH_3^+$ 后，在培养基内生成 H^+；如以 NO_3^- 为氮源，H^+ 被消耗，NO_3^- 还原为 $R—NH_3^+$；如以氨基酸作为氮源，被利用后产生的 H^+，使 pH 下降。pH 改变的另一个原因是过程中产生的有机酸，如乳酸、丙酮酸或乙酸的积累。

在培养液的缓冲能力不强的情况下，**pH 可反映菌的生理状况。如 pH 上升超过最适值，意味着菌处在饥饿状态，可加糖调节。**糖的过量又会使 pH 下降。用**氨水中和有机酸需谨慎**，过量的 NH_3 会使微生物中毒，导致呼吸强度急速下降。故在通氨过程中监测溶氧浓度的变化可防止菌的中毒。常用 NaOH 或 $Ca(OH)_2$ 调节 pH，但也需注意培养基的离子强度和产物的可溶性。故在**工业发酵中维持生长和产物的所需最适 pH 是生产成败的关键之一。**

不同的菌种对培养基的初始 pH 的敏感程度不一样，有的很敏感。如出芽短梗孢糖（EPS-pullulan）发酵[14]中，出芽短梗霉生长在初始 pH 为 6 或 7 的培养基中，对生长与生产的影响明显不同。前者虽然有利于生长，却不利于 EPS 的生产，见图 1-14。由此可见，初始 pH 不同，会影响生长的模式，在初始 pH6 或 5 均会使发酵过程的 pH 维持在 3.5～3.9 的范围，最终的菌浓达到 92g/L（DCW）；而初始 pH 在 7.0 时，其 pH 在发酵过程中开始缓慢下降，到第 4 天才跌到 pH6，以后直到发酵结束，维持在 pH6 左右，对 EPS 的生产却十分有利，其发酵 10d 的产量为 13g/L，是初始 pH6.0 发酵的 3 倍。

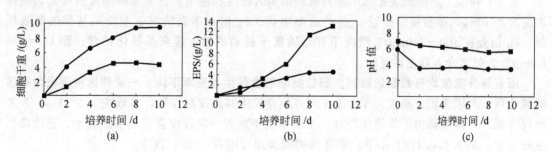

图 1-14 在摇瓶培养中初始 pH（●：pH6；■：pH7）对出芽短梗霉的生长（a）、
EPS 生产（b）与 pH 曲线变化（c）的影响[14]

(2) 溶氧的影响　溶氧（dissolved oxygen，简称 DO，有关 DO 的详细介绍请参阅 5.2.6 节）是需氧微生物生长所必需。在生物工程中溶氧往往是需氧发酵的限制因素。DO 水平低于临界氧值时比生长速率下降。各种微生物的临界氧值以空气氧饱和度表示：细菌和酵母为 3%～10%，放线菌为 5%～30%，霉菌为 10%～15%。氧的供需关系可用式(1-18) 表示：

$$\mathrm{d}x/\mathrm{d}t = Y_{O_2}K_La(c^* - c_L) \tag{1-18}$$

式中，$\mathrm{d}x/\mathrm{d}t$ 为菌的生长速率，(g/L)/h；Y_{O_2} 为以氧为基准的得率，g DCW/mol O_2；K_La 为体积氧传质系数，h^{-1}；c^* 为氧的饱和浓度，mol/L；c_L 为发酵液中的氧浓度，mol/L。

在生长过程中从培养液的 DO 变化可以反映菌的生长生理状况。随菌种的活力和接种量以及培养基的不同，DO 在培养初期开始明显下降的时间不同，一般在接种后 1～5h 内（这也取决于供氧状况）。通常，在对数生长期 DO 明显下降，从其下降的速率可估计菌的生长情况。利用灵敏度高的 DO 电极（其响应 95% 所需时间<30s），可在短时间停气和罐顶部充 N_2 的条件下从 DO 下跌的速率求得菌的摄氧率 [(mg O_2/L)/h]。

值得注意的是在培养过程中并不是维持 **DO 越高越好**。即使是专性好氧菌，过高的 DO 对生长也可能不利。过高的**氧的有害作用**是通过形成新生 O、超氧化物基 O_2^- 和过氧化物基 O_2^{2-} 或羟基自由基 OH^- 对许多细胞组分的破坏作用实现的。有些带巯基的酶对高浓度的氧敏感。好氧微生物曾发展一些机制，如形成触酶、过氧化物酶和超氧化物歧化酶（SOD），使其免遭氧的摧毁。在次级代谢产物为目标函数时控制生长免于过量是必要的。

(3) 二氧化碳的影响　二氧化碳是生物呼吸和发酵的大量终产物，也可作为养分。光养细菌，如紫细菌、绿细菌和深蓝细菌全都需要光作为能源，而化学营养菌能利用 CO_2 作为其唯一的碳源。异养菌在其组成代谢中也需要固定 CO_2。故**环境中的 CO_2 浓度对其生长和产物合成有影响**。大多数微生物适应低 CO_2 浓度（0.02%～0.04%）。通常，靠细胞自身的代谢活动可以满足其对 CO_2 的需求，但在发酵前期，特别是大量通气的情况下也可能出现 CO_2 成为限制因素，导致适应期的延长。在发酵后期生产旺盛，发酵液中会积累 CO_2，影响菌的发酵生理。

(4) 碳源的影响　提供适当碳源是优化生长和生产的关键。生长速率，如同任何其他化学反应速率，取决于化学反应物（养分）的浓度，常用 Monod 关系式来描述生长速率与基质浓度 S 之间的关系。

$$\mu = \mu_{\max}S/(k_S + S) \tag{1-19}$$

式中，μ 和 $\mu_{\max}$ 分别为比生长速率和最大比生长速率，h^{-1}；S 是基质浓度，g/L；k_S 是 $\mu = \frac{1}{2}\mu_{\max}$ 时的基质浓度。

表 1-8 列举了不同微生物利用各种基质的最大比生长速率、得率和限制常数等。如碳源浓度大于 $10k_S$，细胞将以接近 $\mu_{\max}$ 的速率生长。k_S 值在多数情况下能反映基质的吸收机制，**k_S 值处在 100～300mg/L 情况下其运输属于被动扩散，甚至是易化扩散；而 $k_S = 1～10mg/L$ 为载体介入或主动运输**。

所有养分浓度均有最高的限制，超过此限制会使生长速率下降。一般称这种现象为基质抑制作用。对糖来说，浓度大于 50g/L，可能会发生基质抑制作用，多数在 100～150g/L 才出现。通常，抑制是由于渗透压所致。溶质浓度增加到一定程度会引起细胞脱水，进而降低生长速率，见 1.1.3.1(3) 小节。基质的抑制作用可用式(1-20) 表达。

$$\mu = \mu_{\max}S/(S + k_S + k_{iS}S) \tag{1-20}$$

式中，k_{iS} 为基质抑制常数；其余符号说明见式 (1-19)。

表 1-8　不同微生物利用各种基质的动力学参数[15]

微生物	基质/(g/L)	最大比生长速率 μ_{max}/h^{-1}	细胞得率 $Y_{X/S}$/(g/g)	限制常数 k_S/(g/L)	维持系数 m/h^{-1}	抑制剂($\mu=0$)/(g/L)
细菌：						
大肠杆菌	葡萄糖	0.5	0.50	0.005	0.1	
	甘油	0.3	0.50	0.60	0.1	
A. kivui	葡萄糖	0.79	0.28	0.18	0.12	95.0
运动发酵单胞菌	葡萄糖	0.19	0.020	0.19	0.10	85.0
丁酸梭菌	甘油	0.58	0.045	—	0.03	55.0
P. capacia	酚	0.32	0.74	0.001	0.02	1.3
	氧	0.32	0.52		0.03	—
酵母：						
酿酒酵母	葡萄糖	0.25(无 Crab)	0.50	0.4~0.5	0	80.0~90.0
	葡萄糖	0.5(Crab)[②]	0.15	0.4~0.5	0	80.0~90.0
	乙醇	0.15~0.20	0.7~0.8	0.1~0.2	0	
	葡萄糖[①]	0~0.10	0.05~0.10	0.4~0.5	0	
皮状丝孢酵母	葡萄糖	0.37	0.87	0.2	0.045	
	氧(葡萄糖)	0.37	2.8	4.6×10^{-5}	0.023	
真菌：						
木霉 T. reesei	葡萄糖	0.12	0.5	0.1~0.2	0.005	
	纤维素	0.04	0.28	—		
产黄青霉	葡萄糖	0.12	0.48	0.1~0.2	0.015	

① 厌氧。

② 克列勃特里效应，见 3.4.1.2 节。

(5) 氮源的影响　氨是大多数微生物的最普通的氮源。许多细菌能利用硝酸盐作为细胞的氮源，用于合成氨基酸。硝酸盐的利用需先还原为亚硝酸盐和氨。在厌氧呼吸中硝酸盐被用作终端电子受体。许多微生物偏好氨，它们也能利用复合培养基中的有机氮。

氨和氨基酸的典型 k_S 值分别为 0.1~1.0mg/L 和 0.003~0.2mg/L。其低 k_S 值说明细胞对这些物质的输送采用主动运输系统。一般在环境中氮化合物浓度较低，因此，能在低浓度氮源快速生长的微生物具有重要的竞争优势。满足微生物对氮源的需求并不难，难的是氮源的过量供应会导致竞争性抑制问题。氨浓度超过 3~5g/L，往往会引起抑制作用。如培养基缺少碳源，菌会利用氨基酸的碳架，从而导致氨的积累。如以硝酸盐作为氮源，它可能会部分还原成对细胞有害的 NO_2^-。故氮源的影响不仅来自 NH_3，也可以来自能最终降解成 NH_3 的代谢物。

(6) 烷醇　在大多数厌氧和若干需氧生物过程中常生成代谢产物或副产物的烷醇，如乙醇、丙醇、异丙醇、丙二醇、丁醇或 2,3-丁二醇。酵母、细菌（发酵单胞菌属和梭状芽孢杆菌属）。可利用各种碳源，但一般更喜欢葡萄糖。乙醇是生物过程的最为重要产物之一。除了传统的酵母发酵，对运动发酵单胞菌的乙醇发酵也很重视，其体积产率和产物浓度受到乙醇或其他烷醇的限制。大多数细菌的生长对乙醇的敏感浓度在 1~100g/L 的范围。据报道，**乙醇通过影响电中性载体介入运输系统抑制葡萄糖的吸收，和通过干扰跨膜电位而影响氨的吸收**。其主要作用在于乙醇与细胞膜的相互作用，增加膜的流动性，由此干扰了位于膜上的酶的脂质环境。最后便出现离子与代谢物的膜渗漏，尤其是质子被动流入的增强，导致跨膜电位及其关联的离子运输和能量转换过程的失控，见图 1-15。随着乙醇浓度的增加，其他环境参数，如温度和 pH 对膜运输过程的影响加深[16]。酵母和若干细菌能通过改变其膜脂质组分以适应乙醇对膜的干扰作用。

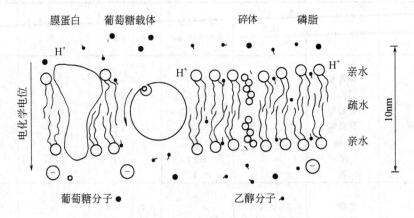

图 1-15　微生物细胞膜的结构和乙醇的抑制效应[16]

（许多抑制剂干扰膜的组织，降低膜电位）

(7) 有机酸　微生物对碳源的不完全氧化会产生各种有机酸。尽管这些酸是厌氧发酵的代谢产物，在需氧发酵的条件下，特别是氧的供应受到限制或在高生长速率的情况下也会产生乙酸。已知有机酸，特别在低 pH 下会抑制微生物的生长。对一些细菌和酵母来说，未解离形式的有机酸是毒性的根源。这种抑制生长的作用是非竞争性的。有机酸干扰膜的功能，其毒性与膜脂质的溶解度有关。**未离解有机酸使膜中毒的临界浓度在 0.4～0.5g/L**。未离解的有机酸可以自由出入微生物的质膜，降低胞内 pH，酸化细胞质。它们干扰能量偶合过程，降低能量生成的效率，增加细胞对能量的需求。抑制作用的最终结果是代谢途径的改变，从而降低细胞生长和产物形成的速率。

1.1.4　生长的变量和约束

如同微生物对其环境的响应是多方面的，生长速率也受内在因素，包括形态组织、代谢模式（速率限制步骤、化学计量）、胞内控制以及物理约束（物质与能量守恒定律）的影响。

1.1.4.1　细胞的大分子成分

生长可以看作是各种复杂化学反应的总和。各种微生物的倍增时间的分布见图 1-16。在一定的养分、生长因子和物理条件下细胞总是设法尽量利用所提供的条件，从而获得高生长速率和得率。同时，许多微生物能改变其胞内组分以适应环境。如增殖细胞的所有成分与亲代一致，便可认为获得平衡的生长。在这些条件下细胞数目的增长与细胞质量的增长成正比，其细胞成分没有什么变化。通常在生物反应器中只有连续培养在一种稀释速率下才能获得平衡生长。在不同的生长速率下细胞成分会发生显著的变化，见图 1-17。尤其是，随生长速率的增加 RNA 的含量也在增长。

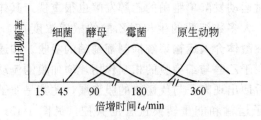

图 1-16　各种微生物倍增时间出现的频率

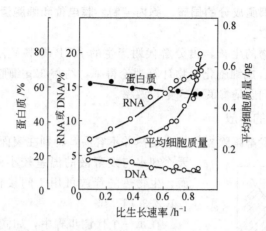

图 1-17　在氮限制的恒化器中产气克雷伯氏菌的大分子成分随生长速率的变化

1.1.4.2　限制步骤

基质消耗与生长之间存在线性关联。

$$r_S = \mu / Y_{X/S} + m \tag{1-21}$$

式中，r_S 为基质消耗，(g/g)/h；$\mu / Y_{X/S}$ 代表基质用于生长，(g/g)/h；m 为基质用于维持，(g/g)/h。

式(1-21) 与 Monod 模型构成动力学模型的核心。实际上基质消耗受基质浓度和膜运输酶步骤的控制，可用米氏动力学模型描述：

$$r_S = r_{S,max} S / (k_S + S) \tag{1-22}$$

生长速率本身则受这种基质消耗速率的控制：

$$\mu = Y_{X/S} - Y_m \tag{1-23}$$

式(1-22) 和式(1-23) 同样构成动力学模型的核心。大多数异养菌用碳源作为能源。其中一部分结合到细胞中，其余被氧化，用于能量的产生和最终被分泌出去，随基质的不同，其得率也不同，见表 1-8。对许多需氧和厌氧生物过程来说，有机基质的消耗与能量产生是快速生长或高生长得率的限制因素（见 1.1.4.3 节）。**受有限基质消耗控制的生长一般称为能量限制式生长。**

同样，其他养分，如氨也常与生长呈线性关系。对能量受限制的生长，即使氨在培养基中是过量存在的，氨的吸收只是根据生长的需求。反过来，如氨浓度较低，氨的消耗便控制生长，这种情况称为氨限制式生长，而细胞则按化学计量调节其他养分的消耗速率。因此，在养分消耗或胞内代谢方面只有少数有限步骤能决定总生长速率和整个发酵模式。在酵母的生产中应避免氧的限制，在发酵后期补料的减少导致生长速率的下降和细胞对氧的需求减少。

1.1.4.3　生长对能量的需求

在理论上对需氧呼吸每消耗 **0.5mmol O₂，形成 2～3mol ATP（P/O）。基质的能量得率取决于其还原程度。对于葡萄糖，在呼吸中每分解代谢 1mol 葡萄糖，要形成 38mol ATP。**对于厌氧发酵过程，氧不作为电子受体，从有机基质来的电子被转移给分解代谢物，最终作为产物分泌出去。此过程的能量得率可以从基质能提供的电子求得，每消耗 1mol 葡萄糖形成 1～3mol ATP（取决于产物和所用的生化途经）。这只代表约 2% 的葡萄糖燃烧能量。

能量分配机制更为复杂。Pirt 引入与生长无关的能量需求，能量用于维持的概念。这种

维持能量需求主要用于细胞成分的周转、胞内控制、膜电位和细胞运动的维持。没有能量的消费，细胞将瓦解和死亡。

对于许多不同微生物的生长，由分解代谢产生的 ATP 得率 Y_{ATP} 约为 10.5g 细胞/mol ATP。从单体或葡萄糖合成细胞化合物计算理论得率，约得 32g 细胞/mol ATP。有关生物量得率的化学计量限制问题请参阅 1.3 生长效率。

1.1.4.4 微生物热的释放

发酵过程中从工业发酵罐除去大量生物热并不容易，特别在表面积与体积之比较小和热

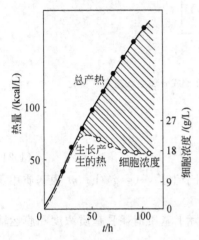

图 1-18 在链霉菌属发酵期间热的产生
阴影部分代表培养物的维持与产物形成
所释放的热；而空白部分代表保留
在细胞中的焓

天冷却水与发酵液的温差较小的情况下更难做到。然而，生物热的释放可用于间接估算微生物生长，参阅 1.1.2.3（1）节。

在每一个代谢步骤中，如同任何化学反应那样，都包含一种熵的变化。在活细胞中这种变化在正常情况下总是伴随着热的释放。在生长期间细胞以 ATP 高能键方式捕集有用的能，提供各种生化反应所需的能源。在 ATP 的形成中只有 40%～75% 的反应能被以 ATP 的方式保留下来，其余以热的形式释放。利用 ATP 时又产生附加的热。图 1-18 显示在链霉菌发酵期间热的释放与能量保留在合成的细胞之间的差异。显然，在生长停止后热的释放继续进行。这是由于细胞将能量用于与生长无关的代谢所致。

Cooney 等指出许多不同需氧微生物的氧耗与产热之间的关系为每消耗 1mol 氧约产生 440kJ 热量。对厌氧过程产生的发酵热取决于发酵产物，一般比需氧过程低，每消耗 1mol 葡萄糖产生 2mol 乙醇、2molATP 和约 20kJ 的热。若基质与产物能完全定量，借热力学循环可以计算生物过程的热。由于几乎所有化学化合物的燃烧热都是已知的，反应热可以用式（1-24）求得：

$$\Delta H(反应) = \sum \Delta H_{com}(产物) - \sum \Delta H_{com}(基质) \tag{1-24}$$

实际应用中存在一些困难。因整个生长过程是在溶液中进行的，溶液温度必须考虑在内。另外，元素的成分和生物量的燃烧热难于估算；文献提供的数据往往不怎么精确，在大多数情况下磷、硫和微量元素的含量是不确切的；基质、产物和生物量的测量也不够准确，因此凭这些信息还难于准确预测培养的温度。尽管如此，这种热力学计算还是有助于估算单一因素对热释放的影响。在许多情况下，量热法对在线跟踪生物过程的化学计量变化很有用。

1.2 细胞周期

细胞周期（cell cycle）是指细胞的一系列可鉴别的周而复始的生长活动。这些活动的顺序不变，完成一个活动后才能进行下一个活动。典型的真核生物细胞周期如图 1-19（a）所示：S、M 和 G₁、G₂ 分别代表 DNA 合成、有丝分裂期和两次间隙。若生长速率因养分多

寡而改变，S、G_2 和 M 几乎不变，只有 G_1 改变。原核生物在低生长速率下的细胞周期与真核生物相似 [见图 1-19(b)]，其染色体复制期 C 相当于 S；细胞分裂期 D 相当于 G_2＋M；C 和 D 不随生长速率变化，只有 G_1 可变动。有证据表明，C 和 D 也略有变化，假设其不变，考察细胞周期的各项活动如何去适应生长速率变化的需要。

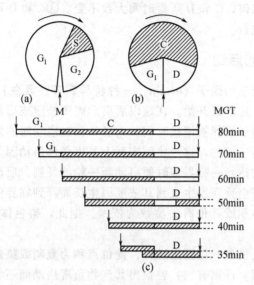

图 1-19　细胞周期

（a）代表真核生物的细胞周期；（b）代表原核生物的细胞周期；（c）原核生物细胞周期的另一种表示方法

C—染色体复制期；D—细胞分裂期；↓—表示分裂完成；G_1，G_2—间隙期；MGT—平均世代时间

1.2.1　染色体复制与细胞分裂的调节

大肠杆菌和枯草杆菌只有一个环状染色体，**其复制是从原点向两个方向进行**。单一染色体复制所需时间相当恒定，大肠杆菌在 37℃一般需 40min。染色体的复制需精确控制，分裂时每个子细胞所得的遗传物质是完全一样的。**细胞分裂紧随 DNA 合成之后**。凡能抑制 **DNA 合成的因素也会抑制细胞的分裂**，结果形成很长的细胞。

在高速生长下，如细胞周期为 30min，染色体复制不能在一个周期内完成。为此，前一轮复制还未结束，后一轮复制又在原点上启动，如图 1-20 所示。可以把 C 期的启动和终止，

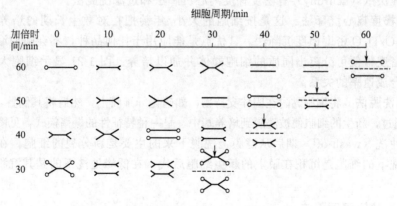

图 1-20　染色体复制与细胞分裂之间的时间分配

直线代表环状染色体；圆圈代表在原点开始复制；垂直箭头表示细胞分裂

以及细胞分裂看作是不可更改的活动顺序，称为 C＋D 周期。若增代时间少于 C＋D 时间，C＋D 周期重叠，其重要特征是分配到子细胞的染色体已开始新的一轮复制，这类染色体称为二叉染色体（dichotomous）。染色体复制和细胞分裂的调节规律如下：①染色体复制未完成，细胞就不会分裂。不管生长速率如何，大肠杆菌的细胞分裂总是出现在染色体复制完成之后。②不管生长速率如何，C 和 D 所需时间大致不变。③C 和 D 可以依次或同时（指上一轮的 D 和下一轮的 C）进行。

1.2.2 染色体复制的启动

染色体复制的启动受启动因子（origin，一种特异调节性蛋白）的正向控制。当启动因子增加到某一临界水平，启动便开始。在这以后启动因子被毁或稀释。合成启动因子达到有效浓度所需的时间恰好等于培养物增代时间。大肠杆菌在启动时的启动因子数量与细胞质量之比在各种生长速率下是一定的，这一比例实际上是染色体启动因子的浓度。细胞似乎能检出启动因子的浓度，当它达到一临界值时便启动新一轮的复制。启动的直接后果是启动因子的浓度提高一倍。启动不会重新发生直到其浓度因生长而降到临界值。这种控制机制构成一种生物钟，它是以细胞体积或其他有关参数为依据。据此，**染色体复制的启动频率是 DNA 合成速率的控制步骤**。

启动总是在染色体上的专一位置上进行，此位点称为复制或染色体原点。启动和复制是性质截然不同的两种过程。证据有三：曾检出其产物负责启动而不负责随后复制的基因；加入利福平或氯霉素抑制 RNA 或蛋白质合成，除去营养缺陷型所需的氨基酸都能阻止启动，但允许复制继续完成；培养物进入稳定生长期后，中止生长的细胞含有完整的染色体。细胞分裂是与染色体的完成复制同步的，这样，在隔膜形成前每个子细胞会获得其 DNA。显然，当 DNA 复制完成时合成了一种"中止蛋白"，也正是这种蛋白启动隔膜的形成与分裂。

1.2.3 细胞周期的研究方法

1.2.3.1 镜检法

用电子显微镜观察单个细胞的生长并定时拍照，由此发现大肠杆菌在分裂时细胞大小的变化不大。这说明似乎存在一种控制细胞大小的因子，即启动细胞质量。

1.2.3.2 同步培养法

同步培养法（synchrony）有密度梯度离心沉降法和过滤洗脱法。

(1) 密度梯度离心沉降法　这是按细胞的大小/年龄把在对数生长期的培养物分级。近来，采用 H_2O/D_2O 密度梯度沉降法。其优点是能应用于任何品种，不会施加渗透压强的影响。从某一密度带便可分离出同质的细胞群体并加以培养。图 1-21 显示细胞大小的分布频率与蛋白质合成速率的关系。

(2) 过滤洗脱法　将细胞黏附在固体支持物，如硝化纤维膜上，然后将其倒置，让生长培养基从上到下通过，新生的细胞便被洗脱到培养基中，呈一种特征性的振荡模式，见图 1-22。

在初始冲洗（wash-off）期后从滤膜上洗脱下来的主要是新分裂的细胞。在洗脱曲线高峰处从膜上洗下的细胞是沉积在膜上的新生细胞后代，在低峰处洗下的是其沉积时正要分裂细胞后代。

1.2.3.3 同位素示踪法

如亲本培养物沉积在滤膜上之前用氚标记胸苷使细胞带上标记，则结合到洗脱细胞的标

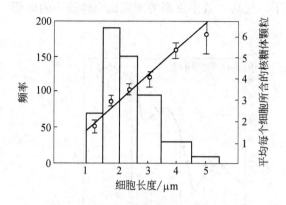

图 1-21　细胞周期内细胞大小的分布
与蛋白质合成速率的关系

长方图形表示细胞大小的分布；o 表示蛋白质合成速率

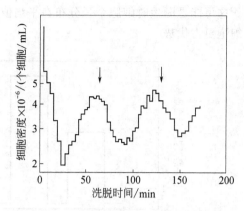

图 1-22　由大肠杆菌（B/r）实验洗脱曲线

记量与结合到亲本培养物那一年龄细胞的标记量成正比。图 1-23(a) 显示实验结果的理论曲线。此培养物的增代时间为 65min，C 和 D 分别等于 40min 和 20min。图 1-23(b) 显示的实验结果和那些预测的几乎完全一致。此方法的缺点在于洗脱分布有噪声，经几个细胞周期后很快便偏离洗脱曲线的理论值。在低生长速率下洗脱曲线的噪声使数据的定量解释变得很困难和主观。

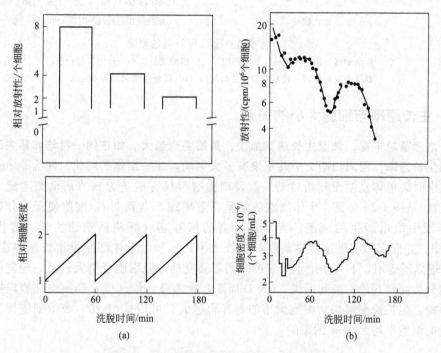

图 1-23　用氚标记胸苷的培养物的洗脱曲线
（a）C 柱和 D 柱（柱与柱间隙）分别为 40min 和 20min 的培养物的
理论曲线；（b）增代时间为 65min 的培养物的试验结果

　　另一种研究细胞周期的方法是通过蔗糖密度梯度离心，使一对数生长的培养物沉淀，收集最上层的细胞，在含有氚标记胸苷的生长培养基上生长，测量其 DNA 合成速率。从图 1-24 可见，第一个细胞周期比初始的培养物的平均细胞周期要长，第二个细胞周期要短些。这可能是诞生时细胞个子分布在平均值上下。过后，效率更高的细胞比个体最小的那部分细胞更占优势。

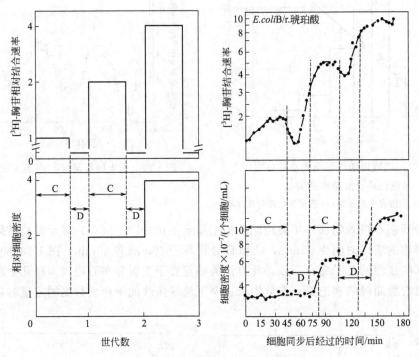

图 1-24　同步培养物 C 和 D 期的测定

(a) 质量倍增时间为 60min（单个细胞以一个启动质量大小进行生长与分裂，
●代表染色体新一轮复制的启动时间）；(b) 质量倍增时间为 35min

1.2.4　生长速率与细胞大小的关系

　　生长培养基越丰富，细菌生长速率加快，其细胞也越大。如在同一种培养基内改变温度也会影响生长速率，但对细胞大小几乎没有多大影响。如一细胞的增代时间为 60min，在细胞分裂结束时染色体复制便开始启动。假设细胞这时具有质量为 m（启动细胞量＝1/启动因子浓度），从图 1-25 可见，个体细胞的量呈指数增加，直到 $2m$，细胞便开始分裂。如此时从培养液中检出新生的细胞，置于较丰富的培养基（能使菌快速生长，增代时间为35min）中，并假定细胞迅速调整到新的生长速率。这样，个体细胞量增长速率往上移动，如 C＋D 规律还适用，下一个细胞分裂的时间不会变动，但细胞会增大。新一轮复制的启动将在细胞分裂前便开始。换句话说，C＋D 周期开始重叠。快速生长经一个细胞周期后便达到新的平衡。生长速率越快，细胞大小的差异也越大。可用式（1-25）表示细胞周期 t 对指数培养物的细胞平均大小 m 的影响。

$$m = 2^{\frac{C+D}{t}} \times K \tag{1-25}$$

式（1-25）曲线的形状将取决于 C、D 和 K 是否变化，只有在简单情况下 $\lg m$ 与 t 作曲线才会得一直线。将生长稳定期的培养物移植到新鲜培养基中，经短暂停滞后细胞先变大，接着细胞中的 DNA 含量增加，细胞数目随后也在增加，见图 1-26。当培养物进入生长稳定期后，细胞先渐渐变小（这是细胞量增长速率下降后细胞分裂继续指数地进行的缘故）。这时细胞中的 DNA 含量也在逐渐减少。细胞数目的增长随后下降，直到进入生长稳定期为止。

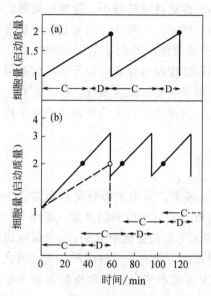

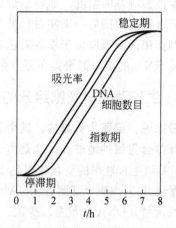

图 1-25　生长速率对细胞大小和染色
体复制时间的影响

图 1-26　细菌培养物的生长周期

1.2.5　生长速率对细胞内 DNA 含量的影响

细胞中的 DNA 含量随生长速率的增加而下降，可用式（1-26）表示：

$$G/m = [t/(KC\ln2)](1-2^{-C/t}) \tag{1-26}$$

式中，G 是基因组的当量，为每个细胞的 DNA 平均值。

图 1-27 展示生长速率对 DNA 浓度和染色体构型的影响。这组曲线显示以启动细胞量为单位的生长随时间的变化。一个启动细胞量单位含有一个刚开始一轮复制的染色体。用一水平线 C 表示时间（min），它在纵轴上所处高度代表细胞量。假定细胞量的复制时间为 70min，见图 1-27（a），将出现复制期的间隙。当细胞量增加到 3 倍时它将完成 4 个复制好的染色体。如在初始时把细胞置于增代时间为 40min 的培养基内，见图 1-27（b），则新复制期将紧跟在上一复制完成之后开始，它们之间不存在间隙。待细胞量增到 3 个单位时，下一复制期将不会完成。结果得到 2 条复制了一半的染色体，DNA 浓度下降到 3/3。如将细胞置于增代时间为 20min 的培养基内，在第一复制期还未完成前下一复制期已开始。当细胞量达到 3 时，只有一个带三个复制叉的染色体，见图 1-27（c），DNA 浓度进一步下降到 2.25/3。

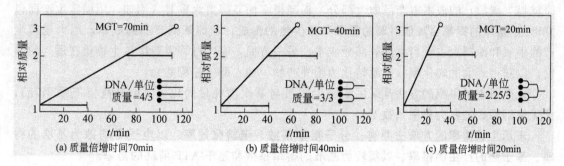

图 1-27　生长速率对 DNA 浓度和平均染色体构型的影响

图 1-27 说明了**生长速率如何影响染色体上不同位置的相对基因拷贝数**。在一随机的指

数培养物中，接近原点处的基因，其拷贝数总是居多，靠近两端的较少。这种相对基因剂量的倾斜度随生长速率的增加而提高。它也取决于复制时间 C。一般认为二叉复制导致染色体原点附近的基因数目的增加。其实并非如此，DNA 的浓度随生长速率的增加而下降，从而不同程度地影响基因浓度。那些靠近染色体原点的基因浓度没有变化；位于中间的基因平均浓度则只有原点周围的一半左右；处在染色体复制近末端的基因浓度最低。据此，对生长速率有限制作用的基因应位于靠近染色体原点处。其实，这是为什么大肠杆菌中有 6 个拷贝编码核糖体 RNA 的基因都聚集在原点附近的缘故。

1.2.6　生长速率对细胞组分的影响

一般来说，细菌生长越快，其个子越大，含 RNA 越多，其中大部分是核糖体。生长速率随核糖体含量线性地增加。这是由于核糖体是蛋白质合成的速率限制步骤。实际上，每个细胞 RNA 随生长速率的变化可以达 10 倍之多。在快速生长的细胞中 RNA 的含量可以达到细胞重量的 30%。每个细胞的 DNA 也随生长速率的提高而增加，但程度低一些。因此，以细胞重量衡量，DNA 含量是减少的。细胞外壳的厚度通常不变，胞壁和质膜在整个细胞中的比例随细胞个子的增大而减小。

1.3　生长效率

微生物细胞的生长与繁殖是组成分子的紊乱状态或熵的大幅度降低的过程。由热力学第二定律可知，必然同时存在系统另一处的熵增加，其值至少等于分子形成细胞结构时熵的损失。在活体系统中熵的这种重新分布是通过把产生更高的熵的分子反应与低熵反应偶合进行的。那些产生更为复杂（低熵）结构的反应称为合成过程；而那些产生更为简单的（高熵）分子的反应，称为分解代谢过程。微生物的生长效率因而取决于合成与分解代谢反应的效率。但生长效率的精确定量比较困难。

1.3.1　得率系数

生长得率（yield coefficient）的概念是假定所利用的基质与生成的细胞之间的固定化学计量关系。这种关系只有在培养物生长在限制性基质上和在一定的条件下成立，即消耗单位基质所生成的细胞量为一常数。细胞得率又称为转化（效）率，是工业过程的重要指标。若原材料（碳源）的成本占产品的大部分，提高得率便显得更为重要（例如，用糖蜜生产面包酵母）。得率的提高会降低对氧的需求和减少热的形成，从而降低产品的成本。因大规模生产的供氧和冷却也占相当大的一部分成本。另一方面，有些过程需要维持生物量在适当的浓度，以获得最大的转化率（碳源转化为胞外产物，如乙醇或柠檬酸）。

最简单表示得率的方法是采用细胞生成量与基质消耗量的比值（g 细胞/g 基质消耗），此无量纲系数便称为得率系数 Y。

表示生长得率的方法主要有：分子得率系数、碳转化效率、以电子平均数为基准的得率、基于热的产生的得率、以氧耗为基准的得率系数和基于 ATP 消耗的得率。

1.3.1.1　分子得率系数

分子得率系数（molar yield coefficient）表示每消耗 1mol 基质所生成的细胞数量，以

Y_{glc}表示以葡萄糖作为基质的细胞得率。以生成单细胞蛋白为例，用甲醇为基质$Y=0.5$（g/g），$Y_{jch}=0.5×32=16$（g/mol）；用甲烷为基质$Y=0.8$（g/g），$Y_{jw}=0.8×16=12.8$（g/mol）。故分子得率适用于比较不同基质的转化率。

1.3.1.2　碳转化效率

碳转化效率（carbon conversion efficiency）是指基质中的碳有多少转化为细胞的碳。碳转化率（cc）$=Y×$（DCW 中的 C 含量/基质中的 C 含量）$×100\%$。以葡萄糖和乙醇为例，假设这两种基质的细胞得率 Y 均为 0.5，则 $Y_{glc}=90$ 和 $Y_{EtOH}=23$。如用碳转化率表示，则葡萄糖的 $cc_{glc}=0.5×45/40×100=56$；而乙醇的 $cc_{EtOH}=43$。由此可见，用碳转化率表示实际上比用分子得率更确切。表 1-9 列举了以这两种方法表示的典型得率系数，都是最大值。

表 1-9　生长在不同基质上的微生物的得率系数

基质	微生物	分子得率系数 /（g DCW/mol 基质）	碳转化效率 /（g DCW/g 基质碳）
甲烷	氧化甲烷甲基单胞菌	17.5	1.46
甲醇	甲烷甲基单胞菌	16.6	1.38
乙醇	产朊假丝酵母	31.2	1.30
甘油	肺炎克雷伯氏菌,产气气杆菌	50.4	1.40
葡萄糖	大肠杆菌(好氧)	95.0	1.32
	大肠杆菌(厌氧)	25.8	0.36
	酿酒酵母(好氧)	90	1.25
	酿酒酵母(厌氧)	21	0.29
	产黄青霉	81	1.13
蔗糖	肺炎克雷伯氏菌,产气气杆菌	173	1.20
木糖	肺炎克雷伯氏菌,产气气杆菌	52.2	0.87
乙酸	假丝酵母属	23.5	0.98
	产朊假丝酵母	21.6	0.90
十六烷	解脂假丝酵母	203	1.06
	不动杆菌属	251	1.31

此法只适用于基质为唯一碳源的情况，对生长的能学情况提供的信息很少。

1.3.1.3　电子平均数为基准的得率

以电子平均数为基准的得率 $Y_{ave\ e^-}$（yield per average electron）是把从不同基质分解代谢中得到的可利用的能量与生长效率关联起来。任何有机基质均可用其电子平均生成值（ave e^-）来表征，即基质完全氧化为 CO_2 与水所获得的电子平均数。如葡萄糖完全氧化需要 6 分子 O_2，将所需氧分子乘以 4，得 24 可利用的电子，这样，葡萄糖的 $Y_{ave\ e^-}=90/24≈3.75$；乙醇的 $Y_{ave\ e^-}=23/8≈2.94$。因可利用的电子数值随基质的代谢途径而变，$Y_{ave\ e^-}$ 不能用来预测得率。

曾测定各种不同基质的 $Y_{ave\ e^-}$，经 216 次测定，发现 $Y_{ave\ e^-}$ 大致恒定，为 $3.14±0.11$，见表 1-10。

1.3.1.4　基于热的产生的得率

基于热的产生的得率 Y_{kcal}（yield based on heat production）是以单位释放出的热所生成的细胞量，$Y_{kcal}=$产生的细胞量/释放的热。每摩尔电子产生的热的平均值为 26.53kcal/mol 有效电子。于是 $Y_{kcal}=Y_{ave\ e^-}/$（kcal/mol 电子）$=3.14/26.53=0.118$g DCW/kcal。这种表

示方法尤其适用于厌氧系统中途径未知的分解代谢过程，因此时在恒温恒压条件下只有热的输出可用来预测生长期间的能量变化。现已有一种精确的流通式量热计，可用于测量热的变化。对一生长基质已知的简单系统，可直接把热的产生与消耗基质关联起来；对好氧菌，热的产生可与氧耗关联，提供更为直接和方便的测量生长效率的方法。

表 1-10　基于碳源的细胞理论得率的各种表示方法

基质	含碳原子数	Y_{sub} /(g/mol)	Y_c /(g/mol)	Y_{O_2} /(g/g)	Y_{sub}/Y_{O_2} /(g/mol)	(e^-/S)①	$Y_{ave\ e^-}$ /(g/e$^-$)
苯甲酸	7	86.8	12.4	25.5	3.46	30	2.89
乙酸	2	23.5	11.8	21.4	1.11	8	2.94
琥珀酸	4	42.3	10.6	31.4	1.40	14	3.02
乙二醇	2	58	14.5	18.4	3.10	20	2.90

① 基质完全氧化为 CO_2 与水所需氧分子乘以 4。

注：1. Y_{sub}＝g 菌/mol S，其中 S 为基质。

2. Y_c＝Y_{sub}/物质的量。

3. Y_{O_2}＝g 菌/氧原子消耗量。

4. Y_{sub}/Y_{O_2}＝O_2/mol S。

5. $Y_{ave\ e^-}$＝$Y_{sub}/(e^-/mol\ S)$。

1.3.1.5　以氧耗为基准的得率

以氧耗为基准的得率系数（yield in terms of O_2 consumed）Y_{O_2} 是指每 0.5mol 氧的消耗所产生的细胞量，Y_{O_2}＝g DCW/0.5mol 氧消耗。因在好氧培养中氧化磷酸化提供的 ATP 是主要能量来源，故 Y_{O_2} 提供一种测量生长效率的最为方便的方法。但在分批培养中很难测得 Y_{O_2}，需在连续培养中才能做到。

1.3.1.6　基于 ATP 消耗的得率

以上各种方法都有其局限性。**若能把生长效率与菌的代谢关联，便可用基于 ATP 消耗的得率（yield based on ATPconsumed）Y_{ATP} 方便地表示任何生化反应的能量需求。**可把 ATP 当作是活体细胞中的能量货币，它不能作为能量贮存，但它提供大多数生化合成反应所需的能。此外，NAD(P)H、ADP、其他磷酸化核苷酸、离子梯度等都能提供自由能。尽管如此，可把这些高能化合物折算成 ATP 当量。如 NAD(P)H≈3ATP，FAD≈2ATP，K^+ 逆梯度泵入≈1/2 ATP。Y_{ATP}＝g 细胞/mol ATP 消耗。

在复合培养基中进行厌氧培养，提供全部必需氨基酸，以葡萄糖为能源，并假定只有氨基酸用作碳源，求得基于葡萄糖的细胞得率为 21g/mol 葡萄糖。若葡萄糖走 EMP 途径，每分子葡萄糖可得 2ATP。故 Y_{ATP}＝(21g 细胞/mol 葡萄糖)/(2ATP/mol 葡萄糖)＝10.5g 细胞/ATP。同样，对粪链球菌的培养，以精氨酸作为能源，经分解代谢产生 1 ATP，其分子细胞得率为 10.5g 细胞/mol 葡萄糖，这样 Y_{ATP}＝10.5g 细胞/mol ATP。

据此，有人提出 Y_{ATP} 恒定的假说，即微生物消耗一定量的 ATP，生成一定量的菌体。若此假说正确可靠，便可以求得在能量代谢期间产生的 ATP 数 N：

$$N＝Y_{sub}/Y_{ATP}＝mol\ ATP(产生)/mol\ 基质(分解代谢) \qquad (1-27)$$

测定细胞得率便得知葡萄糖代谢走哪一条主要途径。以粪链球菌为例，其 $Y_g＝20$，因 $Y_{ATP}＝10.5$，所以 $N＝20/10.5≈2$，说明其葡萄糖代谢走 EMP 途径。一种林氏假单胞菌（*P. lindneri*）的 $Y_g＝8.3$，$N＝8.3/10.5≈0.8$，即＜1 分子 ATP，因此，很可能走 ED 途径。

此规律大致适用于许多厌氧生长的微生物，测定结果略有差异（这与测定方法有关，可能带来的误差有多种）。因此，为了优化大规模的发酵过程，需要获得更多有关生长得率受哪些因素控制的基础知识。本小节主要以酵母为例讨论各种参数对生长得率及其生理的影响，相信这些数据和取得的经验也适用于其他异养生物。

生长得率取决于许多因素：①碳源的性质；②基质的分解代谢途径；③提供任何复杂基质，菌体将会不再启动一些暂时用不上的合成途径，去合成这些复杂基质；④同化其他养分，特别是氮的能量需求（若提供氨基酸而不是 NH_3，能量需求会少一些，如提供硝酸盐作为氮源，能量需求会更多）；⑤不利于离子平衡的抑制性物质或其他会对运输系统提出额外要求的培养基组分；⑥生成 ATP 反应的效率的变化；⑦菌的生理状态，几乎所有微生物随外界环境而调整其生理代谢（如形成孢子），且不同的生理代谢将导致不同的物料与能量平衡；⑧对于连续培养，限制性基质的性质（碳限制的生长常比氮限制的生长的效率更高，过量碳基质的分解代谢可能会走浪费能量的，但对人有用的途径）；⑨连续发酵可能取得的最大生长得率，在低生长速率下维持作用的重要性；⑩微生物的遗传特性。

1.3.2 测定生长效率时应注意的实际问题

为了得到微生物生理与生长得率之间的关系的可靠数据，以下一些实际问题需予以考虑。

1.3.2.1 分批与恒化培养

分批培养所得生长得率的结果难以解释。这是由于分批培养的细胞处在不断变化的环境中，并受其影响，恒化培养可避免这种不利情况。此外，需考虑细胞成分（特别是蛋白质含量或含氮量），因比较不同酵母的生长得率需要了解细胞成分。

1.3.2.2 培养基组成

培养基组成的重要性不容忽视，必须进行严格的试验，以确定限制生长得率的培养基组分。如酿酒酵母的生理和细胞得率受培养基中锰缺乏的影响。在厌氧培养中提供适量的甾醇和不饱和脂肪酸是很重要的。在厌氧生长期间缺少麦角甾醇和油酸会导致低生长得率和 Y_ATP 值偏低，因在厌氧生长时麦角甾醇和油酸是作为维生素被利用的。

1.3.2.3 流出液的控制

在恒化培养中培养液流出方式对恒化有一定影响。在培养液表面靠抽吸以除去培养液的办法会导致细胞在发酵罐内堆积。发酵罐的菌浓与流出液的菌浓之间的差异可大于 10%。解决这些问题常把出料管口置于发酵液体的当中，然后用置于液体表面的电接触传感器控制液体流出速率，从而维持所需的工作体积。

1.3.2.4 取样与代谢物的分析

取样时，对残留基质浓度的测量应特别当心。因在取样期间葡萄糖的消耗仍在继续，从而导致低估发酵罐内分析物的残留浓度。因此，应采用快速取样方法将细胞从发酵液中分离出来，如过滤或把细胞转移到液氮中立即中止代谢活动。

1.3.3 用于生物量形成的能量需求

在异化作用方面可用一术语 Y_{ATP}（g 细胞/mol ATP）将细胞得率与能量得率关联。此 Y_{ATP} 是从厌氧分批培养中产物的形成求得的，是试验值。表观 Y_{ATP} 值会受到维持需求的影响，特别在细菌生长的情况下，引入第二种术语 $Y_{\mathrm{ATP}}^{\max}$。这是把 Y_{ATP} 与维持能量（与生长无关的）联系在一起。对酵母来说，Y_{ATP} 与 $Y_{\mathrm{ATP}}^{\max}$ 无多大差别。

曾有人试图计算 $Y_{\mathrm{ATP}}^{\max}$ 的理论值。把用于细胞生长的 ATP 与产生的 ATP 加在一起便可求得 $Y_{\mathrm{ATP}}^{\max}$ 的理论值。比较生长在葡萄糖、乙醇或乳酸中对 ATP 的需求发现，理论 $Y_{\mathrm{ATP}}^{\max}$ 很大程度上取决于碳源，见表 1-11。若碳源是通过主动（需能）运输，会得到比 $Y_{\mathrm{ATP}}^{\max}$ 低的值。

表 1-11   生长在葡萄糖、乙醇或乳酸中的 $Y_{\mathrm{ATP}}^{\max}$ 的理论值计算 mmol ATP/100g 细胞

耗能反应	葡萄糖	乙醇	乳酸
氨基酸的生物合成	200	4264	1163
聚合作用	1960	1960	1960
糖的生物合成	358	2329	1186
脂质的生物合成	179	651	407
RNA 的生物合成与聚合	182	341	193
mRNA 的周转	71	71	71
NADPH 的生成	88	0	450
运输:氨	700	700	700
钾和磷	240	240	240
总计	3978	100556	6371
$Y_{\mathrm{ATP}}^{\max}$ 的理论值/(g 细胞/mol ATP)	25.1	9.5	15.7

注：1. 细胞组分：蛋白质 52%，糖 28%，RNA7%，脂质 7% 和灰分 6%。

2. 假定碳源的吸收是通过被动或易化扩散。

理论 $Y_{\mathrm{ATP}}^{\max}$ 不能用于计算细胞得率。Y_{ATP} 的试验值比理论值低许多。例如，酿酒酵母厌氧葡萄糖限制下生长的 $Y_{\mathrm{ATP}}^{\max}$ 理论值在 $D=0.10\mathrm{h}^{-1}$ 的条件下为 28g 生物量/mol ATP，但其试验值为 14~16g 生物量/mol ATP。ATP 需求的理论值与试验值的差异可能是一些仍未归纳到表 1-11 的因素所致，如蛋白质和代谢物的胞内运输，或低估用于蛋白质合成的 ATP 消费。据此，采用生物量形成所需的理论 ATP 加上一固定的 ATP 量可以接近实际值。后一附加量是由理论计算出的厌氧 ATP 需求减去试验获得的厌氧 ATP 需求，这是在一套培养条件（$D=0.10\mathrm{h}^{-1}$）下用酿酒酵母做的。用此法计算，ATP 需求的理论值与观察值的差额为 2700mmol/g 生物量。

1.3.4   呼吸效率

若已知代谢物的生物合成途径，便有可能从碳源或混合碳源求得其理论得率。如该生物合成是需能的，则其理论得率会受产生菌的 P/O 商的影响。一代谢物的生产导致净 ATP 或还原当量的生成的情况下，P/O 商将会影响能量耗散的程度。因此，**要想改进初级或次级代谢物的得率，需要测定生产菌种的 P/O 商**。

P/O 商是指消耗 0.5mol O_2 形成 ATP 的量。精确测定 P/O 商较难，实践中一般从碳限制条件下恒化器培养中测定微生物的生长得率。为了测定菌的 P/O 商，需测量随稀释速率变化的呼吸速率（Q_{O_2}）。从连续培养中 Q_{O_2} 对稀释速率所作曲线的斜率的倒数可求得基于氧的最大生长得率（$Y_{O_2}^{\max}$）。由式(1-28) 从 $Y_{O_2}^{\max}$ 可求得 P/O 商（K）：

$$Y_{O_2}^{\max}=Y_{\mathrm{ATP}}^{\max}K \tag{1-28}$$

应强调的是，利用葡萄糖及矿物盐细胞生物合成的理论 ATP 需求是 28.8g DCW/mol ATP，而通常从生长得率和已知 ATP 合成途径求得的 ATP 需求为 12~14g DCW/mol ATP，这是测量 P/O 商的重要误差来源。另一误差来源是忽略了经基质水平的磷酸化合成的 ATP。结果常过高地估算 P/O 商值。尽管如此，只要生长在同一碳源的碳源限制条件下

Y_{ATP}^{max} 的差异可减到最小，P/O 商可用于表征生长效率。用此法测得的 P/O 商只是一近似值，但它不失为分析代谢物生产的能量学的一种可行办法。

在研究需氧细胞得率方面的一个重要参数是呼吸效率，也是用 P/O 商表征。酿酒酵母线粒体的 P/O 商要比产朊假丝酵母或哺乳动物线粒体低。酿酒酵母缺少位点 I 的质子易位作用（proton translocation），且其还原当量不能穿过内部线粒体膜。故还原当量被分隔在胞液和线粒体库。结果酵母中的这两处 NADH 分别被各自的 NADH 脱氢酶氧化。胞液 NADH 的氧化总是避开位点 I 的质子易位作用。有关鼠线粒体 P/O 商的数据表明，线粒体 NADH 氧化的结构性 P/O 商在 1.5～2.5。在酿酒酵母线粒体中乙醇氧化的 P/O 商为 1.5；而胞液 NADH 或磷酸甘油氧化的 P/O 商为 1.25。鉴于酿酒酵母的匀称的电子输送链，P/O 商并不取决于还原当量的定位作用，即 P/O 商不取决于碳和能源。对生长在乙醇中在同化期间出现还原当量的净产生，可区分两种极端的情况，若乙醇代谢的头两步是在线粒体或胞液中进行，则有 77% 的总还原当量在线粒体中形成，并用于能量传递。如果这些酶是在胞液内的，只有 28% 的总还原当量在线粒体中产生，可求得生长在葡萄糖的结构性 P/O 商为 2.0；生长在乙醇的 P/O 商为 1.8～2.3（用乙醇或乙醛脱氢酶，二者均为胞液的或线粒体的）。

P/O 商的大小对细胞得率具有重要的影响。现有的数据说明，碳源对 P/O 商有一些影响，但在细菌中 P/O 商取决于质子易位的数目。为了评估体内 P/O 商对生物量得率的影响，计算生长在葡萄糖、乙醇和乳酸上作为有效 P/O 商函数的生物量得率，见图 1-28。为了计算得率，需要设定 Y_{ATP} 值，可在表 1-11 的理论 Y_{ATP}^{max} 值上加上一固定值，2700mmol/100g 生物量。从图 1-28 可以看出，在 P/O 商为 2.0 以上，生长在乙醇上的生物量得率维持不变。在这一点生长受到碳源可利用性的限制。考虑到部分碳源必须异化以提供 NADPH，生长在葡萄糖和乳酸上的最大生长得率分别为 0.68g/g 和 0.65g/g 碳源。从图 1-28 可得出，体内有效 P/O 商高达 3.0，这些数值是不可能得到的。

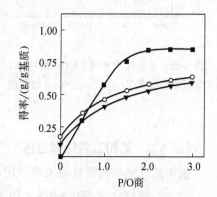

图 1-28 计算生长在葡萄糖
（○）、乙醇（■）和乳酸
（▼）上不同的有效 P/O 商的生物量得率
（假定碳源是被动吸收的，其细胞组分如表 1-11 所示）

1.3.5 维持能与环境因素的关系

维持能（即维持的能量需求）是指分解代谢产生的用于非生长的活动那部分能量。这些活动包括大分子的周转、无效（futile）循环、维持细胞体内平衡。通常可用 $1/Y$ 对 $1/D$ 作曲线，其中 Y 代表基于碳源、氧或 ATP 的细胞得率，当然，也可能存在与生长有关的维持能。

一般来说，酵母在各种碳源上的维持系数很小，细菌的则大许多。酵母中维持能对生长得率的影响比细菌的要小得多。因受 Y_{ATP}^{max} 值变化的影响，在细胞组分变化大的情况下是很难求得维持系数的。维持能还受 pH、温度、培养基的渗透压、氧和二氧化碳分压的影响。研究环境对维持能影响的最有效手段是恒化培养。

1.3.5.1 渗透压

若在生长培养基中加入高浓度的盐，细胞会脱水，为了恢复渗透压的平衡，胞内出现溶质的积累，使胞内盐浓度维持在低于培养液的水平。酿酒酵母的主要渗透压调节剂为甘油，而其他一些酵母在盐的应力下在胞内生成甘油和阿拉伯糖醇。酿酒酵母在分批培养中在渗透压应力下有 29% 的葡萄糖转化为甘油。在 1mol/L 的 NaCl 下酿酒酵母厌氧生长的维持能需求增加了 4 倍。按以下方程，每生成 1 分子甘油，需要净输入 1 分子 ATP。

$$0.5\ 葡萄糖 + ATP + NADH + H^+ \longrightarrow 甘油 + NAD^+$$

有些耐渗酵母以主动钠驱动运输方式运输甘油。这些酵母把一小部分的葡萄糖变成甘油，并且将大部分甘油保留在胞内。添加解偶联剂 2,4-二硝基酚（DNP）会导致甘油的排泄。在酿酒酵母中未发现甘油的主动运输系统。

培养环境的渗透压应力也会影响 *Lactobacillus paracasei* 的乳酸生产。X. W. Tian 等[62]的研究指出，环境渗透压（844～1772mOsm/kg）对乳酸的生成影响很小，但超过 3600mOsm/kg 时乳酸的生产受阻。作者在分批培养中采用一种新的策略，添加两种中和试剂 $Ca(OH)_2$ 与 NH_4OH，使 L-乳酸的比生产速率提高 2.21 倍，达到 5.94（g/L）/h。故有理由认为，在乳酸发酵后期的抑制效应，除了其自身的作用，还应归咎于环境渗透压应力的剧烈上升。

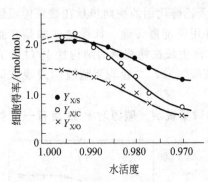

图 1-29 水活度对基质、CO_2 和 O_2 对应的细胞得率 $Y_{X/S}$、$Y_{X/C}$、$Y_{X/O}$ 的影响

1.3.5.2 水活度

水活度对基质、CO_2 和 O_2 对应的细胞得率 $Y_{X/S}$、$Y_{X/C}$、$Y_{X/O}$ 的影响可从图 1-29 看出，这里可看出，$Y_{X/S}$、$Y_{X/C}$ 似乎有一峰值，最高的细胞得率不是在最大的生长速率下，而是在 $0.9\mu_{max}$，即在 $A_w = 0.993$ 时获得。

1.3.5.3 氧和二氧化碳分压

生物量得率与氧吸收的关系可用 Cooney 提出的关系式表示：

$$\frac{m(O_2)}{m(细胞)} = \frac{32C + 8H - 16O}{Y_{MW}} + 0.01O' - 0.0267C' + 0.0172N' - 0.087H' \tag{1-29}$$

以甲醇为基质时，

$$\frac{m(O_2)}{m(细胞)} = \frac{1.5}{Y} + \frac{O'}{100} - \frac{C'}{37.5} + \frac{N'}{58.3} - \frac{H'}{12.5} \tag{1-30}$$

式中，$m(O_2)$ 和 $m(细胞)$ 分别为氧和细胞的质量，g；C、H 和 O 是每一基质的原子数；C'、O'、N' 和 H' 分别为细胞中的 C、O、N 和 H 的元素组分，以 DCW% 表示；Y 是细胞得率；MW 是碳源的分子量。

对典型的细菌（xj）来说，式（1-29）可简化为：

$$\left[\frac{m(O_2)}{m(细胞)}\right]_X = \frac{1.5}{Y} - 1.74 \tag{1-31}$$

式中，假设灰分 = 0，细菌的最低相对分子质量为 $C_6H_{9.5}N_{1.16}O_3 = 123.5$。
对以葡萄糖为基质的酵母（jm）：

$$\left[\frac{m(O_2)}{m(细胞)}\right]_{jm} = \frac{0.6}{Y} - 1.43 \tag{1-32}$$

假设灰分 = 0，酵母的最低相对分子质量为 $C_6H_{10.9}N_{1.03}O_{3.06} = 145$。将生长在各种基质上的菌对氧的需求与细胞得率作曲线，得图 1-30。从式(1-31) 和式(1-32) 可知，氧的需求与细胞得率成反比。在得率一样的条件下比较，氧化状态越高的基质，菌对氧的需求越少，高氧和二氧化碳分压通常会影响微生物的生理和细胞得率。

氧应力的作用可能是形成过氧化物或羟基所致。呼吸形成的过氧化物可以被酵母胞液或线粒体的超氧化物歧化酶（SOD）转化为过氧化氢，随后被过氧化物酶和触酶分解。酵母中的线粒体细胞色素 c 过氧化物酶（CCP）可能在 H_2O_2 的去毒上起主要作用。表 1-12 列举了与防卫机能有关的若干与氧基团和 H_2O_2 产生的相关反应。由此可见，酵母可以 O_2^- 作为中间体产生 H_2O_2。由 CCP 分解 H_2O_2 会影响生长得率，因电子在细胞色素 c 的水平被接受，从而避开细胞色素 c 氧化酶复合物，使得 P/O 商降低。表 1-13

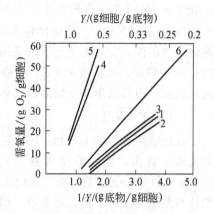

图 1-30 不同基质下菌的需氧量与细胞得率的关系

1—酵母（葡萄糖）；2—细菌（葡萄糖）；
3—酵母（蔗糖）；4—酵母（十六烷）；
5—细菌（甲烷）；6—细菌（甲醇）

列出多形汉逊酵母葡萄糖限制培养中 H_2O_2 对生长得率的影响。随添加到培养基中的 H_2O_2 量的增加，氧作为电子受体被 H_2O_2 取代。在发酵罐内 H_2O_2 残留浓度低于 0.5mmol/L。尽管如此，如部分避开位点Ⅲ的质子易位，只有 P/O 商降低，H_2O_2 对生长得率的负向影响比预期的要大。因此，尽管 H_2O_2 在发酵罐中的浓度低，但 H_2O_2 影响菌的生理。H_2O_2 的减少与乙醇厌氧氧化偶合说明 H_2O_2 确实起电子受体的作用。

表 1-12　酵母中氧基的产生和去毒途径

反应	酶	位置
$O_2 + e \longrightarrow O_2^-$	各种	电子输送链
$2O_2^- + 2H^+ \longrightarrow O_2 + H_2O_2$	SOD	胞液和线粒体
$2H_2O_2 \longrightarrow O_2 + 2H_2O$	触酶	过氧化物酶体
$2Cytc^{2-} + H_2O_2 \longrightarrow 2Cytc^{2+} + H_2O$	细胞色素 c 过氧化物酶	线粒体

表 1-13　多形汉逊酵母葡萄糖限制培养中 H_2O_2 对生长得率的影响

培养液中 H_2O_2 浓度/(mmol/L)	生长得率/(g/g 葡萄糖)	培养液中 H_2O_2 浓度/(mmol/L)	生长得率/(g/g 葡萄糖)
0	0.44	170	0.34
100	0.39	220	0.30

一般采用纯氧或添加产生氧基的化合物，如百草枯（paraquat）来研究微生物对高氧压和氧基的敏感性。于酿酒酵母恒化培养中通入 100% 的纯氧，会导致得率降低 25%～40%（取决于稀释速率）和总 SOD 活性的增加。在 $D = 0.10h^{-1}$，葡萄糖限制下酿酒酵母生长在 0.6bar❶氧分压期间生长得率降低 24%。假丝酵母属对氧压的增加也敏感。产朊假丝酵母的生长得率在氧分压大于 350mbar（氧饱和为 1bar）下急速下降；另一菌株在 210～500mbar 间的得率下降到零。这些数据说明，溶氧分压略高于 210mbar，便会导致生物量的下降。

二氧化碳的毒性作用部分原因在于离解为 HCO_3^-。碳酸根抑制许多酶（包括三羧酸循环的酶，如琥珀酸脱氢酶）并可能影响质膜透性。酿酒酵母需氧分批培养在 CO_2 高于

❶ 1bar = 10^5Pa。

350mbar（1bar 的空气压力等于 0.35mbar CO_2）下生长得率下降，但在 $p_{CO_2} = 500$mbar 下生长得率只下降 10%。高密度培养可能产生与气压有关的问题。用空气来通气，有时不能确保供氧条件。在这种情况下可采用富氧或纯氧。在纯氧下局部高氧浓度可能产生氧基。如 CO_2 未被带走，高浓度的 CO_2 会抑制生长得率。有时可以利用抑制生长来增加产物的转化。例如，用高氧压来增加曲霉和热带假丝酵母柠檬酸生产得率。

1.3.5.4 温度

在最适生长温度下生物量得率不一定最大。例如，*K. marksianus* 分批生长在 40℃下的生长速率最高。但在恒化培养期间（$D = 0.10h^{-1}$）其生长得率在 38℃ 和 30℃ 分别为 0.42g/g 和 0.48g/g 葡萄糖。当生长温度从 30℃ 升高到 40℃，不同碳源生长的大肠杆菌的维持系数增加 7～10 倍。这是由于细胞材料周转的增加所致。

高温常使酵母变成小个体突变株，并可能影响质膜透性，使产能的效率降低，维持需求增加，导致得率的减小。这是由于葡萄糖被无活力培养物消耗所致。在醇、有机酸（包括辛酸和乙酸）的存在下会加重高温对生长的负作用。生长温度显著影响细胞的组分，细胞组分（特别是蛋白质含量）影响生物量对 ATP 的需求，因而影响生长得率。

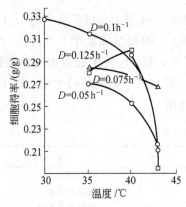

图 1-31 多形汉逊酵母连续培养过程中细胞得率与温度的关系

温度也影响碳源基质转化为细胞的得率。如图 1-31 所示，在多形汉逊酵母连续培养中甲醇转化率最大时的温度比 μ 最大时的温度要低。**其生长得率随温度升高而降低，主要原因是维持生命活动的需求增加（维持系数的活化能为 50～70kJ/mol）。最大的转化率所处的温度一般略低于最适生长温度。如需使转化率达到最大，这一点对过程的优化特别重要。**

1.3.5.5 pH

酵母可以在外界环境 pH 变化（pH3.5～9）下大致维持胞液 pH 恒定。质膜 ATPase 在 pH 内环境稳定方面起重要作用。生长在被缓冲的 pH3.5 比生长在 pH5～6 下其质膜 ATPase 的活性增加 2～3 倍。质膜 ATPase 的活性降低的酿酒酵母突变株比野生型菌株对生长在低 pH 和乙酸（这可能会降低胞液的 pH）的影响更为敏感。

在恒化培养中酿酒酵母生长得率通常在某一范围内与培养基的 pH 无关。在较低的 pH 下得率下降。酿酒酵母的蛋白质含量不受 pH 的影响，故得率的降低可能不是由于细胞成分的变化，而是由于在较低 pH 下质子的被动流入更多。

在酿酒酵母厌氧葡萄糖限制的恒化培养中培养基 pH 与维持能存在明显的关系。假定生物量形成的能量需求（即试验 Y_{ATP}^{max}）不变，可以求得这种关系式。这样求得的维持能随 pH 的降低而大大增加[最高达 12（mmol ATP/g）/h]，以维持能的对数对培养 pH 作曲线得一直线。这说明解偶联的程度是质子浓度的线性函数。皮状丝孢酵母对外部 pH 很敏感，在好氧葡萄糖限制生长期间在 pH6～3.5 之间生长得率下降，在 pH3.0 出现洗脱现象。细胞组分受 pH 降低的显著影响，会使蛋白质和 RNA 含量增加 25%。细胞组分的改变使培养基 pH 的影响的分析复杂化，因生物量形成的 ATP 需求取决于细胞组分。酿酒酵母在葡萄糖限制恒化培养下生长得率受温度和 pH 的影响，在 pH2～7 和温度 22～35℃ 下其最大生长得率出现在 pH4.1 和 28.5℃。

1.3.5.6 副产物对生长得率的影响

(1) 醇 乙醇在酵母生产中是不受欢迎的。葡萄糖浓度过高或生长速率过快均会出现所谓 Crabtree 效应，即在有氧条件下产生乙醇的现象。这种现象出现在超过临界稀释速率的糖限制的恒化培养中，此临界点主要取决于菌株。酿酒酵母的临界 D 高达 $0.38h^{-1}$，而其他菌株在 $D=0.25\sim0.30h^{-1}$ 间便已开始形成乙醇。

除碳的损失外，乙醇还会干扰细胞代谢。乙醇的影响范围较广，可能增加膜的渗透性，导致氨基酸的泄漏，促进乙酸的解偶联反应，跨质膜的质子驱动力（pmf）的消耗，抑制某些酶（特别是质膜 ATPase）。有人对乙醇对质膜 ATPase 的抑制作用提出异议，用卡儿斯柏酵母的泡囊（vesicles）试验发现，这是乙醇降低跨质膜的 pmf，而不是对 ATPase 的抑制作用所致。乙醇可以增加泡囊的透性。只有在乙醇体积分数很高（15%）时，才会直接抑制或钝化胞液中的酶，此浓度可能是大多数酿酒酵母能忍受的极限。给酿酒酵母一次性乙醇后会引起被动质子输入的明显增加，这至少部分是由于乙酸的形成，导致胞内 pH 暂时降低。

在分批培养中生长在葡萄糖上的酿酒酵母，当添加的乙醇浓度超过 4%，生长得率便开始下降。乙醇的毒性，特别是对发酵的抑制作用是由于碳源以外的培养基组分的耗竭。例如，添加生物素或镁离子可以明显解除乙醇的抑制作用。外源乙醇的毒性比内源乙醇的小。许多原以为是乙醇引起的作用实际上是其他代谢物，如碳链长一些的醇或有机酸造成的。

(2) 有机酸 在酵母生长期间即使在碳源限制的条件下也会产生有机酸。有机酸可能将能量的生成与细胞形成的偶联解除。有机酸的非偶联机制示于图 1-32。不能代谢的有机酸以非解离形式通过被动扩散进入细胞内，其吸收速率与 pH 有关。一旦进入细胞内，有机酸将因胞液的高 pH 而被解离。这说明有机酸实际上起质子导体的作用。若此过程继续不减弱，跨质膜的 ΔpH 将消失，跟着胞内外 pH 变成相同。为此，必须通过质膜 ATPase 将质子驱逐出胞外。这便需要 ATP 的水解，为了提供这一 ATP，便需要增加呼吸和/或发酵，这取决

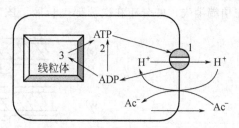

图 1-32 由有机酸进行的质膜上的非偶联作用
1—质膜 ATPase；2—基质磷酸化形成 ATP；3—通过呼吸生成 ATP

于生长条件（阴离子的去向不明，一般，假定质膜对阴离子是不能透过的）。因此这种弱酸的作用不同于解偶联剂，如 2,4-二硝基酚（DPN）（DPN 无论是解离或非解离状态都能透过），让它们进行跨膜快速循环，从而导致 ΔpH 和 Δψ 的耗散。若干有机酸（如苯甲酸、山梨酸）可能通过迄今未知的主动运输机制被排泄。

1.4 生长调节

微生物的生长分化受其自身和外界多种因素的调节。这里以真菌为对象阐述菌丝体形态调节的规律。

1.4.1 菌丝顶端生长

菌丝仅在顶端（末梢）生长，其余部分的菌丝壁加厚但不扩展。这与居间生长（intercalary growth）形式不同，后者细胞的任何部分均能扩展与分裂。

菌丝的形态与生长速率受多种因素制约，均与胞内 Ca^{2+} 有关。其中包括胞外 Ca^{2+} 的浓度、Ca^{2+} 载体、Ca^{2+} 运输的抑制剂与引入细胞质内的缓冲剂[17]。这些因素的作用源于菌丝顶端胞质内高浓度梯度的游离 Ca^{2+}，其存在是菌丝旺盛生长所必需的。此浓度梯度很陡，离开菌丝顶端 1～2nm 便迅速下降。此梯度的形成是由于菌丝顶端 Ca^{2+} 的吸收（途径质膜通过位于菌丝顶端的伸展的活性管道）和次顶点排斥或扣押这些离子共同作用的结果。Heath 等认为，对 Ca^{2+} 梯度的调节会改变形成细胞骨架的肌动蛋白成分的性质，从而控制菌丝的延伸能力和菌丝顶端的生长[18]。

菌丝顶端间室的复制周期遵循以下规律：①顶端间室由于隔膜的形成，其长度缩小一半；②新形成的顶端间室继续以相同的线性速率延长；③当核内细胞质体积增加到一临界值时便诱导细胞核几乎同步分裂；④在有丝分裂后顶端间室扩展成原来的一倍时隔膜便形成了。

支持菌丝顶端生长所需菌丝的宽度与长度随真菌的种类而有所不同。例如，*Rhizopus stolonifer* 的线性生长只出现在芽管长度在 4nm 内，而 *Phycomyces blakesleeanus* 的孢囊孢子的指数生长一直持续到 4mm 长。菌丝的伸长速率取决于对菌丝顶端的养分供应和伸长区域的表面积。

1.4.1.1　菌丝顶端生长机制

大多数菌丝顶端生长机制都与泡囊（vesicles）在顶端的聚集有关。一旦生长停止，泡囊在顶端消失，并分布在次顶部生长区。图 1-33 显示细胞生长点的代表性活动。

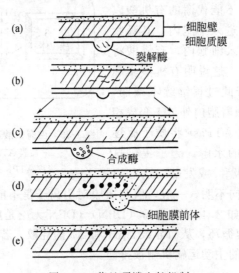

图 1-33　菌丝顶端生长机制

（a）含有细胞壁溶解酶的泡囊与质膜融合；（b）细胞壁的网状结构局部拆开，从而取得塑性；（c）细胞壁由于原生质内部压力而扩展，泡囊与质膜融合，释放出细胞壁合成酶；（d）新细胞壁的合成前体由泡囊提供，细胞壁的合成从质膜向外扩展；（e）新细胞壁单元被合成

泡囊是一种由单层膜包裹的细胞器，可把它看做是溶酶体复合物或内膜复合物的一部分。泡囊含有多种水解酶系，其最佳 pH 在酸性范围；还含有细胞壁合成酶以及细胞壁的若干前体；在胞内起运输材料的作用，在运输过程中起隔离作用，避免同胞内其他物质接触。泡囊是由高尔基体（Golgi）或内质网（endoplasmic reticulum）的特定区域释放，再输送到生长点与质膜结合（参阅图 1-4）。泡囊有三种作用：①运输各种负责把细胞壁拆开和扩建的酶；②运输新的细胞壁成分，其前体或预制单位；③运输合成质膜的材料。

1.4.1.2　泡囊如何在菌丝顶端聚集

内质网系统产生泡囊的区域位于菌丝的次顶部，借化学或电化学浓度梯度（推动力）移动。因无线粒体，菌丝顶端全靠发酵维持。顶部以外的细胞靠线粒体进行正常呼吸。用细胞松弛素（cytochalasin）可以完全抑制细胞质的流动，从而阻止泡囊的移动和生长。故细胞质的流动是生长的"推动力"，使泡囊流向菌丝顶端。如菌丝顶端同其次顶部区域被隔离，则生长便缓慢下来；如切断的地方离开顶端远些，对生长的影响便小得多。据此，可测定末梢生长区域的长度。粗糙链孢霉顶端生长的低限长度为10mm。

存在两种形式的胞质流动；一种是导向菌丝顶端的快速流动，菌丝顶端失水，造成顶端与次顶端之间的水势梯度，从而加速这种流动；另一种形式的胞质流动为双向流动或环流（cyclosis），其流动速率要慢得多。

1.4.1.3　菌丝生长过程

对孢子发芽的研究可获得有关顶端生长的有用信息。如图1-34所示，开始孢子吸水膨胀，这时细胞壁合成材料散布在孢子周围内表面，随后长出芽管，新材料便聚结在芽管的顶端。故极性生长是在非极性生长过后才出现的。在不利条件下有些真菌的极性生长被无限地推迟。例如，黑曲霉的孢子在44℃下生长，它继续膨胀形成巨细胞；如这时再转移到30℃下生长，它会从巨细胞中伸出芽管，随后形成孢子，见图1-34。这说明在孢子膨胀期间黑曲霉也能正常地成熟，甚至产生孢子，但要等到适合于极性生长时机才能表达这种潜在能力。

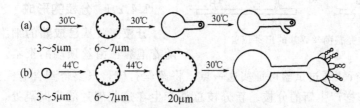

图1-34　温度对孢子发芽的影响

(a) 在正常温度下；(b) 在44℃下

研究顶端生长过程的另一种实验方法是用水浸没镰刀菌菌落，观察其顶端生长情况。结果有半数菌丝末梢停滞1min后重新生长，只是在膨胀的菌丝顶端长出较细的菌丝，其余菌丝停止生长几分钟后在菌丝顶端又长出一个以上的较细的芽。重复以上试验，但这次加水等40s后，再加入等渗溶液（即与琼脂的渗透压一样的溶液）。结果菌丝继续膨胀，暂停出芽，随后又长出一个以上的细芽，如图1-35所示。这些现象说明，**菌丝生长可能包含两个过程：①塑性顶端的延伸；②细胞壁的硬化，即随顶端延伸后的硬化。在正常生长情况下这两个过程以同样的速率进行，只是硬化紧随顶端延伸之后，故总是只有一小段延伸区域呈塑性。**

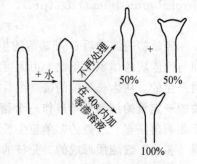

图1-35　水对菌丝顶端生长的影响

菌丝浸水试验的第一种情况可解释为浸水后生长延伸停止，菌丝顶端在重新调整其新的渗透压期间细胞壁的硬化继续进行，在顶端还未完全"封住"前，未硬化的塑性部位继续长出一细芽；对第二种情况，生长再次受到干扰，耽误了在剩余部位出芽的时机，最终顶端全被"封住"，这期间胞质继续流动的结果是使菌丝顶端膨胀，过几分钟便会在其他薄弱部位找到突破口，抽出一个以上完全新的细芽。

细胞壁的硬化是指胞壁的加厚或完全新的细胞壁的沉着，而塑性顶端的延伸要靠溶解酶类的作用才能实现。因此，如这些酶不稳定，或被蛋白酶降解，或因渗透压改变，阻止泡囊与菌丝顶端的结合，结果便出现胞壁的硬化。

1.4.2 菌丝分枝规律

菌丝分枝一般在距生长着的菌丝顶端一定距离的后方进行。真菌如同高等植物那样显示出顶端生长的优势。有可能激素在起作用维持这种优势，但从未证实过；也可能是菌丝顶端内外养分的竞争或由生长旺盛的菌丝顶端释放出某些代谢物所维持。后两种因素很容易在实验室内证实：菌丝分枝一般均朝向菌落的边缘扩展生长，并偏离其亲本菌丝和相互岔开生长。

担子菌属的分枝方式遵循另一种规则，它在琼脂上以一种退化的、带有完全无孔的间隔的菌丝方式生长。故不论何时形成一间隔，必然会从次顶端处产生一分枝。这是多余的细胞质用于生长的结果，并且在细胞质体积、核分裂和分枝数目之间存在着明显的关系。在其他真菌中也确定了细胞体积和分枝之间的类似关系。

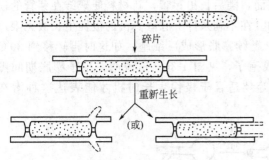

图1-36 完整菌丝碎片的出芽位置

1.4.2.1 分枝的形成

分枝需要从已成熟的细胞中产生，这伴随着泡囊在菌丝顶端的聚集。分枝往往在位于间隔的附近进行。通过试验可证实这一点。将菌丝打碎，只要得到含有完整间室的碎片，便能如图1-36那样产生新的分枝。新分枝总是产生在这些碎片的靠间隔处，故即使在菌丝内其个体细胞也有某些程度的极性。

1.4.2.2 菌丝生长单位

在琼脂中生长的不同阶段摄下年轻菌落的发育照片，按式(1-33)可求得菌丝生长单位 (hyphal growth unit) G (μm)。

$$G = 菌丝总长度/菌丝分枝数目 \tag{1-33}$$

经最初的波动后 G 随菌落的生长而趋于稳定。分枝的数目总是与菌丝总长成正比，从而与细胞质的体积成正比。由此可见，**新分枝是在胞液体积超过现有分枝数所能容纳的体积时产生的**。从生长单位的确立可看出胞液体积与分枝之间有如下规律：①每一分枝连同其有关的一定量的细胞质可当作一个菌丝单位 (unit)，就像对待个体细胞，如酵母那样，故一真菌菌落是靠"假想的"单位生长的，实际上它们是连在一起，分不清的；②由于新的分枝是"多余"细胞质形成的，分枝的数目基本上取决于菌落的营养状况，从而取决于胞质的数量；③因现有的**分枝能优先得到细胞质**，故一分枝的形成对已有的分枝的生长速率影响很小；④**真菌菌落容易适应一定范围的养分浓度变化**，它在养分贫乏的琼脂培养基中散开的速度几乎同丰富培养基上的一样，但分枝少一些。

从孢子萌发到菌丝成长过程，菌丝体长度、生长单位等的变化见图1-37。生长初期，菌丝总长度和分枝数目均以指数的速率增加，这时的菌丝体间隔较长。菌丝生长单位的变化幅度随生长而减小，最后稳定。不同菌种和菌株的 G 值是特异的（表 1-14），其测量误差约为 30%，因而可作为菌株鉴别的特征之一。

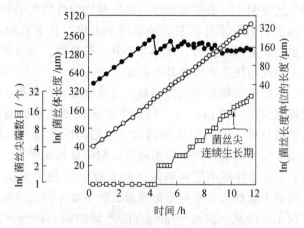

图 1-37　白地霉在固体培养基上的生长

□为菌丝末梢数目；○为菌丝总长；●为菌丝生长单位的长度

表 1-14　真菌未分化菌丝的生长单位

菌种	菌丝生长单位/μm	菌种	菌丝生长单位/μm
匍匐放射毛霉	352±97	白地霉①	110±28
黑曲霉	77±14	罗氏毛霉	37±10
温特曲霉	66±15	冻土毛霉	95±22
大曲霉	77±9	葡枝根霉	121±31
枝孢霉属	59±11	产黄青霉	48±10
小可银汉霉	35±9	绿色毛霉	160±31
草燕麦镰孢	620±164	轮霉属	82±17

① 在 30℃培养。

注：1. 25℃，固体培养基，补充有硫胺素和藻霉属所需的生物素。

2. 所测菌丝体末梢为 3~8 个。

以上的讨论主要针对年轻的菌丝体。当形成菌落时其中心部位的菌丝生长与分枝的动力学会受到养分与氧浓度的减少、次级代谢物与产物的堆积和环境因素如 pH 的改变的影响[19]。这些因素会明显地导致生长速率的降低，影响分枝的形成和游离菌丝的形态。

在建立顶端菌丝的生长与分枝模型时必须把与这些过程相关的因素考虑进去。顶端的延伸是通过（在次顶端形成与运输到顶端的）泡囊的胞吐作用（exocitosis）进行的。因此，泡囊在顶端的浓度与任何其他顶端延伸因素取决于其供应（合成与运输）和消耗（沉积或破损）速率间的平衡。分枝是由泡囊在菌丝顶端聚集的速率启动的，即与过量的泡囊的生成成正比。分枝至少部分是由在前一分枝点或其附近的因素控制的[20]。

Watters 等[21]证明，在构巢曲霉中分枝间隔的分布与顶端伸长速率无关，而是由温度控制的。虽然迅速冷却会干扰其分布，在新温度下它不久便会恢复到正常默认的分枝间隔的状态。因此，分枝间的间隔的统计学分布似乎构成一自我平衡的设定点。他们[22]建立和测试了一种模型，说明粗糙链孢霉分枝的形成是由过量的泡囊在菌丝顶端聚集（供大于顶端生长的需求）的结果，这解释了为什么分枝的分布与温度或生长速率无关。

1.4.2.3　菌丝结团的动力学

在沉没培养中丝状微生物倾向于集聚生长成团，可以是球形或椭圆形。其中心结构呈蓬松或压缩稠密状。后者的中心区域由于得不到养分和氧，导致自溶。在工业发酵中控制菌丝的形态是高产先决条件。游离悬浮的黏稠菌丝体使得搅拌效果与传质变差，胞壁增厚。结成团的培养物要好许多，且有利于下游过滤操作。故控制均匀适当大小的菌球是一些品种高产的关键。这并不容易做到，因有多种因素影响菌球的形成。其中有种子接种量、方式和种龄，遗传因素，形成生物絮凝剂的能力，培养基成分，聚合物、表面活性剂与螯合剂的生物合成或添加，剪切力，温度与压力和培养基的黏度[23,24]。

在任一发酵过程中丝状微生物的生长形态被认为是凝聚力与解聚力的竞争影响与平衡的最终结果。前切力起解聚作用，在 pH＞5.5 情况下大多数微生物的细胞壁带负电荷，借静电排斥作用使聚集的细胞分散。Ca^{2+} 强度的增加或细胞间的连接可以阻止其分散。添加聚阳离子通常能诱导凝聚，而聚阴离子的作用则相反，起解聚作用[25]。

Ryoo 等[26]研究了生长条件影响黑曲霉菌球形成的化学-热力学基础。他们发现，真菌细胞与液体培养基之间的表面热力学平衡是菌球形成的主要原因，因在初始的培养液中菌球形成的 Gibbs 自由能在 48h 内从 $-81\sim-73erg/cm^2$❶ 增加到 $-46\sim-13erg/cm^2$。FTIR 分析显示，诱导菌球形成的因素同时增加黑曲霉细胞壁的疏水性。有两种菌球形成的方式：一种是凝结型的，即多个孢子凝聚，萌芽后菌丝相互缠绕在一起，如黑曲菌；另一种是非凝结型，即一个孢子长成一个菌球，如青霉菌。在低功率输入下黑曲霉的菌球数等于初始孢子丛数；随功率输入的增加，孢子形成菌球的比例渐渐趋向于 1。在接种量小于 $10^{11}/m^3$ 的情况下会形成菌球，而在较高的接种量下则丝状生长占优势。同样，有利于高生长速率的因素，如在易于同化的丰富培养基中真菌球的形成减少。对某些发酵如衣康酸、柠檬酸、葡萄糖氧化酶、多聚半乳糖醛酸酶、植酸酶[27]和葡糖淀粉酶[24]来说，菌球的形成是高产的先决条件。

在菌球形成期间菌丝体的分化对酶的生产有很大的影响。多聚半乳糖醛酸酶的合成与黑曲霉的形态关系密切。菌球越结实，多聚半乳糖醛酸酶的合成越多。不管用何种培养基，球状菌的酶浓度和生产速率比丝状菌的高出两个数量级。同样，在葡糖淀粉酶的生产也观察到类似的提高[24]。这类现象可解释为，菌球内溶质的扩散受到限制，从而减少分解代谢物的阻遏作用或因氧的供应受限制，避免了某些酶被氧化钝化。

1.4.2.4　菌球内部扩散限制的后果

菌球内部结构会使养分的扩散渗透受阻，结果造成菌球的异质性。扩散阻力的大小取决于菌球结实的程度，在菌球的中心部位，菌丝因吸收不到养分和氧而枯竭、自溶。在大而结实的菌球中仅在表层的菌丝能进行正常生长代谢；对较蓬松的菌球，能正常活动的菌层厚一些，能通过湍流与对流进行物质传递[23]。在建立菌球生长模型时曾把养分扩散受限制与菌球的异质性考虑在内。Pirt 氏菌球生长模型是基于围绕菌球表层活性菌丝的生长、用氧的扩散系数与青霉菌的生长动力学参数构建的，表达式可用来预测临界菌球半径 R_C，即超过此半径，养分扩散到菌球中心便受到限制。此表达式经得起实验的检验。

$$R_C = m\left(\frac{6D'Y_{S_m}}{\rho\mu}\right)^{1/2} \tag{1-34}$$

式中，D' 是扩散系数；Y_{S_m} 是生物量的得率；ρ 是菌球密度；μ 是比生长速率；m 为经验系数。

---

❶　$1erg/cm^2 = 10^{-3}N/m$。

1.4.2.5 游离菌丝与菌球的破碎

菌球破裂的原因值得探讨。真菌菌球浓度起初增长到一定程度后便随比生长速率的下降而迅速下降[28]。菌球内部自溶导致球的结构不稳定，对搅拌的剪切非常敏感，因而是菌球破碎的原因。此外，在菌球表面的菌丝由于自然的老化过程，形成空泡而容易折断。由于菌球的破碎与菌丝从菌球表面的丢失，真菌培养物在培养液中的形态从球状变成散开的丝状，从而改变培养液的流变性质及其传质性能。

养分的缺乏是自溶的主要原因。在连续青霉素发酵中让青霉菌处于养分缺乏、只能维持的状态，其维持需求为 0.022g 葡萄糖/g 细胞（DCW），会使其菌丝形成空泡，从而变脆。Righelato 等认为，自溶不是菌的老化而是养分与氧的缺乏引起的。不同的菌种在液体培养过程中的菌丝与菌球破碎的程度不一样。对于产黄青霉，比破碎速率与搅拌输入能量呈线性关系。这清楚地说明，破碎主要是物理因素造成的。

Chisti 等深入讨论了生物反应器中各种流体动力与其他动力对菌丝与菌球破碎的影响[29]。Paul 等[30]构建了一种描述沉没补料分批发酵中青霉菌的生长分化与青霉素生产的模型。此模型结合了真菌细胞的生理结构，其最新的研究内容是对空泡形成与蜕化机理的描述。基于成像分析获得的定量信息，该模型以一级反应动力学方程描述青霉菌菌丝自溶和随后菌球破碎的过程，并将蜕化区域的大小考虑在内。试验是在相同搅拌转速下做的，结果表明，空泡的形成是由于葡萄糖的缺乏所致。此模型可成功地预测高低补糖速率所引起的动态分化与青霉素生产变化。用 *G.candidum* 在葡萄糖限制下进行连续培养的研究中发现，比生长速率的提高会导致菌丝直径增加与单位长度菌丝生长的减小。但对单位体积的菌丝生长无显著影响。当比生长速率低于 $0.4h^{-1}$ 时会形成侧枝。随稀释速率的提高，菌丝顶部分枝与伸长速率增加。

Withers 等[31]在葡萄糖受限制的恒化培养中研究黑曲霉培养物的异质性时分离出 4 株形态突变株，其中有一株的分枝性能比其亲株要少。这说明，该突变株能很好地适应搅拌罐条件下生长。由此作者认为，**筛选"适应发酵罐"的突变株可能会获得更为稳定的工业发酵的种子**。由于菌丝体形态对培养液的流变性，蛋白质分泌的影响复杂，从连续培养中筛选突变株可能有利于提高工业发酵的生产性能，不失为筛选适应设备条件的菌种的好方法。

对青霉素发酵来说，其维持需求随比生长速率变化，在 $0.8h^{-1}$ 时为 10%、$0.05h^{-1}$ 时为 70% 的基质被用于维持。连续培养中影响菌丝形态的因素很多，例如发酵的物理参数，限制性基质的种类，比生长速率，且相互关联。Weibe 等用连续培养方法研究了比生长速率对两株 *Fusarium graminearum* （一株分枝稀疏的亲株 A3/5，另一株分枝较多的变株 C106）的形态的影响。随比生长速率的增加两株的菌球破碎率降低。A3/5 菌株随比生长速率的增加菌丝生长单位的长度增加，而 C106 菌株在所有稀释速率下产生的孢子比 A3/5 菌株至少大 10 倍。

在分批补料发酵条件下有关菌丝形态发育的报道很少。Papagianni 等[32]研究了黑曲霉在分批补料下柠檬酸的生产与形态发育的关系。菌的形态主要受到比生长速率的影响和培养基中葡萄糖浓度的间接影响。有关过程参数对真菌形态与产物合成的影响的详细论述，请参阅 5.2.13 节。

1.4.3 微生物生长分化的调节

微生物的生长分化受其自身和外界多种因素的调节。这里以真菌为对象阐述菌丝体形态的调节。以下的规律主要适用于固体培养基上生长的未分化菌丝。真菌孢子在培养基上发芽，形成未分化的菌丝，继续生长，分化为成熟的菌丝。表 1-15 列出未分化和分化菌丝的差异。丝状菌的形态上的优势在于：①菌能无限扩增而无需改变细胞质的体积与表面积之比；②菌丝体与培养基之间的物质交换只需通过较短的距离；③菌丝以有规律的分枝确保它能高效地覆盖在固体培养基上。

表 1-15　未分化和分化菌丝的差异

未分化菌丝	分化菌丝
主杆和分枝菌丝的直径相同	主杆菌丝较粗，分枝较细
末梢菌丝具有相同的最大伸长速率	主杆菌丝的最大伸长速率比初级和次级分枝大
菌丝的分枝间的伸长区短	菌丝分枝间的伸长区长
接近末梢处的菌丝不分枝	主杆菌丝常在接近末梢处分枝

未分化菌丝的生长调节至少包含三种机制：①菌丝极化的调节，生长是极化的，菌丝的伸长仅限于菌丝顶端；②分枝启动的调节，芽管伸长，形成主杆菌丝，并由此形成初级分枝，再由此形成次级，一直分枝下去，从菌丝体的形态特征说明存在着一种调节分枝启动频率的机制；③菌丝空间分布的调节，未分化菌丝趋向于分散独立生长，相邻菌丝间的接触因"回避作用"而减少，这称为向自性（autotropism）。

1.4.3.1　极化生长的调节

菌丝极化生长是指孢子或菌丝细胞的一端发芽，伸长，长成菌丝。培养条件，如温度不适，或在厌氧、含 CO_2 浓度较高的条件下，会阻止极化生长，并以非极化（即各向同性）方式像酵母那样生长。故非极化生长是与不利的生长条件相联系的。菌丝极化生长受若干内源调节机制的控制。菌丝生长（孢子发芽，顶端生长，分枝）总是与泡囊的活动相联系。调节是通过向菌丝顶端输送泡囊，泡囊与细胞膜融合发挥作用的。扰乱这两种作用会导致各向同性生长（参阅 1.4.1.3 节）。

1.4.3.2　菌丝分枝启动的调节

从孢子发芽后未分化菌丝体首先在大致恒定的环境条件下生长，随后其生长环境，即培养基的物化条件有较大的改变。在固体培养基上菌丝体的初期生长阶段与分批培养的初期指数生长条件相似，所形成的菌丝也基本相同。以下的分枝启动规律除特别注明外均指未分化菌丝。

(1) 菌丝平均伸长速率（E） 菌丝伸长速率可通过下式计算：

$$E = \frac{2(H_t - H_0)}{B_t - B_0} = G\mu \tag{1-35}$$

式中，H_0 和 H_t 分别为 0 和 1h 的菌丝体的总长度；B_0 和 B_t 分别为 0 和 1h 的分枝数目；G 为菌丝生长单位；μ 为比生长速率。

在标准的培养基中测定不同霉菌的 E，其标准偏差不超过 $\pm 12\%$。这也说明 E 是未分化菌丝的分类特征，见表 1-16。未分化菌丝体的总长度起初以指数速率增长，直到菌丝体总长超过 15mm（以冻土毛霉为例），然后进入生长速率的累进期。指数期的长短通常受霉菌菌丝生长单位的影响，如形成稠厚菌丝体的产黄青霉（$G = 48\mu m$）比形成稀疏菌丝体的冻土毛霉（$G = 95\mu m$）减速早一些。这大概与培养基成分的不利变化，如 pH、次级代谢物或养分浓度的变化和菌丝体的分化有关。

表 1-16 未分化菌丝的分类特征

菌种	平均菌丝伸长速率 $E/(\mu m/h)$	最大菌丝伸长速率 $E_{max}/(\mu m/h)$
构巢曲霉	33±4	80
白地霉	48±3	120
冻土毛霉	125±11	330
粗糙链孢霉	21±1	49
产黄青霉	8±0.3	—

(2) 环境条件对菌丝生长单位的影响

① **温度** 菌丝生长单位不受温度的影响，μ 和 E 均随温度的改变而以相同的速率变化，即 E/μ 为一常数。故温度影响菌丝生长单位的复制速率，而不是 G。同样，在分批培养中生长的细胞群体的平均质量是不受温度影响的。

② **培养基成分** 营养成分的改变会影响 G 和 μ，但对 E 的作用不大，从表 1-17 可见，不同培养基对 μ 的影响恰好与对 G 的影响相反。

③ **分枝诱导剂** L-山梨糖抑制粗糙链孢霉的 E，对 μ 影响不大，因而使 G 下降，诱导粗糙链孢霉茂盛分枝。用 L-山梨糖处理过的菌丝体，其 μ_{max} 保持不变，但其空间分布改变，霉菌以群生（成团）或半群生方式生长。

表 1-17 培养基成分对菌丝生长单位的影响

培养基	比生长速率 μ/h^{-1}	菌丝生长单位 $G/\mu m$	估算的菌丝平均伸长速率 $E/(\mu m/h)$[①]
A：在 30℃下麦芽汁，成分已知	0.36	33[②]	11.9
以乙酸为碳源，成分已知	0.14	73[②]	10.2
以 L-色氨酸为氮源	0.11	120[②]	13.2
B：产黄青霉复合培养基	0.24	43±10	10.3
成分已知的培养基	0.14	60±9	8.4

① 用式(1-35)估算。

② 为另一批数据。

④ **抑制剂** 霉菌生长抑制剂对 G 的影响取决于抑制剂的性质和剂量，如 G 不受影响，说明这种抑制剂同时影响 E 和 μ，因而 $G=E/\mu$ 不变。环己酰胺则会使 G 减小。

1.4.3.3 菌丝空间分布的调节

菌丝倾向于散开单独生长，部分原因是向自性的结果。向自性是一种确保同类菌丝高效地覆盖固体培养基的机制。对这种现象有两种解释：①菌对聚集于环境中的未知因素的负向化性反应；②对氧或其他营养要素的正向化性反应。所谓向（趋）化性是指一种以化学物质为刺激源的向性，负则表示避开。

1.4.3.4 链霉菌生长的调节

(1) 气生菌丝的调节 在含有嵌入性染料（如吖啶类化合物）的培养基中发芽生长的链霉菌孢子会高频地（2%～20%）失去形成气生菌丝能力。这种产孢子能力大为减弱的突变株（Amy⁻）同时丧失产生特征性泥土气味和色素的能力。从白黑链霉菌中分离出具有促进和抑制气生菌丝形成的两种特异因子。气生菌丝的形成是由一个或一个以上的染色体外 DNA（如质粒）控制的。这种质粒是游离的，也可以在生长周期的某些阶段以附加基因形式整合到编码精氨酰琥珀酸合成酶的位点上或其附近的 DNA 片段。借移位作用机制，附加基因可以移入或移出染色体。游离质粒的消除会导致这种精氨酸基因的切除，与大肠杆菌中引入的 λ 噬菌体的 gal 基因的偶然丢失的情况相似。嵌入式染料也能诱导移码突变或缺失。

从比基尼链霉菌和灰色链霉菌中分离出来的 A 因子具有恢复突变株形成气生菌丝和产生链霉素能力的作用。次甲霉素 A 抑制天蓝色链霉菌 SCPI[-] 菌株的气生菌丝的形成。林可霉素是蛋白质合成抑制剂，它影响白黑链霉菌的生长，浓度在 $0.002\sim1\mu g$ 可以促进气生菌丝的形成，$2\sim10\mu g$ 完全阻遏气生菌丝的形成，大于 $10\mu g$ 营养菌丝的生长也开始受到抑制。白黑链霉菌还会产生抑制促进菌丝形成的抗生素 pamamycin，它是一种强有力的 DNA 和 RNA 合成抑制剂。

(2) 菌丝团(球)的形成　在液体中链霉菌会形成一种由菌丝缠绕成结实的球形菌团。在菌团的核心往往缺养分与氧，严重时会引起自溶。链霉菌菌丝体的这种生长形式会对生产研究带来严重的问题，因菌丝体中的各菌丝所处的微环境不同，其生理代谢状态也不一样。菌团分散有利于生长，通常可用以下方法使菌分散生长：改良的摇瓶、饿瘦、添加分散因子、改变培养基组分或浓度、使用化学添加剂或几种方法一起使用。

Okba 等[33]使用一种 Bennett（含肉浸汁-酵母膏）培养基在一种硫链丝菌素产生菌 *Streptomyces azurus* 的液体培养中研究了杆菌肽与过量 Mg^{2+} 对菌团形成与菌丝体生长的影响。在培养基中添加 $0.2mmol/L$ 以上的 Mg^{2+} 会促进菌团的形成，明显抑制生长。杆菌肽改变菌丝体生长的形式，从菌团变成分散菌丝形，经一较长的停滞期后促进菌丝生长。在低于 $0.2mmol/L$ 的 Mg^{2+} 的情况下杆菌肽完全抑制菌丝体的生长，Ca^{2+} 也有类似的作用。EDTA 抑制菌团的形成，但从不促进生长。试验证明，这是由于过量的 Mg^{2+} 诱导菌团的形成；杆菌肽与 EDTA 相似，与培养基中的过量 Mg^{2+} 螯合，导致菌团的形成受抑制；杆菌肽诱导的生长促进作用可能是由于螯合与抗菌活性。现将 Mg^{2+}、杆菌肽与 EDTA 对菌丝体生长的影响归纳于图 1-38。

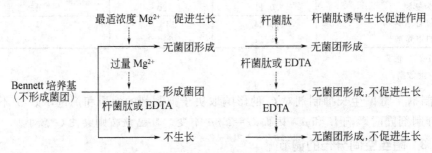

图 1-38　Mg^{2+}、杆菌肽与 EDTA 对菌丝体生长的影响

⇢表示添加化学试剂；→表示菌丝体对试剂的响应

Christiansen 等[34]曾用在线成像分析仪流动室测定 *As. oryzae* 在不同葡萄糖浓度下单个菌丝的生长动力学。由此取得的定量形态信息被用于建立描述 *As. oryzae* 早期生长的模型。他们用了 Monte Carlo 模拟法去模拟由单个孢子形成的菌丝生长动力学，并发现，所有菌丝的最大顶端伸长速率在相同的葡萄糖浓度下是恒定的。当顶端出现分枝时菌丝顶端的伸长速率暂时降低，在单个菌丝上所形成的分枝数目与菌丝长度（超过菌丝生长单位的）成正比。

○ 1.5　运输过程

代谢物的研究和生产往往注意微生物的生长条件，如培养基、氧的供给和细胞的代谢调节而忽略膜运输过程。如图 1-39 所示，为了生长繁殖和合成产物，需要不断从外界吸收养分和合成产物所需的前体等，同时分泌代谢产物，排泄代谢废物。除了 O_2、CO_2、NH_3、水和乙醇外，分子进出细胞不是靠扩散而是借特殊的运输系统透过细胞膜的。扩散是指溶质的移动并未与膜蛋白直接相互作用，其转移速率与溶质浓度成正比。载体运输涉及膜的蛋白质组分的参与，载体蛋白一些性质与酶动力学相似。所有细胞都需要从其周围吸收养分来维持其生长。保持细胞的完整性也需不断地除去某些代谢物或离子。特别在生物工艺上代谢产物的分泌至关重要。

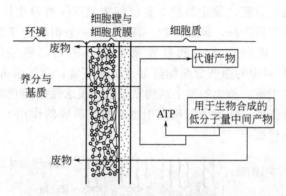

图 1-39　细胞膜运输任务示意

生物膜是细胞或胞内细胞器的外衣，故它们是所有活细胞的重要组分，不仅起被动的屏障作用，且具有繁多的复杂功能。膜中的一些蛋白质起选择性泵的作用，可用于严密控制离子与小分子进出细胞的活动，并且能形成质子浓度梯度，这对由氧化磷酸化产生 ATP 反应是必要的。膜中的受体能识别胞外的信号，并将其传递到细胞内。

许多细菌具有结构不同的内外两层膜。在这两层膜的间隙中的液体含有一些能将特定的溶质带到内膜的运输蛋白质，于是溶质便可以通过需 ATP 过程穿过内膜。线粒体的平滑外膜具有构成液体通道的蛋白质；溶质可以有选择性地透过其卷绕的内膜，此内膜含有许多与膜结合的酶。细胞核也含有双层膜，核中的成分通过膜中的孔同胞质沟通。内质网的单层膜是高度卷绕的。

质膜将活的细胞同环境隔离。在真核生物的细胞内还存在由膜包裹的细胞器，如细胞核、线粒体等。膜的选择性屏障限制大部分溶质的自由进出，其疏水的膜夹心区域阻碍大多数的极性或带电荷的分子通过。这些溶质的通行只能依靠称之为载体、透酶或易位子（translocator）的运输蛋白，总称为运输器（transporter）。它们通过胞内吞（endocytosis）与胞外泌作用运输极性溶质和离子。**载体是一种可移动的蛋白质，在某一时刻，将其一个或以上的基质结合位点暴露在膜的一侧或另一侧，但不会同时面向两侧。**

Escalante 等[35]对细胞中的溶质运输曾做过一篇系统、精辟的论述。对微生物基因组的分析表明，其中约有 10% 的编码蛋白的基因参与运输任务[36]。这些运输系统也参与脂质、糖与蛋白质的分泌。它们可以在生物之间传输核酸，为微生物的多样性做出贡献。运输器还能起各种信号分子，如警戒素（alarmone）和激素的传递作用。

在细胞内溶质的运输与代谢是紧密关联的。细菌的遗传组织常反映出这些功能性偶合，即编码运输与代谢活性的基因聚合成基因簇。这种聚合作用常见于编码碳源分解代谢的操纵子中[37]。运输与调节系统能让细菌细胞从培养基中选择那些可以提供其最快生长的养分[38]。编码独特的用于运输特殊化合物的运输器的表达可以让细胞根据其自身生理状态与环境条件来选择其运输系统[39]。

改良运输系统也是高产菌种选育的方向之一。这方面的改进可以改善细胞的生产性能：①扩大碳源的利用范围[40]；②改善代谢前体的利用率，如莽草酸途径的中间体[41]，TCA循环的中间体[42]，发酵产物乙醇[43]；③提高糖混合物的利用效率[44]；④控制溢流（overflow）代谢，从而减少乙酸的生成[45]。

1.5.1　细胞膜的结构与功能

细胞膜，又叫（胞）质膜、原生质膜，是使细胞成形、将原生质与环境隔离的一层薄膜。此膜一旦破裂，原生质泄漏，菌便死亡。膜的结构一般由磷脂双层组成，含疏水脂肪酸与亲水磷酸甘油成分。磷脂在水中能自发聚合排成两行，形成所谓脂质双层（lipid bilayer）。此磷脂分子行列中的脂肪酸端朝里形成疏水环境，而亲水部分朝外，一侧面向胞外，另一侧面向胞内原生质。质膜的整个结构靠氢键与疏水性的相互作用维持稳定。借离子与磷脂的负电荷的相互作用，镁离子与钙离子也起稳定质膜的作用。图1-40显示革兰氏阳性与阴性菌的脂膜结构模型[46~48]。

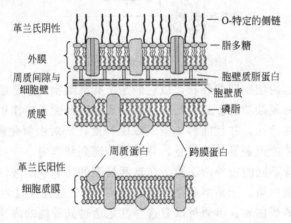

图 1-40　革兰氏阳性与阴性细菌的细胞膜[35]

上半部显示的是革兰氏阴性细菌内外两层脂质双膜，下半部是
革兰氏阳性细菌的单层质膜。膜中嵌有孔蛋白（porins）、膜内蛋白、
表面蛋白、跨膜蛋白与细胞壁组分

典型的细胞膜含有约200种不同的蛋白质，约占质膜重量的3/4。膜中的蛋白质分子排列方式各异。有些蛋白质完全包埋在膜内，因而称膜内或跨膜蛋白。只有在脂质双层瓦解后才能把它们分离出来。其中有的蛋白质具有通道，可让溶质进出胞内。其他一些嵌在膜内/外表面上的蛋白质，有些是酶，相当于固定化于质膜内表面，有的蛋白质起膜形态变化过程中的传递质（mediators）作用。有些膜表面上具有蛋白脂质尾巴，这些蛋白质被称为脂蛋白，能直接同胞内蛋白质相互作用，参与能量代谢等重要的细胞过程。在质膜的外膜上有许多蛋白质和脂质附着一些碳水化合物，分别称为糖蛋白和糖脂。这些结构有助于保护细胞和参与细胞之间的相互作用。

细胞膜最重要的功能是作为一种屏障，有选择性地让溶质进出细胞。（细）胞质，也叫原生质，是含有各种生物大分子（如蛋白质、核酸）和糖、氨基酸、维生素、辅酶、盐类等溶质的水溶液。质膜内侧的疏水性质构成一层具有选择性渗透的严格的扩散屏障，有选择地允许某些分子与离子通过。有些较小的分子，如水、氧、CO_2和简单的糖通常可借扩散自由通过。对那些易溶于脂质中的分子，如氧、CO_2 和非极性有机分子也可以通过。相反，亲水的分子和带电荷的小分子，如 H^+，是不能通过质膜的，除非用特定的方法。水分子能自由透过质膜，借一种称为水孔蛋白（aquaporin）的特殊运输蛋白，水还能加速通过质膜。大多数亲水溶质透过膜是靠运输器做到的。

1.5.2　运输器的分类系统

根据系统发育与功能分析数据进行的运输器分类（TC）系统[49]曾获得国际生物化学与生物分子学联盟的认可，见表 1-18。溶质运输器的系统分类是根据运输的模式、能量偶合方式和分子的种系生源学制定的。采用 5 个数字的 TC 系统来给每一种运输器命名。第一个数字表示类别、运输模式和能量偶合机制；第二个数字表示亚类，指运输器的类型和能量偶合机制；第三个数字属于总科或科；第四个数字表示总科下面的种系生源簇；最后一个数字是指运输的基质和运输的极性。例如半乳糖：H^+ 同向转运器（symporter）类型，大肠杆菌（GalP）的 TC 系统编号是 2. A. 1. 1. 1。此符号说明：2 是电化学势能驱动的运输器类；2. A 是运输器亚类；2. A. 1 是主要易化运输总科；2. A. 1. 1 是糖运输器科；2. A. 1. 1. 1 是指 GalP. TC 系统分类可以上网（http：/www. tcdb. org）从 TCDB 数据库中查到[50]。

表 1-18　按系统发育与功能分析数据进行的运输器的分类[49]

1. 通道与孔
 1. A　α-型通道
 1. B　β-桶状孔蛋白
 1. C　形成空洞的毒素(蛋白质与肽)
 1. D 非核糖体合成的通道
2. 电化学势能驱动的运输器
 2. A 转运器(单向转运器,同向转运器,逆向转运器)
 2. B 非核糖体合成的转运器
 2. C 离子梯度驱动的释能器(energizers)
3. 初级主动运输器
 3. A　P-P-键水解驱动的运输器
 3. B 脱羧驱动的运输器
 3. C 甲级转移驱动的运输器
 3. D 氧化还原驱动的运输器
 3. E 光吸收驱动的运输器
4. 基团转运体
 4. A 磷酸转移驱动的基团转运体
5. 膜转移电子流系统
 5. A 双电子载体
 5. B 单电子载体
8. 涉及附属因子的运输
 8. A 辅助运输蛋白
9. 未全面辨识的运输系统
 9. A 生化机制未知的已知运输器
 9. B 假定而未经鉴别的运输蛋白
 9. C 功能已鉴别而序未鉴定的运输器

注：分类 6 和 7 的空缺是为未来新发现运输器类型预留的类别。

1.5.3　运输机制

Escalante[35]将溶质运输器的运行机制分成：①通道与孔中进行的被动扩散；②载体介

入的溶质-H⁺同向转移；③载体介入的溶质-H⁺同向转移并带有外界溶质识别受体；④初级
主动吸收 ABC 运输器，由 ATP 水解驱动；⑤PEP：糖磷酸转移酶系统（PST）的基团转移
透酶。图 1-41 显示各种运输的模式。

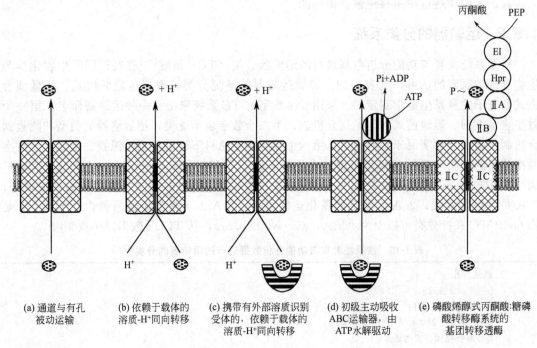

图 1-41　各种运输的模式[35]

　　Kraemer 等[51]将溶质运输系统分为：①简单扩散；②初级运输过程，其化学反应与向
量溶质移动直接有关；③次级运输过程，其载体将溶质移动和其他物质的移动偶合在一起。
次级运输又可再分为单向转移（uniport）、同向转移（symport）和逆向转移（antiport）。
单向转移只是参与溶质的电化学平衡，而同向转移和逆向转移借与相同或相反方向的离子流
偶合能催化基质的"上山"或"下山"运动。表 1-19 举例说明载体机制的分类。第一类是
呼吸和光合作用质子移位机制。另外一些细菌，如 *Vibrio alginolyticus* 用这些系统来偶合
Na⁺，而不是 H⁺。卤细菌的 H⁺ 和 Na⁺ 的运输系统中 H⁺ 的转移是与光吸收直接偶合的。
第二类是异型的，其初级运输系统与 ATP 水解偶合。ATP 的水解是由 ATPase 催化的，但
这里用到的 ATPase 通常用于运输或 ATP 的合成，而不是用于 ATP 的水解。它们主要用于
单价和两价阳离子（H⁺、K⁺、Na⁺、Ca²⁺、Mg²⁺）的转移，将 ATP 的自由能转化为溶
质的电化学梯度。

表 1-19　举例说明载体机制的分类[51]

分类	次类	原核生物范例	真核生物范例
通道		外膜孔道（大肠杆菌）	接点孔隙
次级运输	单向转移	葡萄糖促进剂（运动发酵单胞菌）	葡萄糖促进剂（红细胞）
	同向转移	Na⁺偶合脯氨酸吸收	Na⁺偶合葡萄糖吸收（肠道）
	逆向转移	糖-Pi/Pi 交换（大肠杆菌）	ADP/ATP 交换（线粒体）
初级运输	氧化还原偶合泵	呼吸链（质膜）	呼吸链（线粒体）
	ATP-偶合泵（ATPase）	H⁺-ATPase（大肠杆菌）	Na⁺/K⁺-ATPase（质膜）

分类	次　类	原核生物范例	真核生物范例
基团转移	ABC-簇	结合蛋白依赖系统 磷酸转移酶系统（糖的吸收）	多重抗药性蛋白

ATPase 又可细分为三类不同的系统：①F-型 ATPase（F_1F_0-ATPase）是涉及主要能量转换的多组分系统，如在真细菌、线粒体和叶绿素中与呼吸和光合作用偶合的 H^+ 和 Na^+ 的移动。②P-型 ATPase（如真核生物 Na^+/K^+-ATPase）常见于质膜中，只含有一个或两个亚单位。它们利用高能磷酸化中间体，通常用于 K^+、Na^+ 和 Ca^{2+} 的转移。③V-型 ATPase 存在于真核生物空泡膜中，与弧形细菌（*Archaebacteria*）来的 ATPase 非常相似。借氧化磷酸化或光合磷酸化产生能量的细胞通常用 F-型 ATPase 产生 ATP，用 P-型和 V-型 ATPase 消耗它。

第三类初级运输系统也直接与 ATP 的水解偶合，是细菌中依赖结合蛋白的运输系统，见图 1-42。这些系统存在于革兰氏阳性细菌。它是由外膜孔径通道、结合蛋白、内膜膜蛋白和外围蛋白组成，它们负责溶质的转移并消耗 ATP。有许多基质，如氨基酸、肽、单糖和双糖、核苷酸、辅酶、无机离子（如硫酸盐或磷酸盐）等均用此系统运输。

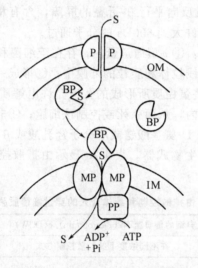

图 1-42　依赖结合蛋白的运输系统

基质（S）从外膜（OM）孔径通道（P）进入，与结合蛋白（BP）结合后，

被输送到内膜（IM）的运输系统中。此系统由膜蛋白（MP）和外围蛋白（PP）组成，

后者将 ATP 的自由能用于溶质转移

现按 Escalante 的膜运输机制分类作扼要介绍。

1.5.3.1　通道与孔

通道与孔是最简单的溶质通过易化扩散输送模式运输。通道的概念是指膜上的一种固定结构，充满水的通道，分子可从两个方向进出。图 1-43 解释了载体和通道运输的若干假设。一般载体是不会移动的，但它们可能含有通道。此通道设有闸门，否则分子自由进出会使所有跨膜梯度不起作用。缬氨霉素、短杆菌肽便是各种离子通道的经典"载体"。

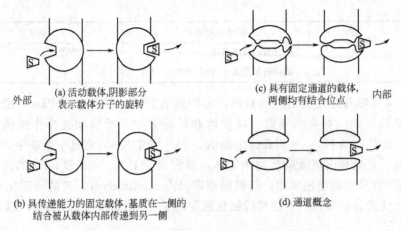

(a) 活动载体,阴影部分表示载体分子的旋转

(c) 具有固定通道的载体,两侧均有结合位点

(b) 具传递能力的固定载体,基质在一侧的结合被从载体内部传递到另一侧

(d) 通道概念

外部　　　　　　　　　　　　　　　　　　内部

图 1-43　运输催化作用期间的基质-载体相互作用模型[35]

易化扩散不与代谢能偶合,因而不能形成跨膜的溶质(输送对象)梯度。溶质靠受限制的扩散方式从膜的这一端经通道或孔道运输到另一端。在这些通道中含有能识别亲水、疏水与两亲性基质的组成型蛋白的氨酰残基。有一种称为孔蛋白的通道型蛋白参与溶质的被动转移,能让糖、氨基酸和简单的离子穿过外层质膜。大肠杆菌含有多到 10^5 拷贝的孔蛋白,如 OmpF、OmpC 或 PhoE,形成反向平行 β-折叠的屏障,含有相同亚单位的三聚体复合物,约 35kDa,1nm 的直径,允许大到 600Da 的分子通过。

此类通道运输系统又分为:①α-型通道蛋白,存在于细菌和真核生物中;②β-桶型孔蛋白,存在于革兰氏阴性细菌、线粒体和质粒的外膜中;③形成一种含有两亲性螺旋结构的穿孔性蛋白(蛋白质与肽),这些蛋白质所形成的孔道允许电解质和小分子透过对象的膜或允许毒蛋白进入对象细胞原生质内,从而杀死或控制该细胞;④非核糖体合成的通道,这是一种寡聚体膜转移通道,由 L-与 D-氨基酸链或小分子羟乳酸或 β-羟丁酸聚合物组装成孔道结构,是细菌或真菌用于制敌的生物武器。表 1-20 显示由扩散控制和载体介入的穿过细菌质膜的物流数据。

表 1-20　由扩散控制和载体介入的穿过细菌质膜的物流

典型的传质速率/[(μmol/min)/g(DCW)]			
在不同浓度下的扩散控制方式			
输送的溶质	10μmol	10mmol	载体介入方式(v_{max})
钾离子	0.00002	0.02	100
谷氨酸	<0.00005	<0.05	25
葡萄糖	0.001	1.0	50
异亮氨酸	0.0015	1.5	30
苯丙氨酸	0.08	8.0	1
尿素	0.04	40.0	5

1.5.3.2　电化势能驱动的运输器(次级运输过程)

微生物可用化学、光或电能来把溶质运输到细胞内。有些运输是由电化势能,如质子与钠离子梯度驱动的。溶质浓度梯度驱动的易化扩散是不需要消耗 ATP 的,可以允许溶质逆浓度梯度透过膜,这类运输被称为次级运输,可以单向、同向和逆向方式运输(见图 1-

41)。这类运输器相当简单，通常由单个带有几个圈孔的跨膜蛋白组成。次级运输系统是一种小型的单一亚单位载体蛋白，其共同特点是跨膜的蛋白质均为 12 α-螺旋，其分子质量 $45\sim50\text{kDa}$。原则上它们只催化易化运输，但由于其固有结构，它可将不同离子的流动偶合在一起，如图1-44 所示的单向、同向和逆向转移。对同向或逆向运输，两种被运输的离子的自由能是相等的。因此，溶质的平衡浓度梯度 $[S]_{in}/[S]_{ex}$ 取决于偶合离子的电化学梯度。溶质的同向转移系统广泛分布于细菌与真核生物中。大多数氨基酸的吸收采用与 H^+ 或 Na^+ 同向运输的方式。

$$\Delta G_{\text{coupling ion}} = \Delta G_{\text{solute}}$$

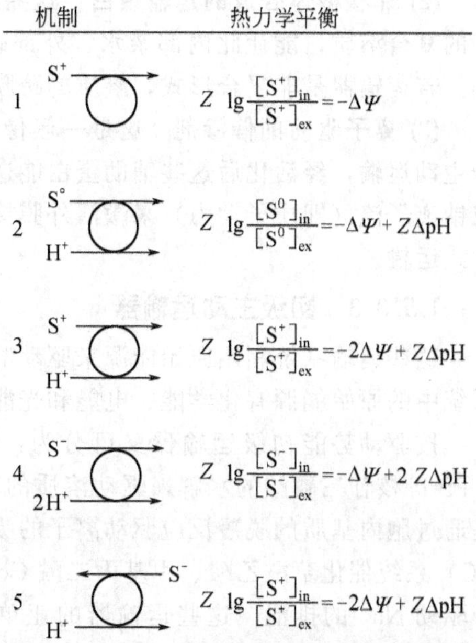

逆向转移系统的典型例子是细菌中的前体/产物逆向转移，它参与各自代谢途径的基质与相关产物的交换（例如丙-乳酸发酵中的苹果酸和乳酸），以及线粒体中的核苷酸、无机离子、羧酸和氨基酸的交换载体。单向转移通常存在于真核生物中，如在各种细胞中的葡萄糖运输，但在细菌中少见。典型的系统是运动发酵单胞菌的葡萄糖载体和大肠杆菌中的甘油运输系统。革兰氏阴

机制	热力学平衡
1	$Z\,\lg\dfrac{[S^+]_{in}}{[S^+]_{ex}} = -\Delta\Psi$
2	$Z\,\lg\dfrac{[S^0]_{in}}{[S^0]_{ex}} = -\Delta\Psi + Z\Delta pH$
3	$Z\,\lg\dfrac{[S^+]_{in}}{[S^+]_{ex}} = -2\Delta\Psi + Z\Delta pH$
4	$Z\,\lg\dfrac{[S^-]_{in}}{[S^-]_{ex}} = -\Delta\Psi + 2Z\Delta pH$
5	$Z\,\lg\dfrac{[S^+]_{in}}{[S^+]_{ex}} = -2\Delta\Psi + Z\Delta pH$

图1-44　单向、同向和逆向转移系统的例子
图中热力学平衡中基质的化学单位
$(Z\lg([S]_{in}/[S]_{ex})$，$Z=2.3RT/F)$ 等于质子的驱动力。第一个例子为单向运输；第 2～4 例为同向运输；第 6 例为逆向运输

性细菌的外膜中的"孔隙"蛋白（起过筛孔的作用）并不完全属于这一类。孔隙蛋白应划分到"通道"型蛋白中。

显然，以上只讨论了吸收运输系统，并不是代谢物的分泌不重要。但有关分泌系统的资料较少。用于溶质吸收的机制原则上也适用于分泌。疏水性代谢终产物，如醇类（乙醇、丁醇）、丙酮和若干有机酸（非解离型）可以采用简单扩散方法排出细胞外。越来越多的证据说明，许多代谢产物，如谷氨酸或赖氨酸等氨基酸，实际上是由载体参与的系统分泌的。

有些分泌系统采用离子/溶质同向转移方式。大肠杆菌和乳酸乳球菌在葡萄糖发酵中生成的乳酸的分泌是与质子以同向转移方式分泌的，这导致质子扩散电位的形成。若干抗生素，如四环素的分泌则运用逆向转移，以质子交换方式分泌的。前体/产物逆向转移系统也是属于这一类的。近来发现越来越多的分泌系统与ATP直接偶合。例如，有毒的重金属离子的排泄是由所谓"输出ATPase"（这属于P-型ATPase）参与的。在真核生物中发现的载体系统（MDR，多重抗药性蛋白）和原核生物中的载体系统显示出结合蛋白依赖系统的能量偶合亚单位的序列相似性。由于ATP-结合位点的共同序列基本结构，这类ATPase运输机制称为ABC-簇（ATP-结合匣）。

(1) 运输蛋白　有些糖、氨基酸、核酸与小分子，如钠离子是通过单向运输蛋白运输的，溶质是从较高浓度的一端向较低的一端转移透过膜的。其机制是溶质与单向运输蛋白之间的相互作用导致后者构象适应性改变，从而让溶质穿过质膜，这就是单向转移。另一些糖、氨基酸、离子（如硫酸盐、磷酸盐）是利用质子的驱动力使溶质逆浓度梯度透过膜，即进行同向转移。逆向转移是指质子被输入胞内，由此产生的势能，使溶质，如 Na^+ 逆浓度梯度同时排出胞外。

(2) 非核糖体合成的运输蛋白　这些跨膜运输蛋白是肽类或小分子聚合物。这些像阳离子的复合溶质，能让此内部亲水、外部疏水的复合物移位，从一侧穿过脂质双层膜到另一侧。若运输器是非复合形式，溶质的跨膜运输是电泳式的。

(3) 离子驱动的催渗剂　这是一簇像 TonB 那样的辅助蛋白，利用外膜接收器它们能履行主动运输，经活化后这些辅助蛋白能逆高浓度梯度将溶质聚集于周质内。活化是通过质子或钠离子流（即质子动力）来激活外膜接收器或孔蛋白。接收器构象的改变可让质子进行电泳式运输。

1.5.3.3　初级主动运输器

这些运输系统利用原始能源来驱动溶质逆浓度梯度进行主动运输。已知的能偶合到运输系统中的原始能源有化学能、电能和光能。在细菌中初级运输系统的种类繁多。

按驱动势能初级运输器又可分为：①双磷酸键水解驱动的运输器，这些运输系统借 ATP 等核苷三磷酸的水解来驱动溶质的吸收或排泄。②脱羧驱动的运输器，这类运输系统是通过胞内基质的脱羧反应驱动离子的吸收与排泄工作的，如运输 Na^+ 的羧酸脱羧（NaT-DC）系统催化草酰乙酸、甲基丙二酰 CoA、戊烯二酰 CoA 和丙二酸脱羧，释放出的能量用于驱动 Na^+ 的排泄。这些运输器的亚单位是生物素。③甲基转移驱动的运输器，如运输 Na^+ 的甲基四氢甲烷蛋白：辅酶 M 甲基转移酶（NaTMMM）。④氧化还原反应驱动的运输器，质子或离子的输送由还原性基质氧化产生的放热的电子流驱动。这些运输器存在于细菌、真核生物的线粒体和细胞色素中。⑤光吸收驱动的运输器，这类运输器由光驱动离子移位透过质膜，或当作光接收器，如 3.E.1 转移离子的微生物紫膜质和 3.E.2 光合反应中心（PRC）簇。

不同的系统用于不同的目的，它取决于基质的可利用性。按其分子结构的差异，初级运输系统具有高的基质亲和力，其本质是单向性的，故积累比例很高。次级系统通常是可逆的，故在低基质浓度或低能量下此系统可能导致运输基质的泄漏。

1.5.3.4　基团转运蛋白

基团转移系统与初级运输系统很相近。溶质在此系统转移透过膜的过程中被磷酸化。故进入胞内的溶质的化学结构与外面的不同。真细菌中的依赖磷酸烯醇式丙酮酸的糖运输系统（PTS）便是典型的例子，见图 1-45。PTS 主要用于己糖、糖醇和 β-糖苷的运输。

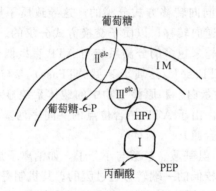

图 1-45　典型的依赖磷酸烯醇式丙酮酸（PEP）的
葡萄糖运输系统（PTS）

PEP 的磷酰基经可溶性蛋白、酶 I 和 HPr 到酶 III^{glc}，最后经结合膜蛋白、
酶 II^{glc} 运输葡萄糖。在其他 PTS 中其蛋白组分不完全相同

磷酸转移驱动的基团转运蛋白，如 PEP：糖 PTS［见图 1-41(e)］存在于细菌中。PTS运输机制涉及一些糖的运输与磷酸化。其反应产物是糖磷酸酯，随后进入分解代谢途径。此系统由可溶性和非糖专一性蛋白组分酶 I（E I）与耐热的或磷酸组氨酸载体蛋白（HPr）组成。PTS 机制的第一步是由在组氨酸残基上的 E I 的 PEP 进行自磷酸化反应。第二步是E I 将磷酸基转移给 HPr 中的组氨酸残基。然后，HPr 将磷酰基转移给酶 II A 和酶 II B（这些酶属于 PTS 复合体的糖专一的部分），最后转移给 II C 或 II D。这些膜内在蛋白能识别和输送经组分 II B 磷酸化的糖分子，见图 1-46。各种微生物的 PTS 所含的酶 II 组分不一样，每一种酶通常对单一糖基质是特异的。如大肠杆菌含有 26 种其主要成分不同的酶 II 复合体。图 1-46 显示大肠杆菌的麦芽糖/葡萄糖 PTS 复合体缺少 II A 部分区域。这或许是葡萄糖复合酶（II A^{Glc}）的 II A 蛋白与 II B^{Mal} 区域的磷酸化作用有关。从细菌基因组的研究发现，不同微生物的 PTS 组分有很大的差异。PTS 蛋白很可能具有调节作用[52]。

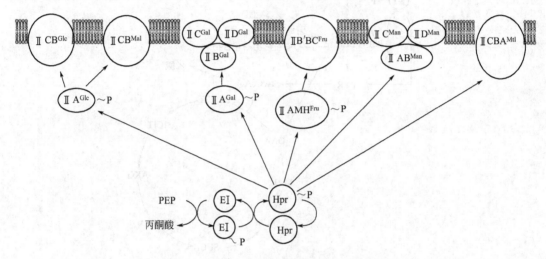

图 1-46 大肠杆菌 PEP：糖的磷酸转移系统[35]

图中显示一般的能量偶合蛋白和若干糖运输复合物。

Glc—葡萄糖；Mal—麦芽糖；Gal—半乳糖胺；

Fru—果糖；Man—甘露糖；Mtl—甘露醇

由 PTS 催化的需 PEP 的磷酸化作用导致糖的运输同其随后的代谢紧密地联系，见图 1-47。PEP 在 EMP 途径与 PTS 间联络上起重要作用，是一些生物合成途径的前体，直接参与产能反应。例如，ADP 的基质水平的磷酸化或间接作为乙酰 CoA 的前体。代谢流分析揭示，当大肠杆菌生长在以葡萄糖为碳源的最低培养基中时 PTS 消耗 50% 可利用的PEP，而用于合成草酰乙酸、丙酮酸、细胞壁组分和芳香化合物时前三种大致消耗 15%，最后一种 3%[53]。由此可见，PTS 主要影响 PEP/丙酮酸的比值和从这两处节点的碳流分布。可预料，对 PTS 组分的修饰或消除将会显著影响中枢代谢。据此，已作为一种策略，用于改进工业菌种的生产性能。在缺失 PTS 活性的菌种中，无需 PEP 的摄取及磷酸化活性的表达，可以显著改进一些代谢产物的产率与得率[54]。

大肠杆菌的 II A^{Glc} 蛋白在碳分解代谢物阻遏上起主要作用。当培养基中含有葡萄糖时 E I、HPr 与 II A^{Glc} 以非磷酸化的状态存在，因 PEP 的磷酸基经 II BC^{Glc} 被转移给葡萄糖。在这种情况下，II A^{Glc} 与一些非 PTS 透酶结合，抑制非 PTS 糖的吸收［图 1-48(a)］。去磷酸化的 II A^{Glc} 也能与甘油激酶（GK）结合，抑制其活性。蛋白 E I 与 Hpr 也具有调节作用，并受磷酸化作用的控制。去磷酸化的 E I 能结合具有趋化性的蛋白 CheA，抑制其自磷酸化

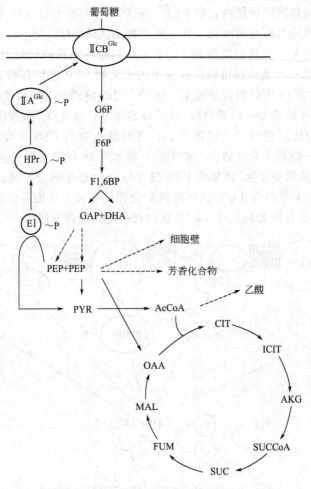

图 1-47　大肠杆菌中与葡萄糖运输和代谢关联的中枢代谢途径[35]

虚线代表一个以上的生化反应

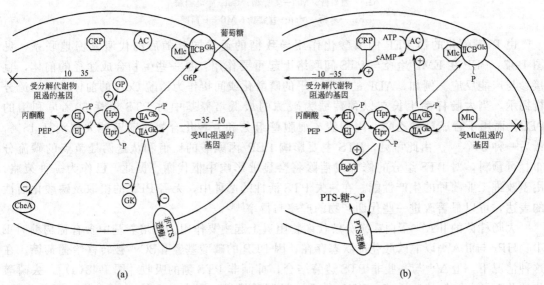

(a)　　　　　　　　　　　　　　　(b)

图 1-48　ⅡA^{Glc}与一些非 PTS 透酶结合，抑制非 PTS 糖的吸收[35]

在含有葡萄糖（a）与不含葡萄糖（b）的 PTS 组分的调节性相互作用

活性。若被去磷酸化，Hpr 能激活糖原磷酸化酶（GP）[55]。

蛋白 II BC^{Glc} 具有调节 PTS 的作用，因而在 CCR 中起间接作用。此蛋白与转录阻遏物 Mlc 互相作用，从而调节 $ptsHI$、$ptsG$、mlc、$manXYZ$ 和 $malT$ 等基因。在此条件下，葡萄糖的存在引起 II B^{Glc} 的去磷酸化；它与 Mlc 结合，从而解除其阻遏作用。此响应的净效应是增加 PTS 酶和那些参与葡萄糖、甘露糖、麦芽糖运输的酶的表达[56]。若培养基中不含葡萄糖，II A^{Glc} 和 II B^{Glc} 将会以其磷酸化的形式存在 [图 1-48（b）]。这样，II A^{Glc}～P 结合到腺苷酸环化酶（AC）上激活其 cAMP 的生物合成能力。因此，cAMP 在胞内增加，与 cAMP 受体蛋白结合，诱导分解代谢物阻遏基因[57]。即使没有 II A^{Glc}～P 激活作用也存在低浓度的 AC。因此，当细胞生长在含葡萄糖的培养基时会出现低浓度的 cAMP。在缺乏葡萄糖的情况下 II B^{Glc}～P 失去其结合 Mlc 的能力，故此调节蛋白易于结合到其目标操纵基因上，导致参与葡萄糖吸收的基因的阻遏。当 Hpr 被磷酸化时它结合到 BglG 上并将其激活，BglG 是编码 β-糖苷类糖吸收与利用的蛋白的 bgl 操纵子的转录激活剂。

PTS 是复杂调节网络的组成部分。此网络涉及细胞对碳源的选择、运输与代谢的调整功能。因此，对 PTS 组分的直接修饰会广泛影响细胞的生理。由于碳分解代谢物阻遏，生长在含有混合糖的培养基中的大肠杆菌能顺序利用各种糖。同时利用各种糖会有利于发酵生产过程，因这能避开二次生长，减少运转时间，增加产率。对大肠杆菌的葡萄糖 PTS 组分的修饰会解除 CCR 作用。曾将此策略应用于在含有混合糖（葡萄糖、阿拉伯糖、木糖）中的乙醇和乳酸的生产菌种的改良上[44,58]。相信此策略也可以改进其他含有 PTS 的细菌的生产性能。

1.5.3.5 跨膜电子流系统

此系统是指电子从膜一侧的给体，经催化穿过膜流向另一侧的受体。此系统能提高或降低膜的势能，这取决于电子的流向，是细胞热力学的重要元素。根据 TCDB，这类系统又可分为两个亚类：①跨膜双电子载体；②跨膜单电子载体，详见文献 [35]。

1.5.3.6 大分子的运输

大分子的运输对细胞同样重要。其机制繁多，包括蛋白质、复合脂质以及核酸的运输。至少有三种不同的系统来解释蛋白质转移的机制：①蛋白质分泌到真核生物的内质网的腔内；②蛋白质输入到真核生物的细胞器（如线粒体和叶绿体）内；③细菌中的蛋白质输出。图 1-49 显示大肠杆菌中分泌性蛋白的合成和分泌

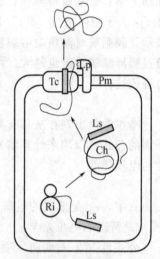

图 1-49　大肠杆菌中分泌性蛋白质的合成和分泌期间的反应顺序

Ri 代表核糖体；Ls 为引导序列；Ch 为胞液蛋白因子；Tc 为转移复合体（膜蛋白组分）；Pm 为质膜；Lp 为引导肽酶

期间的反应顺序。在多肽的 N 端合成附加序列（引导序列）是进入膜中被输出机器识别的主要信号。胞液蛋白因子（chaperone）的存在保证多肽维持一种松弛折叠和胜任运输的构型。分泌蛋白是质膜中的复合机构，它是由固有的膜组分（通道）和能量偶合单位（ATPase）组成。在胞外由一种特殊的蛋白酶（引导肽酶）将引导序列切除，蛋白质再折叠如初，有时需借助附加的辅因子。对革兰氏阴性细菌需用到第二个运输步骤来穿过这些生物的外膜。

1.5.4　运输过程动力学

膜内含有蛋白质的溶质运输系统可被看作是膜结合蛋白。每一种蛋白质对特定的基质的

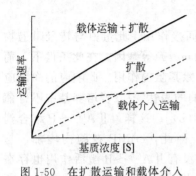

图 1-50 在扩散运输和载体介入运输存在的情况下基质浓度对运输速率的影响

亲和力与特异性不一样。常见对一种溶质可以有多种具有不同亲和力与特异性的运输器，用于驱动溶质运输的能量偶合机制也各异。有些描述运输过程的模型有助于了解其分子输送的基本过程[59]。按 Escalante[35] 运输器的功能可分成三步：溶质的结合、移位和释放。移位步骤有可能涉及运输蛋白的构象改变。扩散在溶质透过脂质双层膜上起重要作用。此过程可在有或无特殊蛋白运输器下进行。借溶质运输速率的测量可以辨别这两者。对不需运输器的过程，随溶质浓度增加，扩散速率也呈线性增加，见图 1-50。相反，需运输器的溶质输送会出现运输速率的高峰。此现象说明，溶质浓度高到一定的程度时运输蛋白结合位点被饱和了。

常用动力学来揭示载体系统在运输中的作用。运输动力学与酶动力学相似之处有：①饱和动力学；②基质特异性；③受特殊试剂的抑制；④逆流动力学的存在。当胞外溶质浓度 $[Sx]_0$ 大于胞内浓度 $[Sx]_1$ 时便会有净 Sx 进入细胞内。Sx 的物流 J_{Sx}，用 $(mol/cm^2)/s$ 表示。膜脂质对溶质的溶解度（Sx 的脂质-水分配系数）与扩散系数越高，膜的厚度越薄，透过膜屏障的物流也越大。由此三项因素构成的参数称为溶质渗透系数 P_{Sx}。J_{Sx} 可用 Fick 方程表达：

$$J_{Sx} = P_{Sx}([Sx]_0 - [Sx]_1) \tag{1-36}$$

净扩散只出现在从具有高浓度的间室到低浓度的间室中，一般这种扩散是非特异性的。下面的公式可以用来计算溶质的电化势能（$\Delta\mu_{Sx}$）对物流的影响，此参数整合了跨膜的浓度与电压梯度。

$$\Delta\mu_{Sx} = RT\ln([Sx]_1/[Sx]_0) + z_x F(\Psi_1 - \Psi_0) \tag{1-37}$$

式中，z_x 是溶质的电荷；T 是热力学温度；R 是气体常数；F 是法拉第常数；（$\Psi_1 - \Psi_0$）是跨膜的电位差 V_m。

公式(1-37) 右侧前半项用于描述溶质跨膜时的化能变化；后半项描述 1mol 带电颗粒跨过膜时的电能变化。

按定义，当 $\Delta\mu_{Sx} = 0$ 时，跨膜两侧的 Sx 处于平衡状态。若 $\Delta\mu_{Sx} \neq 0$，其数值表示使溶质跨膜移动的净驱动力。

方程(1-37) 可能出现两种情况：此方程的化学或电位项为零，在第一例中，溶质，如葡萄糖未带电荷（$z_x = 0$），则只有在膜两侧的 $[Sx]$ 相等时此式才达到平衡；另一种情况是溶质是带电荷的，如 Na^+，则电位差，V_s 为零，同样，只有在膜两侧的 $[Sx]$ 相等时此式才达到平衡。在第二例中，式(1-37) 的化学或电位项均为零；当这两项相等时便达到平衡，只是符号相反。此关系式便是 Nernst 方程，从式(1-37) 得：

$$V_m = E_x - \frac{RT}{z_x F}\ln([Sx]_1/[Sx]_0) \tag{1-38}$$

因此，能斯特方程用于描述跨膜两侧离子相等的情况。若 $[Sx]_1$ 和 $[Sx]_0$ 为已知，只有在跨膜的电位差等于平衡电位，又称 Nernst 电位时，$[Sx]$ 才会平衡[60]。如同酶动力学研究那样对试验数据进行数学与图形分析，如用米-孟模型，将基质浓度对速度作曲线，见图 1-51 和式(1-39)。

$$v = v_{max}[Sx]/(K_m + [Sx]) \tag{1-39}$$

式中，K_m 值随运输器、溶质的不同而变化。K_m 被定义为运输反应最大速率一半所需溶质的浓度。换句话说，K_m 代表在稳态下运输器的一半被溶质所占据。因此，K_m 常数可被看作是基质亲和力的相对度量。

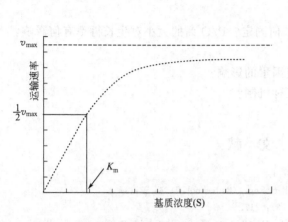

图 1-51　溶质扩散过程的米-孟动力学方程

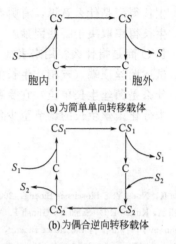

图 1-52　载体作用的动力学示意图
（注意没有负载的载体 C 在 B 中是不能转移的）

在测量由一可逆的载体（大多数为次级运输载体）催化的膜两侧溶质的净转移时必须考虑到溶质的移位是双向的。在运用试验数据进行作图分析时需注意两点：①在解释米-孟动力学上必须谨慎，因在这类分析中易忽视多向运输的存在；②在分析分泌系统时应考虑到扩散成分的存在，它随溶质的类型而有所不同，见图 1-50。

如已知一运输蛋白在催化循环中的各个步骤，可用图 1-52 的模型来解释这类动力学。这类模型对了解载体机制是非常有用的，虽然它们是基于运输的"载体概念"，载体（C）的移动只是一种形式。说明在这些模型中载体（C）的构型在运输催化期间是变化的。在进行详细的动力学分析时需考虑一整套催化循环中的不同结合与解离以及易位步骤，并用试验来鉴别。

思　考　题

1. 不同学科对微生物生长的定义的着重点有何不同？什么是分化？

2. 有些霉菌，如产黄青霉在培养液中生长过程，其菌丝会形成菌团（球）。有哪些因素会影响菌球的松紧？

3. 微生物生长过程可以分几期？停滞期的长短是由哪些因素决定的？

4. 生物量（菌浓）的测定为什么对次级代谢物的生产尤为重要？对谷氨酸、青霉素发酵菌浓的测定，你倾向于用什么方法？说出你的理由。

5. 流动式细胞光度计是怎样的仪器，试简述其作用和原理。

6. 试比较各种间接估算菌浓的方法？各有何优缺点？

7. 你认为哪一种在线测量菌浓的方法最有前途？

8. 有哪些因素会影响微生物的生长？

9. 温度对生长的影响表现在哪些方面？

10. 水的活度用什么表示？它对微生物的比生长速率有何影响？

11. 细胞周期指的是什么？真核生物与原核生物的细胞周期有何不同？

12. 试简述大肠杆菌染色体复制与细胞分裂的调节规律。

13. 生长速率对细胞大小与胞内 DNA 含量有何影响？

14. 生长得率是什么意思，有哪些表示方法？比较它们的优缺点。

15. 生长得率取决于哪些因素？

16. P/O 商是指什么？用来表征什么？如何测定？P/O 商的大小对生长得率有何影响？

17. 试述菌丝顶端（末梢）生长的机制。

18. 什么是菌丝生长单位？它受哪些环境因素的影响？

19. 未分化菌丝生长的调节至少包含哪三种机制？

参 考 文 献

[1] Yoda K, Noda Y. J Bioscience Bioeng, 2001, 91 (1): 1.

[2] Singh A, Kuhad R C, Sahai V, Ghosh P. Adv in Biochem Eng, /Biotechnol, 1994, 51: 47.

[3] Katsuragi T, Tani Y. J Bioscience Bioeng, 2000, 89 (3): 217.

[4] Krairak S, Yamamura K, Irie R, Nakajima M, Shimizhu H, Chim-Anage P, Yongsmith B, Shioya S. J, Bioscience Bioeng, 2000, 90 (4): 363.

[5] Treskatis S K, Orgeldinger V, Woft H, Gilles E D. Biotechnol Bioeng, 1997, 53: 191.

[6] Locher G, Sonnleitner B, Fiechter A. J Biotechnol, 1992, 25: 23.

[7] Sonnleitner B, Locher G, Fiechter A. J Biotechnol, 1992, 25: 5.

[8] Hagen D. Proc, Biochem, 1992, 25: 4.

[9] Krairak S, Yamamura K, Nakajima M, Shimizhu H, Shioya S. J Biotechnol, 1999, 69: 115.

[10] Ding T, Schmid R D. Anal Chim Acta, 1990, 234: 237.

[11] Bittner C, Wehnert G, Scheper T. Biotechnol Bioeng, 1998, 60: 24.

[12] Shu C H, Yang S T. Biotechnol Bioeng, 1990, 35: 454.

[13] Hallsworth J E, Nomura Y, Iwahara M. J Ferment Bioeng, 1998, 86 (5): 451.

[14] Toda K, Gotoh Y, Asakura T, Yabe I, Furuse H. J Bioscience Bioeng, 2000, 89 (3): 258.

[15] Posten C H, Cooney C L//Rehm H - J, Reed G, ed. Biotechnology: vol. 1. Biological Fundamentals. 2nd ed. Weiheim: VCH, 1993.

[16] Michalcakova S, Repova L. Acta Biotechnol, 1992, 12: 163.

[17] Parton R M, Fischer S, Malho R, Papasouliotis O, Jelitto T C, Leonard T, et al. J Cell Sci, 1997, 110: 1187.

[18] Heath I B, Geitmann A. Plant Cell, 2000, 12: 1513.

[19] Prosser J I//Gow N A R, Gadd G M, ed. The growing fungus. London: Chapman & Hall, 1995..

[20] Watters M K, Humphries C, de Vries J, Griffiths A J F. Mycol Res, 2000, 104: 557.

[21] Watters M K, Virag A, Haynes J, Griffiths A J F. Mycol Res, 2000, 104: 805.

[22] Watters M K, Griffiths A J F. Appl Environ Microbiol, 2001, 67: 1788.

[23] Gerlach S R, Siedenberg D, Gerlach D, Schu¨gerl K, Giuseppin M L F, Hunik J. Process Biochem, 1998, 33: 601.

[24] Papagianni M, Moo-Young M. Process Biochem, 2002, 37: 1271.

[25] Domingues F C, Queiroz J A, Cabral J M S, Fonseca L P. Enzyme Microb Technol, 2000, 26: 394.

[26] Ryoo D, Choi C S. Biotechnol Lett, 1999, 21: 97.

[27] Papagianni M, Nokes S E, Filer K. Process Biochem, 1999, 35: 397.

[28] Nielsen J, Johansen C L, Jacobsen M, Krabben P, Villadsen J. Biotechnol Prog, 1995, 11: 93.

[29] Chisti Y//Flickinger M C, Drew S W, ed. Encyclopedia of Bioprocess Technology: Fermentation, Biocatalysis, And Bioseparation, vol. 5. New York: Wiley, 1999: 2379.

[30] Paul G C, Thomas C R. Biotechnol Bioeng, 1996, 51: 558.

[31] Withers J M, Wiebe M G, Robson G D, Trinci A P J. Mycol Res, 1994, 98: 95.

[32] Papagianni M. Biotechnology Advances, 2004, 22: 189.

[33] Okba A K, Ogata T, Matsubara H, Matsuo S, Doi K, Ogata S. J Bioscience Bioeng, 1998, 86 (1): 28.

[34] Christiansen T, Spohr A B, Nielsen J. Biotechnol Bioeng, 1999, 63: 147.

[35] Escalante A, Martinez A, Rivera M, Gosset G//Smolke C D, ed. The Metabolic Engingeering Handbook. Ch 1. Boca Raton, London: CRC Press, Taylor & Francis Group, 2010.

[36] Paulsen I T, Sliwinsky M K, Saier M H Jr. J, Mol Biol, 1998, 277: 573.

[37] Diaz E, et al. Microbiol Mol Biol Rev, 2001, 65: 523.

[38] Bruckner R, Titgemeyer E. FEMS Microbiol Lett, 2002, 209: 141.

[39] Ferenci T. FEMS Microbiol Rev, 1996, 18: 301.

[40] Hahn-Hagerdal B, et al. Adv Biochem Eng Biotechnol, 2001, 73: 53.

[41] Yi J, et al. Biotechnol Prog, 2003, 19: 1450.

[42] Lin H, Bennett G N, San K Y. Metab Eng, 2005, 7: 116.

[43] Hernandez-Montalvo V, et al. Biotechnol Bioeng, 2003, 83: 687.

[44] Dien B S, Nichols N N, Bothast R J J. Ind Microbiol Biotechnol, 2002, 29: 221.

[45] de Anda R, et al. Metab Eng, 2006, 8: 281.

[46] Palsdottir H, Hunte C. Biochim Biophys Acta, 2004, 1666: 2.

[47] Cabeen M T, Jacobs-Wagner C. Nat Rev Microbiol, 2005, 3: 601.

[48] Desvaux M, et al. FEMS Microbiol Lett, 2006, 256: 1.

[49] Saier M H Jr. Microbiol Mol Biol Rev, 2000, 64: 354.

[50] Saier M H Jr, Tran C V, Barabote R D. Nucleic Acids Res, 2006, 34: D181.

[51] Kraemer R, Sprenger G, Metabolism//Rehm H - J, Reed G, ed. Biotechnology: vol. 1. Biological Fundamentals. 2nd ed. Weiheim: VCH, 1993: 72.

[52] Barabote R D, Saier M H Jr. Microbiol Mol Biol Rev, 2005, 69: 608.

[53] Flores S, et al. Metab Eng, 2002, 4: 124.

[54] Gosset G. Microb Cell Fact, 2005, 4: 14.

[55] Seok Y J, et al. J Mol Microbiol Biotechnol, 2001, 3: 385.

[56] Plumbridge. J Curr Opin Microbiol, 2002, 5: 187.

[57] Korner H, Sofia H J, Zumft W G. FEMS Microbiol Rev, 2003, 27: 559.

[58] Hernandez-Montalvo V, et al. Appl Microbiol Biotechnol, 2001, 57: 186.

[59] Fu D, et al. J Biol Chem, 2001, 276: 8753.

[60] Suzuki H, et al. Anal Sci, 2003, 19: 1239.

[61] Xiong Z Q, Guo M J, et al. J Bioscience Bioengin, 2008, 105: 409.

[62] Tian X W, Wang Y H, et al. Bioprocess and Biosystems Engineering, 2014, 37: 1917.

微生物的基础代谢

无论是哪一种微生物，它们都是从其环境中获取能量，以维持其生命所需的基础代谢活动，尽管其代谢机制各式各样。微生物的新陈代谢包括细胞中的所有生物化学反应。它们均服从热力学的基本规律。代谢可以简单地看作是细胞内涉及能量转换过程的总和，通过调节使其处于自动代谢平衡的状态，即维持稳定的能量与代谢物供应。代谢网络是由受控制系列化学反应顺序（称为代谢途径）组成，它们负责养分的利用、能量的获取、转换与代谢物的合成。只有了解微生物的基础代谢和能量转换的规律，才能有效控制微生物的生长繁殖和有用代谢产物的合成。

2.1 能量代谢原理

代谢是各种反应的整合，通过这些反应细胞利用基质以获得能量和化学建筑单位，提供生存、生长、繁殖和代谢产物合成所需的化合物和能源。这一节的重点放在对所有活细胞所必需的基础代谢过程及其调节。如能量的偶合机制，细胞调节碳流的机制。由微生物催化的所有反应必须遵循热力学与动力学的基本原理。

从能量的来源可将生物分为两类：**光养生物**（phototrophs）和**化能营养生物**（chemotrophs）。前者直接从阳光获得能量；后者（除无机化能营养生物外）利用光养生物已合成的富能化合物获得化学能，见图 2-1。

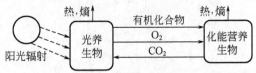

图 2-1　生物界的碳与能量的循环

异养生物（heterotrophs）与**自养生物**（autotrophs）的区别在于前者以有机物作为碳源，而后者细胞中的碳大多来自 CO_2 的固定。微生物还可以按所用氢的给体的类型分类：用有机化合物的称为**有机营养菌**（organotrophs）；用无机化合物的，如 H_2、H_2S 等，称为**无机营养菌**（lithotrophs）。无机电子的来源有：H_2、H_2O、H_2S、NH_3、S、$S_2O_3^{2-}$ 和 Fe。表 2-1 列举了按无机电子来源的微生物分类。

异养生物的基本代谢包括分解代谢和组成代谢两个方面。**凡能释放能量的物质（包括营**

表 2-1　微生物的分类[1]

分类依据	命　名	描　　述
碳源	自养菌	利用 CO_2 作为碳源
	异养菌	利用有机物作为碳源，如糖
电子来源	有机营养菌	从有机分子，如糖获得电子
	无机营养菌	从无机化合物，如 H_2、H_2O、H_2S、NH_3、S 获得电子
能量来源	光能利用菌	从光源获取能源
	化能营养菌	从化合物的氧化获取能源
	光能化能兼养菌	从光源与化学反应获取能源

注：进一步分类涉及已列举菌的组合，例如光能利用异养菌、化能营养异养菌、光能利用自养菌和化能营养自养菌。

养和细胞物质）的分解过程，称为分解代谢（catabolism）；需吸收能量的合成过程，称为组成（合成）代谢（anabolism）。这两种代谢合称新陈代谢（基础代谢）。在分解代谢反应中有机物被降解，最终被降解为 CO_2 和水，一方面提供组成代谢所需的**还原力**（又称还原当量，如 $NADH_2$、$NADPH_2$、$FADH_2$），另一方面生成许多小分子的前体代谢物以及氮、硫和磷等。这些燃烧反应所提供的能量和代谢产物又被用于各种细胞活动，包括生物合成（组成代谢）、机械功（泳动）和渗透或电功（运输），见图 2-2。

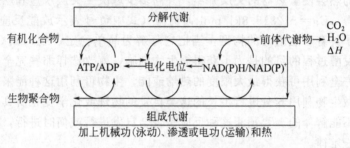

图 2-2　异养生物细胞中的碳-能转换

值得注意的是，代谢途径并不像图 2-2 那样严格区分为分解代谢或组成代谢。有些途径，如酵解、磷酸戊糖循环和三羧酸循环途径均具有这两方面的功能，宜称为两性（amphiobolic）途径。

2.1.1　能量代谢的热力学

微生物细胞中进行的所有生物化学反应，均服从热力学的基本规律。**典型的热力学可定义为在封闭系统中的平衡统计学**。相反，活细胞是一开放的、永不平衡的系统；重要的是生命的进程是不可逆的；平衡的反应是不能调节的。那么，能否应用热力学来了解活细胞的原理？实际上，通过引入"不平衡"或"不可逆"热力学可以克服其中若干限制。Westerfoff 等曾成功地分析一些远离平衡的生化系统，包括进出物料流系统。

任何系统的能量变化都属于热力学的范畴。**热力学的主要任务是阐明系统从一种状态转变为另一种状态的能量变化**。能量的变化可用各种方式表示，但最有用的是自由能的变化，它提供了一种在常温和常压下预测反应的可行性和反应方向的有效方法。研究能量交换和传递机制离不开热力学的三条基本定律。

2.1.1.1　热力学第一定律和热焓

每一分子或系统均具有一内在的能（E），此值只取决于其当时的状态。通过在其周围的热的得失或与环境进行功的交换会改变系统的状态。**热力学的第一定律是能量守恒的原理：在任何过程中系统加上其周围的总能量保持恒定，即自然界的总能量守恒。**若给予一系统一定的热量（Q），必然表现在系统内在能量的变化（ΔE）和系统对环境所做的功（W）。

$$Q = \Delta E + W \tag{2-1}$$

式中，$\Delta E = E(产物) - E(反应物)$。
但热量的输入，往往会使系统的体积发生变化（ΔV），而压力（p）保持不变，这意味着对环境做了功：

$$Q = \Delta E + p\Delta V + W' \quad 或 \quad Q - W' = \Delta E + p\Delta V \tag{2-2}$$

因生化反应一般在大气压下，而不在恒体积下进行，这里引进一种**热力学参数 ΔH（热函量变化又称热熵）**来表示热的交换：

$$\Delta H_P = Q - W' \quad 或 \quad \Delta H_P = \Delta E_P + p\Delta V \tag{2-3}$$

在恒压下 ΔH_P 是系统吸收的热，可用量热器测量。但量热器是一种恒体积的装置，只能测出 ΔE_P 值。须设法将式(2-3)的最后一项计算出来。已知任何温度下 $p\Delta V = nRT$。式中 n 为分子数目，R 为气体常数 [8.314(J/mol)/K]。由此可得：

$$\Delta H_P = \Delta E_P + nRT \tag{2-4}$$

这说明每一种化学反应完成后所产生的热和参与反应的分子数量存在定量的关系。例如，葡萄糖燃烧所发出的热会使量热器的夹层升温，升高多少取决于夹层水量和燃烧的葡萄糖物质的量。用此法测得 $\Delta E_P = -2815.8 kJ/mol$ 葡萄糖（式中负号表示放能反应）。热的产生是由于复杂有机分子具有一能量高的构型，当把它降解为简单稳定产物，如 CO_2 和水时，热便释放出来。若发酵过程的目的是为了获得微生物细胞，就要选择那些完全被微生物利用的养分。因养分的完全利用可获得最大限度的热熵或能，生物可利用这种能来合成细胞和驱动各种需能活动。微生物利用养分进行生长的这类自发的物理或化学变化所具有的方向性是热力学第一定律所不能解释的。要预测这种反应是否会自发进行或何时进行，还需借助于热力学第二定律和第三定律。

2.1.1.2 热力学第二定律、第三定律和熵

第二定律阐明自然界中熵的总量是增加的。第三定律指出在绝对零度下所有物质的熵为零。向一机械提供热能 Q，会使系统温度由 T_1 变成 T_2（$T_1 > T_2$），则机械所做的功（W）为：

$$W = Q\frac{T_1 - T_2}{T_1} \quad 或 \quad W = Q - \frac{Q_1}{T_1}T_2 \tag{2-5}$$

从式(2-5)可见，在任一温度下，成为无效能的那一项必然取决于 T_2 与 Q/T_1 的乘积。**Q/T_1 就是这个体系的熵，常用 S 表示。故 S 是一体系的全部能量中所不能做有效功的度量。**熵也代表一个系统的紊乱程度。实际上，任一化学体系在温度 T 下工作时也服从式(2-6)：

$$G = H - TS \tag{2-6}$$

式中，G 是体系的自由能，即做出有效功的那一部分能量；H 是体系中的全部热能(热熵)。除 T 外，无法测量这些变量的绝对值。但当体系从原有状态改变为另一状态时，可用 $G' = H' - S'$ 表示，这样变化前后之差便可用式(2-7)表达：

$$\Delta G = \Delta H - T\Delta S \tag{2-7}$$

式(2-7)指出，**一体系在恒温恒压下从一状态变为另一状态必然伴随自由能的变化。因 ΔG 是一体系所能做的功的度量，由它决定反应有无可能进行。**因自由能值高，反应体系潜在不稳定，在适合条件下便有可能自发地向自由能低的方向变化。故从不稳定的高化学能化合物

变为较稳定的低化学能化合物时必然会释放能，这在热力学上是可行的。欲知自由能的测定方法请参阅本书第二版第 55 页。

Akinterinwa 等[1]将用于产能的分解代谢过程称为燃烧（加燃料）过程。此反应过程主要将源自基质的能量转换成更容易被生物利用的、用于驱动组成代谢的生物能。此能量的得率取决于被降解的基质，且可用 Gibbs 自由能的变化 ΔG 来量化此转换过程：

$$\Delta G = G_{产物} - G_{反应物} \tag{2-8}$$

对化学反应的 G 的估算可运用基质的标准 Gibbs 自由能（$G^{\prime 0}$）进行。$G^{\prime 0}$ 是定义在 $T=298K(25℃)$ 和 pH=7，初始基质浓度为 1mol/L 的标准条件下测定。反应的 $G^{\prime 0}$ 与实际 G 的关系为：

$$\Delta G = \Delta G^{\prime 0} + RT \ln Q \tag{2-9}$$

式中，Q 是质量作用比率，定义为产物活性与反应物活性之比，在稀溶液的情况下常用产物浓度与反应物浓度之比估算[2]；R 是气体常数 $[=8.314(J/mol)/K]$；T 是热力学温度，K。

若反应处于平衡状态，$\Delta G=0$，则：

$$\Delta G^{\prime 0} = RT \ln K_{eq} \tag{2-10}$$

式中，K_{eq} 是平衡常数。

分解代谢过程的特征是高能基团的转移反应，这是基质分解时释放出的能量通过此反应以生物高能化合物的形式保存。这些高能基团的转移方式是通过磷酸化、酰基、合或氧化还原（redox）反应进行的。

磷酸化反应是用于启动分解过程，因其生成的基质衍生物不会扩散到细胞外，同时将基质保留在胞内也无需花费能量。将基质磷酸化可以使其活性提高，更容易被代谢[2]。典型的例子是糖酵解的起步，葡萄糖被磷酸化成 6-磷酸葡萄糖，其反应如下：

① 非自发的/吸能的半反应：

$$Pi + 葡萄糖 \longleftrightarrow 6\text{-}磷酸葡萄糖 + H_2O \quad \Delta G_1^{\prime 0} = +14kJ/mol \tag{2-11}$$

② 自发的/放能的半反应：

$$ATP + H_2O \longleftrightarrow ADP + Pi \quad \Delta G_2^{\prime 0} = -31kJ/mol \tag{2-12}$$

式中，Pi 是无机磷酸盐，其总的反应为：

$$ATP + 葡萄糖 \longleftrightarrow ADP + 6\text{-}磷酸葡萄糖 \quad \Delta G_3^{\prime 0} = \Delta G_1^{\prime 0} + \Delta G_2^{\prime 0} = -17kJ/mol \tag{2-13}$$

从分解代谢释放出来的能量被有效地通过氧化还原反应与磷酸化反应保存于一些高能化合物的化学键上，如烟酰胺腺苷二核苷酸（NADH）、磷酸烟酰胺腺苷二核苷酸（NADPH）与腺苷三磷酸。

在糖酵解的能量释放步骤，即 3-磷酸甘油醛被转化为 3-磷酸甘油酸里此反应是通过基质水平磷酸化供给 ATP 的典型例子。其总的反应过程如下：

3-磷酸甘油醛 + ADP + Pi + NAD $\longleftrightarrow$ 3-磷酸甘油酸 + ATP + NADH + H$^+$ $\quad \Delta G^{\prime 0} = -12.5kJ/mol$

2.1.2 能量的产生与偶合

2.1.2.1 能量的产生

生物体中的重要氧化还原反应对生命活动所需的能量的形成特别重要。它们本质上是电子从一分子转移到另一分子的反应。氧化一般定义为电子的失去；还原是电子的获得。分子氢的氧化可用下式表示：

$$H_2 - 2e^- \Longleftrightarrow 2H^+$$

如用氧作为电子受体，可生成两种产物：

$$O_2 + 2e^- \Longleftrightarrow O_2^{2-} \Longleftrightarrow H_2O_2$$

$$O_2 + 4e^- \Longleftrightarrow 2O_2^{2-} \Longleftrightarrow 2H_2O$$

最简便的方法是将这些氧化还原反应用电子给体和受体来表述。**在碳源的氧化过程中碳源给出电子而被氧化，氧化剂接受电子而被还原。微生物能从众多的氧化还原反应中获得生长过程所需的能量，电子给体和受体在代谢过程中起极为重要的作用。可被氧化的基质有固定的氧化还原电位，它们位于电极电位标度的下端；而电子受体或最终电子受体的电位位于标度的上端**，见图2-3。

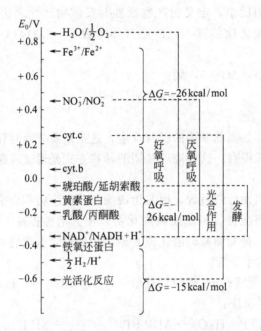

图 2-3　辅酶与基质系统的电极电位和产能方式比较

微生物拥有一些氧化还原系统或电子载体系统，可逐步把电子从低传到高的氧化还原系统。这种把高的潜在能量逐级还原的办法是通过一系列相互偶合的反应，如呼吸链来实现的，见图2-4。呼吸链的重要性在于它能把每一步取得的自由能转换为化学能而加以保存，以供给合成代谢或其他活动对能量的需求。

2.1.2.2　高能化合物

在代谢期间高能中间体化合物能自发地转移特殊的化学基团（磷酸基或酰基）到其他化合物中，因而被称为具有高"基团转移"势能。要有效利用分解代谢释放出来的能，就必须将这些能量通过一些高能化合物以高能键的形式储存起来，这些化合物又称为能量载体，如一些带有磷酸根的衍生物[腺苷三磷酸（ATP）、尿苷三磷酸（UTP）、酰基磷酸或无机多磷酸]、羧酸衍生物、乙酰CoA。在这些能量载体中最重要的是ATP。ATP是由腺苷单磷酸（AMP）通过酐键与另外两个磷酸根连接而成的含有两个高能磷酸键的化合物。ATP的磷酸键的能量比AMP要高出1倍以上，可将其磷酸根连同键能一起转给一些中间代谢产物，使之成为活化型。

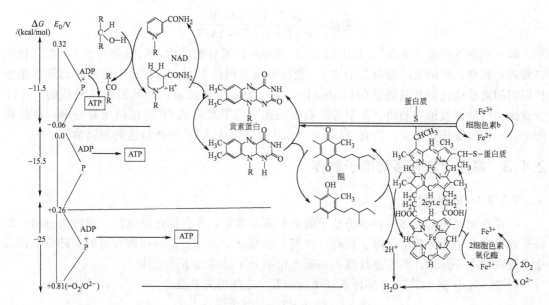

图 2-4　呼吸链中氧化还原系统的顺序

ATP 和其他高能化合物的水解形成强的负 ΔG（通常比 $-25kJ/mol$ 还要负）[2]，并常与吸能反应偶合。ATP 水解所得的自由能如下：

$$ATP + H_2O \longleftrightarrow ADP + Pi \quad \Delta G'^0 = -30.5kJ/mol$$
$$ADP + H_2O \longleftrightarrow AMP + Pi \quad \Delta G'^0 = -32.8kJ/mol$$
$$ATP + H_2O \longleftrightarrow AMP + Pi \quad \Delta G'^0 = -45.6kJ/mol$$
$$AMP + H_2O \longleftrightarrow 腺苷 + Pi \quad \Delta G'^0 = -14.2kJ/mol$$
$$PP \longleftrightarrow 2Pi \quad \Delta G'^0 = -19.2kJ/mol$$

ATP 以外的其他高能化合物也在细胞能量转换中起相当重要的作用。其特点是，当它们转化时会释放出大量能量。所谓高能是指反应时能量转移至少在 29.29kJ/mol 以上的水平。因此，从热力学角度看，ATP、GTP、UTP 和其他类似物都可等同看待。高能化合物不限于核苷三磷酸，还有酰基磷酸酯、烯酰磷酸酯、硫酯、磷酸胍和烟酰胺腺嘌呤二核苷酸（NAD）。ATP 以外的高能化合物只用于特定的代谢反应。例如，CTP 主要用于脂质的合成，UTP 用于复杂的多糖（糖原、纤维素）的合成。

2.1.2.3　能量的偶合

能量偶合作用是指一种能量上可行的反应推动另一种在能量上不可行的反应进行的过程。这种作用在生命活动中特别重要，它使代谢作用产生的化学能有效储存、利用。吸能与放能反应可通过两种方式偶合：一种是有能量转移的偶合反应；另一种是不出现真正能量转移的偶合反应。

分解代谢所产生的能可转换为 ATP、还原型吡啶核苷酸和离子梯度。基本上存在 3 种水平的磷酸化作用以提供细胞所需的 ATP。①基质水平的磷酸化：是指由可溶性酶催化的基团转移反应，最终导致 ATP 的生成。②电子输送磷酸化：这是由结合在膜上的酶所催化的氧化还原反应，如呼吸链所产生的 ATP。③光合磷酸化：这也是由结合在膜上的酶所催化的将光能转换为 ATP 的反应。

细胞的能势可用现存的 ATP、ADP 和 AMP 之间的比例来表示。Atkinson 引入一种能荷的概念，将其定义为：

$$能荷 = \frac{ATP + 0.5ADP}{ATP + ADP + AMP}$$

如一细胞的能量"满载"，其中的 ATP 是唯一的腺苷酸的话，则能荷等于 1；如三种核苷酸的量相等，则细胞的能荷等于 0.5。能荷的概念用处不大，但有助于监测一已知细胞生长期间的能量变化以及其酶活的相应变化。如一细胞生长旺盛，能荷值将是最低的；ATP 合成出来后随即被迅速利用。在生长后期生长速率慢下来后 ATP 的比例相对升高，故能荷值上升。当细胞停止生长，所有 ADP 与 AMP 被转化成 ATP 后能荷达到最高值。

2.1.3 氧还电位和移动电子载体

2.1.3.1 氧还电位

一反应的氧还电位是一种电子授予能力的重要度量。具有低还原电位（通常为负值）的分子在半反应中会将其电子给予具高（正值）还原电位的分子。一般拥有高的负还原电位的分子是高效电子给体，而那些具高正还原电位的分子是高效电子受体。

标准氧还电位（E'^0）与实际氧还电位（E）之间的关系是：

$$E = E'^0 + \frac{RT}{nF} \ln \frac{[电子受体]}{[电子给体]} \qquad (2\text{-}14)$$

式中，n 为每分子转移电子的数目；F 为法拉第常数（$F = 96485 \text{C/mol}$）。

对于一氧还反应：

$$\Delta E'^0 = E'^0_{受体} - E'^0_{给体} \qquad (2\text{-}15)$$

E'^0 与自由能变化（$\Delta G'^0$）成正比关系：

$$\Delta G'^0 = -nF\Delta E'^0 \text{(J)} \qquad (2\text{-}16)$$

举分子氧被（较高的电位）$FADH_2$ 还原的事例：

半反应：

$$FAD + 2H^+ + 2e^- \longrightarrow FADH_2 \qquad E'^0_1 = -219 \text{mV} \qquad (2\text{-}17)$$

$$\frac{1}{2}O_2 + 2H^+ + 2e^- \longrightarrow H_2O \qquad E'^0_2 = +816 \text{mV} \qquad (2\text{-}18)$$

总反应：

$$FDAH_2 + 1/2O_2 \longrightarrow FAD + H_2O \qquad E'^0 = +1035 \text{mV} \qquad (2\text{-}19)$$

$$\Delta G'^0 = -2 \times 96485 \times 1.035 = -200 \text{ (kJ)} \qquad (2\text{-}20)$$

2.1.3.2 移动电子载体

酶催化的氧还反应是分解代谢过程的枢纽，使基质的化学能易于转换成细胞能量货币，从氧化反应获得的氢原子与电子由移动电子载体（苯醌、黄素蛋白、铁-硫蛋白、细胞色素与 [NAD(P)+H+]）负责输送。用哪种移动电子载体于特定氧化反应，取决于还原电位和载体的化学结构。

(1) 苯醌 苯醌在光合系统 I 与 II、需氧与厌氧呼吸的电子传递链（ETC）上起电子受体的作用。这些亲水溶于脂质的电子载体可让氢与电子穿梭于结合在膜上的蛋白复合物中。在 ETC 中发现有三种苯醌：泛醌（辅酶 Q，CoQ）、甲基萘醌（维生素 K₂）类和质体醌。由苯醌介入的电子穿梭过程如下：

$$CoQH_2 + 2Fe^{3+} 细胞色素 c \longrightarrow CoQH + 2Fe^{2+} 细胞色素 c + 2H^+ \qquad (2\text{-}21)$$

(2) 细胞色素 细胞色素在电子传递链中起催化氧还反应的作用。在自然界中它是普遍存在于植物、光合作用微生物、真核生物的线粒体内膜与内质网中。它们具有一种由 4 个卟啉（侧链取代的吡咯环）组成的含铁亚铁血红素辅基。此辅基紧密地连接与其相关的蛋白质上。细胞色素是一种单一的电子载体，其亚铁血红素中的铁离子价（Fe^{2+}/Fe^{3+}）在电子转移过程中进行变换。细胞色素存在 5 种不同类型的血红素：a，b，c，d 与 o。一种细胞色素可以携带一种以上的血红素基。例如，细菌细胞色素 bo_3，含有血红素 b 和 o，下标 3 表示与 O_2 结合的血红素。

(3) 黄素蛋白与铁-硫蛋白 前者用于催化氧化磷酸化和光合磷酸化的氧还反应。它们采用黄素单核苷酸（FMN 或核黄素-5'-磷酸）或黄素腺嘌呤二核苷酸（FAD）作为其辅酶与电子载体。黄素核苷酸被牢牢结合在黄素蛋白的辅基上。FAD 与 FMN 可以接受一个或两个电子成为 $FADH_2$ 与 $FMNH_2$。硫-铁蛋白又称为铁氧还蛋白（ferrodox-ins），是一种电子载体的基团，含有 1：1 的硫化物离子与非血红素铁离子，以各种氧化状态的形式 $[Fe_2S_2]^{3+}$、$[Fe_4S_4]^{3+}$ 存在。高电位的铁氧还蛋白可被逐步还原为低电位的铁氧还蛋白。

$$[Fe_4S_4]^{3+} \xrightarrow{e^-} [Fe_4S_4]^{2+} \xrightarrow{e^-} Fe_4S_4 \qquad (2\text{-}22)$$

2.2 微生物的分解代谢

微生物通过各种各样的代谢途径提供细胞生长和维持所需的能（能量代谢），并从各种原料衍生其细胞成分。细胞的主要成分（如蛋白质、核酸、多糖和脂质）是由 C、N、O、H、S 和 P 组成，细胞还需要用于维持酶活和体内平衡所需的微量元素（如 K、Na、Mg、Se、Fe、Zn 等金属离子）。微生物从其周围环境（培养基）吸收这些元素，将其结合到细胞材料中，此过程称为同化作用，见图 2-5。从简单无机化合物（CO_2 或其他无机碳）获得其所需的碳-能源的细胞称为化能自养菌（chemoautotrophic）。如能量只源自阳光的生物称为光能利用菌（phototroph）。利用有机化合物作为能源和碳的来源的微生物称为异养菌（heterotroph）。如需在生长培养基中添加它们不能自己合成的有机化合物才能生长的菌称为营养缺陷型（auxotroph）。

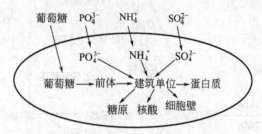

图 2-5　以葡萄糖作为唯一碳源的
细菌细胞生长模式

葡萄糖被转化为前体，再用于合成建筑单位，并以此形成细胞成分；无机化合物（PO_4^{3-}、NH_4^+ 和 SO_4^{2-}）被同化和用于形成建筑单位

2.2.1 葡萄糖分解代谢

微生物的主要碳源是葡萄糖。葡萄糖的分解途径随菌种而异，主要有以下四种代谢途径：①酵解（EMP）途径；②己糖单磷酸（HMP）途径或支路（HMS），又称磷酸戊糖循环

（PP）；③恩特纳-多多罗夫（ED）途径；④磷酸解酮糖（PK）途径。前两种存在于哺乳动物、酵母和细菌中，后二者只存在于细菌中。

2.2.1.1 酵解 (EMP) 途径

EMP 又称为糖酵解（glycolysis）途径，其总反应式如下：

$$葡萄糖 + 2ADP + 2Pi + 2NAD^+ \longrightarrow 2\ 丙酮酸 + 2ATP + 2(NADH + H^+) + 2H_2O$$
$$\Delta G'^0 = -85kJ/mol$$

此途径（见图 2-6）的特点是，它每消耗 1mol 葡萄糖只净生成 2mol ATP 与 2mol NADH$_2$，不能提供合成芳香氨基酸、RNA 和 DNA 所需的前体。由糖酵解途径分解葡萄糖是不完全的，所得两个丙酮酸仍储藏有不少能量，完全氧化 1mol 葡萄糖可得 2840kJ，故两分子的丙酮酸仍含有葡萄糖的 94% 的能量。糖酵解可分为两个阶段[1]：投入阶段与回报阶段。在投入阶段由 5 步组成，反应的结果是消耗了 2mol ATP，生成 2mol 丙糖-3-磷酸（3-磷酸甘油醛，磷酸二羟丙酮）；在后 5 步反应的回报阶段里，3-磷酸甘油醛的氧化获得 4mol ATP 和 2mol NADH$_2$。

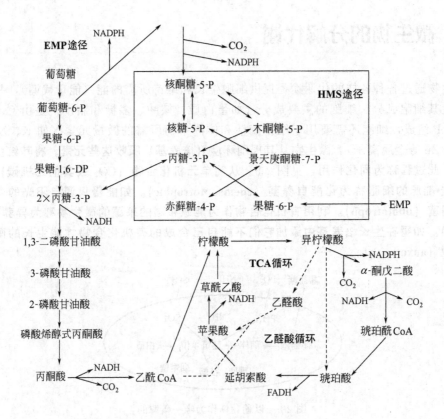

图 2-6　EMP、HMS 和 TCA 途径

2.2.1.2　己糖单磷酸支路（HMS）

HMS 途径（又称为戊糖循环）的运行方式见图 2-6。其总反应式为：

$$3\ 葡萄糖 + 6NADP^+ + 3ATP \longrightarrow 2\ 果糖-6-P + 3\ 磷酸甘油醛 + 3CO_2 + 3ADP +$$
$$6(NADPH + H^+) + 3H_3PO_4$$

HMS 途径的重要性在于它能提供合成核酸和吡啶核苷酸等所需的戊糖及合成芳香氨基酸和维生素所需的前体以及许多合成反应所需的 NADPH + H^+。

2.2.1.3 恩特纳-多多罗夫（ED）途径

此途径的第一个中间体是 6-磷酸葡萄糖。它被氧化为 6-磷酸葡糖酸。这和 HMS 途径的反应一样。接着脱水生成 2-酮-3-脱氧-6-磷酸葡糖酸（KDGP），随后由 2-酮-3-脱氧-6-磷酸葡糖酸醛缩酶分解为两个丙糖，KDGP 中原有酮基部分变成丙酮酸，带有磷酸根那部分变成 3-磷酸甘油醛，见图 2-7。

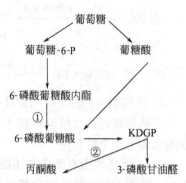

图 2-7 降解葡萄糖的 ED 途径
KDGP：2-酮-3-脱氧-6-磷酸葡糖酸；
①磷酸葡糖酸脱水酶；②2-酮-3-脱氧-6-磷酸葡糖酸醛缩酶

2.2.1.4 磷酸解酮酶（PK）途径

此途径存在于异型乳酸发酵细菌中，可看作是 HMS 途径的一个分支，见图 2-8。前面三步同 HMS 途径一样，生成的 5-磷酸核酮糖被异构化为 5-磷酸木酮糖，接着在磷酸解酮酶的作用下裂解为 3-磷酸甘油醛和乙酰磷酸。后者为一高能磷酸化物，如转化为乙醛，其高能键传给 ADP，结果净得 2 分子 ATP；若转化为乙醇，高能键便丢失，每分子葡萄糖净得 1 分子 ATP。

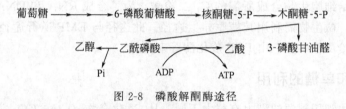

图 2-8 磷酸解酮酶途径

2.2.1.5 各种葡萄糖分解途径的相互关系

四种葡萄糖分解途径有许多共同的中间体和酶，但有些酶是该途径专有的关键酶（如 **EMP 途径的 6-磷酸果糖激酶，HMS 途径的 6-磷酸葡糖酸脱氢酶，ED 途径的 2-酮-3-脱氧-6-磷酸葡糖酸醛缩酶，PK 途径的磷酸解酮酶**）。这些酶都是在途径的分支点上起作用。在这些途径中 EMP 途径提供的 ATP 最多，但不产生重要的嘌呤和嘧啶生物合成所需的前体（核糖-5-磷酸和赤藓糖-4-磷酸）。因此仅有 EMP 途径的微生物还需补充生长因子。HMS 途径能提供嘌呤和嘧啶生物合成用的前体，但只产生相当于 EMP 途径的一半的 ATP 量。此途径不直接产生丙酮酸，故微生物必须拥有部分 EMP 途径的酶系统。ED 途径有一部分与 HMS 途径相连，其中可能存在逆行的 HMS 途径，它可直接形成丙酮酸，而无需依赖 EMP 和 HMS 途径。ED 途径存在于严格需氧菌中。在葡萄糖分解代谢中 PK 途径仅存在于少数种类的细菌中。

2.2.1.6 三羧酸（TCA）循环

又称为柠檬酸循环或 Krebs 循环，见图 2-6。此循环将丙酮酸完全氧化为 CO_2 和水。脱氢反应中从基质取得的电子被送到呼吸链中去，在那里产生所需的 ATP。**TCA 循环对生物合成极其重要，它提供一些氨基酸生物合成的前体**。如 α-酮戊二酸和草酰乙酸分别为谷氨酸和天冬氨酸的前体。这些氨基酸又是其他氨基酸和蛋白质合成的重要前体氨基酸。因所有这些过程均需同时进行，要从 TCA 循环中抽出一些五碳或二碳二羧酸作为前体就必须及时补充抽走的中间体，循环才能继续运行。补充这些中间体的反应总称为补给反应系统，共有 5 种：

① 丙酮酸 + CO_2 + ATP $\xrightarrow[\text{生物素}]{\text{丙酮酸羧化酶}}$ 草酰乙酸 + ADP + Pi

$$② \quad PEP + CO_2 \xrightarrow{PEP羧化酶} 草酰乙酸 + Pi$$

$$③ \quad PEP + CO_2 + ADP + Pi \xrightarrow{PEP羧化激酶} 草酰乙酸 + ATP$$

$$④ \quad PEP + CO_2 + Pi \xrightarrow{PEP转羧磷酸化酶} 草酰乙酸 + PPi$$

$$⑤ \quad 丙酮酸 + CO_2 + NADPH + H^+ \xrightarrow{苹果酸氧化脱羧酶} 苹果酸 + NADP^+$$

不是所有这些反应都存在于同一种微生物中,PEP 羧化酶广泛分布于细菌中,而丙酮酸羧化酶分布于酵母中。

TCA 循环因而有**无定向功能循环**之称。此循环还将从异柠檬酸脱氢酶、α-酮戊二酸脱氢酶、苹果酸脱氢酶、琥珀酸脱氢酶和琥珀酰 CoA 的氧化反应中释放的能量分别储存于 3 分子 NADH、1 分子 FAD_2 和 1 分子 GTP 中。

2.2.1.7 乙醛酸循环

给 **TCA** 循环加上两种酶反应便形成一种可补充 C_4 酸的乙醛酸循环,从而避免因生成 CO_2 而丢失碳架,见图 2-6。此循环利用 **TCA** 循环中的 **5 个酶**,再引入异柠檬酸裂解酶和苹果酸合酶。这样,乙酸便可通过 TCA 循环分解为 $2CO_2$,经电子传递系统取得 ATP,或通过乙醛酸循环供给细胞生物合成所需的 C_4 二羧酸。为了合成 RNA 和 DNA 及将 C_4 二羧酸转化为磷酸戊糖,微生物需利用其糖原异生途径。此途径与 EMP 逆行途径基本相同。此两系统的联系是补给反应系统,由 PEP 羧化酶等来完成。

2.2.2 多糖和单糖的利用

不同的微生物利用碳源的潜力有很大不同。从 C_1 化合物(CO、CO_2、甲醛、甲醇和甲烷)到复杂的大分子(糖原、淀粉、纤维素、蛋白质、核酸),几乎所有天然的有机化合物均能被微生物当作碳源和能源利用。表 2-2 列举了各种碳源及其分解途径。大分子被生物降解为单体的途径:

$$\underset{(蛋白质,核酸,多糖)}{大分子} \xrightarrow{解聚酶} \underset{(寡肽,寡核酸,寡聚糖)}{寡聚物} \xrightarrow{水解} \underset{(氨基酸,核苷酸,糖)}{单体} \xrightarrow{运输反应} 细胞吸收和代谢$$

表 2-2 各种碳源及其分解途径

碳　源	分类	主要代谢途径	能利用该碳源的生物
CO_2	C_1 化合物	还原型 PPP[①]	CO_2 固定生物(绿色植物,光合细菌)
甲醇	C_1 化合物	PPP	甲养细菌和酵母
乙酸	有机酸	乙醛酸旁路	细菌
乳酸	有机酸	糖原异生,三羧酸循环	细菌
琥珀酸	有机酸	糖原异生,三羧酸循环	细菌
木糖	糖	PPP,糖酵解	细菌,酵母
葡萄糖	糖	糖酵解,PPP,PK[②]	原核和真核生物
蔗糖	双糖	水解,糖酵解	原核和真核生物
棉籽糖	三糖	水解,糖酵解	原核和真核生物
淀粉	多糖	水解,糖酵解	原核和真核生物
纤维素	多糖	水解,糖酵解	厌氧细菌
氨基酸	氨基酸	三羧酸循环,糖原异生	原核和真核生物
蛋白质	多肽	蛋白水解,三羧酸循环	原核和真核生物
脂肪酸	脂肪酸	β-氧化,三羧酸循环	原核和真核生物
芳香烃		邻位或间位裂解,TCA 循环	细菌,酵母

① PPP:磷酸戊糖途径。②PK:磷酸解酮酶途径。

一旦这些复杂大分子被解聚成较小的寡聚物后，外围的代谢途径便将碳源进一步分解为代谢物，然后进入中枢代谢途径。双糖和寡聚糖在胞外先被水解酶作用变成单体（葡萄糖、果糖）或先由运输系统吸收入胞内，再将其裂解。寡肽和寡核苷酸可分别由胞内外的肽酶和核酸酶解聚。作为碳源的脂肪先被脂肪酶裂解成磷酸甘油和脂肪酸。随后，前者在丙糖磷酸酯处进入酵解途径；脂肪酸再被氧化成乙酰 CoA 或丙酰 CoA，随后进入三羧酸循环。

黄建忠等[3~5]对脂肪酶的研究与生产技术很有造诣，他们从分子水平与蛋白质工程上揭示其作用机制，并应用基因工程技术改良生产菌种，为提高脂肪酶的工业生产与技术改造提供依据。

2.2.3 厌氧代谢过程

发酵的定义有狭义和广义之分：**广义地说，将有机化合物在有或无氧条件下的分解代谢总称为发酵；狭义则把发酵定义为不涉及光与呼吸链，不用氧或氮作为电子受体的生物化学过程。**进行厌氧发酵的微生物可以是兼性或专性厌氧微生物。前者能在有氧下生长和在无氧下发酵；后者没有与氧结合的电子传递系统，不能在通气条件下生长。许多专性厌氧菌甚至一接触空气便死亡。**呼吸与发酵的最大差别在于 ATP 的形成。好气异氧生物将有机基质的氧化与氧或硝酸盐的还原偶合；而厌氧菌的氧化与有机化合物的还原偶合，因而形成较少的ATP。**其细胞得率比需氧菌少许多。微生物在发酵期间可以形成各种发酵终产物，如图 2-9 所示。细菌（主要是梭杆菌、肠道细菌和乳酸杆菌）主要从丙酮酸或 PEP 形成各式各样的发酵产物，但没有一种细菌可形成图 2-9 中所示的所有终产物。表 2-3 列举了微生物自身所需的 12 种前体代谢物及其生成的主要途径。

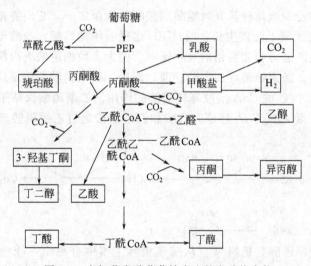

图 2-9　由细菌发酵葡萄糖产生的发酵终产物

对养分与末端产物间的质量平衡的了解有助于研究发酵过程。所有产物加在一起的总和，其 C、H 和 O 的摩尔原子量必须与基质各元素的对应量相等。氧化还原平衡也可用于分析发酵，因细胞无净还原力的变化，但所消耗的养分与发酵形成的产物不存在严格的化学计量关系，因有一部分养分用于细胞的合成和维持。在缺氧或缺少其他末端电子受体下细胞通过这些发酵产物的形成维持其胞内氧化还原平衡。

2.2.3.1 乙醇发酵

许多微生物都能将糖发酵为醇类。工业上要求建立一种能将糖转化为单纯乙醇的发酵过

表 2-3　微生物自身所需的 12 种前体代谢物及其生成的主要途径[6]

前体代谢物	代谢途径	大肠杆菌生长需要的数量 /(μmol/g 细胞)	前体代谢物	代谢途径	大肠杆菌生长需要的数量 /(μmol/g 细胞)
6-磷酸葡萄糖	酵解	205	核糖-5-磷酸	PPP	898
6-磷酸果糖	酵解	71	赤藓糖-4-磷酸	PPP	361
磷酸丙糖	酵解	129	乙酰 CoA	TCA 循环	3748
3-磷酸甘油酸	酵解	1496	α-酮戊二酸	TCA 循环	1079
磷酸烯醇式丙酮酸	酵解	519	草酰乙酸	TCA 循环	1787
丙酮酸	酵解	2833	琥珀酰 CoA[①]	TCA 循环	—

① 琥珀酰 CoA 是合成四吡咯所需的前体。

程，但很难做到。传统的乙醇发酵过程是利用酵母，特别是酿酒酵母进行的。酵母通过 EMP 途径将葡萄糖降解为丙酮酸，接着由丙酮酸脱羧酶脱羧和乙醇脱氢酶还原，生成乙醇：

$$CH_3COCOOH \xrightarrow[\text{丙酮酸脱羧酶}]{Thpp \quad CO_2} CH_3CHO \xrightarrow[\text{乙醇脱氢酶}]{NADH+H^+ \quad NAD^+} CH_3CH_2OH$$

式中，Thpp 为焦磷酸硫胺素。**在此反应中丙酮酸脱羧酶取代在好氧降解作用中的丙酮酸脱氢酶，而成为重要的关键酶。**因没有外来的氢受体（如氧），需要一种适当的有机氢受体来消耗 EMP 途径中生成的还原力。乙醇脱氢酶将乙醛还原为乙醇的同时把 $NADH+H^+$ 氧化为 NAD^+。

运动发酵单胞菌是少数几种具有丙酮酸脱羧酶的细菌之一，它们能把葡萄糖氧化为乙醇和 CO_2。这种菌能在无氧下旺盛生长，通过 ED 途径利用葡萄糖。与酵母比较，其生长速度快，有更高的乙醇生产能力和葡萄糖的吸收速率。但大多数细菌缺乏丙酮酸脱羧酶，不能从丙酮酸直接形成乙醛。肠道细菌（如大肠杆菌）能进行所谓磷酸裂解反应，将丙酮酸脱羧生成乙酰 CoA 和甲酸。因乙酰 CoA 借酰基转移酶的作用同乙酰磷酸保持平衡，然后利用 2 分子（$NADH+H^+$），将乙酰 CoA 还原为乙醛和乙醇，或通过乙酰磷酸产生乙酸，同时产生 1 分子 ATP。

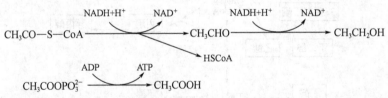

菊芋可应用于生产乙醇。杨帆等[7]从菊芋根际土壤中分离出一株能完全降解菊糖的酿酒酵母 L610。经培养基优化，溶氧在发酵 12h 前控制在 50%，然后厌氧发酵，乙醇产量高达 55g/L，为理论值的 80%。

以上介绍的乙醇发酵方法只适用于生产工业酒精，不适用于酒类饮料。生产含乙醇饮料需考虑色、香、味和符合卫生条例等问题。

乙醇也可以用自养菌，如穆尔氏菌属（*Moorella* sp.）、自产乙醇梭菌（*C. autoethanogenum*），从 H_2 和 CO_2 生产[8]，参阅 2.2.8.2 节。

2.2.3.2　丙酮、丁醇、乙酸、丁酸发酵

用发酵方法生产丙酮、丁醇、丁酸和异丙醇有过兴衰起伏。进行这类发酵的细菌属于梭

菌属和丁酸杆菌属。一般只有专性厌氧菌形成以丁酸为主的发酵产物。梭菌属按其主要产物分为几个种：丁酸梭菌、丙酮丁醇梭菌与丁醇梭菌，其主要产物分别为丁酸、丙酮＋丁醇、丁醇＋CO_2＋H_2。梭菌属的葡萄糖发酵的总途径归纳于图 2-10。丁酸发酵的前几步反应直到丙酮酸属于 EMP 途径。丙酮酸的降解比较特别，称为"梭菌式"降解。它通过一种磷酸裂解反应使丙酮酸脱羧生成乙酰 CoA、CO_2 和 H_2。肠道细菌也有类似反应，但产物不同，是乙酰 CoA 和甲酸。这是由于一种特殊的丙酮酸-铁氧还原蛋白氧化还原酶参与此反应所致。丙酮酸先被脱羧，释放出 CO_2 和形成一种焦磷酸硫胺素络合物，然后再形成乙酰 CoA。但在此反应中释放出来的电子和 H_2 并没有传给 NAD^+，而是用来还原铁氧还蛋白，见图 2-11。然后还原型铁氧化蛋白重新氧化，释放出分子氢。因梭菌是专性厌氧菌，所以具有较低氧还电位的铁氧还蛋白，可维持厌氧条件和防止电子进一步转移。乙酰 CoA 是形成一些发酵产物的共同前体。

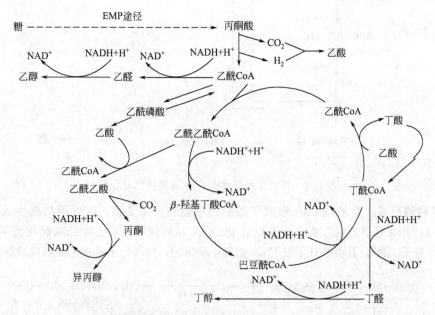

图 2-10　梭状芽孢杆菌的乙酸、丁酸、丙酮、丁醇的形成

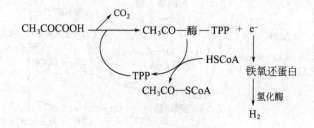

图 2-11　丙酮酸脱羧氧化机制
TPP：焦磷酸硫胺素

(1) 乙酸的形成　如上所述，肠道细菌可将 1 分子葡萄糖转化为 2 分子乙酸、2 分子 CO_2 和 H_2，见图 2-12。这种将 CO_2 转化为乙酸需要甲基转移辅酶、四氢叶酸（FH_4）和类咕啉 [Co] 的参与。乙酸也可以用自营菌，如穆尔氏菌属（*Moorella* sp.）、杨氏梭菌，从 H_2 和 CO_2 合成[8]，参阅 2.2.8.2 节。

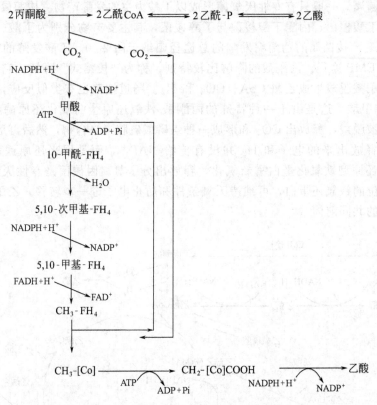

图 2-12　梭状芽孢杆菌中 CO_2 直接转化为乙酸

(2) 丁酸的形成　由乙酰 CoA 形成丁酸的代谢途径见图 2-13。在丙酮酸前生成的 2 分子 $NADPH+H^+$ 用来还原乙酰乙酰 CoA 和巴豆酰 CoA，从而使 2 分子乙酰 CoA 转化为丁酸。丁酸发酵可得 3 分子 ATP，其中 2 分子是 EMP 途径中获得的，另一分子是在乙酸形成后取得的。

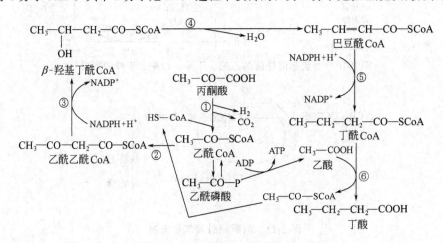

图 2-13　梭状芽孢杆菌形成丁酸的途径

①丙酮酸铁氧还蛋白氧化还原酶；②乙酰 CoA 乙酰转移酶；③β-羟基丁酰 CoA 脱氢酶；
④β-羟基丁酰 CoA 脱水酶；⑤丁酰 CoA 脱氢酶；⑥脂肪酰 CoA 转移酶

(3) 丙酮、丁醇的形成　将糖发酵为丁酸的梭菌也能产生丙酮和丁醇。如产酸使培养基 pH 低于 4.0，梭菌便会改变其代谢途径，转产丙酮和丁醇，把已积累的丁酸转化为丁醇，见图 2-14。为了避免 pH 的进一步下降，菌将发酵转向中性化合物的形成。梭菌拥有一种转移酶能把乙酰乙酰 CoA 从正常的循环系统中抽出来脱羧形成丙酮。因还原型 NAD+ 不能重新氧化，将乙酰乙酰 CoA 抽出对细胞有害，引进两种酶将积累的丁酸转化为丁醇，便可解决 NADH+H+ 的氧化问题。丁酸梭菌能将丙酮进一步还原为异丙醇。比较一下形成丁酸和形成丙酮、丁醇的整个反应可以看出丁酸的形成更经济一些。

$$葡萄糖＋3ADP＋3Pi \longrightarrow 丁酸＋2CO_2＋2H_2＋3ATP$$

$$2\,葡萄糖＋4ADP＋4Pi \longrightarrow 丙酮＋丁醇＋5CO_2＋4H_2＋4ATP$$

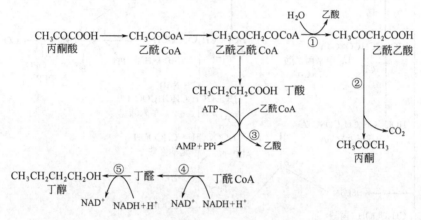

图 2-14　梭状芽孢杆菌的丙酮、丁醇的形成
①CoA 转移酶；②乙酰乙酰脱羧酶；③CoA 转移酶；④丁醛脱氢酶；⑤丁醇脱氢酶

丙丁梭菌可用淀粉为原料进行发酵，其用量为 3.8g/100mL。结果有 30% 左右的原料转化为混合溶剂，其余变成 CO_2 和 H_2。气体的比例在发酵过程中略有变化，一般含 40% 的 H_2 和 60% 的 CO_2；混合溶剂含体积分数为 60% 的正丁醇，30% 左右的丙酮和 5%～10% 的乙醇、异亚丙基丙酮（丙酮、丁醇的比例随菌株而异）。

丁醇是有前途的生物燃料，可通过发酵生产。其生产瓶颈在于高浓度丁醇对产生菌的毒性。Li 等[9]通过物理因素诱变和改进筛选方法，使拜氏梭菌突变株 MUT3（蔗糖糖蜜培养基）和丙酮丁醇梭菌突变株 ART18（木薯粉发酵培养基）对丁醇的耐受能力提高，在 15L 发酵罐中的丁醇发酵水平分别达到 15.1g/L 和 16.3g/L，比野生菌的丁醇生产水平提高 30%～40%。刘金乐等[10]应用基因工程技术阻断拜氏梭菌的产酸途径，敲除相关基因后的工程菌的溶剂产量提高 20%，达到 22g/L，丁醇的比例也提高 5%。

(4) 丙酸、琥珀酸与 α-酮戊二酸的形成　丙酸和琥珀酸是丙酸梭菌和丙酸杆菌发酵糖或乳酸的产物。丙酸杆菌属优先利用葡萄糖作碳源，而丙酸梭菌已失去这种能力，它们利用乳酸作为碳源。其反应总和为：

$$1.5\,葡萄糖 \longrightarrow 2\,丙酸＋乙酸＋CO_2$$

$$3\,乳 \longrightarrow 2\,丙酸＋乙酸＋CO_2$$

随着碳源的不同，有两条形成丙酸的途径，而琥珀酸的形成只有一条。如图 2-15 和图 2-16 所示，那些能利用葡萄糖和乳酸作为碳源的菌拥有丙酸-琥珀酸途径；而只利用乳酸作为碳源的菌，通过丙烯酸途径形成丙酸。

α-酮戊二酸（KG）广泛应用于有机合成、医药和功能性食品等领域，冯甲等[11]采用谷氨酸棒杆菌 GDK-2 为出发菌株，通过基因工程技术阻断 KG 生成谷氨酸的途径，并经发酵过程优化，使 KG 的发酵（34h）产量达到近 60g/L 的水平。

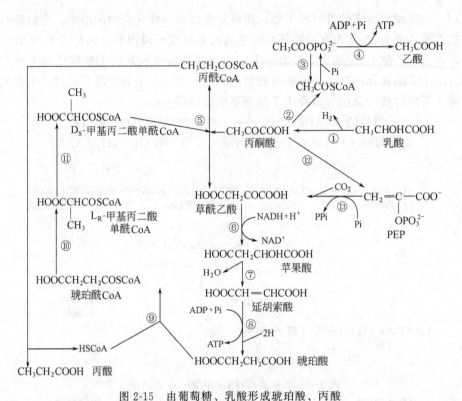

图 2-15 由葡萄糖、乳酸形成琥珀酸、丙酸

①乳酸脱氢酶；②丙酮酸-铁氧还蛋白氧化还原酶；③磷酸乙酰转移酶；④乙酸激酶；
⑤D$_S$-甲基丙二酸单酰CoA-丙酮酸转羧基酶；⑥苹果酸脱氢酶；⑦延胡索酸酶；
⑧延胡索酸还原酶；⑨琥珀酰CoA转移酶；⑩L$_R$-甲基丙二酸单酰CoA变位酶；
⑪甲基丙二酸单酰CoA消旋酶；⑫丙酮酸-磷酸双激酶；⑬PEP羧化转磷酸酶

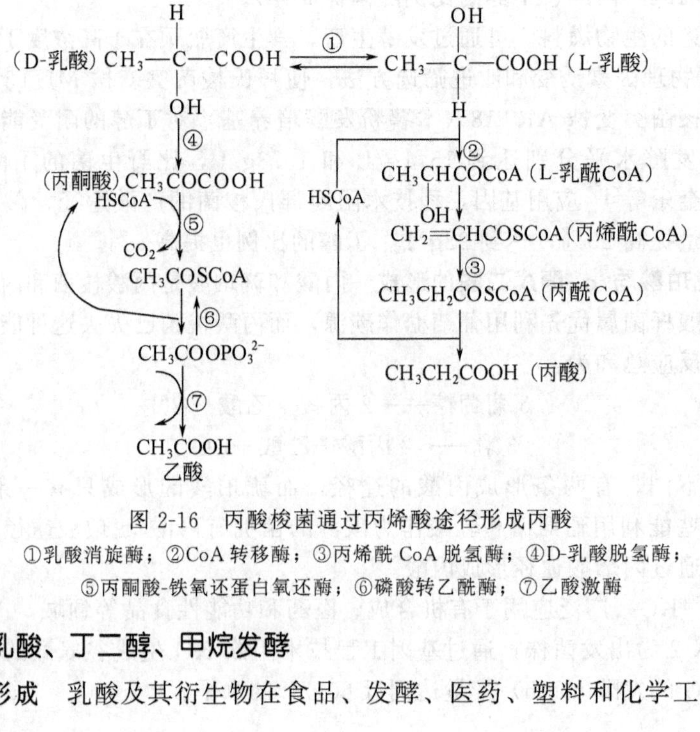

图 2-16 丙酸梭菌通过丙烯酸途径形成丙酸

①乳酸消旋酶；②CoA转移酶；③丙烯酰CoA脱氢酶；④D-乳酸脱氢酶；
⑤丙酮酸-铁氧还蛋白氧还酶；⑥磷酸转乙酰酶；⑦乙酸激酶

2.2.3.3 乳酸、丁二醇、甲烷发酵

(1) 乳酸的形成 乳酸及其衍生物在食品、发酵、医药、塑料和化学工业上得到广泛应

用。全球的乳酸年产量超过 50000t。乳酸细菌可分为两大类：一类仅产生乳酸，称为同型乳酸发酵菌；另一类除了产生乳酸外，还形成其他副产物，称为异型乳酸发酵菌。同型乳酸发酵菌株主要有链球菌属、小球菌属和若干乳酸杆菌属。异型乳酸发酵菌主要有假丝酵母属和若干乳酸杆菌属。其副产物随菌而异，有的是乙醇＋CO_2，有的是乙酸＋CO_2。异型乳酸发酵通过戊糖磷酸解酮酶（PK）途径。在乳酸发酵中许多乳酸细菌能利用苹果酸生成乳酸，这对于酿酒工业极为重要。对其转化过程尚有争议。但长期以来一直认为，苹果酸首先由需 NAD^+ 的苹果酸氧化脱羧酶脱羧生成丙酮酸，接着将丙酮酸还原为乳酸：

$$苹果酸 \xrightarrow[\quad CO_2 \quad]{NAD^+ \quad NADH+H^+} 丙酮酸 \xrightarrow{NAD^+ \quad NADH+H^+} 乳酸$$

影响乳酸发酵的因素有：菌种、培养基、糖源、糖浓度、温度、溶氧、pH、生长因子和产物浓度。乳酸发酵在相当高的温度下进行，嗜热链球菌为 35～46℃，保加利亚乳杆菌为 42～50℃，其最适温度应由试验决定。嗜热链球菌最适生长条件为 pH6.5，40℃；保加利亚乳杆菌最适生长条件为 pH5.8，44℃。

徐国谦等[12]研究了 B 族维生素对 *Lactobacillus paracasei* NERCB 0401 生产乳酸的影响。结果显示，在合成培养基中其最佳 B 族维生素的添加剂量为维生素 B_1 0.053mg/L，维生素 B_2 0.01mg/L，维生素 B_5 4.0mg/L，维生素 B_6 0.2mg/L，维生素 H 0.075mg/L，在此条件下乳酸的产量比对照提高 92％，而 *L. paracasei* 的死亡率在 24h 降低 53.5％。他们还监测磷酸果糖激酶、乳酸脱氢酶、丙酮酸脱氢酶复合体与丙酮酸羧化酶的比活随发酵过程的变化，据此分析乳酸增产的可能机制。

(2) 丁二酮、3-羟基丁酮和丁二醇的形成 丁二酮（联乙酰，diacetyl）是奶油的特有风味来源。有些乳酸细菌（乳酪链球菌）能利用柠檬酸作为碳源，其终产物为 3-羟基丁酮（又称为乙偶姻，acetoin）和丁二酮。含有约 1g/L 的柠檬酸改性牛奶被用于奶油制造业。在此反应系统中（图 2-17）柠檬酸裂解酶将柠檬酸裂解为乙酸和草酰乙酸，草酰乙酸脱羧酶将草酰乙酸转化为丙酮酸，释放 CO_2。由丙酮酸氧化脱羧生成的乙酰 CoA，再与活性乙醛缩合得终产物丁二酮。3-羟基丁酮脱氢酶将丁二酮还原为 3-羟基丁酮。

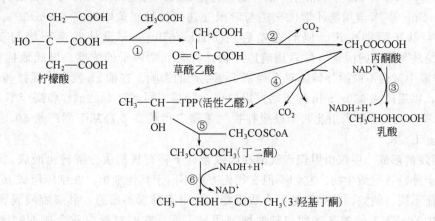

图 2-17　乳酸细菌中丁二酮与 3-羟基丁酮的形成
①柠檬酸裂解酶；②草酰乙酸脱羧酶；③乳酸脱氢酶；④丙酮酸脱氢酶；
⑤丁二酮缩合酶；⑥3-羟基丁酮脱氢酶

$$3\ 柠檬酸 \longrightarrow 乳酸＋3\ 乙酸＋丁二酮＋5CO_2$$

柠檬酸是形成丁二酮的很好的基质，尽管它还生成丙酮酸，但不形成 NADH＋H⁺。缺少 NADH＋H⁺ 的后果是碳流向丁二酮，而不是乳酸。肠道细菌不具有 3-羟基丁酮脱氢酶，它通过另一种途径将 3-羟基丁酮转化为丁二醇，见图 2-18。形成丁二醇的总反应为：

$$2\ 丙酮酸\longrightarrow 2,3\text{-}丁二醇+2CO_2$$

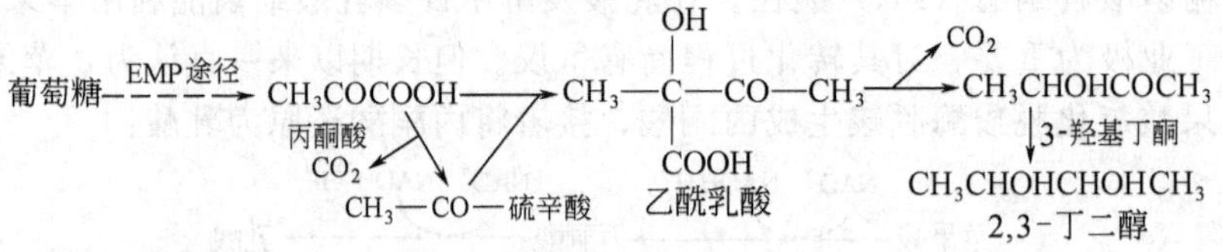

图 2-18　肠道细菌中 3-羟基丁酮和丁二醇的形成

pH 对 3-羟基丁酮和丁二醇的形成影响很大。若 pH 高于 6.3 左右，便积累乙酸和甲酸，中止 3-羟基丁酮、丁二醇、CO_2 和 H_2 的生成。

以 *Serratia marcescens* 发酵生产 2,3-丁二醇（BD）过程中会形成大量的泡沫，这是由于该菌形成一种表面活性剂 serrawettinW1 所致。L. Y. Zhang 等[13]为了减少消泡剂的加入，成功地构建了一株 serrawettin 缺失的突变株 *Serratia marcescens* H30，使其编码 serrawettinW1 合成酶的 *swrW* 基因失活。摇瓶分批发酵证明构建的工程菌在发酵过程中泡沫的形成显著减少，产物的生产略有提高，最终取得的最好成绩是 2,3-丁二醇的浓度达 152g/L（57h），产率为 2.67（g/L）/h 和得率为 92.6％。他们还进一步采用 Plackett-Burman（PB）设计与响应平面法（RSM）优化 *Serratia marcescens* H30 的 2,3-丁二醇发酵培养基[14]。结果显示，酵母膏和醋酸钠对生产有显著影响。他们最终找到了一种结合 RQ 控制与维持适当蔗糖浓度的控制方法，使 2,3-丁二醇的产量达到 139.9g/L，双醇（AC＋BD）的产率为 3.49（g/L）/h，其得率为 94.67％。

B. Rao 等[15]用基因工程技术改造 2,3-丁二醇生产菌株 *Serratia marcescens*。他们将分别编码乙酰乳酸脱羧酶、乙酰乳酸合成酶、2,3-丁二醇脱氢酶与类似 LysR 调节器的 *slaA*、*slaB*、*slaC* 与 *slaR* 基因成功地克隆到该菌株内。作者发现，两种调节器 SwrR 与 SlaR 是通过调节 3-羟基丁酮-[2] 来影响 2,3-丁二醇生产的。通过钝化 *swrR* 基因提高了 2,3-丁二醇的产量。

J. N. Sun 等[16]应用统计学优化法与阶段变速搅拌控制策略提高 *Serratia marcescens* H32 的 3-羟基丁酮的生产。他们首先应用 Plackett-Burman 设计鉴定蔗糖与玉米浆粉（CSLP）是最有影响的因子。然后用响应平面法优化此两因子的浓度。以此最佳培养基在 3.7L 发酵罐中试验不同搅拌转速对 3-羟基丁酮生产的影响。在前 8h 发酵，搅拌转速控制在 700r/min，以后改为 600r/min 的策略可以取得 3-羟基丁酮高产 44.9g/L 和高产率 1.73（g/L）/h。补料分批发酵中采用此两阶段搅拌控制策略取得最高 3-羟基丁酮产量 60.5g/L 和产率 1.44（g/L）/h。

(3) 甲烷的形成　甲烷由甲烷产气菌在厌氧条件下将有机物质分解转化而成。甲烷产生菌是一类十分特殊的微生物。它们不但在代谢方面不同于其他细菌，在细胞组成方面也与其他细菌明显不同。例如，其细胞壁不含肽聚糖，故对青霉素不敏感，其细胞质膜含有脂肪，其核酮糖中的 rRNA 的碱基序列与其他细菌明显不同，它们对蛋白质合成抑制剂不敏感。甲烷产生菌是一类严格厌氧细菌，空气中的氧能杀死它们。原因是其细胞中既不含触酶，也不含过氧化物歧化酶。它们不能利用复杂有机化合物，其能量代谢专门用来生产唯一的产物甲醇。它们对碳-能源的类型也有特殊的要求，可利用的基质分为三类：含有 1～6 个碳原子的短链脂肪酸；含有 1～5 个碳原子的正或异醇类；三种气体——H_2、CO 和 CO_2。

甲烷产生菌利用 H_2、CO_2、甲酸、甲醇和乙酸作为产甲烷的主要基质。CO_2 被还原成 CH_4 是逐步进行的。但其中间体，甲酸、甲醛和甲醇牢固地结合在载体上。载体有两种：一种是甲基转移辅酶 M（2,2′-二硫二乙烷磺酸）；另一种是低分子量的荧光化合物 F_{420}，它与 $NADP^+$ 的还原偶合在一起。这些菌不含铁氧还蛋白。因此，CO_2 首先被还原为甲酸，见图 2-19，然后进一步还原为甲醛，牢固地结合在辅酶 M 上的甲醛基转化为醇基，再变成甲基，最后还原形成甲烷，释放出 HS-CoM。F_{420} 起主要电子载体作用。$NADP^+$ 还原所需的 H_2 来自大气。从 CO_2 与 H_2 生成甲烷时，ATP 合成不靠基质水平的磷酸化，因整个过程的自由能变化是负的，必须靠电子传递水平的磷酸化来获得 ATP。甲醇/甲烷的氧化还原电位为 $+0.17V$，$NADP^+/(NADPH+H^+)$ 为 $-0.32V$，所以这种 ATP 合成是可行的。

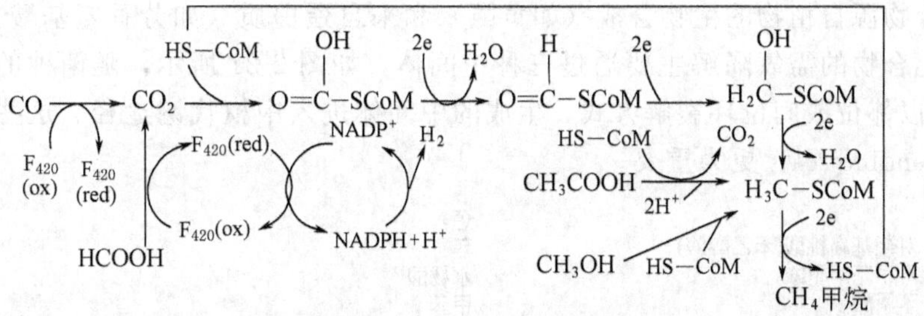

图 2-19　由 CO、CO_2、甲酸、甲醇和乙酸形成甲烷的总途径

ox—氧化型；red—还原型；CoM—辅酶 M

虽然大多数甲烷产生菌是自养的，但有些需要加入有机基质，如乳酸。瘤胃甲烷杆菌细胞物质中的碳的 60% 是由乙酸供给的。巴氏甲烷八叠球菌和甲烷螺菌能将乙酸转化为甲烷和 CO_2，其中乙酸的甲基碳及其氢被转化为甲烷，而乙酸的羧基变成 CO_2。此反应利用辅酶 M 甲基转移反应。若以 CO 作为唯一能源，甲烷杆菌将 4 分子 CO 转化为 1 分子甲烷和 3 分子 CO_2。参与反应的 CO 脱氢酶和氢化酶菌专一地需要 F_{420} 作为电子受体，还原型 F_{420} 是 CO_2 还原为甲烷的电子给体，其反应如下：

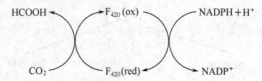

2.2.4　脂肪酸、脂烃和芳香烃的氧化

一些需氧细菌、放线菌能通过 β-氧化途径利用脂肪酸作为能源和前体，但其重要性不如糖类。油对大环内酯类抗生素的生物合成有利。所有细菌都能直接利用脂肪酸合成复杂的脂质。脂肪酸的代谢对脂烃的降解也起重要作用。经特殊的载体吸收后，长链脂肪酸先被乙酰 CoA 硫酯活化，然后进入循环 β-氧化途径。细菌与真核生物的脂肪酸代谢途径相似。每循环一次脂肪酸链掉下两个碳碎片为乙酰 CoA 并产生一个 $FADH_2$ 和一个 $NADH_2$。剩余的脂酰 CoA 化合物重新进入降解循环。乙酰 CoA 单位直接进入三羧酸循环。细菌不用脂质作为储存材料，而用来合成质膜中的磷脂和糖脂。

许多微生物通过需氧或厌氧途径利用脂烃和芳香烃来生长。脂烃（烷烃和烷烯）一般主要由加单氧酶在甲基团上氧化。所得一级醇再由醇脱氢酶和醛脱氢酶氧化形成相应的脂肪酸，随后进入 β-氧化途径，如图 2-20 所示。

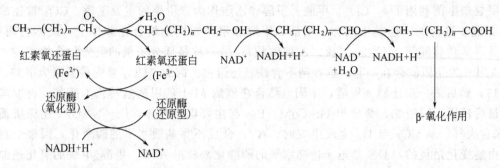

图 2-20 *n*-烃的氧化

芳香化合物源自植物的生物合成（如黄酮）和来自蛋白质（如芳香氨基酸）。由细菌和真菌对芳香化合物的需氧降解主要通过三种中间体，如图 2-21 所示，随菌种的不同，这些"起始基质"以邻位或间位环裂解方式，生成的中间体进入中枢代谢途径。这些途径对许多共栖生物（xenobiotica）更为重要。

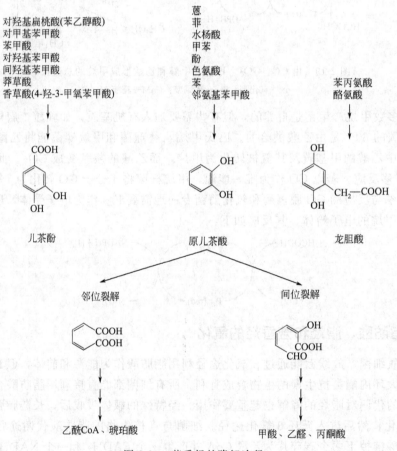

图 2-21 芳香烃的降解途径

2.2.5 氮的循环和氨基酸的降解

2.2.5.1 氮的循环

氮是所有细胞的重要组分，占细胞干重的 12%～15%。氨基酸和核苷酸的形成需要氮。

利用 N_2 时需先将其活化，使它变成生物适合的形式（氮的固定），如 NH_4^+ 或 NO_2^-/NO_3^-。只有若干原核生物（许多土壤细菌）能固定 N_2，再生成 NH_3（固氮细菌）。氮的固定是一高能耗步骤（每固定 1 分子氮至少需水解 6 分子 ATP），其主要的酶——固氮酶对氧极度敏感。游离生活的细菌（克雷伯氏杆菌，固氮菌）和共生细菌（根瘤菌）均能固定氮，详见 2.3.2 节。

NH_3 可作为氮源，用于形成氨基酸（借还原性氨化作用）。NH_3 也可被亚硝化细菌或硝化细菌经 NO_2^- 转化为 NO_3^-，见图 2-22。反硝化细菌（*Paracoccus denitrificans*）从硝酸盐形成气相 N_2，逃逸到大气中，导致土壤肥力的损失。未分解的硝酸盐渗入地下水，造成饮水污染的严重问题。

许多细菌能通过同化性硝酸盐还原作用将硝酸盐还原成亚硝酸，以及借同化性亚硝酸盐还原作用把亚硝酸盐还原成 NH_4^+。**硝酸盐还能作为厌氧呼吸中末端电子受体，此过程称为异化性硝酸盐还原作用**。氨的同化也可通过还原氨化作用由酮酸形成 L-氨基酸。谷氨酸或谷氨酰胺在其他氨基酸的合成中作为氨基的给体，详见 2.3.3 节。

$$\text{蛋白质} \xrightleftharpoons[2]{1} \text{氨基酸} \xrightleftharpoons[4]{3} NH_4^+ \xrightarrow{5} N_2 \xrightarrow{6} NO_3^- \xrightleftharpoons[8]{7} NO_2^- \xrightleftharpoons[10]{9} NH_4^+$$

图 2-22　氮循环

1—蛋白质水解；2—蛋白质生物合成；3—氧化性氨解；4—还原性氨化；5—氮的固定；6—反硝化作用；
7—同化性硝酸盐还原；8—硝化作用；9—同化性亚硝酸盐还原；10—硝化作用

2.2.5.2　氨基酸的降解

许多微生物能利用由蛋白酶产生的氨基酸和低分子量肽作为能源。为了进入中枢中间体库，大多数氨基酸先转化为相应的酮酸。这可通过以下 4 种反应达到此目的。

(1) 氧化性脱氨作用：

$$R-CH(NH_2)-COOH + 1/2O_2 \longrightarrow R-CO-COOH + NH_3$$

(2) 同一反应，由 NAD(P) 连接的脱氢酶催化：

$$R-CH(NH_2)-COOH + H_2O + NADP^+ \rightleftharpoons R-CO-COOH + NADPH + NH_3$$

(3) 以酮戊二酸或丙酮酸作为氨基的受体：

$$R-CH(NH_2)-COOH + CH_3-CO-COOH \rightleftharpoons$$
$$R-CO-COOH + CH_3-CH(NH_2)-COOH$$

(4) 在 β-碳原子上有取代基团的氨基酸的脱氨作用，如丝氨酸、苏氨酸、天冬氨酸和组氨酸：

$$HO-CH_2CH(NH_2)-COOH \xrightarrow{\text{丝氨酸脱氢酶}} CH_3-CO-COOH + NH_3$$

各种酮酸按其碳架的不同进入中枢代谢途径进一步降解的位置不一样，如图 2-23 所示。有些氨基酸（如 Asp、Asn、Glu、Gln 和 Ala）直接与三羧酸循环的中间体联系；而有些氨基酸的降解涉及一系列长的复杂反应，因此不能被许多微生物所降解，如 Lys、Ile、Val、Leu、Phe、Tyr 和 Trp。

2.2.6　硫的代谢

硫是细胞所必需的，因它在半胱氨酸、甲硫氨酸和若干辅酶中起作用。有 3 种氧化态的硫具有实际意义：硫酸盐（+6），元素硫（0），硫化物或有机硫组分（R—SH，−2）。这些形式的硫由微生物的酶或化学反应进行转化，见图 2-24。

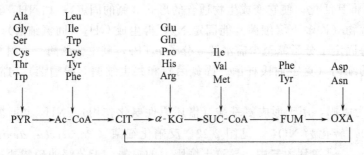

图 2-23　各种氨基酸进入中枢代谢途径进一步降解的位置

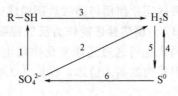

图 2-24　硫的循环

1—同化性硫酸盐还原作用；2—异化性硫酸盐还原作用；3—脱硫作用；

4—异化性硫还原作用（硫酸盐呼吸作用）；5,6—硫的氧化作用

大多数无机硫来自硫酸盐。它以两种方式转化为硫化物和有机硫化合物。另外，许多生物，包括细菌、真菌和植物为其生物合成还原硫，即用硫酸盐作为硫源，将其转化为有机硫（**R—SH，图 2-24，反应 1**），**此途径称为同化性硫酸盐还原作用。另一方面专性厌氧硫酸盐还原细菌，如** *Desulfovibrio* **或** *Desulfotomaculum* **在厌氧呼吸中用硫酸盐作为电子受体，分泌终产物 H$_2$S**（图 2-24，反应 2），**故此反应称为异化性硫酸盐还原作用。此外，硫化物也可以在蛋白质降解期间由有机硫化合物的分解形成**（图 2-24，反应 3），**这称为脱硫作用。**反应 1 和反应 2 的电子受体是小分子有机化合物，如乳酸或丙酮酸。硫酸盐还原细菌则用 H$_2$。由于硫酸盐相当稳定，它必须先被 ATP 活化，形成腺苷磷酸硫酸酯（APS）。APS 与 ADP 相似，其末端带的是硫酸基，而不是磷酸基。在异化性硫还原作用中，活化硫酸盐经几步反应，转移 8 个电子后被还原成 H$_2$S。呼吸链提供电子给硫酸盐还原，形成一种用于 ATP 合成的电化学质子电位。同化性硫酸盐还原作用的启动与反应 2 所述的活化步骤完全相同。APS 在核糖部位被磷酸化成为磷酸腺苷磷酸硫酸酯（PAPS）。此化合物的还原最终生成有机硫化合物。若干细菌，如 *Desulfuromonas acetoxidans* 在硫呼吸过程中也用元素硫作为电子受体（图 2-24，反应 4）。

与上述反应对照，硫杆菌在能量代谢中用还原性硫化合物作为电子受体（硫的氧化作用）。H$_2$s 经元素硫被转化为硫酸盐（图 2-24，反应 5、6）。除硫的氧化作用外氧化亚铁硫杆菌也氧化 Fe(Ⅱ) 离子，因而对金属的浸出过程很重要。硫的氧化作用分为几个阶段。电子被转移到电子输送链，在此氧的转移伴随质子的挤出。除了由电子输送磷酸化产生 ATP 外，有些硫细菌也能借基质水平磷酸化合成 ATP，再一次利用高能化合物 APS。另一类硫氧化细菌是紫与绿光养细菌。这些菌在不生氧光合作用中用 H$_2$s 作为电子给体，H$_2$S 经元素硫（常沉积在胞内或胞外）被还原为硫酸盐。

2.2.7　核苷酸的降解和有机磷的代谢

核苷酸被磷酸酯酶水解生成核苷和磷酸盐，核苷再由核苷酶水解得碱基和糖。嘧啶的进

一步代谢，数量不多，故不很重要。胞嘧啶（Cyt）通过脱氨转化为尿嘧啶（Ura），反应中Ura 的 5,6-双键被 NADPH 还原，其内酰胺键从 1,6-键开始被水解而得 NH_3、CO_2 和 β-丙氨酸。胸腺嘧啶的分解代谢途径与胞嘧啶的相似，其终产物为 NH_3、CO_2 和 β-氨基异丁酸。

嘌呤的分解代谢是氧化性的，且相当重要。在中间代谢中的 ATP 和 GTP 的作用下不仅嘌呤核苷酸及其降解产物大量存在，而且在鸟类和排尿酸代谢的动物中嘌呤的合成与降解是氮分泌途径。嘌呤在其降解期间可相互转换，最终经黄嘌呤氧化酶变成尿酸（Uri），见图 2-25。核苷酸的相互转换出现在生物合成期间，详见 2.3.7 节。

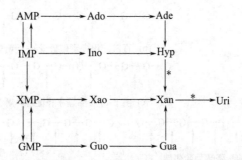

图 2-25　嘌呤在降解期间中间体可相互转换（带有 * 标记的反应是由同一种酶——黄嘌呤氧化酶催化的）

AMP—腺苷单磷酸；IMP—肌苷单磷酸；XMP—黄苷单磷酸；GMP—鸟苷单磷酸；

Ado—腺苷；Ino—肌苷；Xao—黄苷；Guo—鸟苷；

Ade—腺嘌呤；Hyp—次黄嘌呤；Xan—黄嘌呤；Gua—鸟嘌呤；Uri—尿酸

核苷酸的降解形成糖和糖磷酸酯。核糖通过磷酸戊糖途径（PPP）的旁路由转酮醇酶和转醛醇酶代谢。脱氧核糖-5-P 由脱氧核糖醛缩酶分解代谢成乙醛和 3-磷酸甘油醛。

磷脂和甾醇由酵母在好氧条件下从甘油、脂肪酸、肌醇、磷酸等前体合成。肌醇-1-磷酸是由肌醇-1-磷酸酯酶的作用从葡萄糖-6-磷酸合成的。合成的磷脂，如磷脂酰肌醇、磷脂酰丝氨酸、磷脂酰胆碱（卵磷脂）、双磷脂酰甘油（心磷脂）是用于构成膜脂质的主要组分。不同程度磷酸化形式的磷脂酰肌醇在高等真核生物中起次级信使作用。脂质的分解代谢酶（如脂酶和磷酸酯酶）具有潜在的商业价值。酵母也已建立提供代谢过程所需磷酸盐的系统。细胞含有两种磷酸酯酶，其最适 pH 各不相同：碱性磷酸酯酶是一种胞内酶，而酸性磷酸酯酶有两种同工酶被分泌到外周胞质内。在此途径中的基因转录受培养基中无机磷酸盐的严密控制。因此，当磷酸盐很丰富，转录被完全阻遏，只有在磷酸盐耗竭后才被启动。尤其是由 PHO5 编码的分泌磷酸酯酶及其基因表达的调节受到广泛的研究。转录由 PHO2 和 PHO4 编码的两个 DNA 结合蛋白激活，并受基因 PHO80 和 PHO85 产物的负向控制。

2.2.8　聚合物的氧化

自然界提供很丰富的聚合物，这是一种由许多基本单位——单体连接在一起的大分子化合物，如蛋白质和多糖。这些聚合物不能透过细胞膜，生物需分泌酶或使这些酶处在细胞膜外侧以降解聚合物成为可输送的相应的小分子单体。**将聚合物链切成基本组分的酶促过程称为水解作用，其相应的酶称为水解酶。**水解酶不仅在大分子降解，如食物腐败和水处理方面很重要，而且在肉的嫩化、奶酪的成熟和啤酒的陈酿方面也很重要。这些酶的分离和纯化已大规模商品化。

这里着重讨论淀粉和纤维素的降解作用。二者都是由葡萄糖为单体形成的，但其性质完全不同。葡萄糖容易被许多微生物消化，是主要能源；而纤维素是植物细胞壁的主要成分，难于消化。

2.2.8.1 淀粉

不论其来源何处，淀粉的结构基本相同。天然淀粉是两种多糖的混合物，都是 D-葡萄糖的聚合物。其主要成分为支链淀粉。淀粉酶水解淀粉分子的 α-1,4-糖苷键，可分为 3 组：α-淀粉酶、β-淀粉酶和葡糖淀粉酶。它们对直链和支链的降解方式如图 2-26 所示。

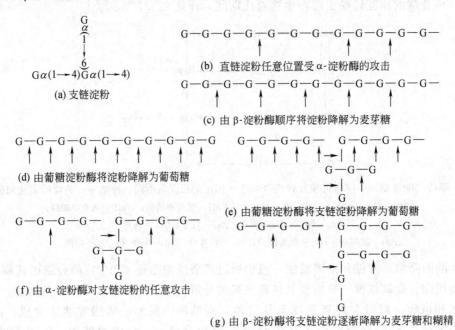

(a) 支链淀粉

(b) 直链淀粉任意位置受 α-淀粉酶的攻击

(c) 由 β-淀粉酶顺序将淀粉降解为麦芽糖

(d) 由葡糖淀粉酶将淀粉降解为葡萄糖

(e) 由葡糖淀粉酶将支链淀粉降解为葡萄糖

(f) 由 α-淀粉酶对支链淀粉的任意攻击

(g) 由 β-淀粉酶将支链淀粉逐渐降解为麦芽糖和糊精

图 2-26　淀粉降解方式

2.2.8.2 纤维素

纤维素是地球上最大的可再生的生物资源。大多数纤维素在天然界以木质纤维素复合物的形式存在。这些天然形式的纤维素能抵御化学和微生物的分解。纤维素中的葡萄糖的连接方式与淀粉的不同，它是以 β-1,4-键连接。其水解产物为葡萄糖和纤维二糖。至少有 4 种酶能水解纤维素：①纤维二糖水解酶，从纤维素链的非还原性末端降解得纤维二糖；②外切葡聚糖酶（exoglucanase），从纤维素链的非还原性末端降解得葡萄糖；③纤维二糖酶（cellobiase），将纤维二糖水解成葡萄糖；④内切葡聚糖酶（edoglucanase），将长链聚合物水解成寡聚糖。

纤维素降解的第一个产物是纤维二糖，此产物是纤维素水解的潜在抑制剂，故在培养基中必须含有纤维二糖酶。在胞内纤维二糖可由纤维二糖磷酸化酶转化为葡萄糖和葡萄糖-1-磷酸酯。图 2-27 总结各种生物高分子的需氧分解代谢途径。近年来，木质纤维素，如谷物残留物、锯末、废纸和木削等，作为可再生的能源和商业化学品用于代替石油正在得到很大的关注。利用木质纤维素可望对创造一种循环利用氛围和防止全球变暖作出贡献。将木质纤维素转化为有用的物质分为两步：①通过酸或酶把细胞中的纤维素和半纤维素水解成可发酵的还原糖；②通过微生物发酵将还原糖转化成燃料或工业化学品，如氢、乳酸和乙醇。但这两种过程都有缺陷：在酸水解中形成不需要的副产物；酶的成本高；酶水解所需时间长。该水解过程特别需要从菌体中除去木质素，因木质素不能被酸或酶水解。

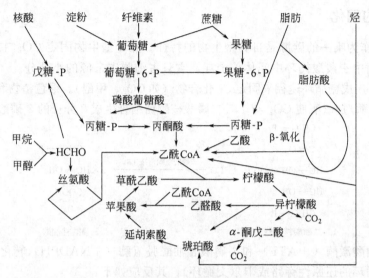

图 2-27　各种生物高分子的需氧分解代谢途径

另一种办法是用气化过程将木质纤维素转化为合成气体（CO、CO_2 和 H_2），此过程可用于转化菌体中的所有成分，包括木质素。当然气化前需要将菌体烘干。产生的合成气体可用于发电或作为内燃机的燃料。

有一群称为产乙酸菌（acetogens）的厌氧菌，包括可以自养生长在 H_2 和 CO_2 上的醋酸杆菌属和几株梭状芽孢杆菌，它们通过乙酰 CoA 途径形成乙酸。此外，嗜中温菌，杨氏梭菌和自产乙醇梭菌（*C. autoethanogenum*）可以从合成气体生产乙醇。若将气化过程同发酵过程相结合，便可以从废菌体产生有用的商品化学品。由于可以从其他途径获得氢，以 H_2 和 CO_2 为基质进行发酵生产有广泛的应用前景。乙酸可以作为塑料、薄膜、食品防腐剂的原料，乙醇则可以用作原料和汽油的补充燃料。

Sakai 等报道了从烂泥分离出来的嗜温菌穆尔氏菌属（*Moorella* sp.），用于从 H_2 和 CO_2 生产乙酸和乙醇[8]。

2.3　微生物的组成代谢

细胞生长是细胞物质不断增长的过程。细胞物质主要由核酸、蛋白质、多糖、脂质等生物大分子组成。它们源自各种低分子量的前体。这些前体的大部分是微生物自己合成的，小部分前体是从环境中吸收的。除前体外，细胞的生长还需要有约 20 种辅酶和电子载体及上千种酶。细胞分解代谢为大分子的合成提供前体和能量。蛋白质合成消耗的能量占全部获得能量的 88%。在生物合成中细胞每秒要消耗 250 万个 ATP 分子，而一个大肠杆菌只能储存 500 万个 ATP 分子，也就是说，它们只够细胞用 2s。故组成代谢必须与分解代谢偶合才能满足合成代谢所需的前体和能量。这充分体现了细胞新陈代谢的复杂性和整体性。细胞的组成代谢与养分的吸收利用、细胞的生长以及代谢物的形成与分泌有密切的关系。生长和产物合成所需的前体决定了细胞所需养分的种类和数量。细胞生长速率基本上等于生物合成的净速率，即等于新生细胞物质形成的速率。因此，研究合成代谢的客观规律对于发酵过程的优化有重要的意义。

2.3.1　C₁的同化

利用 CO_2 作为唯一的碳源是自养型生物的特征。异养型生物固定 CO_2 主要是为了补充细胞在组成代谢中三羧酸循环中间体的消耗，它只占细胞碳来源的小部分。

各种生物可用戊糖循环途径来固定 C₁ 化合物（如 CO_2、甲醛）。绿色植物和光合细菌用二磷酸核酮糖羧化酶/加氧酶使 CO_2 与 1,5-二磷酸核酮糖结合生成 2 分子的 3-磷酸甘油酸：

$$\begin{array}{c}
CH_2O-P \\
| \\
C=O \\
| \\
HC-OH \\
| \\
HC-OH \\
| \\
CH_2O-P
\end{array} + CO_2 + H_2O \xrightarrow{\text{二磷酸核酮糖羧化酶}} 2\times \begin{array}{c}
CH_2O-P \\
| \\
HC-OH \\
| \\
COOH
\end{array}$$

1,5-二磷酸核酮糖　　　　　　　　　　　　　　　3-磷酸甘油酸

后者被磷酸甘油酸激酶（＋ATP）和 3-磷酸甘油醛脱氢酶（＋NADPH）转化为 3-磷酸甘油醛（磷酸戊糖循环的还原性旁路或卡尔文循环），其反应如下：

$$3\text{-磷酸甘油酸}+ATP \longrightarrow 1,3\text{-二磷酸甘油酸}+ADP$$

$$1,3\text{-二磷酸甘油酸}+NADPH+H^+ \longrightarrow 3\text{-磷酸甘油醛}+NADP^++Pi$$

这两步反应是糖酵解途径中的逆反应。产生的 3-磷酸甘油醛再通过与酵解途径共用的两种酶转化为 1,6-二磷酸果糖。因此，固定 1 分子 CO_2 需要消耗 3 分子 ATP 和 2 分子 NADPH ＋H^+。磷酸丙糖可用于补充磷酸戊糖循环或用于合成或分解目的。1,5-二磷酸核酮糖是由磷酸核酮糖激酶将核糖-5-P 磷酸化形成的，见图 2-28。

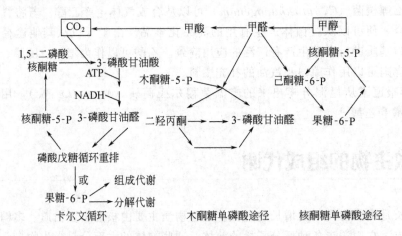

图 2-28　微生物和绿色植物中固定 C₁ 化合物的三种循环途径

有些微生物，如甲养菌能生长在甲醇、甲基胺或类似化合物上，其利用途径除了还原性卡尔文循环外还涉及木酮糖单磷酸循环和核酮糖单磷酸循环（见图 2-28）。在木酮糖单磷酸循环中由甲醇氧化形成的甲醛在转酮醇酶（二羟丙酮合酶）的作用下与木酮糖-5-P 结合生成磷酸二羟丙酮。另一途径为核酮糖单磷酸循环。在此途径中核酮糖-5-P 与甲醛结合形成己酮糖单磷酸，然后异构化为果糖-6-P。在这两个循环中消耗的木酮糖-5-P 和核酮糖-5-P 可由其他磷酸戊糖循环的中间体补充。**异养型生物固定 CO_2 的作用又称为补给反应或回补作**

用（anaplerotic sequence reaction）。它可以通过 5 种方式进行（见图 2-29 和 2.2.1.6 节）。这 5 种固定 CO_2 的羧化反应不会同时存在于同一种微生物中。PEP 羧化酶广泛存在于细菌中，丙酮酸羧化酶主要存在于酵母中。

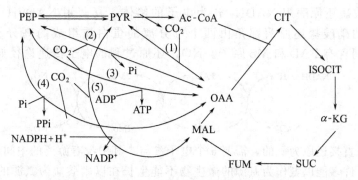

图 2-29　三羧酸的补给反应

PEP—磷酸烯醇式丙酮酸；PYR—丙酮酸；Ac-CoA—乙酰辅酶 A；CIT—柠檬酸；
ISOCIT—异柠檬酸；SUC—琥珀酸；FUM—延胡索酸；MAL—苹果酸；OAA—草酰乙酸

2.3.2　分子氮的同化

气相氮（0 价）必须还原为氨后才能被微生物利用作为生长培养基的氮源，这一过程称为固氮作用。它只存在于原核生物中。有两个问题妨碍固氮生化机制研究工作的进展：一是固氮对氧极为敏感，微量氧就能使酶不可逆地失活；二是需要大量 ATP，但高浓度 ATP 又会抑制固氮作用，因而反应必须与一 ATP 连续生成系统偶合。参与固氮作用的酶系统称为固氮酶。此酶也需要电子来源。不管氢的主要来源是什么，它们必须通过一低电势的还原剂，即非血红素铁的电子载体——铁氧还蛋白（Fd）供给固氮酶所需的电子（图 2-30）。电子传导链的铁氧还蛋白、固氮铁氧还蛋白（AzoFd）和固氮铁钼氧还蛋白（MoFd）等的每一步反应中只传递 2 个电子，最后一步消费 1 分子 ATP。不过，把 N_2 还原为 NH_3 需要 6 个电子。因此，反应需连续三次接受 2 个电子，其顺序可能如下式所示，但从未检出这类还原型中间体。这些中间体很可能一直结合在酶上。固氮酶的底物特异性较低，因此它也还原一些其他化合物，如 N_2O、HCN、CH_3CN、CH_3CH_2CN 和 C_2H_2 等，其中一些化合物的还原只需 2 个电子，而不是像 N_2 那样，需 6 个电子。

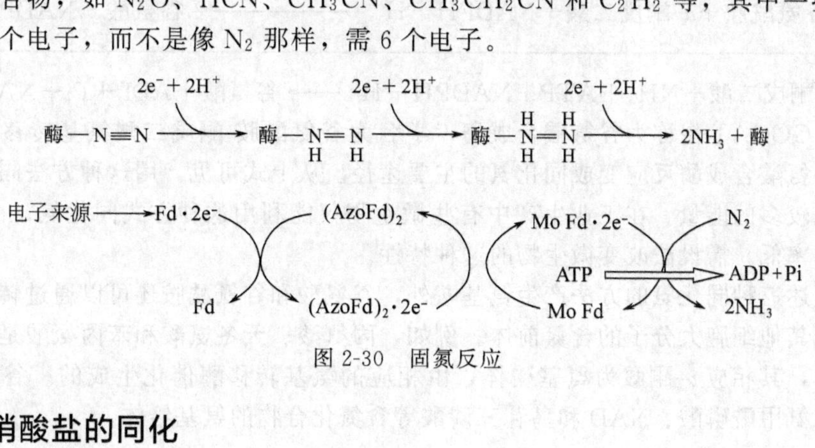

图 2-30　固氮反应

2.3.3　硝酸盐的同化

许多微生物能利用硝酸盐作为氮源。NO_3^- 中的 N 是 +5 价的，需先将其还原为 NH_3 才能被细胞同化。厌氧菌可利用硝酸盐的 N 作为末端电子的受体，把 NO_3^- 中的 N 还原。这与微生物利用硝酸盐作为氮源有本质上的不同。这两种还原过程分别由不同的酶系统催化。同化性硝酸盐还原过程是由两种复合酶催化的：

$$NO_3^- \xrightarrow{\text{硝酸盐还原酶}} NO_2^- \xrightarrow{\text{亚硝酸盐还原酶}} NH_3$$

细菌的硝酸盐还原酶用 $NADH_2$ 作为电子的给体，真菌用 $NADPH_2$ 作为电子的给体。所有生物的硝酸盐还原酶都是由两个可分离的蛋白质组成的高分子量酶复合物。两种蛋白质分别含有 FAD 和 Mo 原子。NO_3^- 还原过程的电子传递途径如下式所示：

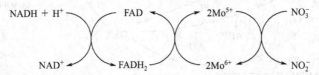

亚硝酸盐是直接还原为氨的，需要 6 个电子参与，其中没有游离的中间产物形成。此复合的过程说明了许多能以氨作为氮源的微生物不能生长在以硝酸盐为氮源的培养基上。Mo 在同化性硝酸盐还原中起重要的作用。它在固氮方面也很重要，这是利用氧化型氮的微生物所必须具备的元素。

2.3.4　氨的同化

氨分子中的三价氮原子与细胞中有机氮化合物中的氮原子处在同一氧化水平，故其氮的同化无需事先进行氧化或还原。微生物具有三种同化 NH_3 的反应：

① α-酮戊二酸＋NH_3＋NADH＋H^+ $\xrightarrow{\text{谷氨酸脱氢酶}}$ 谷氨酸＋NAD^+＋H_2O

② 谷氨酸＋ATP＋NH_3 $\xrightarrow{\text{谷氨酰胺合成酶}}$ 谷氨酰胺＋ADP＋Pi

③ 天冬氨酸＋ATP＋NH_3 $\xrightarrow{\text{天冬酰胺合成酶}}$ 天冬酰胺＋AMP＋PPi

微生物究竟采用哪一种方式固定氨，取决于胞内的氨浓度及其遗传特性。当氨浓度高时，通过两种相继的固定氨的反应，由 α-酮戊二酸生成谷氨酸，如下：

谷氨酸＋ATP＋NH_3 $\xrightarrow{\text{谷氨酰胺合成酶}}$ 谷氨酰胺＋ADP＋Pi

谷氨酰胺＋α-酮戊二酸＋NADPH＋H^+ $\xrightarrow[\text{(GOGAT)}]{\text{谷氨酸合成酶}}$ 2谷氨酸＋$NADP^+$

净反应：α-酮戊二酸＋NH_3＋ATP＋NADPH＋H^+ $\longrightarrow$ 谷氨酸＋ADP＋Pi＋$NADP^+$

式中，GOGAT 俗称为谷氨酸合成酶，学名为谷氨酰胺-酮戊二酸氨基转移酶。在这样的条件下谷氨酸合成酶反应变成同化氨的主要途径。从上式可见，用这种方法同化氨要比其他方法消耗较多的能量。在工业生产中有些微生物仅能利用这种方式同化氨，由此造成碳-能源的利用率低，需设法改变微生物的这种特性。

除了上述三种同化氨的方法产生氨基酸外，谷氨酸和谷氨酰胺还可以通过转氨作用，把氨基转移给其他细胞大分子的含氮前体。例如，丙氨酸、天冬氨酸和苯丙氨酸是以谷氨酸作为氨基给体，其相应 α-酮酸为氨基受体，由相应的氨基转移酶催化生成的。谷氨酰胺是胞苷三磷酸、氨甲酰磷酸、NAD 和鸟苷三磷酸等含氮化合物的氨基给体。

2.3.5　硫酸盐的同化

绝大多数微生物都能利用硫酸盐作为硫源。硫酸盐中的 **S** 是＋6 价的，在结合到细胞有机物前先要还原为－2价。这种还原作用称为同化性硫酸盐还原。这与厌氧微生物把硫酸盐作为电子受体的还原作用迥然不同。其酶作用机制是不一样的。硫酸盐同化性还原为 H_2S 的途径见图 2-31。**硫酸盐的还原只有它转变为活化形式——膜苷酰硫酸后才能进行。**还原作用需通过三步酶反应，消耗 3 个高能磷酸键。最后 6 个电子的还原是由一复合金属黄素蛋白——亚硫酸盐还原酶催化的。大肠杆菌的硫酸盐还原酶含有 4 个 FAD、4 个 FMN 和 12 个 Fe 辅基。

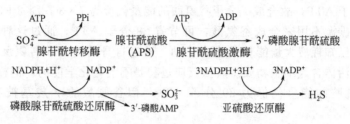

图 2-31　硫酸盐同化性还原为 H_2S 的途径

2.3.6　氨基酸的生物合成

　　细胞蛋白质由 20 种氨基酸组成。所有氨基酸的生物合成以中枢代谢途径的中间体为前体，通过分支途径合成的。按起始前体的类型，氨基酸的生物合成可分为 5 族：谷氨酸族（Glu、Gln、Pro、Arg）、天冬氨酸族（Asp、Asn、Lys、Thr、Met、Ile）、芳香氨基酸族（Phe、Tyr、Trp）、丝氨酸族（Ser、Gly、Cys）和丙氨酸族（Ala、Val、Leu），见图 2-32。异亮氨酸、缬氨酸和亮氨酸虽然属于不同的族，它们具有相似的由同一酶催化的反应。丝氨酸转化为半胱氨酸是同化性硫酸盐还原的主要反应。芳香氨基酸族的生物合成是由赤藓糖-4-P 和 PEP开始的，详见 2.3.6.3 节。组氨酸的生物合成比较特殊，其碳架源自磷酸核糖焦磷酸（PRPP）。PRPP 的核糖中的 2 个 C 用于构建 5 元咪唑环，其余用来生成 3C 侧链。

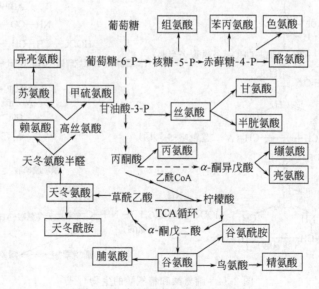

图 2-32　氨基酸的生物合成途径

2.3.6.1　谷氨酸族的生物合成

(1) 谷氨酸　合成谷氨酸的能量代价为合成 1 分子谷氨酸需要从 TCA 循环中抽出谷氨酸

的碳架——α-酮戊二酸，然后通过补给反应从丙酮酸羧化补充 1 分子草酰乙酸（图 2-33）。已知丙酮酸完全氧化可获得 4 分子 $NADH_2$、1 分子 $FADH_2$ 和 1 分子 ATP。由丙酮酸合成草酰乙酸需要消耗 1 分子 ATP，而草酰乙酸与 α-酮戊二酸的能量差别相当于 2 分子 $NADH_2$、1 分子 $FADH_2$ 和 1 分子 ATP。最后，由于转氨消耗的谷氨酸需从 α-酮戊二酸补充，又要消耗 1 分子 $NADH_2$。因此，合成 1 分子谷氨酸要消耗 7 分子 $NADH_2$、2 分子 $FADH_2$ 和 3 分子 ATP。因 1 分子 $NADH_2$ 和 1 分子 $FADH_2$ 经呼吸链氧化磷酸化可分别获得 3 分子和 2 分子 ATP，故合成 1 分子谷氨酸的能量代价为 $7\times3+2\times2+3=28$ 分子 ATP。换句话说，如果碳源不用来合成谷氨酸，可节省 28 分子 ATP。通过这种粗略计算可以看出，生物合成是已知耗费大量能量的生命活动。通过自身的转化和转氨反应，谷氨酸的 α-氨基可用来合成活体含氮细胞物质。转氨反应过程是不消耗化学能的。同样的计算方法，合成 1 分子谷氨酰胺的能量代价为 29 分子 ATP，因谷氨酸的 γ-羧基被氨化要消耗 1 分子 ATP。

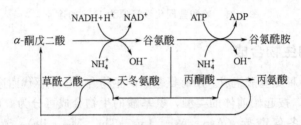

图 2-33　谷氨酸与谷氨酰胺的生物合成

(2) 脯氨酸和精氨酸　它们是由谷氨酸分别通过各自合成途径合成的，见图 2-34。

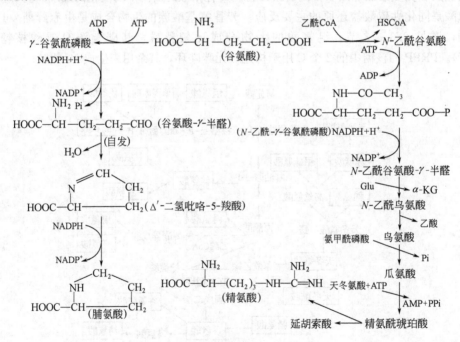

图 2-34　脯氨酸和精氨酸的生物合成

脯氨酸为氨基酸类药，复方氨基酸大输液原料之一，用于营养不良、蛋白质缺乏症、严重胃肠道疾病、烫伤及外科手术后的蛋白质补充。李兴林等[17]研究了盐地碱蓬细胞悬浮培养生产脯氨酸，通过调节 NaCl 浓度为 2%，使其脯氨酸产量为对照组的 2.8 倍，达到

2.5mg/mL。

精氨酸主要用于肝性脑病，适用于忌钠的患者和血氨增高所致的精神症状治疗。L-精氨酸在食品与医药领域中的应用日益受到重视。饶志明等[18]对精氨酸产生菌钝齿棒杆菌STPA进行代谢改造及发酵条件进行优化，使精氨酸产量显著提高，发酵96h达到58.6g/L的水平。

(3) 鸟氨酸　鸟氨酸是精氨酸生物合成的中间体代谢物，是肝脏疾病的有效治疗药物，有助于增强心脏功能。用谷氨酸棒杆菌的L-瓜氨酸或精氨酸营养缺陷型突变株可以生产鸟氨酸。限制精氨酸的供应可以使鸟氨酸的分子得率达到36%（以葡萄糖为基准）。L-鸟氨酸生物合成的关键酶是N-乙酰谷氨酸激酶，此酶受L-精氨酸的显著抑制。要想获得鸟氨酸高产就应该仔细控制残留精氨酸浓度在较低水平。此外，菌的生长必须谨慎维持在适当水平，因L-鸟氨酸的生产速率取决于生长速率[19]。采用连续补入精氨酸的方法鸟氨酸的产量是不补的1.6倍。Lee等[20]提高改变搅拌器的形状或补料入口的位置（悬空或插入液体中）使鸟氨酸的产量提高80%。

2.3.6.2 天冬氨酸族的生物合成

天冬氨酸是通过转氨作用由草酰乙酸合成的，将天冬氨酸进一步氨化可得天冬酰胺。属于这一族的还有赖氨酸、甲硫氨酸和异亮氨酸。其合成途径见图2-35。

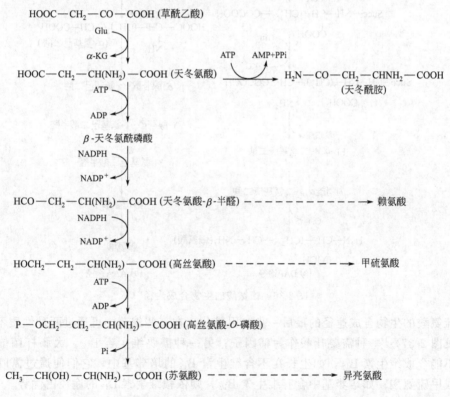

图 2-35　天冬氨酸族氨基酸的合成途径

合成天冬氨酸的能量代价的计算如下：用于合成草酰乙酸的丙酮酸完全氧化可生成15分子ATP，丙酮酸羧化成草酰乙酸需要消耗1分子ATP，加上α-酮戊二酸还原氨化成谷氨酸时要损失1分子NADH$_2$，而1分子NADH$_2$相当于3分子ATP。故需要15＋1＋3＝19分子ATP。

赖氨酸的生物合成途径见图 2-36。**所有原核生物、高等植物和菌类的赖氨酸生物合成途径称为二氨基庚二酸（DAP）途径。真菌和一些眼虫藻的赖氨酸的生物合成途径称为 α-氨基己二酸（AAA）途径。**原生动物不能合成赖氨酸，需要从外界摄取。DAP 途径具有两个特殊功能的中间产物：二氨基庚二酸和双氢吡啶二羧酸。前者是细胞壁的肽聚糖组分；后者是吡啶二羧酸的直接前体，它是内生孢子（芽孢）壁的主要化学成分，赋予芽孢热稳定性。

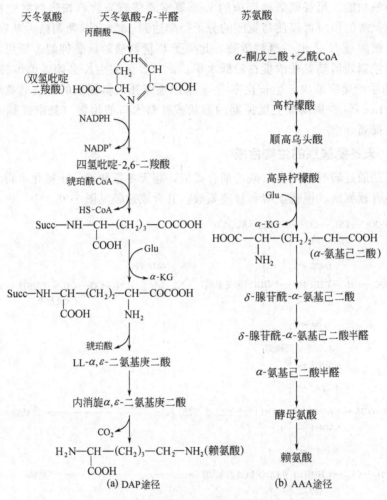

图 2-36　赖氨酸的生物合成途径

甲硫氨酸的生物合成途径的最后一步（甲基化）在某些细菌中可通过两种性质不同的酶催化（见图 2-37）：一种需要叶酸作为辅因子；另一种需要维生素 B_{12}。大肠杆菌能合成叶酸，但不能合成维生素 B_{12}，如生长在不含维生素 B_{12} 的培养基中，它们便通过需叶酸的途径来合成甲硫氨酸；如培养基中含有维生素 B_{12}，则依赖维生素 B_{12} 的途径占优势。

2.3.6.3　芳香氨基酸族的生物合成

芳香氨基酸族的合成途径又称为莽草酸途径，其产物有酪氨酸、苯丙氨酸和色氨酸。其生物合成的第一个反应是赤藓糖-4-磷酸与 PEP 缩合。经几步反应后形成分支酸和预苯酸。它们分别是色氨酸、酪氨酸和苯丙氨酸合成途径的起始反应物，见图 2-38。色氨酸的合成途径见图 2-39，苯丙氨酸和酪氨酸的合成途径见图 2-40。此族氨基酸合成途径为叶酸的合成提供前体——分支酸，也为对氨基苯甲酸和苯醌的合成提供前体——对羧基苯甲酸。

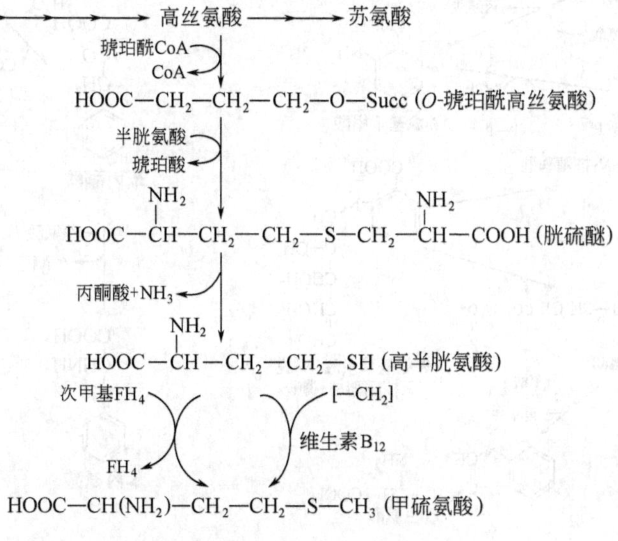

天冬氨酸 ⟶ ⟶ 高丝氨酸 ⟶ 苏氨酸

琥珀酰CoA
CoA

HOOC—CH$_2$—CH$_2$—CH$_2$—O—Succ (*O*-琥珀酰高丝氨酸)

半胱氨酸
琥珀酸

$$HOOC\overset{NH_2}{\underset{}{-CH}}-CH_2-CH_2-S-CH_2-\overset{NH_2}{\underset{}{CH}}-COOH \text{(胱硫醚)}$$

丙酮酸+NH$_3$

$$HOOC-\overset{NH_2}{\underset{}{CH}}-CH_2-CH_2-SH \text{(高半胱氨酸)}$$

次甲基FH$_4$ [—CH$_2$]

FH$_4$ 维生素B$_{12}$

HOOC—CH(NH$_2$)—CH$_2$—CH$_2$—S—CH$_3$ (甲硫氨酸)

图 2-37　甲硫氨酸的生物合成

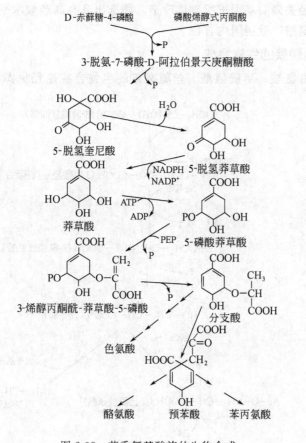

图 2-38　芳香氨基酸族的生物合成

L-苯丙氨酸是必需氨基酸之一，广泛应用于食品、饲料、医药和日用化工等领域，吴松刚等[21]应用基因工程技术对 L-苯丙氨酸产生菌进行改良。他们采用定向协同共进化技术对

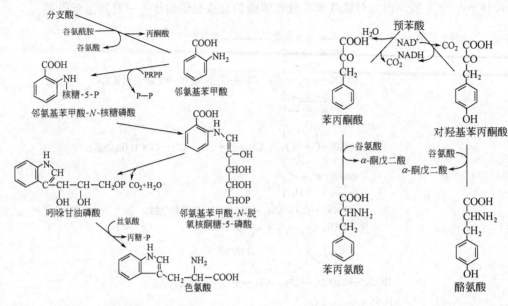

图 2-39 色氨酸生物合成途径   图 2-40 苯丙氨酸、酪氨酸生物合成途径

L-苯丙氨酸代谢途径关键酶基因进行整体改造,筛选出具有高产酸水平的突变株,取得了突破性进展,L-苯丙氨酸产量居国内首位。

2.3.6.4 丝氨酸族的生物合成

这一簇还包括甘氨酸、半胱氨酸。丝氨酸族的生物合成途径见图 2-41。丝氨酸合成的

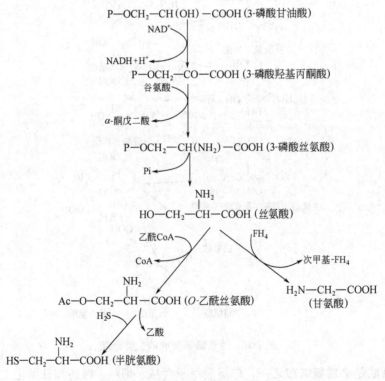

图 2-41 丝氨酸族氨基酸的生物合成

起点是 3-磷酸甘油酸。此起点化合物被氧化为磷酸羟基丙酮酸，可得 1 分子 NADH，再经转氨作用得 3-磷酸丝氨酸，再水解得丝氨酸和磷酸。

2.3.6.5 丙氨酸族的生物合成

这一簇包括丙氨酸、缬氨酸、亮氨酸和异亮氨酸。其生物合成途径见图 2-42。泛酸是由缬氨酸合成途径的中间体衍生的。

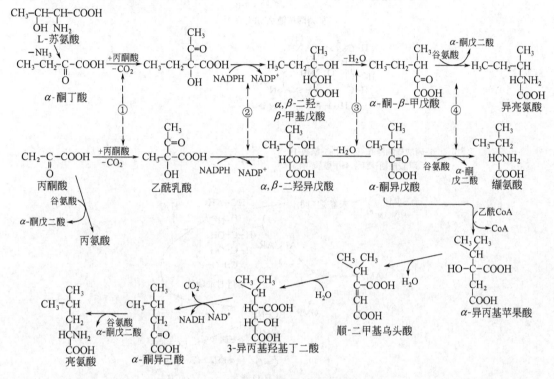

图 2-42 丙氨酸族氨基酸的生物合成途径

①乙酰乳酸合成酶；②还原性乙酰乳酸变位酶，③二羟酸脱水酶，④缬氨酸氨基转移酶

2.3.6.6 组氨酸的生物合成

此氨基酸的合成比较特殊，见图 2-43。组成此氨基酸的碳架是来自 5-磷酸核糖焦磷酸（PRPP）。PRPP 的核糖中的 2 个碳用于构建五元咪唑环，其余用来生成三碳侧链。咪唑环的其他 3 个氮原子的来源很不寻常，C—N 部分是由 ATP 的嘌呤核来的，另一个 N 来自谷氨酰胺。这种利用 ATP 作为 C—N 部分的给体很特别。5′-磷酸核糖基 ATP 的嘌呤核 1—6 位上的 N—C 键被打开，生成氨基咪唑甲酰胺核苷酸（AICAR）。AICAR 是 AMP 和 GMP 生物合成的前体。组氨酸是半必需氨基酸，参与机体生化反应与生理活动，应用广泛，尤其在医药领域中。王燕等扼要介绍了 L-组氨酸的生产与国内外生产菌选育的进展[22]。

2.3.6.7 经氨基酸途径的含氮化合物的生物合成

如叶酸、对羟基苯甲酸、二氨基庚二酸、吡啶二羧酸和嘌呤。从数量衡量，原核生物中从氨基酸合成途径衍生的最为重要的含氮化合物是多胺，如丁二胺、亚精胺和精胺。它们是由谷氨酸合成途径中的精氨酸支路合成的，见图 2-44。

在细菌生长期由精氨酸合成途径产生的精氨酸和多胺的数量大致相等。丁二胺可通过精氨酸合成途径的中间体（鸟氨酸）或直接由精氨酸合成。有外源精氨酸供应条件下，细胞中

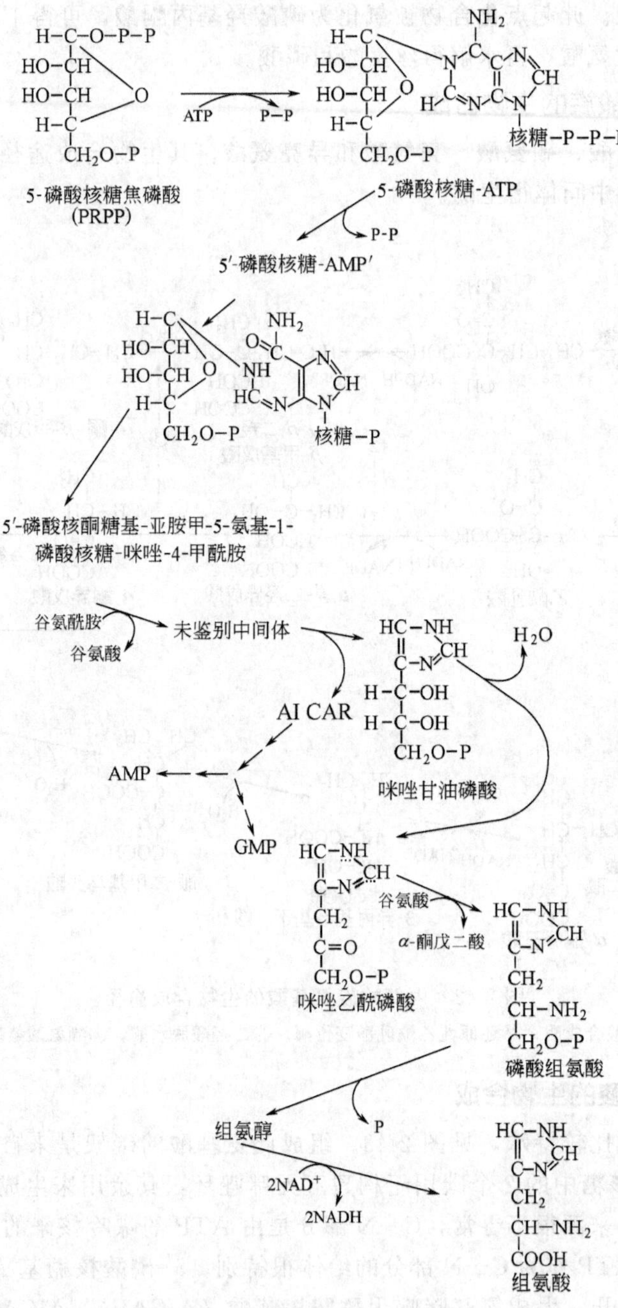

图 2-43　组氨酸的生物合成途径

由鸟氨酸合成丁二胺的方式占优势。如供给细胞精氨酸，细胞中精氨酸的合成作用立即停止，并启动由精氨酸合成多胺系统。

丁二胺又称腐胺，在生理学上有重要意义。它可以调节细胞的渗透压，保证细菌细胞内部的离子强度大致不变。细胞内的腐胺浓度的变化同培养基的渗透压成正比。培养基的渗透压增加引起腐胺的迅速排泄和 K^+ 的吸收，使细胞的渗透压也增加。腐胺的排泄可以使离子强度保持大致不变，这是由于多价离子引起溶液的离子强度和渗透压强不一致的缘故，即改变细胞内的腐胺二价离子浓度，使其离子强度提高 58%，而这时胞内渗透压的提高只有 14%。

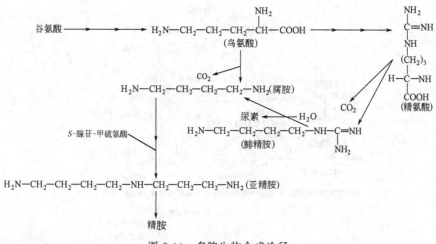

图 2-44　多胺生物合成途径

2.3.7　核苷酸的生物合成

核酸的前体是嘌呤和嘧啶核苷三磷酸。dATP、dGTP、dCTP 和 dTTP 是 DNA 的前体；而 ATP、GTP、CTP 和 UTP 是 RNA 的前体。有些核苷酸还兼起活化剂的作用。

2.3.7.1　核糖核苷酸的生物合成

所有核苷酸前体的核糖磷酸部分均由同一前体 5-磷酸核糖焦磷酸（PRPP）衍生，而 PRPP 又是从核糖-5-磷酸合成的。PRPP 是嘌呤核苷酸合成途径的起点。通过相继加入氨基和小的含碳基团，便合成了九元环的嘌呤（图 2-45）。途径中的所有中间产物均称为核苷酸。嘧啶六元环是天冬氨酸与氨甲酰磷酸缩合而成，再加入核糖磷酸部分。CTP 是例外，它是由 UTP 衍生的，其余均由对应的核苷单磷酸合成。腺（嘌呤核）苷单磷酸（AMP）和鸟（嘌呤核）苷单磷酸（GMP）的合成途径见图 2-46。

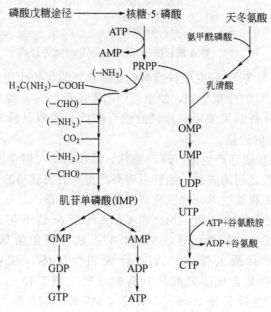

图 2-45　嘌呤和嘧啶核苷三磷酸生物合成途径

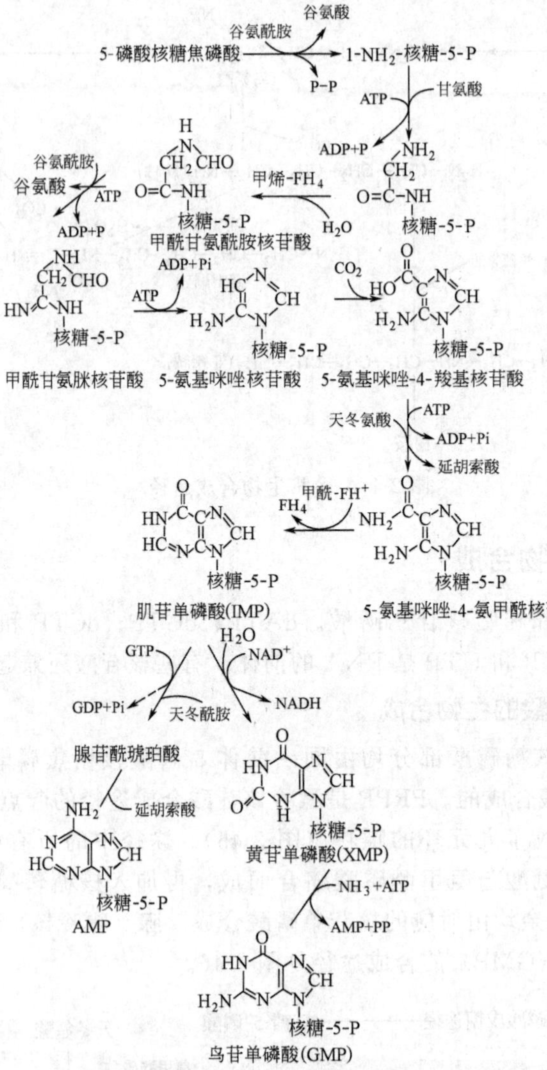

图 2-46 嘌呤核苷酸 AMP 和 GMP 的生物合成

刘新星等[23]和陈双喜等[24]研究了柠檬酸钠对枯草杆菌生长代谢和肌苷生产的影响。他们在基础料中添加 0.2g/L 的柠檬酸钠，使肌苷的产量提高 18%，得率增加 38%。对糖代谢途径中的关键酶活性的分析结果表明，柠檬酸钠可降低 6-磷酸果糖激酶和丙酮酸激酶的活性，从而减弱 EMP 途径的通量。

储炬等[25]比较了三株肌苷产生菌（高产菌株、低产菌株与野生型菌株）的肌苷合成途径的酶的比活与肌苷生产之间的关系。她们发现高产菌株的关键酶的比活与肌苷生产呈正相关。这有助于运用基因工程菌技术开展肌苷高产菌的选育工作。

虽然从肌苷单磷酸（IMP）到 AMP 和 GMP 的反应是不可逆的，但有一种可使GMP 与 IMP 或 AMP 互换的辅助途径，见图 2-47。故只要供给鸟嘌呤或腺嘌呤，便可满足细胞对鸟苷酸和腺苷酸的需求。ATP 合成的中间体，氨基咪唑甲酰胺核苷酸（AICAR）之前的途径也是合成组氨酸所共有的途径（图 2-43）。尿（嘧啶核）苷单磷酸（UMP）的生物合成途径见图 2-48。AMP、GMP 和 UMP 是 4 种主要核苷三磷酸的前体。

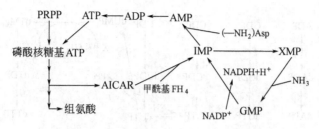

图 2-47　核苷单磷酸可互换的辅助途径

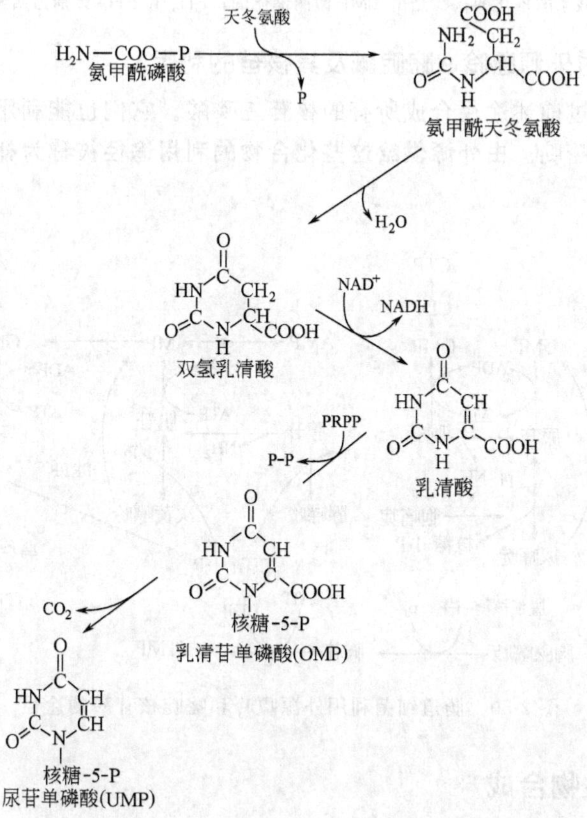

图 2-48　嘧啶核苷酸 UMP 的生物合成途径

2.3.7.2　脱氧核糖核苷酸的生物合成

DNA 的四种脱氧核苷三磷酸，除 dTTP 外，均由对应的核苷二磷酸直接还原而成（图 2-49）。这种还原作用是由同一酶复合物催化实现的。此复合酶受到高度调节。对于多数细菌，包括大肠杆菌，这种还原作用是在核苷二磷酸水平上进行的。对乳酸细菌来说，则在核苷三磷酸水平上进行。在前一种情况下，还原产物 dADP、dGDP 和 dCDP 由同一核苷二磷酸激酶转化为核苷三磷酸酯。此酶与把核苷二磷酸转化为核苷三磷酸的酶是一样的。

dTTP 的形成途径是迂回的。dUTP 是此途径的一个中间产物，由 dCTP 经脱氨或 dUDP 经核苷二磷酸激酶的作用形成的，见图 2-49。dUTP 然后通过特异的焦磷酸酶作用回到核苷单磷酸的水平上，以后被甲基化形成 dTMP，再通过二步激酶反应生成 dTTP。这种迂回途径看来是很浪费能量的，但它在原核生物中广泛存在。

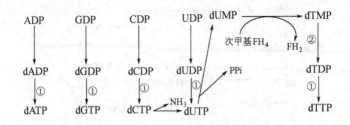

图 2-49　大肠杆菌中脱氧核苷三磷酸的合成
①是由核苷二磷酸激酶催化的；②是由 TMP 激酶催化的；FH₄ 和 FH₂ 分别为四氢叶酸和二氢叶酸

2.3.7.3　细菌对外源嘌呤、嘧啶碱及其核苷的利用

大多数细菌可通过前述途径合成所有的核苷三磷酸。它们也能利用游离的碱基以及以核苷形式存在的嘌呤和嘧啶。**由外源供给这些化合物的利用途径被称为补救合成途径（salvage pathway）**，见图 2-50。

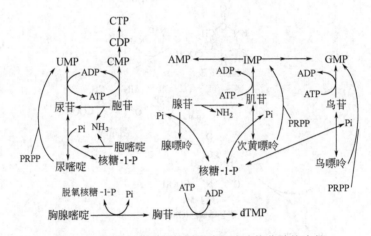

图 2-50　肠道细菌利用外源嘌呤和嘧啶核苷酸的途径

2.3.8　脂质的生物合成

脂质包括脂肪、磷脂、甾类化合物、类异戊二烯和聚 β-羟基丁酸，可将它们归为两类：一类含有经酯化的脂肪酸；另一类含五碳单位的具异戊二烯结构的化合物。

2.3.8.1　脂肪酸的生物合成

脂肪酸是由专门途径合成的，再酯化形成复合的脂质。在细菌中发现有各种各样的脂肪酸。它们含有不同数目的碳原子，有直链的，也有分支的；有的含双键、环丙烷或羟基。细菌中的脂肪酸大多数含有偶数碳原子。饱和脂肪酸的普通合成途径如图 2-51 所示。一种特殊的酰基载体蛋白（ACP）在脂肪酸合成中起重要作用。长链脂肪酸的合成是从乙酰 CoA 与 ACP 的结合开始的。R-酰基-SACP 是逐次转移 C_2 单位的受体，C_2 给体是丙二酰 ACP。它是由乙酰 CoA 羧化形成的。在 C_2 单体转移时释放出 CO_2 和游离 ACP，C_2 转移产物带有一末端乙酰基。此乙酰基在随后的反应中依次被还原、脱水和再还原，每次产生一饱和的增加 2 个碳原子的酰基-ACP 复合物。重复这套反应 [图 2-51，反应（4）～（7）]，脂肪酸链逐渐增长，直到达到某一细菌所具有的特征脂肪酸长度（一般在 C_{14}～C_{18} 之间）。

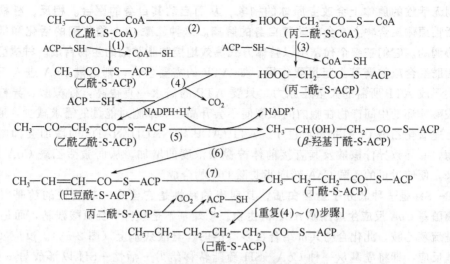

图 2-51　大肠杆菌中饱和脂肪酸的生物合成

脂肪酸生物合成的初始反应是由乙酰 CoA 不可逆地羧化生成丙二（酸单）酰 CoA。反应是由乙酰 CoA 羧化酶催化的。除了需要 Mg^{2+} 和消耗 ATP 外还需生物素。

无论是哪一种羧化酶，生物素以共价方式牢固地连接在侧链赖氨酸的 ε-氨基上。乙酰 CoA 羧化酶是由三种蛋白质亚基组成的复合酶，只有一种蛋白质亚基含有结合的生物素，因而这种蛋白质亚基称为生物素载体蛋白（BCP）。其他两种蛋白质催化两个阶段的羧化反应：第一阶段动用乙酰 CoA 羧化酶的 BCP 中的生物素进行 CO_2 的转移，反应需要消耗 1 分子 ATP，所得产物是一种高度反应性的 C_1 单体给体——活性 CO_2；第二阶段动用乙酰 CoA 羧化酶的羧基转移酶组分，将 CO_2 单位通过缩合转移给乙酰 CoA。其反应如下式：

① 生物素-BCP$+CO_2+$ATP $\xrightarrow{Mg^{2+}}$ CO_2-生物素-BCP$+$ADP$+$Pi

② CH_3CO—SCoA$+CO_2$-生物素-BCP $\xrightarrow{羧基转移酶}$ $^-OOCCH_2CO$—SCoA$+$生物素-BCP

总反应：CH_3CO—SCoA$+CO_2+$ATP $\xrightarrow{乙酰\ CoA\ 羧化酶}$ $^-OOCCH_2CO$—SCoA$+$ADP$+$Pi

生物素在这里起一种碳载体的作用，如图 2-52 所示，CO_2 连接在远离生物素侧链一端的 N 原子上。

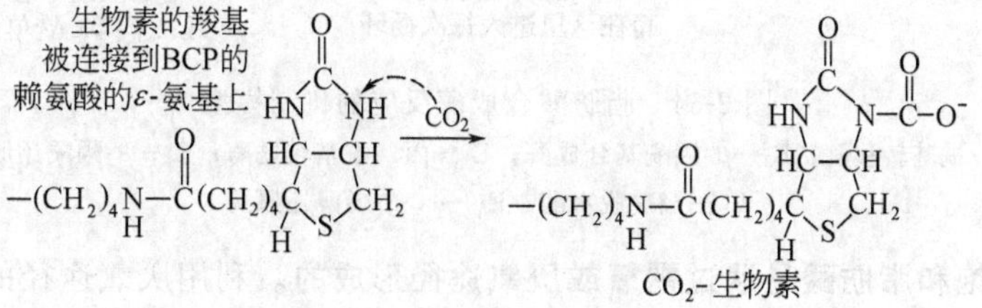

图 2-52　生物素固定 CO_2 的机制

来源于动物组织、激酶和一些细菌的乙酰 CoA 羧化酶存在两种性质迥异的形式：一种有活性；另一种无活性。有活性的酶是无活性原体的聚合物。在体内，这两种形式的酶的互换受到严格控制。**故羧化酶反应是脂质代谢中一个关键的调节部位。已知的激活剂有柠檬酸和异柠檬酸。长链乙酰 CoA 化合物（如棕榈酸）则是强反馈抑制剂。推测柠檬酸或异柠檬**

酸结合到无活性的原体上会改变原体的构象，从而启动其自身的聚合。相反，棕榈酰 CoA 结合到活性原体聚合物上，会启动其自身的解离。这种乙酰 CoA 羧化酶的活化和抑制作用是非常协调的。它们在整个代谢中以整体方式高效地控制脂肪酸的生物合成。柠檬酸和异柠檬酸在脂肪酸合成的调节上起重要作用。如 ATP 的需要量大，则乙酰 CoA 进入三羧酸循环，提供形成 ATP 所需的大量还原力。只要 ATP 的需求一直很高，柠檬酸、异柠檬酸和其他三羧酸循环的中间产物在胞内的浓度便不会升高。如细胞对能量的需求减少，通过三羧酸循环迅速氧化乙酰 CoA 的需求也小。ATP/ADP 和 NADH/NAD$^+$ 的增加会抑制异柠檬酸脱氢酶，并导致异柠檬酸及其直接前体柠檬酸浓度的增加，从而激活乙酰 CoA 羧化酶。这样一来，便使过量的乙酰 CoA 转向脂肪酸的生物合成。

ACP—SH 是一种低分子量蛋白质，其突出的特性是它含有一功能性的巯基（—SH），能与游离酰基 CoA 反应生成酰基 ACP 衍生物。该巯基不是来自半胱氨酸残基，而是来自 4′-磷酸泛酰巯基乙胺。此化合物共价结合在多肽链的丝氨酸残基上（图 2-53）。反应实质是一种转酰基反应，即将酰基从一种 CoA—SH 硫酯转移给另一活性—SH 以形成另一种硫酯。乙酰 CoA 与丙二酰 CoA 的转酰作用分别由乙酰转酰酶和丙二酰转酰酶催化。

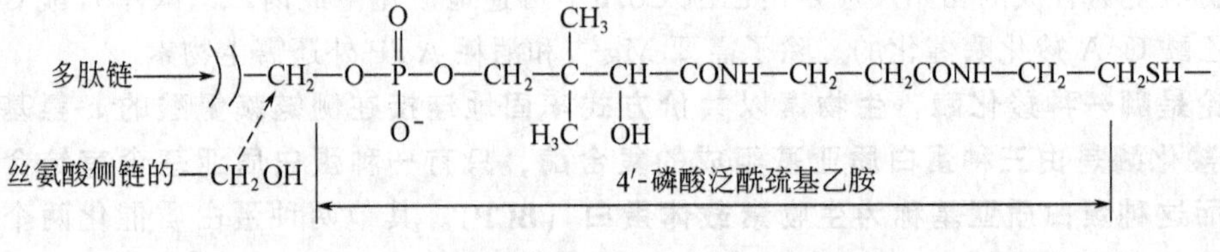

图 2-53 酰基载体蛋白（ACP—SH）的侧链结构

脂肪酸合成酶是以一种多酶复合体的形式存在的（羧化酶例外）。这种聚合物被称为脂肪酸合成酶系统，其核心是 ACP，周围排列着 6 种酶。ACP 磷酸泛酰巯基乙氨基起一种在枢轴上转动的伸展臂的作用，它能把酰基从一个酶处转移到另一个上，见图 2-54。

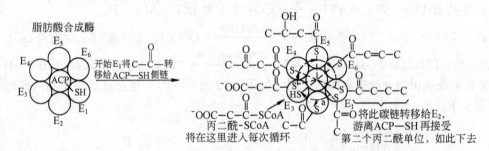

图 2-54 脂肪酸合成酶反应的机制模型

E$_1$—酰基转移酶；E$_2$—β-酮酰基合成酶；E$_3$—丙二酰转酰酶；E$_4$—β-酮酰还原酶；
E$_5$—羟酰脱水酶；E$_6$—α，β-烯醇还原酶

细菌的单不饱和脂肪酸是通过需氧或厌氧途径形成的。利用厌氧途径的有梭菌属、乳酸杆菌属、大肠杆菌、假单胞菌属、光合作用细菌和蓝绿细菌等；利用需氧途径的有分枝杆菌属、棒状杆菌属、微球菌属、杆菌属、真菌、原生动物和动物。通过需氧途径引进双键是在饱和脂肪酸的合成完成后进行的，而厌氧途径的不饱和化是在脂肪链延伸期间进行的，需要氧分子参与：

$$CH_3(CH_2)_{14}CO-S-ACP+1/2O_2 \longrightarrow CH_3(CH_2)_5CH =$$
$$CH(CH_2)_7COOH+H_2O+ACP$$

图 2-55 概述了厌氧途径机制。此途径的中间产物 β-羟基癸酰-S-ACP 被脱水还原，生成相应的单不饱和脂肪酸。在厌氧途径中最终产物的双键位置介于第 9 碳和第 10 碳之间。**乙酰 CoA 在代谢上很重要，起分解与合成代谢的核心作用，见图 2-56。**

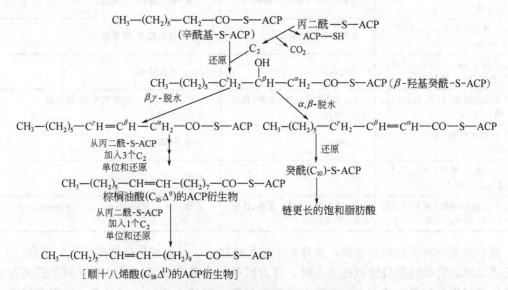

图 2-55　单不饱和脂肪酸合成的厌氧途径

图 2-56　乙酰 CoA 在代谢中的作用

2.3.8.2　不饱和脂肪酸的生物合成

不饱和脂肪酸（PUFA）对健康有益，引起人们浓厚的兴趣，对这类有价值脂质的需求在不断增长。Certik 与 Shimizu 对微生物的 PUFA 的生物合成与调节作了一篇相当全面的综述[26]。现扼要介绍如下。

(1) 不饱和脂肪酸的功能与来源　其功能主要有两个方面：①调节膜的体系结构、动力学、相变与透性，调整膜结合蛋白（如受体、ATP 酶）、运输蛋白与离子通道的性能，控制某些基因的表达，因而影响体内脂肪酸的生物合成与胆固醇的运输等；②**作为许多具有调节重要生物功能的代谢物的前体**，如前列腺素、白三烯和羟基脂肪酸。PUFA 的这些功能充分说明机体中的各种器官为了维持其正常功能需要它们。PUFA 的缺乏将导致皮肤、神经系统、免疫与抗炎症系统、心血管系统、内分泌系统、肾脏、呼吸与生殖系统的异常。哺乳动物不能合成这些 PUFA，故必须从食物中补给（表 2-4）。

表 2-4　各种不饱和脂肪酸的来源

PUFA	传统的来源	微生物来源
γ-亚麻酸（十八碳三烯-顺 9，12，15 酸）	植物:夜报春花、琉璃苣、黑醋栗	真菌:卷枝毛霉、大毛霉、深黄被孢霉、拉曼被孢霉、刺孢小克银汉霉、雅致小克银汉霉、日本小克银汉霉、少根根霉、雅致枝霉；藻类:螺旋藻属、小球藻属

PUFA	传统的来源	微生物来源
双高 γ-亚麻酸（二十碳三烯-顺 8,11,14 酸）	人乳、动物组织、鱼、苔藓	真菌：被孢霉属、耳霉属
花生烯酸（二十碳四烯-顺 5,8,11,14 酸）	动物组织、鱼、苔藓	真菌：被孢霉属、耳霉属
蜜蜂酒酸（mead acid）（二十碳三烯-顺 9,12,15 酸）	动物组织	真菌：被孢霉属
二十碳五烯酸（顺 5,8,11,14,17），简称 EPA	鱼、甲壳类水生物（蓝蟹、牡蛎、龙虾、贻贝）	真菌：被孢霉属、畸雌腐霉、终极腐霉；藻类：小球藻
二十碳四烯酸（顺 8,11,14,17），简称 ETA	动物组织	真菌：被孢霉属
二十二碳五烯酸（顺 4,7,10,13,16），简称 DPA	鱼	真菌：*Schyzochytrium* sp.
二十二碳六烯酸（顺 4,7,10,13,16,19），简称 DHA	鱼、甲壳类水生物（蓝蟹、牡蛎、龙虾、贻贝）	真菌：*Thraustochyrium* sp，*Schyzochytrium* sp；藻类：微藻

亚麻酸是一种不饱和脂肪酸，多存在于绿色植物中，是构成人体细胞的重要成分。人体缺乏了亚麻酸就会引起机体抵抗力下降、视力减退、疲劳等症状。亚麻酸有利于提高智力，保持大脑健康并促进大脑发育。可防止老年痴呆等，促进小孩智力的提高。凌雪萍等[27]用小克银汉霉菌发酵生产 γ-亚麻酸，经发酵条件优化，特别是变温策略，使 γ-亚麻酸产量提高近 1 倍，达到 1.323g/L。

花生四烯酸（arachidonic acid）是 ω-6 多不饱和脂肪酸代谢的枢纽，广泛应用于强化食品营养。郑之敏等[28]通过对花生四烯酸产生菌高山被孢霉的宏观形态研究发现，直径约 4mm 呈蓬松状菌球的生产能力是空心球和分散菌丝的 2 倍和 2.7 倍，详见 5.2.13 节。

(2) 微生物不饱和脂肪酸的生物合成 PUFA 生物合成的已知途径应是：①从葡萄糖开始重新合成；②将外源脂肪酸直接结合到脂质结构中；③接着把脂质去饱和与延伸。此外，还涉及脂肪酸的生物氢化（饱和）与部分降解（β-氧化）。PUFA 生物合成可采用需氧或厌氧机制。其合成与膜结合的酶有关。需氧途径的去饱和系统是由三种蛋白质组成：NAD(P)H-细胞色素 b_5 还原酶、细胞色素 b_5 和去饱和酶（见图 2-57）。存在三种类型的去饱和酶：①酰基-CoA 去饱和酶；②酰基-ACP 去饱和酶；③酰基-脂质去饱和酶。通常，硬脂酰（十八烷酰）-CoA 或硬脂酰-ACP 是引入第一个双键的基质，分别形成油酰 CoA 或油酰 ACP。随后的去饱和作用发生在内质网中，结合在内质网的磷脂中（特别是卵磷脂）的脂肪酸被去饱和。除了此占优势的去饱和途径外，也发现在内质网中脂肪酰基-CoA 直接转化成相应的 PUFA。

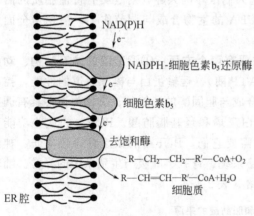

图 2-57 微生物中的不饱和脂肪酸需氧去饱和复合物的组成[19]

在真核生物细胞和若干细菌的需氧途径中第一个双键总是出现在饱和脂肪酸的 Δ^9 位置上。因此，棕榈烯酸（又称抹香鲸、十六碳酸）（16：1 顺 9）与油酸（18：1 顺 9）是微生物最常见的单烯化合物。然后，油酸一般再在Δ^{12}位置上被相应的去饱和酶脱氢生成亚油酸，再进一步在Δ^{15}位置上被相应的去饱和酶脱氢生成亚麻酸。故这三个脂肪酸是ω-9、ω-6或ω-3系列脂肪酸基本前体，见图2-58。PUFA生产的后面几步是适当的脂肪酸前体在Δ^{6}去饱和酶的脱氢，随后碳链延伸，接着去饱和得到相应的C_{20}与C_{22}的PUFA。

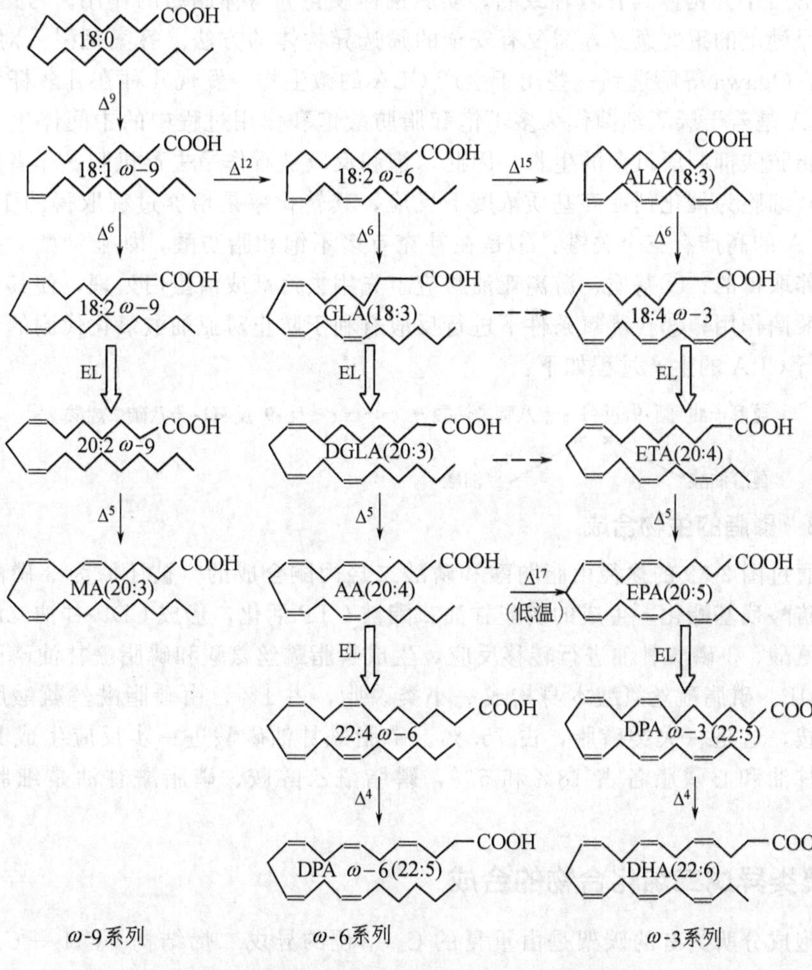

图2-58　微生物中多不饱和脂肪酸的生物合成途径[19]

EL—延伸酶；Δ—去饱和酶，其上标为脱氢位置

(3) 微生物PUFA的生产过程　PUFA生产研究与开发主要着眼于改进其经济上的竞争能力。重点放在提高产物的价值和采用便宜的基质，筛选效率更高的生产菌株及减少从细胞回收油的步骤。用微生物生产PUFA的方法有两种：沉没培养与固体发酵。

① 沉没培养　在生产过程的开发上有3步作业需要特别注意：发酵、细胞分离和油的萃取与精制。氮源限制性培养基的选择是关键。适合于筛选的培养基与大规模生产培养基是不同的。在最适条件下微生物生产1kg三酰甘油型的油需要5kg的基质。最便宜的基质是从食品厂来的下脚料，经适当处理后，以足量的种子在最适条件下分批或连续发酵生产富含PUFA油的菌体。

② 固体发酵　沉没培养生产PUFA的主要困难在于其销售方面。固体发酵可以满足市场的需求。因这些真菌在减少植酸（肌醇六磷酸，具有抗氧化作用）的同时，局部水解生物聚合物基质。经预发酵的含有高含量PUFA的固体基质可用于作为便宜的食物或食品添加

剂。用固体发酵生产 PUFA 涉及工业放大问题，尽管如此，此法仍不失为开发新市场的一种有用方法，对投资的风险和成本大为减少。

Nagao 等[29] 对食品中的共轭脂肪酸及其保健功效作了一篇较全面的综述。作为新型的对生物有益的功能性脂质，共轭脂肪酸获得众多的注意。共轭亚油酸（顺-9,12-十八碳二烯酸，CLA）的若干异构体具有减轻致癌、动脉粥样硬化和身体脂肪的作用。考虑到 CLA 在医药和营养保健上的重要意义，需要有安全的筛选异构体的方法。答案是引入对 CLA 生产有用的反应。Ogawa 等筛选到一些用于生产 CLA 的微生物，发现几种在乳酸杆菌中的特异反应[7]。CLA 是若干厌氧细菌作为多不饱和脂肪酸饱和作用过程中的中间体生产的。游离的多不饱和脂肪酸抑制厌氧菌的生长。因此，饱和反应被看作是去毒机制。作者以乳酸菌的洗涤（静息）细胞为催化剂在高基质浓度下反应，其转化率是培养过程取得的 10～100 倍。他们认为 CLA 的高产有三个关键：①是在补充有多不饱和脂肪酸，如亚油酸、α-亚麻酸的培养基中培养取得的；②基质、游离亚油酸应事先用去污剂或清蛋白处理，使其分散到反应液中，被乳酸菌作用；③在厌氧条件下进行反应有利于防止对亚油酸氧化代谢的干扰。用植物乳杆菌进行 CLA 的生产过程如下：

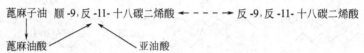

2.3.8.3 磷脂的生物合成

磷脂是通过图 2-59 的途径由脂肪酸和磷酸二羟丙酮合成的。被还原为 3-磷酸甘油，随后被两个脂肪酸残基酯化，生成的磷酸甘油二酯被 CTP 活化，形成 CDP-甘油二酯。此中间体分别与丝氨酸、3-磷酸甘油进行转移反应，生成磷脂酰丝氨酸和磷脂酰甘油磷酸，各释放出 1 分子 CMP。磷脂酰丝氨酸本身构成一小类磷脂，占 1%。由磷脂酰丝氨酸脱羧可生成磷脂酰乙醇胺，这是一大类磷脂，占 75.%。磷脂酰甘油磷酸进一步反应生成其他类型磷脂，磷脂酰甘油和心磷脂各占 18% 和 5%，磷脂酰乙醇胺、磷脂酰甘油是细胞膜的主要成分。

2.3.9 聚类异戊二烯化合物的合成

许多细胞成分所具有的碳架是由重复的 C_5 单位的异戊二烯结构—CH_2—$CH(CH_3)$—CH ＝CH_2—组成的。异戊二烯单位也是许多次级代谢产物的前体。这些聚类异戊二烯化合物全是由乙酰基单位合成的，但其碳素的增长机制与脂肪酸合成的有显著不同，在 C_4 阶段便岔开，见图 2-60。乙酰 CoA 与乙酰乙酰 CoA 进行"头对头"缩合，经还原后生成 3-甲基-3,5-二羟戊酸。此化合物又经两次相继的磷酸化和脱羧、脱羟，转化为异戊烯焦磷酸。此化合物又称为"活性异戊烯"，也可由亮氨酸通过脱氨转化为 3-羟基-3-甲基戊二酰-SCoA。聚类异戊二烯化合物，如 C_{15} 或 C_{20} 衍生物，便由此活化的 C_5 化合物合成，其后续步骤见图 2-61。2 分子 C_{15} 衍生物"尾对尾"缩合产生鲨烯（三十碳六烯）。鲨烯可从鱼肝中提取，具有改善心肺功能，对慢性支气管炎、心肺病患者有明显疗效。用它可以合成胆固醇。2 分子的 C_{20} 衍生物进行类似的缩合可得八氢番茄红素，这是类胡萝卜素的前体。番茄红素具有抗癌、抗氧化、改善前列腺炎症的功效，可用化学合成法[30] 或发酵技术生产[31]。法呢醇与植醇（叶绿醇）是 C_{15} 与 C_{20} 聚合的聚类异戊二烯醇，是叶绿素的组分，通过头与尾的缩合，使碳链进一步增长，得到 50～60 个碳原子的聚类异戊二烯化合物，类似苯醌那种结构。

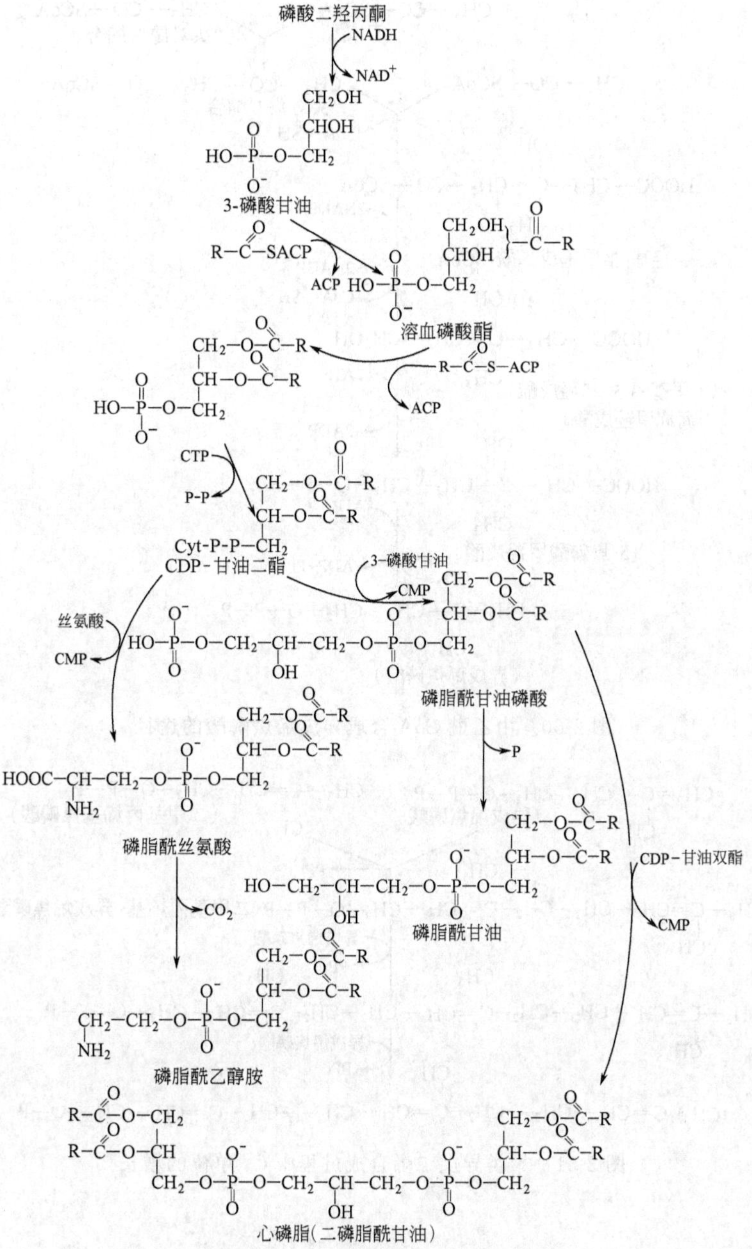

图 2-59 大肠杆菌主要磷脂类的合成途径
Cyt—胞嘧啶；CDP—胞苷二磷酸；CMP—胞苷单磷酸

2.3.10 甾类化合物

甾类化合物是带有四联环结构的脂肪簇化合物，四环中有三个六元环、一个五元环（其四联环分别以 A、B、C 和 D 标注，结构上各碳原子的编号见图 2-62）。以 α 和 β 表示空间位置，它们分别表示取代基在分子平面的上下方，在结构式中分别以实线、虚线与母核的碳原子相连，甾类化合物的母核是环戊烷多氢菲核（C_{17}）加上一侧链。甾类化合物是不能水解的，有些具有很强的生理活性。这里介绍的是一些典型的通过微生物转化获得的甾类化合物。

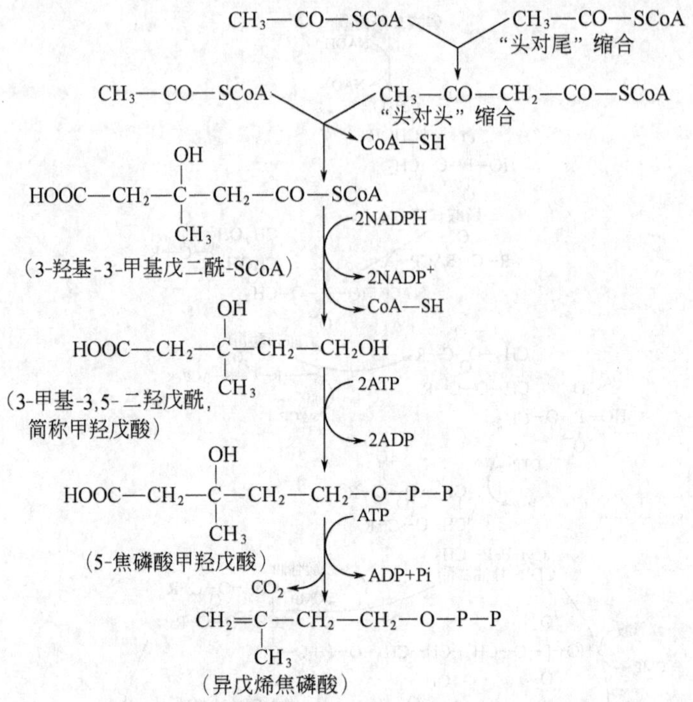

$$CH_3—CO—SCoA \qquad CH_3—CO—SCoA$$
"头对尾"缩合

$$CH_3—CO—SCoA \qquad CH_3—CO—CH_2—CO—SCoA$$
"头对头"缩合
CoA—SH

$$\begin{array}{c} OH \\ | \\ HOOC—CH_2—C—CH_2—CO—SCoA \\ | \\ CH_3 \end{array}$$
（3-羟基-3-甲基戊二酰-SCoA）

2NADPH
2NADP$^+$
CoA—SH

$$\begin{array}{c} OH \\ | \\ HOOC—CH_2—C—CH_2—CH_2OH \\ | \\ CH_3 \end{array}$$
（3-甲基-3,5-二羟戊酰，
简称甲羟戊酸）

2ATP
2ADP

$$\begin{array}{c} OH \\ | \\ HOOC—CH_2—C—CH_2—CH_2—O—P—P \\ | \\ CH_3 \end{array}$$
（5-焦磷酸甲羟戊酸）

ATP
ADP+Pi
CO_2

$$\begin{array}{c} CH_2=C—CH_2—CH_2—O—P—P \\ | \\ CH_3 \end{array}$$
（异戊烯焦磷酸）

图 2-60　由乙酰 CoA 合成异戊烯焦磷酸的途径

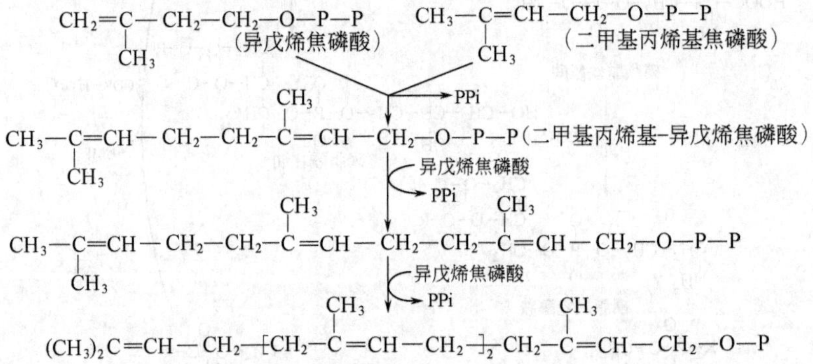

$$\begin{array}{c} CH_2=C—CH_2—CH_2—O—P—P \\ | \\ CH_3 \end{array} \qquad \begin{array}{c} CH_3—C=CH—CH_2—O—P—P \\ | \\ CH_3 \end{array}$$
（异戊烯焦磷酸）　　　　　　（二甲基丙烯基焦磷酸）

PPi

$$\begin{array}{c} CH_3 \\ | \\ CH_3—C=CH—CH_2—CH_2—C=CH—CH_2—O—P—P \\ | \\ CH_3 \end{array}$$（二甲基丙烯基-异戊烯焦磷酸）

异戊烯焦磷酸
PPi

$$\begin{array}{c} CH_3 \qquad CH_3 \\ | \qquad | \\ CH_3—C=CH—CH_2—CH_2—C=CH—CH_2—CH_2—C=CH—CH_2—O—P—P \\ | \\ CH_3 \end{array}$$

异戊烯焦磷酸
PPi

$$\begin{array}{c} CH_3 \qquad CH_3 \\ | \qquad | \\ (CH_3)_2C=CH—CH_2—[CH_2—C=CH—CH_2—]_2—CH_2—C=CH—CH_2—O—P \end{array}$$

图 2-61　聚类异戊二烯合成过程中 C$_5$ 单位的增长

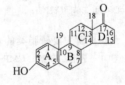

图 2-62　甾类化合物的基本结构（雌酮）

微生物转化在各类药物的化学合成中的应用已有时日。与化学过程比较，微生物反应的优点在于其部位特异性、立体特异性和所用的反应条件温和，副反应最少，可拥有几个相连的反应的转化过程。

胆固醇是一种不饱和的甾醇，它是动物细胞膜的重要组成部分。例如，人红细胞膜含有重量约占 25% 的胆固醇。胆固醇是制造胆汁与激素，包括性激素的体内原料。在植物中也含有少量胆固醇和一些结构类似化合物。胆固醇可源自食物，也可在肝脏内由乙酸单位合成，一般每天达800mg。在肝内生成的胆固醇被用于制造胆汁酸钠，或转化为胆固醇酯。

从肠道分泌出来的胆汁酸盐是强有力的表面活性剂。它能帮助肠道消化脂质食物，从肠道吸收脂溶性维生素和脂肪酸，最终到血流中。在血流中的胆固醇以低密度脂蛋白（LDL）组分形式进入血液循环中。除了人们熟悉的胆固醇外，还有一些重要的甾类化合物，如胆甾醇、维生素D_3、皮质甾醇、雌二醇、黄体酮（孕酮）、睾丸素、雄甾酮。它们的结构与功能见表2-5。

表2-5　一些重要的甾类化合物的结构与功能

重要的甾类化合物	化　学　结　构	重要的甾类化合物	化　学　结　构
维生素D_3的前体；7-脱氢胆固醇通过紫外线的照射，胆固醇衍生物的一个环被打开，转化为维生素D_3。此化合物的来源是肉制品	7-脱氢胆固醇	睾丸素（睾酮）；是一种男人的激素，它调节生殖器官的发育和副性特征	睾丸素
维生素D_3是一种抗佝偻病因子，缺乏这种维生素会导致佝偻病（一种婴儿和儿童的疾病，其特征是磷酸钙的误沉积和骨生长很差）	维生素D_3	雄甾酮是男人的另一种性激素	雄甾酮
肾上腺皮质激素；皮质甾醇（氢化可的松）是肾上腺体的皮层分泌的28种激素之一。皮质酮（可的松）与皮质甾醇很相似，用可的松治疗关节炎时，在体内会被还原成皮质甾醇	皮质甾醇	胆固醇	胆固醇
性激素；雌二醇是一种雌激素	雌二醇	胆汁酸钠	胆汁酸钠
黄体酮（孕酮）；是妇女怀孕的激素，由黄体分泌的	黄体酮	胆甾醇酯	胆甾醇酯

在甾类化合物（固醇化合物）领域中微生物转化的开发最为广泛。用根霉在黄体酮的11α位置引入一羟基，从此开辟了可的松新的短程合成途径。用微生物转化方法可在氢化可

的松的 1,2 位置上引入一双键，得到氢化泼尼松。用棒杆菌（节杆菌）在 1 位置上脱氢可获得一些更为优良的皮质激素类结构。

孢腔菌（*Cochliobolus lunatus*）可以在甾体母核的 11C 上引入 β-羟基，获得皮质甾醇（氢化可的松）。反应副产物（主要是其他羟基衍生物）的积累，显著降低生产过程的经济效益。培养基组分和发酵参数的改变并不能改进氢化可的松的产率。但由菌株形成的原生质体的诱变可以获得副产物很少的突变株[32]。基因重组技术也有助于克服这些障碍[33]。

2.3.11　糖磷酸酯与糖核苷酸

在微生物中单糖很少以游离形式存在，一般以多糖或其他聚合物形式存在。有些糖以糖磷酸酯和糖核苷酸（核苷二磷酸单糖）形式存在于细胞内。**糖磷酸酯参与许多生物合成或相互转换。它在反应前需经核苷三磷酸活化，生成糖核苷酸。**这些糖核苷酸是由己糖磷酸，如 α-葡萄糖-1-P、α-半乳糖-1-P 或 α-甘露糖-1-P 在 UTP 和相应的 UDP-焦磷酸化酶参与下形成的。

$$葡萄糖\text{-}1\text{-}P + UTP \longrightarrow UDP\text{-}葡萄糖 + PPi$$

催化此可逆反应的酶——焦磷酸化酶是特异的，可用于调节几种由相同单糖组成的聚合物的生成。大多数细胞含 UDP-葡萄糖、UDP-N-乙酰葡糖糖和 GDP-甘露糖。从其能量状态可知它们在聚合物形成中所起的作用。UDP-葡萄糖的糖磷酸键水解可得 7.6kcal，而 α-D-葡萄糖-1-P 的水解只能得 4.8kcal，**故核苷二磷酸单糖在细胞中有两个功能：一是作为某些单糖相互转换的载体；二是在多糖合成中作为糖基的给体。**糖核苷酸的糖基可通过各种机制转换，有些转换只存在于原核生物中，见图 2-63。

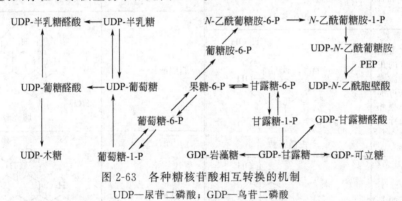

图 2-63　各种糖核苷酸相互转换的机制
UDP—尿苷二磷酸；GDP—鸟苷二磷酸

UDP-葡萄糖的第 4 个碳通过 UDP-半乳糖-4-差向酶反应生成 UDP-半乳糖。同样，UDP-葡糖醛酸、UDP-N-乙酰葡糖胺、UDP-阿拉伯糖分别差向异构化形成 UDP-半乳糖醛酸、UDP-N-乙酰半乳糖胺和 UDP-木糖。其辅因子为 NAD^+。糖的第 4 个碳很可能先被氧化，后被还原。各种糖醛酸的形成是相应的糖核苷酸的中性己糖部分的第 6 个碳进行氧化。UDP-木糖是经 UDP-葡糖醛酸脱羧形成的。这一反应多见于酵母，是迄今除了戊糖磷酸激酶外"活化"戊糖的唯一机制。

原核生物中 UDP-N-乙酰葡糖胺与 PEP 结合生成 UDP-N-乙酰胞壁酸。这是胞壁酸五肽（细胞壁成分之一）的前体。普通的去氧糖，L-岩藻糖和 L-鼠李糖分别由 GDP-甘露糖和 TDP-葡萄糖形成。同样机制可形成 3,6-二去氧己糖，如泰威糖（3,6-二去氧-D-甘露糖）、阿比可糖（3-去氧-D-岩藻糖）、泊雷糖、可立糖等。它们都是革兰氏阴性细菌细胞壁所独有的糖。去氧己糖的形成途径如下：

$$\text{GDP-己糖} \xrightarrow{H_2O} \text{中间体} \xrightarrow[\text{NAD}^+]{\quad\text{NADH+H}^+\quad} \text{GDP-4-酮-6-去氧己糖} \xrightarrow{\text{重排}} \text{L-6-去氧己糖}$$

2.3.12 多糖的生物合成

多糖的合成不需要模板，其单体的排列次序是由参与聚合物合成的转移酶的特异性决定的。表 2-6 列举了菌种常见的多糖和组成它们的单体、合成时的糖基给体。在合成过程中所有这些聚合物的单体都要经过活化，转化为直接糖苷给体。在缩合等过程中每一步都由特定的酶催化完成，反应需要 ATP。糖原在合成中每增长一个葡萄糖单位都要经过以下六步反应：

表 2-6　多糖和组成它们的单体及合成时的糖基给体

多　糖	单体	化合物	糖基给体	多　糖	单体	化合物	糖基给体
糖原	α-D-葡萄糖	α-1,4-糖苷链	ADP-葡萄糖	木聚糖	β-D-木糖	β-1,4-糖苷链	UDP-木糖
纤维素	β-D-葡萄糖	β-1,4-糖苷链	GDP-葡萄糖	荚膜多糖	β-D-葡萄糖	β-1,4-糖苷链	UDP-葡萄糖

① 葡萄糖 + ATP $\xrightarrow{\text{己糖激酶}}$ G-6-P + ADP

② G-6-P $\xrightarrow{\text{G-6-P 磷酸变位酶}}$ G-1-P

③ G-1-P + UTP $\xrightarrow{\text{UDP-葡萄糖焦磷酸化酶}}$ UDP-葡萄糖 + PPi

④ UDP-葡萄糖 + (糖原)$_n$ $\xrightarrow{\text{糖原合成酶}}$ (糖原)$_{n+1}$ + UDP

⑤ UDP + ATP $\xrightarrow{\text{核苷二磷酸激酶}}$ UTP + ADP

⑥ PPi + H_2O $\xrightarrow{\text{焦磷酸酶}}$ 2Pi

总反应：(糖原)$_n$ + 葡萄糖 + 2ATP $\longrightarrow$ (糖原)$_{n+1}$ + 2ADP + 2Pi

多糖又可分为同多糖和异多糖。微生物细胞中含有几种类型的同多糖，有的是直链的，有的是带支链的。真核生物与原核生物的多糖合成方式的主要差别在于糖基给体的不同。前者的糖基给体是 UDP-葡萄糖；后者是 ADP-葡萄糖，其他核苷二磷酸-葡萄糖无活性。细菌的糖原合成第一阶段是形成活化的 ADP-葡萄糖，随后在糖原合成酶的催化下形成直链聚合物。在分支酶的作用下 6～8 个葡萄糖残基片段从主链上转移到主链中一个葡萄糖残基的第 6 位碳原子上，由此形成一支链，分支点处由 α-1,6-糖苷键连接。多糖在合成时也需要引物，即用待合成的一小段多糖作为受体，只有含 4 个以上糖残基的多糖片段才能作为引物。

果聚糖和葡聚糖（又称右旋糖酐）的形成机制不同，它是以蔗糖为给体，通过糖基转移酶合成的。

$$x\,\text{蔗糖} + (\text{果糖})_n \xrightarrow{\text{蔗糖-6-果糖基转移酶}} (\text{果糖})_{n+x} + x\,\text{葡萄糖}$$

$$x\,\text{蔗糖} + (\text{葡萄糖})_n \xrightarrow{\text{蔗糖-6-葡萄糖基转移酶}} (\text{葡萄糖})_{n+x} + x\,\text{果糖}$$

黄原胶是一种由黄单胞菌（*Xanthomonas campestris*）产生的胞外异多糖。由于其独特的流变性质而具有广泛的工业用途。这种异多糖具有重复的五糖单位，其中有 2 个葡萄糖、2 个甘露糖和 1 个葡糖醛酸。黄原胶的每两个重复五糖单位中其中一个单位的侧链的两个甘露糖分别被接上乙酰和丙酮酸基（图 2-64）。粗略估计，约 1000 个重复五糖单位构成 1 个黄原胶分子，其分子质量约 10^6 Da。此五糖单位的结构以及其生物合成途径如图 2-65 所示。糖基的转移是在脂质载体上依次进行的，载体再通过脱磷酸步骤循环使用。

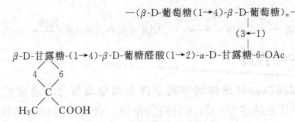

图 2-64　黄原胶的分子结构

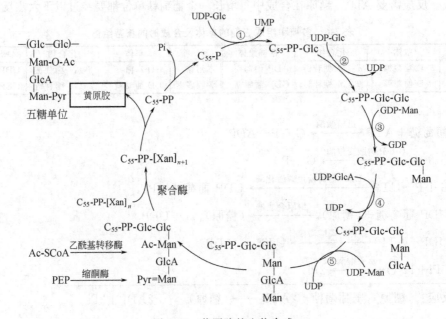

图 2-65　黄原胶的生物合成

①～⑤—糖基转移酶；C_{55}—类异戊二烯脂质载体；UDP—尿苷-5'-二磷酸；GDP—鸟苷-5'-二磷酸；
Glc—葡萄糖；Man—甘露糖；GlcA—葡糖醛酸；Pyr—丙酮酸；Ac—乙酰基

思　考　题

1. 微生物按能量来源、按碳的来源或按所用氢的给体类型可分为哪些类型？

2. 从热力学观点看，一个反应能否进行由什么决定？

3. 在 pH＝7.0，30℃下谷氨酸与氨反应生成谷氨酰胺的平衡常数 $K＝1.2×10^3$，此反应由两个分立的反应组成：①谷氨酸＋NH_3 ⟶ 谷氨酰胺＋H_2O；②ATP＋H_2O ⟶ ADP＋Pi。反应②的平衡常数为 $3.13×10^{-3}$，求反应的标准自由能变化。

4. 生化反应中常需的能量载体主要有哪几类？

5. 糖的分解代谢主要通过哪些途径？由葡萄糖全分解为 CO_2 和 H_2O 可以得多少 ATP？

6. 提供细胞所需 ATP 有哪些途径？

7. 乙醛酸循环在代谢中起什么作用？它是由哪些酶反应构成的？

8. 有些微生物能生长在 2C 化合物为唯一碳源的无机盐培养基中，它是怎样取得它所需的 5C 和 6C 化合物的？

9. 自然界的碳和氮是通过什么途径循环的？

10. 微生物是如何利用淀粉和纤维素的？

11. 氨的同化有几种方式？

12. 合成一分子谷氨酸的能量代价是 28 分子的 ATP，这是怎样计算出来的？那么，合成一分子天冬氨酸的能量代价是多少？

13. 莽草酸途径是用来做什么的？其最终产物是怎样合成的？其中间体是哪些初级和次级代谢物的重要前体？

14. 丁二胺又称腐胺，在生理学上有何重要意义？

15. 试描述肌苷单磷酸和鸟苷单磷酸的合成途径，以及核苷单磷酸互换的辅助途径。

16. 不饱和脂肪酸有哪些功能？是怎样合成的？

17. 在脂肪酸生物合成中生物素起什么作用？试述其作用机制。

18. 试述各种糖相互转换机制。

参 考 文 献

[1] Akinterinwa O, Cirino P C. Cellular Metabolism // Smolke C D, Ed. The Metabolic Pathway Engineering Handbook, 1st (Ed) Fundamentals. Boca Raton London New York：CRC Press, 2010.

[2] Nelson D, Cox M. Lehninger Principles of Biochemistry. 4th ed. New York：W H Freeman and Company, 2005.

[3] 林瑞凤, 舒正玉, 薛龙吟, 江欢, 黄建忠. 微生物脂肪酶蛋白质工程. 中国生物工程杂志, 2009, 29：108.

[4] Shu Z Y, Jiang H, Lin R F, Jiang Y M, Lin L, Huang J Z. J molecular catalysis B-enzymatic, 2010, 62：1.

[5] Qin L N, Ca F R, Dong X R, Huang Z B, Tao Y, Huang J Z, Dong Z Y. Bioresource Technology, 2012, 109：116.

[6] Ingraham J I, Maaloe O, Neidhardt F C. Growth of Bacterial Cell. Sunderland, MA：Sinaeur Associates Inc, 1983.

[7] 杨帆, 刘志成, 朱灵桓, 张慧, 李宪臻. 第六届全国发酵工程研讨会摘要集. 2014：51.

[8] Sakai S, Nakashimada Y, Inokuma K, Kita M, Okada H, Mishio N. J Biosci Bioeng, 2005, 99：252.

[9] Li H, Luo W, Gu Q, Peng Y, Yu X. 第六届全国发酵工程研讨会摘要集. 2014：3.

[10] 刘金乐, 蒋宁, 陈军, 杨蕴刘, 姜卫红, 杨晟. 第六届全国发酵工程研讨会摘要集. 2014：110.

[11] 冯甲, 孙兰超, 张成林, 徐庆阳, 谢希贤, 陈宁. 第六届全国发酵工程研讨会摘要集. 2014：33.

[12] Xu G Q, Chu J, et al. Biochem Engin J, 2008, 38：189.

[13] Zhang L Y, Sun J A, et al. J Industrial Microbiol Biotechnol, 2010, 37：857.

[14] Zhang L Y, Yang Y L, et al. Bioresource Technol, 2010, 101：1961.

[15] Rao B, Zhang LY, et al. Appl Microbiol Biotechnol, 2012, 93：2147.

[16] Sun J N, Zhang L Y, et al. Biotechnol Bioproc Engineering, 2012, 17：598.

[17] 李兴林, 周鑫, 满淑丽, 张黎明, 戴玉杰. 第六届全国发酵工程研讨会摘要集. 2014：50.

[18] 满在伟, 饶志明, 徐美娟, 杨套伟, 张显, 许正宏. 第六届全国发酵工程研讨会摘要集. 2014：38.

[19] Choi D K, Ryu W S, Chung B H, Park Y H. J Ferment Bioeng, 1995, 80：97.

[20] Lee H-W, Yoon S-J, Jang H-W, Kim C-S, Kim T-H, Ryu W-S, Jung J-K, Park Y-H. J Biosci Bioeng, 2000, 89：539.

[21] 吴松刚, 施巧琴. L-苯丙氨酸工程菌株的构建与应用 "项目科技成果鉴定会". 福州市科技成果对接网. 2009-4-3.

[22] 卢德彦, 王燕. 第六届全国发酵工程研讨会摘要集. 2014：32.

[23] 刘新星, 陈双喜, 储炬, 庄英萍, 张嗣良. 微生物学报, 2004, 44：627.

[24] Chen S X, Chu J, et al. Biotechnol Lett, 2005, 27：689.

[25] Chu J, Zhang S L, et al. Process Biochemistry, 2005, 40：891.

[26] Certik M, Shimizu S. J Biosci Bioeng, 1999, 87：1.

[27] 胡超群, 敬科举, 卢英华, 凌雪萍. 第六届全国发酵工程研讨会摘要集. 2014：49.

[28] 王鹏, 赵根海, 代军, 王丽, 刘会, 李哲敏, 郑之敏. 第六届全国发酵工程研讨会摘要集. 2014：57.

[29] Nagao K, Yanagita T. J Biosci Bioeng, 2005, 100：152.

[30] 李卓才. 番茄红素化学合成的研究. 浙江大学学报, 2006.

[31] 杨润蕾, 张莉萍, 王秀琴, 胡毅, 陈雅洁. 安徽农业科学, 2008, 24.

[32] Wilmanska D, et al. Appl Microbiol Biotechnol, 1992, 37：626.

[33] Dermastia M, Rozman D, Komel R. FEMS Microbiol Lett, 1991, 77：145.

3 代谢调节与代谢工程

微生物的生命活动是由产能与生物合成的各种代谢途径组成的网络相互协调来维持的。每一条途径是由一些特异的酶催化的反应组成。众多这些反应的结果造就了一个新生的细胞。微生物要在自然界生存与竞争，就必须生长迅速，能很快适应环境。为此，细胞必须拥有适当的方法来平衡各种代谢途径的物流。为了响应环境变化的需要，细胞能够对其代谢机构作定量调整。

微生物的代谢网络是受到高度调节的，由以下一些事实可以见证：①微生物生长在含有单一有机化合物为能源的合成培养基中，所有大分子单体（前体，如氨基酸）的合成速率同大分子（如蛋白质）的合成速率是协调一致的，不会浪费能量去合成那些它们用不着的东西；②任何一种单体的合成，如能从外源获得，只要它能进入细胞内，单体的合成自动中止，参与这些单体生成的酶的合成也会停止；③微生物只有在某些有机基质（如乳糖）存在时，才会合成异化这些基质的酶；④如存在两种有机基质，微生物会先合成那些能更易利用的基质的酶，待易利用的基质耗竭才开始诱导分解较难利用基质的酶；⑤养分影响生长速率，从而相应改变细胞大分子的组成，如 RNA 的含量。

微生物具有很强的适应环境变化的能力。它可以通过调整其代谢机能来响应环境的变化。如给予细菌不同的养分，细胞的大分子组成会起相应的变化。例如，改变培养基的成分，维持培养温度不变，可以改变鼠伤寒杆菌的生长速率，用倍增或世代时间来表示其生长速率，见表 3-1。

表 3-1　不同倍增时间对细胞核酸含量的影响

倍增时间 /min	一个细胞的平均质量 /μg	核酸含量（DCW）/%			70S 核糖体 /（个/细胞）
		DNA	总 RNA	rRNA	
25	0.77	3.0	31	25	69,800
50	0.32	3.5	22	14	16,300
100	0.21	3.7	18	9	7,100
300	0.16	4.0	12	4	2,000

由此可见，为了支持快速生长，细胞需增加 RNA 的含量，其核糖体相应增多，细胞个子也变得大一些（参阅 1.2.4 节）。这是由于单位核糖体的蛋白质合成速率是恒定的。而高

速生长的细胞需要以更高的速率合成蛋白质，这就需要有更多的核糖体。故细胞通过调整其核糖体的含量来维持高速生长。

正常生长繁殖的微生物，其代谢活动是由许多关联的代谢途径协同进行的。代谢（物）流的调节是通过代谢物的合成和降解实现的。通过自然选择，**微生物可以获得代谢控制的两方面主要特征：高效利用养分和快速响应环境变化的能力。**天然微生物是通过快速启动或关闭蛋白质的合成和有关的代谢途径，平衡各代谢物流和反应速率来适应外界环境的变化。

代谢控制机制分为两种主要类型：酶活性的调节（活化或钝化）和酶合成的调节（诱导或阻遏）。蛋白质合成水平的调节一般比酶活的调节更为经济，虽然后者更为快捷，但浪费能量和建筑单位。调节步骤主要存在于转录和转译的启动部位。在多步骤生物合成或分解代谢途径中其关键部位酶活的快速调节主要靠变构控制机制。为了避免前体代谢物和建筑材料的过量生成，微生物细胞必须协调组成代谢和分解代谢。另一方面也必须协调（例如，同步地）大分子，如核酸、蛋白质或膜的形成，以便在胞内外环境条件变化期间细胞还能生长好。此外，还需尽可能微调通过各种代谢途径的物流，以避开代谢瓶颈或不需要的反应。但为了生物工艺目标，常需消除这些调节机制，使所需代谢产物能过量生产。除了学术上的理论探讨，有些代谢调节还有重要的实用价值。如用甲硫氨酸和苏氨酸合成受阻的突变株来过量生产赖氨酸，参阅 3.2.5.1 节。

微生物大致采用 3 种方式调节其初级代谢：酶活性的调节、酶合成的调节和遗传控制。

3.1 酶活性的调节

3.1.1 代谢调节的部位

微生物的代谢调节主要通过养分的吸收、排泄，限制基质与酶的接近和控制代谢流等几个部位实现的，见图 3-1。在这方面真核生物与原核生物略有区别，主要表现在前者有各种各样的细胞器。

① 养分吸收分泌的通道　大多数亲水分子难于透过细胞膜，需借助一些负责运输的酶系统，如透酶才得以实现，有些运输反应是需能的。

② 限制基质与酶的接近　在真核生物中各种代谢库的基质分别存于由胞膜分隔的细胞器内。原核生物的控制方式不同，其中有些酶是以多酶复合物或以细胞膜结合的方式存在，类似于酶的固定化形式，使它不能自由活动。

③ 代谢途径通量的控制　**微生物控制代谢物流的方法有两种：调节现有酶的量，可通过增加或减少途径中有关酶的合成或降解速率实现；改变已有酶分子的活性。**

微生物代谢调节是通过小分子化合物进行的。这些小分子化合物存在于细胞内，由细胞产生，

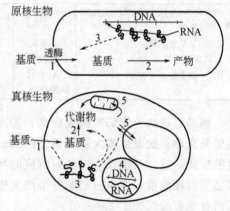

图 3-1　微生物生理代谢活动的调节部位
1—溶质摄取；2—酶活力；3—酶或透酶合成；
4—核内转录；5—细胞器摄取与分泌化合物

通过它们调节酶反应速率，激活或抑制关键酶，有效地控制各种代谢过程。酶活性的调节可

归纳为共价修饰、变（别）构效应、缔合与解离和竞争性抑制以及基因表达。下面着重介绍前两种方式。

3.1.2　共价修饰

这是指蛋白质分子中的一个或多个氨基酸残基与一化学基团共价连接或解开，使其活性改变的作用。用共价修饰方式可使酶钝化或活化。从蛋白质中除去或加入的小化学基团可以是磷酸基、甲基、乙基、腺苷酰基。蛋白质的共价结合部位一般为丝氨酸残基的—CH_2OH。共价修饰作用可分为可逆的和不可逆的两种。

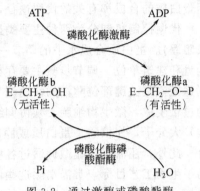

图 3-2　通过激酶或磷酸酯酶调节磷酸化酶的活性

3.1.2.1　可逆共价修饰

细胞中有些酶存在活性和非活性两种状态，它们可以通过另一种酶的催化作共价修饰而互相转换。例如，磷酸化酶是通过激酶或磷酸酯酶来调节其活性的，见图 3-2。糖原合成酶的活性也是以这种方式调节的，a 型与 b 型间共价结构的唯一差别在于 a 型的侧链第 14 氨基酸——丝氨酸被磷酸化。比较这两种构型的三维结构可以看出，它们从 N 端起的头 19 个氨基酸的构型完全不同。b 型的这一部分是活动的，即可塑的；而 a 型的第 14 丝氨酸磷酸化侧链与第 69 带正电荷的精氨酸侧链互相作用而被严格固定。大多数磷酸化修饰作用发生在丝氨酸侧链上，但也有在苏氨酸侧链上，如磷酸酯酶抑制蛋白。谷氨酰胺合成酶的活化是其亚单位的第 12 酪氨酸侧链上被腺苷酰化；

$$E—CH_2—C_6H_5—OH+ATP \longrightarrow E—CH_2—C_6H_5—OAMP+PPi$$

表 3-2 列举一些被可逆共价修饰的酶。

表 3-2　由可逆共价修饰控制的酶

酶	修饰作用	生　物　功　能
磷酸化酶、糖原合酶、磷酸化酶激酶、磷酸酯酶	磷酸化	糖原代谢
乙酰 CoA 羧化酶	磷酸化	脂肪酸的合成
谷氨酰胺合成酶	腺苷酰化	谷氨酰胺在许多合成反应中起 N 的给体作用
RNA 核苷酰基转移酶	ADP-核糖基化	由 T_4 噬菌体感染，酶的 α 亚单位的精氨酸残基被修饰，从而关闭了寄主基因的转录

酶的可逆共价修饰有两重意义：①因酶构型的转换是由酶催化的，故可在很短的时间内经信号启动，触发生成大量有活性的酶；②这种修饰作用可更易控制酶的活性以响应代谢环境的变化。这一系统具有能随时响应的特性，因而经常在活化与钝化状态之间来回变换。这样做要消耗能量，但只占细胞整个能量能耗的一小部分。这也是细胞为了达到精巧控制目的而需要花费的代价。

3.1.2.2　不可逆共价修饰

其典型的例子是酶原激活。这是无活性的酶原被相应的蛋白酶作用，切去一小段肽链而被激活。酶原变为酶是不可逆的。胰蛋白酶原的活化靠从 N 端除去一个己肽（Val-Asp-Asp-Asp-Asp-Lys）。胰蛋白酶原活化是信号放大的一个典型例子，见图 3-3。少量的肠肽酶便可激发大量的胰蛋白酶原转变成胰蛋白酶，这是因为胰蛋白酶能催化其自身的活化。一旦这些胰酶完成了其使命后，便被降解而不能再恢复为酶原——这种酶活性的关闭作用是极其重要的。

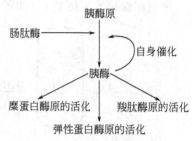

图 3-3　不可逆的酶原活化方式

3.1.3　变构效应

变构或别构（allosterism）效应又称为副位效应，是指一种小分子物质与一种蛋白质分子发生可逆的相互作用，导致这种蛋白质的构象发生改变，从而改变这种蛋白质与第三种分子的相互作用。变构蛋白质是表现变构效应的蛋白质（例如阻遏蛋白）。具有变构作用的酶称为变构酶。

3.1.3.1　协同作用

在讨论变构现象前先解释一下协同作用将有助于对变构效应的理解。所谓协同作用是指酶蛋白分子的一个位点与配基的结合会影响同一分子的另一位点与基质的结合。如一蛋白质分子含有能与同一配基结合的两个位点，在一位点上的结合不影响另一位点的结合作用。这些位点各自为政，互不干涉。**若起始的配基结合促进分子的另一位置的更多的基质的结合，便认定这种蛋白质具有正向协同作用；若这种结合使进一步结合受阻，便称为负向协同作用。**

蛋白质结合配基的协同作用可用以下的一些数学方程描述。蛋白质（P）同一个基质（L）（常称为配基或配体，ligand）结合，在蛋白质分子上 P 与 L 之间的相互作用位置称为结合位点。有些蛋白质分子含有一个以上的结合位点。若一蛋白质分子含有 n 个结合位点，它能结合 n 个配基，这种结合可用下式表达：

$$P+nL \Longrightarrow PL_n$$

式中，$n=1，2，3，\cdots$。

此式可改为：

$$K=\frac{[PL_n]}{[P][L]^n} \tag{3-1}$$

式中，K 是平衡常数或缔合常数。

生化研究工作者感兴趣的是：①每个蛋白质分子结合位点的数目，即 n 值；②结合的强度，即 K 值；③结合的特异性（专一性）；④如存在两个以上的结合位置，它们之间是否相互作用。

有几种方法可精确测定这种结合，即在不同的配基浓度下测定蛋白质被配基饱和的程度（v）。符号 v 表示结合配基的浓度 $[L]_b$ 与总蛋白质浓度 $[P]_t$ 之比：

$$v=[L]_b/[P]_t$$

式中，v 的限值为 $0\sim n$，如 $v=0$，表示无配基结合；如 $v=n$，表示配基的结合量达最大，这时的蛋白质已被配基完全饱和，即 100% 饱和；如 $v=0.5n$，这表示 50%，或半饱和。

v 与配基浓度间的关系可用式(3-2) 表示：

$$v=\frac{nK[L]^c}{1+K[L]^c} \tag{3-2}$$

式中，c 与 n 有关，是结合位点之间相互作用的度量。

用膜超滤技术可测量 υ（如图 3-4）。

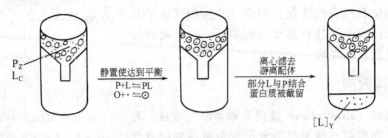

图 3-4　用膜超滤技术可测量 υ 的方法

计算式为：

$$[L]_b（被结合的 L）=[L]_c（初始的 L）-[L]_Y（游离的 L）$$

$$\upsilon=\frac{[L]_b}{P_Z}$$

式中，P_Z 为蛋白质总量。

超滤膜的孔径能让配基通过，蛋白质留下。可用放射性标记的配基做试验。维持 P_Z 不变，测定不同的 $[L]_c$，得相应的 υ 值。以 υ 对 $[L]$ 作曲线，得一双曲线或似 S 形的曲线。双曲线表示仅有一个结合位点或一个以上的互不相干的位点。S 形表示有两个或更多的具有相互作用的结合位点。如属于第一种情况，其 n 与 K 值，可用 Scatchart 作图法求得。在 $c=1$ 的情况下：

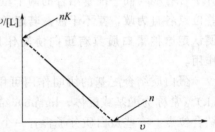

$$\upsilon=\frac{nK[L]}{1+K[L]}=nK[L]-\upsilon K[L]$$

$$\upsilon/[L]=-K\upsilon+Kn$$

图 3-5　按 Scatchart 作图法求结合位点 n 与强度 K

以 $\upsilon/[L]$ 对 υ 作曲线得一直线，此线的斜率 $-K=nK/n$，而 nK 与 n 分别是纵轴与横轴上的截距（图 3-5）。如属于第二种情况，用 Scatchart 作图法得不到一条直线，而是曲线（图 3-6）。从靠左看，下行曲线表示正向协同作用；上行曲线表示负向协同作用。曲线向下的一段仍可外推，与横轴相交，求得 n 值。但其 K 值和更为重要的 c 值只能求助于 Hill 作图法，见图 3-7。

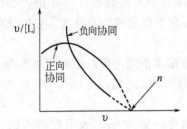

图 3-6　按 Scatchart 作图法 $\upsilon/[L]$ 与 υ 的关系

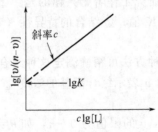

图 3-7　用 Hill 作图法求 c 与 K

将式（3-2）移项得：

$$\upsilon+\upsilon K[L]^c=nK[L]^c$$

$$\frac{\upsilon}{n-\upsilon}=K[L]^c$$

$$\lg\frac{\upsilon}{n-\upsilon}=c\lg[L]+\lg K \tag{3-3}$$

c 值称为 Hill 常数，是由 Hill 法作图取得的。不同 n 值下的 c 值的含义不同：$n=1$，说明蛋白质只有一个结合位点。$n=2$，3，4，$\cdots$，说明结合位点有多个，$c=1$，表示各位点互不干涉，即无协同效应；$c>1$ 为正向协同，即蛋白质上的一位点被配基结合有利于蛋白质上的另一位点结合配基；$c<1$ 为负向协同，即一个位点的结合妨碍另一位点的结合。这一现象具有重要的生物学意义，尤其在解释一些变构酶如何借活化与钝化间的转变，从而调节胞内的生化反应。

3.1.3.2 变构效应的由来

变构效应是 Gerhart 与 Pardee 于 1962 年研究胞苷三磷酸（CTP）对其自身合成的反馈抑制作用时发现的。如图 3-8 所示，CTP 反馈抑制其生物合成途径的头一个酶——天冬氨酸转氨甲酰酶（ATCase）。CTP 主要用于 RNA 与 DNA 的合成。变构效应的第一个迹象是从米氏动力学研究中发现的。变构酶的基质与反应速率的关系曲线与一般的酶有些不同。维持氨甲酰磷酸浓度过量，改变天冬氨酸浓度，测定基质浓度对 ATCase 的反应初速率 ν_0 的影响，所得曲线非典型的双曲线形，而是近 S 形。即在低的基质浓度下，ν_0 随基质浓度的增加而缓慢上升，随后，在高基质浓度下 ν_0 的增长加快，然后又慢下来，直到一最大值 ν_{max}。这种 S 形曲线现已被当作变构酶的动力学特性。第二个迹象是：在 CTP 存在下做同样的动力学测量，得到同样 S 形曲线，只是更接近 S 形。从米-孟动力学曲线可见，比较不加与加有终产物 CTP 的系统，显然像竞争性抑制作用。因 CTP 的存在并未改变 ν_{max} 值而使 K_m 值增加 50%，见图 3-9。难于解释为何 CTP 能起竞争性抑制作用，因其结构与天冬氨酸根本不同。要么是非竞争性的，要么是别的什么原因。

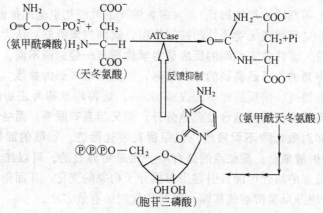

图 3-8　胞苷三磷酸反馈抑制 ATCase

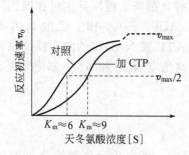

图 3-9　变构酶的典型动力学曲线

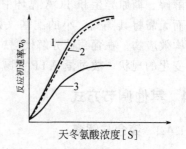

图 3-10　变构酶的典型动力学曲线
1—经热处理；2—经热处理并加 CTP；
3—未作任何处理的对照

3.1.3.3 变构效应的解释

变构现象可用酶分子上具有多个不同的结合位点来解释。一个位点结合通常的基质，天冬氨酸与氨甲酰磷酸（活性中心）；另一个位点选择性地结合效应物，CTP。问题的焦点是，天冬氨酸与CTP的结合位点是不是分立的。如果设法消除CTP的结合位点而仍能保留AT-Case的活性，这证明这种说法是对的；否则，说明它们之间没有关系。用温和加热或对氯汞苯甲酸做变性处理可以证实这一说法（图3-10）。

比较图3-10曲线1与2可见，酶经热处理后，加CTP与不加CTP的曲线的形状很相似，都失去S形性质。这说明CTP的结合位点被消除，加CTP不起作用，而活性位点仍起作用。由此证明，两个位点的观点是正确的，抑制位点可被选择性地破坏。用其他变性剂，如对氯汞苯甲酸处理也得同样的结果。比较曲线1与3可以看出，两个位点间存在相互作用，因经热处理后曲线失去S形性质变成双曲线形，酶反应速率增加。

在反应系统中加ATP会影响ATCase的酶活。加ATP的曲线几乎恢复到典型的双曲线形，其K_m值减小，说明基质协同作用的需要减小。鉴于CTP与ATP的结构相近，有人认为，这两种效应物结合在同一位点上。故ATCase是一种能在同一位点上结合两种效应物的的变构酶，得到怎样的结果（也可能是完全相反的）取决于所结合的物质。这不是ATCase所独有的例子，但也不是所有的变构酶都是这样的。

3.1.3.4 变构调节的特征

Monod、Changeux与Jacob认为变构调节有以下的特征：①参与酶活性调节的变构因子是一类能与变构蛋白分子互补结合的小分子化合物，又称为效应物或调节性分子（通常，这些效应物在结构上同基质或产物迥异）。大多数情况下效应物引起的抑制作用是混合型的，即不同于竞争性、非竞争性或无竞争性的抑制作用。这种现象恰好与认为效应物不与酶活性中心结合的主张相符。②许多变构酶的反应动力学性质与一般的酶不同，以酶反应初速率与基质浓度作曲线，得到的并不是典型的双曲线形，而是带点S形的曲线（S形表示在低基质浓度下随基质浓度的提高，酶反应速率的提高加快），这种现象称为正协同作用。③效应物同调节性酶的结合与基质同酶的结合位点是分开，而又相互有联系。用各种物理或化学方法处理能使酶脱敏，即对效应物不再敏感，但保留其催化活性。④酶的活性中心及其副位点（调节性位点）可同时被结合。副位点的结合不一定是特异性的，可以结合不同的物质，产生不同的效应（副位点的结合可随后引起蛋白质分子构象的变化，从而影响酶活性中心的催化活性）。⑤变构效应是反馈抑制的基础，是调节代谢的有效方法。

在代谢途径的支点和代谢可逆步骤（如生成与消耗ATP步骤）中常发现变构控制酶，例如在酵解、糖原异生和TCA循环中，见图3-11。这样，酵解、糖原异生可在细胞内同时进行，而无需将其隔离。小的配基（如AMP、NAD、ADP、F-1,6-BP、乙酰CoA等）可作为变构效应物。在葡萄糖分解代谢中AMP、ADP、ATP或NADH的浓度反映细胞能量或氧还变化的现状。故过量ATP会减缓能量代谢，而高浓度ADP和AMP则使其提高。

3.1.4 其他调节方式

3.1.4.1 缔合与解离

能进行这种转变的蛋白质由多个亚基（单位）组成。蛋白质活化与钝化是通过组成它的亚单位的缔合与解离实现的。这类互相转变有时是由共价修饰或由若干配基的缔合启动的。

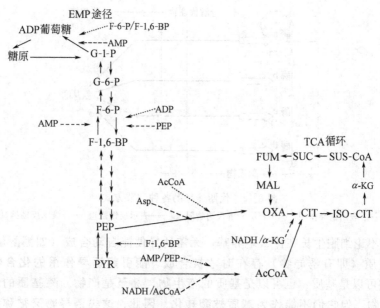

图 3-11　大肠杆菌酵解和 TCA 循环中的变构控制位点

···················▶ 表示促进；- - - - - - - -▶ 表示抑制

3.1.4.2　竞争性抑制

一些蛋白质的生物活性受代谢物的竞争性抑制。例如，需要氧化性 NAD$^+$ 的反应可能被还原性 NADH 的竞争性抑制；需 ATP 的反应可能受 ADP 或 AMP 的竞争性抑制；一些酶反应过程常受产物的竞争性抑制。

3.2　酶合成的调节

代谢过程的控制主要取决于基质和有关产物的性质及其在细胞总代谢中的作用。代谢协调保证在任何一刻只有需要的酶被合成。某一种酶的生成数量不多不少，一旦生成后其活性受激活或抑制的调节。**不是代谢途径中所有酶都需要控制。那些在代谢途径中的主要分支点后的前一两个酶是最可能的控制对象。因这是最为经济的控制部位。**

有些酶的调节很复杂，一种酶可能受多种代谢物的影响。细胞的 DNA 指导酶系统的合成。尽管其基因型是稳定的，微生物在改变其成分和代谢状况以响应环境的变化方面具有惊人的灵活性。环境并不能影响细胞遗传物质的结构，但却能显著左右基因的表达。微生物细胞通常不会过量合成代谢产物。酶合成的调节方式可归纳为：①酶的诱导，又分为负向控制（如对 β-半乳糖苷酶）与正向控制（如对异化阿拉伯糖的酶）；②分解代谢物阻遏（如葡萄糖对 β-半乳糖苷酶的阻遏）；③终产物的调节（如色氨酸对其自身合成所需酶的调节，嘧啶合成的反馈控制）。图 3-12 综合了各种代谢调节的方式。

3.2.1　诱导作用

这是指培养基中某种基质与微生物接触而增加（诱导）细胞中其相应酶的合成速率。若酶的合成速率受基质浓度变化的影响很小，这种酶称为组成型的。一个细胞能合成上千种

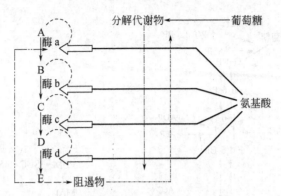

图 3-12　代谢途径的各种调节方式

----表示诱导作用；——表示分解代谢物阻遏；---表示反馈阻遏；---表示反馈抑制

酶。组成型酶不论细胞生长在什么培养基，无需诱导便能自动合成（如糖酵解酶）。其他的酶只有在其基质（即有诱导物）存在时才被合成。**能引起诱导作用的化合物称为诱导物（inducer）。它可以是基质，也可以是基质的衍生物，甚至是产物。酶基质的结构类似物常是出色的诱导物。但它们不能作为基质被酶转化，因此，这类诱导物又被称为安慰诱导物（gratuitors）。**诱导作用可以保证能量与氨基酸不浪费，不把它们用于合成那些暂时无用的酶上，只有在需要时细胞才迅速合成它们。

3.2.1.1　诱导作用的分子水平的机制

Jacob 与 Monod 建议的诱导作用模型被大多数学者所接受，并得到许多遗传学与生理学试验数据的支持。**Jacob-Monod 模型又被称为操纵子假说。这一假说认为，编码一系列功能相关的酶的基因在染色体中紧密排列在一起，而且它们的表达与关闭是通过同一控制位点协同进行的。**图 3-13(a) 显示编码抑制可诱导的酶的操纵子组成。每个操纵子至少由 4 个部分组成，其中调节基因（R）编码阻遏物蛋白。这种阻遏物能可逆地同操纵基因（O）结合，从而控制其相邻的结构基因（S）的转录作用。在操纵基因的前面还有一段被称为启动基因（P）的 DNA 序列，它是 RNA 聚合酶的落脚点。没有诱导物时调节基因编码的阻遏物蛋白与操纵基因结合，阻挡 RNA 聚合酶对结构基因的转录。当有诱导物时［图 3-13(b)］，阻遏物（也是一种变构蛋白）与诱导物结合会使其构象改变，从而失去同操纵基因的亲和力，不能与操纵基因结合。这样 RNA 聚合酶便可以进行结构基因的转录，诱导酶便被合成。**若由于某种原因调节基因或操纵基因发生突变，使改变后的阻遏物失去同操纵基因结合的能力或使突变后的操纵基因失去对阻遏物的亲和力，此时，即使没有诱导物，RNA 聚合酶也能转录，这种突变称为组成型突变。**因诱导酶的结构基因通常处在受阻遏的状态，即无诱导物存在下阻遏物与操纵基因结合，把结构基因关闭，故诱导作用又称为去阻遏作用。在大肠杆菌中曾分离出几种阻遏物蛋白。乳糖操纵子的阻遏蛋白是一种分子质量为 150000Da 的四聚体，每个 R 基因可生成约 10 分子阻遏物。

虽然乳糖可诱导 lac 操纵子工作，实际上乳糖不是真正的诱导物，它必须先转化为别乳糖 ［allolactose，β-D-半乳糖-α-(1,6)-D-葡萄糖］才能起诱导物的作用。lac 操纵子的最佳诱导物是异丙基-β-D-硫代半乳糖苷。有一些半乳糖苷起稳定阻遏物与操纵基因结合的作用，因此是一种抗诱导物。

Jacob-Monod 模型中的诱导作用是一种负向控制，其调节基因产物（即阻遏蛋白）阻止转录的进行。另外有一类正向控制系统，其 R 基因的产物是一种蛋白质，有诱导物存在下可转

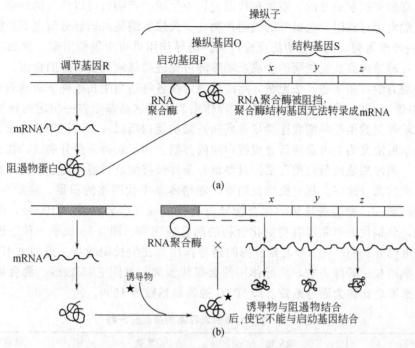

图 3-13　一种诱导酶表达控制作用的 Jacob-Monod 模型

化为转录激活剂。在这种情况下 R 基因产物是一种激活蛋白，是转录作用所必需的。属正向控制的诱导作用的典型例子是 ara 操纵子，它负责大肠杆菌异化 L-阿拉伯糖的酶的合成。

3.2.1.2　顺序诱导作用

β-半乳糖苷酶能水解乳糖成葡萄糖和半乳糖。由最初的诱导物（如乳糖）引起一代谢物（半乳糖）在胞内的浓度升高，从而触发一系列与半乳糖代谢有关的酶的诱导作用，见图 3-14。能诱导 β-半乳糖苷酶的化合物也同时诱导乳糖透酶的合成。这两种酶的比例与合成速率总是恒定的。**两个或更多的酶显示出密切的生理学联系，这称为协调作用。**这是由于编码这些酶的结构基因在染色体上连在一起的缘故。编码 β-半乳糖苷酶、透酶和硫半乳糖苷转乙酰酶的基因（z、y、a）在转录时一起被转录成一条 mRNA。这种多信息的 mRNA 含有大肠杆菌核糖体能识别的三处启动部位，可作为合成三种蛋白质的模板。故在正常条件下这些蛋白质被协调地生成，即不管诱导强度如何，所有这三种蛋白质以同一比例合成。当乳糖耗竭，mRNA 的任务也就完成。这时由专一性核酸内切酶将它迅速降解，使异化乳糖的酶的浓度迅速下降。

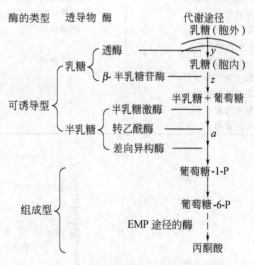

图 3-14　异化乳糖的酶的顺序诱导作用

3.2.1.3　诱导物的种类与效率

许多分解代谢酶类属于诱导酶的范畴。例如，淀粉酶是由淀粉诱导合成的；蔗糖酶与脲酶是分别由蔗糖与尿素诱导的。细胞在代谢过程中生成的产物也可以作为诱导物。荧光假单胞菌在色氨酸大量存在时，色氨酸的代谢产物——犬尿氨酸便可诱导分解色氨酸的酶系。表3-3列举一些可作为酶的诱导物的酶反应产物。诱导作用也可由辅酶引起，例如，向培养基加入硫胺素可诱导丙酮酸脱羧酶的合成，吡哆醇可促进酪氨酸酚裂解酶的合成。

诱导的动力学可用下述方法定量。此法可测定在各种适当生长条件下的培养物的酶比活（U/mg 蛋白质），也可采用 Monod 微分方程作图表示。这是基于在一恒定的环境中平衡生长（如分批培养对数生长早期或连续培养期间）细胞蛋白质以一定的比例被合成。一种酶的微分合成速率可定义为它占总的新合成蛋白质的分数。为了获得一微分曲线，在分批生长期间间歇取样，测定酶液的蛋白质含量。只要培养条件保持恒定，通常便能获得一直线，其斜率代表酶合成的微分速率。到对数生长期末，随培养基中代谢物的积累，曲线会偏离直线。如在生长期间加入一种能诱导酶的化合物异丙基-β-D-硫代半乳糖苷（IPTG），作图会显示出两条直线，分别代表有和没有控制化合物的酶合成速率。图 3-15 显示一种安慰诱导物对大肠杆菌的可诱导的酶——β-半乳糖苷酶的诱导作用。在生长期的某一点加入 IPTG，会使酶的合成速率增加；若除去它，诱导作用便会很快消失，见图 3-15 虚线。**酶合成的诱导速率与非诱导速率之比称为诱导系数。如 IPTG 的诱导系数为 1000。**

表 3-3　可作为酶的诱导物的酶反应产物

诱导酶	微生物	基质	诱导物
葡糖淀粉酶	黑曲霉	淀粉	麦芽糖,异麦芽糖
淀粉酶	嗜热芽孢杆菌	淀粉	麦芽糊精
葡聚糖酶	青霉属	葡聚糖	异麦芽糖
支链淀粉酶	产气克氏杆菌	支链淀粉	麦芽糖
脂酶	白地霉	脂质	脂肪酸
内多聚半乳糖醛酸酶	*Acrocylindrium* sp.	多聚半乳糖醛酸	半乳糖醛酸
色氨酸氧化酶	假单胞菌属	色氨酸	犬尿氨酸
组氨酸酶	产气克氏杆菌	组氨酸	尿刊酸
脲羧化酶	酿酒酵母	尿素	脲基甲酸
β-半乳糖苷酶		乳糖	异丙基-β-D-硫代半乳糖苷
β-内酰胺酶	产黄青霉	苄青霉素	甲霉素
顺丁烯二酸酶		顺丁烯二酸	丙二酸
脂肪簇酰胺酶		乙酰胺	N-甲基乙酰胺
酪氨酸酶		酪氨酸	D-酪氨酸,D-苯丙氨酸
纤维素酶		纤维素	2-脱氧葡萄糖-β-葡萄糖苷

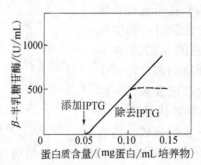

图 3-15　异丙基-β-D-硫代半乳糖苷对半乳糖苷酶的诱导动力学

试验是在最低盐分麦芽糖培养基中进行。过程添加的 IPTG 最终浓度为 10^{-4} mol/L。在有诱导物的情况下 β-半乳糖苷酶的比活为 10^4 U/mg 蛋白质；在无诱导物的情况下为 10U/mg 蛋白质，即图中虚线所代表的酶活。这是将培养物过滤后重新培养在不含 IPTG 的培养基中的结果

3.2.1.4 诱导调节的克服

只有在需要时才合成所需的酶是微生物的固有调节机制。如不设法绕过这种机制，就难于使需要的诱导酶大量生产。据此，可用诱变方法来消除诱导酶的合成必需依赖诱导物这种障碍。借强力因素诱变引起的突变，如不是在结构基因上，而是在调节基因或操纵基因上，从而导致调节基因编码合成的阻遏物无活性或操纵基因对活性阻遏物的亲和力衰退，这样，无需诱导物便能生产诱导酶。这种突变作用称为调节性或组成型突变，具有这种特性的菌株称为组成型突变株。

3.2.1.5 组成型突变株的获得

(1) 在诱导物为限制性基质的恒化器中筛选 如一亲株经诱变的群体，生长在含有很低浓度的诱导物的恒化器中，这会有利于不需诱导物的组成型突变株的生长。那些由于诱导物浓度很低而生长缓慢的亲株被恒化器逐渐淘汰。故恒化器起到一种富集组成型突变株的作用（其原理请参阅 5.1.4.1 节）。例如，大肠杆菌在低浓度乳糖的恒化器中生长，就可以筛选出没有诱导物存在下也能生产 β-半乳糖苷酶的组成型突变株。此突变株能合成相当于其总蛋白质含量的 25% 的 β-半乳糖苷酶（这是一种有助于奶制品中乳糖消化的添加剂）。

(2) 将菌株轮番在有、无诱导物的培养基中培养 在第一个生长周期，在含葡萄糖的培养基中极少量的组成型突变株与占绝对优势的亲株将以同样的速率生长。然后，将此混合培养物移种到以乳糖为唯一碳源的培养基中，这将有利于组成型突变株的生长；未突变的亲株需要诱导半乳糖苷酶的合成，经较长的停滞期才开始生长。重复交替上述培养过程，最终会使组成型突变株占优势。因每次移种到含有葡萄糖的培养基后会使亲株的 β-半乳糖苷酶的合成立即停顿。再移种到含乳糖的培养基中亲株又需经一段停滞期后才能开始生长。

(3) 使用诱导性能很差的基质 如将经诱变的群体生长在一种能作为碳源，不能作为诱导物或其诱导性能很差的基质上，便可筛选出组成型突变株。例如，用苯-β-半乳糖苷与 2-硝基苯-α-L-阿拉伯糖苷可筛选出组成型的 β-半乳糖苷酶的突变株。对此技术稍许修改，以丙烯酰胺为唯一氮源可筛选出组成型的乙酰胺酶。

(4) 使用阻碍诱导作用的抑制剂 有些化合物会阻扰一些酶的诱导作用。例如，氰乙酰胺抑制铜绿假单胞菌酰胺酶的诱导合成；2-硝基苯-β-墨角藻糖苷抑制大肠杆菌诱导 β-半乳糖苷酶的合成。此法是让细胞生长在含有诱导物和诱导抑制剂的培养基中生长，只有那些不需要诱导物的突变株才能生长，因酶的诱导受抑制。

(5) 提高筛选效率的方法 尽管用上述方法能富集组成型的突变株，但突变株的数量只是比原来相对提高许多，但与未突变的亲株比还是占少数。例如，诱变后的菌群中组成型突变株只占 $10^{-9} \sim 10^{-6}$ 个，经富集后突变株数量提高 10^3 倍，那么，它们在菌群中的相对数量提高到 $10^{-6} \sim 10^{-3}$ 个。因此，要从 1000 个菌中找到 1 个突变株也不是轻而易举的事。

有一种方法能使少数的组成型突变株在琼脂培养基上显形。例如，β-半乳糖苷酶组成型突变株的筛选，可通过把富集过的培养物铺在以甘油为碳源的琼脂平板培养基上，待菌落长成后，在平板上喷洒邻硝基酚-β-半乳糖苷，在没有诱导物下，只有组成型突变株能够产生 β-半乳糖苷酶。这些菌落就会把无色的邻硝基酚-β-半乳糖苷水解，生成黄色的邻硝基酚。这样，在众多的正常白色的亲株菌落中间，出现一至数个黄色的所需菌落是很易察觉的。

3.2.2 分解代谢物阻遏

若微生物的培养基中存在一种以上可利用的养分，通常它们总是先分解那些最易利用的基质，只有在该基质耗竭后才开始分解第二种较难利用的基质。最常见的分解代谢物调节是某些酶的形成受易利用的碳源的分解代谢物阻遏。大多数受阻遏的酶是可诱导的。实际上有些高效诱导物可逆转分解代谢物的阻遏作用。表 3-4 归纳了一些受分解代谢物阻遏的酶系统。某些降解含氮代谢的酶也会受到容易利用的氮源，如 NH_4^+ 或谷氨酰胺的阻遏。

表 3-4　受分解代谢物阻遏的酶

微生物	酶或酶系	引起阻遏的物质
大肠杆菌	乳糖操纵子、半乳糖操纵子、阿拉伯糖操纵子、甘油激酶	易利用的碳源，如葡萄糖、葡萄糖酸、6-磷酸葡糖酸
	组氨酸的降解	易利用的碳源与氮源
	色氨酸的降解	易利用的碳源与氮源
枯草杆菌	蔗糖酶	易利用的碳源
	孢子的形成	易利用的碳源与氮源
根瘤菌属与固氮细菌	氮的固定	铵离子
产气克雷伯氏菌	硝酸盐还原酶	易利用的氮源，尤其铵离子
假单胞菌属	葡萄糖氧化	琥珀酸
酵母	麦芽糖酶	易利用的碳源
	精氨酸酶	易利用的碳源和氮源
构巢曲霉	脯氨酸、精氨酸	易利用的碳源和氮源
	酰胺酶	易利用的氮源

3.2.2.1　分解代谢物阻遏效应

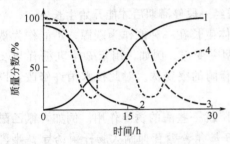

图 3-16　大肠杆菌的典型二次生长曲线
1—生物量 (X)；2—残葡萄糖浓度 (C_G)；
3—乳糖浓度 (C_L)；4—溶氧 (DO)

将大肠杆菌培养在含有两种碳源（如葡萄糖与乳糖）的培养基上，便出现两次旺盛的生长期，称为二次生长。其特征是两个生长期间夹有一个停滞期（图 3-16）。菌在第一个生长期利用葡萄糖，引起溶氧下降，而乳糖不被利用，待葡萄糖浓度降低到不能满足菌的需求时，溶氧开始上升，菌的生长趋于停滞，这时开始解除葡萄糖分解代谢物对乳糖利用的阻遏。随着乳糖的利用，生物量又再一次上升，溶氧再次下降直到乳糖浓度降低到一定水平，菌的生长趋于平稳。

早期以为这种分解代谢物阻遏作用只限于葡萄糖，因而把这一作用称为葡萄糖效应。后来发现，其他可被迅速利用的碳源也具有阻碍菌利用另一种较为缓慢代谢的碳源的作用。例如，乙酸和柠檬酸也可以阻遏某些菌对葡萄糖的吸收和代谢。所以，将葡萄糖效应改称分解代谢物阻遏效应更确切些。分解代谢物阻遏作用也调节碳源代谢的速率，即使在一种碳源下生长，这种效应也可调节产生 ATP 所需酶的水平。

3.2.2.2　分解代谢物阻遏的分子机制

这是指培养基中某种基质的存在会减少（阻遏）细胞中其相应酶的合成速率。阻遏物（repressor）在分解代谢中是操纵子的调节基因（R）编码的阻遏蛋白，它能可逆地同操纵基因（O）结合，从而控制其相邻的结构基因（S）的转录。那些能被快速利用的基质，如葡萄糖的分解代谢会阻遏另一种异化较难利用基质的酶的合成。

分解代谢物阻遏，从分子水平看，是分解代谢物抑制腺苷酸环化酶的活性，使环状 3′，5′-腺苷单磷酸（cAMP）不足所致。一般细胞利用难于异化的碳源时，胞内的 cAMP 浓度较高；反之，胞内 cAMP 浓度较低。例如，大肠杆菌分解葡萄糖时，其胞内 cAMP 浓度只有菌体在利用难以异化的碳源时 cAMP 浓度的千分之一。而用非阻遏性的乙酸盐作碳源时对其浓度的影响很小。cAMP 促进可诱导酶的大量合成。它是大肠杆菌可诱导酶的操纵子转录所必需的。此核苷酸与一特殊的蛋白质结合成为 cAMP-受体蛋白（CRP）复合物，此复合物与启动基因（P）的结合，能增强该基因对 RNA 聚合酶的亲和力，结果增加转录的频率。**cAMP-CRP 复合物在 P 上的结合是 RNA 聚合酶结合到 P 上所必需**（图 3-17）。胞内 cAMP 浓度随腺苷酸环化酶与 cAMP 磷酸二酯酶的浓度而变化。许多糖需经可诱导的膜渗透系统吸收，而这类系统的生成又是由其特异的基因编码的。这类基因的转录受 cAMP 的正向控制，所以，缺少腺苷酸环化酶的大肠杆菌突变株不能生长在以乳糖、麦芽糖、阿拉伯糖、甘露糖或甘油为唯一碳源的培养基上。另外，缺乏 cAMP 磷酸二酯酶的突变株对分解代谢阻遏不敏感。

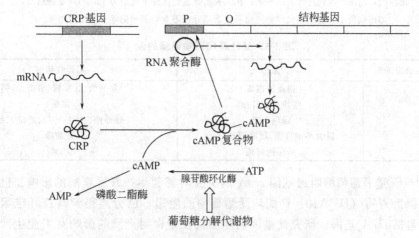

图 3-17　分解代谢物阻遏的分子水平的机制

cAMP 在胞内的浓度与 ATP 的合成速率成反比，胞内 cAMP 的水平反映了细胞的能量状况，其浓度高，说明细胞处于饥饿状态。迄今，所有试验过的细菌均含有 cAMP。它不是任何已知代谢途径的中间体。它对细菌的唯一生理作用是调节作用。值得注意的是，**一种碳-能源起分解代谢物阻遏作用的效能取决于它作为碳-能源的效率，而不是它的化学结构。**在一种微生物中起分解代谢物阻遏作用的化合物可能在另一种微生物中不起作用。例如，对于大肠杆菌，葡萄糖比琥珀酸更易起分解代谢物阻遏作用；而对臭假单胞菌的作用恰好相反。图 3-18 显示大肠杆菌 K12 中精氨酸对鸟氨酸氨甲酰基转移酶合成的阻遏作用。后者参与精氨酸的生物合成。随精氨酸加入到培养物中其合成速率很快受到阻遏；随精氨酸的去除，阻遏作用很快被解除（derepression）。**合成受阻遏速率与去阻遏速率之比称为阻遏率。**

3.2.2.3　分解代谢物阻遏作用的克服

许多具有工业重要性的酶都受这类调节控制。表 3-5 列出与此有关的酶。在生产培养基内不使用阻遏性碳源，将有利于对分解代谢物阻遏敏感的酶的生产。例如，嗜热芽孢杆菌生长在以甘油为碳源比生长在以果糖为碳源的培养基中的胞外 α-淀粉酶的产量增加 2.5 倍以上。采用甘露糖培养荧光假单胞菌纤维素变株，其纤维素酶的产量相当于生长在半乳糖上的 1500 倍。如果出于经济上的原因，必须使用阻遏性碳源时，可通过过程补糖的办法限制生产菌的糖耗速率，以消除分解代谢物阻遏对酶生产的影响。若给荧光假单胞菌纤维素变株缓慢补糖，可使纤维素酶的产量增加近 200 倍。

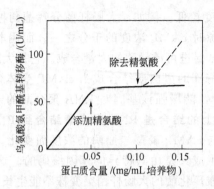

图 3-18　精氨酸对鸟氨酸氨甲酰基转移酶的阻遏动力学

试验条件见图 3-15 附注。在添加精氨酸的情况下鸟氨酸氨甲酰基转移酶的比活为 1.5U/mg
蛋白质，即图中实线所代表的酶活；在除去精氨酸的条件下比活为 1200U/mg 蛋白质，
如虚线所示，这是将培养物过滤后重新培养在不含精氨酸的培养基中的结果。

表 3-5　受分解代谢物阻遏的酶

受分解代谢物阻遏的酶	菌种	阻遏性碳源
转化酶	粗糙链孢霉	葡萄糖、甘露糖、果糖、木糖
α-淀粉酶	嗜热芽孢杆菌	果糖
纤维素酶	绿色木霉	葡萄糖、甘油、淀粉、纤维二糖
蛋白酶	巨大芽孢杆菌、解脂假丝酵母	葡萄糖
亚甲基羟化酶	节芽孢杆菌	乙酸

　　方诩等[1]研究了葡萄糖阻遏基因 *creA* 的突变对霉菌生产纤维素酶的影响。已知里氏木霉（TI）和斜卧青霉（JU-A10）产酶均受葡萄糖的阻遏，已分离得到调控纤维素酶基因表达的基因，包括 *creA* 基因。研究此基因表达的调控蛋白对产酶的影响对工业生产具有重要意义。作者深入研究了不同发酵时期的葡萄糖浓度对 JU-A10 纤维素酶生产的影响。在葡萄糖有利于生长和抑制纤维素酶生产之间找到一个平衡点，以提高产酶速率。

　　有时会遇到诱导物的快速分解代谢也会引起分解代谢物阻遏作用。这种情况曾发生在纤维素酶、葡聚糖酶、β-半乳糖苷酶及葡萄糖氧化酶的生产中，引起麻烦。为了解决这一问题，可利用一种不能代谢的诱导物的类似物，或缓慢补入诱导物，或使用只能缓慢代谢的诱导物的衍生物来增加酶的生产。例如，用少量的 2-脱氧葡萄糖或 α-甲基葡萄糖代替一半的葡萄糖可以解决葡萄糖分解代谢物阻遏葡萄糖氧化酶的生产问题[2]；用蔗糖单棕榈酸酯代替蔗糖可使转化酶产量增加 80 倍。

3.2.2.4　耐分解代谢物阻遏的突变株的获得

　　用强力因素诱变与适当的筛选方法可以获得耐分解代谢物阻遏的突变株。这类突变株的葡萄糖利用速率减慢，解除了对单一种或一系列酶合成的阻遏作用。其筛选原理是，以一种能引起分解代谢物阻遏的基质作为唯一的氮源，用含有这种氮源的培养基的琼脂平板培养筛选经诱变的菌株。例如，在葡萄糖-脯氨酸琼脂平板上可筛选出耐分解代谢物阻遏的脯氨酸氧化酶的生产菌株（鼠伤寒杆菌突变株）。因脯氨酸氧化酶的合成受葡萄糖的阻遏，野生型亲株不能生长在这样的培养基上，只有耐分解代谢物阻遏的突变株才能从氧化脯氨酸中取得生长所需的氮源。

　　铜绿假单胞菌的酰胺酶的合成受琥珀酸的阻遏。野生型菌株在乳酰胺（一种好的诱导物，但作为基质很差）加上琥珀酸的培养基上生长不良，因酰胺酶的合成受琥珀酸的阻遏，而得不到所需的氮源。故可用这种琼脂培养基筛选耐分解代谢物阻遏的突变株。这种突变株生产的酰胺酶可占其细胞蛋白质总量的 10%。

将产气气杆菌连续移植到一含有葡萄糖及作为唯一的氮源的组氨酸培养基上，用于筛选耐分解代谢物阻遏的突变株。一般组氨酸降解酶类受葡萄糖的阻遏，而从组氨酸的分解代谢中获得氮源又是菌的生长所必需。故能在这种培养基上生长的必然是能耐葡萄糖阻遏的突变株。

另一种方法是轮番让菌株在含有葡萄糖和不含葡萄糖的培养基上生长。亲株从含有葡萄糖的培养基移种到含有乳糖、麦芽糖、乙酸或琥珀酸的培养基上，其生长会出现一延迟期。这显然是由于分解其他碳源的酶受阻所致；但耐葡萄糖阻遏的突变株却无这种延迟现象。故轮番让菌生长在葡萄糖培养基和琥珀酸培养基上，可筛得耐分解代谢物阻遏的突变株。

在 3.2.1.5 节中提到的用肉眼检测组成型突变株的方法也适用于耐分解代谢物阻遏的突变株。方法是，使菌生长在含有葡萄糖的琼脂上，然后喷洒邻硝基苯酚-半乳糖苷溶液，耐分解代谢物阻遏的突变株呈黄色。

3.2.2.5 氮分解代谢物的调节

许多催化分解含氮基质的酶的合成受 NH_3 或可被菌株迅速利用的氨基酸的阻遏。因此，许多芽孢杆菌在含有一些氨基酸的培养基中生成的蛋白酶很少，从培养基中除去这类化合物常可大大增加酶的产量。生长在各种培养基上的细菌在限制氨浓度下，同样会增加蛋白酶的形成。其他通常受氨阻遏的酶有：亚硝酸还原酶、硝酸还原酶、固氮酶、乙酰胺酶、脲酶、黄嘌呤脱氢酶、组氨酸酶、天冬酰胺酶、脯氨酸氧化酶和运输尿素及谷氨酸的渗透酶。氮分解代谢物的阻遏似乎与同化氨的酶有关。大肠杆菌的谷氨酰胺合成酶不仅起同化氨的作用，也起正向调节分子的作用。因为它是启动脲酶（一种受氮代谢调节的酶）基因的转录所必需。在真菌中需 $NADP^+$ 的谷氨酸脱氢酶是同化氨的催化剂，它也起氮代谢调节酶的效应物的作用。这种调节是负向的，即谷氨酸脱氢酶是许多氮代谢酶的阻遏物。

通过耐甲胺的突变作用可除去 NH_3 对酶生成的阻遏控制。另一种技术是用产孢子的突变株。芽孢杆菌的蛋白酶形成和产孢子受氨基酸化合物的抑制，用加热办法容易筛得能够在含有抑制性氨基酸混合物下产孢子的突变株。用此法可使蜡状芽孢杆菌突变株蛋白酶的产量比亲株增加 10 倍。

3.2.3 反馈调节

氨基酸、嘌呤和嘧啶核苷酸生物合成的控制总是以反馈调节（抑制或阻遏）方式进行。其生理意义在于避免物流的浪费与不需要的酶的合成。**反馈抑制一般针对紧接代谢途径支点后的酶；而阻遏往往影响从支点到终点的酶。** 降解性酶类通常是通过诱导作用和分解代谢物的调节来控制的。已知有两种主要类型的反馈调节——反馈抑制和反馈阻遏。**反馈抑制作用是末端代谢产物抑制其合成途径中参与前几步反应的酶（通常是催化第一步反应的酶）活性的作用；反馈阻遏作用是末端代谢产物阻止整个代谢途径酶的合成作用**（图 3-12）。这两种机制都起着调节代谢途径末端产物的生产速率，以适应细胞中大分子合成对前体的需求。虽然末端代谢产物阻遏作用的功能是直接影响酶的合成速率，但如果它单独起作用，代谢还会继续，直至先前存在的酶由于细胞生长而被稀释为止；而末端代谢产物的抑制作用可弥补这种不足，使某一代谢途径的运行立即中止，所以这两种作用相辅相成，其联合作用可使细胞生物合成途径达到高效调节。**起反馈抑制作用的因子是末端代谢产物反馈抑制剂，它和酶作**

用的基质不需要在大小、形状或所带电荷方面相似，这类酶活性的调节是通过变构效应实现的（见 3.1.3 节）。

3.2.3.1 反馈阻遏在分子水平上的作用机制

如图 3-19 所示，R 基因生成的阻遏物蛋白是无活性的，但辅阻遏物（一般为生物合成途径的末端产物）可激活它。活化的阻遏物能与操纵基因结合，从而阻止 RNA 聚合酶对结构基因的转录。辅阻遏物也可能不是末端产物本身而是其衍生物。例如在鼠伤寒杆菌中，控制组氨酸生物合成的 His 操纵子的辅阻遏物是一种组氨酸与 tRNA 结合的复合物——组氨酸-tRNA；色氨酸生物合成途径的阻遏蛋白是一种分子质量为 58000Da 的变构蛋白质。每个大肠杆菌细胞可以合成 30 分子由 R 基因（*trpR*）控制的变构蛋白（称为色氨酸阻遏物）。此阻遏蛋白的唯一功能是调节这一途径的酶的合成。游离的阻遏蛋白无活性，但如果与色氨酸（辅阻遏物）结合便发生变构效应，使它易于同染色体上的一个靠近结构基因的区域（O）结合，从而阻止其转录。不能形成阻遏蛋白的突变株，对末端代谢产物的存在不敏感。由于去阻遏，这些酶变成组成型，使突变株能大量合成参与色氨酸生物合成途径的酶，使色氨酸过量生产。

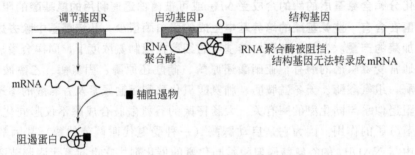

(a) 有辅阻遏物时，辅阻遏物与阻遏物蛋白结合成阻遏物，从而阻碍转录的进行

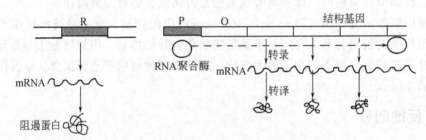

(b) 无辅阻遏物时，阻遏蛋白不起作用，RNA聚合酶沿DNA分子链移动，把结构基因转录到mRNA上

图 3-19　反馈阻遏在分子水平上的作用机制

3.2.3.2 反馈调节作用的消除

在生产实践中，为了获得某一合成途径的中间产物，常用限制（抑制性或阻遏性）末端产物在胞内积累的方法。其原理如图 3-20 所示。如需要生产中间产物 C，首先要获得一缺少酶 c 的营养缺陷型突变菌株，这种突变菌株不能合成 E，但需要 E 来维持生长。如果供给低浓度的 E，其量控制在不足于引起抑制或阻遏反应酶 a 和酶 b 的程度，这样便能过量合成 C，并将其分泌到培养基内。使用这种技术，枯草杆菌的精氨酸营养缺陷型突变株可分泌 16g/L 的 L-瓜氨酸；谷氨酸棒状杆菌的精氨酸营养缺陷型可生产 26g/L 的 L-鸟氨酸。

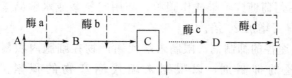

图 3-20　简单代谢途径的中间产物 C 的过量生产机制

此突变株缺少酶 c。E 反馈抑制（━━━━）酶 a 和阻遏（┄┄┄┄）

酶 a 与酶 b 的合成。补充适量的 E，使不足引起调节作用，从而过量生产 C

此原理也适用于带支路的合成途径，可用于合成有价值的中间产物。例如，肌苷酸（IMP）的生产（图 3-21），末端产物 AMP 和 GMP 累积会反馈抑制与阻遏合成途径的头一个 PRPP 氨转移酶；此外，AMP 还抑制 S-AMP 合成酶，GMP 抑制和阻遏 IMP 脱氢酶。通过诱变，筛选得到一株缺失 S-AMP 合成酶的腺嘌呤营养缺陷型突变株。这种菌不能合成 AMP，如果在培养基内加入限量的腺嘌呤，便可避开 AMP 的反馈抑制和反馈阻遏作用。于是菌株便会在失去控制的情况下把更多的碳

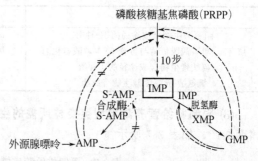

图 3-21　肌苷酸过量生产机制

和氮转化为 IMP。因 IMP 脱氢酶仍受 GMP 的抑制和阻遏，故只有一小部分 IMP 转化为 GMP，大部分 IMP 被分泌出来。谷氨酸棒状杆菌和短杆菌的腺嘌呤营养缺陷（缺少 S-AMP 合成酶）的突变株可生产 32g/L 的 IMP。IMP 是高效调味品，用此技术可大规模生产。此外，维生素的生物合成也是由反馈调节作用控制的。每个细胞只需很少量的维生素分子，而氨基酸的需要量大概为 5 千万个分子。如能使形成维生素的酶的活性也与产生氨基酸的酶一样强，则会积累大量的维生素。

避开末端代谢产物的反馈调节作用的方法可分为两类：一类是改变培养环境条件来限制末端代谢产物在细胞内部的积累；另一类是从遗传上改造微生物，使之对末端产物反馈调节作用不敏感。

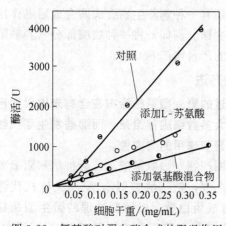

图 3-22　氨基酸对蛋白酶合成的阻遏作用

(1) 控制培养基的成分　培养基成分对于受末端代谢产物阻遏的酶的生产是极其重要的。为此，应使培养液中尽量少含阻遏性化合物，不含可导致胞内形成大量阻遏物的养分，通过限制末端产物在细胞内的积累可提高酶的产量。某些分解代谢酶，如蛋白酶，其活性受氨基酸或最终产物（如 NH_3）的阻遏，故许多杆菌在含有一些氨基酸的培养基内几乎不产生蛋白酶，从生长培养基中除去这类化合物常能大幅度提高酶的产量（图 3-22）。降低培养基中的 NH_3 浓度可解除许多分解含氮化合物的酶（如蛋白酶、脲酶、硝酸盐还原酶、核糖核酸酶、精氨酸酶和尿囊素酶）的阻遏。

黑曲霉的蛋白酶的生成对含硫化合物的阻遏作用敏感，在硫酸盐量受限制的条件下可获最佳蛋白酶产率。限制培养基中磷酸盐浓度可使曲霉 *A. guercine* 的核酸酶与磷酸酯酶增产 30～50 倍。对大肠杆菌作类似的限制，可大幅度增加磷酸酯酶的产量，达到酶含量占总蛋

白质的 5％ 的水平。用葡萄糖或苹果酸作碳源，与用谷氨酸或水解酪素比较，地衣芽孢杆菌的谷氨酸脱氢酶的产量可增加 20 倍。

(2) 加入生物合成途径的抑制剂　限制末端代谢产物在细胞内积累的方法是，向培养基内加入生物合成途径的抑制剂，以限制末端代谢产物的积累。例如，疏螺旋体素（borrelidin）是一种苏氨酸-tRNA 合成抑制剂，将其加入到培养基中可使天冬氨酸激酶与高丝氨酸脱氢酶增产 5 倍。表 3-6 列举了一些通过加入生物合成途径的抑制剂，以增加各种酶的产量的例子。

表 3-6　通过加入生物合成途径的抑制剂，以增加各种酶的产量的例子

去阻遏的酶	类似物	增加产量/倍
组氨酸生物合成途径的 10 种酶	α-噻唑丙氨酸	30
肌苷-5′-单磷酸脱氢酶与黄苷-5′-单磷酸氨化酶	阿洛酮糖腺苷	5
硫胺素生物合成途径的 4 种酶	腺嘌呤	5～10
缬氨酸-异亮氨酸生物合成酶	β-氯丙氨酸	2～7

(3) 限制补给营养缺陷型突变株所需的生长因子　这种半饥饿状态导致生物合成酶的大幅度增产，如表 3-7 所示。

表 3-7　限制供给营养缺陷型突变株所需的生长因子

被解除阻遏的生物合成酶	限制补给所需的生长因子	增加产量/倍
组氨酸生物合成途径的 10 种酶	组氨酸	25
乙羟酸合成酶	亮氨酸	40
硫胺素生物合成途径的 4 种酶	硫胺素	1500
7-氧-8-氨基壬酰胺转移酶	生物素	490
鸟苷单磷酸脱氢酶	鸟嘌呤	45

(4) 采用末端代谢产物的衍生物　一般情况下为了增加一些受末端代谢产物阻遏的酶的产量，可采用限制补料方法，也就用一种仅能被生产菌缓慢利用的末端代谢产物的衍生物。例如，用 S-亚甲基胱氨酸可促进半胱氨酸营养缺陷型突变株的硫酸盐还原酶的生产；尿嘧啶营养缺陷型菌株生长在含有双氢乳清酸的培养基上可使天冬氨酸转氨甲酰酶的产量增加 1000 倍，使这种酶蛋白占细胞总蛋白质含量的 7％。还有一种解除生物合成酶合成阻遏作用的方法，是使用一种部分营养缺陷型菌株 "泄漏" 突变株。例如，将一种嘧啶部分营养缺陷型菌株培养在最低培养基中可使天冬氨酸转氨甲酰酶的产量增产 500 倍。

3.2.3.3　分离耐末端代谢产物调节的突变株的方法

分离这类突变株的最简便方法是，将经诱变处理过的野生型菌株涂布在含有末端代谢产物的结构类似物的琼脂平板上，培养一段时间之后，大多数细胞被饿死，而那些发生了抗性突变的菌株则形成菌落，从而得到不受末端代谢产物调节作用的突变株。

其机制如下：在正常情况下，细胞中过量末端代谢产物（如氨基酸 A）会抑制和阻遏参与其生物合成途径的酶。氨基酸 A 可用于蛋白质的合成，氨基酸类似物 A′（又称抗代谢物）具有与氨基酸 A 一样的调节作用，但不能用于合成蛋白质。经诱变处理的野生型菌株在含有氨基酸类似物 A′ 的培养基中培养时，因为绝大多数细胞不能合成氨基酸 A 而死亡，只有那些对类似物 A′ 不敏感的抗性突变菌株能合成氨基酸 A，方能形成菌落。在这些突变菌株中，有些可能是由于参与氨基酸合成的酶的结构起了变化，对类似物 A′ 不敏感（抗反馈抑制的突变株），另一些可能是由于编码参与氨基酸 A 合成酶的操纵子的控制基因发生

了突变，编码出没有活性的调节蛋白而对类似物 A' 不敏感（抗反馈阻遏的突变株）。由于这些菌株对氨基酸 A 的合成失去控制，从而能过量地生产氨基酸 A。

表 3-8 列举了一些用来筛选能过量合成氨基酸、嘌呤、嘧啶和维生素的抗代谢物的突变株的结构类似物。典型的例子是能过量合成苏氨酸的抗性突变株的选育，这种突变株是一种能抗苏氨酸结构类似物（α-氨基-β-羟戊酸）的黄色短杆菌，它能生产 14g/L 的 L-苏氨酸。如果在单一菌株内同时发生抗反馈抑制和抗反馈阻遏的突变，常导致一种过量合成的协同作用。例如，鼠伤寒杆菌的这种双突变株将葡萄糖转化为亮氨酸的产率是理论产率的 50% 以上。

表 3-8　一些用来筛选抗性突变株的结构类似物（抗代谢物）

积累的产物	结构类似物	积累的产物	结构类似物
苏氨酸（14g/L）	α-氨基-β-羟戊酸	色氨酸	5-甲基色氨酸，6-甲基色氨酸，5-氟色氨酸
酪氨酸	对氟苯丙氨酸，D-酪氨酸	组氨酸（8 g/L）	2-噻唑丙氨酸，1,2,4-三唑-3-丙氨酸
脯氨酸	3,4-脱氢脯氨酸		
缬氨酸	α-氨基丁酸	异亮氨酸（15 g/L）	缬氨酸，异亮氨酸氧肟酸，α-氨基-β-羟戊酸，O-甲基苏氨酸
亮氨酸	3-氟亮氨酸，4-氟亮氨酸		
精氨酸（20 g/L）	刀豆氨酸，精氨酸羟肟，D-精氨酸	甲硫氨酸	乙硫氨酸，正亮氨酸，α-甲基甲硫氨酸，L-甲硫氨酸-D，L-硫肟
腺嘌呤	2,5-二氨基嘌呤		
尿嘧啶	5-氟尿嘧啶，8-氮黄嘌呤	次黄嘌呤，次黄苷	5-氟尿嘧啶，8-氮鸟嘌呤
对氨基苯甲酸	磺胺	烟酸，吡哆醇（维生素 B_6）	3-乙酰吡啶异烟肼
苯丙氨酸	对氟苯丙氨酸，噻吩苯丙氨酸	硫胺素（维生素 B_1）	吡啶硫胺素

采用这种结构类似物的筛选技术，可增加酵母细胞的甲硫氨酸含量。能同化烃类的石油假丝酵母经诱变，筛得抗乙硫氨酸（甲硫氨酸的抗代谢物）的突变株。这种突变株细胞内的游离甲硫氨酸较野生型菌株高 20 倍，细胞的总甲硫氨酸含量增加 40%，即增加到 13mg/g 干细胞。如果菌株对结构类似物有天然耐受力，常可通过改变营养条件使其变为敏感型。例如，生长在葡萄糖培养基中的铜绿假单胞菌在正常条件下能耐受许多结构类似物，但是当它们生长在果糖培养基上时，则变成敏感菌株。

另一种选育这类菌株的方法是，先用诱变方法除去对末端代谢产物反馈阻遏敏感的酶，使之成为营养缺陷型菌株，然后再对它进行诱变处理，使编码该酶的基因发生回复突变，突变的结果仅使酶的活性中心得到恢复，而能与末端产物结合的调节副位点，却不能发挥抑制酶活性的作用，从而使末端产物不受抑制地积累。例如，首先使一株假单胞菌变成异亮氨酸营养缺陷型突变菌株，然后通过诱变使其回复成原养型菌株，再通过筛选就可得到能大量积累异亮氨酸的高产菌株。

为了提高突变菌株的检出效率，可向分离平板上喷洒一种能与特定的酶起作用的指示剂，以指示出所要的突变菌株的菌落。例如，在高浓度磷酸盐的平板上长出磷酸酯酶的组成型突变株菌落后，喷洒对硝基酚磷酸酯溶液，从而使突变菌株的菌落周围形成黄色圈（由于突变菌株对磷酸盐的抑制作用不敏感，可以合成磷酸酯酶，将对硝基酚磷酸酯水解，释放出黄色的硝基酚），而受到阻遏的野生型菌落呈白色。

另一种检出技术是将一种营养缺陷型细菌的悬浮液喷洒在长有菌落的培养基上。这种细菌的生长需要一种生长因子，而这种生长因子正是突变株过量生长的末端代谢产物。因此，在突变菌株菌落周围有这种细胞生长。这可区别于受到阻遏的亲株菌落。有时通过观察菌落形态也可检出突变株。例如，鼠伤寒杆菌的去阻遏的组氨酸突变株的菌落是皱的，而野生型可阻遏的菌落则是光滑的。

色氨酸、苯丙氨酸、酪氨酸和对羟基苯甲酸对利福霉素生物合成具有反馈阻遏作用。金志华等[3]对利福霉素产生菌进行推理选育，使产生菌对这些氨基酸的反馈阻遏作用不敏感，并提高了对前体丙酸的耐受量。通过 UV 诱变，提高了诱变株的耐药性，获得的高产菌株，其生产能力达到 10000U/mL，比出发菌株提高 1.38 倍。

3.2.3.4　反馈抑制

这是一种常用于组成代谢的负向变构控制。如在大肠杆菌色氨酸抑制其自身生物合成中的第一步，即催化赤藓糖-4-P 与 PEP 缩合的同工酶；其他同工酶则分别受苯丙氨酸和酪氨酸的调节，见图 3-23。终产物的反馈控制使细胞能保持某一代谢物在适当的浓度。在代谢途径分支点处的酶分别受不同终产物的调节。

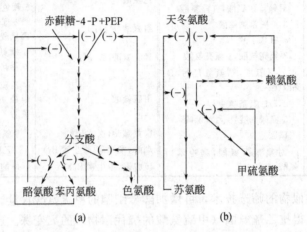

图 3-23　细菌中氨基酸生物合成中的两种类型的负反馈回路

（a）大肠杆菌芳香氨基酸生物合成中 3 种末端产物（酪氨酸，苯丙氨酸，色氨酸）抑制各自色氨酸生物合成中的第一步，即催化赤藓糖-4-P 与 PEP 缩合的同工酶；（b）在革兰氏阳性细菌中由天冬氨酸衍生的氨基酸——苏氨酸和赖氨酸以积累方式调节单一共同的酶（天冬氨酸激酶）。苏氨酸和甲硫氨酸调节各自合成的头一个酶

3.2.4　分支途径的调节方式

大多数生物合成途径都带有分支的合成途径，产生一个以上的末端代谢产物。微生物细胞的分支合成途径具有特殊的代谢调节方式。

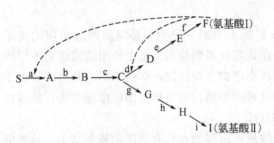

图 3-24　分支生物合成的调节机制

虚线表示末端产物的反馈抑制作用

3.2.4.1　分支途径中末端产物的调节

分支生物合成途径中的这种抑制作用比不分支途径复杂。倘若一分支途径可生成两种不同氨基酸（图 3-24），如果一种氨基酸的合成已经满足了细胞蛋白质合成的需要，这时这种氨基酸就会发生积累，结果造成对途径的第一步（酶 a）的反馈抑制作用，从而也阻碍了另一种氨基酸的合成。因此，如果在培养基内有过量的氨基酸 I 存在时，会中止

氨基酸Ⅱ的合成而使生长受影响。但实际上，一个分支生物合成途径的末端产物常专一地反馈抑制途径分支点以后的支路途径的头一个酶（酶d）。下面介绍几种不同的反馈调节方式。

(1) **同工酶** 同工酶是几种在一个细胞中催化同一反应的酶。它们通常催化分支途径中的头一个反应，分别受不同的末端产物的反馈控制。这种调节方式的典型例子是大肠杆菌天冬氨酸族氨基酸的合成。有三种天冬氨酸激酶催化该途径的头一个反应，这三种同工酶分别受赖氨酸、苏氨酸、甲硫氨酸的反馈调节作用［图3-25(a)］。

(2) **协同反馈调节** 在这种调节方式中只有一种酶受反馈调节控制，要抑制或阻遏这种酶需要分支代谢途径中的所有末端产物都过量存在［图3-25(b)］，单个末端产物的积累对该酶的催化活性几乎没有影响。这类控制（也称为多价或合作反馈调节）的例子有鼠伤寒杆菌的缬氨酸、异亮氨酸、亮氨酸对泛酸的合成代谢途径的调节。

(3) **累积反馈调节** 在这种调节机制中，分支代谢途径的每一种末端产物的积累只能部分地抑制或阻遏途径的第一个酶，只有在所有的末端产物都过量存在时，才能完全抑制或阻遏该酶［图3-25(c)］。例如，有8种化合物均对谷氨酰胺合成酶具有一定的抑制作用，因为这8种化合物的生物合成均要谷氨酰胺参与。这些化合物的联合作用才能完全抑制谷氨酰胺合成酶的活性。

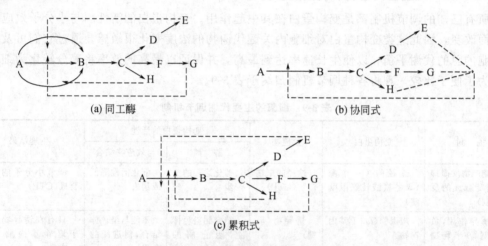

(a) 同工酶 (b) 协同式

(c) 累积式

图3-25 分支途径中的反馈调节方式

(4) **顺序反馈抑制作用** 如图3-26所示，该分支途径的第一个酶是a，控制这个酶a活性的效应物不是途径的任何一个末端产物，而是途径分支点上的中间产物C。提高末端产物（氨基酸Ⅰ或Ⅱ）的浓度，则会抑制酶d与g的活性，从而引起细胞内中间产物C浓度的升高。过量的C抑制酶a的活性。

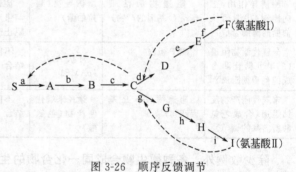

图3-26 顺序反馈调节

(5) **联合激活或抑制作用** 这是由一种反应系列形成的中间产物参与两个完全独立途径的调节。例如，氨甲酰磷酸可作为精氨酸、胞苷三磷酸合成的前体，见图3-27。在肠道细菌中负责合成这种化合物的酶是氨甲酰磷酸合成酶。它一方面受CTP合成途径的末端代谢产物UMP的变构抑制；另一方面受精氨酸合成途径中间产物鸟氨酸的变构激活。如果培养基中有可利用的嘧啶时，UMP在细胞内的含量升高，从而抑制氨甲酰磷酸合成酶。由于氨甲酰磷酸的耗竭造成鸟氨酸的积累，鸟氨酸反过来又激活氨甲酰磷酸合成酶，为精氨酸的合成提供适量的前体。如精氨酸在培养基内过量，它会反馈抑制 N-乙酰谷氨酸合成酶，结果鸟氨酸的合成受阻，鸟氨酸在胞内浓度下降，氨甲酰磷酸合成酶的活性降低。这样激活与抑制交替反复进行，相互制约，对相关的途径作联合的控制。

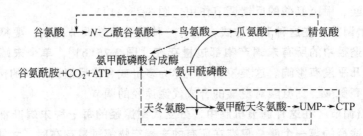

图 3-27　肠道细菌中氨甲酰磷酸合成酶活性的调节
--- 表示抑制作用；-·- 表示激活

3.2.4.2　微生物代谢调节机制的多样性

所有已知的调节机制都是变构蛋白在其中起作用。变构蛋白的活性因与小分子效应物的结合而改变，因此这类变构蛋白对细胞内关键代谢物的浓度变化很敏感，通过它们可及时调整细胞的总的代谢平衡，以使生长速率达到最高，并保证以最高的效率将养分转化为细胞物质。为了便于比较，现将各种调节机制归纳于表 3-9。

表 3-9　细菌的主要代谢调节机制

机　制	变构蛋白	效应物	变构蛋白的活性		生理结果
			游　离	与效应物结合	
末端产物反馈抑制（嘧啶合成的反馈控制）	途径的头一个酶（天冬氨酸转氨甲酰酶）	途径的末端产物（CTP）	催化途径的头一步	催化活性降低或消失	调节小分子的生物合成（CTP）
酶诱导作用，负向控制（β-半乳糖苷酶的诱导）	阻遏物（lac I 基因产物）	诱导物（乳糖）	结合到染色体上，阻止酶的合成	不能与染色体结合，促进酶的合成	只有在诱导物存在于培养基内酶才被合成
酶诱导作用，正向控制（代谢阿拉伯糖的酶的合成）	阻遏物-激活剂（ara C 基因的产物）	诱导物（阿拉伯糖）	阻遏物形式，与染色体结合，阻止酶的合成	激活剂形式，与染色体结合，促进酶的合成	只有诱导物存在于培养基内酶才被合成
分解代谢物阻遏（β-半乳糖苷酶合成的葡萄糖阻遏）	CRP 蛋白	环状 AMP（cAMP）	不能与染色体结合	与染色体结合，促进酶的合成	让细菌使用最为有利的碳源，调节分解代谢速率
末端代谢产物反馈阻遏（合成色氨酸所需酶的调节）	阻遏物（trp R 基因产物）	途径末端代谢产物（色氨酸）	不能与染色体结合	与染色体结合，阻止酶的合成	调节生物合成酶的合成（色氨酸合成途径的酶）

除少数例外，各种微生物合成同一化合物的生物合成途径从生化观点看都是一样的，但同一途径在不同生物中可能受到代谢调节作用方式有明显不同。这种调节方式往往具有族的特异性，由此可大体上表明各类微生物进化的关系。在末端代谢产物反馈抑制作用方面的多样性见表 3-10 中的一些例子。虽然某些同一种属的微生物可能用同一种代谢调节机制控制某一种酶（例如，肠道细菌的天冬氨酸激酶是同工酶），但也可能用不同的机制来调节另一途径上的关键酶（如肠道细菌的氨甲酰磷酸合成酶是通过多种变构机制调节的）。各种属的

微生物分解同一化合物的代谢途径从生化角度看也是相同的，但其代谢调节方式却不相同，呈现种族特异性。例如，在几类细菌中 β-酮己二酸途径都起氧化芳香族物质的作用，参与这一途径的酶都是诱导酶。假单胞菌和不动杆菌属的这类酶的合成的调节方式很不相同（图 3-28 和表 3-11），其差别在于诱导物的种类与协同调节的程度的不同，以及有无同工酶。

表 3-10　分支途径中某些关键酶的调节

酶	微生物	控制类型
天冬氨酸激酶	大肠杆菌,其他肠道细菌 假单胞菌属	同工酶 协同反馈抑制
3-脱氧阿拉伯景天庚酮糖酸-7-磷酸合成酶 　（芳香族氨基酸合成途径中的头一个酶）	大肠杆菌,其他肠道细菌杆菌属 假单胞菌属	同工酶 顺序反馈抑制,协同,累积反馈抑制
氨甲酰磷酸合成酶	大肠杆菌,其他肠道细菌 假单胞菌属	抑制与激活 抑制与激活

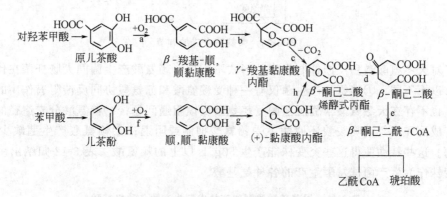

图 3-28　氧化原儿茶酸与儿茶酚的 β-酮己二酸途径
（参与该途径的酶的诱导方式见表 3-11）

表 3-11　氧化原儿茶酸与儿茶酚的 β-酮己二酸途径的酶的控制

假单胞菌		不动杆菌	
诱导剂	酶	诱导剂	酶
原儿茶酸	a	原儿茶酸	a,b,c,d,e
β-酮己二酸或 β-酮己二酰 CoA	b,c,d,e	黏康酸	f
黏康酸	f	黏康酸	g,h,d,e
黏康酸	g,h		

　　注：表中酶 a～h 参见图 3-28。

3.2.5　避开微生物固有代谢调节，过量生产代谢产物

3.2.5.1　积累末端产物

　　促使微生物积累末端代谢产物比积累中间代谢产物的任务更为复杂。若途径是分支的，则可方便地达到此目的；若存在导致形成两种末端产物 A 与 B 的分支途径，降低细胞中 B 的浓度，A 便被过量合成，赖氨酸工业生产便是这种技术的重要例子。赖氨酸是重要的营养添加剂，是天冬氨酸族氨基酸的一个成员，它是由细菌通过分支途径产生的。此分支途径也产生甲硫氨酸、苏氨酸和异亮氨酸。一些细菌含有三种天冬氨酸激酶的同工酶，每一种酶受不同末端产物调节。另外，每一分支的头一个酶分别受其分支产物的反馈抑制，故不会过量生产赖氨酸。但赖氨酸的生产菌种（如谷氨酸棒状杆菌和短杆菌）则只有单一的天冬氨酸

激酶，如图 3-29 所示。这种天冬氨酸激酶是通过苏氨酸与赖氨酸的协同反馈抑制作用调节的。通过遗传技术获得一缺少高丝氨酸脱氢酶的突变株，只有在培养基内添加苏氨酸，此突变株才能生长，只要保持低水平的苏氨酸补充量，使苏氨酸在胞内的浓度不至于过量，天冬氨酸激酶便可避开反馈抑制作用，使代谢中间产物向赖氨酸支路转移，合成大量的赖氨酸。

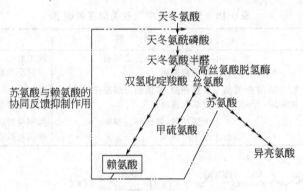

图 3-29　赖氨酸合成的调节

除了对天冬氨酸激酶反馈抑制作用的形式不同外，赖氨酸产生菌同大肠杆菌在代谢调节方面还有以下不同：①赖氨酸产生菌仅有一种受赖氨酸和苏氨酸协同反馈阻遏作用的天冬氨酸激酶，也不存在天冬氨酸半醛脱氢酶受赖氨酸反馈阻遏问题；②赖氨酸分支途径的双氢吡啶羧酸合成酶和双氢吡啶羧酸还原酶不受赖氨酸抑制或阻遏；③赖氨酸产生菌缺少 L-赖氨酸脱羧酶。这些特性使得这些突变株能产生 50g/L 以上的赖氨酸。表 3-12 归纳出用营养缺陷型突变株作为生产菌株发酵生产的各种氨基酸。

表 3-12　用营养缺陷型突变株发酵生产的各种氨基酸

产　物	菌　种	营养缺陷型需求	基质	产量/(g/L)
L-瓜氨酸	枯草杆菌	精氨酸	葡萄糖	16
L-赖氨酸	谷氨酸棒状杆菌	苏氨酸、甲硫氨酸	葡萄糖	50
L-鸟氨酸	谷氨酸棒状杆菌	精氨酸	葡萄糖	25
L-苯丙氨酸	石蜡棒状杆菌	酪氨酸	葡萄糖	15
L-苏氨酸	大肠杆菌	赖氨酸、甲硫氨酸、异亮氨酸	葡萄糖	20
L-酪氨酸	棒状杆菌属	苯丙氨酸	正烷烃	19
L-缬氨酸	谷氨酸棒状杆菌	苯丙氨酸	葡萄糖	11

3.2.5.2　细胞膜通透性的改变

谷氨酸生产菌细胞膜的通透性增加是谷氨酸过量生成的原因之一。能过量生成谷氨酸的生产菌种有微球菌、棒状杆菌和小细菌属，所有这些菌种在分类学上相似，应包括在单一属内。它们有两个共同特征：α-酮戊二酸脱氢酶的缺乏和对生物素的需求。α-酮戊二酸脱氢酶的缺乏使 TCA 循环中断，提供合成谷氨酸所需的直接前体 α-酮戊二酸；而生物素的生物合成受阻使细胞膜通透性改变，使细胞大量分泌谷氨酸。以糖为原料生产谷氨酸的分子得率为50%，培养液中谷氨酸浓度可高达 90g/L。在葡萄糖培养基内谷氨酸产生菌在细胞内积累谷氨酸至细胞质被谷氨酸饱和（约 50mg/g 干重细胞），除非改变通透性以促进氨基酸的排泄，否则，反馈调节会使谷氨酸的积累中止。这种通透性受生物素或添加剂（如青霉素或脂肪酸衍生物）影响。在菌的对数生长期内加入青霉素可启动谷氨酸的分泌，使细胞内的氨基酸浓度迅速下降到 5mg/g 细胞，细胞可连续分泌谷氨酸 40~50h，从光密度的测量或显微镜检测未发现细胞破裂，谷氨酸通透性的增加似乎只是由里向外，谷氨酸产生菌（生物素缺陷）细胞只以正常细胞速率的10%摄取外来的氨基酸，其细胞形态从球形变成膨胀的棒形，一些"隐性的"酶出现。洗涤细胞可引起细胞氨基酸库的损失，虽然细胞未破裂，但其离心压缩体积减少。所有这些变化证明，生物素受到限制或加入添加剂会影响膜通透性。生物素缺少（同加入脂肪酸衍生物或青霉素的效果一样）引起谷氨酸产生菌细胞膜中的脂质成分的显著变化，生成磷脂欠缺的细胞膜。

生物素的浓度对于谷氨酸发酵的成败至关重要（见图3-30）。一般生物素浓度在2.5～5μg/L产生的谷氨酸比较多，浓度提高到15μg/L，大大增加生长速率，减少谷氨酸的分泌而积累其他有机酸。要增加膜的通透性，必须在菌的对数生长期内加入青霉素或脂肪酸衍生物。虽然青霉素不抑制磷脂的合成，但它的加入会导致磷脂的迅速分泌。也可用甘油缺陷型来生产谷氨酸，如同生物素一样，需采用生长限制浓度的甘油以产生适当形式的通透性细胞膜。除了葡萄糖外还可用其他碳源和专门的菌株生产谷氨酸。用乙醇生产可达60g/L的谷氨酸（按消

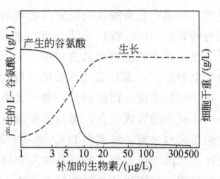

图3-30　在不同生物素浓度下谷氨酸产生菌的生长与谷氨酸的生产

耗的乙醇计为66%的理论产率）；能利用烷烃的菌株可生产80g/L的谷氨酸；常用乙酸来大规模生产谷氨酸，其产量可达98g/L；即使像苯甲酸这样有毒的化合物，也能有效地被适当的微生物转化为谷氨酸，产量为80g/L。将烷烃转化为谷氨酸的微生物是独特的，它们不需要生物素，因为正烷烃降解为脂肪酸这一过程避开了生物素起作用的反应（即脂肪酸合成的头一步）。烷烃发酵生产谷氨酸，其分泌是由青霉素控制的。

也可用谷氨酸产生菌的各种营养缺陷型突变菌株，例如，用谷氨酸棒状杆菌和短杆菌的突变株过量生产其他氨基酸或核苷酸。然而这些发酵过程须在高生物素浓度下进行。如果生物素受限，则分泌的是谷氨酸而不是其他产物。同样，这类生长在高浓度生物素下的营养缺陷型菌株在培养基中含有青霉素时也生产谷氨酸。因此，天冬氨酸、赖氨酸和其他天然氨基酸是由谷氨酸通过转氨作用衍生的。如果通透性机制因生物素限制或加入青霉素而变更，谷氨酸便排出细胞外，使胞内谷氨酸含量不足以作为其他氨基酸的前体。

3.2.5.3　能荷的调节

许多代谢过程需要以ATP形式供给化学能，因此，通过细胞内的ATP、ADP和AMP的相对平衡来调节EMP途径和三羧酸循环是很自然的。细胞的能量状态与ATP、ADP和AMP的相对比例相关。D. Atkinson提出了能荷的概念，认为细胞的能荷可由下式定量：

$$能荷 = \frac{[ATP]+0.5[ADP]}{[ATP]+[ADP]+[AMP]}$$

能量充满的细胞，其胞内只有ATP，故其能荷值等于1。若ATP、ADP和AMP三者的量相等，则细胞的能荷值等于0.5。能荷不仅调节形成ATP的分解代谢酶类的活性，也调节利用ATP的生物合成酶类的活性。异柠檬酸脱氢酶和磷酸果糖激酶受高能荷的抑制，而丙酮酸羧化酶、乙酰CoA羧化酶与天冬氨酸激酶在同一高能荷下被激活。这些在体外呈抑制或活化的中间状态时的能荷经测定为0.85左右，这实际上与许多细胞和组织的能荷是相同的，如大肠杆菌的能荷在生长期为0.8，在静止期降到低于0.5。

3.2.5.4 无机聚磷酸的代谢与功能

无机聚磷酸（PolyP）最早是在酵母的异染质（又称 PolyP 颗粒）中发现的。这些化合物是一种由几个到数百个正磷酸通过高能磷酸酐/键组成的线性聚合物，其结构见下式：

$$\left(\begin{array}{c} -O-\overset{\displaystyle O}{\underset{\displaystyle O}{P}}-O-\overset{\displaystyle O}{\underset{\displaystyle O}{P}}-O-\overset{\displaystyle O}{\underset{\displaystyle O}{P}}-O\cdots\cdots-\overset{\displaystyle O}{\underset{\displaystyle O}{P}}-O- \end{array}\right)^{(n+2)^{-1}}_{(Me^1+H)n} \quad Me：单价金属$$

早期只知道它在磷酸盐的积累与能量的储存上有重要意义。后来陆续发现它还存在于微生物细胞的其他部位，特别是其表面，如周质和质膜。**PolyP 是一种多功能的生物聚合物**，它广泛分布于许多微生物和动植物中。Kulaev 等认为，**其主要作用是参与基因水平与代谢水平的代谢调节**[4]。其中最为重要的功能为：磷酸盐和能量的储存；ATP 和其他核苷三磷酸及含核苷酸的辅酶方面的调节；参与无机阳离子和其他带正电荷的溶质内环境稳定和以一种不影响渗透压的方式储存；参与重金属离子的解毒；参与由 PolyP-Ca^{2+}-聚 β-羟丁酸复合物介入的膜运输过程，特别是 DNA 与 Ca 等的运输；参与细胞表面结构的形成与功能；参与控制性基因活性的控制，特别是涉及年轻细胞快速生长过程的"早熟"基因的关闭和启动"晚熟"基因，以增加年老细胞的存活能力；参与一些酶和复合酶活性（参与核酸和其他酸性生物聚合物的代谢）的调节。

PolyP 在原核生物与真核生物细胞的不同部位或各间室中的代谢与功能各异。参与细菌的 PolyP 的合成与降解的最为重要的酶有：ADP 磷酸转移酶（聚磷酸激酶）、聚磷酸：葡萄糖-6-P 转移酶、磷酸盐：腺苷单磷酸磷酸转移酶、1,3-二磷酸甘油醛：聚磷酸磷酸转移酶、胞外磷酸酯酶和三磷酸酯酶。参与 PolyP 合成的主要酶是聚磷酸激酶。在低等真核生物，如酵母中 PolyP 是通过以下反应合成的：

$$[^{32}P]PolyP_n \xrightarrow{\text{聚磷酸酯酶}} [^{32}P]PolyP_{n-1}+^{32}Pi$$

$$Ap_4A \xrightarrow{Ap_4 \text{聚磷酸酯酶}} ADP+ADP$$

式中，Ap_4A 为双腺苷-$5'$,$5'''$-P^1,P^4-四磷酸酯；Ap_4 聚磷酸酯酶为相应的 α,β-磷酸酯酶。

$$^{32}Pi+ADP \longrightarrow [^{32}P]ADP+Pi$$

$$[^{32}P]ADP+ADP \xrightarrow{\text{腺苷酸激酶}} [^{32}P]ATP+AMP$$

最终反应结果：

$$[^{32}P]PolyP_n+ADP \longrightarrow PolyP_{n-1}+[^{32}P]ATP$$

细胞中的 PolyP 含量取决于生长培养基中磷酸盐的浓度，这说明 PolyP 的功能之一是磷酸盐的储藏。PolyP 的另一重要功能是它们参与重金属阳离子的解毒作用。它可以螯合金黄色葡萄球菌中的镍离子。其解毒机制是除了起螯合作用外，金属离子进入细胞会促进外聚磷酸酯酶的活性，从 PolyP 释放的 Pi 与金属离子螯合，再将其送出胞外。

3.3 代谢系统的分子控制机制

在一途径中的不同酶在胞内的含量是变化的。代谢途径可分为两种极端的类型：一种通道型，另一种是库存型。在通道型途径中某些中间体保持与蛋白质结合的状态（局域化），有时组成超大分子的多酶结构，催化某一代谢的连续步骤。这些中间体不能与中间体库自由交换。在库存型途径中所有中间体可以自由交换（扩散），它们在细胞内不与蛋白质结合。因此，一种代谢物既可作为一种酶的基质又可作为效应物。代谢控制理论运用库存型代谢方式以数学模型（微分方程）描述代谢物流和代谢途径的控制步骤。

细胞中的遗传物质总称为基因组，是由 DNA 构成的，在其上编码了细胞该如何运行的指示。每一种酶或多肽的合成分别由基因或遗传信息序列（大约含有 600 个碱基对）调节。如果在微生物的基因组里不存在某一种酶的基因，那便明显表示该微生物不能合成相应的酶。但不是所有基因都是结构基因。

有些基因产物具有调节功能，是一种能抑制或促进一些代谢过程的蛋白质。

3.3.1 真细菌转录的基础

Wolfe 系统论述了驱动转录的分子机器——RNA 聚合酶（RNAP）[5]；转录途径；启动子的识别；硬性（hard-wire）与适应性调节；信号基部突起；简单与复杂的调节机构；拟核蛋白的作用。

3.3.1.1 RNA 聚合酶

任何基因的表达都是从转录开始的，即通过 RNA 聚合酶（RNAP）从 DNA 模板合成 RNA 聚合物。此分子机器的核心是一种大的约有 400kDa 的多亚基复合体（E）。它是由 5 种蛋白质亚基 α_1、α_2、β、β' 和 ω 组成的。每一种 α 亚基是由两个附着于柔性连接体的区块构成。这两个 α 亚基的 N 末端区块（α-NTD）形成二聚体，由此复合物作为成核位置用于连接其余区块；它们也可以作为转录因子的泊地。每一个 α（α-CTD）的 C 末端区块帮助 RNAP 瞄着于 DNA 上；它们也起停泊转录因子的作用。大的 β、β' 亚基构成酶催化中心，非特异性地结合到 DNA 上，能让初生态转录本延伸[6]。多年来对小的 ω 亚基的作用还是一个谜，但现已知它是一种侣伴蛋白，用于促进装配和恢复变性 RNAP 的功能[7]。

启动子可以结合特定的序列，该核心酶（E）需要一种附加的亚基（σ），σ 存在多种形式。σ 变体结合到 E 上会大大降低核心酶对非特异 DNA 的亲和力，并同时提高 σ 变体识别启动子的特异性。由真细菌进行的转录的启动因此取决于全酶（holoenzyme，Eσ）先前的形成，此全酶的结构含有一条直径为 2.5nm，长度为 5.5nm 的通道。此尺寸同双股 DNA 匹配。DNA 的宽度为 2.0nm，完全能嵌入 2.5nm 宽的通道，而 5.5nm 的长度足以接纳 16 分子核苷酸。

3.3.1.2 转录途径

转录途径是一种涉及若干中间体的复杂的过程，见图 3-31。转录是这样开始的，全酶（Eσ）结合到启动子的待转录的特定 DNA 序列（位于基因的 5′ 端的上游）上。所得二元 RNAP-DNA 复合物被称为转录封闭式复合物（TCC）。为了能让 RNA 的合成继续，在转录启动部位（+1）双股 DNA 必须解链，此过程称为异构化作用。用于揭开双股 DNA 的能量不是来自 ATP（真核生物转录所用），而是源自在 RNAP 表面的氨基酸之间、启动子 DNA 的核苷酸之间的非共价键的解开。这些非共价键是在 TCC 形成期间构建的。此转录开放式复合物（TOC）便能开始接受核苷三磷酸（rNTP）与相邻的 rNTP，形成磷酸二酯键。此三联体，RNAP-DNA-RNA 复合物［称为转录起始复合物（TIC）］继续合成，添加 rNTP 到增长着的 RNA 链上。此过程的每一步，包括 TIC 是可逆的。这些步骤反向过程会释放出一些短的流产转录本。RNA 的合成完成后该复合物会进行基本不可逆的构象改变，其中包

括 σ 的解离和"转录泡"（transcription bubble）从 12 分子扩展到 16 分子的核苷酸。所得转录延伸复合物（TEC）是很易起反应的，故负责 RNA 链的延伸。

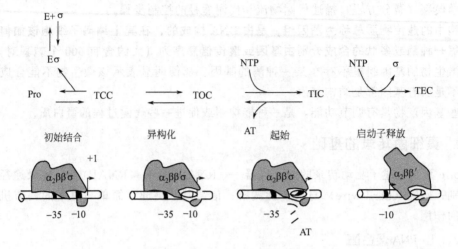

图 3-31　转录的启动步骤[5]

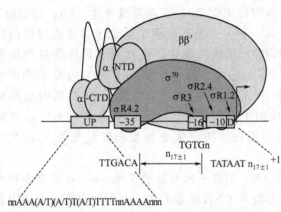

图 3-32　启动子组成，与 RNAP 的互相作用[5]

需 σ70 启动子的五种主要序列是：富 A/T 的 UP 序列、−35 六碱基序列、−16 序列与 −10 六碱基序列、鉴别器（D）。UP 序列与 α-CTD 相互作用，同时 −35 六碱基序列、−16 序列、−10 六碱基序列和鉴别器（D）分别与 σR4.2、σR3、σR2.4 和 σR1.2 接触。−35 六碱基序列与 −10 六碱基序列的间距平均 17bp。−10 六碱基序列与转录启动位置（+1）的间距平均 7bp

此系统的每一步骤均受到调节。稳定或破坏任何途径的中间体都会促进或阻碍转录。普遍认可的主要调节步骤是在 TCC 的形成，异构化成 TOC 和转录本合成的起始阶段[8]。

3.3.1.3　启动子的识别

转录的关键步骤是全酶（Eσ）对启动子的识别。已鉴别出 5 处 RNAP 识别的 DNA 序列（cis）：−10 六碱基序列与 −35 六碱基序列、−16 序列（又称为 −10 扩展序列）、鉴别器（D）和 UP 序列[9]，见图 3-32。

其中 −10 六碱基序列是主要识别序列。位于离转录启动位置上游（+1）大致 10bp。σR2.4 能识别它。正是在此处双股 DNA 开始解链；要使解链易于进行，必须在 AT 丰富的序列（故称为 σ70 的共有序列）。在形成 TCC 之后，在 −10 与 +2 之间的双股 DNA 解链形成一种"转录泡"。所得的复合物被称为 TOC[10]。现已知非模板链与 σ 的 2.3 区的结合和新的游离模板链移动进入 RNAP 的活性部位，RNA 的合成便可以开始了[11]。

微生物的酶合成的调节主要发生在转录阶段（**RNA 聚合酶结合到 DNA 上**）或转译的起始阶段。图 3-33 显示在细菌中酶的合成期间的可能调节位点。这是 Jacob-Monod 模型的另一种表达形式。许多细菌的基因在不同生长条件下以稳定的速率转录，其中有一些是**参与中枢代谢途径的酵解酶类**，被称为管家酶。在大肠杆菌中其转录始于 σ70 RNA 聚合酶与启动子 DNA 序列（位于基因的上游）结合，形成一闭合的 DNA 复合物——RNA 聚合酶复合物

（RPC），见图 3-34。负责转录管家基因的 RPC 具有一亚单位 σ^{70}（上标代表蛋白质的分子量），由它决定启动子区域和开始 DNA 的转录为 mRNA。在 RPC 沿着 DNA 移动过程中，σ^{70} 被释放，由一种外来的蛋白 NusA 所取代。这时两股 DNA 打开成为开放复合物，由此启动 DNA 的转录。在转录期间 NusA 一直与 RNA 聚合酶在一起，直到遇到 DNA 转录中止结构，整个基因便转录完。然后，RNA 聚合酶与 NusA 蛋白解离，又可以重新进入新一轮的转录。

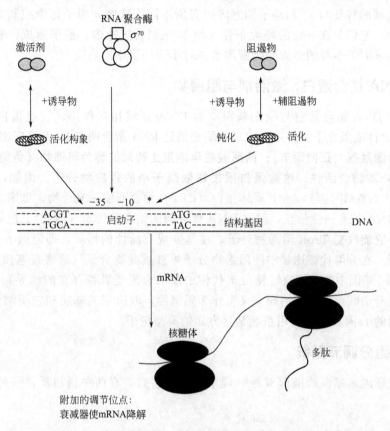

图 3-33　在细菌基因的转录和翻译中的可能调节位点[12]

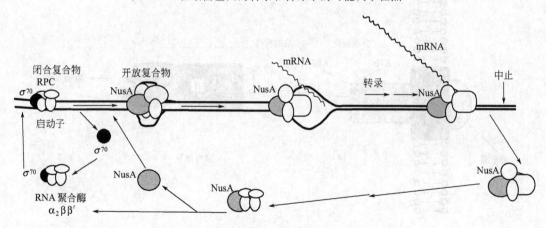

图 3-34　大肠杆菌转录启动的最初几步[12]

RNA 聚合酶复合物（RPC）含有两个 α、一个 β 和一个 β′ 亚单位以及 σ^{70} 因子。外来的蛋白 NusA 在开放复合物位置上替代 σ^{70}，并留在 PRC 上，直到遇到 DNA 脂质结构。然后，RPC 从 DNA 处解离，又开始新一轮转录

在大肠杆菌中 DNA 的识别是由 RPC 亚单位 σ^{70} 控制的，后者引导 RNA 聚合酶结合到启动子上。对离转录起点的上游 $10 \sim 35$ 个碱基对（bp）的距离（$-10 \sim -35$ 盒）处，σ^{70} 亚单位对两盒 DNA 的 $6 \sim 8$bp 是专一性的。σ^{70} 启动子主要由碱基 A 或 T 组成。在 -10 与 -35 盒之间被一 $16 \sim 18$ 个碱基对组成的干涉 DNA 分开。大肠杆菌还存在另外一些 σ 因子，如 σ^{32}、σ^{43}、σ^{54}（分别具有 32kDa、43kDa 和 54kDa 分子质量）。枯草杆菌、链霉菌等的专一性启动子区域的特征与 σ^{70} 启动子同感区域有所不同。这些 σ 因子每个控制多组基因（一组多到 50 个），它们只在一定的环境条件（如 N 限制、热冲击、孢子形成、氧应激等）下被转录。这些 σ 因子本身的形成受严密调节并对不同环境作出响应。

3.3.2　DNA 结合蛋白：激活剂与阻遏物

在细菌中 DNA 结合蛋白与位于基因前的 DNA 区域相互作用。这些蛋白质通过干扰 RNA 聚合酶允许或阻止下游序列的转录。**那些能让 RNA 聚合酶与 DNA 更紧密结合（专一）的蛋白质称为激活剂（正向调节）；而那些在早期阻止转录的称为阻遏物（负向调节）。为了取得充分的 DNA 结合活性，这些蛋白质往往依赖于小的效应物分子。**例如，肠道细菌中 $3',5'$-环 AMP（cAMP）与 cAMP 受体蛋白（CRP）结合形成一复合物，见图 3-17。此复合物可结合到 DNA 的专一性位点，促进 RNA 聚合酶的结合和转录（活化）。色氨酸可作为一种辅阻遏物，它能改变 TrpR 阻遏物分子，使其变成有活性的形式，即阻遏 $trpR$ 基因的转录。另一方面，在分解代谢途径中的阻遏物分子可被诱导物分子（通常是基质或其衍生物）钝化，例如 lac 基因中的乳糖（乳糖分解代谢的酶的合成受乳糖存在的诱导）。在某些情况下同一蛋白质分子既可作为激活剂，又可作为阻遏物，取决于其基质和它所结合的 DNA 区域。肠道细菌的 L-阿拉伯糖利用系统是这方面的典型例子。

3.3.3　双组分调节系统

近年来发现越来越多的细菌双组分调节系统。它们含有两种蛋白质：一种称为传感器

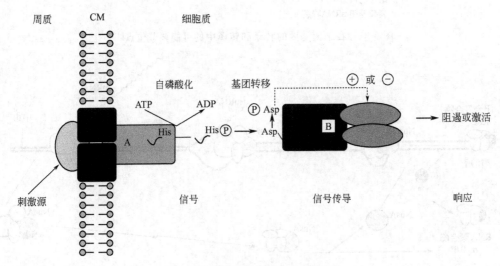

图 3-35　细菌中双组分调节系统[12]

通常跨膜蛋白（A）起一种传感器的作用，可溶性蛋白（B）起一种响应调节器
（或接收器）的作用。借磷酸化把刺激作用转换成一种信号。磷酸基可转移
到调节器蛋白上，再起某一基因的阻遏物或激活剂的作用。CM 为质膜

（或发射器），另一种称为调节器（或接收器）。传感器分子是一些横跨膜的蛋白质，起蛋白激酶作用，能催化需 ATP 的自动磷酸化作用和将磷酸基转移给其他蛋白质的作用（例如，调节器）。若受外界或内部刺激，如渗透压、化学吸引剂、特殊分子的存在或缺乏，传感器分子便自动磷酸化，从而把刺激转换成生化信号（传感器分子的磷酸化状态）。此信号可通过磷酸基的转移将信号传给可溶性调节器蛋白，见图 3-35。磷酸化调节器可作为转录的激活剂或阻遏物，再与 DNA 序列相互作用。此双组分系统是微生物的信号传导模型，参与硫酸盐和氮代谢的调节。

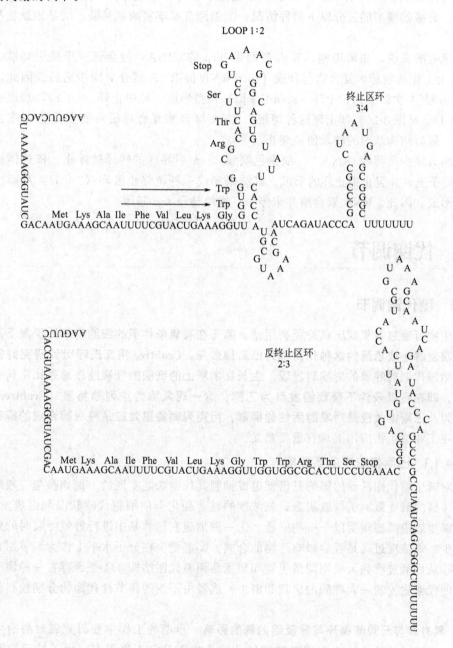

图 3-36 大肠杆菌中色氨酸调节的衰减器模型[3]

单股 Trp mRNA 的前面部分可能形成两种干环结构（1∶2 和 3∶4 或 2∶3）。

其 1∶2 结构含有两个色氨酸的密码子（由→标出处）

3.3.4　RNA 水平的调节机制：衰减器模型

一旦形成转录本 mRNA，仍然有方法控制此转录本的转译。一种用于在 mRNA 水平的调节范例被称为衰减器模型（attenuator model）。它是在研究大肠杆菌的嘧啶和几种氨基酸（组氨酸、苯丙氨酸、色氨酸）的生物合成中被发现的。mRNA 含有一引导区域（在第一个结构基因的上游部分），显示出一种不平常的氨基酸密码子的堆积。在著名的色氨酸衰减器例子（见图 3-36）中两个 Trp 密码子相邻地位于引导区，通常很少看见蛋白质编码有 Trp 密码子。衰减器模型能区分以下两种情况：①细胞含有丰富的氨基酸；②细胞缺乏某一种氨基酸。

对色氨酸来说，如果细胞具有大量携带 Trp 的 tRNA，便会迅速形成引导肽。在 Trp mRNA 上工作的核糖体复合物与合成 Trp mRNA 的 RNA 聚合酶同步运行。因此，第一个可能的 mRNA 次级结构，干环（stem loops）构型形成一种中止环（1：2），加上一终止区环（3：4），见图 3-36。如出现这种情况，RNA 聚合酶复合物很可能会停止在终止区环上并解离。随后结构基因的转录便被终止。

如因为缺少负荷的 tRNA^{trp}（缺少色氨酸）trp 引导区的转译被停止，核糖体便停顿在 Trp 密码子上，并阻止中止环的形成。其结果形成一种抗终止区环（2：3），从而抑制终止区环的形成。因此，RNA 聚合酶并未停止，继续转录 trp 基因。

3.4　代谢调节

3.4.1　糖代谢调节

微生物可通过需氧或厌氧途径利用糖。**酵母在有氧条件下的细胞得率比厌氧下高，氧抑制酵母糖发酵生成乙醇的这种作用称为巴斯德效应。Crabtree 用瓦氏呼吸计研究好氧条件下肿瘤细胞糖代谢对呼吸的影响时发现**，生长在木糖上的细胞的呼吸速率总是比生长在葡萄糖上的高，即在有氧条件下葡萄糖发酵为乙醇，这一现象称为**克列勃特里（Crabtree）效应**。通常认为，巴斯德效应是对发酵活性的抑制，而克列勃特里效应是呼吸酶合成的抑制，这两种效应在工业微生物应用上具有重要意义。

3.4.1.1　巴斯德效应或氧效应

氧对微生物代谢活动的影响是借促进或抑制其代谢功能实现的。例如参与三羧酸循环与电子传递链的酶受氧的诱导或阻遏，氧浓度的显著变化会使细胞代谢状况和组成发生剧变。研究巴斯德效应需要阐明以下一些问题：①一种细胞在培养基中进行好氧呼吸时的临界氧浓度是多少？氧浓度过高是否会影响产物的合成？②氧是否在分子水平上作为调节剂直接参与调节？③从好氧过渡到厌氧期间微生物如何重新调整代谢结构？④是否存在一种调节性分子或单一的代谢物控制一大群酶的出现和消失？或者由不同的调节性代谢物分别控制各种酶的合成？

(1) 氧对参与三羧酸循环与呼吸链的酶的影响　早期的工作主要研究氧对酶的生物合成的影响。三羧酸循环中的 α-酮戊二酸脱氢酶的合成在缺氧下受阻遏。由于缺乏这种酶，大肠杆菌在厌氧下利用生成琥珀酸的还原途径（逆循环）和另一种 α-酮戊二酸的分解代谢途径。为了生成琥珀酸，大肠杆菌诱导合成延胡索酸还原酶，故在厌氧下三羧酸循环仍可运行。α-酮戊二酸脱氢酶是大肠杆菌可诱导的酶，一旦有氧时便出现。氧供应的减少也影响电子传递链，因把最终电子受体抽走会导致氢给体和最终受体间的氧还电位差减少，从而自动地使电子传递链失效。在无氧下从代谢偶合中得到的 H，通过 $NAD^+/NADH+H^+$ 转移给另一具有相似氧还电位的有机化合物。电子传递链的失效意味着 ATP 形成的减少，最终反映在生物量的减少。

在 20 世纪 60 年代末引进溶解氧反馈控制以及连续培养方法后，临界氧的问题得到解决。在严格的环境条件控制下如将细菌的呼吸速率对溶氧浓度按 Lineweaver-Burk 方程作曲线，可得两种性质迥异的米-孟曲线。在 $4.2mmHg$❶ 的氧分压处有一转折点。小于和大于 $4.2mmHg$ 的反应的 K_m 值分别为 $0.2mmHg$ 和 $1.2mmHg$。这些数据说明，在低氧分压下培养物对氧的亲和力增加，故由好氧过渡到厌氧的转折点出现在氧分压 $4\sim5mm\ Hg$ 处（相当于输入的氧分压 $28mm\ Hg$），见图 3-37。

在溶氧临界点附近随溶氧分压的降低，对氧亲和力的增加是呼吸酶合成显著增加的结果，见图 3-38。若氧分压进一步降低到零时，呼吸酶活性减小，但没有一种呼吸酶被完全阻遏。 这说明在呼吸系统中不存在严格的控制系统。故从好氧过渡到厌氧期间，兼性厌氧菌或酵母失去三羧酸循环代谢作用和氧化磷酸化作用以及合成细胞物质的功能，但增加葡萄糖的吸收速率。

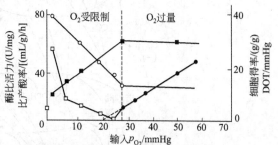

图 3-37　输入的 p_{O_2} 对磷酸果糖激酶（PFK）的影响

○—PFK 比活（U/mg 蛋白质）；■—细胞得率（g/g）；

●—DO 分压（mm Hg）；□—比产酸率

[（mL NaOH/g DCW）/h]；

试验菌株为大肠杆菌 K-12，葡萄糖为限制性基质，

稀释速率＝$0.2h^{-1}$，在 pH7.0、37℃下进行

现将好氧微生物的几种糖代谢的调节归纳于图 3-39。如果从三羧酸循环中抽走琥珀酰 CoA、α-酮戊二酸或草酰乙酸，后者便成为三羧酸循环运转的限制因素，因与乙酰 CoA 缩合生成柠檬酸时需要它。如草酰乙酸不足，便会积累乙酰 CoA。乙酰 CoA 与 1,6-二磷酸果糖都是补给反应系统的酶与 PEP 羧化酶的激活剂，见 2.2.1.6 节。PEP 羧化酶的功能是从 PEP 直接获得所需的草酰乙酸，以维持三羧酸循环的运转。若草酰乙酸过量，从丙酮酸转化为苹果酸的补充反应便会受到抑制，从而避免它进一步积累，只有生成天冬氨酸，减少草酰乙酸的量，才能使抑制消失。ATP 的过量生成会抑制丙酮酸激酶与异柠檬酸脱氢酶。随 ATP 的积累，便会导致对 6-磷酸果糖的变构抑制作用，使乙酰 CoA 的量减少，从而降低三羧酸循环运转

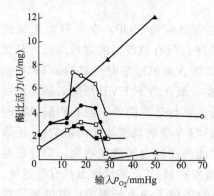

图 3-38　输入的氧分压对大肠杆菌
K-12 呼吸活性的影响

○NADH 脱氢酶；□琥珀酸脱氢酶；

●细胞色素 a（d）；■细胞色素 b_1；

▲异柠檬酸脱氢酶；△α-酮戊二酸脱氢酶

的速度。这些抑制作用把 ATP 引向组成代谢，使之减少到三羧酸循环恢复运行为止。这说明微生物具有调节其能量形成与生长的非凡能力。

❶　$1mmHg=133.322Pa$。

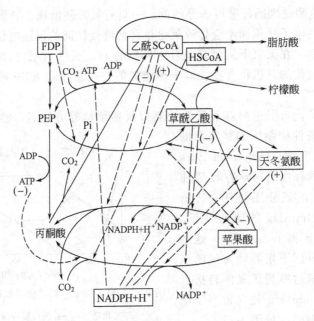

图 3-39　糖代谢在三羧酸循环中的调节

(2) 氧对 EMP 途径运行速率的影响　氧可能钝化 EMP 途径的酶，从而降低 EMP 途径的物流。葡萄糖一旦被磷酸化为 6-磷酸葡萄糖后，可作为 6-磷酸葡萄糖异构酶的基质，经 EMP 途径或作为 6-磷酸葡萄糖脱氢酶的基质，经 HMS 途径分解。高浓度氧对后一反应明显有利，从而会降低 EMP 途径的运行速率。因 HMS 途径为核酸和芳香族氨基酸生物合成提供前体。这同氧的存在导致高的生长速率是一致的。通过酶动力学研究发现，EMP 途径中有一种不受氧而受 ATP 影响的酶——磷酸果糖激酶（PFK）。此酶的活性与其基质浓度的关系呈 S 形，而不是双曲线形。

竞争作用理论表明，呼吸与 EMP 途径之间互相竞争磷酸与 ADP，在有氧时生成的 ATP 抑制 PFK 的活性。ATP 生产也需要 ADP 与无机磷酸。行有氧呼吸的酵母细胞，其葡萄糖利用速率降低是葡萄糖磷酸化这一反应被削弱所致。因在有氧呼吸时生成的 ATP 堆积在线粒体内，不易分泌出来。故此竞争作用理论假定，在有氧条件下 EMP 所需的辅因子被呼吸系统抢走，从而造成葡萄糖利用速率与 EMP 途径总的运行速率降低。但 6-磷酸果糖的磷酸化反应速率不仅取决于 PFK 活性（它受 ATP、ADP 与 6-磷酸果糖浓度的影响），还取决于胞内此酶的浓度。上述 PFK 活性的控制理论认为，此酶在胞内的浓度不变，酶合成速率恒定。这不是一种经济的控制方法。靠酶的诱导与阻遏来控制 PFK 的活性虽然有些迟钝，但可使细胞选择一种最为合适的酶合成速率，以应付各种环境下的生长需求。若供氧导致 PFK 活性的抑制，则通过减少其合成速率以取得更为合适的酶的组分，便可不用连续抑制的方法来控制 PFK 的活性。故在有氧时抑制 PFK 活性和随后减少胞内此酶的浓度，从而导致葡萄糖途径 EMP 的碳流的减少。

为了证明是否存在氧诱导 PFK 合成的作用，需要确定供氧的程度，并避免其他会改变 PFK 合成速率的因素起作用。连续培养可满足这一要求。它可在恒定的供氧速率下维持细胞浓度不变。已知需氧与厌氧培养之间存在比生长速率的差异。这是引起 PFK 合成速率变化的潜在因素。应用恒化培养技术可在葡萄糖浓度和比生长速率保持恒定的条件下研究供氧对 PFK 合成的影响。氧分压下降到低于 5mmHg 时 PFK 合成速率便迅速提高，与此同时，呼吸向发酵转移。这与呼吸活性的降低、α-酮戊二酸脱氢酶的消失及 PFK 合成的增加是一致的。

这些研究表明，在好氧条件下生长的细胞，其 PFK 的比活比厌氧下生长的要小。况且，PFK 合成的减少程度与葡萄糖比吸收速率降低的程度相近。有一种不受 ATP 影响的非变构性的组成型 PFK，在大肠杆菌中这酶只占 PFK 总酶活的一小部分。这种组成型 PFK 的合成在发酵转向有氧呼吸的过渡期间保持不变，而只有对 ATP 敏感的 PFK 的生物合成受阻，其酶活下降到厌氧条件下的活性水平的 40% 左右。这种酶只存在于细菌中，它给大肠杆菌提供了一种变构 PFK 活性受阻后仍能维持若干 EMP 的碳流。

大肠杆菌中的巴斯德效应的机制，见图 3-40，包含三个阶段：①从无氧到有氧的过渡阶段，PEP 被迅速消耗到低于厌氧期间所达到的水平；②PEP：糖磷酸转移系统（PTS）下降阶段，葡萄糖经 HMS 途径的利用增加；③完全氧化代谢和生物合成阶段。在第一阶段氧引起胞外氧化还原电位的变化，从而暂时中止细胞的生长，但不影响代谢。cAMP 浓度的增加启动三羧酸循环的氧化性酶的合成。一种未知信号使 EMP 途径的酵解酶受阻遏。残留的 PFK 使 6-磷酸果糖迅速耗竭。在第二阶段由于 HMS 途径的

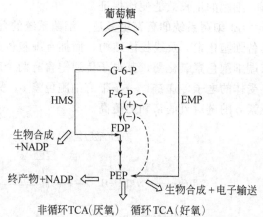

图 3-40　细菌巴斯德效应的调节机制

物流的增加，使 PTS 运行的水平降低，EMP 途径处在最不活跃的状态。在第三阶段三羧酸循环和新生电子传递链的氧化酶达到一相当高的水平，能量的生成和蛋白质的合成增加，与此同时 cAMP 水平下降。HMS 途径起双重作用：恒定供给细胞所需的合成核酸和 NADP 的前体；还作为除去过量 6-磷酸葡萄糖的手段，以降低 PEP 浓度。

3.4.1.2　克列勃特里或葡萄糖效应

克列勃特里效应是指葡萄糖对细胞有氧呼吸的抑制作用。这是分解代谢物阻遏的一个例子。ATP、ADP 和 Pi 是影响呼吸的关键因素。这些因素在巴斯德效应中起变构抑制 PFK 的作用。但克列勃特里效应并不存在变构作用。呼吸速率取决于 ADP 和 Pi 的浓度，即 $\{[ADP]+[Pi]\}/[ATP]$。

(1) 酵母系统的葡萄糖效应　用分光光度计发现，高浓度葡萄糖会导致酿酒酵母细胞色素 a、b 和 c 的合成受抑制。由于葡萄糖效应与氧效应的发酵终产物相似，以及缺乏严格的氧控制系统，使早期研究工作难于区别这两种现象。但连续培养技术的应用解决了这一问题。在好氧条件下随葡萄糖浓度的增加，产朊假丝酵母的代谢由呼吸转向发酵方式。这种转变是由于葡萄糖抑制了细胞色素 a 的合成；另外，比生长速率也会影响呼吸。维持在低而恒定的葡萄糖浓度下，高的比生长速率会导致发酵代谢占上风。**这种生长速率与代谢方式之间的关系说明，采用哪一种代谢途径是取决于培养物的代谢速率，而不是基质的分子性质。高生长速率或高葡萄糖浓度下的生长会阻遏呼吸代谢，从而降低细胞得率。**这是由于细胞色素氧化酶失活，而不能进行氧的还原所致。对酵母来说，无论有无氧存在，若糖酵解速率高于 2.1~2.4（mmol/g）/h，便会出现葡萄糖的阻遏作用。此时的好氧临界比生长速率为 0.23~0.25h^{-1}。这些事实说明，对生长的限制作用可能与最大葡萄糖吸收速率有关，而运

输受到限制是这种吸收减少的原因。葡萄糖对酵母呼吸的影响肯定与葡萄糖抑制线粒体的形成有关。

酵母的葡萄糖效应可归纳为，葡萄糖在某一浓度下抑制细胞色素 a 的合成。一旦呼吸降低，积累的 $NADH＋H^+$ 便抑制丙酮酸脱氢酶系统，从而使三羧酸循环不起作用，并诱导出一种新的丙酮酸脱羧酶。氧化磷酸化的失效对葡萄糖代谢有双重影响：首先，它严重影响葡萄糖透过膜的运输，这种运输是由渗透酶-ATP 系统负责的，结果限制了葡萄糖的吸收；其次，较低的 ATP 浓度解除了对 PFK 的变构抑制作用，经 EMP 途径的碳流增加。ATP 浓度较低会限制葡萄糖的吸收速率，从而减少细胞的生长。一旦产能与葡萄糖运输之间达到平衡，细胞的生长效能便能保证。

(2) 细菌系统的葡萄糖效应　细菌系统的葡萄糖效应机制与酵母的完全不同。因细菌不具备细胞色素 a 及线粒体结构，而拥有细胞色素 o 和（或）细胞色素 d。大肠杆菌含有两个末端细胞色素氧化酶，其电子传递链含有两个磷酸化位点。这些微生物拥有两条以 O_2 为最终受体的电子传递链，一条带有细胞色素 o；另一条带有细胞色素 d，见图 3-41。带有细胞色素 o 的链对氧的亲和力更高。

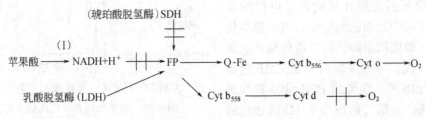

图 3-41　细菌的呼吸链

在 0.1% 的葡萄糖浓度下，比生长速率大于 $0.2h^{-1}$ 时，细菌开始好氧发酵。酵母也具有类似现象，如生长速率维持在 $0.1h^{-1}$ 不动，葡萄糖浓度要高于 0.2% 才出现好氧发酵。在生长速率与葡萄糖浓度增长期间，呼吸酶、琥珀酸脱氢酶的合成受到严重抑制，对 NADH 氧化酶的合成也存在类似的作用。细胞色素中只有细胞色素 d 受比生长速率影响，而不受葡萄糖浓度的影响。在大肠杆菌中葡萄糖与生长速率的作用显然位于磷酸化位点 I 上。因此，有人以为，对位点 I 的抑制会导致生长的减少。但事实并非如此，对 EMP 和 HMS 途径的酶的研究表明，向好氧代谢过渡并未改变碳流的方向，还是以 HMS 为主。3-磷酸甘油醛脱氢酶合成的增加会影响 HMS 与 EMP 途径衍生的中间体（如 3-磷酸甘油醛）的比例，而乳酸脱氢酶的增加是流经甲基乙二醛途径的碳增加的一种迹象。

基于这些发现，可用以下的一些机制来解释细菌的葡萄糖效应和好氧发酵：①葡萄糖和比生长速率阻遏磷酸化位点 I，从而引起发酵。因生成的 $NADH＋H^+$ 被迫重新寻找其再氧化路线，而产生有机终产物。②由 D-乳酸脱氢酶电子流取代琥珀酸脱氢酶电子流。③两种末端细胞色素氧化酶 o 与 d 均起作用。葡萄糖不阻遏任何一种细胞色素氧化酶，但比生长速率抑制细胞色素 d 的合成，而不抑制细胞色素 o 的合成。④葡萄糖和比生长速率促进 3-磷酸甘油醛脱氢酶的合成，使碳流改道，走 EMP 产能和部分甲基乙二醛途径，从而释放出更多的 $NADH＋H^+$ 以及增加乳酸脱氢酶的合成；HMS 途径继续占优势。⑤比生长速率具有阻遏 α-酮戊二酸脱氢酶合成的作用，把 TCA 循环劈为两个分支的生物合成途径。故细菌的好氧代谢存在两种方式：呼吸与发酵。这也许是提出"好氧发酵"这一术语的理由之一。与酵母代谢相反，电子传递链的磷酸化位点 I 与细胞色素 d 的丢失可以挽救和被取代。因此，不会影响细菌的生长得率与能量的形成。在高葡萄糖浓度下对生长的限制作用是葡萄糖的吸收与能量转换受到限制的缘故。

3.4.2 氨基酸合成的调节

赖氨酸是最为重要的饲料添加剂，工业发酵要求尽可能多产生赖氨酸，减少副产物的形成。对棒杆菌属来说，赖氨酸、甲硫氨酸、苏氨酸和异亮氨酸均由天冬氨酸的部分或全部碳原子衍生，见图 3-42。An 等[13] 在研究中发现，异亮氨酸产生菌在某些条件下异亮氨酸的生产减少，而赖氨酸与缬氨酸的生产提高。在赖氨酸生产菌株中对反馈不敏感的高丝氨酸脱氢酶（hom^{dr}）的扩增会导致高丝氨酸在培养基中的堆积。在 tac 启动子（受 IPTG 与 hom^{dr} 的激活）的控制下高丝氨酸激酶的扩增会诱导苏氨酸及其降解产物异亮氨酸与甘氨酸的积累。编码苏氨酸脱水酶 $ilvA$ 以及 hom^{dr} 和 $thrB$ 的表达扩增会诱导赖氨酸产生菌生产异亮氨酸。含有 hom^{dr}、tac：：$thrB$ 和 $ilvA$ 基因的质粒的重组菌——乳酸棒杆菌 ATCC21799 受 250μmol/L 的 IPTG 激活时产生缬氨酸、异亮氨酸和赖氨酸。

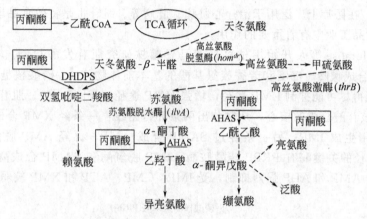

图 3-42　谷氨酸棒杆菌天冬氨酸族氨基酸的生物合成途径
实线代表一步反应；虚线代表多步反应；DHDPS 为双氢吡啶二羧酸合酶；AHAS 为乙羟酸合酶

为了让碳流向赖氨酸，尽可能减少其他氨基酸的生成，以赖氨酸产生菌——乳酸棒杆菌 ATCC21799（是泛酸与亮氨酸营养缺陷型）为研究对象，通过限制泛酸（辅酶 A 的前体），An 等发现含 pGC77 的重组菌的碳流改道流向赖氨酸，而不走向异亮氨酸和缬氨酸[13]。重组菌含有分别编码去反馈调节的高丝氨酸脱氢酶、高丝氨酸激酶和苏氨酸脱水酶的 hom^{dr}、$thrB$ 和 $ilvA$ 基因的 pGC77 的质粒。在 250μmol/L 的 IPTG 诱导下重组菌（pGC77）产生赖氨酸、缬氨酸和异亮氨酸。限制泛酸的供给，从 300μg/L 减少到 30μg/L，导致赖氨酸的增产，从 4.5g/L 提高到 6.4g/L；在 70.5～79.5h 期间，其赖氨酸比生产速率在 300μg/L 泛酸下为 7.2（mg 赖氨酸/L）/h，在 30μg/L 泛酸下为 9.9（mg 赖氨酸/L）/h；在 93.5～122.5h 期间，在 300μg/L 泛酸下为 5.0（mg 赖氨酸/L）/h，在 30μg/L 泛酸下为 15.5（mg 赖氨酸/L）/h；缬氨酸及苏氨酸分别从 3.1g/L 和 0.9g/L 降低到 1.6g/L 和 0.3g/L。在泛酸限制性培养物中其丙酮酸浓度比对照高，而乙酸浓度比对照低。这说明，泛酸的限制性供应延迟丙酮酸转化为乙酸。丙酮酸的可利用性的增加可能有利于将丙酮酸结合到赖氨酸支路中和明显降低副产物的浓度。

饶志明等研究了钝齿棒杆菌 SYPA 的 L-精氨酸合成代谢调控机制[14]，他们解除了产物对其自身合成的反馈抑制作用，同时敲除了精氨酸合成代谢途径中的旁路代谢的关键酶基因，使产物合成的关键酶基因得到增强，从而削弱脯氨酸、谷氨酰胺合成的代谢流。研究结果，构建了精氨酸的高产重组工程菌——钝齿棒杆菌 SYPA5.5，显著提高了精氨酸的产量，达到 50g/L 的水平。

2-氨基丁酸是很重要的化工原料，广泛应用于各种药物合成，如抗结核的盐酸乙胺丁醇。刘宏亮等[15]通过扩展苏氨酸代谢途径，通过基因碱基定点突变，有效改变了原苏氨酸脱水酶基因 $ilvA$、谷氨酸脱氢酶基因 GDH、酪氨酸转氨酶基因 $tyrB$ 的酶学性质，成功构建了可应用于发酵生产的 2-氨基丁酸的工程菌 THRD＋pTrc99a-$ilvA^M$-GDH^M，此菌能将苏氨酸代谢转化为 2-氨基丁酸，其发酵产量达 3g/L。

3.4.3 核苷酸合成的调节

3.4.3.1 肌苷

肌苷（inosine）又名次黄嘌呤核苷，可以直接透过细胞膜进入细胞内参与人体代谢，促进体内能量代谢和蛋白质合成，它还能提高丙酮酸氧化酶活力，使低能、缺氧状态细胞的 ATP 水平提高。在医疗上广泛用于治疗心脏病、肝病等。肌苷也是特效食品增鲜剂 I＋G 的合成前体，在食品工业中有着重要的作用。

1963 年，Momose 等人开始用枯草杆菌马堡菌株研究肌苷发酵机制。枯草杆菌通过 HMP 途径提供合成嘌呤、嘧啶和芳香族氨基酸的基本前体物——5-磷酸核糖。要积累肌苷合成的前体，就得尽可能抑制 EMP 途径，增强 HMP 途径（见图 3-43）。肌苷合成的直接前体 IMP 是嘌呤核苷酸合成的核心，从它分出两条环行路线：一条经 XMP 合成 GMP，再经 GMP 还原酶作用生成 IMP；另一条经过 SAMP 合成 AMP，再经 AMP 脱氨酶作用生成 IMP。全合成途径的关键酶有 PRPP 转酰胺酶、IMP 脱氢酶和 SAMP 合成酶。PRPP 转酰胺酶专一性地受 AMP 和 ADP 强烈抑制，受 IMP、GMP、ATP 和 XMP 较弱抑制。IMP 脱

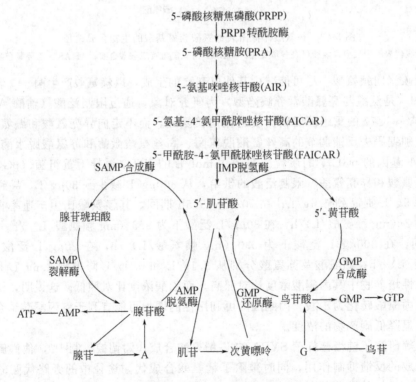

图 3-43　嘌呤核苷合成途径

氢酶受 GMP、ATP、XMP 和 ADP 的抑制，其抑制程度分别为 58%、50%、39% 与 20%。SAMP 合成酶仅受 AMP 系物质的反馈阻遏。

当培养基中腺嘌呤和鸟嘌呤过量时对 PRPP 转酰胺酶有阻遏作用，而通过补救途径合成嘌呤核苷酸的核苷酸磷酸化酶、核苷酸焦磷酸化酶和核苷酸磷酸激酶，都受多种嘌呤核苷酸抑制。储炬等[16]通过添加柠檬酸钠减弱 EMP 途径的碳流，增加枯草杆菌的肌苷产量。

3.4.3.2　鸟苷

鸟苷也是一个多用途的核苷，作为抗病毒的药物三氮唑核苷、无环鸟苷的合成原料，其应用前景不亚于肌苷。鸟苷也是特效食品增鲜剂 I+G 的合成前体，在食品工业中有着重要的作用。

汤生荣等采用枯草杆菌产鸟苷突变株 2066 在 16L 自控罐进行补料分批培养[17]。高浓度葡萄糖对鸟苷发酵有明显抑制作用，采用补料可提高产量，合适的初糖浓度为 6%，流加6%，鸟苷产量可达 15g/L，流加过多的糖则不利于后期产苷，流加过多的酵母粉则有抑制作用，发酵过程中后期 DO 控制在 20% 对鸟苷发酵最合适。并在生产性试验中[18]最高产苷达到 17.7g/L。Sauer[19]等人综合考虑到代谢途径的因素及菌体自身的生长代谢，通过对建立的代谢网络分析计算得出枯草芽孢杆菌生产鸟苷的最大得率是 0.497g/g 葡萄糖。

3.4.3.3　腺苷

腺苷是腺嘌呤核苷的简称，在人的新陈代谢中起重要的作用，被广泛应用于医药与食品行业。腺苷的生产采用枯草芽孢杆菌发酵生产。张成林等[20]为了确定枯草杆菌腺苷生物合成的代谢瓶颈，采用实时定量 PCR 法监测发酵过程中腺苷合成途径关键酶编码基因的转录水平。据此增强低转录水平基因的表达，同时用摇瓶发酵验证所构建菌株的腺苷生产水平。其试验结果表明，发酵 12h 后 PRPP 合成酶、PRPP 转酰胺酶和腺苷酰琥珀酸合成酶的编码基因的转录水平均逐渐下降，36h 后其转录水平恒定。他们用同源重组技术把 *purA* 启动子更换成强启动子 P43，并共表达解除反馈抑制的 *prs* 和 *purF*。所得基因工程菌株——枯草芽孢杆菌 XGL*prs-purF-purA*，其 PRPP 转酰胺酶和腺苷酰琥珀酸合成酶的酶活分别比出发菌株提高 1.5 倍和 1.9 倍，腺苷产量与糖苷转化率分别提高 12.7% 和 16.8%。

钱江潮等[21]研究了鸟苷与肌苷生产枯草杆菌中 *purA* 基因与 *pur* 操纵子的启动子区域的核苷酸突变与鸟苷和肌苷生物合成的关系。她们比较了野生型菌株与三株嘌呤产生菌株的编码腺苷酰琥珀酸合成酶的 *purA* 基因。她们发现，在肌苷酸高产菌和鸟苷酸高产菌的 *purA* 基因中的第 55 位（相当于转译的起始位置）单个核苷酸的缺失，表明这些菌不含腺苷酰琥珀酸合成酶。她们还揭示另一些 *pur* 操纵子的启动子区域的核苷酸突变与嘌呤的合成相关。

3.5　代谢工程

3.5.1　概论

代谢工程（metabolic engineering），又称途径工程，是由美国学者 J.E.Bailey 首先提出[20]。他把代谢工程定义为，**用重组 DNA 技术操纵细胞的酶运输和调节功能来改进细胞的活性**。Stephanopoulos 等认为，代谢工程是一种提高菌体生物量或代谢物产量的理性化方法。Cameron 等的定义精炼些，用重组 DNA 技术有目的地改造中间代谢。**一般定义为，通**

过某些特定生化反应的修饰来定向改善细胞的特性或运用重组 DNA 技术来创造新的化合物。

代谢工程研究内容主要有：①在微生物体内建立新的代谢途径以获得新的代谢物（如链霉菌的聚乙酮）；②生产异源蛋白（如人体胰岛素、人血清白蛋白）；③改进已存在的途径（如抗生素、工业酶的生产）。其研究方法有：①生理状态研究；②代谢（物）流分析；③代谢流控制分析；④代谢途径热力学分析；⑤动力学模型。目前代谢工程的研究工作主要集中在代谢分析上。

代谢流的研究任务，对已知途径而言，是了解生物过程环境变化时对代谢流及其分布的影响，确定流向终产物的比例；对未知途径而言，是主要途径的鉴别，副产物途径的了解，以便指导遗传操作，克服微生物自身的遗传机制，去除副途径。由于对细胞代谢的详尽分析有些困难，曾将重点放在合成上，即在各种宿主菌中新基因的表达，内源酶的放大，基因的删除或酶活的修饰。

代谢工程可在以下几个方面得到广泛的应用：①改进由微生物合成的产物的得率和产率；②扩大可利用基质的范围；③合成对生物而言是新的产物或全新产物；④改进细胞的普通性能，如耐受缺氧或抑制性物质的能力；⑤减少抑制性副产物的形成；⑥环境工程方面；⑦药物合成方面，作为中间体的手性化合物的制备；⑧在医疗方面用于整体器官和组织的代谢分析，用于鉴别借基因治疗或营养控制疾病的目标；⑨信息传导途径方面，即信息流的分析，为了治疗疾病而进行基因表达的分析和调节，需了解信息流的相互作用和控制。

代谢工程的要素是将分析方法运用于物流的定量化，用分子生物技术来控制物流以实现所需的遗传改造。

3.5.2 代谢流 (物流、信息流) 的概念

代谢工程所采用的概念来自反应工程和用于生化反应途径分析的热力学。它强调整体的代谢途径而不是个别反应。代谢工程涉及完整的生物反应网络，途径合成问题，热力学可行性，途径的物流及其控制。要想提高某一方面的代谢和细胞功能应从整个代谢网络的反应而不是个别反应去考虑。重点应放在途径物流的放大和/或重新分配上。对代谢和信息途径的性质、它们的相互作用及其物流的控制了解得很少。这方面的了解对于运用重组 DNA 技术和与应用分子生物学有关的方法来合理修饰途径是必需的步骤。代谢工程是生物工程领域中的研究热点之一，已引起国内外学术界的高度重视。

3.5.2.1 有关术语

在系统介绍代谢工程前有必要先解释一下常用的术语。

(1) 途径（pathway） 是指催化总的代谢物的转化、信息传递和其他细胞功能的酶反应的集合。

(2) 通量/物流 （flux） 是指物质或信息通过途径被加工的速率，它与个别反应速率不同。

(3) 代谢网络 （metabolic network） 是由分解与组成代谢途径以及膜运输系统有机组成的，包括物质与能量代谢。其组成取决于微生物的遗传性能与细胞的生理状况及其所处环境。

(4) 代谢网络分析（metabolic network analysis） 是研究鉴别代谢网络的布局及其个别分支的相关活性的特征，详见 3.5.3.2 节 (3)。

(5) 载流途径 是指碳流在代谢网络中通过的主要途径。生产所需产物期间让碳流相对集中流向产物合成的途径。

(6) 节点 (nodes) 是指代谢网络中存在的分支之处。在不同条件下，代谢流分布变化较大的节点称为主节点。节点分为柔性、半刚性、刚性。

(7) 代谢物流分析 (metabolite flux analysis) 是一种计算流经各种途径的物流的技术，用于描述不同途径的相互作用和围绕支点的物流分布。

(8) 代谢控制分析 (metabolic control analysis) 是指通过一途径的物流和以物流控制系数来表示的酶活之间的定量关系。物流控制点分布在途径的所有步骤中，只是若干步骤的物流比其他的更大些。其基础为一套参数，称为弹性系数，控制系数和敏感性系数，可用数学方程来描述反应网络内的控制机制。

(9) 物流控制系数 (flux control coefficient) 大体上可用物流的百分比变化除以一酶活（该酶能引起物流的改变）的百分比变化表示。

$$C_{\text{xase}}^{\text{Jydh}} = \frac{\partial J_{\text{ydh}}}{\partial E_{\text{xase}}} \cdot \frac{E_{\text{xase}}}{J_{\text{ydh}}} = \frac{\partial \ln J_{\text{ydh}}}{\partial \ln E_{\text{xase}}} \tag{3-4}$$

式中，$C_{\text{xase}}^{\text{Jydh}}$ 为物流控制系数；E_{xase} 为酶 xase 的量；J_{ydh} 为步骤 ydh 的物流。

（10）物流求和理论 (flux summation theory) 是指一代谢系统中的某一物流的所有酶的物流控制系数加在一起，其和为 1。

$$\sum_{\text{AllE}} C_{\text{E}}^{\text{Jydh}} = 1$$

(11) 弹性系数 (elascity coefficients) 表示酶催化反应速率对代谢物浓度的敏感性。弹性系数是个别酶的特性。

(12) 物流分担比 (flux split ratio) 是指途径 A 与途径 B 之比，如在葡萄糖-6-磷酸节点上的物流分担比便是（EMP 途径物流）/（PP 途径物流）。

(13) 推定代谢工程 (constructive metabolic engineering) 从对代谢系统的了解出发提出基因操纵的设想，以通过已知生化网络的改造得益。这种对代谢工程提出问题并用数学描述的解答策略被称为推定代谢工程[22]，详见 3.5.6 节。

(14) 反向代谢工程 (inverse metabolic engineering) 提高菌生产性能的定向基因工程策略，详见 3.5.6 节。

(15) 进化或寻优工程 (evolutionary engineering) 遵循以变异与筛选为手段的大自然的"工程"原理，这是一种补充策略，为菌种改良与过程优化提供科学与应用基础，详见 3.5.7 节。

3.5.2.2 物流与酶的关系

典型的物流与酶量之间的关系大致呈双曲线形。在很低的酶浓度下，即在双曲线的直线上，物流的增加几乎与酶量成正比，且其物流控制系数接近 1。但随曲线上行，此系数逐渐减小，至曲线变平时达到 0。如一步骤的物流控制系数接近 1，此酶便是速率限制性酶。但这种情况是罕见的，可以从物流求和理论得到解释。

虽然并不排斥其中一种酶的物流控制系数可能达到 1，但考虑到途径的其他酶也要分享此物流控制系数，因此，这些酶中没有一个是真正速率限制性的。物流求和理论还阐明，一个酶的物流控制系数不是哪个酶单独固有的，而是系统所具有的性质。当酶 E_{xase} 的活性从很低的水平提高到很高的水平，其物流控制系数也会改变。显然，若此物流控制系数在改变，则其他酶的活性虽然未变，但其物流控制系数也会改变。这是因为不管 E_{xase} 在哪一水平，途径中的所有酶的物流控制系数之和等于 1。这明显是一种相互作用，其他一些酶量的变化也会引起 E_{xase} 的物流控制系数的改变。

物流控制系数可作为预测工具。代谢控制分析的理论和实践阐明，真正速率限制酶是不存在的。具有最大的物流控制系数的酶对途径物流的影响最大，故用控制分析的理论和试验手段来鉴别一代谢系统中哪一个酶具有这种特征是合理的。那么，这种酶便是作用靶位，提高其活性会导致途径物流的增加。应注意，代谢控制分析的理论或试验均不支持鉴别速率限制步骤的传统方法。特别是，位于途径起始，受途径反馈抑制的变构酶，是一种具有很小的物流控制系数的非速率限制性酶。

在估价物流随酶活的提高而增加方面，我们遇到物流控制系数的限制问题。Small等[23]导出因子 f 的表达式，在一线形途径中物流系数将随酶量 r 次的增加而增加。

$$f=\frac{1}{1-\frac{r-1}{r}C_E^J}$$
(3-5)

式中，C_E^J 是途径物流 J 上酶 E 的物流控制系数。

此方程可预测，如物流控制系数小于 0.6，即使酶量略微增加也会引起代谢物流的增加。故在酵母中个别醛解酶的超表达达 14 倍的情况下，对物流控制系数的影响极小。从物流-酶关系的准双曲线形式可预期酶量的减小会使它对物流的限制作用更大。

Shibata 等在 2-酮-L-古洛糖酸的生产中将编码三种酶——L-山梨糖脱氢酶、L-山梨酮糖脱氢酶与 L-山梨醇脱氢酶的基因引入到恶臭假单胞菌中[24]。用大肠杆菌的 $tufB$ 启动子（pUCP19-SLDH-tufB）取代原 SLDH 启动子，使 2-酮-L-古洛糖酸的产量提高到 11.6mg/mL。通过培养条件的优化使 2-酮-L-古洛糖酸转化得率提高 32％。此法是提高次级代谢物产量的典型代谢工程方法。

3.5.2.3　物流限制作用的克服

等量增加一代谢系统中的所有酶会导致该系统的物流相应地增加，因这可通过提高生物量的办法简便地达到。但这样做对转化率无益，因必须同时合成菌体和其他副产物。如一组酶被一起超表达，则在有利的环境下，可用式（3-5）的组内各酶的物流控制系数之和来表示系统的物流变化。因此，鉴别出具有高的物流控制系数的酶比超表达个别酶能获得更好的结果。

Kacser 等提出另一种"通用方法"（universal method）以增加流向所需产物的物流，而维持其他产物的物流及所有代谢物浓度不变[25]。这可通过等量提高最后分支途径上的所有酶，使该分支上所有代谢物浓度不变的方法做到。在产物之前的第一个分支点的支点代谢物的合成需增加到刚好增产所需的量，而不用从其他分支抽调物流。故所有引向分支点代谢物的酶量也必须按一公因子增加，但这将比分支点后的酶的增加要小。当途径回溯到养分输入，经过相继的分支点，为应付增产所需的变化越来越小，直到可忽略。其目的在于避开固有调节机制的作用，这可通过使起调节信号作用的代谢物的浓度不变做到。据此，"通用方法"又被称为"回避"（evasion）策略。

Niederberger 等通过同时超表达质粒上的 5 个基因 23 倍，使酵母中生产色氨酸的物流提高 9 倍[26]。消除引向色氨酸的分支的头一个酶的反馈抑制作用，对流向色氨酸的物流的影响很小。代谢工程在提高棒杆菌的氨基酸的生产非常成功，超表达几个有关的酶。

有一种称之为"多点调节"（multisite modulation）方法可使生物大幅度增加物流，而只伴随非常小的浓度变化[27]。

3.5.2.4　反馈抑制与限制途径物流的关系

模拟研究表明，消除反馈抑制作用的主要效果在于增加代谢中间体的浓度，而对物流的影响很小[28]。在酵母中用一非变构型取代变构型磷酸果糖激酶对酵母的生长无影响，消除磷酸果糖激酶的强大的变构激活剂，果糖-2,6-二磷酸的合成对酵解途径物流的影响很小，但显著改变代谢物的浓度[29]。

传统的关于速率限制步骤鉴别的生化教义误认为，超表达单个酶便能增加代谢物流。代谢控制分析表明，物流的控制分布在多个酶上，在任何情况下单个酶的作用是有限的，特别是，在途径起点受反馈抑制的酶是物流控制不敏感之处，尽管它对代谢物的浓度有很大的影响。代谢物流是由胞内酶活力调节决定的，而不是由胞内酶活力决定的。想通过单个酶的活性来提高代谢途径的物流是行不通的，除非此酶具有很高的物流控制系数。因被超表达的酶固然不再受反馈抑制，但瓶颈可能落在途径的下游酶上，从而导致代谢中间体的大幅度增加。在无任何其他有关控制分布的信息的情况下同时和协调地超表达途径中的大多数酶，原则上可大大提高代谢流，而不至于改变各代谢物的浓度。另一种选择是增加途径产物的需求，这可以通过提高产物的分泌速率办到，也是最简便的方法。

3.5.3 代谢物流分析

代谢物流（简称代谢流）分析属于途径分析方法，是一种计算通过各种途径的物流的强有力的技术。为了更好地了解生长细胞的行为，可将养分的代谢、能量交换及其相互关系同细胞的行为关联。通过对碳中枢代谢途径与载流途径的控制可以改善细胞培养特性，获取更多产物。这种分析方法是计算不同途径代谢物流的重要工具。它利用所有胞内主要反应的化学计量模型及胞内的物料平衡来计算胞内代谢物流。通过对不同操作环境，不同突变株的代谢流分析，可得到代谢途径中的重要信息，如物流分布与产率的关系。

3.5.3.1 物流分布的测量

代谢物流的定量是代谢工程的重要分析技术，尤其与代谢物的生产研究有关，其目标是使尽可能多的碳从基质流向代谢产物。

(1) 同位素示踪法（放射性元素测量或 NMR 技术） 用稳定或放射性同位素示踪法研究代谢途径是一种重要而又古老的方法。在蒽醌的生物合成中曾用[13]C NMR 技术定量估算蒽醌的代谢物流分布及可能合成途径[30]。但由于在同位素示踪法中，NMR 不够敏感，放射性检测又比较困难以及有些胞内反应是可逆反应，因此，无法进行准确地分析。

(2) 物流平衡法[31] 已知微生物细胞完整的遗传信息和生物化学功能（开放阅读框架功能、代谢功能）时，可用物流平衡法进行代谢物流分析。物流平衡法是基于物料平衡原理，只要求胞内反应的化学计量矩阵、微生物细胞代谢需求和菌株的特征参数，无需动力学数据及其调节信息。这是一种常用方法，需测量大量数据。

(3) 基于代谢信号图的代谢物流分析 有一种可用于代谢物流分析的适用于所有主要胞内反应的化学计量模型和围绕胞内代谢物的物料平衡。输入到计算中的是一套测量的物流，典型的有基质吸收速率和代谢物的分泌速率。如用富集[13]C 的碳源做试验和测量胞内代谢物富集的部分[13]C，再加上一套模型的限制条件，便能更好地测量胞内物流[32]。最后，还可将有关同位素分布的信息应用于胞内代谢物，可提供更多的信息。

在不同的操作条件和不同的突变株中测得的物流分布可提炼出宝贵的信息，例如，鉴别了物流分担比和产率间的相互关系。在产黄青霉的青霉素生产分析中作者发现，在 6-磷酸葡萄糖节点上的物流分担比与基于葡萄糖的青霉素得率之间的相互关系[33]，见表 3-13。这种相互关系表现在青霉素的生产需要大量的 NADPH（尤其是前体，L-半胱氨酸的生物合成）。

表 3-13　在不同操作方式下的青霉素比生产速率

操作方式	r_p	Y_{sp}	f_{ppp}	操作方式	r_p	Y_{sp}	f_{ppp}
分批培养				连续培养			
生长期	9.0	20	18	$D = 0.025h^{-1}$	23.1	58	65
生产期	12.6	60	44	$D = 0.050h^{-1}$	24.8	40	60

注：青霉素比生产速率r_p/[（μmol/g DCW）/h]，基于葡萄糖的青霉素得率Y_{sp}/（mmol青霉素/mol 葡萄糖），在6-磷酸葡萄糖节点上的物流分担比f_{ppp}/（EMP途径物流/PP途径物流）。

此外，物流分析也用于评估对青霉素生产的限制。因此，在连续培养中发现青霉素的比生产速率（r_p）在高葡萄糖比吸收速率（r_S）下大致不变，而在低葡萄糖比吸收速率下产率迅速降到零（图3-44）。图3-44显示在葡萄糖比吸收速率为0.25（mmol/g DCW）/h时得到最大基于葡萄糖的青霉素得率（mmol青霉素/mol 葡萄糖）。若比生产速率维持在低葡萄糖比吸收速率下，物流分担比将大于1，戊糖磷酸途径将以循环方式运行。当r_s低于0.4时，r_p随r_s的减小而下降。这可能是受到在6-磷酸葡萄糖节点上的物流分担比的上限限制[33]。

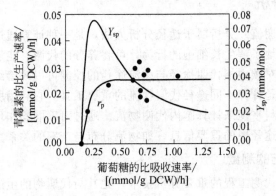

图 3-44　作为葡萄糖比吸收速率/［（mmol/g DCW）/h］的函数的青霉素比生产速率[33]
青霉素比生产速率r_p/[（μmol/g DCW）/h]和基于葡萄糖的青霉素得率Y_{sp}/（mmol青霉素/mol 葡萄糖）。
当青霉素比生产速率降到零时葡萄糖比吸收速率相当于细胞用于维持的葡萄糖消耗速率

3.5.3.2　代谢物流分析的应用

代谢物流分析的作用可概括如下。

(1) 定量各途径的物流和鉴别代谢网络瓶颈的位置　不同途径代谢物流的定量分析可以判定胞内碳源流向。用现代基因改造方法已经有可能做到定点改变微生物的基因组。关键是怎样才能鉴别代谢网络瓶颈的位置，即鉴别靶点，成为理性化基因工程。明显的靶点是编码生物合成途径的酶的基因。Gulik 等[34]通过操纵物流来鉴别产黄青霉初级代谢网络的瓶颈，简要介绍见本小节的后面。

(2) 鉴别细胞途径中的分支点（节点）　通过比较不同突变株和不同操作条件下的各途径的物流分布可以鉴别途径的节点是刚性、半刚性，还是柔性。运用这种方法揭示出赖氨酸生产的6-磷酸葡萄糖节点是柔性的，而丙酮酸节点是弱刚性的[35]。

Stephanopoulos 等[36]曾建立鉴别代谢物过量生产的代谢瓶颈的理论概念。按照他们的分析，产物的产率主要取决于只出现在所有（构成代谢网络的）节点的分支物流分布上。鉴别这些主要节点是通过寻找在代谢网络中其物流分布的显著变化必须与产物形成速率相关的节点完成的。节点的性质（塑性、弱刚性或强刚性）是参与这类主要节点的分支点上的酶的动力学参数以及节点的控制结构决定的：在刚性节点周围的物流分布是由其分支之一的动力学支配的。这类节点可能是潜在的瓶颈，因它们抵制物流分布上的变化，而这些变化正是产物形成所要求的。Stephanopoulos 等曾建议用不同的方法去研究主要节点的刚性。例如，通过添加某种抑制剂使酶活减弱；通过基因修饰强化或减弱酶的活性；使某一种代谢物失调以增加代谢的负担；环境的扰乱，如改变碳源。随后，Vallino 等[37]把这些方法应用于谷氨酸棒杆菌的赖氨酸生产中。通过改变环境条件来改变物流的方法受到青睐，特别对那些用基因技术不太容易奏效的情况下最为适用。

(3) 不同途径存在的鉴别 识别胞内是否存在某代谢途径。胞内反应的化学计量关系，对代谢物流的分析非常重要。用公式表示反应化学计量关系是代谢物流分析的基础，它需要知道与生化有关的详细信息。通过计算不同细胞途径的代谢物流可鉴别哪些途径可能存在，并获得有关同工酶和（或）途径功能的信息。故通过酿酒酵母厌氧生长的分析，有人发现醇脱氢酶Ⅲ，一种线粒体酶（其功能还未鉴别）在维持线粒体内的氧还电位起重要的作用[38]。这类酶的跟踪，需测量无细胞萃液的酶活。

代谢网络分析（metabolic network analysis）是代谢工程的强有力工具，它是研究鉴别代谢网络的布局及其个别分支的相关活性的特征[39]**。代谢网络分析的支柱是用于定量分析的数学建模、反应化学计量和提供输入建模所需数据的试验技术。建模部分包含代谢衡算（这通常是代谢物流分析的基础）和同位素衡算。同位素衡算可用于途径的鉴别。代谢衡算法预测形成同一产物的两条途径中哪一条途径更有效。**

Christensen 等用[13]C 标记葡萄糖作产黄青霉的代谢网络分析[40]。他们将[13]C 葡萄糖喂给产黄青霉高产菌株，测定其胞内物流，提出该菌过去未曾描述过的两条新的途径。因此，不仅由羟甲基转移酶，也可以由苏氨酸醛缩酶将丝氨酸转化为甘氨酸。他们发现，胞液乙酰CoA 是由柠檬酸裂解酶催化的反应或青霉素侧链前体——苯氧乙酸的降解形成的。且试验数据指出，高柠檬酸合成酶与 α-异丙基苹果酸合成酶存在于胞液中。用 GC-MS 方法可以获得试验标记的模式。这些方法比用核磁共振法更快速和灵敏。

(4) 非测量所得的胞外物流的计算 一般能被测量的物流数目多于需用于计算胞内物流的数目。在这种情况下有可能计算若干胞外物流，例如，用化学计量模型和测得的物流计算几种胞外副产物的生产速率。

(5) 考查另一些途径对物流分布的影响 关于代谢物生产的优化，可鉴别一种或几种提高代谢物得率或消除所需代谢物的物流的限制作用。为此，可考查一些设想，如插入一条新途径或同工酶（或将其消除）是否具有消除该限制的积极效果，从而导致所需物流的增加。在研究青霉素的生产方面作者求得，在青霉素前体，半胱氨酸由直接硫化作用比通过转硫途径合成的情况下基于葡萄糖的青霉素的得率更高[41]。

(6) 最大理论得率的计算 基于化学计量模型，如已知各种限制条件，便可以计算一已知代谢物的最大理论得率。此值对揭示过程得率的上限有用。此模型曾应用于棒状杆菌的赖氨酸和产黄青霉的青霉素[41]生产上。作者求得不同比生长速率下的基于葡萄糖的最大的青霉素理论得率，并发现，当比生长速率从 0 提高到 $0.05h^{-1}$ 时，理论得率急速下降。比生长速率＝$0.025h^{-1}$ 时，其得率相当于高产菌株所能得到的得率的 3 倍。

(7) 用于发酵控制的在线代谢物流分析 代谢工程常定义为用于改进细胞活性的工程，其中包含用生化信息构建的生化网络的分析。自 20 世纪 90 年代初以来，曾强调在初级代谢途径方面的网络刚性[36]和补充异源活性，如异种酶与运输系统的重要性。Stephanopoulos 等[42]详细分析了赖氨酸合成途径的网络刚性和建立了生化途径的借助计算机的综合方法。Vallino 等计算了赖氨酸生产的代谢物流分布[43]，根据物流分布的计算结果分析赖氨酸合成的若干节点的刚性[35,37]。应用代谢途径方面的生化化学计量式通过解一套代数方程来分析一些代谢产物，如丁酸、丁二醇、丙酸与丙酮-丁醇的厌氧发酵的物流分布，研究了这些途径中的许多分支点。

用^{13}C和^{31}P NMR分光术对杂交瘤[44]、赖氨酸的生产[45]和面包酵母[46]做过胞内同位素平衡分析。曾将宏观元素平衡法[38]与热平衡法[41]用于在线估算代谢速率，但其估算仅限于胞外代谢物。Shioya等在发酵过程中不仅分析胞外，也计算胞内代谢物，并将这些数据用于状态识别和过程控制[47]。代谢反应模型的在线使用，如图3-45所示，可分为3个步骤：建模、噪声过滤和物流分析。在某些情况下根据物流分布计算的结果可以识别细胞的生理状态。在另一些情况下基于估算的生理状态的，带有时变参数的代谢反应模型可用于代谢物流分析。Shioya等开始建立一通用的方法，用于构建一种在线物流分析系统；有两个代谢物流分析在线应用例子可以充分说明怎样将信息用于生物过程的控制。

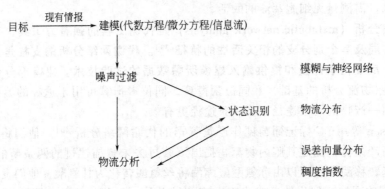

图3-45　构建在线代谢物流分析系统的步骤[46,47]

Jorgensen等以一种复杂的化学计量模型对青霉素补料分批发酵过程做代谢流分析[48]。在生长对数期通过PP途径的物流占20%，在生产期便上升到40%。添加三种氨基酸前体可使产率增加20%。在另一恒化培养的研究中在高产条件下通过PP途径的物流甚至占60%[49]。同补料分批培养比较其差别在于恒化培养的比生产速率较高。求得青霉素V的理论最大得率为0.43mol/mol（葡萄糖）。在生长期采用易分解代谢的糖或在高碳源吸收速率下此抗生素的生物合成受分解代谢物的阻遏或抑制。Takac等建立了一种基于化学计量的详细的物流模型[50]，用于模拟谷氨酸细菌的代谢系统的性质和取得在几种比生长速率下优化谷氨酸生产的理论物流分布，并认为对代谢物流分布进行分析可提供有关所需代谢物超产的瓶颈方面的信息。Vallino等[37]报道了在谷氨酸棒杆菌生长和赖氨酸生产期间的代谢物流分布，提出一种细菌用的生物合成网络，并从分批发酵数据中求得的胞外代谢物积累速率来建立基于化学计量的物料平衡的模型，阐明了代谢的主要节点。

Schmidt等采用^{13}C示踪试验和核磁共振（NMR）分析，通过化学计量方程和胞内代谢物的标记状况的测量进行代谢物流分析[51]。Tada等对赖氨酸的生产做了代谢物流分析[52]，从试验结果发现，在生产期添加苏氨酸后，L-赖氨酸合成途径的碳流及TCA循环的碳流比生长期的要高。

Hua等曾用维生素缺陷型酵母 *Torulopsis glabrata* 对丙酮酸发酵做代谢物流分析[53]。他们研究了溶氧与硫胺素浓度对特有代谢活性的影响。代谢物流分析的结果指出，硫胺素浓度显著影响丙酮酸脱氢酶与丙酮酸脱羧酶的活性，在细胞生长与丙酮酸生产上起重要作用。代谢物流分析也用于澄清在不同供氧条件下丙酮酸发酵期间菌的代谢情况，以及从胞内物流分布的观点搞清楚在 $30\%\sim40\%$ 的 DO 浓度下能提高丙酮酸生产的原因。根据硫胺素浓度对代谢物流的影响的分析所做的补料分批试验，硫胺素初始浓度减少到 $30\mu g/L$，在发酵过程中当细胞的生长速率降低到 $0.2h^{-1}$ 时，添加硫胺素，维持在 $10\mu g/L$。采用分次添加硫胺素可以提高丙酮酸的总产量 15%，这是由于乙醇的形成减少的缘故。

Gulik 等[34]以高产产黄青霉菌种生产青霉素作为模型，系统研究初级代谢与产物形成间的相互作用对碳前体与还原当量的供应的影响。由此产生的主要问题是产物的形成究竟是受初级代谢还是产物形成途径的影响。作者将代谢物流分析应用于初级代谢的主要节点的理论鉴别上，即在增加产物形成速率下显示出对物流分布有显著影响的分支点。原则上，这些分支点可能成为青霉素生产的潜在的代谢瓶颈。随后，通过在碳限制的恒化培养中不同的碳源和氮源下试验改变不同的比生长速率对节点周围物流分布的影响。曾用基于测定输入与输出物流的代谢物流分析来研究这些节点周围物流分布的剧烈变化对青霉素 G 生产的影响。试验结果表明，对于青霉素生产，初级代谢特别是有关辅因子（NADPH）的供给/再生方面存在潜在的瓶颈，而对碳前体的要求却相对低一些。

李建华等[54]通过代谢物流分析发现，从指数生长期转向头孢菌素 C（CPC）生产期时，伴随着经 TCA 循环与乙醛酸旁路的碳流的提高，分别增加 1.63 倍和 5 倍，而对磷酸戊糖支路的碳流影响很小。在试验大豆油作为碳源下脂肪酸代谢所消耗的 NADPH 是 CPC 生物合成的 4 倍，即 90% 以上能源的消耗与 CPC 的合成无直接关系。因此，提出通过优化 NADPH 与 ATP 的形成和消耗来改进 CPC 的生产的想法。

Z. J. Wang 等[55]运用 ^{13}C 标记葡萄糖对维生素 B_{12} 生产菌 *Pseudomonas denitrificans* 的中枢碳流进行代谢物流的分析。作者在不同供氧条件下以 100% ［1-^{13}C］或 20% ［全标记-^{13}C］葡萄糖作为基质进行培养。以对数生长期的细胞的氨基酸的标记分布图来估算菌的中枢碳代谢物流。结果显示，大部分葡萄糖是经 ED 途径和 PP 途径被分解代谢的。在高比摄氧率（SOUR）的条件下多达 33% 的葡萄糖是通过 PP 途径代谢的，比低氧耗条件下高出 77.9%。辅因子分析显示，在相同的糖耗条件下较高的 SOUR 加速甲基前体与 NADPH 供给，提高维生素 B_{12} 的产量。

Y. S. Nie 等[56]应用 ^{13}C 代谢物流分析研究高 β-半乳糖苷酶的表达对毕赤酵母 GS115 的葡萄糖中枢代谢的影响。作者通过控制组成型启动子（pGAP）分别构建了一株 β-半乳糖苷酶高表达菌株 *P. pastoris* G1HL 和低表达对照菌株 *P. pastoris* GHL。这两株酵母的碳流分布经 ^{13}C 代谢物流分析量化。与对照菌对比，G1HL 菌株显示较低的生长速率、较高的酵解物流和 PP 途径的物流以及较低的副产物合成途径物流。这种分布方式被认为是补偿因高蛋白表达引起的氧还辅因子与能量需求的增加。尽管两株工程菌的经三羧酸循环的物流相似，它们却比野生型菌株要低许多。通过补充谷氨酸而使 β-半乳糖苷酶的高表达说明，*P. pastoris* GS115 具有经三羧酸循环分解代谢更多的碳取得更高的蛋白质表达潜力。

3.5.4　代谢控制分析

代谢工程的一个最为重要方面是物流的控制。如上面所述，代谢物流分析（MFA）概念只是对不同途径的相互作用的研究和围绕支点的物流分布的定量有用，但无法评估物流怎样得到控制，即代谢物的合成与转化速率如何在外部条件变化很大的情况下保持严密的平衡，而不至于引起代谢物的浓度急剧升高或下降。20 世纪 50 年代，反馈抑制、协同作用、酶的共价修饰和酶合成的控制的发现，引入一些对控制物流有一定作用的分子效应。

代谢控制分析（MCA）不是模型，而是一套假设。这套假设允许对环境或网络参数的单一扰动产生的网络敏感性进行计算。因此其预测能力受输入分析系统的信息来源和质量限制（主要是指物流控制系数测定较困难，因此，用限速酶元法确定）。为此，J. Varner 提出了控制系统方法[57]。该法也是基于一系列合理的假设并结合 MCA 方法，能够很好地预测经遗传操作后的调节效应，因此更理性有目的地指导遗传操作，以获得目的产物最大值。

3.5.4.1 物流控制分析的概念

此概念是由 Kacser 等[25]首先提出的。其基础为一套参数，称为弹性系数（elascity coefficients）和控制系数（control coefficient），它们以数学来描述反应网络内的控制现象。弹性系数可用式(3-6)表示：

$$\varepsilon^i_{X_j} = \frac{X_j}{v_i}\frac{\partial v_i}{\partial X_j} \tag{3-6}$$

它表示酶催化反应速率（v_i）对代谢物浓度（X_j）的敏感性。最为常用的控制系数是物流控制系数（$FCCs$），可用式(3-7)表示：

$$C^{J_j}_i = \frac{v_i}{J_j}\times\frac{\partial J_j}{\partial v_i} \tag{3-7}$$

$FCCs$ 表示通过途径的稳态物流（J_j）的部分变化。它来自酶活（或反应速率）的无穷小的变化。$FCCs$ 与弹性系数通过求和定理（summation theorem）相互关联。求和理论认为所有 $FCCs$ 之和等于 1，而联系定理（conective theorem）认为弹性系数乘积与 $FCCs$ 之和等于零。目前存在几种不同的测量 $FCCs$ 方法：①直接方法，可用于直接测量控制系数；②间接方法，可用于测定弹性系数和借 MCA 理论求得控制系数；③瞬变代谢物的测量，在瞬变期期间测量的代谢物浓度，所得信息可用于测量控制系数。表 3-14 归纳了各种直接和间接测量 $FCCs$ 的方法。

表 3-14 各种直接和间接测量 $FCCs$ 方法

方法	步骤	优缺点
直接:基因操纵	通过基因工程改变酶活的表达,如插入可诱导的启动子	方法可靠,可得直接结果,但较繁琐
酶的滴定	用纯酶的滴定改变酶的活性	方法简单,直截了当,但只能用于代谢途径的进一步补充完善
抑制剂的滴定	通过滴定特定的抑制剂改变酶活	应用简易,但需有特定的抑制剂
间接:双调整	在不同环境下测量代谢物的浓度,借微分的计算求得弹性系数	方法讲究,但需要两单独的代谢物浓度的变化,这是很难做到的,因胞内反应之间的偶合程度高
单调整	与双调整相似,是基于弹性系数之一的知识	比双调整更为可靠,但需要知道一弹性系数
上下办法	基于一组反应,然后,用双调整法	非常有用,但不能直接给出系统的所有 $FCCs$
动力学模型	从一动力学模型直接计算弹性系数	可靠,但取决于是否存在途径个别酶的可靠的动力学模型

假设的代谢途径（图 3-46），从基质 S 经中间体 I 到产物 P，由 4 种酶 E 催化。物流控制分析能让我们将每一种酶的性质（K_m、v_{max} 等）和参与途径中的各种化合物浓度对通过整个途径通量的影响进行量化。假定 4 种酶各有不同的控制系数，如表 3-15 所示。第一个例子说明图 3-46 途径的每一种酶对整个途径通量的影响是相等的。第二个例子显示影响途径通量的主要酶是 E_1，其他酶只有很小的影响，可忽略。以下的理由可以说明第二个例子

的重要性。它对产物形成的优化有重要作用。

$$S \xrightarrow{E_1} I_1 \xrightarrow{E_2} I_2 \xrightarrow{E_3} I_3 \xrightarrow{E_4} P$$

图 3-46　参与途径的各种酶的假设的控制系数

表 3-15　示于图 3-46 的参与途径的各种酶的假设的控制系数 E

例子	基质浓度 S	E_1	E_2	E_3	E_4
1	1	0.25	0.25	0.25	0.25
2	1	0.96	0.02	0.01	0.01
3	1	0.00	0.00	0.00	1.0
4	1	0.1	0.01	0.1	0.79

此理论预测参与途径的所有酶对整个途径的通量都有影响，因此认为途径中的某一个反应是限制步骤的观点通常是错误的。只有在这一种非常特殊的情况下，即参与途径的所有其他的酶的控制系数均为零才是对的，如表 3-15 的例 3 所示，E_4 的控制系数 1，因此 100% 地控制通量。这就很容易认为 E_4 是途径的限制步骤，别忘了 S 和 P 的浓度也起作用。其浓度的不同，情况也会变化。

假定：①在一生产过程中 S 的浓度可保持稳定在某一能使 E_4 的控制系数为 1 的数值；②能克隆编码 E_4 的基因，并重新引入到生产菌种中；③经遗传改造的生产菌种在生产条件下拥有 E_4 酶活的两倍，这时过程的产量只会有少许增加，因途径的所有酶的控制系数已改变成如表 3-15 例 4 的情况（这是由于更高的 E_4 的 v_{max} 已导致途径的所有中间体及产物浓度的不同）。近来，有过争论认为，除非试验数据采用双曲线回归分析评估，没有一种试验方法能得出满意的结果，实际的物流对酶活作曲线呈双曲线形式。反之，MCA 应能以直接计算 $FCCs$ 和弹性系数的动力学模型作为基础。虽然有不同途径的动力学模型的一些例子，但此办法受到对各种反应的了解不足的限制，故试验技术不能得出准确的 MCA 系数。此外，一途径的代谢控制分析结果永远不能被接受为最终的结果，它们只能作为指标（例如，阐明物流控制在途径中是怎样分布的）。

弹性系数是个别酶的特性，$FCCs$ 是系统的性质，因而不是固定的，它随环境条件而变。这在对青霉素生物合成途径的分析中阐述过。基于途径的各种酶的动力学模型，Nielsen 求得不同补料分批培养阶段的 $FCCs$，发现物流控制方面呈剧烈迁移。在培养的第一阶段，物流控制主要在途径的第一步，即由 ACV 合成酶（ACVS）形成三肽：LLD-ACV。随后，物流控制移到途径的第二步，即由异青霉素 N 合成酶（IPNS）将 LLD-ACV 转化为异青霉素 N，见图 3-47。这种物流控制的迁移是由于胞内聚积了 LLD-ACV，这是 ACVS 的抑制剂。

显然，在此提出速率限制步骤或瓶颈的说法是没有意义的。除了物流控制的迁移，注意到途径中的物流控制大多数是由头两步实现的。此外，通过模型的分析发现，$FCCs$ 值取决于溶氧浓度，它是 IPNS 催化反应的一种基质。以往的青霉素生物合成途径的研究表明，代谢物流的控制主要针对 δ-(L-α-氨基己二酰)-L-半胱氨酰-D-缬氨酸合成酶（ACVS）与异青霉素 N 合成酶（IPNS）。根据这两个酶的动力学方程，得到这两个酶对 ACV 的弹性系数表达式(3-8) 和式(3-9)：

$$\varepsilon_{ACV}^{ACVS} = \frac{c_{ACV} K_{ACV}^{-1}}{1 + c_{ACV} K_{ACV}^{-1}} \tag{3-8}$$

$$\varepsilon_{\mathrm{ACV}}^{\mathrm{IPNS}} = \frac{K_{\mathrm{m}}(1 + c_{\mathrm{GSH}}K_{\mathrm{i}}^{-1})}{c_{\mathrm{ACV}} + K_{\mathrm{m}}(1 + c_{\mathrm{GSH}}K_{\mathrm{i}}^{-1})} \tag{3-9}$$

式中，$\varepsilon_{\mathrm{ACV}}^{\mathrm{ACVS}}$ 是 ACVS 对 ACV 的弹性系数；$\varepsilon_{\mathrm{ACV}}^{\mathrm{IPNS}}$ 是 IPNS 对 ACV 的弹性系数；c_{ACV} 是 ACV 胞内浓度，mmol/L；c_{GSH} 是 GSH 胞内浓度，mmol/L；K_{ACV} 是 ACV 对 ACVS 的抑制常数；K_{i} 是 GSH 对 IPNS 竞争性抑制的抑制常数，其测定值为 8.9mmol/L；K_{m} 为 IPNS 与 ACV 结合的亲和力，其测定值为 0.13mmol/L。

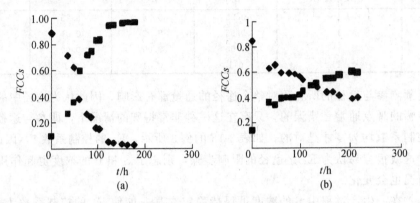

图 3-47　以青霉素生物合成为例的物流控制的迁移
(a) ◆—ACVS，■—LLD-ACV；(b) ◆—IPNS，■—异青霉素 N

K_{ACV} 的估计值为 12.5mmol/L，如果胞内 ACV 与 GSH 的浓度已知，便可由式(3-8)和式(3-9)求得弹性系数。表 3-16 列举了在不同 DO 下由恒化器试验测得的弹性系数值。由此可见，在低 DO 下呈现较大的胞内 ACV 库，代谢物流主要受 IPNS 控制（$FCCs = 0.83$）。这是由于 ACVS 反馈抑制的结果。在高 DO 下胞内 ACV 库较小，使代谢物流由 IPNS 的控制变成受 ACVS 与 IPNS 的几乎均衡控制[58]。

表 3-16　在不同 DO 下测得的青霉素生物合成前两步弹性系数值与代谢物流控制系数

溶氧浓度/(mmol/L)	$\varepsilon_{\mathrm{ACV}}^{\mathrm{ACVS}}$	$\varepsilon_{\mathrm{ACV}}^{\mathrm{IPNS}}$	c_{ACVS}	c_{IPNS}
0.042±0.004	−0.20	0.042	0.17	0.83
0.071±0.012	−0.22	0.039	0.15	0.85
0.14±0.006	−0.14	0.065	0.32	0.68
0.344±0.002	−0.11	0.081	0.42	0.58

注：表中 $\varepsilon_{\mathrm{ACV}}^{\mathrm{ACVS}}$ 是 ACVS 对 ACV 的弹性系数；$\varepsilon_{\mathrm{ACV}}^{\mathrm{IPNS}}$ 是 IPNS 对 ACV 的弹性系数；c_{ACVS} 为 ACVS 的代谢物流控制系数（$FCCs$）；c_{IPNS} 为 IPNS 的 $FCCs$。

3.5.4.2　节点及其判断

节点存在于代谢途径的分支之处。在不同条件下，代谢物流分布变化较大的节点称为主节点。节点分为柔性、半刚性、刚性。对节点刚性判定是进行遗传操作的重要依据。

(1) 定义　柔性，形如 $\overset{\curvearrowright B}{\underset{S \rightarrow N \rightarrow P \curvearrowleft}{}}$，主副产物均有自身反馈抑制，流量容易改变，常用于选育耐反馈菌株，其中 P、B 分别为主副产物。

半刚性，形如 $\overset{B}{\underset{S \rightarrow N \rightarrow P \curvearrowleft}{\uparrow}}$，副产物无自身反馈抑制，主产物有自身反馈抑制，流量改变较困难。

刚性，形如 $\underset{S \rightarrow N \rightarrow P}{\overset{B}{\downarrow}}$，主副产物有自身反馈抑制，对对方有激活作用，流量比较稳定，难改变。

(2) 节点的判断 可用不同试验环境、不同突变株的代谢物流分析来确定。具体方法有：①动力学模型；②代谢物流分析；③物料平衡；④干扰/响应试验。

3.5.4.3 代谢流的控制

(1) 代谢物流常规控制方法 反馈抑制，协调效应，酶的共价修饰，酶合成控制。

(2) 通过遗传操作控制 增加代谢物流的方法有：缺乏代谢控制系统分布知识时，过度表达流量控制系数较大的酶（常达不到所需效果）；同时表达一组酶（若这组酶有较高的流量控制系数）；通用方法（universal methods）等量增加最后一个分支点到终产品的所有酶（旨在增加流向终产物的通量，而不改变其他途径物流）；改变途径的控制结构，增加一个酶的流量控制系数。

(3) 通过控制微生物的生长环境来控制代谢流 调节渗透压，在以葡萄糖为碳源的培养基中，用杂交瘤细胞生产单克隆抗体（MAb），发现随着渗透压的升高，MAb 会增加，其原因可能是代谢物流改变所致；控制不同的操作条件，使微生物培养生理状况变化，引起代谢物流的改变，从而获得不同浓度的菌量；通过溶氧与溶解二氧化碳的控制来改变代谢物流。

3.5.4.4 代谢控制分析在代谢产物合成方面的应用

利用基于结构的动力学模型，Hua 等对谷氨酸棒杆菌的赖氨酸合成进行了代谢控制分析[59]。他们测定了物流控制系数，得知赖氨酸生产期间的速率控制步骤，赖氨酸合成的通量主要受天冬氨酸激酶和运输系统（透酶）控制。结果表明，天冬氨酸激酶活性的提高可以显著减轻它对整个赖氨酸合成通量的影响，其限制步骤便转移到透酶和其他合成酶上。在研究各种前体和辅因子对该物流的影响中发现，胞外赖氨酸浓度的影响最为显著。减少胞外赖氨酸浓度可以明显提高赖氨酸的合成，使此限制步骤再转移到其他反应步骤。

Yang 等建立了一种赖氨酸生物合成的动力学模型，并将其应用于代谢控制分析[58]。他们发现，在赖氨酸生产期间至少有两个酶——天冬氨酸激酶与透酶对赖氨酸总物流有显著的影响。在生产初期（19～22h）呈现高的比生长速率与较低的赖氨酸胞外浓度，途径的头一个酶——天冬氨酸激酶的物流控制系数在 0.9～0.6 范围，随着发酵进行逐渐下降，而透酶与此相反，从 0.1 逐渐上升到 0.4，说明在此阶段天冬氨酸激酶是速率限制步骤；到生产中后期（22～27h），天冬氨酸激酶的物流控制系数已下降到 0.3，而透酶在 0.8。其他酶（如双氢吡啶羧酸合成酶、二氨基庚二酸脱氢酶+琥珀酰酶与二氨基庚二酸脱羧酶）的活性都很低。由此可见，赖氨酸生物合成的前后期是用不同方式控制的。通过菌种改良，提高天冬氨酸激酶和透酶可以大幅度提高赖氨酸的生产。他们建立的模型是基于关键代谢物的物料平衡方程，包括结构性的及多个酶的试验匹配速率方程。从培养期间测量的胞内外代谢物的浓度，通过反应网络的解析可以鉴别该模型的动力学参数。模型的预测与试验观察基本吻合。所建立的模型与代谢控制分析可用来鉴别速率限制步骤。

青霉素 V 生物合成途径的代谢控制分析曾用于鉴别产黄青霉高产菌株的速率限制步骤[60,61]。分析表明，在他们所用的产黄青霉菌株中通过产物途径的物流是由两种酶——ACVS 和 IPNS 决定的。但近来的研究表明，同一菌株，物流控制完全落在 IPNS 上[62]。

3.5.5 代谢工程的应用

H. Sahm 曾在这方面做过较全面与启发性的综述[63]。菌种改良是生物技术过程开发的一个重要组成部分，通过提高菌种的产率、得率，利用便宜原材料或耐受高浓度基质或产物的能力来降低成本。用诱变筛选方法来改进初级和次级代谢产物生产菌种是很成熟的技术。从诱变剂及其剂量着手，可优化诱变方法。对诱变和 DNA 修复的了解有助于优化突变方法以获得所需类型的突变株。筛子可以设计，以让所需突变株充分表达和得以检测。此外，已发展了一些采用机器人和微机的自动化方法来提高突变株分离速度。因此，许多工业生产菌种的发展是属于经验性的过程。许多微生物代谢物的过量生产的精确的遗传和生理变化迄今仍然一知半解。要想进一步提高高产菌株的生产率和得率便需依靠对代谢途径和突变机制的了解。

在过去数十年里基因工程和有关结构基因的扩增取代了常规的诱变和随机筛选的技术。通过重组 DNA 技术将基因引入对象菌中是构建所需基因型菌株的一种最得力的方法。异源基因和调节基因的引入使有可能构建一些带有新的和有益特性的代谢结构。再有，此法避免了用经典的整体细胞诱变带来的不清楚的突变结果。**借细胞对酶、运输和调节功能的操纵及运用重组 DNA 技术改进细胞的活性称为代谢设计**，因这样可以按人的需求改变代谢。

早先曾成功地运用重组细菌，改变了亲株的氮代谢以获得更高得率的单细胞蛋白（SCP）。此过程的改良是由英国 ICI 发展的，用甲醇生产 SCP。所用甲养菌的同化氨的途径涉及氨基转移酶和谷氨酰胺合酶，它每同化 1mol 氨要消耗 1mol ATP。例如，大肠杆菌以另一种途径，用谷氨酸脱氢酶（GDH）同化氨，而不需要消耗 ATP。因此，从大肠杆菌中分离 *gdh* 基因，将其整合到载体中，在甲养菌中表达。此基因在无谷氨酸合酶的突变株中表达，使细胞得率比亲株的高出 5%（这是由于节省了 ATP）。

3.5.5.1 胞内代谢物的测量

由于活细胞的代谢活性是由一受调节的（由上千种酶反应组成的）偶合网络和选择性膜运输系统支撑的，为了进行有效的代谢设计，需要知道相应酶及其基质的浓度和调节。原则上，可用特定的酶分析来测量生物粗萃液的许多酶活。蛋白质的浓度可用二维凝胶电泳测定，但鉴别各种酶需要相应的参比标准。测定细胞中代谢物的浓度可用以下的分析方法。

(1)硅油离心 为了测量细胞内的混合物，应将其从培养液中分离出来，因培养液中也含有其他代谢物。基本上存在两种分离步骤：离心和过滤。离心结合穿过硅油的过滤是一种很实用的技术，称为离心过滤法。在离心期间，细胞穿过硅油层，使其附着的培养基被清除。由于在离心管底部的沉淀中其代谢状态会继续变化，故让反应在一酸性液层里终止。将沉淀细胞匀浆后，中和其萃液并分析其中的各种混合物。为了测量内部代谢物浓度，可从溶质在细胞悬液中的分布来测定胞质的体积。这可用 ^{14}C-牛磺酸（一种不能渗透的标记物）作为胞外空间和 ^3H_2O 作为总体积。测量由这两种化合物所占的体积便可求得细胞内的总细胞质体积，见图 3-48。

(2) 核磁共振 核磁共振（NMR）法已成为分析细胞萃液和整体细胞中代谢物浓度的有力工具。NMR 应用于生物和医药方面的优点是其非侵入性和非伤害性质，能在体内研究细胞的代谢。NMR 提供一种测量细菌、真菌、藻类、植物细胞和动物细胞的反应速率的方法。将这些测量数据与代谢和生理功能关联便有可能更详细地了解代谢途径与生理功能间的关系及其控制。

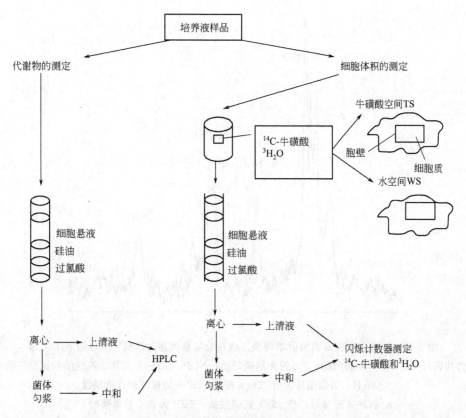

图 3-48　胞内代谢物浓度测定流程图

Salhany 等首先将 ^{31}P NMR 用于测定酵母胞内化合物，如糖磷酸酯、ATP 和 NAD。由此发现，磷酸酯共振的化学性迁移取决于环境的 pH。利用此特性可以测量胞内 pH。之后许多学者也用 ^{31}P NMR 研究酵母的代谢过程。例如，氧对酵解代谢的影响，乙醇产生菌——运动发酵单胞菌的代谢。图 3-49 显示所获得的胞内一些磷酸化代谢物峰。糖磷酸酯峰是由几个未分辨的共振组成的。胞内与胞外的无机磷酸酯峰分得很开，说明胞内和培养基之间的 pH 有差异。为了补偿 NMR 方法固有的较低敏感度，采用高浓度（1.6×10^{11} 个/mL）细胞悬液进行测量。借助于高氯酸萃液，可以检出在 Entner-Doudoroff 途径中糖代谢的一些中间体。由此可见，在高浓度乙醇（10%）培养基中 3-磷酸甘油酸堆积在细胞内。尽管 ^{31}P NMR 提供了一种监测完整细胞中能量状态的精确的无侵入方法，但在阐述代谢途径的细节上却无能为力。应用 ^{13}C 葡萄糖能检出在谷氨酸棒杆菌中至少有两种不同途径合成赖氨酸，并判断物流主要通过哪一条途径合成赖氨酸，故使得 ^{13}C NMR 成为研究代谢细节的很有力的工具。

3.5.5.2　基质谱的扩展

异源基因的克隆和表达可应用于扩展一生物的分解代谢途径，采用这种方式可扩展基质谱，但异源蛋白质的合成不一定保证所需活性的出现。这种蛋白质必须避开蛋白酶的水解作用，它必须正确折叠和进行所需的缔合及获得辅基，并且其就位必须适合。尽管有这些潜在的障碍，在过去几年里发表了一些扩展基质谱试验的正结果。下面介绍几个这方面的例子。

对乳清（作为生物过程的便宜养分来源）的利用引起研究者极大的兴趣。乳清是一种营养价值高的乳制品工业的副产品。乳清通常含有大量的乳糖（占干物质的 75%），12%～

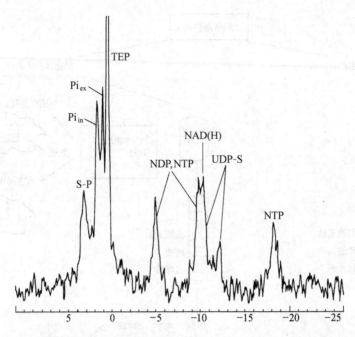

图 3-49　体内高浓度运动发酵单胞菌悬液在葡萄糖代谢过程的^{31}P（162MHz）谱

胞内的共振符号：S-P 为糖磷酸酯；Pi_{in} 为无机磷酸盐；NDP、NTP 为核苷二磷酸酯和核苷三磷酸酯；

NAD（H）为烟酰胺腺苷二核苷酸；UDP-S 为尿苷糖二磷酸酯。

胞外共振符号：Pi_{ex} 为无机磷酸盐；TEP 为三乙基磷酸酯

14％的蛋白质，少量的有机酸、矿物盐和维生素。

有人曾将乳糖转座子 Tn591 引入乙醇产生菌运动发酵单胞菌中。曾报道含有乳糖操纵子的运动发酵单胞菌能诱导 β-半乳糖苷酶和从乳糖生产乙醇，其乙醇得率远低于理论得率。这些菌不能生长在以乳糖为单一碳和能源中，原因是：①乳糖先被 β-半乳糖苷酶水解为葡萄糖和半乳糖，但只有葡萄糖能被运动发酵单胞菌发酵为乙醇，此菌不能分解半乳糖，故在乳糖代谢期间堆积半乳糖和可能受抑制；②运动发酵单胞菌利用乳糖的能力很差，这可能是由于从培养基中吸收乳糖很慢的缘故。为了获得能完全利用乳糖的特性，应构建含有乳糖和半乳糖的运动发酵单胞菌菌株。

氨基酸产生菌——谷氨酸棒杆菌也不能代谢乳糖。将大肠杆菌完整的乳糖操纵子插入大肠杆菌/谷氨酸棒杆菌的载体内，并引入革兰氏阳性寄主菌谷氨酸棒杆菌中。这些重组菌携带 lac 基因，其上游是高效的启动基因，它能利用乳糖作为唯一的碳源，快速生长。谷氨酸棒杆菌在乳糖上快速生长需要两个先决条件：①除了 lacZ 基因（β-半乳糖苷酶）外还要有 lacYjy 基因（乳糖透酶）；②能有效转录这些基因的适当的启动基因。源自大肠杆菌（为革兰氏阴性菌）的膜蛋白能在革兰氏阳性菌起作用这点是很有价值，也很重要。由于此菌不能利用半乳糖，向这些重组菌补充一些编码代谢半乳糖的基因是有必要的。

3.5.5.3　降解异型生物质的新代谢途径

有许多工业有机化合物，特别是那些在结构上与天然化合物相近的，容易被土壤或水微生物降解。具有新结构成分或取代的、在自然界罕见的化合物，如药物、杀虫剂、致癌物等，统称为异型生物质（xenobiotics），是难以降解的，会在环境中积累。利用含有能降解含氯与不含氯芳香化合物的各种质粒基因库，以杀虫剂 2,4,5-三氯苯氧乙酸训练假单胞菌属，并通过恒化培养分离出能利用 2，4，5-三 氯 苯 氧 乙 酸 的 纯 培 养 物 *Psuedomonas cepacia*。此外，借顺序突变也能对分解代谢进行推理重建。例如，含有 TOL 质粒 pWWO 的臭味假单胞菌能降解各种取代的苯甲酸，包括 3-甲基衍生物、4-甲基衍生物与 3，4-二甲基衍生物，但不能降解对乙基苯甲酸。因编码间位裂解途径的 TOL 不能代谢对乙基苯甲酸，因此化合物不能激活正向调节性蛋白 xylS，故 *TOL* 基因无法表达，见图 3-50。据此，设计了一种可以筛选出能被对乙基苯甲酸激活 xylS 调节性蛋白的突变株。但这种突变株的分解代谢酶只能将对乙基苯甲酸转化为 4-乙基儿茶酚。儿茶酚-2，3-加双氧酶不能降解此中间体，因它是这种酶的自杀性抑制剂，见图 3-50（b）。经进一步诱

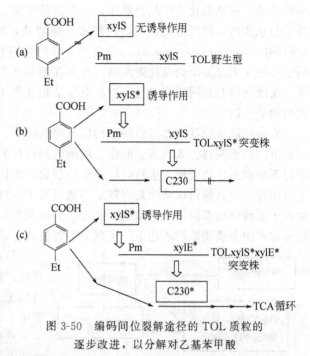

图 3-50　编码间位裂解途径的 TOL 质粒的逐步改进，以分解对乙基苯甲酸

变可以使突变株合成一种经修饰的儿茶酚-2，3-加双氧酶，使分解代谢得以继续进行，见图 3-50（c）。

3.5.5.4　老产品产率、得率的改进和新产品的构建

氨基葡萄糖及其衍生物被广泛应用于保健食品和医药领域[64]。堵国成等[65]应用代谢过程技术有效地改造枯草芽孢杆菌，使高效生产 N-乙酰氨基葡萄糖。他们首先通过共表达氨基葡萄糖合成酶（GlmS）基因和 N-乙酰氨基葡萄糖合成酶（GNAI）基因实现了用经改造的枯草芽孢杆菌来合成乙酰氨基葡萄糖。随后又设法阻断产物的分解代谢途径，产量进一步提高。他们再利用 DNA 介导的支架系统在空间结构水平协调 GlmS 与 GNAI 协同催化效率及比例。又通过细胞呼吸链改造减少维持消耗使菌株生产性能进一步提高。最后通过模块途径工程手段结合 sRNA 技术将不同活性的氨糖合成模块、糖酵解模块与肽聚糖合成模块优化组合，从而增强氨糖合成的物流，达到 2g/g DCW。在 3L 发酵罐中 N-乙酰氨基葡萄糖的发酵产量达到 31.65g/L。

设计和构建转化可再生物质的微生物细胞工厂，拓展生物合成的化学品种类，愈益受到国内外学者的关注。代谢工程与合成生物学以及生物过程调控技术的迅速发展，有望逐步替代石化路线制造出更便宜的生物基绿色化学品[66]。钟建江等[67]以己二酸（生物尼龙单体)[68]、1,4-丁二胺和 1,5-戊二胺为例，介绍了人工代谢途径的设计、途径催化元件的组装以及微生物细胞工厂整体性能的优化。

3.5.6　推定代谢工程与反向代谢工程

从对代谢系统的了解出发提出基因操纵的设想，并通过已知生化网络的改造达到所需目标。这种对代谢工程提出问题并用数学描述的解答策略被称为推定代谢工程（constructive metabolic engineering)[22]。推定代谢工程方法获得的成功例子主要有细菌发酵产生的氨基

酸和其他一些精细化学产品。然而，在多数情况下，基于推定策略的基因变化所得代谢结果并不是想要的，这可能是对代谢网络还不够清楚，Bailey 等[22]把这种情况称为代谢工程的次级响应（secondary responses）。首先，任何在进行代谢工程推定设计上盘算的网络总是属于一种又大又复杂的总代谢网络（至少在细胞水平，通常为多细胞群体水平）中的次级网络。次级网络与总网络往往是通过具有复杂相互作用，影响网络中的蛋白质活性的辅因子与代谢物偶合的。

有些酶能催化其天然基质的结构同系物的转换，这使得早期的推定代谢工程研究课题遭到挫折。联想到过去未观察到的宿主细胞的酶活性的存在，这种催化作用的柔性曾导致一些意想不到的新生物合成与生物降解途径的创建。由代谢工程形成或放大的蛋白质活性能否应用成功还需看其蛋白质活性是否被适当地局限于一特定的亚细胞间室内。有些异源蛋白需要辅因子或缔合成多聚体才有活性。此外，异源蛋白可能折叠错误，聚集或被选择性地降解。所有这些因素说明肽的表达不一定赋予所需的对应活性。

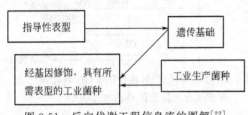

图 3-51　反向代谢工程信息流的图解[22]
其决定性步骤是鉴别所需表型特性的遗传基础。
然后用基因工程手段赋予
工业生产菌种所需的表型

早期一些代谢工程研究是基于一种不同的算法，以便找出有用的遗传改变策略。其要素与信息流被称为反向代谢工程，如图 3-51 所示。

反向代谢工程路线的头一步是在一异源菌株或有关模型系统中鉴别所需的表型。然后，了解此所需表型的遗传基础。把这种遗传基础用于改造生产菌种便达到目的。

即使采用的基于反向代谢工程策略的基因操纵技术不能达到所需的表型，该试验提供了有关菌对遗传刺激-表型响应特性的信息。此信息对以后鉴别一种更为有效代谢工程策略或更好地了解菌的生理有用。从反向代谢工程应用结果累积的一些经验可以作为一种信息基础，引向到一种信息更丰富、更为合理的推定代谢工程方法。反向代谢工程应用成功的例子是透明颤菌（Vitreoscilla）血红蛋白（VHb）的基因克隆到生产菌种中。

青霉菌供氧途径的优化是生化工程的老问题。尽管在通气搅拌技术、膜系统、各种用于促进氧传递的添加剂方面有了长足的进步，在许多品种上氧对细胞活性的限制仍然引人注目。Khosla 等[69]阐明如何用反向代谢工程方法去缓解供氧不足对产率的不利影响。

这一策略的思路来自一种专性需氧菌，透明颤菌在氧限制条件下生长会合成更多的简单血红蛋白的血红素辅因子。透明颤菌的自然栖息地处在一种极其缺氧的环境。从透明颤菌为了应付这种恶劣环境而大量合成血红蛋白得到启示，他们将不同的表型结合在一起。受此假说的驱使，Bailey 等曾致力于克隆此血红蛋白的基因，随后让其在不同的生产菌种中表达，考察这一策略是否能在氧限制条件下提高产率。这类试验说明，VHb 在大肠杆菌中的表达使生长在通气不良的情况下获得较高的细胞密度[70]。

Tsai 研究了在供氧不足的条件下合成的 VHb 数量与相应生长表型间的关系[71]。他们构建了用 IPTG

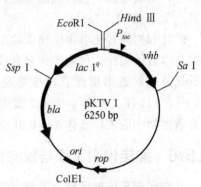

图 3-52　表达载体 pKTV1 用于大肠杆菌 W3110 不同透明颤菌血红蛋白水平的诱导性表达[71]

诱导的 VHb 表达载体（图 3-52），并将其转化到大肠杆菌 W3110[72] 中。所得代谢工程菌在不同 IPTG 浓度下培养，试验结果发现，细胞蛋白浓度随 IPTG 加量的提高而增加，见图 3-53。

在氧限制下，不同 IPTG 浓度下胞内 VHb 浓度与相应细胞干重随时间变化，最终达到 $3.8\mu mol\ VHb/g$ 细胞干重，这点可能已饱和。这可能是迄今最仔细的控制，最能令人信服的事例，所观察到的微通气条件下生长的提高是 VHb 表达的结果，而不是一种人为现象。受到 VHb 表达有利于大肠杆菌在氧限制下的生长的激励，曾将此技术应用于其他各种工业微生物，从细菌、酵母、高等真菌到哺乳动物细胞的培养。表 3-17 归纳了这些试验的结果。

曾对 VHb 作用的位置做过几类实验。首先，测量表达 VHb 的大肠杆菌和对照的每减少 1 个氧原子的净质子的形成。在静息细胞悬液中含 VHb 的大肠杆菌每减少 1

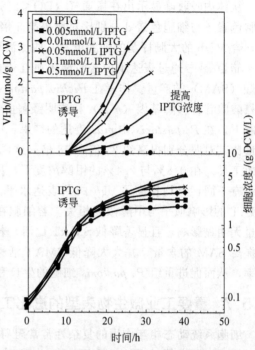

图 3-53　在氧限制下，不同 IPTG 浓度下胞内 VHb 浓度与相应细胞干重随时间变化[71]

个氧原子输出 3 个质子，而对照只输出 2 个质子。应用体内核磁共振光谱学测量，在线观察补料分批培养物的生长，显示出由于 VHb 的存在，ATP 的积累提高 1 倍。用饱和迁移 NMR 测定稠厚静息细胞悬液 ATP 的试验揭示，含 VHb 的大肠杆菌的 ATP 周转约增加 30%。

表 3-17　透明颤菌血红蛋白（VHb）基因在各种微生物中的表达对其生长和产物合成的作用[22]

菌种	产物或活性	VHb 的作用，使产物或活性增长数量
大肠杆菌 W3110pKTV1	总细胞蛋白	2.2 倍
Gro22：pTCAT	氯胺苯醇乙酰转移酶活性	80%
Gro21：pGE425	β-半乳糖苷酶活性	40%
Jm103：pMK79	α-淀粉酶活性	3.3 倍
铜绿假单胞菌 B-771：pSC160	活细胞数	11%
嗜麦芽黄单胞菌 XM：pSC160	活细胞数	15%
枯草杆菌 1012M15：pMKV6	中性蛋白酶活性	30%
谷氨酸棒杆菌 13287：pFS1	L-赖氨酸产量	30%
13287：pFS1	L-赖氨酸得率	24%
浅青紫链霉菌 TK64：pWLD5	最终细胞浓度	50%
天蓝色链霉菌 M145：pWLD10	生产放线菌紫素	10 倍
龟裂链霉菌	生产土霉素	2.2 倍
产黄顶芽孢菌 C10：pULXTR1	生产头孢菌素 C	3.2 倍
酿酒酵母 ATCC9606：pMSG-VHb	生产组织纤溶酶原激活剂	40%～100%

从体内吸收峰显示出在微通气（DO<2％空气饱和度）条件下，含 VHb 的大肠杆菌的细胞色素 o 与细胞色素 d 分别比对照提高 5 倍和 1.5 倍。测量这些突变株的氧消耗动力学发现，含 VHb 的大肠杆菌的细胞色素 o 的比活增加，但细胞色素 d 同对照无差别。

储炬等[73]通过表达胞内透明颤菌血红蛋白水平，提高重组 *Pichia pastoris* S-腺苷甲硫氨酸（SAM）的产量。作者在 *Pichia pastoris* 胞内共表达 *Streptomyces spectabilis* SAM 甲硫氨酸腺苷转移酶基因（*mat*）和透明颤菌血红蛋白基因（*vgb*），使其在甲醇诱导启动子的控制下。在 *P. pastoris* 中 *mat* 表达的结果，甲硫氨酸腺苷转移酶（SMAT）的比活和 SAM 产量比其对照分别提高约 27 倍和 18 倍。这说明 *mat* 的过表达可以用作构建 SAM 生产菌的有效工具。在 0.8％与 2.4％的甲醇浓度下，尽管对细胞生长、SAM 的生产与呼吸速率的影响各有不同，但均提高了 *vgb* 的共表达水平。然而，*vgb* 对 SAM 含量（比生产速率）和 SMAT 的影响似乎与甲醇浓度相关。若细胞在 0.8％甲醇浓度诱导下，*vgb* 的表达对 SAM 含量无明显影响，且显著降低 SMAT 比活。若细胞在 2.4％甲醇浓度诱导下，*vgb* 的表达显著提高 SAM 的含量，并大大降低 SMAT 活性。据此，作者认为 VHb 可能提高 ATP 合成速率，从而促进重组 *P. pastoris* 细胞的生长和 SAM 的生产。

3.5.7 重要工业微生物表型的进化工程

细胞系统动态相互作用的复杂性常常阻碍代谢工程的实际应用，而代谢工程又主要依赖于对分子或功能方面的了解。与此形成对比，Sauer 等[74]阐明进化或寻优工程（evolutionary engineering）遵循变异与筛选为手段的大自然的"工程"原理。因此，进化工程是一种补充策略，只要所需表型对直接和间接筛选敏感，对菌种改良与过程优化提供科学与应用上的依据。进化工程也涉及大菌群经许多世代的重组与连续进化。进化工程有两项独特的应用可能会在将来获得肯定：一是作为改良表型菌种代谢工程的一项要素；二是阐明所需表型的分子基础，以便随后转移到其他宿主中。近年来发展的在基因与代谢水平上各种全局响应分析方法将有助于解决这一问题。这些方法能鉴别已进化表型的分子基础。可以预测，同新型分析技术、生物信息、细胞功能与活性的计算机建模一起，进化工程将会找到它在代谢工程中应有的位置，即作为研究与改良菌种的代谢工程的重要工具。

3.6 系统生物学与组学研究概况

组学数据的取得需要具有高通量处理能力的试验技术。同时，在系统水平上人们正在为定量分析细胞代谢建立模型和模拟方法。因此，高信息处理能力的分析和预测性计算机建模与模拟可以结合在一起，通过对模型和试验设计的反复修饰形成新的知识。在这类综合细胞信息的基础上可以设计代谢性能改善的工业生产菌株细胞。Lee 等重点介绍了系统生物学方法的新近发展和讨论了其前景[75]。

生物技术在众多相关工业中起着不可缺少的作用，包括地球保护、医药、化学品、食物和农业工业。用生物技术进行的小体积高价值生物药物的生产被证明是经济的。然而，大体积低价值生物产物的生产需要建立低成本和高产率的过程。为此目的，曾发展了传统基于随机诱变的菌种改良和巧妙的筛选技术[76]。

理性化代谢和细胞工程方法曾成功地用于改进菌株性能，然而，这类改良仅限于操纵少数编码（用现成的信息和研究经验选择的）酶和调节性蛋白的基因。近年来具有高通量处理生物信息能力的生产技术已被用于积累广泛的组学数据（图 3-54），因而提供了深度了解生物过程的基础[77~79]。

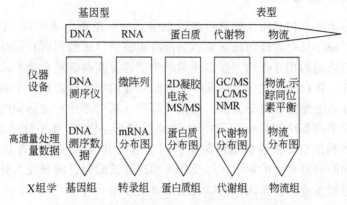

图 3-54　高通量组学研究（按文献[75]重新绘制）

我们能真正以综合的形式分析这些 X 组学数据的能力虽然有限，但从这些综合数据可以鉴别菌种改良的一些新目标[80,81]。曾报道几例应用这些 X 组学数据的联合分析进行菌株改良[82]。除了这些具有高通量处理能力的试验技术，建模和模拟也提供有力的解决办法去译解生物系统的功能和特性[83~86]。这些试验会让我们了解和预测在干扰（例如，基因修饰和/或环境改变的）条件下对微生物细胞性能整体影响[87]。

因此，通过高通量处理能力的试验和计算机分析试验（见图 3-55）的结合能在系统工程水平上深入了解微生物的代谢调控机制。基因组学、转录组学、蛋白质组学、代谢组学和物流组学的研究结果，数据库，计算机建模与模拟一起是代谢系统的综合研究的基础。这些新知识可用来设计、构建、选育高效高产菌株。

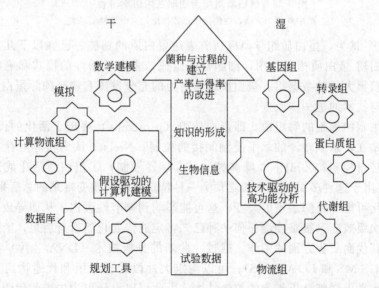

图 3-55　系统生物技术在工业上的应用，用于开发高产菌种的湿试验与干试验的系统整合
高通量处理量试验导致大量 X 组（如基因组、转录组、蛋白质组、代谢组、物流组）
数据的积累，这些数据可以通过计算机建模与模拟进行分析，从而有
助于通过系统生物学研究周期改良菌株。按文献 [75] 重新绘制

Y. Wang 等[88]对此作了一篇题为"基于系统生物学的工业生物过程控制与优化"精辟

的综述。

3.6.1 代谢工程的组学研究

蛋白质组这一术语最初是用来描述由基因组编码的一组蛋白质[89]。对蛋白质组的研究称为蛋白质组学，现不仅包含任何已知细胞的所有蛋白质，还包括所有那些蛋白质的异构重组、修饰以及它们之间的相互作用，蛋白质的结构描述及其高级复合物和几乎所有"后基因组学"的每个事件。蛋白质生物化学的演绎对细胞功能的理解提高到一个新的水平。蛋白质组学可以补充其他功能性基因组学方法，包括微阵列（基因芯片）为基础的表达分布图[90]，在细胞或有机体水平的系统表型分布图[91,92]，系统遗传学[93,94]和小分子为基础的阵列[95]（图 3-56）。通过生物信息对这些数据组的整合将会取得基因功能的综合数据库，这可以作为蛋白质性质和功能的强有力的索引，以及作为构建与试验假设的研究人员的有用工具。此外，大型的数据组对系统生物学领域的崛起起重要的作用[96]。

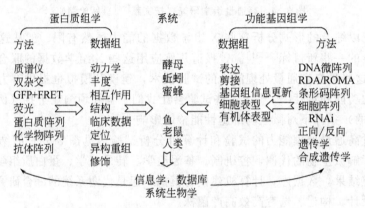

图 3-56　蛋白质组学与功能基因组学平台[100]
图中外侧为方法，内侧为所得数据组，当中为模型系统

Tyers 等[100]认为，蛋白质组学研究所有表达蛋白质的功能。已在以下几方面取得巨大的进步：对蛋白质-蛋白质相互作用，细胞器的组成，蛋白质活性的模式和癌症患者的蛋白质分布图方面获得大量的数据组。蛋白质组学潜力的充分发挥有赖于国际蛋白质组学课题研究结果的公开与技术的进一步改进。

在一已知细胞中细胞的酶组成，即蛋白质组（proteome）决定了活化的代谢网络功能。因此，物流也是在转录或转译的水平受到间接的控制。Nielsen 认为实际上存在几种不同水平的控制：①转录控制；②mRNA 降解控制；③转译控制；④蛋白质活化或钝化；⑤酶的变构控制[97]。由于这种多级控制，很难预测一种特定基因的改变带来的总后果，见图 3-57。故一种遗传变化可能导致酶水平的改变。这可能影响到调节性蛋白，从而导致转录水平与蛋白质组水平的次级效应。很难预测任何一种已知特定遗传变化的所有后果，因此，可能需要多次全面研究其代谢工程方面的工作。通过一些新的分析技术（DNA 芯片）和一些高效的分析技术（如 GS-MS 和 LC-MS-MS），可以测定大片段的转录组和代谢物组。这使得有可能在整个细胞水平上详细分析细胞的控制结构，由此可以设计更为先进的代谢工程策略。

3.6.2 导致细菌表型改进的基因组改组

上千年来基于双亲交配的选择性育种曾成功地用于植物和动物的改良。在分子水平上 DNA 改组模拟型可以加速进化过程，并允许个别基因和亚基因组 DNA 碎片的扩增和改良。

Zhang 等[98]描述了整个基因组的改组（genome shuffling）。这是一种结合了多亲杂交优势的过程，通过 DNA 改组让各完整的基因组重组。作者证明在细菌群体内进行递归式的基因组重组可以有效地产生新菌株的组合文库。当应用于表型地选择菌株群体时，这些新菌株有许多显示出所需表型的显著改善。作者通过弗氏链霉菌的泰乐菌素的生产改进阐明了此技术的应用。此技术具有推进细胞工程和代谢工程的作用，同时提供另一种快速改进菌株生产的非重组体方法。

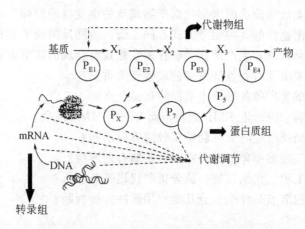

图 3-57　在不同水平下的物流控制[97]

基因转录成 mRNA 与其降解是受控制的，这决定了细胞中 mRNA 的水平。细胞中的所有 mRNA，称为转录组（transcriptome），可用基因组宽表达。mRNA 被转译为蛋白质，这是通过没催化的生化反应（P_{Ei}）或调节性蛋白，它起转录因子或蛋白激酶的作用。总蛋白库称为蛋白质组，可用 2D 电泳在细胞内测定。最后，催化生化反应的酶决定了代谢物的水平，称为代谢物组（metabolome），它们直接影响代谢物流或通过间接的同调节蛋白的反馈相互作用，使得代谢物可以间接控制转录与转译

微生物能通过感知内源代谢物库重构其转录结果以适应环境条件。叶邦策等[99]运用一种载有 4106 基因的安捷伦定制基因芯片去研究枯草杆菌如何响应缬氨酸、谷氨酸与谷氨酰胺对当时的转录体分布影响。他们鉴别了总数为 673、835 与 1135 个的氨基酸调节基因，这些基因在多个时间点上受缬氨酸、谷氨酸与谷氨酰胺的影响而显著改变许多涉及生理代谢的基因表达，其中包括细胞壁、细胞输入、氨基酸与核苷酸的代谢、转录调节、鞭毛的运动、趋化性、噬菌体蛋白、孢子的形成和未知基因的功能。他们比较了不同氨基酸随时间变化与 5min 的快速调节的影响。作者对一些受关注的基因应用各种计算工具，包括 T 曲线分析器和分级聚类技术进行分析。结果揭示了此三种氨基酸的普通与独特的作用方式，这应有助于阐明各氨基酸的特殊信号转导机制。

思　考　题

1. 试举 3 个例子说明微生物代谢是受到高度调节的。

2. 生长速率的提高，细胞平均质量、DNA、rRNA、总 RNA 含量会发生什么变化？

3. 用什么办法可以证明变构酶除了具有与基质结合的位点（活性中心）外，还具有能与效应物结合的副位点？

4. Jacob-Monod 操纵子假说如何解释诱导酶的合成机制？

5. 如何才能绕过微生物的固有调节机制，大量生产诱导酶？试举两种你认为较可行的

富集方法。

    6. 什么是分解代谢物阻遏？其生长与溶氧曲线有哪些特征性变化？

    7. cAMP 在分解代谢物阻遏作用中起什么作用？

    8. 试举一例说明耐分解代谢物阻遏的突变株筛选原理。

    9. 什么是反馈抑制和反馈阻遏？试比较诱导与反馈阻遏作用的分子水平机制。

    10. 试举两种你认为较可行的避开末端代谢产物反馈调节的方法。

    11. 叙述用结构类似物筛选耐末端代谢产物调节的突变株的原理。

    12. 叙述分支代谢途径的 3 种调节方式：同工酶、协同反馈调节和积累反馈调节。

    13. 赖氨酸生产菌株同非生产菌株大肠杆菌在赖氨酸合成的调节方式有何不同？

    14. 为什么生物素浓度对谷氨酸发酵的成败至关重要？

    15. 不同的谷氨酸生产菌种的两个共同特征是什么？

    16. 为什么氧不利于酵母走 EMP 途径，而有利于 HMS 途径？

    17. 糖代谢中巴斯德效应与克列勃特里效应有何不同？

    18. 溶氧对参与三羧酸循环的酶和呼吸链的酶有何影响？

    19. 什么是代谢工程、代谢（物）流分析和代谢控制分析？

    20. 代谢网络中的节点是什么？分几类？用哪些方法判断？

参 考 文 献

[1] 韩丽娟，方诩. 第六届全国发酵工程学术研讨会摘要集. 2014：45.

[2] 李友荣，张艳玲，纪西冰. 工业微生物，1993，23（3）：1.

[3] 金志华，金一平，岑沛霖，赵成建，张定丰. 中国抗生素杂志，2002，27：202.

[4] Kulaev I, Vagabov V, Kulakovskaya T. J Bioscience & Bioeng, 1999, 88：111.

[5] Wolfe A J. Transcribing metabolism genes // Smolke C D, ed. The Metabolic Pathway Engingeering Handbook. CRC Press, 2010.

[6] Borukhov S, Nudler E. Curr Opin Microbiol, 2003, 6：93.

[7] Mathew R, Chatterji D. Trends Microbiol, 2006, 14：450.

[8] Browning D F, Busby S J W. Nature Rev, 2004, 2：1.

[9] Shultzaberger R K, Chen Z, Lewis K A, Schneider T D. Nucl Acids Res, 2007, 35：771.

[10] Tomsic M, Tsujikawa L, Panaghie G, Wang Y, DeHaseth P L. J Biol Chem, 2001, 276：31891.

[11] Browning D F, Busby S J W. Nature Rev, 2004, 2：1.

[12] Kraemer R, Sprenger G. Metabolism // Rehm H-J, Reed G, ed., Biotechnology. 2nd ed. Vol. 1. Weiheim：VCH, 1993：104-108.

[13] An G-H, Song K B, Sinskey A J. J Bioscience & Bioeng, 1999, 88：168.

[14] 满在伟，饶志明，徐美娟，杨套伟，张显，许正宏. 第六届全国发酵工程学术研讨会摘要集. 2014：38.

[15] 刘宏亮，周茜，郑会明，谢希贤，陈宁. 第六届全国发酵工程学术研讨会摘要集. 2014：77.

[16] Chen S X, Chu J, et al. Biotechnology Letters, 2005, 27：689.

[17] 汤生荣，王景玉，刘志河等. 工业微生物，1992，22：5.

[18] 汤生荣，黄卫红，侯佐荣. 工业微生物，1998，28：11.

[19] Sauer U, Cameron D C, Bailey J E. Biotech and Bioeng, 1998, 59：227.

[20] 张成林，郭磊，陈宁. 第六届全国发酵工程学术研讨会摘要集. 2014：91.

[21] Qian J C, Cai X P, et al. Biotechnology Letters, 2006, 28：937.

[22] Bailey J E, Sburlati A, Hazimanikatis V, Lee K, Renner W A, Tsai P S. Biotechnol Bioeng, 1996, 52：109.

[23] Small J R, Kacser H. Eur J Biochem, 1993, 213：613.

[24] Shibata T, Ichikawa C, Matsuura M, Takata Y, Noguchi Y, Saito Y, Yamashita M. J. Bioscience Bioeng, 2000, 90：

223.

[25] Kacser H, Acerenza L. Eur. J. Biochem, 1993, 216: 361.

[26] Niederberger P, Prasad R, Miozzari G, Kacsar H. Biochem. J., 1992, 287: 473.

[27] Thomas S, Fell D A. J Theor Biol, 1996, 182: 285.

[28] Estevez A M, Heinnisch J J, Aragon J J. FEBS Lett, 1995, 374: 100.

[29] Boles E, Golhman H W H, Zimmermann F K. Mol Microbiol., 1996, 20: 65.

[30] Fell D. Biotechnol Bioeng, 1998, 58: 121.

[31] Shi H, et al. Biotechnol Bioeng, 1998, 58: 139.

[32] Marx A, de Graaf A A, Wiechert W, Eggeling L, Sahm H. Biotechnol Bioeng, 1996, 49: 111.

[33] Heriksen C M, Christensen L H, Nielsen J, Villadsen J. J Biotechnol, 1996, 45: 149.

[34] van Gulik W M, de Laat W T A M, Vinke J L, Heijnen J J. Biotechnol Bioeng, 2000, 68: 602.

[35] Vallino J J. Stephanopoulos G. Biotechnol Prog, 1994, 10: 327.

[36] Stephanopoulos G, Vallino J J. Science, 1991, 252: 1675.

[37] Vallino J J, Stephanopoulos G. Biotechnol Prog, 1994, 10: 320-326.

[38] Nissen T L, Schulze U, Nielsen J, Villadsen J. Microbiol, 1997, 143: 203.

[39] Christensen B, Nielsen J. Adv in Biochem Eng Biotechnol, 2000, 66: 209.

[40] Christensen B, Nielsen J. Biotechnol Bioeng, 2000, 68: 652.

[41] Jorgensen H, Nielsen J, Villadsen J , Mollgaard H. Biotech Bioeng, 1995, 46: 117.

[42] Mavrovouniotis M L, Stephanopoulos G, Stephanopoulos G. Biotechnol Bioeng, 1990, 39: 1119.

[43] Vallino J J, Stephanopoulos G. Biotechnol Bioeng, 1993, 41: 633.

[44] Jupke C, Stephanopoulos G. Biotechnol Bioeng, 1995, 45: 292.

[45] Marx A, de Graaf A A, Wiechert W, Eggeling L, Sahm H. Biotechnol Bioeng, 1996, 49: 111.

[46] Schlosser P M, Riedy G, Bailey J E. Biotechnol Prog, 1994, 10: 141.

[47] Shioya S, Shimizu H, Takiguchi N. On-line metabolic flux analysis for fermentation operation. // Lee S Y, Papoutsakis E T, eds. Metabolic engineering. New York: Marcel Dekker Inc, 1999: 227-251.

[48] Jorgensen H, Nielsen J, Villadsen J, Molligard H. Biotechnol Bioeng, 1995, 46: 117.

[49] Henriksen C M, Christensen L H, Nielsen J, Villadsen J. Biotechnol, 1996, 45: 149.

[50] Takac S, et al. Enz Microbiol Technol, 1998, 23: 286.

[51] Schmidt K, et al. Biotechnol Bioeng, 1998, 58: 254.

[52] Tada K, Kishimoto M, Omasa T, Katakura Y, Suga K-I. J Bioscience Bioeng, 2000, 90: 669.

[53] Hua Q, Yang C, Shimizu K. J Bioscience & Bioeng, 1999, 87: 206.

[54] Li J H, Yang Y M, et al. Bioprocess and Biosystems Engineering, 2010, 33: 1119.

[55] Wang Z J, Wang P, et al. J Taiwan Institute Chemical Engineers, 2012, 43: 181.

[56] Nie Y S, Huang M Z, et al. J Biotechnol, 2014, 187: 124.

[57] Varner J, Ramkushna D . Biotechnol Prog, 1999, 15: 407.

[58] Yang C, Hua Q, Shimizu K. J Bioscience & Bioeng, 1999, 88: 393.

[59] Hua Q, Yang C, Shimizu K. J Bioscience & Bioeng, 1999, 90: 184.

[60] Neilsen J. Physiological engineering aspects of *Penicillium chrysogenum*. Habilitationsschrift. Lyngby Denmark: Techical University of Denmark, 1995.

[61] Pissara P, Nielsen J, Bazin M J. Biotechnol Bioeng, 1996, 51: 168.

[62] Theilgaard H A, Nielsen J. Antonie van Leeuwenhoek, 1999, 75: 145-154.

[63] Sahm H. Metabolic Design // Rehm H J, Rees G, eds. Biotechnology Vol 1. Biological Fundamentals. 2nd ed. Weiheim: VCH, 1993: 189-222.

[64] Weimer S, Priebs J, Kuhlow D, et al. Nature Communications, 2014, 5: 35.

[65] 刘延峰, 李江华, 刘龙, 堵国成, 陈坚. 第六届全国发酵工程学术研讨会摘要集. 2014: 82.

[66] Xia X X, QianZ G, Ki C S, Park Y H, Kaplan D L, Lee S Y. Proc Natl Acad Sci. USA, 2010, 107: 14059.

[67] 钱志刚, 夏小霞, 钟建江. 第六届全国发酵工程学术研讨会摘要集. 2014: 88.

[68] Yu J L, Xia X X, Zhong J J, QianG G. Biotechnol Bioeng, 2014, 111: 2580.

[69] Khosla C, Curtis J E, DeModena J, Rinas U, Bailey J E. Bio/Technology, 1990, 8: 849.

[70] Khosla C, Bailey J E. Nature, 1988, 331: 633.

[71] Tsai P S, Hazimanikatis V, Bailey J E. Biotechnol Bioeng, 1995, 49: 139.

[72] Tsai P S, Nageli M, Bailey J E. Biotechnol Bioeng, 1995, 49: 151.

[73] Chen H X, Chu J, et al. Appl Microbiol Biotechnol, 2007, 74: 1205.

[74] Sauer U. Evolutionary engineering of industrially important microbial phenotypes. // Scheper ed. Adv Biochenm Eng/Biotechnol, 2001, 73: 129.

[75] Lee S Y, Lee D-Y, Kim T Y. Trends in Biotechnol, 2005, 23: 350.

[76] Parekh S, et al. Appl Microbiol Biotechnol, 2000, 54: 287.

[77] Patterson S D, Aebersold R H. Nat Genet, 2003, 33: 311.

[78] Stephanopoulos G. Nat Biotechnol, 2002, 20: 707.

[79] Oliver D J, et al. Metab Eng, 2002, 4: 98.

[80] Bro C, Nielsen J. Metab Eng, 2004, 6: 204.

[81] Han M-J, Lee S Y. Proteome profiling and its use in metabolic and cellular engineering. Proteomics, 2003, 3: 2317.

[82] Hermann T. Curr Opin Biotechnol, 2004, 15: 444.

[83] Endy D, Brent R. Nature, 2001, 409: 391.

[84] Selinger D W, et al. Trends Biotechnol, 2003, 21: 251.

[85] Stelling J. Curr Opin Microbiol, 2004, 7: 513.

[86] Wiechert W. J Biotechnol, 2002, 94: 37.

[87] Patil K R, et al. Curr Opin Biotechnol, 2004, 15: 64.

[88] Wang Y, Chu J, et al. Biotechnology Advances, 2009, 27: 989.

[89] Wilkins M R, et al. Biotechnology 1996, 14: 61.

[90] Shoemaker D D, Linsley P S. Curr Opin Microbiol, 2002, 5: 334.

[91] Giaever G, et al. Nature, 2002, 418: 387.

[92] Gerlai R. Trends Neurosci, 2002, 25: 506.

[93] Tong A H, et al. Science, 2001, 294: 2364.

[94] Hannon G J. Nature, 2002, 418: 244.

[95] Kuruvilla F G, Shamji A F, Sternson S M, Hergenrother P J, Schreiber S L. Nature, 2002, 416: 653-657.

[96] Csete M E, Doyle J C. Science, 2002, 295: 1664.

[97] Nielsen J. Appl Microbiol Biotechnol, 2001, 55: 263.

[98] Zhang Y-X, Perry K, Vinci V A, Powell K, Stemmer W P C, del Cardayre S B. Nature, 2002, 415: 644.

[99] Ye B C, Zhang Y, et al. Plos One, 2009, 4 (9).

[100] Tyers M, Matthias Mann. Nature, 2003, 422: 193.

4

微生物次级代谢与调节

次级代谢产物是某些微生物在生命循环的某一个阶段产生的物质，它们一般是在产生菌生长中止后合成的。微生物产生的次级代谢物有抗生素、毒素、色素和生物碱等。研究微生物的次级代谢产物的生物合成及其代谢调节作用，无论在理论方面还是在实践方面都具有重要意义。

4.1 引论

4.1.1 微生物次级代谢的特征

次级代谢产物生物合成的明显特征有以下几点。

(1) **次级代谢产物一般不在产生菌的生长期产生，而在随后的生产期形成**　抗生素晚合成的原因之一，可能是避免生长受其自身产物的抑制。因在生长期大多数微生物对其自身产生的抗生素敏感，只有在生产期才在生理上获得耐药性。另外，次级代谢产物的合成过程一般是在培养液中缺乏某种营养物质，如碳源、氮源或磷，菌体的生长受到限制时启动的。例如，青霉素的合成是在生产菌的生长速率开始下降时启动的。次级代谢过程启动的原因可能是生长期末细胞的酶的组成发生变化，与次级代谢物合成有关的酶的突然出现有关；也可能是前体的积累，起诱导物的作用，或编码次级代谢产物的基因从分解代谢物阻遏中解脱所致。详见 4.5.2.7 节。

(2) **种类繁多，含有不寻常的化学键**　如氨基糖、苯醌、香豆素、环氧化合物、麦角生物碱、吲哚衍生物、吩嗪、吡咯、喹啉、萜烯、四环类抗生素等。其化学结构特殊，如 β-内酰胺环、环肽、聚乙烯和多烯的不饱和键，大环内酯类抗生素的大环。

(3) **一种菌可以产生结构相近的一簇抗生素**　例如，产黄青霉能产生至少 10 个具有不同特性的青霉素。它们都具有 δ-氨基青霉烷酸的基本结构，而它们的区别仅在于侧链 R 的不同（表 4-1）。由于结构上的差别，它们具有不同的生物活性，其中青霉素 G 的抗菌活性最高。因此，在青霉素的发酵工业生产中，总是希望青霉素 G 的含量最高。此外，杆菌肽簇有 10 种，黄曲霉毒素簇有 8 种，有一种小单孢菌产生的氨基环多醇类抗生素竟多达 48 种。

表 4-1　天然存在的几种青霉素的侧链 R

青霉素名称	侧链 R 的结构
苄青霉素(青霉素 G)	$C_6H_5-CH_2-CO-$
Δ_2-戊烯基青霉素(青霉素 F)	$CH_3-CH_2-CH=CH-CH_2-CO-$
正庚烷基青霉素(青霉素 K)	$CH_3-(CH_2)_6-CO-$
青霉素 N	$HOOC-CH(NH_2)-(CH_2)_6-CO-$
青霉素 X	$p\text{-}HO-C_6H_5-CH_2-CO-$
青霉烷酸	$H-$

(4) 一簇抗生素中各组分的多少取决于遗传与环境因素　次级代谢物合成所涉及的酶的特异性较低；而初级代谢方面的特异性总是很高，因差错会导致致命性的后果。次级代谢方面的差错对细胞的生长无关紧要，改变后的代谢产物有些还保留生物活性。有人认为，次级代谢产物之所以种类繁多，就是因为酶的底物特异性不高所致。他们把次级代谢过程又称为多向代谢作用（pleometabolism）。

(5) 一种微生物的不同菌株可以产生多种在分子结构上完全不同的次级代谢产物　例如，灰色链霉菌不仅可以用于生产链霉素，还可用来生产白霉素、吲哚霉素、灰霉素、灰绿霉素和灰黄霉素等。不同种类的微生物也能产生同一种次级代谢产物。例如，最先发现青霉素的英国学者弗来明是从点青霉中发现青霉素的，后来人们发现许多其他的真菌也能产生青霉素，如产黄青霉、土曲霉、构巢曲霉、发癣霉属及皮肤癣霉属的一些真菌。但能产生青霉素的真菌主要属于曲霉科的真菌。这说明某种次级代谢物在分布上仅限于一群在分类学上相关的微生物种群中。

(6) 次级代谢产物的合成对环境因素特别敏感，其合成信息的表达受环境因素调节　如对抗生素合成需在较低磷酸盐浓度（0.1～10mmol/L）范围内进行，而生长能耐受的范围为 0.3～300mmol/L。对培养基的一些阳离子浓度较敏感，在 9 种微量元素（V、Cr、Mn、Fe、Co、Ni、Cu、Zn 和 Mo）中以 Mn、Fe 和 Zn 较为重要，其有效浓度为 $\mu mol/L$ 级。

(7) 微生物由生长期向生产期过渡时，菌体在形态学上会发生一些变化　例如，一些产芽孢的细菌在此时会形成芽孢，真菌和放线菌会形成孢子。因此，有人把次级代谢产物的合成作用看作是细胞分化的伴随现象。但是，微生物在形态学上与生理学上的变化并不一定具有因果关系或依存关系。对于丝状真菌，无论在生长期和次级代谢产物形成期，菌丝体中的细胞并不是处于相同的生理状况下。因为真菌的生长只在菌丝的末梢进行，菌丝体细胞中存在着一个年龄梯度。其年幼细胞处在生长代谢状况下，而年长细胞则处于形成次级代谢产物的代谢状况下。因此，要提高这类微生物的次级代谢产物的产量，就必须有足够数量的生产能力强的菌丝体，并且还要求这种状况能尽量长时间维持下去。菌的生长速率、菌丝体的分枝状况和菌球（团）的大小，都是获得高产的重要因素。次级代谢产物是产生菌生长和繁殖过程中不需要的物质，菌体失去合成次级代谢产物的能力后能照常生长。

(8) 微生物的次级代谢产物的合成过程是一类由多基因控制的代谢过程　这些基因不仅位于微生物的染色体中，也位于质粒中，并且染色体外的基因在次级代谢产物的合成中往往起主导作用。由于核外基因能够通过质粒的转化作用转入到亲缘关系相近的微生物类群中，微生物次级代谢产物的分布具有分类学上的局限性。此外，染色体外遗传物质可由于外界环境的影响从细胞中失去，从而造成微生物生产的不稳定性。

4.1.2 次级代谢产物的类型

Berdy 曾提出一种开放式的抗生素化学分类方法。此系统有利于随时插入新发现的新型结构的抗生素。Bostian 已将此系统编入计算机程序，用于抗生素的鉴别和分类。在许多抗生素手册中也采用此系统。表 4-2 列出 Berdy 的抗生素化学分类系统。其他分类方法请参阅 Betina 一书[1]。

表 4-2　Berdy 的抗生素化学分类系统及其编码

抗生素簇	例子	初级编码
糖簇		1
纯糖类	链脲霉素	1.1
氨基糖苷类	链霉素	1.2
其他(N-和 C-)糖苷类	链丝菌素	1.3
各种糖衍生物	洁霉素	1.4
大环内酯簇		2
大环内酯类	红霉素	2.1
多烯类	制霉菌素	2.2
其他大环内酯类	利福霉素	2.3
大环内酰胺类		2.4
醌和其类似簇		3
线性缩合多环类	四环素	3.1
萘醌衍生物		3.2
苯醌衍生物		3.3
各种醌样化合物		3.4
氨基酸、肽和环肽类		4
氨基酸衍生物	环丝氨酸	4.1
同型肽类	短杆菌肽 A	4.2
异型肽类	多黏菌素	4.3
肽环类	放线菌素	4.4
高分子量肽类		4.5
含氮杂环簇		5
非缩合(单)杂环类	嘌呤霉素	5.1
缩合(融合)杂环类		5.2
具抗生素活性的生物碱		5.3
含氧杂环簇		6
呋喃衍生物	黄曲霉毒素	6.1
吡喃衍生物		6.2
苯吡喃衍生物		6.3
小内酯类		6.4
聚醚类	尼日利亚菌素	6.5
脂环簇		7
环烷烃衍生物		7.1
小萜类		7.2
寡萜类	梭链孢酸	7.3
芳香簇		8
苯类	氯胺苯醇	8.1
缩合芳香类	灰黄霉素	8.2
非-类苯芳香类	新生霉素	8.3
各种芳香衍生物		8.4
脂簇		9
烷烃衍生物	拟青霉素	9.1
脂羧酸衍生物		9.2
含 S 和 P 的脂类	磷霉素	9.3
其他抗生素(碳架未知)		0

另外，可根据次级代谢产物分子中的主要组分与初级代谢的关系，把次级代谢产物分成五个基本类型，再根据分子结构的基本特征又可以把它们分成许多亚类。

4.1.2.1　糖类

许多次级代谢产物在结构上明显与糖类物质有关。它们的前体物质都是葡萄糖，但是它们的结构在次级代谢过程中被修饰了。例如，链霉素、新霉素和卡那霉素等均是分子结构被修饰了的寡糖类抗生素

4.1.2.2　多肽类

同糖类物质一样，氨基酸或其聚合物（多肽）在次级代谢过程中常常被修饰，形成多肽类抗生素。如青霉素的母核就是在由 α-氨基己二酸、半胱氨酸和缬氨酸缩合而成的异青霉素 N 的基础上，衍生成 β-内酰胺类化合物。由短杆菌产生的各种短杆菌酪肽和链霉菌产生的放线菌素是一类由寡肽构成的抗生素。这类抗生素中常常含有一些不常见的氨基酸和具有 D-构型的氨基酸。放线菌素分子中的多肽通过酯键连接成肽内酯结构。多肽类抗生素中氨基酸的顺序一般是由催化多肽合成时的酶的特异性决定的。一些大的寡肽类抗生素（如乳香链球菌产生的乳酸链球菌肽和枯草杆菌产生的枯草杆菌素）则是像一般的蛋白质那样，在核糖体-mRNA 模板系统中合成，但是合成作用进行不久便被切割下来，且肽链上的某些氨基酸残基已被修饰。多肽类抗生素中还包括芳香族氨基酸或其他氨基酸合成途径的中间产物被修饰后形成的抗生素。例如，委内瑞拉链霉菌产生的氯霉素和头状链霉菌产生的丝裂霉素 C 等。

4.1.2.3　聚脂酰类

这类化合物均以活性脂酰作为前体，通过聚合作用形成的。由乙酰辅酶 A 可以形成两类自身缩合产物：一类是通过头尾连接的聚乙酮（酰）化合物；另一类是通过新形成的活性异戊二烯的寡聚作用形成的化合物。由这些化合物又可以形成广泛分布于植物、动物和真菌中的萜类、甾类和类胡萝卜素等次级代谢产物。属于这类次级代谢产物的有放线菌产生的二甲萘烷醇（geosmin）和水稻恶苗病菌产生的赤霉素等。

通过聚乙酮途径产生的各种不同链长的聚乙酮中间产物，再经过环化、芳香化和其他形式的化学修饰后，就会形成大量的次级代谢产物，如由生金色链霉菌产生的四环素。不同长短的聚乙酮链经过部分环化和还原作用，可以形成大环内酯类抗生素，如由弗氏链霉菌产生的泰乐菌素。聚乙酮链羰基部分缩合后，再经过部分环化和还原作用产生聚醚类次级代谢产物，如肉桂淡粉链霉菌产生的离子载体型抗生素——莫蒽霉素 B。

4.1.2.4　核酸碱基类似物类

此类次级代谢产物的合成明显地与核酸碱基的合成相关。它们或者由细胞中现成的核苷酸经化学修饰转变而来，或者通过与核苷酸生物合成相似的过程合成获得。属于这一类的抗生素有：由玫瑰色荧光假单胞菌产生的 6-氨基嘌呤，由焦土链霉菌产生的焦土霉素以及由间型诺卡氏菌产生的间型霉素。

4.1.2.5　其他类型

微生物还产生一些不属于上述四种类型的次级代谢产物。因为人们很难根据这类化合物分子中的组分来源，把它们归于上述任何一种类型的次级代谢产物。例如，由 *Aspergillus tenuis* 的曲霉产生的细交链孢菌酮酸和黏质赛氏杆菌产生的灵菌红素以及糖肽、糖脂类化合物，都归并于其他类型的次级代谢产物。

4.1.3　抗生素的生源学

生源学（biogenesis）又称为生物发生学，是研究一些天然物质（包括有生命的物质）发生、存在的原因，以及它对宿主、环境作用的科学。抗生素生源学研究一些微生物会产生对其他微生物，甚至对其自身有害物质的原因及这类物质的功能。对这方面的了解将有助于解释抗生素的形成机制和控制其生产。

已知有关抗生素生源学的见解主要有以下几个方面：①合成次级代谢物是作为储藏物；②作为正常代谢的无用的副产物；③大分子消化后残留的碎片；④解除体内有害代谢物的毒性；⑤支路代谢物；⑥竞争需要，用于抑制其他微生物，争夺有限的养分；⑦进化遗留所致；⑧在自然界具有生态上功能；⑨调节功能，至少与形态学、分化方面有关；⑩代谢维持产物，其作用主要是代谢过程而不是产物本身。前6种功能已不再接受。后4种说法仍有一定的支持。见解⑦认为次级代谢物在地球生命物质的各种反应的进化上和在生化进化期间通过与原始大分子模板中的"受体"部位的相互作用来影响及调整其化学与结构方面起重要的作用。例如，在转译系统的进化上当聚合反应变得更为复杂，有蛋白质开始参与反应情况下，低分子量效应物在功能上便被多肽取代，但仍保留它与核酸及蛋白质的受体部位相互作用的能力。这些小分子效应物，有许多已扮演另一种角色，通过与核酸或蛋白质的受体部位的相互作用起拮抗作用，抗生素就是进化残留效应物的当代活性的体现。这一理论至今仍未被证实，但也未被否定。

次级代谢物在生态上的作用有过争论。植物次级代谢物是在自然环境中产生的，其生态功能有些是众所周知的。它们可以起保护性的化合物的作用，用来对付草食动物及其竞争性植物。另外一种功能是吸引动物为其授粉或散播种子，或驱除与引诱功能兼而有之。抗生素的生态作用是得到肯定的。它存在于自然界，具有天然的功能，其中之一便是抑制或杀死自然界与之竞争的生物。

最后，认为"次级代谢物的作用不在于产物本身而在于产物生产的过程"的说法似乎更易为代谢调控学者所接受。微生物在生长中止后其中枢代谢系统并未关闭，但其中间代谢物，既然生长不需要，便作为次级代谢物的前体转向抗生素的合成，这样做可减少前体的堆积，又可维持低分子代谢系统最低限度的运行。一旦条件有利于生长便能迅速恢复生长（如图4-1所示）。次级代谢物在微生物中所起作用请参阅4.5.1.1节。

4.1.4　初级与次级代谢途径相互连接

由于次级代谢产物是由初级代谢的中间体衍生的，在次级代谢与次级代谢之间存在一些关键的连接点，即初级代谢为次级代谢提供的前体化合物（见图4-1和表4-3）。次级代谢物通常是由初级代谢中间体经修饰后形成的。**有三种用于将初级代谢中间体修饰为次级代谢终产物的生化过程：①生物氧化与还原；②生物甲基化；③生物卤化。**

普通的氧化还原反应涉及醇或羰基的氧化、双键的引入或还原、氧原子的引入和芳香环的氧化性裂解。脱氢酶或氧化酶催化这些反应。甲基化反应在各种代谢物，特别是聚多酮的合成中起重要作用。已知金霉素、红霉素、林可霉素等的生物合成需要甲基化。 C_1 单位的转移需要四氢叶酸的参与，其甲基的主要来源为甲硫氨酸、高半胱氨酸、甘氨酸和丝氨酸。卤化对那些其分子上含有卤素的次级代谢物很重要。金霉素、氯霉素、灰黄霉素等是典型的含氯次级代谢物。如果培养基中以溴化物取代氯化物，便合成相应的溴衍生物，如溴四环素、溴灰黄霉素。

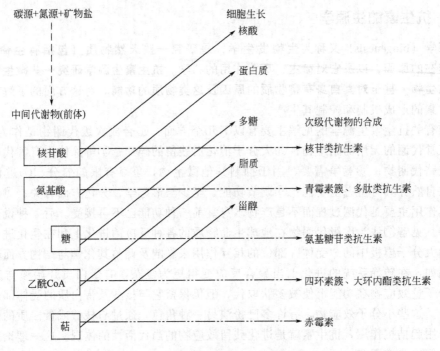

图 4-1 生长与次级代谢物共享的代谢中间产物
——表示有利于生长的条件下；---▸表示有利于次级代谢物合成的条件下

表 4-3 初级代谢与次级代谢之间的一些相连接的中间体

中 间 体	初级代谢终产物	次级代谢终产物
莽草酸	色氨酸	氯胺苯醇、麦角生物碱
	苯丙氨酸	绿脓菌素、细胞松弛素、赭曲霉素
	酪氨酸	新生霉素、放线菌素 D、诺卡杀菌素
α-氨基己二酸	赖氨酸	头孢菌素 C、青霉素 N
丙二酸单酰 CoA	脂肪酸	灰黄霉素、黄曲霉毒素、棒曲霉素、四环类抗生素、放线菌酮、布雷非德菌素 A
3-甲基-3,5-二羟基戊酸	甾醇	赤霉素、烟曲霉酸、褐霉酸、萜、麦角生物碱
乙酰乙酸	缬氨酸	青霉素、头孢菌素
	亮氨酸	短杆菌肽 S
丙酮酸	缬氨酸	肽类抗生素、青霉素、头孢菌素

4.2 次级代谢物生物合成的前体

4.2.1 前体的概况

次级代谢物的生物合成过程除了在前体的形成和聚合过程方面外皆遵循一般的生物合成规律。次级代谢途径同初级代谢的分解代谢、无定向代谢和组成代谢紧密相关。其前体通常是正常的或经修饰的初级代谢的中间体。

前体是指加入到发酵培养基中的某些化合物，它能被微生物直接结合到产物分子中去，而自身的结构无多大变化，有些还具有促进产物合成的作用。中间体是指养分或基质进入一途径后被转化为一种或多种不同的物质，它们均被进一步代谢，最终获得该途径的终产物。前体与中间体区别在于前者的结构往往略需改变后才进入到代谢途径中去；有时它们是指同一物质。

Betina 认为[1]，微生物次级代谢物大多数源自以下一些关键初级代谢物，它们是初级代谢的中间体。次级代谢物的前体可分为：①短链脂肪酸；②异戊二烯单位；③氨基酸；④糖与氨基糖；⑤环己醇与氨基环己醇；⑥脒基；⑦嘌呤与嘧啶碱；⑧芳香中间体与芳香氨基酸；⑨甲基（C_1 库）。

4.2.1.1 内源前体

糖通过分解代谢反应被转化为较小的 5C、4C、3C 和 2C 单位（如戊糖、丁糖、丙糖、乙酸盐、α-酮戊二酸、草酰乙酸等）。其中若干中间体可直接用作次级代谢物的前体。但有些来自醇解或三羧酸循环的中间体需经修饰才能作为次级代谢物的前体，见表 4-4。

表 4-4 可作为次级代谢物前体的一些中间体

化合物类型	中 间 体
短链脂肪酸	乙酸，丙酸，丙二酸，甲基丙二酸，丁酸
异戊二烯单位	甲羟戊酸，异戊烯焦磷酸
氨基酸与芳香中间体	正常蛋白质氨基酸，不常见氨基酸
糖与氨基糖	己糖，戊糖，丁糖，经修饰的己糖、氨基糖
环己醇与氨基环己醇	肌醇，肌糖胺，链霉胍，2-脱氧链霉胍，放线菌胺
脒基	精氨酸
嘌呤和嘧啶碱	腺嘌呤，鸟嘌呤，胞嘧啶，二甲基腺嘌呤，3′-脱氧嘌呤
芳香中间体与芳香氨基酸	莽草酸，分支酸，预苯酸，对氨基苯甲酸，酪氨酸，色氨酸
甲基	S-腺苷酰甲硫氨酸

下面简述抗生素特殊前体的来源及其去向。

(1) 短链脂肪酸 含聚酮化物（polyketide）中间体的一些次级代谢物是由乙酸、丙酸、丁酸和其他短链脂肪酸形成的。乙酸、丙酸以乙酰 CoA 和丙酰 CoA 的形式，分别作为 C_2 和 C_3 起始单位；而正常的延伸单位为丙二（酸单）酰 CoA 和甲基丙二（酸单）酰 CoA，它们分别为 C_2 和 C_3 的延伸单位。丙二酰 CoA 是由乙酰 CoA 羧化酶催化乙酰 CoA 形成的：

$$乙酰\,CoA + ATP + CO_2 + H_2O \longrightarrow 丙二酰\,CoA + ADP + Pi$$

丙酸是放线菌产生的由聚酮化物衍生的次级代谢物的重要前体。丙酸被广泛用作若干大环内酯类和柄状大环内酯类（ansamacrolide）抗生素的前体。在微生物细胞内，丙酸可由琥珀酸、缬氨酸或异亮氨酸形成。甲基丙二酰 CoA 可通过丙酰 CoA 羧化酶或甲基丙二酰 CoA 羧基转移酶催化，由丙酰 CoA 形成。

$$丙酰\,CoA + ATP + CO_2 + H_2O \longrightarrow 甲基丙二酰\,CoA + ADP + Pi$$

$$丙酰\,CoA + 草酰乙酸 \longrightarrow 甲基丙二酰\,CoA + 丙酮酸$$

丁酸是参与几种十六元环大环内酯类和聚醚类抗生素的前体。它通常由乙酰 CoA 与丙二酰 CoA 缩合形成，也可由亮氨酸脱氨形成。

(2) 异戊二烯单位 许多真菌代谢物是由异戊二烯单位—CH_2—CH（CH_3）—CH ═ CH—缩合而成。异戊二烯单位参与动植物和真菌的甾类化合物和萜的形成。有些植物和真菌的次级代谢物是由异戊二烯衍生的。若干单萜（含两个 C_5 单位）、倍半萜（含三个 C_5 单位）或三萜（含 6 个 C_5 单位）具有抗生素活性，例如，木霉素和梭链孢酸。有些异戊二烯单位也参与复杂抗生素，如新生霉素的生物合成。

类异戊二烯化合物是由所谓"活化异戊二烯"——异戊烯焦磷酸聚合形成的。异戊烯焦磷酸是由乙酰CoA经乙酰乙酰CoA和甲羟戊酸形成的。它也可由亮氨酸脱氨和转化为3-羟-3-甲基戊二酰CoA后形成，详细合成途径见2.3.9节。

(3) 经修饰的氨基酸 正常氨基酸和经修饰的非蛋白质氨基酸可用于构筑同型肽类抗生素。大多数用于合成次级代谢物的前体，不能用于合成细胞大分子。初级代谢的基本中间体常经以下修饰后才用于抗生素的合成：①碳架的少许改动；②分子氧化还原水平的改变；③环化形成杂环；④消旋化。大约有200种非蛋白质氨基酸，其中包括D-氨基酸，N-和β-甲基化氨基酸，脱氢和β-氨基酸，异常的含硫氨基酸，双碱氨基酸（如二氨基丁酸）和氨基酸生物合成途径中的中间体（如鸟氨酸和α-氨基己二酸）可作为次级代谢物的前体，见表4-5。

表 4-5 次级代谢物的特殊前体——非蛋白质氨基酸

类 别	氨基酸	次级代谢物
D-氨基酸	D-别-羟脯氨酸	宜他霉素
	D-别-异亮氨酸	放线菌素,Stendomycin
	D-别-苏氨酸	Stendomycin
	D-苏氨酸	醌霉素
	D-缬氨酸	放线菌素,缬氨霉素,短杆菌肽
	D-亮氨酸	短杆菌肽
	D-鸟氨酸	杆菌肽
	D-苯丙氨酸	多黏菌素B
N-甲基氨基酸	N-甲基-L-苏氨酸	Stendomycin
	N-甲基-L-别-异亮氨酸	醌霉素B
	N,γ-二甲基-L-别-异亮氨酸	醌霉素C
	N,β-二甲基-L-亮氨酸	宜他霉素,丙霉素C
	肌氨酸	放线菌素,宜他霉素
	肌氨酸	宜他霉素
C-甲基氨基酸	3-甲基-色氨酸	顶枝霉素(Telomycin)
	3-甲基-苯丙氨酸	波卓霉素A
	3-甲基-缬氨酸	波卓霉素A
	3-甲基-脯氨酸	波卓霉素A
	3-甲基-L-羊毛硫氨酸	乳酸链球菌肽,枯草菌素
β-氨基酸	β-赖氨酸	链丝菌素
	L-β-甲基天冬氨酸	天冬菌素(Aspartocin)
	β-苯丙氨酸	伊短菌素D
	β-丝氨酸	伊短菌素
	β-酪氨酸	伊短菌素
亚氨基酸	顺-3-羟基-L-脯氨酸	顶枝霉素
	反-3-羟基-L-脯氨酸	顶枝霉素
	反-4-羟基-L-脯氨酸	放线菌素
	4-氧-L-脯氨酸	放线菌素
	D-六氢吡啶羧酸	天冬菌素
	4-氧-L-六氢吡啶羧酸	春霉素
S-氨基酸	L-羊毛硫氨酸	乳酸链球菌肽
	2-噻唑-L-丙氨酸	波卓霉素
双氢氨基酸	双氢色氨酸	顶枝霉素
	双氢苯丙氨酸	乳酸链球菌肽
	3-脲基-双氢丙氨酸	紫霉素,结核放线菌素(Tuberactinomycin)
	双氢亮氨酸	白滋菌素(Albonoursin)
	双氢苯丙氨酸	白滋菌素
	双氢脯氨酸	Osteogrysin
	双氢缬氨酸	Phalloin
复杂氨基酸	α,β-二氨基丙酸	伊短菌素
	2,6-二氨基-7-羟基壬二酸	伊短菌素
碱性氨基酸	L-鸟氨酸	短杆菌肽S
	L-2,4-二氨基丁酸	多黏菌素

甲基氨基酸和三甲基甘氨酸（甜菜碱）的甲基是通过甲基转移酶逐步甲基化形成的。氨基酸形成过程中的中间体被用于抗生素合成的例子有：头孢菌素和头霉素的侧链，α-氨基己二酸。它是真菌的赖氨酸生物合成途径的一个中间体，由 α-酮戊二酸＋乙酰 CoA 形成；而在细菌中它是由赖氨酸分解代谢形成的。杆菌肽和短杆菌肽 S 的组成氨基酸，鸟氨酸是精氨酸合成途径的中间体，由谷氨酸形成。它也可以由精氨酸降解形成。

(4) 芳香中间体 有许多抗生素的芳香部分是由莽草酸途径的中间体或终产物形成的，见图 4-2。芳香氨基酸生物合成途径负责大多数放线菌和许多植物次生代谢物的生物合成。如奎尼酸、喹啉、萘醌、蒽醌、喹唑啉和麦角生物碱以及吩嗪。但是大多数真菌产生的芳香代谢物是由乙酸通过聚酮途径合成的。

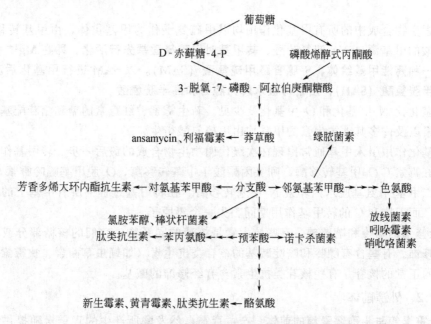

图 4-2 由芳香中间体合成的抗生素和其他次级代谢物

(5) 经修饰的糖与氨基糖 糖和氨基糖广泛存在于抗生素与次级代谢物中，如大环内酯类、氨基环多醇类、蒽环类和核苷类抗生素。有些微生物代谢产物中含有常见的与不常见的糖。有些糖起更为复杂分子的前体的作用。次级代谢物的糖常以糖苷键的形式与糖苷配基结合。一般糖结合在配基的羟基上，形成 O-糖苷；结合在氨基或巯基上的为 N-糖苷、S-糖苷；也存在 C-糖苷。

大多数次级代谢物的己糖和戊糖分别以吡喃糖和呋喃糖的形式存在于分子中。这些糖绝大多数来自葡萄糖，其碳架以整体的方式结合到抗生素中，经以下一些反应，修饰为所需的糖：差向异构化，异构化，氨化，去羟基，重排（生成分支糖），脱羧，氧化和还原。糖的转化是以核苷二磷酸衍生物，如 UDP-葡萄糖形式进行的。UDP-葡萄糖系由葡萄糖-1-P 的葡萄糖基转给 UTP 获得，参阅 2.3.11。但是，大环内酯类抗生素的糖的生物合成是以 TDP-衍生物作为中间体形式进行的，见图 4-12。己糖胺的形成是通过己酮糖和谷氨酰胺的转氨作用完成的。

(6) 环己醇与氨基环己醇 典型的环己醇为苯环上带六个羟基。若环己醇中的一个羟基被氨基取代则变成氨基环己醇。带有这一前体的抗生素称为氨基环己醇类抗生素。有些氨基糖苷类抗生素也带有氨基环己醇。现已知的氨基环己醇类抗生素有链霉素、有效霉素（其组成部分为单氨基环己醇）。一些重要的临床抗生素，如链霉素、庆大霉素、新霉素和卡那霉素含有脱氧链霉胺、单或双取代链霉胺、链霉胍、布鲁霉胍（bluensidine）和放线菌胺等。若干氨基环己醇类抗生素的氨基环己醇部分是由葡萄糖经葡萄糖-6-P 和肌型-肌醇-1-P 衍生的。其他肌醇是由肌型-肌醇经酮-肌醇的个别 C 的异构化衍生的。

(7) 脒基和甲基　所谓脒基是指—C(NH₂)＝NH，脒基的供体一般是精氨酸，链霉素分子中的链霉胍中的两个脒基的来源是通过转脒基反应由精氨酸提供的。提供脒基后的精氨酸，自己变成鸟氨酸，后者经与氨甲磷酸酸反应转变为瓜氨酸，再经氨化（由天冬氨酸提供 N）生成精氨酸。转脒基的受体的通式为 RNH₂，转脒基酶有一定的特异性，如链霉胍生物合成中其第一个与第二个脒基形成时的受体分别为 *O*-磷酸-青蟹型-肌醇胺和 *N*-脒基-链霉胺。

抗生素生物合成中的所有甲基化作用均以甲硫氨酸作为甲基供体，由甲基转移酶催化。而甲硫氨酸的甲基源自 N^5-四氢叶酸。**转甲基时甲硫氨酸需先行活化，即在 Mg²⁺ 和 ATP 存在下生成一种高能甲基给体，*S*-腺苷酰甲硫氨酸（SAM）。以 SAM 进行甲基化后其变成 *S*-腺苷酰高半胱氨酸（SAH），后者可被水解为腺苷和高半胱氨酸。**

C-甲基化比 *N*-甲基化和 *O*-甲基化要少见。新生霉素、红霉素的糖和糖苷配基、庆大霉素、头霉素以及许多其他抗生素的甲基均由甲硫氨酸衍生。

由甲基化作用引入甲基通常出现在次级代谢物生物合成的最后一步。转甲基作用需相应的酶，如红霉素 CO-甲基转移酶，吲哚丙酮酸 4-甲基转移酶，*O*-脱甲基嘌呤霉素 *O*-甲基转移酶，去二甲基-4-氨基脱水四环素 *N*-甲基转移酶。在转甲基过程中所有甲基上的氢原子一起被转移，而不饱和 C 的转甲基作用期间丢失一个氢原子。

(8) 经修饰的嘌呤和嘧啶碱　有些抗生素是核苷的同系物。它们的核糖部分或嘌呤或嘧啶部分被修饰。有些含有嘌呤和嘧啶碱基的核苷类抗生素（如蛹虫草菌素、狭霉素 C）的前体是相应的正常的核苷。有些核苷类抗生素含有经修饰的碱基。

4.2.1.2　外源前体

(1) 青霉素簇与头孢菌素簇的前体　产黄青霉自然发酵所产生的青霉素随提供的前体侧链而有所不同，见表 4-1。可作为青霉素 G 的前体有苯乙酸、苯乙胺、苯乙酰胺和苯乙酰甘氨酸等。这些化合物经少许改动可直接掺入青霉素分子中，它们还具有促进青霉素生产的作用。这些前体浓度较高时对菌的生长和产物合成有毒，且其毒性随培养基 pH 变化。一般游离状态的前体，其毒性较大。苯乙酸除被用于青霉素合成外还被氧化，其氧化速率随菌龄、发酵液 pH 的提高而增加。故宜少量多次补入，控制在抑制水平，以减少前体的氧化，提高前体结合到产物中的比例。

头孢菌素生物合成到异青霉素 N 上的前面几步和青霉素的一样。所用到的前体基本上与青霉素的相似，只是其中的 L-α-氨基己二酸（L-α-AAA）未被取代而是转化为 D-型，变成青霉素 N，再继续合成头孢菌素 C。研究头孢菌素的氮代谢调节发现，氯化铵具有抑制头孢菌素合成的作用。其原因可能在于抑制了头孢菌素合成酶或与此有关的其他步骤。氮同化机构的效能与头孢菌素的合成有密切的关系。图 4-3 表示这种调节的几个可能的靶子。①谷氨酸的供给，这是形成头孢菌素所必需的。②其他含氮化合物（如蛋白质）的分解代谢，为此反应提供前体。③从环境中吸收前体的效率。④赖氨酸的分解代谢为头孢菌素提供侧链前体，α-AAA。

(2) 红霉素簇的前体　红霉素的糖苷配基，红霉内酯，是由活化丙酸单位按与脂肪酸合成过程相似的机制形成的。由 21 个碳原子组成的 14 元环的红霉内酯是由 7 个丙酸单位结合而成的。内酯的生物合成是由丙酰 CoA 作为引物开始的，以甲基丙二酰 CoA 作为延伸单位，依次接上 6 个丙酸单位。高产菌株吸收丙醇的能力比低产菌株强。丙醇和丙酸也促进其他多烯和非多烯大环内酯的生物合成。正丙醇促进杀假丝菌素的生物合成，丙酸及其丙醇结构类似物、丙二醇和异丙醇的作用差一些。丙醇促进非多烯大环内酯 turimycin 的合成，但丙酸和丙醇结合到 turimycin 中很少，说明其促进作用或许与丙醇作为前体的利用无关。

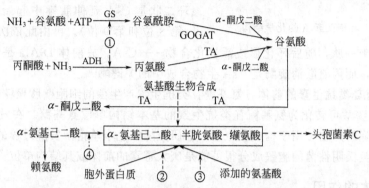

图 4-3　初级代谢为头孢菌素合成提供前体的可能部位

GS—谷氨酰胺合成酶；ADH—丙氨酸脱氢酶；GOGAT—谷氨酸合成酶；TA—转氨反应；

↑表示可能的控制部位

螺旋霉素的大环内酯是由 6 个乙酸、1 个丙酸和 1 个丁酸前体构成的。在研究螺旋霉素膜透析发酵时用 711 树脂分离透析液中的有机酸成分，发现其中含有草酰乙酸、丙酮酸、乙酸、丙酸和丁酸[2]。采用静息细胞培养系统测试含有这些有机酸的洗脱液对螺旋霉素生物合成的影响时发现，螺旋霉素的生物合成均有明显的提高，除丙酮酸和草酰乙酸外，螺旋霉素的生物效价的增长幅度随添加量的增加而提高，但对生长无明显的影响。丙酮酸（1.39mmol/L）的促进作用不那么明显，草酰乙酸（1.25mmol/L）反而对合成不利。

麦迪霉素有效组分 A₁ 与柱晶白霉素 A₆ 结构上的区别在于 C3 位上前者为丙酰基，后者为乙酰基。在发酵培养基中流加能转化为丙酰 CoA 的前体物质，如甲硫氨酸，适当调整培养基中的葡萄糖和玉米粉的含量可使麦迪霉素 A₁ 组分提高 8.7%，且不影响发酵单位[3]。流加异亮氨酸、缬氨酸可使麦迪霉素 A₁ 组分分别提高 13% 和 10.2%。相信这些氨基酸能转化为丙酰 CoA 的前体物质，后者可能提供麦迪内酯 R₁ 和 3,5-二甲基-2,5-二脱氧己糖 R₂ 的丙酰基来源。丙酰 CoA 的合成途径之一见图 4-4。

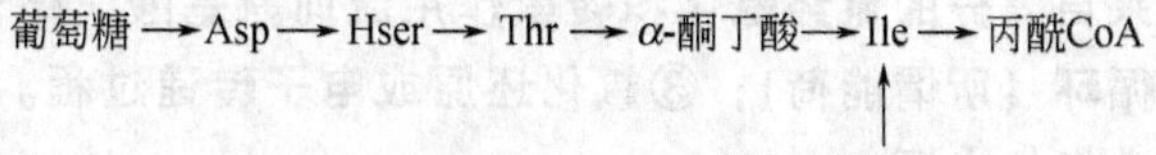

葡萄糖 → Asp → Hser → Thr → α-酮丁酸 → Ile → 丙酰CoA

Val → Met

图 4-4　丙酰 CoA 的合成途径之一

rapamycin 是一种含氮的非典型三烯类大环内酯，其氮环的直接前体是 L-赖氨酸，它具有明显刺激 rapamycin 的生物合成的作用。同位素试验证实了赖氨酸、六氢吡啶羧酸掺入 rapamycin 中。L-苯丙氨酸的负效应可能是由于 rapamycin 前体——莽草酸的形成受其反馈抑制或阻遏的缘故[4]。

(3) 肽类抗生素的前体　环孢菌素 A（CsA）是一种环十一肽化合物，已广泛用于临床人体器官移植和治疗自身免疫疾病。CsA 的化学结构特殊，有 3 个罕见的氨基酸，即 1 位的 Bmt{4R-4[(E)-2-丁烯基]-4-甲基-L-苏氨酸}、2 位的 L-2-氨基丁酸和 8 位的 D-丙氨酸；有

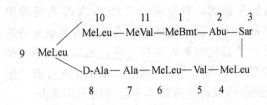

$$
\begin{array}{ccccc}
10 & 11 & 1 & 2 & 3 \\
\text{MeLeu} - \text{MeVal} - \text{MeBmt} - \text{Abu} - \text{Sar} \\
\end{array}
$$

图 4-5 环孢菌素 A 的化学结构

七个 *N*-甲基的肽键。其结构如图 4-5 所示。

CsA 的生物合成中，底物氨基酸需经氨酰基腺苷酸和硫酯的两步活化，作为下步反应的定向前体[5]。过程是从 D-Ala 开始，产生 D-环-D-丙氨酰-*N*-甲基亮氨酸（D-DKP）。这种环二肽是 CsA 延伸肽键中起始的两种氨基酸（第 8 位和第 9 位）。再由此依次加上组成氨基酸，形成线状十一肽，随后环化形成活性化合物——CsA。故前体 D-Ala 是 CsA 生物合成中的限制因素，而丙氨酸消旋酶是 CsA 生物合成中的关键酶[6]。

(4) 氨基糖苷类抗生素的前体 氨基糖苷类抗生素产生菌的细胞壁肽聚糖的 *N*-乙酰葡糖胺、*N*-乙酰胞壁酸可转化为氨基糖苷类抗生素的基本结构单位氨基糖。在发酵生产期细胞壁或膜成分的降解产物可用于构成抗生素。在研究绛红色小单孢菌发酵过程的细胞形态结构变化中发现革兰氏阴性菌的胞壁成分很可能是庆大霉素的前体或其结构单位[7]。

4.2.2 前体的作用

4.2.2.1 起抗生素建筑材料作用

有几种放线菌产生的抗生素是由葡萄糖衍生的，如链霉素，其骨架是由三个葡萄糖构筑的。其他氨基糖苷类和大环内酯类抗生素的糖部分也是从葡萄糖衍生的。葡萄糖分解代谢或走酵解途径或走己糖单磷酸途径。后一途径获得的戊糖可作为嘌呤、组氨酸和核苷类的中间体；所得丁糖与 PEP 反应生成莽草酸。已知有若干抗生素源自嘌呤。莽草酸是芳香氨基酸和几种抗生素，如氯胺苯醇的前体，见图 4-2。从葡萄糖酵解得到的丙糖是丝氨酸的前体，它丢失一个碳原子而转化为甘氨酸，再进入 C_1 库。其中部分用于新生霉素、洁霉素、真菌毒素或橘霉素的生物合成。

丙酮酸可用于几种氨基酸，如丙氨酸、缬氨酸、亮氨酸和异亮氨酸的合成，它是几种肽类抗生素、头孢菌素簇或青霉素簇合成的重要中间体。但丙酮酸大多数转化为乙酰 CoA，此化合物是次级代谢极为重要的中间体之一。乙酰 CoA 通过与草酰乙酸缩合进入柠檬酸循环。该循环可作为几种氨基酸碳架前体的来源，这些氨基酸也可部分结合到一些次级代谢物中；其他中间体可参与次级代谢。

应强调葡萄糖的分解代谢只是碳流的一个部分，是总代谢的小部分。总代谢中至少还有三个部分很重要：①来自养分的氮经氨化和转氨作用流向氨基酸、核苷酸和大分子化合物；②磷酸盐通过酐和酯循环（所谓能荷）；③氧化还原或电子传递过程。葡萄糖代谢的许多中间体是蛋白质氨基酸碳架的来源。

4.2.2.2 诱导抗生素生物合成的作用

在细胞中的特殊合成酶的活性已被激活的情况下，细胞可利用的前体浓度具有调节抗生素生产的作用。在 *Streptomyces clavuligerus* 中头霉素 C 的一种前体，α-氨基己二酸是由赖氨酸合成途径来的。它与蛋白质合成竞争此前体的供应。加入过量的赖氨酸、赖氨酸途径中间体（二氨基庚二酸或 α-氨基己二酸）到发酵液中可增加头霉素的发酵单位。产黄青霉的青霉素酰基转移酶可转化异青霉素 N，除去青霉素 N 的侧链，换上天然青霉素的其他侧链。侧链的置换取决于发酵液中含有适当的前体，如苯乙酸或苯氧乙酸[8]。故苄青霉素的发酵单位在一定范围内随发酵液中的限制性苯乙酸的增加而提高。

L-缬氨酸是环孢菌素 A 的前体和生物合成的诱导物[6]。加入缬氨酸可以促进 *T. inflatum* 固定化细胞合成环孢菌素 A。3-甲基-3,5-二羟基戊酸可被转化为异戊烯基、牻牛儿基和法呢基磷酸酯，然后进一步代谢为不同的次级代谢物，如单端孢菌素、真菌毒素或赤霉素。

丙醇和丙酸具有促进红霉素生产的作用，丙酸的作用稍差些。在发酵前期加入丙醇会干扰生长，从而降低抗生素的合成。现已清楚，除了作为前体外，丙醇还能诱导红霉素链霉菌的乙酰 CoA 羧化酶。此诱导作用发生在转录水平，因在发酵中加入放线菌素 D 可以阻抑这种作用。

4.2.2.3 前体与诱导物的区别

诱导作用在次级代谢物的合成控制上起重要作用。有时难于区分这种促进作用是真的诱导作用还是起前体作用。**一般可把那些能在生长期内促进抗生素生物合成的化合物看作诱导物，而前体往往只在生产期内起作用，甚至蛋白质合成受阻的情况下也行。诱导物应能被非前体的结构类似物取代。**如甲硫氨酸除了可作为头孢菌素合成的前体，提供 S 的作用，更为重要的作用在于诱导节孢子的形成，而节孢子的多寡影响头孢菌素的合成。甲硫氨酸可被亮氨酸取代。诱导物的另一个特征是其诱导系数特别高，如给链霉素生物合成受阻的突变株 $1\mu g$ 纯的 A 因子（在接种时），可诱导 1g 链霉素的形成，其诱导系数为 10^6。

4.2.2.4 研究前体作用的方法

分析阻断突变株的酶活可以获得许多有关青霉素生物合成的基因调节信息。如将两株其抗生素生物合成途径的阻断位置不同的突变株在一起生长，它们能够形成抗生素。在途径前面受阻的突变株能够利用在途径较后处阻断的突变株分泌的中间体。为了判断该前体是哪一突变株（分泌菌株）产生和哪一突变株（转化菌株）合成抗生素，可将它们各自纯培养在含有对方的发酵滤液的培养基中。只有转化菌株能在这些环境下形成抗生素。有些生物合成的中间体不能透过细胞膜。可采用细胞壁合成期间加入抑制剂使菌丝对渗透压敏感的办法克服这一缺陷。

采用遗传互补试验可以揭示突变株受伤的位置是否相同。产黄青霉的一杂合双倍体是由不同突变株合成的；如其青霉素产量像突变株那样等于零，则突变作用发生在同一互补群；如双倍体的青霉素产量达到其突变株亲株的水平，则突变作用发生在不同的互补群。对青霉素生物合成的遗传研究表明，将 12 株产量只有亲株 10% 或全无的产黄青霉突变株配对，从中获得的杂合双倍体中有 5 个互补群，将其称为 V、W、X、Y 和 Z。通过准性单倍化分析发现，互补群 W、Y 和 Z 的突变在同一染色体上，而 V 和 X 分别在另外两条染色体上。在 X、Y 和 Z 群突变株不能合成 Arnstein 三肽，δ-(α-氨基己二酰) 半胱氨酰缬氨酸，在 V 和 W 组的突变株能合成此化合物。X 组突变株不具备酰基转移酶的活性，V 组突变株此酶的活性也很低，而 W 组成员具备几乎完整的酰基转移酶活性。图 4-6 显示这些遗传障碍的若干可能位点。

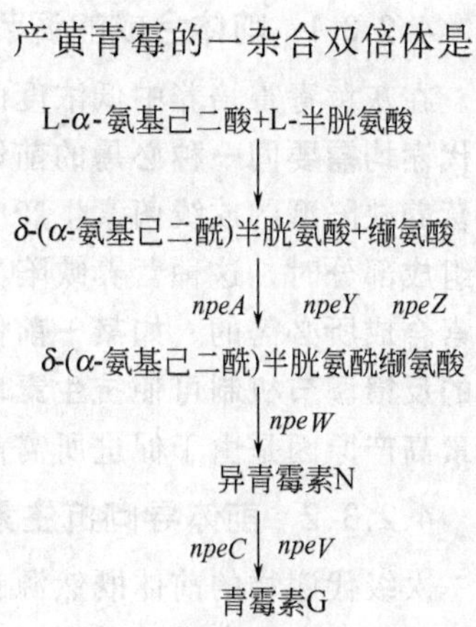

头孢菌素 C 生物合成的最后两步是速率限制步骤，使其前体青霉素 N 堆积。采用基因放大技术通过超表达

L-α-氨基己二酸+L-半胱氨酸

$\downarrow$

δ-(α-氨基己二酰)半胱氨酸+缬氨酸

$npeA$ $\downarrow$ $npeY$ $npeZ$

δ-(α-氨基己二酰)半胱氨酰缬氨酸

$\downarrow$ $npeW$

异青霉素N

$npeC$ $\downarrow$ $npeV$

青霉素G

图 4-6 青霉素的生物合成步骤及其遗传阻断可能位点
产黄青霉的突变：
$npeV$，$npeW$，$npeY$ 和 $npeZ$；
构巢曲霉的突变：$npeA$ 和 $npeC$

cefFF 基因可将顶孢头孢菌的头孢菌素产量提高 15％。此基因编码具有双重功能：去乙氧头孢菌素 C 合成酶和去乙基头孢菌素 C 合成酶活性的蛋白质。此重组菌的去乙氧头孢菌素 C 合成酶的比活是亲株的两倍，能将青霉素 N 完全转化为头孢菌素 C。

4.2.2.5 新抗生素的定向生物合成

突变生物合成是 Nagaoka 和 Demain 提出的术语，用于表达需要外源特殊前体的次级代谢物生物合成，具有这种能力的突变株被称为特殊前体需求型（idiotroph），此过程称为突变合成（mutasynthesis），由此合成的抗生素称为突变合成抗生素（mutasynthetics），合成的氨基环多醇被称为"突变合成环多醇"（mutasynthons）。

浓度为 0.4μg/mL 的色氨酸可增加吲哚霉素（一种色氨酸结构类似物）的产量 37％。在灰色链霉菌发酵期间加入相应的色氨酸和吲哚前体可定向生物合成新的吲哚霉素类抗生素。环孢菌素 A 是一种由丝状真菌 *Tolypocladium inflatum* 产生的 11 元环肽，加入其组成的外源氨基酸到发酵液中会影响其合成。环孢菌素 A 及其同系物是通过非核糖体硫模板（thiotemplate）机制由环孢菌素合成酶合成的。此酶的基质特异性较低，因此能催化多达 25 种环孢菌素类抗生素的合成，即所谓前体-定向生物合成。

4.2.3 前体的限制性

前体常常是次级代谢物生物合成的限制因素。如在发酵过程中加入苯乙酸可强烈地促进苄青霉素的生产；丙酸或丙醇促进大环内酯抗生素的生物合成。肽类抗生素的形成中非蛋白质氨基酸成分通常是限制因素。如黏菌素的生物合成受 α-氨基丁酸和 α,γ-二氨基丁酸的限制；杆菌肽的生产受鸟氨酸的限制。L-苯丙氨酸（为短杆菌肽 S 的组分）具有促进短杆菌肽合成的作用。

乙酰 CoA 的缺少会限制四环素的生产。金黄色链霉菌的低产菌株的特征是乙酰 CoA 倾向于走三羧酸循环而被氧化；高产菌株没有这一倾向。制霉菌素合成能力的提高与其前体丙二酸和甲基丙二酸合成的增加有关。

4.2.3.1 前体合成的调节机制

在灰黄青霉培养中低浓度的氯化物限制含氯的抗生素灰黄霉素的生产。当初级代谢和次级代谢均需要同一种必需的前体，则低浓度的前体需先满足生长的需要。这在抗生素链霉菌的营养缺陷型的放线菌素生产中得到证实。氨基酸营养缺陷型所需的氨基酸正好是放线菌素的组成部分时，这种营养缺陷型必然是低产菌株。毫无疑问，高浓度的内源/外源前体是抗生素合成所必需的。如某一前体是次级代谢物生物合成的限制因素，则除去控制前体生物合成的反馈调节机制可使抗生素增产。金黄色假单胞菌的耐色氨酸结构类似物突变株的硝吡咯菌素高产原因是由于促进所需前体色氨酸的生物合成。

4.2.3.2 前体导向抗生素的合成

次级代谢物的前体既然源自初级代谢，那么了解前体怎样叉向抗生素的生物合成途径对掌握菌的代谢方向十分重要。叉向次级代谢物合成途径的第一个酶往往是关键，因它决定前体流向抗生素合成的数量、其代谢流的分布和抗生素的产量。此外，途径中还可能存在另一些限制性酶。这些酶往往受到反馈、碳、氮或磷的调节。另一些酶还可能受到高浓度前体的诱导。对其中一些酶做过较深入的研究（表 4-6）。

引向初级和次级代谢物的支路途径的生理调节随不同的微生物及其代谢途径而有所不同。来自初级和次级代谢途径的同一关键中间体是由不同的酶催化的。例如，莽草酸途径的关键中间体分支酸在初级代谢中一方面引向苯丙氨酸和酪氨酸，另一方面导向对羟苯甲酸和对氨基苯甲酸；另一分支途径形成各种吩嗪（phenazine）次级代谢物和色氨酸。

表 4-6 次级代谢物生物合成中的关键酶

关 键 酶	催化的反应	终 产 物
二甲基丙烯基色氨酸合成酶	色氨酸＋异戊烯焦磷酸──→二甲丙烯基色氨酸	麦角生物碱
苯噁嗪酮合成酶	2×4-甲基-3-羟基-邻氨基苯甲酰──→苯噁嗪酮	放线菌素
脒基转移酶	L-精氨酸＋O-磷酸肌醇胺──→O-磷酸-N-脒基-肌醇胺	链霉素
对氨基苯甲酸合成酶	分支酸→对氨基苯甲酸	杀假丝菌素

4.2.3.3 添加前体的策略

外源前体在发酵液中的残留浓度过高，会使生产菌中毒，不利于抗生素的合成。但前体不足也不行。因此，研究适当的前体添加策略对抗生素的高产稳产有重要意义。青霉素 G 的生产需要加入苯乙酸或苯乙胺。青霉素发酵培养基中常用玉米浆的原因之一就是这种原料含有苯乙胺。苯乙酸还具有促进青霉素生物合成的作用，可在基础料中和过程中添加，其理论用量为 0.47g 苯乙酸/g 青霉素 G 游离酸；0.50g 苯氧乙酸/g 青霉素 V 游离酸。实际用量还应考虑被菌氧化分解的那一部分。高产菌株对前体的利用率（＞90％）往往比低产菌株高许多。过程添加前体时宜少量多次或流加，控制发酵液中前体的残留浓度在适当范围，如苯乙胺浓度在 0.05％～0.08％的范围。

4.3 次级代谢物生物合成原理

一旦前体被合成，在适当条件下它们便流向次级代谢物生物合成的专用途径。在某些情况下单体结构单位被聚合，形成聚合物，如聚酮化物、寡肽和聚醚类抗生素等。这些特有的生物合成中间产物需作后几步的结构修饰。修饰的深度取决于产生菌的生理条件。最后，有些复杂抗生素是由几个来自不同生物合成途径的前体组成的。

4.3.1 把前体引入次级代谢物生物合成的专用途径

了解这方面所涉及的生物合成酶的知识很重要。这种专用途径的第一个酶特别重要，因它决定了前体进入次级代谢物合成途径的通量、中间体的流向和途径的生产能力。途径的其他关键酶也可能是控制步骤，这类酶常受碳、氮分解代谢物的阻遏，以及磷和反馈调节。其中有些酶可能受胞内积累的高浓度前体的诱导。例如二甲基丙烯基色氨酸（DMAT）合成酶，是麦角生物碱合成的第一个酶；苯噁嗪酮（phenoxazinone）合成酶，是形成放线菌素的苯噁嗪酮生色团的酶；脒基转移酶（L-精氨酸：磷酸肌糖胺脒基转移酶）是链霉素链霉胍部分生物合成的关键酶；鸟苷三磷酸-8-甲酰水解酶，此酶催化吡咯嘧啶核苷类抗生素的吡咯环；对氨基苯甲酸合成酶，这是一种把分支酸转化为对氨基苯甲酸的酶，是杀假丝菌素生物合成的第一个特异性酶。

4.3.2 前体聚合作用过程

通过前体单体聚合的次级代谢物有四环类、大环内酯类、安莎霉素（ansamycin）类、真菌芳香化合物的聚多酮类和肽类抗生素，以及聚醚和聚异戊二烯类抗生素。这些聚合过程所涉及的生物合成机制对上述次级代谢物均适用。由此说明这类合成酶具有共同的进化渊源。

聚合反应是由高分子量的合成酶,如肽类抗生素合成酶和聚多酮合成酶催化的。在肽类抗生素合成期间前体氨基酸需先被活化,不是用特异的 tRNA 与氨基酸结合的方法,而是由 ATP 参与的腺苷酰氨基酸连接到酶的复合物上。在脂肪酸和大环内酯的合成中活化乙酸单位的酶是乙酰 CoA 合成酶,其受体是 CoA。氨酰基或酰基从腺苷酰氨基酸-酶复合物转移到同一酶复合物的专一受体上,释放出 AMP 和焦磷酸(在聚多酮的情况下为 ADP 和磷酸)。肽类抗生素聚合过程中其受体是该合成酶的巯基,所形成的硫酯键是高能键。聚多酮合成酶和肽类抗生素合成酶均含有一个泛酸巯基乙胺臂,在此臂上增长的肽链或聚多酮链从一个活性位置转移到另一个上面。肽键的生物合成涉及末端氨酰基受体 SH 基和泛酸巯基乙胺 SH 基之间的转肽作用和移位。

异戊二烯单位的 C5 的活化采用另一种方式。它通过三分子乙酰 CoA 的缩合,消耗 ATP 形成的。但异戊烯焦磷酸单位聚合生成甾类化合物和萜烯的反应与肽类抗生素和聚酮形成的反应相似。

4.3.3 次级代谢物结构的后几步修饰

聚合后许多次级代谢物的化学结构通过多步酶反应修饰完成。例如,在四环素生物合成中聚合的九酮化物中间体通过闭环转化为 6-甲基四环化物,后者经几步转换,包括 C4 的氧化、C7 的氯化(对金霉素合成来说)、C4 的氨化和随后在氨基上的甲基化、在 C6 上(金色链霉菌)和 C5 上(龟裂链霉菌)的羟基化。

红霉素生物合成的最后几步(即红霉内酯形成后)为连接两个脱氧糖和这些糖的 O-甲基化、N-甲基化或 C-甲基化。糖连接到多烯或非多烯大环内酯是在膜的一级上,次级代谢物分泌期间进行的。这可能是形成糖苷的普遍现象。在一些抗生素分子中糖的缺少可能说明产生菌缺少糖苷活性。金色链霉菌 B-96 能使一些缺少糖部分的次级代谢物糖苷化。普拉特霉素的碳霉糖部分的 4′-羟基是最后被酰化的,而不是连接事先形成的酰基碳霉糖部分。

头孢菌素生物合成的最后几步为去乙酰氧头孢菌素 C(经闭环和扩环步骤产物)被羟基化为去乙酰头孢菌素 C。这是一种与 α-酮戊二酸连接的二氧化酶的作用下形成的。去乙酰头孢菌素 C 最后被转化为头孢菌素 C 是通过乙酰 CoA(去乙酰头孢菌素 C 酰基转移酶以乙酰 CoA 作为乙酰基给体)完成的。

4.3.4 复合抗生素中不同部分的装配

某些次级代谢物(例如同型肽)是由单一类前体衍生的。许多次级代谢物是由几类不同的前体合成的。如杂肽抗生素中的氨基酸与其他部分,包括脂肪酸(如多黏菌素中的 6-甲基辛酸和 6-甲基庚酸)组装成功的。在缩酚(depsi)肽抗生素中氨基酸与羟酸连接,例如,缬氨霉素含有乳酸和 2-羟异戊酸,见图 4-7。链霉素、诺卡菌素 A、杀假丝菌素和新生霉素是由几种不同

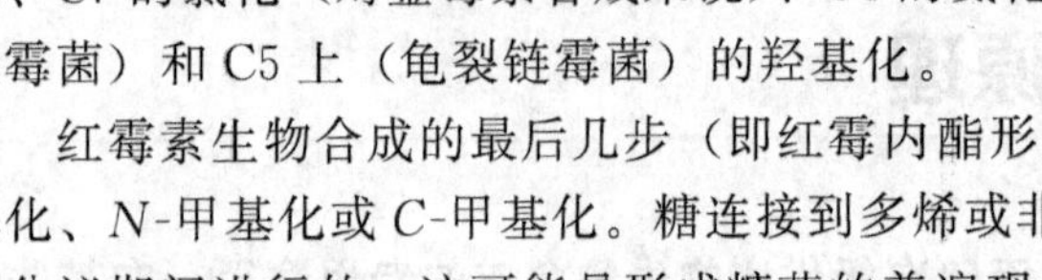

图 4-7 缬氨霉素分子的排列
⟶ 为肽键(CO—NH)或酯键(CO—O)

前体组装的典型抗生素。链霉素是由 N-甲基-L-葡糖胺、链霉糖和链霉胍三个部分组成的。

由诺卡氏菌产生的单环 β-内酰胺诺卡菌素是通过 L-高丝氨酸连接到修饰过的 L-对羟苯

甘氨酸（由酪氨酸衍生）、L-丝氨酸和未经修饰的 L-对羟苯甘氨酸合成的，见图 4-8。

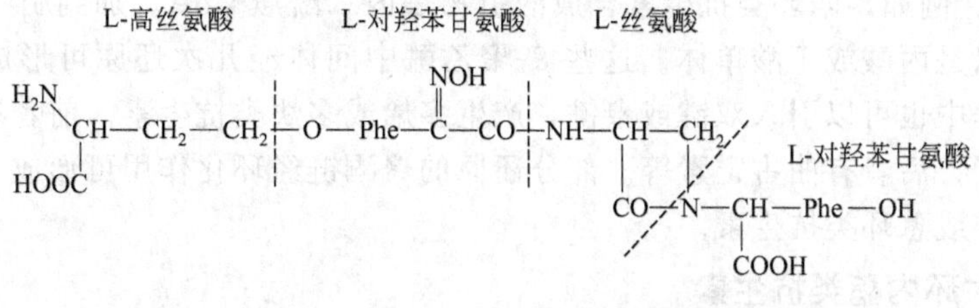

图 4-8　诺卡菌素的不同部分的生物来源和装配

β-内酰胺环是由 L-丝氨酸与 L-对羟苯甘氨酸缩合形成的

　　杀假丝菌素是一种多烯大环内酯抗生素。它由对氨基苯甲酸（起引物作用）与 4 个丙酸、15 个乙酸和一个丁酸单位缩合组装的，并连接上一个罕见的碳霉糖胺（mycosamine）。新生霉素是复杂抗生素怎样组装的典型例子。它是由新生霉糖、香豆素、对氨基苯甲酸和异戊烯四个部分组成的。新生霉糖的氨甲酰基和 O-甲基及 C-二甲基分别由氨甲酰磷酸和 C_1 甲基库衍生的。3-氨基-4-羟基香豆素部分和 β-羟基苯甲酸分别来自酪氨酸和莽草酸。

4.3.5　次级代谢物合成酶的专一性

　　次级代谢物合成酶往往只具有簇的专一性，即对基质分子的某一部分有要求，对分子的其他部分无绝对要求。如产黄青霉的青霉素酰基转移酶能催化青霉素 N-的 α-氨基己二酰侧链，使其转化为疏水性的酰基侧链。此反应的专一性较高，因它不能酰化 7-氨基头孢霉烷酸（7-ACA），但接受广泛的内源与外源酰基 CoA 衍生物。参与初级代谢物和次级代谢物生物合成的基本差别之一在于引物和延长单位的异质性。例如，乙酰 CoA、丙二酰 CoA 和丙二酰胺 CoA 可在四环类抗生素形成中起引物的作用，这是由于缺少高度专一性所致。同样，几种芳香酰基 CoA 衍生物也可用作引物。例如，杀假丝菌素合成中的对氨基苯甲酰 CoA；柚苷配基 4,5,7-三羟基黄烷酮（naringenin）中的对香豆酰 CoA；查耳酮（chalcone）和 1,2-二苯乙烯（stilbene）合成中肉桂酰 CoA。大环内酯生物合成中的延长单位有丙二酸、甲基丙二酸和丁酸。由于非核糖体肽的生物合成酶缺乏专一性，故很易通过改变前体氨基酸的浓度定向合成具有不同组分的放线菌素或短杆菌酪肽。

　　然而，不是所有参与次级代谢物合成的酶都缺乏基质专一性，有些具有高度专一性，例如，红霉素合成酶形成红霉内酯时只接受甲基丙二酰 CoA 作为延长单位，而不用丙二酰 CoA 单位。杀假丝菌素合成酶总是按既定顺序聚合适当的前体单位。通过基因操纵可以改变次级代谢物合成酶的专一性。其突变株常能形成特殊的次级代谢物、新的终产物。

4.4　抗生素的生物合成

4.4.1　短链脂肪酸为前体的抗生素

　　活性乙酸和丙二酸单体的依次结合，形成 β-聚酮（乙酰）链。这种单体的头尾缩合，可以形成结构复杂的抗生素。合成这类物质的初始物质是乙酰 CoA 与丙二酸单酰 CoA（简称丙二酰 CoA），它们经缩合形成乙酰乙酰 CoA 并放出一个 CO_2。此脱羧作用有助于驱动反应的进行。此反应过程不是在细胞质中以游离方式，而是附着于细胞膜表面的酶上进行的。

寡聚酮化物合成的引物（初始物）不一定是乙酰 CoA，也可以是丙酰 CoA 或更为复杂的 CoA 衍生物。例如，四环类抗生素合成的引物是丙二酰胺 CoA。加到引物上的单体也不总是乙酸，可以是丙酸或丁酸单体。这些 β-聚乙酰中间体经几次还原可形成脂肪酸。但在抗生素合成过程中也可以引入双键或叁键，产生多烯或多炔类抗生素。前者有制霉菌素、两性霉素和哈霉素；后者有曲古霉素等。部分还原的聚酮链经环化作用可形成大环内酯或重复环化生成四环类或蒽环类抗生素。

4.4.1.1 大环内酯类抗生素

此类抗生素又可分为非多烯与多烯两簇，前者有酒霉素（为 12 元环），红霉素、竹桃霉素、兰卡霉素、久慈霉素、那波霉素、苦霉素、巨大霉素（以上为 14 元环），螺旋霉素、泰乐菌素、柱晶白霉素、碳霉素、交沙霉素、针刺霉素、麦里多霉素、蔷薇霉素、安哥拉霉素和中性霉素（以上为 16 元环）等；后者有制霉菌素、两性霉素、鲁斯霉素、匹马菌素等。现以医疗上常用的红霉素为主要例子阐述其生物合成的机制与调节。为了阐明大环内酯类抗生素的生物合成，现分别介绍其糖苷配基（大环内酯）的形成、糖组分的来源以及它们之间的连接和改造。

(1) 大环内酯的形成 红霉素 A、B、C、D 和 E 的化学结构见图 4-9。红霉素 A 是临床应用的抗生素，它比红霉素 B 在 C12 位上多一个羟基。红霉素 A 与 B 分子中的中性糖为红霉糖。红霉素 C 具有与红霉素 A 相同的糖苷配基，但其中性糖缺少一甲基，称为碳霉糖。红霉素 D 的糖苷配基与红霉素 B 的相同，只是其中性糖是碳霉糖。红霉素 E 是红霉素 A 生物转化的产物。

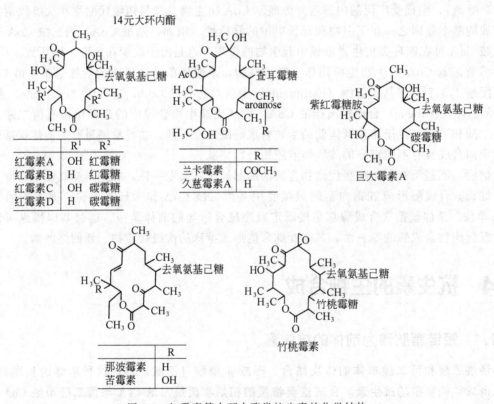

图 4-9　红霉素等大环内酯类抗生素的化学结构

红霉素的糖苷配基——红霉内酯，是由活化丙酸单位按与脂肪酸合成过程相似的机制形成的。由 21 个碳原子组成的 14 元环的红霉内酯是由 7 个丙酸单位结合而成的。红霉素分子中的氧或羟基是由聚酮化物衍生的。发酵中用 ^{14}C 和 ^3H 双标记的丙酸可结合到红霉素中，此红霉素的 ^{14}C 与 ^3H 的比例同双标记的丙酸基本相同。用标记的 2-甲基丙二酸可掺入红霉内酯结构中，且末端三碳单位的比放射性比红霉内酯的其他部位的放射性低许多。由此说明内酯的生物合成是由丙酰 CoA 开始的，依次接上 6 个 2-甲基丙二酰 CoA。

丙酸和丙醇对红霉素合成的促进作用比甲基丙二酸更有效。这可能是引物在红霉素生物合成中比延伸单位更重要。另一种原因是细胞对不同前体物质的通透性不同，对内、外源前体的利用效率也不同。

① 脂酰基 CoA 的形成　丙酸单体在结合到大环内酯前需经活化成 CoA 衍生物。在红霉素链霉菌中脂酰 CoA 的形成是由一种激酶（腺三磷：丙酰磷酸转移酶）和酰基磷酸转移酶（酰基 CoA：正磷酸酰基转移酶）催化的相继两步反应完成：

$$CH_3—CH_2—COO^- \xrightarrow[激酶]{ATP\ \ ADP} CH_3—CH_2—COO—P \xrightarrow[酰基转移酶]{CoASH\ \ Pi} CH_3—CH_2—CO—SCoA$$

丙酸　　　　　　　　　　丙酰磷酸　　　　　　　　丙酰 CoA

研究红霉素链霉菌的无细胞萃液的这些酶活力时发现，红霉素生物合成中的丙酰磷酸的形成是由一种特异的丙酸激酶催化的。对三株红霉素生产能力各异的红霉素链霉菌的此酶的活力测定发现，激酶活性与红霉素的生产能力成正比。高产菌株的丙酸激酶显示出对丙酸具有较强的亲和力，即低 K_m 值。丙酸的活化反应可能是红霉素生物合成的限制步骤。此外，还有另一些形成丙酰 CoA 与乙酰 CoA 的可能途径。

胞内的脂酰基 CoA 的浓度是由硫酯酶（催化乙酰 CoA 与丙酰 CoA 裂解为游离乙酸和丙酸的酶）调节的。在红霉素链霉菌中硫酯酶的活力与丙酰 CoA 合成酶的活力处在同一级别上。由此可见，此反应可能是红霉素生物合成过程的控制部位，见图 4-10。

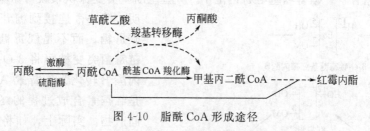

图 4-10　脂酰 CoA 形成途径

② 羧化与转羧基反应　红霉素生物合成中需要将丙酰 CoA 转化为 2-甲基丙二酰 CoA。在红霉素链霉菌的无细胞萃液中还有丙酰 CoA 羧化酶和甲基丙二酰 CoA 转移酶。它们分别催化下列两个反应：

$$丙酰 CoA + ATP + CO_2 + H_2O \longrightarrow 2\text{-}甲基丙二酰 CoA + ADP + Pi$$

$$丙酰 CoA + 草酰乙酸 \longrightarrow 2\text{-}甲基丙二酰 CoA + 丙酮酸$$

丙酰 CoA 羧化酶是一种需要 ATP 和 Mg^{2+} 的酶，此酶对"抗生物素蛋白"的酶敏感，可用硫酸铵分级盐析的方法将其与羧基转移酶分离。它不是速率限制性酶。在细胞内丙酰 CoA 羧化酶是由柠檬酸和丙醇活化的，但在无细胞萃液中这两种化合物无此作用。放线菌素 D 可以抑制这两种化合物对红霉素合成的促进作用。这说明柠檬酸和丙醇直接或间接影响丙酰 CoA 羧化酶的合成。在红霉素生物合成中以草酰乙酸为羧基给体通过转羧基方式合成甲基丙二酰 CoA 是次要的。因草酰乙酸的数量在菌生长前期少，且合成受限制，因而也就限制此酶的活力。此外，甲基丙二酰 CoA 也可由氨基酸通过其他（非丙酰 CoA 的羧化）

反应产生。从缬氨酸和异亮氨酸或通过琥珀酰 CoA 的消旋作用可否合成甲基丙二酰 CoA 还未确定。但这两种氨基酸确实可以结合到大环内酯类抗生素的糖苷配基中。

③ 大环内酯（红霉素）合成酶　现有的大环内酯合成酶的信息主要来自聚酮化物、格链孢酚和 6-甲基水杨酸合成的研究。红霉素链霉菌的脂肪酸合成酶是一种分子质量大于 10^6 Da 的多酶复合物。它与不可解离的真菌脂肪酸合成酶相似，而与可解离的细菌脂肪酸合成酶的性质不同。初步提纯的红霉素合成酶复合物的活力受 FMN 的促进作用，而碘-乙酰胺对它有抑制作用。在各种已知的脂肪酸合成酶中只有酵母和牛草分枝杆菌的脂肪酸合成酶需要 FMN 的激活。这说明红霉素链霉菌与这两种菌有相似之处。由初步提纯的红霉素链霉菌的脂肪酸合成酶催化的脂肪酸合成，需要乙酰 CoA 和丙二酰 CoA。如用丙酸 CoA 代替乙酰 CoA，便有可能形成带有奇数碳链的脂肪酸。已获得一种经初步提纯的大环内酯合成酶复合物，它可以将标记的丙酰 CoA 和 2-甲基丙二酰 CoA 结合到中性的中间体化合物 6-去氧红霉内酯 B 中。此中间体是一种红霉内酯的非糖前体，在胞内它被转化为红霉内酯 B。

大环内酯类抗生素合成时所需 NADPH 的浓度比脂肪酸合成时所需的少许多。因在脂肪酸的合成中碳链每延伸一步，都要进行两次还原反应，而在大环内酯的合成中大多数的聚酮化物的氧化型官能团未被还原。虽然红霉素的高产条件中需要有足够量的还原型辅酶，但 NADPH 的再生不是红霉素合成的限制步骤。

④ 红霉内酯的后期转化　红霉素生物合成的最后几步是红霉内酯的修饰，与两种脱氧糖形成一糖苷，并在 O-、N- 和 C- 上进行甲基化，最终形成具有生物活性的红霉素。早期研究表明，红霉素 B 是红霉素 A 和 C 的前体，红霉内酯 B 在红霉素链霉菌细胞中积累。用洗涤过的菌丝体，可将带有 ^{14}C 标记的红霉内酯完全转化成红霉素 A。在几个不同的阻断型突变株中均发现积累几种不含糖的内酯，但其中有些像是歧路产物，而不是中间体。其中一个内酯 6-去氧-红霉内酯 B 是在红霉内酯 B 前形成的，后者起糖基受体的作用，与碳霉糖基结合生成中性单糖苷——碳霉糖基红霉内酯 B。一些阻断型突变株积累碳霉糖基红霉内酯 B 说明，第一个连接到糖苷配基上的糖是碳霉糖，而不是红霉糖。许多红霉素链霉菌突变株可将 3-O-碳霉糖基红霉内酯 B 转化为红霉素 A。红霉素 C 不是红霉素合成过程的终产物，而是中间产物。实际上，如将红霉素 C 加到阻断型突变株中，它被迅速转化为红霉素 A。现在红霉素发酵中使用的红霉素工业生产菌种，主要生产红霉素 A 和非常少的红霉素 C。如将红霉素 B 加到红霉素链霉菌中，90% 被转化为红霉素 A。这说明红霉素 B 也是红霉素 A 的前体，只不过是通过另一条途径转化的，见图 4-11。这两种途径均需 3-O-碳霉糖基-5-O-去氧氨基己糖基-红霉内酯 B（称为红霉素 D）作为中间产物。

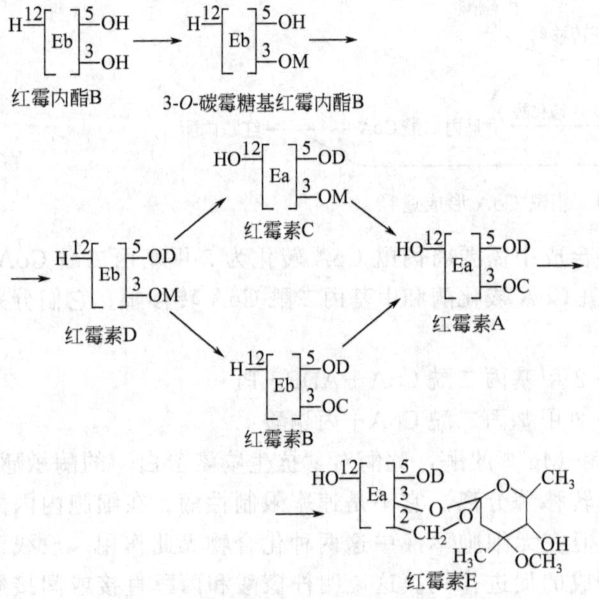

图 4-11　红霉素生物合成的最后几步反应

［ ］—表示糖苷配基；Eb—红霉内酯 B；Ea—红霉内酯 A；
M—碳霉糖；D—去氧二甲氨基己糖；数字表示内酯碳的排序

(2) 糖的生物合成与连接　图 4-12

显示了大环内酯类抗生素的糖残基的生物合成途径。所有大环内酯类抗生素的糖均为 6-去氧己糖。这说明 6-羟基的去除是红霉素的糖合成的第一步。此外，若干带有 L-构型的糖在 C2 上缺少一羟基。用标记葡萄糖试验证明，去氧氨基己糖、碳霉糖和碳霉糖胺是从葡萄糖衍生的。利用不同碳原子标记的葡萄糖做示踪试验证明，标记碳原子在大环内酯类抗生素的糖中的分布与所用葡萄糖的标记碳原子分布是一致的。这种糖是由它们的核苷二磷酸衍生物转化形成的。糖的 TDP 衍生物是合成这些糖残基的中间体。泰乐菌素产生菌的无细胞提取液能催化由 TDP-D-葡萄糖与腺苷酰甲硫氨酸合成 TDP-碳霉糖的反应。

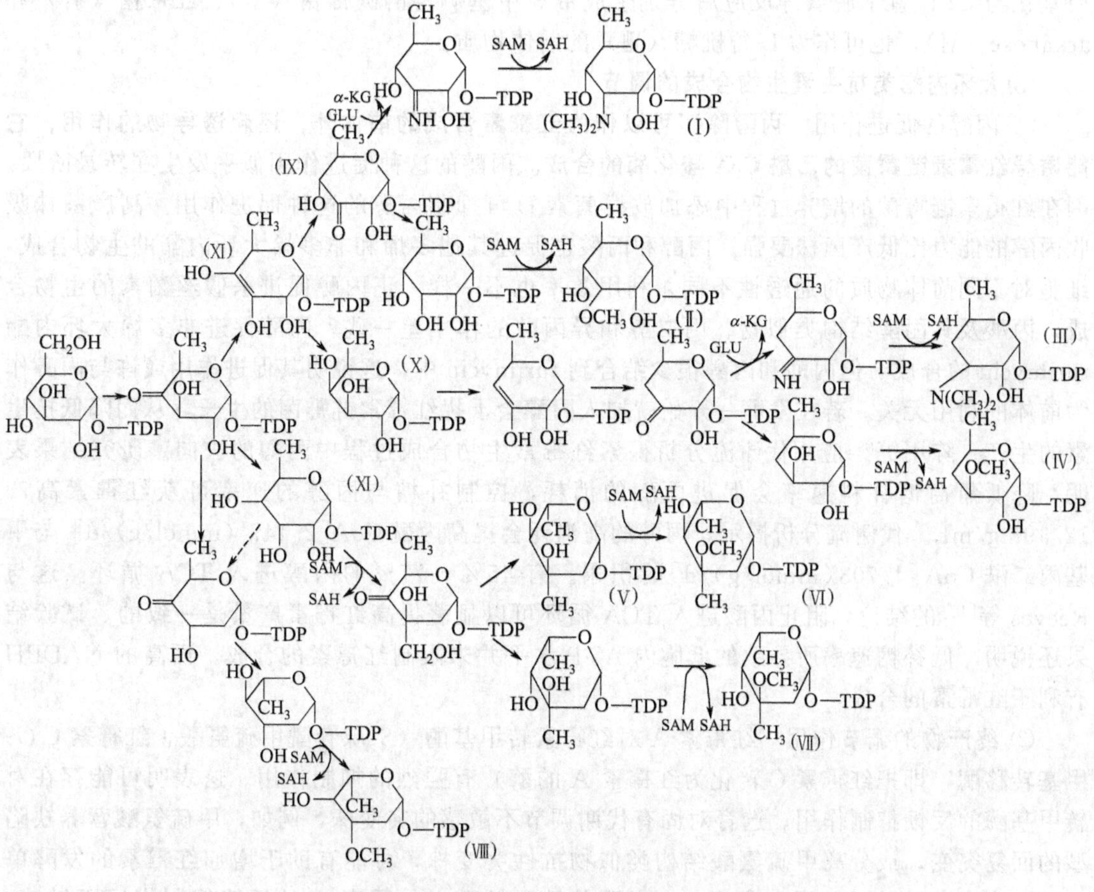

图 4-12 大环内酯类抗生素的糖残基的推测生物合成途径

SAM—S-腺苷酰甲硫氨酸；SAH—S-腺苷酰高半胱氨酸；GLU—谷氨酸；α-KG—α-酮戊二酸；
（Ⅰ）—TDP-D-碳霉糖胺；（Ⅱ）—TDP-D-mycinose；（Ⅲ）—TDP-D-4,6-脱氧二甲氨基己糖；
（Ⅳ）—TDP-D-兰卡霉糖；（Ⅴ）—TDP-L-碳霉糖；（Ⅵ）—TDP-红霉糖；
（Ⅶ）—TDP-L-arkanose；（Ⅷ）—TDP-L-竹桃糖；（Ⅸ）—TDP-3-氧-6-去氧-D-核己糖；
（Ⅹ）—TDP-藻糖；（Ⅺ）—TDP-D-3,4-烯醇式-4-氧-6-去氧葡萄糖

由此可见，大环内酯类抗生素分子的糖残基生物合成的头一步是，TDP-葡萄糖被转化为相应的 TDP-4-氧-6-去氧葡萄糖。此反应是由需 NAD$^+$ 的 TDP-葡萄糖氧化还原酶催化的。在龟裂链霉菌合成泰乐菌素前需 NAD$^+$ 的葡萄糖氧化还原酶的活性不断增长。它与催化碳霉糖甲基化的转甲基酶的活性平行增长。在 D-糖的生物合成中以烯二醇方式进行重排，导致在 C3 位置上引入一个酮基，所得化合物为 3-氧-6-去氧-D-核己糖，再通过转氨基反应把谷氨酸的氨基转移到该去氧糖上。3-氧-6-去氧-氨基糖衍生物逐步甲基化后，被转化成 D-碳

霉糖胺（Ⅰ）。D-碳霉糖（Ⅱ）也是从同一个 3-氧衍生物（Ⅸ）经还原和甲基化衍生获得。搞清楚兰卡霉糖（lankavose）和脱氧二甲基己糖的来源更为困难，它们可能由 TDP-3-氧-6-去氧-D-葡萄糖被还原为 TDP-岩藻糖（Ⅹ），再脱水形成 3-氧-4,6-二去氧衍生物，然后，对其 3-氧基进行转氨，并甲基化得脱氧二甲氨基己糖（Ⅲ）。若 3-氧-4,6-二去氧衍生物的 3-氧基被 NADPH 还原，再甲基化便得到兰卡霉糖（Ⅳ）。

大环内酯类抗生素的所有 L-糖都在 C2 位置上脱氧，它们是由 TDP-4-氧-6-去氧葡萄糖经还原成 3,4-烯醇式中间产物（Ⅺ），此中间体是 S-腺苷酰甲硫氨酸的甲基的亲核受体，经甲基化与 C2 位置上脱氧等反应后分别生成带 3-甲基侧链的碳霉糖（Ⅴ）、红霉糖（Ⅵ）和 arkanose（Ⅶ），也可作为 L-竹桃糖（Ⅷ）的前体物质。

(3)大环内酯类抗生素生物合成的调节

① **丙醇的促进作用**　丙醇除了可以作为红霉素合成的前体外，还起诱导物的作用，它能诱导红霉素链霉菌的乙酰 CoA 羧化酶的合成。丙醇的这种促进作用似乎发生在转录阶段。因红霉素链霉菌的培养过程中添加放线菌素 D 可抑制丙醇的这种促进作用。高产菌株吸收丙醇的能力比低产菌株要强。丙醇和丙酸也促进其他多烯和非多烯大环内酯的生物合成。细胞对不同前体物质的通透性不同，利用效率也不一样。正丙醇促进杀假丝菌素的生物合成，丙酸及其丙醇结构类似物、丙二醇和异丙醇的作用差一些。丙醇促进非多烯大环内酯 turimycin 的合成，但丙酸和丙醇很少结合到 turimycin 中，这说明其促进作用或许与丙醇作为前体的利用无关。若在发酵一开始就加入丙醇会干扰红霉素链霉菌的生长，从而降低抗生素的生产。陈用等[9]应用代谢流分析探索红霉素生物合成过程中丙醇的去向。研究结果表明，降低葡萄糖补料速率会促进丙醇的消耗，控制补糖与丙醇的速率可获红霉素高产 12.49mg/mL。代谢流分析揭示，丙醇的高消耗会提高丙酰 CoA[2.147（mmol/g）/d] 与甲基丙二酰 CoA[1.708（mmol/g）/d] 的积累。有 45%～77% 的丙醇进入 TCA 循环。这与 Reeves 等[10] 的结论，阻止丙酸进入 TCA 循环可以显著提高红霉素产量是一致的。试验结果还说明，低补糖速率所导致的低胞内 ATP 水平并未限制红霉素的合成，而高的 NADPH 有利于红霉素的合成。

② **终产物的调节作用**　红霉素 A 对红霉素转甲基酶（S-腺苷酰甲硫氨酸：红霉素 C O-甲基转移酶，即把红霉素 C 转化为红霉素 A 的酶）有强烈的抑制作用。这表明可能存在对转甲基酶的反馈抑制作用。选育对固有代谢调节不敏感的突变株，例如，甲硫氨酸营养缺陷型的回复突变，或分离甲硫氨酸结构类似物抗性突变株，可能有助于增加红霉素的发酵单位。工业生产菌种不积累红霉素 C，说明其转甲基酶对红霉素 A 的反馈抑制作用不敏感。把红霉内酯 B 加到发酵液中会抑制其自身的合成。

③ **碳分解代谢物阻遏**　泰乐菌素的生物合成对葡萄糖的抑制作用最为敏感。长链脂肪酸能促进泰乐菌素的生物合成，这是由于脂肪酸能提供大环内酯合成所需的前体。葡萄糖抑制脂肪酸的降解，从而抑制泰乐菌素的合成。2-脱氧葡萄糖可被菌体吸收和磷酸化，但不被进一步代谢，对泰乐菌素的合成有抑制作用；α-甲基葡糖不被磷酸化，对泰乐菌素无抑制作用。葡萄糖和 2-脱氧葡萄糖会干扰甲基油酸的氧化。甲基油酸可作为泰乐菌素的前体来源。

④ **脂肪酸**　作为碳源，油菜籽比淀粉提高泰乐星（泰乐菌素）发酵的产量近 80%。测定不同碳源条件下甲基丙二酰 CoA 羧基转移酶的活性，发现以油菜籽与淀粉为碳源的最高酶比活分别为 8.10×10^{-3}U/mg 蛋白质和 6.47×10^{-3}U/mg 蛋白质，其产率分别为 0.076（g/L）/h 和 0.044（g/L）/h。据此，推测该酶可能是泰乐星合成的关键酶[11]。

在含铵盐的培养基中添加 3 种不同浓度的脂肪酸，试验其对乙酸激酶、乙酰 CoA 羧化酶及螺旋霉素合成的影响，试验结果见表 4-7。

表 4-7　三种不同浓度的脂肪酸对乙酸激酶、乙酰 CoA 羧化酶及螺旋霉素合成的影响

试 验 条 件	发酵 96h 乙酸激酶比产酶速率 /[(μmol/mg)/min]	乙酰 CoA 羧化酶最高比产酶速率 /[(μmol/mg)/min]	螺旋霉素最高发酵单位 /(mg/L)
发酵 24h 添加 1g/L 异丁酸	0.0557	0.240	32.9
发酵 24h 添加 2.8g/L 异丁酸	0.0677	0.450	44.3
发酵 12h 添加 5g/L 乙酸，48h 后添加 2.8g/L 异丁酸	0.0800	0.825	53.8

李友荣等在研究螺旋霉素发酵过程中 ATP 与螺旋霉素生物合成间的关系时发现，在摇瓶试验中不管基础配方的其他组分有何变动，凡加油的摇瓶，其生物效价均比不加油的高[12]。从 6 批小型发酵罐试验的结果也证实这一点，加了油的批号比不加油的平均生物效价增加 42%。根据静息细胞系统中乙酸盐对螺旋霉素有明显促进作用可以判断，加油的作用在于为螺旋霉素合成提供所需的重要前体——乙酸单位。另外作者还发现，ATP 含量与脂肪酶活性之间呈反对应关系，见图 4-13。这说明，ATP 会抑制脂肪酶的代谢。由此推测，加油的批号，前期主要利用糖，中后期利用脂肪。

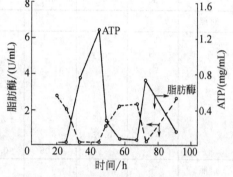

图 4-13　螺旋霉素发酵过程中 ATP 与脂肪酶活性之间的关系

卞晨光等[13]研究了油对红霉素生物合成的影响，分析了不同碳源条件下产生菌利用油时的脂肪酶活力的变化，并以培养 1d 的此酶活作为指标，筛选出酶活比对照高的新培养基，其 6d 发酵的最高效价比对照培养基高 78%，化学效价达 9313μg/mL。

对豆油的作用机制[14]的分析，他们发现豆油对丙酰 CoA 合成酶和丙酸激酶的比活性无明显影响，但明显提高 α-酮戊二酸的含量。据此，他们推测，豆油是经 TCA 循环生成琥珀酰 CoA，再异构化形成 2-甲基丙二酰 CoA，后者作为前体最终促进红霉素的生物合成。

麦迪霉素有效组分 A₁ 与柱晶白霉素 A₆ 结构上的区别在于 C3 位上前者为丙酰基，后者为乙酰基。添加 0.1% 正丁醇可促进北里链霉菌的柱晶白霉素的生物合成。随着柱晶白霉素发酵单位的提高，其组分 A₁ 和 A₃ 的比例增加（A₁ 为 C3 羟基，A₃ 为 C3 乙酰基）。葡萄糖具有诱导 A₁ 转化为 A₃ 的作用，正丁醇能抵消这种诱导作用。利用这种机制可定向生产抗菌活性最强的抗生素组分。如在发酵培养基中加正丁醇可使菌产生柱晶白霉素 A₁。

⑤ 磷酸盐的调节作用　磷酸盐对许多抗生素，尤其是大环内酯类抗生素的生物合成有明显的抑制作用，如抗生素链霉菌竹桃霉素的合成。这是通过对己糖磷酸歧路（HMS）的抑制作用实现的。磷酸盐降低菌对己糖的利用和丙酸盐的合成速率。故此抗生素的合成与 HMS 途径有关。

磷酸盐浓度从 5mmol/L 提高到 10mmol/L 时会减少泰乐菌素的合成 80%，但不影响菌的生长。这是由于磷酸盐使甲基丙二酰 CoA 羧基转移酶的活性降低（为对照值的 60%～70%）所致。磷酸盐的抑制作用在抗生素合成启动前最为严重。磷酸盐还会影响胞内核苷酸前体的库存量，当泰乐菌素产生菌胞内核苷酸浓度由高变低时才开始泰乐菌素的合成。磷酸

盐浓度从 5mmol/L 提高到 125mmol/L 会抑制柱晶白霉素的发酵单位 50％。

螺旋霉素生物合成对磷酸盐的抑制作用敏感，但其敏感性比其他抗生素差一些。磷酸镁具有捕集氨的作用，使发酵液中 NH_4^+ 浓度降低，从而解除易利用氮源对抗生素合成的抑制作用。用这种办法可提高螺旋霉素的产量。**磷酸盐过高固然不利于螺旋霉素的合成，但缺乏也不好。发酵过程补入适量的 Pi，能显著提高菌的生产能力**[15]。试验在发酵不同时间补 Pi 对螺旋霉素合成的影响，结果见表 4-8，早期（30h）补磷不好，72h 最佳，少量多次比单次更有利于螺旋霉素的合成。

表 4-8 不同补磷时间和次数对螺旋霉素发酵的影响

项目	补料时间/h						生物效价/(U/mL)	相对效价/%
	30	42	48	64	72	86		
对照							969	100
	0.1						517	53
		0.1					1182	122
			0.1				1112	115
				0.1			1951	201
						0.1	1372	142
		0.05		0.05			1756	181
		0.05				0.05	2068	213
			0.05	0.05			1796	185
对照							787	100
		0.05		0.05			682	87
		0.05				0.05	721	92

注：对照为不补料。

根据静息细胞试验结果推测，**适量的磷酸盐具有缓解过量葡萄糖和铵离子对螺旋霉素合成的阻遏作用；能减少螺旋霉素对其自身合成的反馈阻遏，提供产物合成时所需的 ATP，促进己糖和大环内酯的合成，以及它们之间的连接。**

孙新强等[16]用紫外线诱变处理筛选耐豆油突变株，所得突变株的螺旋霉素发酵效价比出发菌株提高了 22.5％。试验结果表明，最佳豆油添加量为 2.0％，加入时间 0～12h 为宜。将此工艺应用于 60m³ 的发酵罐，月平均发酵水平比原工艺提高 30％～50％。

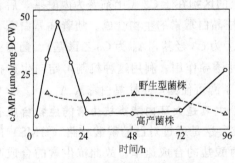

图 4-14 吸水链霉菌野生型菌株和高产菌株的胞内 cAMP 浓度随时间的变化

⑥ 环状 AMP 的调节 环状 AMP（cAMP）对吸水链霉菌的代谢具有调节作用，当培养基中缺少葡萄糖时胞内 cAMP 浓度增加，促进 mRNA 的转录。cAMP 参与链霉菌不同生长阶段的代谢调节作用。休眠孢子中的 cAMP 含量很低，若在接种时加入 cAMP，会促使芽管萌发速率降低；当 cAMP 浓度增加到一定值，会抑制孢子发芽。另一方面，cAMP 有助于已长出的芽管的生长。

cAMP 浓度与菌的生长阶段有关。例如产生 turimycin 的吸水链霉菌高产突变株从生长期过渡到生产期，cAMP 浓度明显降低；而野生型的这种变化不大，见图 4-14。若在生长期后加入 cAMP 以维持其高浓度，可使菌丝体继续生长，阻遏抗生素的合成。这是由于 cAMP 促进蛋白质、RNA 和 DNA 的合成，且随

cAMP 浓度的增加而增加。

磷酸盐的耗竭被看作是菌的初级代谢转向次级代谢的信号。实际上不是磷酸盐的缺乏启动次级代谢，因添加 cAMP 或腺苷酰环化酶激活剂，如氟化钠，可逆转已启动的抗生素合成作用。这说明 cAMP 才是效应物。

⑦ 氮的调节 向红霉素发酵生产期的发酵液添加黄豆粉，会显著降低抗生素的合成速率，减少标记丙酸掺入红霉素分子中。在化学成分已知的培养基中如含有 3mmol/L 的 NH_4^+，就能使北里链霉菌的柱晶白霉素的发酵单位降低 50%。在对数生产期的中或晚期加 NH_4^+ 对抗生素合成的影响最大。NH_4^+ 可能通过阻遏酶的合成而不是抑制已形成的酶的活性来影响柱晶白霉素的合成。向复合培养基或含 NH_4^+ 的合成培养基中添加磷酸镁可使柱晶白霉素增产 3～8 倍，而此时菌的生长最多增长 1 倍。磷酸镁使发酵液的上清液中 NH_4^+ 浓度显著降低，沉淀物的 NH_4^+ 含量增加。由此可见，磷酸镁具有捕集铵离子的作用，使环境中的 NH_4^+ 浓度降低，从而解除易利用的氮源对抗生素合成的阻遏作用。用这种方法也可提高螺旋霉素的发酵单位。

红霉素发酵过程中动态调节硫酸铵与磷酸盐的浓度可显著降低葡萄糖的消耗 61.6% 与发酵液的黏度 18.2%[17]，但对发酵单位的影响不大。进一步优化磷酸盐、黄豆饼粉与硫酸铵的浓度以降低葡萄糖的消耗与发酵液的黏度，可使红霉素增产 8.7%。作者发现硫酸铵可以有效控制蛋白酶的活性，从而控制黄豆饼粉的利用与菌的生长。菌球的形成使发酵液的黏度下降。胞外丙酸与琥珀酸的积累说明随着丙醇消耗的增加，甲基丙二酰 CoA 与丙酰 CoA 浓度提高，从而使红霉素 A 产量增加。

邹祥等[18]研究在 50L 发酵罐生产期中在 80h 补入不同氮源对红霉素 A 合成的影响。结果显示，添加玉米浆和酵母膏，红霉素 A 的产量提高，但 A 组分并未增加；提高硫酸铵的添加速率，红霉素 A 的产量及红霉素 A 与红霉素 C 比例分别比对照提高 18% 和 16.9 倍，分别达到 7953U/mL 和 98.18∶1。放大到 25m³ 发酵罐后红霉素 A 的发酵单位提高 22%，达到 7938U/mL（203h），其 A 组分∶C 组分为 24.05∶1，而对照仅为 4.77∶1。

邹祥等[19]通过发酵工艺的优化与放大改进红霉素 A 的生产。所用的生产菌株是经基因工程改造过的工程菌，以 50L 发酵罐，含 15g/L 玉米浆的培养基进行红霉素发酵。结果红霉素 A 的发酵单位比对照提高了 81.8%，191h 达到 8196U/mL，杂质红霉素 C 很少，红霉素 D 无。对胞内外代谢物与关键酶的分析揭示，玉米浆能增加 TCA 循环的中间体含量，有利于红霉素的生物合成。最后此工艺被成功地放大到 25m³ 和 132m³ 规模的生产罐，取得相似红霉素 A 的生产水平与纯度。他们还使用便宜的生物氮源，用响应平面法对红霉素发酵进行优化[20]，使红霉素发酵单位提高到 8528U/mL（190h）。

储炬等[21]等研究了五种氨基酸前体 Asp、Thr、Val、Met 和 Ile 对阿维菌素（avermectin）生物合成的影响。试验结果表明，在发酵开始前添加 0.05% 的异亮氨酸，阿维菌素 B1a 的效价比对照提高了 200%。研究还发现，添加异亮氨酸的批号，其菌球面积明显比其他氨基酸的大，认为产生菌的菌丝形态对阿维菌素的合成影响很大。

王永红等[22,23]研究了带支链氨基酸（缬氨酸、异亮氨酸和亮氨酸）对比特螺旋霉素生物合成的影响。比特螺旋霉素属于 4"-O-酰化螺旋霉素，以 4"-O-异戊酰螺旋霉素为主要成分，由携带 4"-O-酰基转移酶基因的重组螺旋霉素链霉菌生产。结果显示，在培养 36h 添加 0.5g/L 的缬氨酸、异亮氨酸，比特螺旋霉素的发酵单位比对照提高 45.3%，但总异戊酰螺旋霉素组分降低 22.5%。异亮氨酸的效果不好，而亮氨酸可以提高总异戊酰螺旋霉素组分

41.9%，总比特螺旋霉素的发酵单位与对照相近。经分批 70～90h 添加总量为 2.0g/L 的亮氨酸再一次取得总比特螺旋霉素的相对含量从 31.1% 提高到 46.9%，而比特螺旋霉素生物效价几乎不变。

王永红等[24]通过支链氨基酸分解代谢的调节研究发现，限制葡萄糖可以提高比特螺旋霉素的异戊酰螺旋霉素组分。异戊酰基通常源自亮氨酸，故此氨基酸对异戊酰螺旋霉素组分的含量有显著影响。作者研究了葡萄糖对支链 α-酮酸脱氢酶（BCKDH）活性的影响。BCKDH 催化支链氨基酸降解中负责氧化脱羧的反应。发酵生产后期，由于葡萄糖的耗竭，使 BCKDH 活性显著下降，影响了异戊酰螺旋霉素的含量。在生产后期维持残糖浓度小于 0.1g/L 的水平有利于 BCKDH 活性和异戊酰螺旋霉素含量以及比特螺旋霉素生产的提高。

⑧ 侧链前体的影响　梅岭霉素是一簇多组分兽用抗生素，具有相同的属于 16 元大环内酯母核，只是侧链结构不同，在 C4 位置上拥有 3,3-二甲基丙烯酸侧链的是主要组分。王平等[25]在梅岭霉素发酵过程中研究添加 3,3-二甲基丙烯酸对发酵单位的影响。他们对前体的添加方式、浓度和时机进行了优化，结果显示，0h 添加 6mmol/L 的侧链前体的发酵单位最高，比对照高出 43%，且其组分也有较大的提高，占总效价的 52.7%。

⑨ 有机酸的影响　湛颉等[26]研究了阿维菌素发酵过程中有机酸积累规律与产物合成的关系。跟踪测定了胞内外的几种有机酸浓度后，他们发现低产与高产批次的有机酸积累有明显差异，低批次存在一种共性，即尽管胞内有机酸浓度较低，但在 80h 后出现有机酸在胞外积累，造成生长期延长，以至于同产抗生素期重叠的现象，最终导致产率偏低。

⑩ 金属离子的影响　庄英萍等研究了 Mn^{2+} 对比特螺旋霉素产生菌代谢和生物合成的影响[27]。他们发现，在发酵 24h 添加 5mmol/L $MnCl_2$ 后丙酸浓度的增长最为显著，是对照的 6 倍（84h），结果使生物效价明显提高。这可能是满足了产物合成所需的丙酸前体。

⑪ 丙酮酸激酶的影响　埃博霉素是一种 16 元环大环内酯类抗生素，具有广谱抗肿瘤作用、副作用小、易溶于水等优点[28]。丙酮酸是其合成的重要前体，由丙酮酸激酶（PK）催化 PEP 形成。刘新利等研究了纤维堆囊菌（*Sorangium cellilosum*）中 PK 活性对埃博霉素合成的影响[29]。他们研究不同生长条件下 VK_3（PK 特异抑制剂）和 FDP（果糖-1,6 二磷酸）对 PK 的影响，结果显示，VK_3、FDP 对生长没作用，而对 PK 活性与埃博霉素发酵单位呈明显正相关变化。对 PK 编码基因表达水平的研究也证明 PK 是埃博霉素生物合成的重要酶。

(4) 大环内酯类抗生素的分类

① 天然大环内酯类抗生素　这类抗生素通常是根据环的大小分类的，基于糖苷配基的结构和它们的合成特性，可将 14 元环大环内酯分成三类：红霉素类、苦霉素类和竹桃霉素类；将 16 元环大环内酯分成六类。这些类别是基于糖苷配基生物合成中的中间体顺序划分的。图 4-15 显示 12、14 和 16 元环大环内酯类抗生素中的一些代表性抗生素的 Fisher 构型。合成作用由底部开始往上进行。显然，在每一组内碳架的差异只取决于 2～4 种不同前体的顺序。

对于 14 元环大环内酯，第一个（P_1）和第三个（P_3）前体为乙酸或丙酸，其余均为丙酸。因而至少存在 4 个类别的 14 元环的糖苷配基。已发现的有 3 类，即红霉素类、苦霉素类与竹桃霉素类。剩下的一个类型所用的前体应当是：P_1 为乙酸，P_2 为丙酸，P_3 为乙酸，其余 P_4～P_7 均为丙酸。同理，如果前体由乙酸、丙酸和丁酸组成，至少 72 类 16 元环糖苷配基的可能性，迄今已鉴别的有六种类型。并非所有可能的 72 类配基都存在，只是说明其变化的可能性很大，仍有可能找到一些含有新型糖苷配基的大环内酯类抗生素。

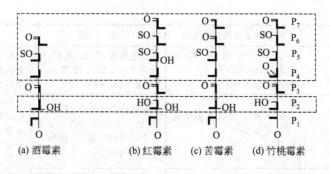

(a) 酒霉素   (b) 红霉素   (c) 苦霉素   (d) 竹桃霉素

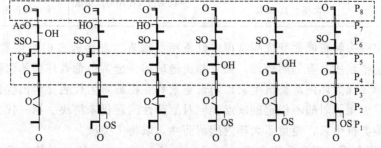

(e) 碳霉素   (f) 泰乐菌素   (g) 幼霉素   (h) 查耳霉素   (i) 中性霉素   (j) mycinamilin I

图 4-15   12、14 和 16 元环大环内酯类抗生素的 Fisher
构型和按内酯环的碳架所作的分类

S—糖；P_n—前体（糖苷配基的合成是由前体 P_1、P_2···依
次结合进行的，框内的抗生素所需的前体相同）

② 半合成红霉素   静脉注射红霉素有局部刺激作用，偶尔引起静脉炎。口服可能诱发呕吐、上腹痛。大剂量时出现恶心、腹泻等症状。停药后很多反应消失。据此，一些研究者为了减少红霉素的副反应，增强其疗效，特用化学方法半合成一批红霉素衍生物。其结构与疗效列于表 4-9。有关半合成红霉素的综述请参阅文献[30,31]。

表 4-9   一些半合成红霉素的结构与疗效

半合成红霉素	添加或改造的结构部分	性 状	疗效与不良反应
罗红霉素 （roxithromycin） 商品名：Rulid	红霉素与羟胺反应后，再与甲氧基乙氧基甲基氯缩合制得		体内抗菌活性比红霉素高 3～6 倍，且在组织中分布广，尤其在肺组织中浓度较高
阿奇霉素 （azithromycin）	将红霉素 9-酮基肟化后经 Backman 重排、N-甲基化等反应得一含氮 15 元环大环内酯类抗生素	对酸稳定	对需氧与厌氧革兰阴性菌及胞内病原菌、支原体和衣原体的抗菌活性很强，组织半衰期 2～4d
克拉霉素 （clarithromycin）	红霉素的 6-羟基甲基化	具耐酸特性	口服血液浓度高且持久，对传统敏感细菌的抗菌活性更强
地红霉素 （dirithromycin）	由 9-红霉素胺与 2-(2-甲氧基乙氧基)乙醛缩合生成 9,11-噁嗪衍生物		抗菌谱与红霉素相似，组织浓度高并持久，半衰期长
氟红霉素 （flurithromycin）	8 位质子的改造，红霉素 A 与乙酸作用，再与 $FClO_3$ 反应制得	对酸稳定	血液浓度高，分布广，半衰期长，为一广谱低毒抗生素
红霉素碳酸乙酯	2′-碳酸乙酯 （$CH_3CH_2OCO—$）	白色结晶，微溶于水，易溶于乙醇、丙酮、氯仿	和红霉素相似，但特别适用于作小儿口服混悬剂

半合成红霉素	添加或改造的结构部分	性　状	疗效与不良反应
红霉素琥珀酸酯	2′-乙基琥珀酸酯（CH_3CH_2OCO—CH_2CH_2CO—）	白色粉末，无臭、无味，熔点 109～110℃，易溶于丙酮、氯仿，很难溶于水	和红霉素相似，对组织几乎无刺激性，适于肌内注射，作口服混悬剂
红霉素硫酸月桂酸酯	2′-丙酯十二烷基硫酸盐（CH_3CH_2CO—）；$C_{12}H_{25}OSO_3H$	白色结晶性粉末，无臭、无味，熔点 135～138℃，易溶于乙醇、丙酮、氯仿，很难溶于水，对酸稳定	和红霉素相似，口服比其他红霉素制剂好，不受食物影响，血浓度出现慢，但高而持久。用于青霉素过敏者，治疗喉炎、中耳炎，但易复发
去氧红霉素	大环上 12-脱氧	其抗菌谱及作用与红霉素A 几乎一样	和红霉素相似

红霉素 3 位脱去红霉糖而变成酮基得去红霉糖红霉素。此经改造的抗生素克服了 14 元环大环内酯类抗生素所共有的耐药性，如对肺炎链球菌、金黄色葡萄球菌的耐药菌株有很强的抗菌活性。第二代大环内酯类抗生素以阿奇霉素和克拉霉素为代表显示出优良的药物动力学特性与疗效，克服了对酸不稳定的缺点，但对耐药性问题仍未解决。第三代大环内酯类抗生素，即酮内酯类抗生素，避免了大环内酯耐药性，取得了突破。

(5) 组合生物合成　组合生物合成（combinatorial biosynthesis）是抗生素合成途径中编码其中一些酶的基因之间的互换，由此形成一些"非自然的"天然产物。胡又佳等[32]对近几年这方面的研究进展作了一篇较全面客观的综述。现扼要介绍如下：短链脂肪酸为前体的抗生素合成途径有一套类似的负责合成聚酮化（合）物，又称聚酮体的酶（PKS）。PKS 又分为两类：模块（modular）Ⅰ类和迭代（iterative）或芳香（aromatic）Ⅱ类。Ⅰ类 PKS 主要由酮基合酶（ketosynthase，KS）、酰基转移酶（acyltransferase，AT）、脱水酶（dehydratase，DH）、烯酰还原酶（enoyl reductase，ER）、酮基还原酶（ketoreductase，KR）和酰基载体蛋白（acyl-carrier-protein，ACP）等功能域组成。KS、AT、ACP 是聚酮体链延伸反应的"最小 PKS"。由 AT 选择一个延伸单位，如乙酸或丙酸，连接到链上，KS 催化缩合反应，ACP 连接的链接收从 AT 传递的延伸单位，备下一步缩合反应。

红霉素的 PKS 由三个蛋白质（DEBS1、DEBS2、DEBS3）组成，分别由 *eryA* Ⅰ、*eryA* Ⅱ、*eryA* Ⅲ基因编码，每个蛋白质由两个模块组成，这样一共有 6 个模块，见图 4-16。模块 1 由 AT-ACP 加载域（loading domain，LD）开始，使链的延伸从丙酰 CoA 开始。从模块 1 到模块 6，连续加入 6 个延伸单位。模块 1、2、5、6 有 KR 功能域，模块 4 有 KR、DH、ER 功能域，而模块 3 只有最小 PKS，不含任何还原性功能域。延伸完成的长链由硫酯酶（thioesterase，TE）功能域催化环化成红霉素的前体——6-脱氧红霉内酯 B（6-deoxyerythronolide B，6-DEB）。

Katz[33]和 Khosla[34]曾对模块 PKS 进行操纵，挖掘其生物合成的潜力。Marsden 等[35]和 Gokhale 等[36]曾分别将红霉素 PKS 的 LD 功能域用源自 avermectin PKS 的 LD 替换，和用红霉素 PKS 的模块 2 替换为利福霉素 PKS 的模块 5 都获得了一系列新的化合物。有多篇论文[37~39]都提到，组合生物合成与 DNA 改组（shuffling）技术相结合，可以使新产物多样化，能进一步增强改造过的酶的活性。

4.4.1.2　四环类抗生素

这类抗生素是从糖和 NH_4^+ 衍生的。四环素的母核是由乙酸或丙二酸单位缩合形成的四联环，其氨甲酰基和 *N*-甲基分别来自 CO_2 和甲硫氨酸。从阻断型突变株积累的代谢物的化学结构和各种突变株的混合培养的代谢互补（共合成）研究中可获得大量关于四环素类抗生素生物合成途径上各中间体的顺序和参与这些反应的辅因子的信息。这类抗生素合成的最后几步是利用无细胞酶系统研究中间体的转化作用阐明的。在研究影响其生物合成因素时获得了许多有关四环素合成控制机制的知识。比较研究金色链霉菌的高、低产菌株的生理学特性，对四环类抗生素合成作用的调节有了进一步的认识。

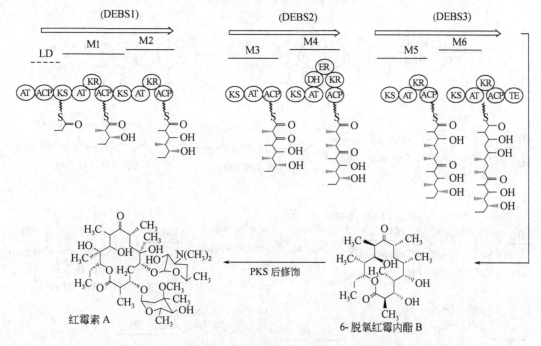

图 4-16　红霉素的 PKS 模块结构

(1) 四环类抗生素合成途径　四环类抗生素合成途径可分为两个部分：①初级代谢将葡萄糖转化为乙酰 CoA；②次级代谢（由磷酸烯醇式丙酮酸转化的）乙酰 CoA 再与 8 个丙二酰 CoA 依次缩合成聚九酮化合物，然后，部分闭环形成三环化合物，随后转化为终产物。金霉素的合成过程包含 11 步酶反应，见图 4-17。龟裂链霉菌的土霉素（氧四环素）合成过程除氧化作用外，与金霉素相似。脱水四环素是四环素与土霉素的共同前体。其生物合成过程如图 4-18 所示。

(2) 参与四环素合成过程的酶　它们像参与脂肪酸合成的酶那样是一种多酶复合系统。参与四环素类抗生素合成最后几步的酶有 S-腺苷酰甲硫氨酸：去二甲基-4-氨基四环素 N-甲基转移酶、脱水四环素氧化酶（水合酶）、NADP：四环素 5a，(11a)-脱氢酶。N-甲基转移酶催化 C4 上的甲基化。四环素合成的次末端反应是由脱水四环素氧化酶催化的水合反应，需消耗氧和 NADPH。四环素 5a，(11a)-脱氢酶负责把 5a，(11a)-脱氢四环素还原成四环素。

(3) 初级代谢与四环素合成的关系　在培养基中添加磷酸盐会降低磷酸戊糖循环的活性，提高糖的酵解作用。高产土霉素菌株的糖酵解活性比低产菌株的小。添加氧化代谢抑制剂（2,4-二硝基酚、叠氮钠）会减少金霉素的产量。这说明四环素类抗生素的合成受糖代谢的影响。

硫氰酸苄酯（一种酵解抑制剂）在一定条件下能促进四环素的合成。这种促进作用在以葡萄糖比以蔗糖为碳源的培养基中更加突出。如用缓慢代谢的果糖作碳源时，加入硫氰酸苄

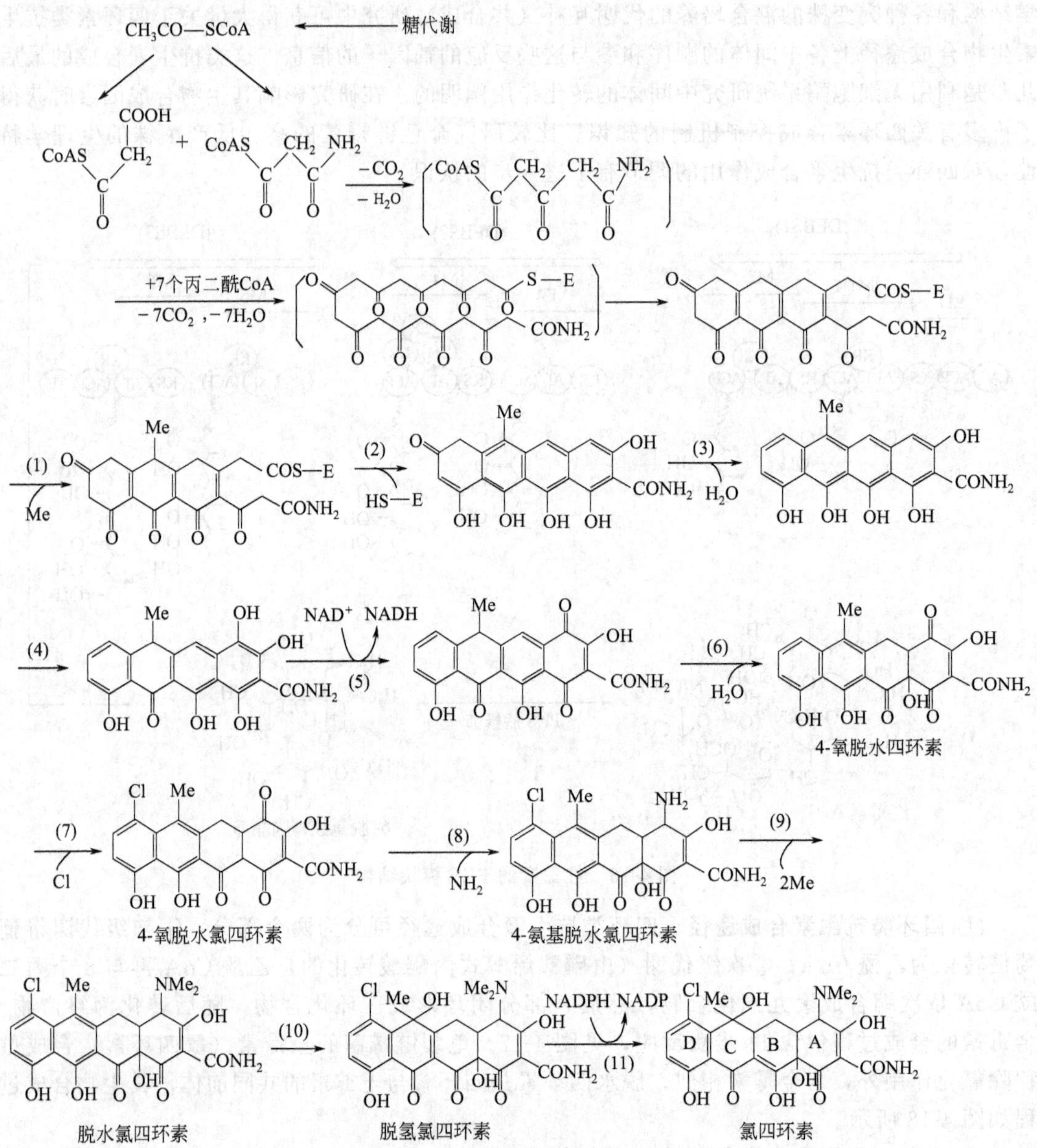

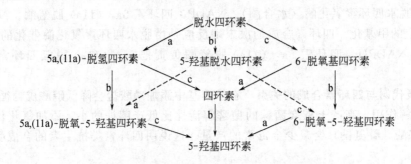

图 4-17　金霉素的生物合成途径

图 4-18　脱水四环素转化为四环素的可能途径

a—6-羟基化；b—5-羟基化；c—5a，(11a)-还原

酯对金霉素的生产则没有作用。

无机磷对金霉素合成的抑制作用和对菌生长的影响与容易同化的碳源的作用相似。它们均能促进菌的耗糖速率，使菌易被碱性染料着色。这说明菌丝体中含有大量核物质和核酸。葡萄糖的分解代谢物，如丙酮酸对金霉素的合成具有阻遏作用。在以葡萄糖为碳源的合成培养基中发酵48h后丙酮酸在培养液中的浓度达到4.5mg/mL，此时菌丝体的生长受到抑制，金霉素的产量只有用复合培养基的1/10。培养基中高浓度的磷酸盐会抑制丙酮酸氧化代谢，堆积乙酰甲基伯醇（acetylmethyl-carbinol）。磷酸盐的抑制作用取决于发酵的通气状况，在较高的供氧下其抑制作用相对小一些。

醇解途径对四环素类抗生素的合成有重要意义，因它可以为四环素的合成提供前体。四环素合成的头几步反应的完整性（形成丙二酰CoA）是四环素高产的先决条件。高产菌株的糖酵解速率低于低产菌株，这是由于后者在糖酵解中形成大量乙酰CoA，随后在三羧酸循环中被氧化生成ATP，而不能为四环素合成提供前体。

扶教龙等[40]在50L自动发酵罐中分析了金霉素发酵过程的糖、氮、磷和氧对金霉素生物合成的影响。结果表明，菌体的前期代谢控制很重要，对金霉素发酵的整个过程起决定性的作用。通过调整培养基的组成，增强前期的比生长速率，使代谢物流向有利于产物合成的方向，从而使金霉素的发酵单位提高10.3％，达到20046U/mL。他们还在5L自动发酵罐中以淀粉为限制性碳源进行金霉素连续发酵[41]，揭示了金色链霉菌的比生长速率变化，金霉素生产与基质消耗规律。对发酵过程中的糖代谢途径的变化和氧化磷酸化作用，即P/O的影响进行了探讨。结果表明，呼吸商RQ与μ呈线性正比关系，并随μ的减小，碳源流从EMP途径逐渐向PP途径增强。代谢流的这种迁移有利于金霉素的生物合成。

(4) 四环素合成的调节

① 生物合成中前体的来源　四环素类抗生素高产的先决条件是前体物质的供应充分。脂质的合成只在生长的指数期内进行，因而不与四环素合成竞争同一前体丙二酰CoA。金色链霉菌不合成作为储藏物质的脂质，细胞中的脂质约有96％用于胞膜结构的合成，脂肪合成的高峰期出现在培养12h后。在此阶段菌体含有很高的乙酰CoA羧化酶和NADPH生成系统的活性，如参与磷酸戊糖循环的酶和苹果酸脱氢酶。细胞中唯一与四环素合成竞争前体的代谢系统是三羧酸循环。高产菌株在金霉素生物合成旺盛时期参与三羧酸循环的酶类活性比低产菌株的低，产生乙酰CoA的丙酮酸激酶和丙酮酸脱氢酶复合系统的活性在指数生长期达到最大值，随后下降。例如，在培养48h以上的高产菌株中这些酶的活性

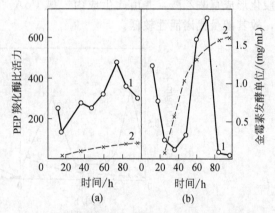

图4-19　金色链霉菌磷酸烯醇式丙酮酸羧化酶的比活1与金霉素发酵单位2的关系

都很低。在金霉素合成旺盛期磷酸烯醇式丙酮酸羧化酶的活性很高，见图4-19。这种羧化酶在金色链霉菌中受ATP和乙酰CoA的变构调节。形成的草酰乙酸随后被氧化脱羧生成丙二酰CoA，见图4-20，供四环素合成作前体用。这些现象说明，在金霉素的合成过程中对C_3中间产物的去向是金霉素合成的控制部位。

图4-20所示的酶反应需CoASH和NAD^+的参与。在金霉素产生菌中存在丙二酰CoA

的合成途径，且在生产期菌体缺少乙酰 CoA 羧化酶。用 ^{14}C 标记的乙酸高度随机地结合到四环素分子中。这是因为丙二酸半酰胺 CoA 与丙二酸单位的形成方式不同。

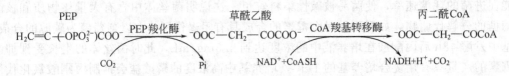

图 4-20　由 PEP 经草酰乙酸形成丙二酰 CoA

天冬酰胺转化为丙二酸半酰胺有两种可能的途径，见图 4-21。龟裂链霉菌的突变株能合成 2-脱酰胺土霉素。这说明四环素合成酶系统对起始物的专一性较低。

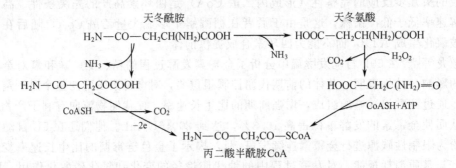

图 4-21　天冬酰胺转化为丙二酸半酰胺 CoA 的可能途径

② 能量代谢　胞内能量水平可能对调节次级代谢起重要作用。能量供应不足是启动寡聚乙酰化物合成的关键因素。在金霉素合成期高产菌株胞内 ATP 浓度比低产菌株的低许多，见图 4-22。ATP 浓度的降低与 ATP-二磷酸酯酶活性的增加有关。ATP 对初级代谢的某些酶，如柠檬酸合成酶与 PEP 羧化酶的活性有变构抑制作用。低浓度的 ATP 促进 PEP 的羧化形成草酰乙酸，并由此生成丙二酰 CoA。金霉素的高产突变株的腺苷酸的合成能力低，故其能量代谢活性较低。

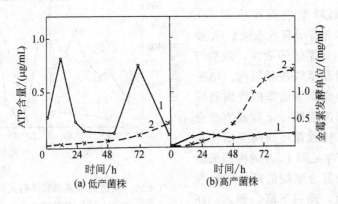

图 4-22　金色链霉菌低产与高产菌株中胞内 ATP 含量和金霉素发酵单位的变化
1—ATP 含量；2—金霉素发酵单位

多磷酸酯似乎在四环素合成中起高能磷源的作用。在金霉素合成期间高产菌株的 1,3-二磷酸甘油酸多磷酸酯磷酸转移酶（一种催化酵解级的高能多磷酸酯键合成的酶）活性显著升高。这说明在生长期用己糖激酶，在金霉素生产期用多磷酸酯类化合物（尤其是它的高分子聚合物）进行糖的磷酸化。可见，在次级代谢产物合成期，胞内的酶与生长期的有所不同。

4.4.1.3 蒽环类抗生素

以柔红霉素为例，此抗生素属于蒽环类的抗肿瘤抗生素。其生物合成是由聚酮化物复合酶催化丙二酰 CoA 相继缩合到丙酰 CoA 上，再先后经还原、环化、芳香化、羟化、甲基化等一系列反应，最后生成柔红霉素及其衍生物。钱秀萍等[42]的研究发现，Na^+ 有恢复柔红霉素产生菌的阻断突变株合成柔红霉素的作用，并推测这种调节作用与初级和次级代谢之间的代谢流分布有关。在研究酶学的基础上，作者进一步提出了 Na^+ 对柔红霉素生物合成的可能调节机制，如图 4-23 所示。

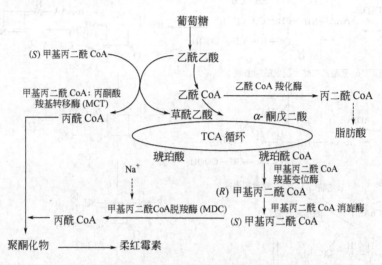

图 4-23　Na^+ 对柔红霉素生物合成的可能调节机制

4.4.2 氨基酸为前体的抗生素

有些抗生素是氨基酸的衍生物，如青霉素、头孢菌素（属于 β-内酰胺类抗生素）、环丝氨酸和肽类抗生素等。它们以氨基酸作为组分或氨基酸与其他代谢物（糖、脂肪酸）相结合的产物，或多个氨基酸和经修饰的氨基酸组成环状多肽。纯粹以氨基酸作为组分的抗生素有：放线菌素、多黏菌素、短杆菌肽 S 等。多肽类抗生素的组成氨基酸有些是经修饰的，不能用于蛋白质的合成，如 D-氨基酸、N-和 β-甲基化氨基酸、β-氨基酸、亚氨基酸、"前体"氨基酸（如鸟氨酸和 α-氨基己二酸）。

有些肽类抗生素的合成与蛋白质的不同，不用蛋白质合成所用的转录-转译机构，故无需核糖体、转移 RNA 和信使 RNA。肽类抗生素合成过程中氨基酸组装的顺序是由肽类抗生素合成酶决定的。

4.4.2.1 青霉素簇抗生素

(1) 青霉素的生物合成　构成青霉素类抗生素分子的物质是 L-半胱氨酸和 L-缬氨酸和侧链前体物质。青霉素母核——6-氨基青霉烷酸（6-APA）和异青霉素 N（在青霉素母核上带有 δ-L-α-氨基己二酰侧链）会在不含侧链前体的发酵液中积累，这类抗生素的产生菌都是霉菌。

自从发现产黄青霉和头孢菌的菌体含有少量的由 α-氨基己二酸、L-半胱氨酸和 L-缬氨酸构成的三肽以来，这种三肽一直是 β-内酰胺抗生素合成的关键中间体，属 LLD-构型。异青霉素 N 才是青霉素的前体，因在产黄青霉的无细胞萃液中异青霉素 N 和苯乙酰 CoA 的标记元素被结合到青霉素中。青霉素生物合成的途径示于图 4-24。

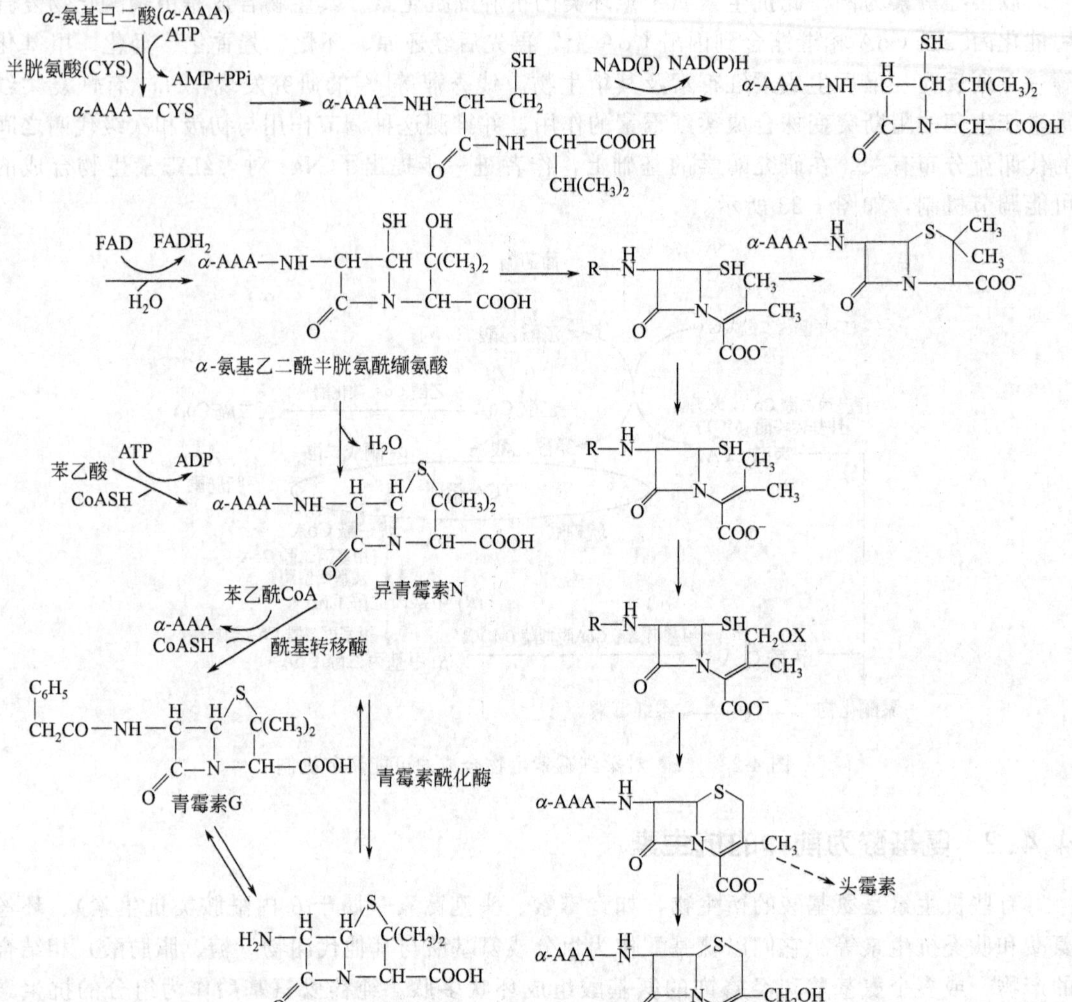

图 4-24　青霉素与头孢菌素的生物合成途径

青霉素生物合成主要涉及两种酶：一种是三肽合成酶；另一种是三肽形成后的青霉素环化酶。三肽生物合成的模式与谷胱甘肽的相似，见图 4-25。谷胱甘肽的形成从 N 端开始，通过形成 γ-谷氨酰磷酸-酶复合物，然后形成与酶结合的二肽基磷酸中间体，未发现有游离的二肽，这支持了酶结合中间体的假说。

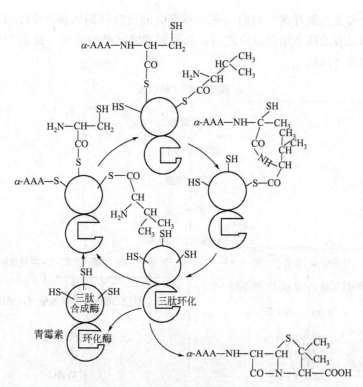

图 4-25　推测的青霉素生物合成模型

(青霉素合成酶是一种含有两个亚单位的酶复合物：三肽合成酶和青霉素环化酶)

(2) 青霉素生物合成的调节　对赖氨酸、半胱氨酸和缬氨酸的调节直接影响青霉素的合成。过去在这方面的研究主要通过筛选途径上已知类型的突变株和考察它们对抗生素合成的影响；比较筛选得到的菌株同其亲株的生产性能，研究青霉素的调节是否偏重在初级代谢上。

① 赖氨酸　赖氨酸对青霉素合成的抑制作用是由于对其合成途径的第一个酶的反馈调节，见图 4-26。赖氨酸对三肽合成酶有直接的抑制作用。其间接作用是夺走青霉素合成所需的前体 α-氨基己二酸。筛选对赖氨酸抑制不敏感的突变株是提高产黄青霉生产能力的办法之一。

有人假定，赖氨酸营养缺陷型，如 α-氨基己二酸后几步受阻的突变株，再补充低浓度的赖氨酸，可克服赖氨酸的反馈调节，从而使青霉素增产。于是筛选出三株 α-氨基己二酸后几步受阻的赖氨酸缺陷型；有两株 (H 和 13a) 是在酵母氨酸与赖氨酸间受阻，并显示出很低的酵母氨酸还原酶的活性；另一株 (45 #) 无 α-氨基己二酸还原酶的活性。这些途径受阻会大大降低青霉素的合成。只有 H 菌株通过补充赖氨酸可部分恢复青霉素的生产；补赖氨酸对 45 # 菌株无效，说明赖氨酸与青霉素途径的分叉点是腺苷酰 α-氨基己二酸，而不是 α-氨基己二酸。见图 4-26。

② 半胱氨酸　硫代谢也影响青霉素的生物合成。^{35}S 可高效地从硫酸盐经还原掺入青霉素中。但通过反向转硫作用也可获得甲硫氨酸。在青霉素合成期间高产菌株比野生型菌株从培养基吸收更多无机硫。高产突变株体内无机硫浓度至少是其亲株 NRRL-1951-B25 的两倍。

③ 缬氨酸　参与青霉素生物合成的第 3 个氨基酸是缬氨酸。产黄青霉 Q176 的缬氨酸合

成途径的第一个酶是乙酰羟酸合成酶，它对缬氨酸的反馈抑制敏感。Q176 的高产突变株的这一酶已失去缬氨酸的两个结合位点之一，从而促进缬氨酸的合成。此高产菌株比 Q176 形成更多的乙酰羟酸合成酶。

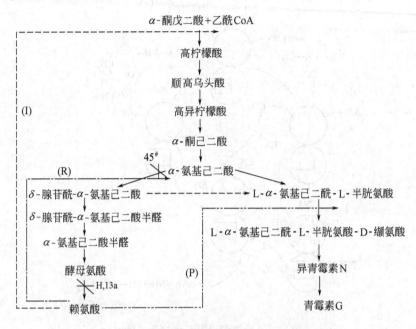

图 4-26　青霉素 G 和赖氨酸生物合成的假设途径

④ 侧链　可作为青霉素 G 的侧链前体有：苯乙酸、苯乙胺、苯乙酰胺和苯乙酰甘氨酸等。这些化合物经少许改动可直接掺入青霉素分子中，它们还具有促进青霉素生产的作用。这些前体浓度较高时对菌的生长和产物的合成有毒，且其毒性随培养基 pH 变化。一般在游离状态的前体，其毒性较大。苯乙酸除被用于青霉素的合成外还能被氧化，其氧化速率随菌的年龄、发酵液 pH 的提高而增加。

孙大辉等[43]研究发现，产黄青霉对使用前体的品种和耐受力随菌种的特性有很大的差别。如高产菌种 399＃所用的苯乙酰胺的最适维持浓度为 0.3g/L；菌种 RA18 使用的苯乙酸，其最适维持浓度在 1.0～1.2g/L 范围。他们使用青霉 RA18 菌株在 30t 发酵试验罐中试验前体浓度对发酵单位、青霉素 G 含量和过滤收率的影响。8 批的试验结果中有一半批号的苯乙酸浓度全程维持在 1～1.2g/L，其平均化学效价为 42900U/mL，青霉素 G 含量近 90％，过滤收率为 88.8％，比另一半的苯乙酸浓度维持在 0.6～0.7g/L 的批号分别提高 17.7％、9.4％和 8％。由此可见，在发酵过程中，特别在发酵旺盛期，控制前体浓度至关重要。这不仅能提高发酵单位和青霉素 G 的含量，还能降低 6-APA 及青霉素类物质，有利于下游过程。

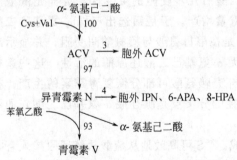

图 4-27　青霉素生物合成中的代谢流的分布
ACV—α-氨基己二酰半胱氨酰缬氨酸；IPN—异青霉素 N；6-APA—6-氨基青霉烷酸；8-HPA—8-羟基青霉烷酸

青霉素 V 的补料分批发酵研究阐明了在发酵过程中因中间代谢产物大量流失而减少了合成青霉素的代谢流[44]。图 4-27 说明青霉素生物合成中代谢流的分布。除了由于中间代谢物的流失外还可能因某些代谢物抑制生物合成途径中的酶活性，如 ACV 抑制其合成酶活性，使最终代谢物流减少。在发酵 30h 后补入 3 种前体氨基酸的批号比不补的有更大的胞内缬氨酸和 α-氨基己二酸库，这就是为什么补前体的批号的青霉素比生产速率较高的原因。

⑤ 溶氧　在青霉素生物合成中催化合成途径的第二步的酶——异青霉素 N 合成酶需要氧作为辅助底物。双环青霉烷结构是由此酶氧化形成的。在青霉素合成中这是唯一需要分子氧的酶催化步骤[45]。在研究产黄青霉稳态培养中溶氧浓度对青霉素生物合成的影响中发现，随溶氧浓度的升高，一些中间产物和副产物，如 δ-(L-α-氨基己二酰)-L-半胱氨酰-D-缬氨酸、异青霉素 N、6-APA、8-羟基青霉咪唑酸和 6-氧哌啶-2-羧酸及其 α-氨基己二酸形成的 β-内酰胺的产量也增加，也观察到谷胱甘肽的分泌增加。这说明 δ-(L-α-氨基己二酰)-L-半胱氨酰-D-缬氨酸与谷胱甘肽的分泌之间有一定的联系。

⑥ 菌团（菌丝球）的形成与青霉素生产的关系　在沉没培养过程中真菌以丝状或缠绕成团（球）状生长。这是由多种因素决定的，如菌种、接种量、培养基的成分与 pH、通气搅拌状况与表面活性剂等，请参阅 1.1.1.3 节。球状菌一般有两种类型[46]：凝聚与非凝聚型。对于前者，培养初期孢子先凝聚，发芽后逐渐长成菌团，如链霉菌属于这一类；后者是由单个孢子长成的，如产黄青霉在沉没发酵时由菌丝结成团。

(3) 半合成青霉素　早在 20 世纪 60 年代就以 6-氨基青霉烷酸（6APA）为母核接上不同的由化学合成的侧链，生产各种半合成青霉素。我国的半合成青霉素的品种有氨苄青霉素、苯唑青霉素、羟氨苄青霉素、氧哌嗪青霉素、羧苄青霉素等。

4.4.2.2　头孢菌素簇抗生素

头孢菌素生物合成到异青霉素 N 止的前面几步和青霉素的一样。所用到的前体基本上与青霉素的相似，只是其中的 L-α-AAA 未被取代而是转化为 D-型，变成青霉素 N，再继续合成头孢菌素 C。

(1)头孢菌素的生物合成　通过分析阻断型突变株的发酵产物阐明了头孢菌素生物合成的最后几步（见图 4-24）。其中一些突变株在发酵液中积累去乙酰头孢菌素 C，其他一些突变株堆积去乙酰氧基头孢菌素 C。亲株的无细胞萃液可将去乙酰氧基转化为头孢菌素 C，但阻断型突变株却积累青霉素 N、去乙酰氧基头孢菌素 C、去乙酰头孢菌素 C。这些阻断型突变株积累的中间产物的种类与青霉素 N 被转化为去乙酰氧基头孢菌素 C、去乙酰头孢菌素 C 和头孢菌素 C 的生物合成途径所包含的中间产物是一致的。有一种羟基化酶可将去乙酰氧基头孢菌素 C 转化为去乙酰头孢菌素 C。一种酰基转移酶可将乙酰 CoA 的乙酰基转移到去乙酰头孢菌素 C 中，最后生成头孢菌素 C。

头孢菌素 C 的合成中谷氨酸起 α-氨基氮的给体作用。在稳定期增加谷氨酰胺脱氢酶的合成，便能保证提供适量的谷氨酸，以使 α-酮己二酸、3-磷酸丙酮酸和 α-酮异戊酸经转氨作用，分别生成 α-氨基己二酸、丝氨酸（用于胱氨酸合成）和缬氨酸，从而解除头孢菌素 C 合成中的氮限制。

① 半胱氨酸　图 4-28 显示在真菌中进行的硫酸盐同化和反转硫作用途径所需的 18 种不同的酶。在 O-乙酰丝氨酸硫化氢解酶（半胱氨酸的合成酶，步骤 7）的存在下通过 O-乙酰丝氨酸与硫化物反应合成半胱氨酸，也可通过 O-乙酰高丝氨酸硫化氢解酶与甲硫氨酸合成酶固定硫化物的方式合成。用此法得到的高半胱氨酸被胱硫醚-β-合成酶（步骤 16）和胱硫醚酶（步骤 17）转化成半胱氨酸。

② 甲硫氨酸　甲硫氨酸，尤其是其 D-异构体，对头孢菌素 C 和青霉素 N 合成有明显的促进作用。甲硫氨酸可通过逆向转硫作用为头孢菌素 C 的合成提供硫的中间体，如高半胱

氨酸、胱硫醚，这种作用不能用其他化合物代替。正亮氨酸是甲硫氨酸的非硫结构类似物，可代替甲硫氨酸促进头孢菌素 C 的合成。原养型菌株在以硫酸盐为唯一硫源的合成培养基中头孢菌素 C 的产量不高。在高半胱氨酸、胱硫醚间的转硫作用的突变会导致头孢菌素 C 合成能力的消失，即使在有过量硫酸盐存在时也是如此。这说明内源甲硫氨酸在头孢菌素 C 的合成中有特异调节作用。

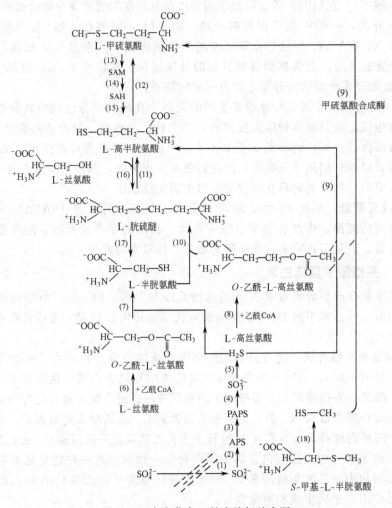

图 4-28　头孢菌素 C 的半胱氨酸来源

　　头孢菌在含硫酸盐的培养基中呈丝状生长；在含甲硫氨酸培养基中菌丝膨大，不规则，很多呈高度分布的节孢子（arthrospores）。节孢子能使 [14]C 全标记缬氨酸掺入头孢菌素 C 与青霉素 N 的能力比菌丝体的大。合成抗生素的量与节孢子数成正比。正亮氨酸也能诱导菌丝分节成节孢子，还能改变产生菌的细胞膜通透性。胞外的头孢菌素 C 乙酰水解酶能水解头孢菌素 C 为去乙酰头孢菌素。高产突变株中培养 120h 后也有同样的乙酰水解酶活性，这与葡萄糖的耗竭有关。因乙酰水解酶活性受碳分解代谢物的阻遏，故筛选乙酰水解酶活力低的菌株，即使在葡萄糖饥饿的条件下也能获得头孢菌素 C 的高产。

　　谷氨酸在头孢菌素 C 合成中起 α-氨基氮的给体作用。在稳定期增加谷氨酸脱氢酶的合成，便能保证提供适当的谷氨酸，以使 α-酮己二酸、3-磷酸丙酮酸和 α-酮异戊酸经转氨作用，分别生成 α-氨基己二酸、丝氨酸（用于胱氨酸的合成）和缬氨酸，从而解除头孢菌素合成中氮的限制。

(2) 头孢菌素 C 产生菌的高通量筛选 高产菌株的筛选是所有发酵产物提高产量的必经途径。通常菌株经突变后采用摇瓶筛选，既费时又费力。因低通量很可能漏掉高产突变株。谭俊等[47]运用传统的诱变方法结合高通量筛选技术选育高产头孢菌素 C 产生菌。他们采用 48 深孔板进行培养，结果证实，不同尺度的培养具有良好的相关性。微型生物鉴定所用的试验菌为 *Alcaligenes faecalis*。用此技术，他们成功地筛选出一株高产菌株，其摇瓶发酵单位比亲株提高 50%。放大到 50L 发酵罐的头孢菌素 C 发酵单位比野生型菌株高两倍，达到 32.0g/L 的水平。

(3) 半合成头孢菌素 头孢菌素的母核 7-ACA 是由头孢菌素用化学裂解而成的，头孢菌素还有另一种母核 7-ADCA 是通过青霉素化学重排生成的。我国的半合成头孢菌素的品种有：头孢拉啶、头孢羟氨苄、头孢唑啉、头孢氨苄、头孢噻肟、头孢曲松、头孢哌酮和 cefatazidine。

4.4.2.3 其他 β-内酰胺类抗生素

在过去的几十年里发现另外 4 簇 β-内酰胺类抗生素，它们是头霉素簇（cephalomycins）、氧青核簇（clavams）、碳青核簇（carbapenems）和单环 β-内酰胺簇。最后一簇与青霉素簇的结构有较大的差异。

(1) 头霉素 头霉素簇（7-甲氧基头孢菌素）抗生素的典型结构如下式所示，其中头霉素 A 的 R 基团为 $-C(OCH_3)=CHC_6H_4OH$；头霉素 B 的 R 为 $-C(OCH_3)=CHC_6H_4OSO_3H$；头霉素 C 的 R 为 $-NH_2$。

头霉素是由链霉菌属以 α-氨基己二酸、半胱氨酸和缬氨酸为前体合成的。甲氧基上的氧是从氧分子衍生的，其甲基来自甲硫氨酸。带棒链霉菌的酶系统在含有 O_2、Fe^{2+}、α-酮戊二酸、S-腺苷酰甲硫氨酸在还原剂的条件下能将头孢菌素 C 和氨甲酰脱乙酰头孢菌素 C 甲氧化；另一种酶系统将氨甲酰基从氨甲酰磷酸转移给脱乙酰-7-α-甲氧头孢菌素 C 或脱乙酰头孢菌素 C。根据氨甲酰化和甲氨化的特异性及头霉素的天然分离株中的分布，推测头霉素的后几步合成过程为：

脱乙氧头孢菌素 C→脱乙酰头孢菌素 C→O-氨甲酰脱乙酰头孢菌素 C→头霉素 C

(2) 棒曲烷酸（claulanicacid） 这是一类氧青核簇 β-内酰胺类抗生素的总称。其名称的来由是这类抗生素分子中的氧原子取代了青霉素结构部分的硫原子。采用 β-内酰胺酶抑制筛选法，有人分离出一株能产生棒曲烷酸（Ⅰ）的带棒链霉菌菌株。此菌也能产生青霉素 N、脱乙氧头孢菌素 C 和头霉素 C。棒曲烷酸含有一与四氢噁唑环融合的 β-内酰胺环。因此，它与典型的青核（penem）不同之处在于氧原子取代了硫原子，在 C6 位上未被取代，同一菌株还能产生带有 β-羟酰基的棒曲烷酸和三种脱羧基的棒曲烷酸类似物（Ⅲ～Ⅴ）。此外，还有一种带氧青核的化合物（Ⅵ），见下式：

（Ⅰ）

R——H
—COCH_2CH_2OH

（Ⅱ）

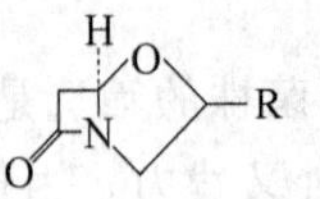

$$—COOH \qquad (\text{Ⅲ})$$
$$—CH_2OH \qquad (\text{Ⅳ})$$
$$—CH_2OCHO \qquad (\text{Ⅴ})$$

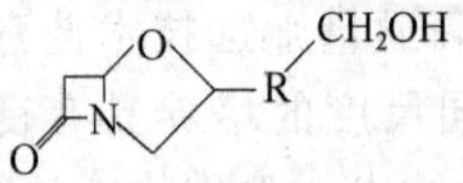

$$—R—CH_2OH \qquad (\text{Ⅵ})$$

(3) 碳青核又称碳青霉烯簇抗生素 这是一类由链霉菌属产生的天然 β-内酰胺抗生素。有关这类抗生素的结构见表 4-10。它们与青霉素相似之处在于有一 5 元环与 β-内酰胺环结合，只是青霉素中的硫被碳取代，故有碳青核类之称，并在 C2 与 C3 之间有一双键。

表 4-10 碳青核类抗生素的结构

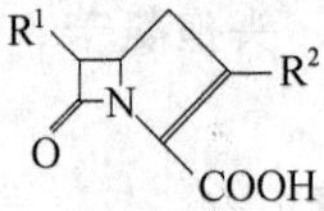

化合物	R^1	R^2	β-内酰胺构型
噻嗯霉素	—CH(CH₃)OH	—SCH₂CH₂NH₂	反
N-乙酰噻嗯霉素	—CH(CH₃)OH	—SCH₂CH₂NHCOCH₃	反
差向噻嗯霉素			
A/MM22380	—CH(CH₃)OH	—SCH₂CH₂NHCOCH₃	顺
B/MM22380	—CH(CH₃)OH	—SCH═CHNHCOCH₃	顺
C/MM22381	—CH(CH₃)OH	—SCH₂CH₂NHCOCH₃	反
D/MM22383	—CH(CH₃)OH	—SCH═CHNHCOCH₃	反
E/MM13902	—CH(CH₃)OSO₃H	—SCH═CHNHCOCH₃	顺
E/MM17880	—CH(CH₃)OSO₃H	—SCH₂CH₂NHCOCH₃	顺
地毯霉素 A/C-1393-H₂	—CH(CH₃)O	—SCH₂CH₂NHCOCH₃	顺
地毯霉素 B/C-1393-S₂	—CH(CH₃)OSO₃H	—SCH═CHNHCOCH₃	顺
天冬霉素	—CH(CH₃)CH₂OH	—SCH═CHNHCOCH₃	—

噻嗯霉素是卡特利链霉菌产生的第一个碳青核类抗生素。此菌还能形成 N-乙酰噻嗯霉素和差向噻嗯霉素，以后陆续发现地毯霉素、天冬霉素等。

这类抗生素的抗菌谱较广，对革兰氏阳性与阴性菌、需氧与厌氧菌均有很强的抗菌活性，对 β-内酰胺酶稳定。已上市的品种有亚胺培南/西司他丁、帕尼培南/倍它米隆和美罗培南。有关碳青霉烯抗生素的研究进展请参阅一综述[48]。

(4) 单环 β-内酰胺类抗生素 这类抗生素的特征是有一 β-内酰胺环。诺卡地菌素（no-cardicins）和单环内酰胺（monobactam）是其代表。诺卡地菌素是由均匀诺卡氏菌产生，其结构为：

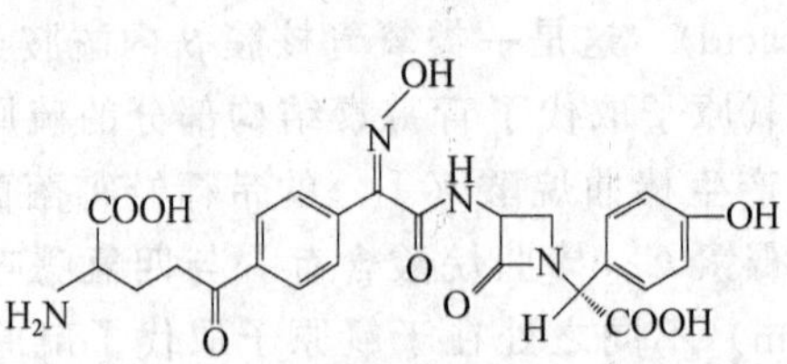

在发酵过程中添加酪氨酸、对羟基苯丙酮酸、DL-对羟基苯乙醇或苯甘氨酸，能促进诺卡地菌素的合成。放射性标记试验证明，来自酪氨酸、丝氨酸和甘氨酸的 ¹⁴C 可掺入诺卡地菌素 A 内。用全标记 ¹⁴C-丝氨酸可证明丝氨酸被结合到 β-内酰胺环中。甲硫氨酸能促进诺卡地菌素的生产。全标记 ¹⁴C-酪氨酸能掺入诺卡地菌素 A 的两个芳香环内，而 [1-¹⁴C]-酪氨酸的掺入很差，这说明对羟基苯甘氨酸才是真正的前体。

4.4.2.4 肽类抗生素的生物合成

解释肽类抗生素合成的机制有"蛋白质模板机制"、"硫模板机制"和"多酶硫模板机制"。所涉及的反应有：氨基酸的活化、酶氨酰化、氨基酸的消旋作用和以 $4'$-磷酸泛酰巯基乙胺运送肽的方式形成肽键。肽类抗生素的分子量比蛋白质小许多，其相对分子质量在 $350\sim3000$ 范围。与蛋白质合成不同处还有：①合成酶的特异性较低，形成结构相似的组分；②一般多为环状结构，且不带游离的 α-氨基或 α-羧基；③对蛋白质合成的抑制剂（如氯霉素和嘌呤霉素）不敏感；④在菌体生长后期蛋白质合成终止后才生产这类抗生素。芽孢杆菌的肽类抗生素的合成与芽孢形成过程有关。表 4-11 列举了一些常见肽类抗生素的组分。

表 4-11 一些肽类抗生素的组分

抗生素	产生菌	常见氨基酸	不常见氨基酸	其他组分
短杆菌肽 S	短杆菌	2×L-缬氨酸 2×L-亮氨酸 2×L-脯氨酸	2×L-鸟氨酸 2×D-苯丙氨酸 D-谷氨酸	二氢噻唑部分
杆菌肽	地衣芽孢杆菌	2×L-异亮氨酸 L-亮氨酸 L-天冬氨酸 L-赖氨酸 L-组氨酸	D-天冬氨酰胺 D-鸟氨酸 D-苯丙氨酸 异丝氨酸 异酪氨酸	亚精胺
多黏菌素 B_1	多黏杆菌	2×L-苏氨酸 L-亮氨酸	α,β-二氨基丙酸 2,6-二氨基-7-羟基-壬二酸	$(+)$-O-甲基-辛酸
放线菌素 D	抗生素链霉菌	2×L-苏氨酸 2×L-脯氨酸	2×肌氨酸 2×L-缬氨酸 2×N-甲基缬氨酸	
缬氨霉素		2×L-缬氨酸	3×D-缬氨酸	3×D-羟基异戊酸 3×乳酸
环孢菌素 A		缬氨酸	D-丙氨酸	$4R$-4[(E)-2-丁烯基]-4-甲基-L-苏氨酸
		丙氨酸	4×甲基亮氨酸 甲基缬氨酸 肌氨酸	L-2-氨基丁酸

(1) 氨基酸的活化与酶的氨酰化 氨基酸的活化一般分 3 步进行：①氨基酸和 ATP 随机与酶结合；②形成氨酰腺苷酸；③将酶的特定巯基氨酰化，如图 4-29 所示。

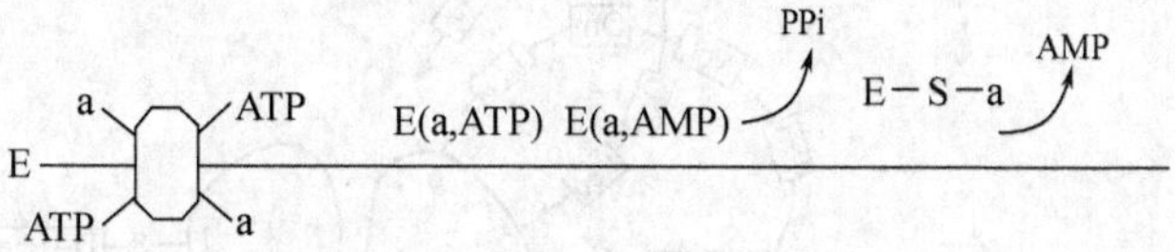

图 4-29 氨基酸的活化机制

a—氨基酸；E—酶；E—S—酶上的巯基

(2) 氨基酸的消旋作用 D-氨基酸往往是肽类抗生素的重要组分。它们常存在于脂蛋白、荚膜和某些处于发育阶段的昆虫体内。D-氨基酸是由 L-氨基酸结合到立体化学不稳定的中间体后被转化形成的。例如，只有 L-缬氨酸被结合到 L-α-氨基己二酸-L-半胱氨酸-D-缬氨酸组成的三肽后才能转化为 D-氨基酸。氨基酸的消旋作用也可以通过 L-氨基酸同多肽合成酶结合，成为一种活化形式的 L-氨基酸后，在肽键形成时通过立体化学反应转化为 D-型。在短杆菌酪肽和短杆菌肽 S 合成期间，苯丙氨酸的消旋化是在苯丙氨酸活化（结合到酶上形成硫酯键中间体）后发生的，如图 4-30 所示。

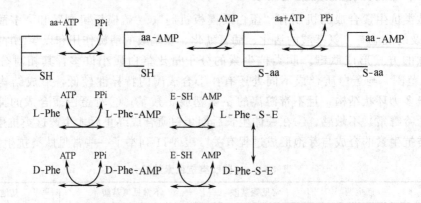

图 4-30 氨基酸在多肽类抗生素合成中的消旋作用

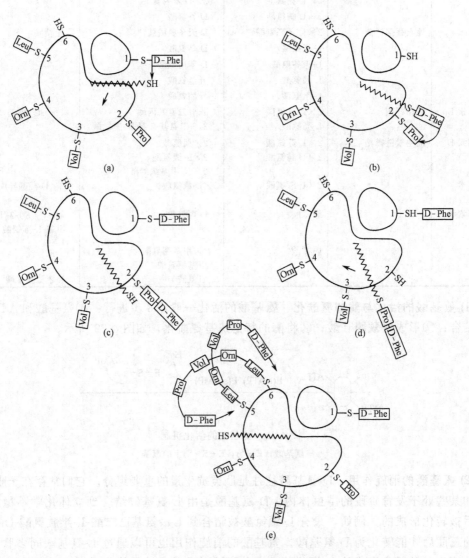

图 4-31 短杆菌肽 S 合成酶的工作模型

（锯齿形线代表磷酸泛酰巯基乙胺臂，臂长约 2nm。重酶的相对分子质量为 280000）

(3) 肽键的形成 肽键是在肽链合成启动、延伸和中止反应步骤中形成的。延伸的一般原理是"顶端生长"，即给体氨基酸或中间体肽的活化羧基与结合在酶上的受体氨基酸的氨基起反应形成肽键。延伸反应的辅因子是 $4'$-磷酸泛酰巯基乙胺。在多酶体系上此辅因子负责给体氨基酸和中间体肽的转移，以完成聚合任务。

(4) 硫模板机制 图 4-31 显示出短杆菌肽 S 合成酶的工作模型。在短杆菌肽 S 的生物合成中分子较大的酶几乎在全程中起作用；而分子较小的酶只起苯丙氨酸的活化与外消旋化作用。从图 4-31(a) 可见大小两种酶均通过硫酯键与氨基酸结合。肽链的增长起始于把 D-苯丙氨酸转移到分子较大的酶上。图 4-31(b) 显示，D-苯丙氨酰基被转移到磷酸泛酰巯基乙胺臂的巯基上。随后转移给脯氨酸（以硫酯键结合在酶上）的亚氨基上，形成二肽 [图 4-31(c)]。接着二肽残基又转移到磷酸泛酰巯基乙胺臂的巯基上，该臂转动到缬氨酸位置上，于是二肽的脯氨酸残基与其氨基结合形成三肽，如此重复转移，便形成四肽、五肽。此戊肽被转移到一等候位置上，与合成好的在亮氨酸上的另一戊肽经头尾缩合，最终形成十肽——短杆菌肽 S。一旦酶分子上的巯基位置空下来，又可结合相应的氨基酸。

4.4.3　经修饰的糖为前体的抗生素

分子中带有经修饰的糖的抗生素主要有氨基糖苷类、大环内酯类和蒽环类抗生素。这里主要介绍前一类的抗生素。氨基糖苷类抗生素有 100 多种，其产生菌有链霉菌属、小单孢菌属、诺卡氏放线菌属、芽孢杆菌属和假单胞菌属。这类抗生素按有无环多醇或氨基环多醇可分为 3 类：①不带环多醇或氨基环多醇；②带环多醇；③带氨基环多醇。表 4-12 列举一些较常见的氨基糖苷类抗生素。

表 4-12　一些常见的氨基糖苷类抗生素

抗生素	产生菌
越霉素(destomycin)	*Streptomyces mimofaciens*
福地霉素(fortimycin)	橄榄星孢小单孢菌 *Micromonospora olivoastetospora*
庆大霉素(gentamicin)	绛红小单孢菌 *M.pururea*
潮霉素(hygromycin)	吸水链霉菌 *S.hygroscopicus*
春日霉素(kasugamycin)	春日链霉菌 *S.Kasugaensis*
卡那霉素(kanamycin)	卡那霉素链霉菌 *S.Kanamyceticus*
青紫霉素(lividomycin)	铅紫青链霉菌 *S.lividus*
新霉素(neomycin)	弗氏链霉菌 *S.fradiae*，白浅灰链霉菌 *S.allogriseolus*
巴龙霉素(paromomycin)	巴龙霉素龟裂链霉菌 *S.rimosus forma paromomycinus*
核糖霉素(ribostamycin)	核糖甘链霉菌 *S.ribosidificus*
相模湾霉素(sagamycin)	相模湾小单孢菌 *M.sagamiensis var. nonreducans*
紫苏霉素(sisomycin)	伊纽小单孢菌 *M.inyoensis*
放线壮观素(spectinomycin)	壮观链霉菌 *S.spectabilio*
链霉素(streptomycin)	灰色链霉菌 *S.griseus*
托普霉素(tobramycin)	黑暗链霉菌 *S.tenebraruis*
有效霉素(validamycin)	吸水链霉菌 *S.hygroscopicus var.limoneus*

4.4.3.1　链霉素的生物合成

链霉素是由 N-甲基-L-葡糖胺、链霉糖和链霉胍三个部分组成的氨基糖苷类抗生素。同位素示踪研究表明，这三种经修饰的糖均由葡萄糖衍生。N-甲基-L-葡糖胺的合成途径是由

6-磷酸果糖的 C2 上的羟基通过谷氨酸转氨作用生成 D-葡糖胺-6-P，再经差向异构化、去磷酸化得 L-葡糖胺，最后经 S-腺苷酰甲硫氨酸的甲基化生成。葡萄糖转化为链霉糖的机制是先形成脱氧胸苷二磷酸（dTDP）-葡萄糖，然后再先后经脱水酶、3,5-差向异构酶和合成酶生成 dTDP-双氢链霉糖。链霉胍部分的合成是葡萄糖先转化为肌型-肌醇，再先后经两轮类似的反应系列（包括脱氢、转氨、磷酸化、转脒基和去磷酸化反应）形成两个胍基，并且一个胍基合成完毕才开始合成第二个，见图 4-32。

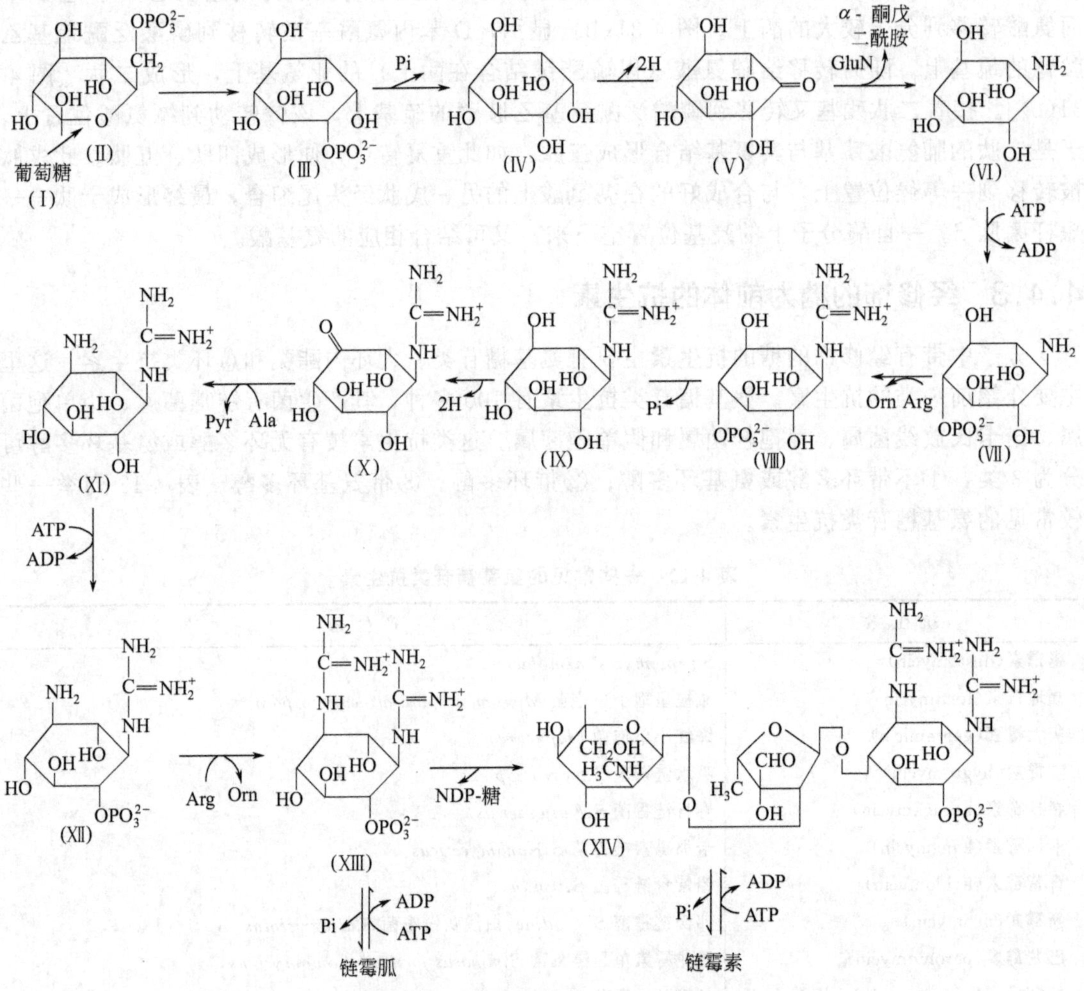

图 4-32　链霉胍的生物合成途径

Ⅰ—葡萄糖；Ⅱ—葡萄糖-6-磷酸；Ⅲ—肌型-肌醇-1-磷酸；Ⅳ—肌型-肌醇；Ⅴ—酮肌醇；
Ⅵ—青蟹型-肌醇胺；Ⅶ—O-磷酸青蟹型-肌醇胺；Ⅷ—O-磷酸-N-脒基青蟹型-肌醇胺；
Ⅸ—N-脒基青蟹型-肌醇胺；Ⅹ—N-脒基-3-氧青蟹型-肌醇胺；Ⅺ—N-脒基链霉胺；
Ⅻ—O-磷酸-N-脒基链霉胺；ⅩⅢ—O-磷酸链霉胍；ⅩⅣ—链霉胍

　　转脒基酶和链霉胍激酶是参与链霉素合成的两个关键酶。它们在生长期处在受阻遏状态。转脒基酶（L-精氨酸：肌糖胺磷酸脒基转移酶）参与链霉胍的合成，催化以下两个反应：

$$O\text{-磷酸肌醇胺} + \text{精氨酸} \longrightarrow O\text{-磷酸-}N\text{-脒基肌醇胺} + \text{鸟氨酸}$$

$$O\text{-磷酸-}N\text{-脒基肌糖胺} + \text{精氨酸} \longrightarrow O\text{-磷酸链霉胍} + \text{鸟氨酸}$$

此酶是在链霉素合成开始前，而不是在生长期间形成的，因在生长期快结束时添加氯霉素可抑制转脒基酶的合成。

链霉胍激酶催化链霉胍的磷酸化反应：

$$链霉胍 + ATP \longrightarrow O\text{-磷酸链霉胍} + ADP$$

在生长期此酶的活性很低，而在生产期明显上升。

链霉素分子各部分的组装是从 dTDP-双氢链霉糖开始的。它与链霉胍-6-P 形成拟二糖 [O-α-L-双氢链霉糖（1→4）链霉胍-6-磷酸酯]。催化此反应是双氢链霉糖基转移酶。此转移酶的活性与 dTDP-双氢链霉糖合成酶和转脒基酶的活性是平行增长的，在发酵 50h 左右，链霉素刚出现前达到高峰。推测拟二糖再与 N-甲基-L-葡糖胺合成双氢链霉素-6-P，最后两步经氧化为链霉素-6-P 和水解成链霉素，见图 4-33。

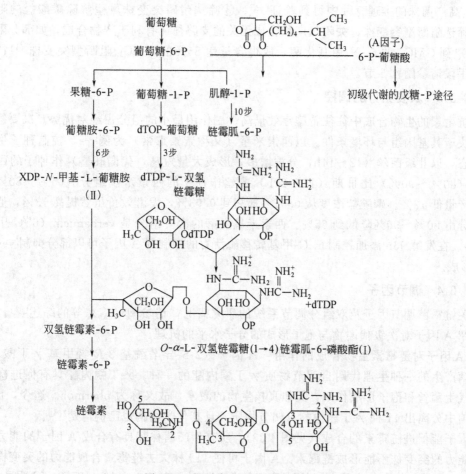

图 4-33　链霉素生物合成的假设途径

4.4.3.2　氨基糖苷类抗生素的调节

葡萄糖干扰甘露糖链霉素转化为链霉素的作用是通过阻遏甘露糖链霉素酶的合成实现的。葡萄糖也阻遏卡那霉素生物合成途径中的最后一个酶（N-乙酰卡那霉素胺水解酶）的合成。cAMP 可逆转这种阻遏作用。在链霉素形成前 cAMP 含量降到生长期所达峰值的 10%。高浓度的 cAMP 可能具有关闭抗生素合成酶的作用。这种作用可能与磷酸盐的调节有关。

磷酸酯酶在这类抗生素的合成中起重要作用。一般来说，微生物的磷酸酯酶是通过磷酸盐的反馈抑制或阻遏来调节的，过量磷酸盐明显抑制链霉素的生物合成。在链霉胍的合成中至少包含 3 个磷酸酯水解步骤。过量的磷酸盐会抑制磷酸酯酶，使菌丝体积累链霉素-6-P，此中间体无活性，导致链霉素减产。

新霉素 B 的生物合成也受磷酸酯酶的影响。此酶的活性在发酵后期出现，受磷酸盐的抑制和阻遏，酶活与新霉素的合成有直接关系。碱性磷酸酯酶是在发酵后期合成的，因在此前，加氯霉素可抑制其合成。

范铭琦和赵敏对氨基糖苷类抗生素产生菌的调控作了一篇相当精辟的综述[49]。他们认为其主要机制有以下几方面：①提高对其自身抗生素的抗性往往也能增强产生菌的解毒与抗阻遏能力，从而获得高产；②抑制从 D-葡萄糖到细胞壁的合成代谢流来实现高产，在庆大霉素 C_{1a} 高产菌株的推理育种中得到验证[50]；③筛选耐磷突变株可望解除磷酸盐的阻遏作用；④筛选阻断型突变株，关闭与产物合成无关的支路往往有利于产物合成，如部分阻断了从 GMC_{1a} 到 GMC_{2b} 的 6′-N-甲基化酶，取得含量达 85％的 GMC_{1a} 阻断型突变株[51]；⑤其他调控手段请参阅 4.5 节。

4.4.3.3　次要组分的调控

在抗生素的生物合成中往往希望疗效最高、副作用最小的组分占绝对优势。次要组分的形成取决于其基因组与环境条件。以西索米星（又称紫索霉素）为例[52]，控制种子生长的菌丝形态，以Ⅱ级菌丝（12～14h，分枝增多，形成大量短丛，代谢旺盛）作种子的西索米星组分（80％～90％）比Ⅲ期（18～20h）菌丝作种子的西索米星组分（65％～80％）要高，但产量低 12％。磷酸盐浓度从 0.01％提高到 0.03％，发酵效价虽然提高 13％，但西索米星组分由 80％～90％降低到 65％。西索米星发酵的次要组分是 verdamicin（6′-C-甲基西索米星）。在发酵 96h 添加控制 6′-C-甲基转移酶活力的抑制剂 A 因子可以部分抑制 verdamicin 的形成。

4.4.3.4　调节因子

有关链霉菌调节因子及双组分调节系统的研究概况，请参阅尚广东等的综述[53]。以下扼要介绍 A 因子对次级代谢物与孢子形成的分子水平的机理。

(1) A 因子对链霉素生物合成的作用　A 因子（2-S-异辛酰基-3-R-羟甲基-γ-丁酸内酯）是链霉菌产生的一种生理代谢自调节物质 γ-丁酮内酯的一种。γ-丁酮内酯具有促进次级代谢物与气生菌丝和孢子形成作用，类似真核生物的激素，故又称为 phermon。迄今，已从 7 株链霉菌中分离出 11 种 γ-丁酮内酯自调节物质，且其化学结构也已搞清楚[54]。

A 因子能促进链霉素的合成（见图 4-33），所有生产菌株都具有合成 A 因子的能力，失去这种能力的突变株不能形成链霉素。A 因子可使 119 株失去链霉素合成能力的突变株中的 114 株恢复其生产能力。在接种时给链霉素合成阻断型突变株 1μg 纯 A 因子，可诱导 1g 链霉素的生成，其诱导系数为 10^6。在接种后 48h 加入则无作用。用 A 因子短时间处理种子 3～4min，随后洗掉，这就足以诱导链霉素的合成。A 因子也参与灰色链霉菌的分化作用，孢子的形成及菌株对其自身链霉素的抗性与此有关。

对其作用机理 Ohnishi 等认为，在生长初期低水平的 A 因子与其受体蛋白（ArpA）虽然能结合，但不足以使 ArpA 从启动子处解离，因而关键基因 *adpA* 的表达仍被关闭。基因 *adpA* 编码一种次级代谢物或气生菌丝形成的必需的转录聚合物。待 A 因子浓度的增加随生长达到一临界值后，ArpA 便从 DNA 上解离，*adpA* 的转录得以启动。受 *adpA* 基因产物的激活，专一性链霉素合成基因 *strR* 被表达，其基因产物继续激活链霉素合成的所有基因的转录，见图 4-34。

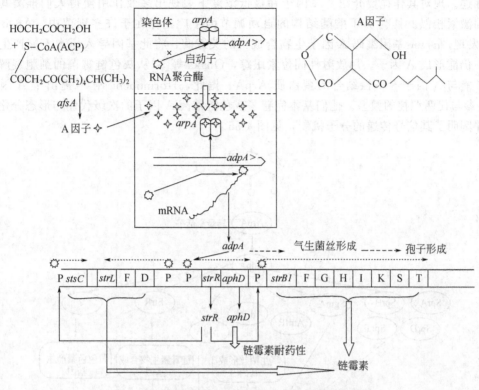

图 4-34 A 因子对链霉素生物合成的级联调控模型

adpA—A 因子相关转录激活基因；*aphD*—链霉素-6-磷酸转移酶基因；
strR—链霉素调节基因；*afsA*—A 因子生物合成基因

(2) A 因子受体蛋白 A 因子与 *arpA* 的结合高度专一，*arpA* 能辨认 22bp 的 DNA 回文序列，并与其结合。A 因子与 DNA 上的 *arpA* 结合会使其脱离 DNA。另外，天蓝色链霉菌的调节因子 CprA 与 CprB 分别同灰色链霉菌的 A 因子与 *arpA* 的作用相似，CprA 具有加速次级代谢物与孢子形成的正向调节作用；而 CprB 则延缓其形成，为负调节物。

(3) A 因子与孢子的形成 A 因子具有促进气生菌丝与孢子形成的作用。体外转录试验证明，*amfR* 是气生菌丝形成的一个开关点，pORF5 的结合蛋白是 A 因子调节形态发育的级联反应的一个成员。

(4) A 因子的合成 A 因子是由源自脂肪酸的 *β*-酮酸与甘油衍生物作为底物合成的，其合成需要 S-腺苷甲硫氨酸。

(5) 维基尼丁酮内酯(VB)A—E 这是一些由维基尼链霉菌产生的丁酮内酯自调节物质，它们与 VB 专一受体蛋白（BarA）一起负责维基尼霉素（virginiamycin）生产的启动[55]。BarA 是 VB 信号的介体，在变铅青链霉菌体内试验中曾揭示，它是一种结合 DNA 的转录阻遏物。Nakano 等通过同源重组作用构建了一种无 *barA* 菌株（ΔbarA 突变株），用于澄清 BarA 蛋白在维基尼链霉菌体内的功能[56]。此突变株的生长与亲株没有什么不同，只是失去形成 VB 的能力，却比亲株提前 7h 生产维基尼霉素。这些结果说明，BarA 蛋白对维基尼霉素与 VB 的生物合成分别起负向与正向调节作用。ΔbarA 突变株进一步做 RNA 印迹试验揭示，BarA 目标基因（*barB*）的转录受到阻遏，确认 BarA 在维基尼链霉菌中起转录阻遏物的作用。

贾素娟等[57]对 A 因子在灰色链霉菌的形态分化和次级代谢的分子调控的作用作了较系统的综述。现对其作扼要介绍。A 因子在极低浓度下表现出多效作用使得人们推测其调节作用同激素相似。具有 γ-丁酸酯结构的自动调节因子广泛存在于许多细菌中。Ando 的研究[58]发现，*afsA* 基因编码 A 因子生物合成中的关键酶，将此基因导入原本不能产生的链霉菌中仍能形成 A 因子。用放射性同位素跟踪，Onaka 等[59]从灰色链霉菌的细胞裂解物中获得了能与 A 因子专一性结合的蛋白质 ArpA。据此，Horinouchi 等[60]提出了 A 因子和 ArpA 参与代谢调控的模型。他们基本完善了灰色链霉菌 A 因子的次级代谢与形态分化调控网络并阐明了其信号传递的分子机制，见图 4-35。

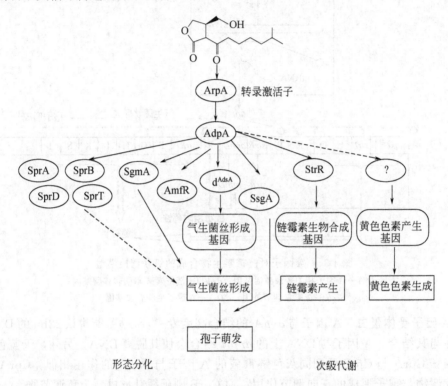

图 4-35　灰色链霉菌 A 因子的次级代谢与形态分化调控网络[60]

孙新强等[61]用紫外线诱变处理筛选耐豆油突变株，所得突变株的螺旋霉素发酵效价比出发菌株提高了 22.5％。试验结果表明，最佳豆油添加量为 2.0％，加入时间 0～12h 为宜。将此工艺应用于 60m³ 的发酵罐，月平均发酵水平比原工艺提高 30％～50％。

4.4.3.5　突变生物合成

微生物在产物合成期，其合成途径上的酶活性受内外因素的影响，产生完全不同的代谢产物。由此人们可以按照自己的需要，改变一种微生物次级代谢产物的组成。例如，利用诱变作用使细胞中参与次级代谢产物合成的某种酶钝化，使之变成不能合成正常的代谢产物的"阻断型/障碍型"突变株。向这种突变株的发酵培养基中添加它所缺失的中间代谢产物的结构类似物时，便可以合成具有特殊性质的新型代谢产物。这种次级代谢产物的合成作用又被称为"突变生物合成"（mutabiosynthesis）。外界环境条件对微生物次级代谢产物的合成影响很大。有些环境因素可以完全终止次级代谢产物的合成。

4.5 微生物次级代谢作用的调控

微生物的次级代谢作用对微生物的生存具有重要的意义,微生物在自然生态环境下同样会产生次级代谢产物,只是它们的量太少而不易被人发现。它们对产生菌本身具有一定的生理功能,而且有毒的次级代谢产物对产生菌本身也是有毒的(特别是在生长期)。因此,微生物的次级代谢作用必然要受微生物的代谢调节机制的控制。

4.5.1 微生物的次级代谢与其生命活动的关系

4.5.1.1 次级代谢在微生物中所起的作用

在自然的生态环境下微生物生长所需的营养物质经常是不丰富和不平衡的,一些次级代谢产物具有富集营养物质的作用。例如,大肠杆菌等肠道细菌在缺乏铁离子的环境下,会产生一种肠道杆菌素的次级代谢产物。它是由三分子的 2,3-二羟基苯甲酰丝氨酸组成的聚脂化合物。它们能与铁形成络合物,把微量的铁富集起来,便于细胞吸收利用。再如,离子载体类抗生素具有使碱金属离子定向移动的功能。因此,可以选择性地增加细胞膜对碱金属离子的渗透性,使这类金属离子在细胞中富集。在合适的环境条件下微生物可以不受限制地一直生长下去。但是当环境中缺失某种生长基质时,微生物的生长就会受到限制而发生生长不平衡现象,这种现象对微生物的生存是有害的。次级代谢的启动有助于清除不平衡生长时积累的有害的低分子量中间代谢产物,使微生物的生命延续下去。处在这种生理状况下的微生物在外界环境条件适合时比新陈代谢活动完全处在停滞状态下的休眠体能更快地生长繁殖。

一些动植物的病原微生物能够产生一些对寄主有毒的次级代谢产物,以利于它们进一步侵入寄主。例如,水稻叶枯菌产生的四元环类萜化合物蛇孢菌素、苏云金杆菌产生的核苷酸类外毒素就是具有这种作用的次级代谢产物。还有人认为,次级代谢产物是微生物在不利于生长的环境下存储的营养物质,当外界条件合适时,微生物能利用这些次级代谢产物作为营养物质。研究工作发现,有些次级代谢产物对产生菌本身起着生物调节剂的作用。从进化论的观点来看,生物在长期进化过程中形成任何一种特性对生物本身都是有益的,或者至少不会有害。只是次级代谢作用在微生物的生命活动中仅占有次要的地位,因而所受的选择压力较小,便导致次级代谢作用的多样性和复杂性。有关次级代谢物的生源学请参阅 4.1.3 节。

4.5.1.2 次级代谢与生长、分化的关系

由荨麻青霉生产的棒曲霉素发酵过程典型地分为生长期与生产期,见图 4-36。荨麻青霉产生的一系列聚酮化物是由 6-甲基水杨酸(MSA)衍生的[62]。棒曲霉素途径的酶的生物合成开始之际正是比生长速率下降之时。生长快结束时在菌丝体中出现专一途径中的第一个酶——MSA 合成酶。生长期与生产期的截然分界好像是次级代谢产物分批发酵的规律,但也不完全如此。有些次级代谢物的合成与菌丝体

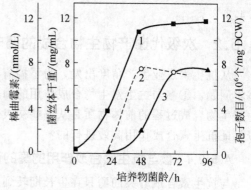

图 4-36 荨麻青霉发酵过程中菌丝体生长、孢子形成与棒曲霉素的生产
1—菌丝体生长;2—孢子形成;3—棒曲霉素的生产

的生长同步。如霉酚酸的分批发酵，无论在简单培养基或丰富培养基中霉酚酸在生长旺盛期生产。红细胞毒素（rubratoxin）、恩镰孢菌素也是在生长期生产的。

(1) 细菌的分化与次级代谢的关系 芽孢杆菌的生长后期开始形成芽孢与次级代谢产物。在生长期结束后才开始合成抗生素是因为产生菌对其自身抗生素敏感。肽类抗生素确实抑制生长，让孢子形成。此外，肽类抗生素可能具有调节孢子形成或萌芽孢子生长的功能。但是，不能合成抗生素的突变株并未失去产孢子的能力，因而排除了这些肽直接参与孢子形成过程。参与抗生素合成的酶的突变对孢子的形成没有直接的影响，而负责孢子形成的基因的突变同时影响抗生素的合成与对抗生素的耐受力。地衣芽孢杆菌的孢子形成对其自身抗生素杆菌肽超敏感。故除了具有促进孢子形成的作用，肽类抗生素也可能具有抑制细菌孢子形成的作用。

(2) 次级代谢与放线菌分化的关系 抗生素合成与孢子形成是受共同的控制机制调节的两种过程。曾发现灰色链霉菌失去产孢子能力的菌株也同时丧失链霉素的生产能力。A因子能恢复这两方面的功能。有关A因子的作用请参阅4.4.3.4节。链霉素在灰色链霉菌的孢子细胞壁中存在。有人认为，A因子是控制灰色链霉菌次级代谢与形态的微生物激素。存在于细胞质的A因子受体蛋白是阻遏物型的调节物，它在阻遏链霉素生产与孢子形成上起作用，而A因子与受体蛋白的结合解除受体蛋白的阻遏作用。

天蓝色链霉菌能在指数生长期合成十一烷基灵杆菌素，在静止期合成放线紫红素（antinorhodin）。在阻碍天蓝色链霉菌抗生素合成的位点上突变并不影响孢子的形成。这说明，次级代谢与孢子形成是分层次调节的，可能存在启动这两种过程的代谢信号。

(3) 真菌分化与次级代谢 次级代谢物对其产生菌可能有3方面的功能：①对自然界的生态的作用；②对代谢的调节作用；③对分化的调节。有些真菌的次级代谢物的合成与其无性产孢子过程关联。Bu'Lock认为，次级代谢是在生长受到限制的分化期产生的。

Betina对顶头孢霉的头孢菌素生物合成与形态或分化之间的关系作了一系统的论述[62]。顶头孢霉在沉没培养中的生命周期由4种不同类型的结构组成：长的繁殖菌丝体、菌丝碎片，节孢子链、游离节孢子，分生孢子柄与分生孢子，萌芽分生孢子。在生长期末节孢子增多，与此同时，头孢菌素被迅速合成。用同位素标记的L-缬氨酸证实节孢子将此氨基酸结合到头孢菌素中的能力最强。遗传学方面的研究也证实了这一关系。不同的突变株中节孢子所占的百分比与头孢菌素的合成呈线性关系。甲硫氨酸能诱导这两种过程。L-甲硫氨酸诱导节孢子形成与头孢菌素的生产能力比D-甲硫氨酸强。有关头孢菌素的生物合成请参阅4.4.2.2节。

4.5.2 次级代谢产物生物合成的调节与控制

从抗生素工业生产角度出发，为了搞清抗生素生物合成控制的机制，需要回答以下几个基本问题：①参与抗生素生物合成作用的酶是什么时候出现的，其合成如何控制？②供给抗生素生物合成过程的前体物质是从哪些初级代谢活动中得到的？③上述两种系统是怎样协调以保证抗生素合成作用高效进行的？

4.5.2.1 参与抗生素合成作用的酶的诱导及解除阻遏

与抗生素合成有关的酶只在生长期转到次级代谢产物生产期时才在细胞中出现。许多研究工作表明，这些酶是通过诱导作用合成的。例如，参与麦角碱合成的酶系可以利用色氨酸或色氨酸的结构类似物作诱导剂诱导合成；参与展开青霉的棒曲霉素合成的酶系，则由其生物合成过程的中间产物6-甲基水杨酸、龙胆酰醇和龙胆酰醛顺序诱导合成；甲硫氨酸或甲硫氨酸的结构类似物（如正亮氨酸）有诱导头孢菌素 C 合成酶系的作用；将链霉素甘露糖苷转化为链霉素的 α-D-甘露糖苷酶是由甘露糖诱导产生的。实验证明，具有诱导作用的物质只有在菌体的生长末期加入时对次级代谢产物的合成才有刺激作用；在生产菌的旺盛生长期或次级代谢产物合成期加入则不起作用。这些事实一方面证明参与次级代谢物合成作用的酶类是通过诱导作用产生的；另一方面这也与菌体的生长速率有关。且菌体生长速率的降低也是一种诱导因素。这可以从两方面解释这种现象。首先，微生物生长速率的降低证明微生物的生长受到了外界环境条件（多是营养条件）的限制，为细胞生长繁殖而进行的初级代谢活动已不能平衡地进行，造成一些中间产物积累，从而诱导参与次级代谢的酶的合成。其次，细胞生长速率下降时可能会使细胞内已合成的生物大分子物质的转化作用加强，造成具有诱导作用的低分子物质的浓度升高而产生诱导作用。

4.5.2.2 抗生素生物合成启动的控制

编码抗生素生物合成酶的基因可能位于染色体和染色体外的遗传物质上。有些抗生素合成酶的结构基因位于质粒上，大多数情况下，结构基因是在染色体上，而控制基因表达的调节基因是在染色体外的遗传物质上。编码抗生素合成酶的基因的表达一般不在高生长速率下出现，这一现象说明，此时编码抗生素合成酶的基因处在抑制状态。

(1) 抗生素生物合成酶的阻遏　有人对抗生素合成酶的合成进行严密监视，发现这些酶均出现较晚。这种基因表达的控制可通过干扰遗传信息从 DNA 转录给信使 RNA 或干扰信息从 mRNA 转译给抗生素合成酶的方式进行。但不太清楚阻遏控制是在哪一级别上进行。有证据表明，杀念珠菌素合成酶和杆菌肽合成酶的合成的阻遏是在转录一级上。杀假丝菌素是由灰色链霉菌产生的多烯大环内酯类抗生素。它是以乙酸或丙酸为前体，以活化的丙二酸单酰 CoA 和甲基丙二酸单酰 CoA 形式，借杀假丝菌素合成酶复合系统合成的。杀假丝菌素合成酶在许多方面与脂肪酸合成酶相似。杀假丝菌素在发酵 48h 后开始产生。在任何时间，如果将细胞从发酵液中分离出来，置于无磷酸盐的培养基中，它们继续产生杀假丝菌素。但若向这种培养基中添加转录抑制剂（如利福平）或转译抑制剂（如氯霉素），这时杀假丝菌素能否被合成，取决于所用培养物的菌龄。如菌龄小于 10h，则不生成杀假丝菌素；如大于16h，则能合成杀假丝菌素。这说明，杀假丝菌素合成酶基因的转录是在生长 10h 以后进行的。杆菌肽合成酶的合成也是在转录这一级上受到控制。因杆菌肽的产生受放线菌素 D 的干扰，后者是一种需 DNA 的 RNA 聚合酶抑制剂。

(2) 抗生素合成的较晚出现　这可能是由于某种因素对细胞中已合成的酶的抑制作用。例如，头孢菌产生的 β-内酰胺抗生素（青霉素 N 和头孢菌素 C）主要在菌丝体生长完成后才被合成，在含有放线菌酮（抑制真核细胞蛋白质合成的抗生素）的培养基中采用静息细胞所作的研究证明，生长期的菌丝体中已含有很高活性的 β-内酰胺合成酶，即使发酵到了放罐时，这些菌丝体的抗生素生产能力已衰退，此酶还能维持较高的活性。

(3) 初级代谢的末端代谢产物反馈抑制作用　在生长期结束时，胞内初级代谢途径的中间产物或末端产物对次级代谢产物合成酶有诱导作用，从而启动次级代谢活动。这就为初级代谢产物开辟了一条避免在胞内积累的通道。因其积累不仅有害，也会因反馈抑制作用关闭其合成途径。把积累的初级代谢产物转化为次级代谢产物，便可以消除这种反馈抑制作用。如果此时向发酵液中添加一些初级代谢的末端代谢产物，就会造成对初级代谢的酶的抑制作用，使次级代谢因缺乏前体物质而不能进行。因为次级代谢的前体物质并不一定是所加入的末端代谢产物。例如，赖氨酸对青霉素合成的抑制作用就是这种反馈抑制作用的结果。当培养基中有过多的赖氨酸存在时，赖氨酸合成途径的第一个酶——柠檬酸合成酶，就会受到反

馈抑制作用而关闭 α-氨基己二酸合成途径，使青霉素的合成也受到抑制，参阅图 4-26。如果在加入赖氨酸的同时也加入 α-氨基己二酸，青霉素的合成能照常进行。

向发酵液中添加次级代谢产物的前体，并不一定能够促进次级代谢产物的合成，其原因可能是：①前体物质可能不能被细胞吸收，或者不能到达次级代谢产物合成的部位；②添加的物质可能对细胞本身的合成产生反馈抑制作用，而添加的物质又不是次级代谢合成所需的直接前体；③添加的前体不是次级代谢产物合成过程中起限制作用的物质。许多次级代谢过程受发酵液中高浓度的无机磷的抑制作用，如磷对磷酸酯酶的反馈阻抑作用。

(4) 抗生素合成过程的启动包含几种控制机制　除上面已述及的调节机制外，尚有两种机制：一种是细胞中的一些小分子效应物起辅阻遏物或抑制剂的作用，只有当这些辅阻遏物或抑制剂被初级代谢耗竭后，次级代谢产物的合成才被启动。这种调节机制可用来解释碳源分解代谢物的调节、氮分解代谢物的调节和磷酸盐的控制作用。另一种是细胞在次级代谢启动前，必须合成一类起诱导作用或激活作用的物质。在链霉素和利福霉素生物合成中分别起重要作用的 A 因子和 R 因子就是这类物质。图 4-37 归纳了复杂调控网络中的多种影响抗生素合成启动的因素[63]。

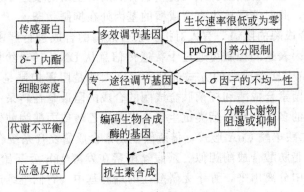

图 4-37　复杂调控网络中影响抗生素合成
启动的各种潜在因素

4.5.2.3　碳源分解代谢物的调节

(1) 环腺苷酸在调节抗生素合成中的作用　cAMP 和 CRP（有关这些化合物在分解代谢中扮演的角色请参阅 3.2.2.2 节）不是分解代谢物阻遏作用的唯一介入者，还有一种与 cAMP 无关的分解代谢物调整因子 CMF 也会干扰操纵子的表达。因而有人提出，微生物细胞中存在着分解代谢物阻遏作用的两重调节假说：由 CMF 施行的反向控制和 cAMP 施加的正向控制。总之，肠道细菌内的分解代谢物的阻遏作用，是由被迅速利用的碳源的分解代谢物通过 cAMP、CRP 和 CMF 的作用引起的。在酵母、霉菌中也存在着 cAMP 和 CRP 逆转分解代谢物阻遏作用的现象，但在芽孢杆菌属中未发现有 cAMP。有人认为，在这类微生物中可能有一类高度磷酸化的核苷酸代替 cAMP 参与分解代谢物阻遏的正向控制作用。因为这种化合物在受阻遏的细胞中不存在，但在未受阻遏细胞中堆积。cAMP 是否参与抗生素生物合成的碳代谢调节还不清楚，但已证明它不能逆转葡萄糖对青霉素合成的阻遏作用。另一方面，有人发现，cAMP 可以解除葡萄糖对卡那链霉菌中 N-乙酰卡那霉素胺水解酶的阻遏作用。一种生产 16 元环大环内酯抗生素 turimycin 的微生物细胞内含有 cAMP、CRP 和 cGMP。当 cAMP 含量下降时，turimycin 的合成开始，外源加入 cAMP 能促进菌体生长并且干扰 turimycin 合成。这种干扰作用也会由磷酸盐调节引起。灰色链霉菌细胞中的 cAMP

含量降到生长期峰值的 10% 后，链霉素的合成才开始。这些说明高浓度的 cAMP 并不能逆转碳源分解代谢产物对抗生素合成的阻遏作用。相反，它却关闭了参与抗生素合成酶的合成。对分解代谢物阻遏作用敏感的酶除了有参与碳分解代谢的酶之外，还有参与分化作用的酶类。有关 cAMP 的作用，请参阅 4.5.2.7 节。

(2) 碳源分解代谢物对抗生素生物合成的影响　许多抗生素的合成受葡萄糖的抑制，表 4-13 列出了一些受葡萄糖抑制的抗生素生产。葡萄糖引起的抑制作用并不是葡萄糖本身的直接作用，而是葡萄糖作为一种易被利用碳源促进了抗生素产生菌的生长所致。抗生素的产率与菌体生长速率大致成反比，见图 4-38。除葡萄糖外，**凡是能够促进抗生素产生菌迅速生长的碳源**，也能够抑制抗生素等次级代谢产物的合成作用。例如，果糖不适合被孢霉菌（*Motierella ramanniana*）的生长，却对其次级代谢产物的合成有利。生长在含有柠檬酸和葡萄糖两种碳源的发酵液中的新生霉素产生菌，只有把对其生长最合适的柠檬酸消耗完之后，才能开始新生霉素的合成；在利用橙黄芽孢杆菌（*Bacillus aurantinus*）生产橙色菌素时，因甘油最适于菌体生长而淀粉适于产物的合成，所以当以甘油和淀粉的混合物作为碳源时，只有当菌体把甘油消耗完之后抗生素才开始合成。为了防止葡萄糖等易利用的碳源对抗生素合成的抑制作用，常采用流加技术向发酵系统添加碳源，以限制它们在发酵液中的浓度。高浓度的碳源对抗生素的合成不利。图 4-39 显示，在以甘油作为碳源时，带棒链霉菌的头孢菌素的比生产力（μg/mg DCW）随甘油浓度的增加而下降。

表 4-13　受葡萄糖抑制的抗生素生产

抗　生　素	产　生　菌	抗　生　素	产　生　菌
放线菌素	抗生素链霉菌	卡那霉素	卡那霉素链霉菌
杆菌肽	地衣芽孢杆菌	丝裂霉素	头状链霉菌
头孢菌素	顶头孢霉	链霉素	灰色链霉菌
氯霉素	委内瑞拉链霉菌	青霉素	产黄青霉

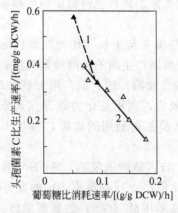

图 4-38　顶头孢霉的葡萄糖比消耗速率与
头孢菌素 C 的比生产速率之间的关系
1—分批培养；2—连续培养

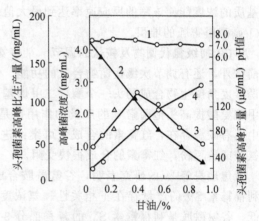

图 4-39　头孢菌素产量与甘油浓度的关系
1—pH 值；2—头孢菌素高峰比生产量；
3—高峰菌浓度；4—头孢菌素高峰产量

4.5.2.4　氮源分解代谢物的调节

(1) 氮源与抗生素的合成　有些抗生素的合成受氨和其他能被迅速利用的氮源的阻遏。例如，红霉素的合成在氮受限制的情况下可一直进行到发酵液中的氮源耗竭为止。如在生产过程中添加易利用的氮源，红霉素的合成会立即停止。又如，在合成期间添加黄豆饼粉的水解液，杀念珠菌素的生产会受到干扰。因此，抗生素发酵宜选择较难消化的氮源。如链霉素发酵使用脯氨酸作唯一氮源，能大幅度提高链霉素的产量。当然，工业生产不可能使用这种氮源，这只是告诉我们在选择氮源时应考虑其利用速度。**青霉素发酵常采用玉米浆的原因之一就是，其中氮源的分解速率正好满足菌的生长和合成产物的需要。黄豆饼粉降解成氨基酸或氨的速度很慢，不至于抑制抗生素的合成，因此，抗生素工业发酵常采用它作为氮源。**

(2) 抗生素分子中氮原子的来源 抗生素分子中的氮有两种来源：一是含氮的前体物质被完整地结合到抗生素分子中；二是含氮的初级代谢物通过次级代谢的特异反应变成抗生素的前体后，再结合到抗生素分子中。

① 直接前体 氨基酸、嘌呤和嘧啶的代谢过程为抗生素的生物合成提供含氮前体。多种氨基酸被证明是许多肽类抗生素的直接前体。结合到抗生素中的氨基酸需经活化形成腺苷酰氨基酸：

$$氨基酸 + ATP \rightleftharpoons 氨基酸\text{-}AMP + PPi$$

反应需要 Mg^{2+} 或 Mn^{2+}。L-缬氨酸是放线菌素分子的 D-缬氨酸部分的前体。肽类抗生素发酵一般同时形成多组分的抗生素，如向发酵液中添加某一种氨基酸，便可诱导菌株合成这种氨基酸含量较多的抗生素。例如，链霉菌能够同时产生放线菌素 C_1、C_2、C_3 等，放线菌素 C_3 含有较多的 D-别异亮氨酸，如向发酵液加入这种异亮氨酸，便会使放线菌素 C_3 成为主要产物。

② 氮转移反应 氨基糖苷类抗生素的生物合成包括多步氮转移反应。这类化合物中有带氨基的肌醇衍生物：链霉素、放线菌胺、2-去氧链霉胺、布鲁霉胍（bluensidine）和链霉胍。其中研究得最清楚的是链霉胍，其氮源与引入方式主要通过以下几种：转氨基，转脒基（参阅 4.4.3.1 节），转氨甲酰基。后者是新生霉素生物合成中氮的来源之一。如这些抗生素合成酶受氮源代谢调节，需提供适当浓度的氨基或脒基给体（如谷氨酰胺，丙氨酸，谷氨酸或精氨酸）。氨基或脒基转移酶可能受特异基质或结构类似物的诱导。如酶已被合成，增加基质的浓度能使该酶的反应速率达到最大值。将外源精氨酸加到灰色链霉菌的培养基能导致 O-磷酸链霉胍的堆积。

(3) 初级氮代谢物及铵盐的调节 某些氨基酸除了直接参与生长和作为次级代谢产物的前体外，还有调节次级代谢物合成的功能。例如，向麦角碱产生菌的发酵液添加色氨酸，可诱导麦角碱生物合成的头一个酶（二甲烯基丙基色氨酸合成酶）的合成，增加该酶的活力。甲硫氨酸提高头孢菌素 C 的产量的作用也是一种调节效应，而不是作为碳源。只要发酵液中还有碳源存在，红霉素的合成便可继续进行。如加入易被菌利用的氮源，如 NH_4Cl、甘氨酸或黄豆粉，红霉素的合成很快受阻。

焦瑞身等[64]的研究表明，谷氨酰胺合成酶（GS）与丙氨酸脱氢酶（ADH）的比值与利福霉素 SV 的产量存在正相关性。氨浓度高时，其比值小，利福霉素 SV 的发酵单位也低。谷氨酰胺是利福霉素 SV 的芳香部分 3-氨基-5-羟基苯甲酸（GN）的氨基给体。从 GS 水平与利福霉素合成的正相关性推测，高活性的 GS 有利于谷氨酰胺合成，从而为 GN 的合成创造了有利条件，并有助于利福霉素的合成。最近十多年来，焦瑞身等在利福霉素 SV 生物合成调节上阐明了硝酸盐多效作用的分子机理，其中包括谷氨酰胺合成酶基因（$glnA$）、甲基丙二酰 CoA 变位酶基因（mcm）、硝酸盐利用基因、3-氨基-5-羟基苯甲酸（C_7N）合成酶基因等的克隆，以及 U-32 克隆系统的构建。熊宗贵等[65]筛选耐氯化铯和色氨酸的突变株，获得了部分解除反馈调节的突变株，产量提高 10%。

在诺尔斯链霉菌中谷氨酰胺合成酶受高浓度铵离子的阻遏。邻氨基苯甲酸促进诺尔斯菌素（一种链丝菌素类抗生素）的合成，并具有调节氮代谢酶的明显功能；邻氨基苯甲酸阻遏谷氨酰胺合成酶和丙氨酸脱氢酶的合成，促进谷氨酸脱氢酶和抗生素的合成。链霉菌中头孢菌素生物合成也受氮代谢物的调节，其控制机制可能涉及谷氨酰胺合成酶和丙氨酸脱氢酶。

王勇等[66]研究了不同的硫酸铵浓度对梅岭霉素生物合成的影响。结果显示，在发酵过程中硫酸铵浓度高于 5mmol/L，会增加糖耗速率，抑制菌丝的生长和产物的合成。分析过程中测得的与梅岭霉素生物合成有关的酶的变化，结果显示，较高的铵离子浓度提高 6-磷酸葡萄糖脱氢酶、柠檬酸合成酶、琥珀酸脱氢酶与脂肪酸合成酶的活性，而抑制缬氨酸脱氢酶与甲基丙二酰 CoA 羧基转移酶的活性，从而限制了前体的供给。故维持较低的脂肪合成酶的活性是梅岭霉素高产的关键。

4.5.2.5 磷酸盐的调节

磷酸盐是很重要的抗生素产生菌的生长限制养分。在四环素、杀假丝菌素、万古霉素等许多抗生素的生物合成中只要发酵液中的磷酸盐未耗竭，菌的生长继续进行，几乎没有抗生素合成；一旦磷酸盐耗竭，抗生素合成便开始。即使抗生素的合成已在进行，若向发酵液添加磷酸盐，抗生素的合成会迅速终止。绝大多数抗生素的工业生产是在限制无机磷的条件下进行，磷酸盐浓度在 $0.3\sim300\,mmol/L$ 范围内不会妨碍细胞的生长，但无机磷浓度超过 $10\,mmol/L$ 时，许多抗生素和其他次级代谢产物的生物合成便受到抑制（表 4-14）。磷酸盐过量对生产不利，但过少会影响菌的生长。因为抗生素的总的合成量取决于产生菌细胞的数量和比生产速率。磷酸盐的调节作用可归纳如下。

表 4-14　抗生素合成时控制的磷酸盐浓度的正常范围

抗生素	产生菌	磷酸盐允许的浓度/(mmol/L)	抗生素	产生菌	磷酸盐允许的浓度/(mmol/L)
放线菌素	抗生素链霉菌	1.4～17	链霉素	灰色链霉菌	1.5～15
四环素	金色链霉菌	0.14～0.2	新生霉素	雪白链霉菌	9～40
卡那霉素	卡那链霉菌	2.2～5.7	金霉素	金色链霉菌	1～5
短杆菌肽 S	短小芽孢杆菌	10～60	土霉素	龟裂链霉菌	2～10
两性霉素 B	节状链霉菌	1.5～2.2	万古霉素	东方链霉菌	1～7
杀假丝菌素	灰色链霉菌	0.5～5	杆菌肽	地衣芽孢杆菌	0.1～1
制霉菌素	诺尔斯链霉菌	1.6～2.2			

(1) 无机磷促进初级代谢，抑制次级代谢　无机磷在很多初级代谢过程中作为一种反应因子，除控制抗生素产生菌的 DNA、RNA 和蛋白质的合成外也控制糖的代谢、细胞的呼吸和胞内 ATP 水平。在无机磷过量存在的情况下细胞利用葡萄糖的速率增加，胞内 DNA、RNA 和蛋白质的量增加，呼吸速率上升，次级代谢物的合成受阻，或者使进行中的次级代谢活动马上中止。例如，向正在进行杀假丝菌素合成的灰色链霉菌的发酵液添加 5mmol/L 的磷酸盐，链霉菌的耗氧量陡然增加，抗生素的合成立即停止。与此同时，菌丝体中的 DNA、RNA 和蛋白质的合成速率又重新恢复到生长期的速率。当添加的无机磷耗竭后菌呼吸强度及 DNA、RNA 和蛋白质的合成速率又重新降低到抗生素合成期的状况，抗生素的合成重新开始。大量事实表明，磷是微生物进行平衡生长的限制因素之一。在磷充足时细胞生长处于平衡状态，次级代谢被抑制；在磷的供应不足时细胞生长处于不平衡状态，次级代谢便被激活。

(2) 无机磷对比生长速率、产物合成速率的影响　在生二素链霉菌的螺旋霉素的生产能力受其生长速率的影响，而生长速率又取决于初磷浓度[67]。螺旋霉素的比生长速率（随初磷浓度升高）与比生产速率成反比，而菌的生产能力在初磷浓度 1.8mmol/L 时最强，见图 4-40。试验发现在 1.8mmol/L 浓度下发酵 40h 菌丝体干重只有约 1.2g/L，而在发酵 40～144h 生长继续增长到约 3.3g/L，螺旋霉素在此期间迅速合成，从几乎零增长到约 90mg/L。

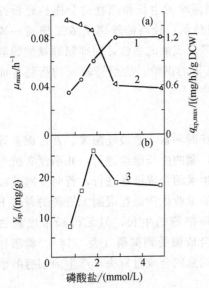

图 4-40　螺旋霉素发酵中基础培养基内初始磷酸盐浓度的影响

（a）对最大比生长速率与最大比生产速率的影响；

（b）对菌的生产能力的影响

1—最大比生长速率；2—最大比生产速率；3—菌生产能力

(3) 无机磷与糖分解代谢途径的关系　无机磷浓度增加时磷酸戊糖途径的代谢活性降低，而酵解途径的活性大幅度提高。在某些情况下酵解作用的抑制剂（如氟化物、碘乙酸、硫氰酸苄酯）会刺激金霉素的合成。将 C1 或 C6 带放射性同位素标记的葡萄糖分别添加到含有丰富的磷酸盐和缺乏磷酸盐的培养基中，测定这两种情况下放射性 CO_2 在总 CO_2 中的比例，也证明磷促进酵解作用。由于磷酸戊糖途径是提供 NADPH 的主要途径，NADPH 不足就会影响次级代谢产物的合成。对于含芳香环结构的次级代谢产物，如磷酸戊糖途径受阻就会造成芳香化合物的前体 4-磷酸赤藓糖的不足，从而影响这类次级代谢物的合成。

(4) 磷限制次级代谢产物合成的诱导物的合成　有些物质在生长期加入到发酵培养基中会诱导次级代谢产物的形成，而在生产期加入，则对产物形成没有任何影响。这说明它们不是次级代谢物的前体或激活剂，而是一种诱导剂。色氨酸是麦角碱的前体，也是麦角碱的诱导物。色氨酸和它的结构类似物能诱导麦角碱生物合成途径中的第一个酶二甲烯基丙基色氨酸合成酶的合成。并且色氨酸浓度越高，这种酶的活性也越高。由生长期向生产期过渡时，麦角菌中的游离色氨酸浓度是生长期的 2～3 倍。在磷的浓度高时，游离色氨酸的浓度降低，麦角碱的合成便受到抑制。如果此时向发酵液添加色氨酸或其结构类似物，就可逆转磷对麦角碱生物合成的抑制作用。这就说明，磷通过抑制麦角碱合成的诱导物的生成来抑制麦角碱的生物合成。过量的磷引起色氨酸量减少可以解释为，磷过量使糖的戊糖磷酸降解途径受到抑制，进而造成色氨酸的合成因缺乏前体 4-磷酸赤藓糖而受到抑制。

(5) 过量的磷抑制次级代谢产物前体的形成　四环素、多烯类抗生素和非多烯类大环内酯以及其他聚酮类抗生素等通过乙酰 CoA 和丙二酰 CoA 的缩合形成的抗生素，对过量的磷是极其敏感的。这类抗生素生物合成所需要的丙二酰 CoA 和甲基丙二酰 CoA 都是经过乙酰 CoA 的羧化反应形成的；反应中草酰乙酸是羧基的给体。草酰乙酸又是通过 PEP 羧化酶的作用，由 PEP 羧化形成的，且这步反应是多烯抗生素生物合成速度的限制步骤。无机磷以及 ATP 对 PEP 羧化酶的活性具有抑制作用。进而抑制作为多烯类抗生素前体的草酰乙酸的形成。金霉素高产菌株的三羧酸循环途径的酶的活性比低产菌株的低。由于这种抗生素生物合成所需的三碳中间产物不是通过三羧酸循环产生的，在磷过量时菌株呼吸加强，使生物大分子合成量增加，因而三羧酸循环途径的活性也增加。这样一来，能供给抗生素合成的中间产物量就减少了。在链霉素合成中肌醇是链霉素链霉胍部分的前体。加入过量的无机磷时会引起焦磷酸的浓度升高，而焦磷酸是催化 6-磷酸葡萄糖向 1-磷酸肌醇转化的 6-磷酸葡萄糖环化醛缩酶的竞争性抑制剂。因此，肌醇的合成受高浓度磷酸盐的影响，进而影响链霉素的生物合成。在肽类抗生素的生物合成中参与抗生素合成的氨基酸需经 ATP 的活化，变成氨基酸腺嘌呤核苷酸，同时释放出焦磷酸。磷过量存在时形成的焦磷酸便反馈抑制肽类抗生素的合成。

(6) 磷抑制或阻遏次级代谢产物合成所必需的磷酸酯酶 链霉素、紫霉素、新霉素等的合成途径中的中间产物都是磷酸化的化合物。因此，在它们的生物合成中必须有磷酸酯酶参与。链霉素的生物合成对磷极其敏感，在链霉胍的形成中至少有三步需磷酸酯酶参与的步骤：

$$D\text{-肌型-肌醇-1-P} \longrightarrow D\text{-肌型-肌醇} + Pi$$
$$O\text{-磷酸-}N\text{-脒基-青蟹型肌醇胺} \longrightarrow N\text{-脒基-青蟹型肌醇胺} + Pi$$
$$6\text{-磷酸链霉素} \longrightarrow 链霉素 + Pi$$

在过量无机磷酸盐存在下灰色链霉菌的培养基中大量积累无抗菌活性的链霉素磷酸酯。链霉素磷酸酯酶是一种在链霉素合成期才出现的酶，而且只有能合成链霉素的菌株中才具有这种酶，其活性受磷酸的抑制，但其合成不受磷的阻遏。在新霉素生物合成中磷酸盐同样控制磷酸酯酶的活性，而且其合成受磷酸盐阻遏。它是在发酵后期合成的，其活性与抗生素合成直接相关。

陈剑锋等[68]考察了磷酸盐对西索米星产生菌的生长与产物合成的影响。研究结果表明，较高浓度的磷酸盐（3.2～5.3mmol/L）虽有助于生长，但抑制产物的合成。这可能与胞内碱性磷酸酯酶和胞外淀粉酶活性受磷酸盐的调节有关。他们认为，可以选择低浓度的磷酸盐培养基或通过补料来控制生产期的磷酸盐浓度，避免过量磷对西索米星合成的阻遏作用。

4.5.2.6 分解代谢产物对次级代谢控制的作用部位

分解代谢产物对次级代谢的影响特别大。影响次级代谢产物合成的因素很多，如有关酶的合成、能量供给、前体的吸收与形成以及产物的分泌等。表 4-15 列举了一些受葡萄糖和其他碳源阻遏参与次级代谢产物合成的酶，同时也列出一些受磷酸阻遏的抗生素合成酶。

次级代谢产物的合成受氮源的控制作用研究得较少，已证明参与放线菌素合成的犬尿氨酸甲酰酶Ⅱ和链霉素合成中的甘露糖苷链霉素酶的合成受某些氨基酸的阻遏。迄今研究过的所有参与次级代谢产物合成途径的酶都受分解代谢产物的阻遏，如合成放线菌素的四种酶和合成头孢菌素的三种酶，参与嘌呤霉素生物合成过程的所有酶都受葡萄糖的阻遏。

某些碳源、氮源和磷源物质对参与次级代谢产物合成的酶类具有阻遏作用，也不能排除这些物质对初级代谢活动影响的可能性。例如，过量的磷会减少灰色链霉菌用于合成大环内酯的 PEP 羧化酶的活性。由于这种酶参与大环内酯抗生素前体的合成，磷对这类抗生素合成的干扰作用可能是通过对初级代谢活动的影响造成的。氨的抑制作用可能是通过干扰细胞对氨基酸的吸收，形成次级代谢产物前体所需要的谷氨酸，或者是干扰菌体蛋白质转化为次级代谢产物前体氨基酸的过程。

4.5.2.7 分解代谢产物作为次级代谢产物合成的胞内调控因子

葡萄糖分解代谢物对肠道细菌和真菌的初级代谢的调控作用是通过改变胞内的 cAMP 的浓度来实现的。但是许多研究表明，cAMP 却不能反转葡萄糖对次级代谢产物合成过程的阻遏作用，而且产生多种抗生素的芽孢杆菌属细菌根本不产生 cAMP。因此，葡萄糖对次级代谢产物的合成过程的调控不是以 cAMP 作为胞内的作用因子进行的。对泰乐菌素的研究发现，6-磷酸葡萄糖是葡萄糖和磷酸阻遏作用的胞内因子。因为 2-脱氧葡萄糖能干扰泰乐菌素的合成，而 3-氧甲基葡萄糖却没有此作用；2-脱氧葡萄糖能被大多数细菌吸收和磷酸化，而 3-氧甲基葡萄糖虽然被细胞吸收，但却不能被磷酸化。故只有磷酸化葡萄糖对次级代谢产物的合成才有阻遏作用。在高浓度的无机磷存在下，在生产期，胞内 6-磷酸葡萄糖的浓度比缺磷的情况下高 6～30 倍。但有些学者不同意这种看法，因他们发现，过量的磷酸盐阻遏了泰乐菌素合成酶的合成，而过量的葡萄糖却没有这种作用。因此，他们认为，6-磷酸葡萄糖仅是磷酸阻遏作用的胞内因子。

表 4-15　分解代谢物对次级代谢产物合成的调节

次级代谢物	酶	具抑制作用的养分	无抑制作用的养分	产生菌
放线菌素	吩噁嗪酮合成酶	葡萄糖	半乳糖	抗生素链霉菌
	羟基犬尿酸酶	葡萄糖、半乳糖	果糖	小小链霉菌
	犬尿酸甲酰胺酶Ⅱ	葡萄糖、半乳糖	果糖	小小链霉菌
	色氨酸加氧酶	葡萄糖、半乳糖	果糖	小小链霉菌
新霉素	磷酸酯酶	葡萄糖		弗氏链霉菌
卡那霉素	N-乙酰卡那霉素胺水解酶	葡萄糖、甘露糖、果糖、麦芽糖、乳糖		卡那链霉菌
嘌呤霉素	O-去甲基嘌呤霉素转甲基酶	葡萄糖	甘油	白色链霉菌
链霉素	甘露糖链霉素	葡萄糖、糊精、半乳糖、甘露糖		灰色链霉菌
头孢菌素	头孢菌素乙酰水合酶	葡萄糖、麦芽糖、蔗糖	甘油、琥珀酸	顶孢头孢霉
	青霉素环化酶	葡萄糖	蔗糖	顶孢头孢霉
	去乙氧头孢菌素合成酶	葡萄糖		顶孢头孢霉
杀念珠菌素	对氨基苯甲酸	磷酸		灰色链霉菌
四环素	无水四环素氧化酶	磷酸		金色链霉菌
链霉素	链霉素磷酸酯酶	磷酸		灰色链霉菌
	转脒基酶	磷酸		灰色链霉菌
	甘露糖链霉素酶	脱氨酸、甲硫氨酸		灰色链霉菌
泰乐菌素	DTDP-葡萄糖-4,6-脱水酶	磷酸		链霉菌属

虽然 cAMP 的缺乏不会引起分解代谢物对次级代谢合成的阻遏，但是过量的 cAMP 或其他核苷酸却能像磷酸那样阻遏次级代谢产物的生成。因在链霉素发酵过程中，生长期的 cAMP 浓度高于生产期，并且在其他链霉菌细胞中都发现有 cAMP 和 CRP。在杀假丝菌素的生产中磷酸盐的干扰作用不仅不能被 cAMP 逆转，相反 cAMP 能加强磷酸干扰作用。ATP 也可能是磷酸对次级代谢产物合成阻遏作用的胞内因子，因为生长期的细胞内的 ATP 浓度高，在次级代谢产物生产期到来之前胞内 ATP 浓度陡然下降，向培养基添加无机磷酸或能干扰该抗生素合成的有机磷源，就能使胞内的 ATP 浓度重新上升。此外，还发现高产菌株细胞内的 ATP 浓度要比低产菌株的低。

鸟嘌呤核苷四磷酸和鸟嘌呤核苷五磷酸可以由各种细菌（包括产抗生素的芽孢杆菌）和放线菌产生。它们像 cAMP 和 ATP 一样，在生长期的细胞中浓度高，在生产期浓度降低。因此，它们很可能是磷阻遏作用的胞内因子。也有研究表明，在合成期，ppGpp 有明显的积累。

头孢菌素和头霉素的生产菌在有过量 NH_3 存在下抗生素的合成就会受到干扰，此时细胞内丙氨酸脱氢酶的活性很高，谷氨酰胺合成酶的活性低。在最适的抗生素合成条件下两种酶的活性同上面相反。**在其他受 NH_3 干扰的抗生素产生菌中，谷氨酸脱氢酶的高活性和谷氨酰胺合成酶以及丙氨酸脱氢酶的低活性与抗生素的高产相关联。**同样，在大环内酯

JA6599 的合成过程中丙氨酸脱氢酶活性低时抗生素产量高。因此，可以认为，这些可以控制 NH₃ 同化作用的酶——谷氨酰胺合成酶、谷氨酸脱氢酶和丙氨酸脱氢酶，可能直接阻遏或减少次级代谢产物合成酶的生成。它们也许是 NH₃ 阻遏作用的胞内因子。

次级代谢作用的重要特征是，产物的生成只有在生产菌处于低的比生长速率条件下才能进行。因此，生长速率有可能是分解代谢产物阻遏作用的因子；而与营养限制无关。利用恒化器对短小芽孢杆菌的短杆菌肽的研究工作表明，只有在亚最大生长速率（$0.20 \sim 0.40 h^{-1}$）时才形成抗生素，而与营养限制因素的种类（碳、氮、磷或硫）无关。*Streptomyces cattlera* 能够产生两种 β-内酰胺类抗生素——头孢霉素 C 和 threnamycin。其生长速率是这两种抗生素合成的决定性因素，而且它对头孢菌素 C 的合成更为重要。研究表明，头孢菌素 C 的合成仅与菌体生长速率有关，而与营养限制因素的种类无关。threnamycin 的合成除了需要降低生长速率外，还需要限制磷的供应。在其他一些次级代谢产物的生产中也观察到同样的现象。有关此生长速率的发酵控制，请参阅 5.2.9 节。

4.5.2.8 抗生素生物合成的终止

抗生素生产周期取决于产生菌的遗传特性和环境条件。在抗生素合成酶形成后抗生素生物合成的速率在一段时间里直线上升。有些抗生素的合成旺盛期很短，只能维持 $4 \sim 20 h$。对放线菌和霉菌来说，抗生素发酵的生产期一般比生长期长得多，通过连续或间歇流加非阻遏或非抑制性碳源，产物合成期可延长几天到几十天。通过补料的青霉素分批发酵生产可延长到至少 10d。但在这些情况下，抗生素形成的速率随时间下降。抗生素合成的中止不是由于产生菌细胞失去活力，而是有三种可能的原因使抗生素生物合成终止：①抗生素生物合成途径的一个或更多的酶的不可逆衰退；②积累的抗生素产生的反馈抑制作用；③抗生素前体的耗竭。实验证据支持前两种可能性。

(1) 抗生素合成酶的不可逆衰退 多肽类抗生素合成酶的活力在抗生素生产开始后几小时便下降，设法稳定这些酶常会大大延长生产期。在生长期后大部分可溶性杆菌肽合成酶与细胞膜相结合，这可能是一种酶复合物的自然固定化，从而保护酶复合物免受生长期末出现的胞内蛋白水解酶的分解。抗生素合成酶失活的机制还不清楚。短杆菌肽 S 合成酶的失活机制可能有两种：一是该酶被蛋白水解酶分解为两个不同大小的亚单位，加入蛋白酶抑制剂混合物可以防止这一作用；二是短杆菌肽 S 合成酶的失活与氧有关，氧使存在于短杆菌肽 S 合成酶的巯基钝化。通入氮除去氧，可防止短杆菌肽 S 合成酶的失活。**在指数生长期供给大量氧而在随后的稳定期使氧的供给维持适当的中等水平，有利于抗生素生产。**

(2) 受自身合成的抗生素的反馈调节 已证实氯霉素、环己酰亚胺、抗金葡霉素、瑞斯托霉素、嘌呤霉素、制霉菌素、白六烯菌素、霉酚酸和青霉素抑制其自身的生物合成。**抗生素的生产水平与其产生菌耐受自身抗生素的能力呈正相关。**例如 15mg/mL 的青霉素完全抑制青霉素高产突变株 E-15 的青霉素生产；Q176（生产能力为 420μg/mL）的抑制浓度为 2mg/mL；对菌株 NRRL1951（生产能力为 125μg/mL）来说，0.2mg/mL 的青霉素便足以抑制其青霉素的合成。用静息细胞系统测量 [¹⁴C] 标记缬氨酸掺入到青霉素的实验发现，外源青霉素如果在接种时加入，则抑制青霉素的合成，但在以后加入，抑制作用便会减小或没有。这种对青霉素敏感性的变化显然与外源青霉素渗入细胞内的减少有关。

4.5.2.9 人工克服微生物次级代谢调控作用的限制

以上所述的次级代谢过程的调控，可用改进发酵条件来克服。例如，把色氨酸加入到生物碱的发酵液中，以诱导参与生物碱合成酶的生成。为了避免磷对参与次级代谢产物合成的磷酸酯酶的阻遏作用，在发酵液中应特别注意限制磷的含量。为了避免能被迅速利用的糖类对次级代谢产物合成酶类的阻遏作用，可通过分批流加的方式将其缓慢地加入到发酵液中。然而，次级代谢产物合成的每一种调控机制都是由生产菌的遗传特性决定的。因此，诱变作用对于次级代谢产物的生产有着非常重要作用。例如，通过诱变作用使菌株缺失一种在代谢过程中起关键作用的酶，然后再通过诱变作用使之发生回复突变，从而得到对细胞代谢调控不敏感的高产菌株。这一原理同样可用于次级代谢过程的人工调控。其方法是，首先将抗生素产生菌诱变成为不产抗生素的突变体，然后再使之发生回复突变，从而得到高产抗生素的优良菌株。例如，有人利用诱变获得零单位突变株，再回复突变得到高产金霉素的菌株。这是由于金霉素的前体甲硫氨酸合成的反馈抑制被解除的结果。利用抗代谢物的方法也可获得次级代谢产物的优良生产菌株。例如，在硝吡咯菌素的生产中，通过选育抗色氨酸类似物的突变菌株作为生产菌株后，不添加色氨酸仍然能使硝吡咯菌素达到高产。当次级代谢产物自身对生产菌是一种代谢抑制剂时，通过选育对次级代谢产物具有抗性的菌株，也可得高产。这种方法已经在链霉素和其他抗生素的优良生产菌株的选育过程中得到应用。对于次级代谢过程的基因控制体系的了解将有助于控制次级代谢产物的工业生产。

4.5.2.10　定向抗生素生物合成

定向抗生素生物合成有多种可行的办法。用于制备新的和分子结构发生变化的抗生素的主要方法有：①抗生素产生菌的突变作用；②简单使用非天然前体；③在生物合成的各步骤中使用抑制剂或诱导物；④用生物合成途径的某一或多步骤受阻的阻断型突变株，或加入非天然的前体进行诱变合成或突变生物合成；⑤在生物合成中用独特的基质和培养基；⑥利用嗜高渗等嗜极端环境条件的微生物作为抗生素生产菌株，也可以考虑采用厌氧微生物或发酵周期很长的微生物进行生产；⑦通过另一种微生物产生的酶或分离出的酶改造代谢产物；⑧混合培养发酵有时能提供结构更复杂的代谢产物；⑨基因操纵。

所有这些方法都可诱导微生物产生新的化合物。这些用生物学改造的化合物有时也可用化学方法获得。但大多数生物合成产物用纯化学方法是难以得到的。一般用酶法（酰化、去酰化、甲基化、羟化、糖苷化、水解等）直接转化天然的抗生素，其抗菌活性比原化合物低。诱变合成是一种在抗生素改造方面很吸引人的方法，它可以得到变化更大的新化合物，并对抗生素的结构与功能的研究和设计、改良抗生素及其衍生物方面大有潜力。在此领域中的另一种非常有希望的遗传方法是：消除调节，菌株杂交，附加体的转移，用噬菌体或其他方法进行遗传信息的转导。基因工程和细胞融合等技术无疑会在生物育种上有重大发展，创造出一些新化合物。但所得人工突变株常不够稳定，有待深入研究。

4.5.3　基因工程在提高生产性能上的应用

随着对抗生素合成基因与调控基因的认识的加深，现已有人应用基因工程技术来改造抗生素的生产性能，顾觉奋对抗性基因的扩增、强化正向调节、改变表达体系和克隆限速基因的研究进展作了一篇较为精辟的综述[69]。现扼要介绍如下。

4.5.3.1　强化表达网络调控机构的正向调节

在天蓝色链霉菌的放线紫红素和灵菌红素的生物合成调控研究中发现两种调节基因：途径特定调控基因与多效调控基因。

(1) 途径特定调控基因　这类基因的产物有许多是途径特异的激活蛋白，起转录活化因子的作用。放线紫红素和灵菌红素的生物合成的调节基因分别为 *act* II-ORF$_4$ 与 *redD*。其转录一般在静止期，随后是编码抗生素合成酶的结构基因的转录。如强制合成途径特定调控基因在对数生长期表达，则相应的结构基因将提前转录，导致抗生素在对数生长期合成。

(2) **多效调控基因** 这类基因也具有调节抗生素生物合成的作用。天蓝色链霉菌中有三种多效调控基因：$afsR$、$afsB$ 与 $bldA$。前两种可能通过对 $act\ II\text{-}ORF_4$ 与 $redD$ 转译后的修饰或与 $redD$ 形成异源多聚蛋白复合物影响放线紫红素和灵菌红素的合成。最后一种编码天蓝色链霉菌特殊的 tRNA，它能转译亮氨酸的罕见密码子 UUA。放线紫红素的合成需要 $bldA$ 是由于 $act\ II\text{-}ORF_4$ 转录本含有 UUA，而 $redD$ 转录本没有。之所以还需要 $bldA$ 是因为 $redD$ 转录激活因子 red_2 的 mRNA 含有 UUA。

(3) **强化关键中间体的表达** 有人将 $dnrR_1$ 与 $dnrR_2$ 片段克隆到多拷贝载体上，再转化到波赛链霉菌的野生型或突变株中，可分别提高其关键中间体 ε-紫红霉酮及柔红霉素产量 10 倍和 2 倍。多拷贝载体的柔红霉素产量比低拷贝的高 3～40 倍。有证据表明，$dnrR_1$ 与 $dnrR_2$ 片段的作用可能与菌对柔红霉素的耐受性有关。

(4) **提高毕赤酵母 S-腺苷酰甲硫氨酸的基因工程技术与策略** 储炬等[70]在这方面作了一篇简要的综述。文章归纳了提高 SAM 生产所采用的技巧和途径，其中有强化 SAM 合成酶（甲硫氨酸腺苷基转移酶）的活性；筛选适当强度的组成型启动子；寻找与消除 SAM 合成的限制性因素，如弱化将 SAM 与 L-Met 转化为半胱氨酸的基因；解除 SAM 对亚甲基四氢叶酸还原酶的反馈抑制作用；借干扰相关酶阻止转磺基途径；通过脉动补入甘油提高 ATP 水平；优化 L-Met 的补料策略。作者还强调精确控制基因表达与定量检测生理参数的重要意义，并举例阐明 SAM 对抗生素生产的影响。

近年来，毕赤酵母曾被基因工程改造成整体细胞生物催化剂。一般采用可诱导的启动子 P-AOX 和组成型启动子 P-GAP。胡晓清等[71]比较了两株毕赤酵母菌株的 SAM 生物合成与降解现象，鉴别出一种新的能阻遏 SAM 降解的抑制剂。P-GAP 菌株显示出较高的转录作用与 SAM 合成酶的活性，且快速生长导致自 SAM 合成亚精胺的水平提高，而 P-AOX 菌株则自 SAM 合成较多谷胱甘肽，且此菌在利用甲醇期间形成过氧化氢。aristeromycin 被证明是一种 P-AOX 菌株 SAM 降解的有效抑制剂，0.02mg/L 可使谷胱甘肽：SAM 的比例减少 36.36%，且 SAM 的积累提高 7.47%，达到 11.83g/L。乙醇是 P-GAP 菌株 SAM 消耗更为有效的抑制剂，致使 SPD：SAM 的比例减少 73.68%，SAM 的产率提高 54.55%，达到 0.17(g/L)/h。

4.5.3.2 改变表达体系

(1) **引入全部结构基因的克隆** 其要点是将结构基因从基因组文库中调出或借 DNA 合成仪人工合成，再将其导入强表达体系，以强化结构基因的表达，从而改善其生产性能。以生产酚霉素（phenomycin，PHM）的大肠杆菌的基因工程菌株为例，这是一种抗癌肽类抗生素，它含有 89 个 L-氨基酸。Nagano 人工合成了 PHM 基因片段，并与识别因子序列 X_a（编码四肽 Ile-Glu-Gly-Arg）一起克隆到 pMTSH 载体中，得表达载体 pMTSHXPM，再转化到大肠杆菌 JM1091 中[72]。转化子经培养表达得 50mg/L 的 PHM，约为天然 PHM 的 6 倍。重组 PHM 的氨基酸序列、生物化学特性与 HPLC 保留时间与天然产物相同。这种高表达体系的建立有利于提高 PHM 的生产和通过点突变来研究各种氨基酸对 PHM 生物活性的影响。

(2) **引入通用调节基因** 参与抗生素合成的调节基因一般分为两类：一类是途径专一的，另一类是通用的（global）。几乎所有位于一簇生物合成基因内的途径专一性基因均只控制一种抗生素的生物合成；而位于生物合成基因簇外的全局调节基因则可以控制多种抗生素的生物合成。从变铅青链霉菌取得的通用调节基因 $afsR2$ 可诱导变铅青链霉菌与天蓝色链霉菌的两种结构不相干的抗生素，放线菌紫素与十一烷基灵杆菌素的生物合成。基因 $afsR2$ 编码一种由 63 个氨基酸组成的转录激活剂，这是两种抗生素的途径专一调节基因激活剂[73]。为了将 $afsR2$ 这种促进能力应用于阿维菌素（avermactin），Lee 等先弄清与 $afsR2$ 同源的 DNA 序列是否存在于除虫链霉菌（$S.avermitilis$）的染色体中。通过 DNA 印迹（Southern blotting）试验发现，在除虫链霉菌的染色体中有一段 DNA 区域同源于 $afsR2$，说明 $afsR2$ 的多拷贝也可能促进阿维菌素的生产[74]。他们证明，将异源调节 $afsR2$ 基因引入到除虫链霉菌的野生型或高产菌株中，以甘油作为唯一碳源，便可以发挥此基因的加强作用。将多拷贝 $afsR2$ 引入野生型与高产突变株中导致分别提高阿维菌素 2.3 倍和 1.5 倍。这些结果说明，类似的方法可用于强化许多链霉菌工业生产菌种的次级代谢物的生产性能。

4.5.3.3　扩增抗生素产生菌的抗性基因

提高菌种对其自身抗生素的耐受能力是高产的先决条件。将卡那霉素链霉菌编码 $6'$-N-乙酰基转移酶（这是一种氨基糖苷修饰酶）的基因克隆到高拷贝载体 pIJ702 上，再转化到卡那霉素链霉菌和弗氏链霉菌中，使其耐受自身抗生素的能力，产量均得到较大的提高。卡那霉素与新霉素的发酵单位比野生型菌株分别提高 4.5 倍和 2 倍左右。

4.5.3.4　提高编码关键酶的基因剂量

(1) 头孢菌素　通过定点诱变或增加基因剂量有可能提高关键酶的活性，从而提高产物的表达量。Skatrud 等发现在发酵中头孢堆积青霉素 N，说明脱乙酰氧头孢菌素 C(DOAC) 合成酶是抗生素合成的限制步骤。克隆此酶的基因 $cefEF$，并转化到顶头孢霉中，可使头孢菌素 C 的产量提高 25%，青霉素 N 的堆积减少为原来的 1/15。测试结果表明，$cefEF$ 基因剂量与 DOAC 合成酶的表达量增加了 1 倍[75]。

(2) 青霉素　Penalva 等[76]报道，与单独编码 ACVS 的 $acvA$ 比较，编码 IPNS 的 $ipnA$ 基因与 $acvA$ 基因一起导致青霉素的生产增长 30 倍。超表达 $ipnA$ 只导致青霉素增产 25%，而超表达 $acvA$ 基因的转化子显示出青霉素生产降低 12%～44%。

要做定量分析需要严密控制适合于细胞生长的环境，使用连续培养与高性能的生物反应器才能确保此需求。Theilgard 等[77]采用这类反应器详细研究 Wis54-1255 与它衍生的转化子的酶浓度、中间体浓度与青霉素产率间的稳态关系。连续培养可以获得可靠的 Wis54-1255 与其转化子间的生产性能。此外，借物流控制分析技术[78]，利用这些稳态数据还可以用于研究控制青霉素生物合成途径中的物流分布。

Theilgard 等[78]投入很大的精力去寻找青霉素生物合成的瓶颈酶。表 4-16 的数据说明，菌株 DS35035 只被 $pcbC$ 转化，然而，ACVS 的活性却几乎翻番。这可能是青霉素基因簇典型地重排所致，即在此基因簇中 $pcbAB$ 与 $pcbC$ 以分头转录的定向方式分享其启动子区。从细胞经济角度考虑，此途径 3 种酶的活性应仔细平衡，以确保青霉素生物合成能力的充分发挥。这意味着任何单一酶的放大有可能使其他步骤成为速率限制步骤，结果使得青霉素产率的提高减缓。作者观察到，单独放大 $pcbC$ 基因不如超表达整个基因簇好。

表 4-16　Wis54-1255 与 4 种转化子的稳态连续培养结果[78]

菌株	Wis54-1255	DS35015	DS35035	DS35011	DS35019
$pcbAB$-$pcbC$-$pcbDE$①	1-1-1	1-2-3	1-3-1	1-1-3	4-2-3
摇瓶生产/%	100	146	144	182	298

菌株	Wis54-1255	DS35015	DS35035	DS35011	DS35019
$r_p/[(\mu mol/g\ DCW)/h]$②	2.65 (100)	2.41 (91)	3.59 (135)	5.94 (224)	7.31 (276)
ACVS/(nkat/g 蛋白质)	4.34	2.47	7.19	4.81	14.9
IPNS/(nkat/g 蛋白质)	0.68	0.48	0.90	2.04	0.78
LLD-ACV/(mmol/L)	0.048	0.018	0.63	0.22	3.8
总 ACV/(mmol/L)③	0.077④	0.018④	1.70	0.80	11.9
ACV:bisACV	1.1⑤	—⑥	1.19	0.77	0.95
总 GSH/(mmol/L)③	5.7	5.5	5.6	4.3	7.3
GSH:GSSG	28.0	28.9	15.8	24.8	17.2

① 分别指 $pcbAB$-$pcbC$-$pcbD$ 拷贝数。给出的 ACVS 和 IPNS 活性是 5 个不同样品的平均值,在稳态下每天取一次,每个样品测定 3 次。ACV 与 GSH 的总浓度,以及其硫与二硫化物比例是 3 个样品的平均值,从稳态期末取样,每个样品测定 3 次。

② 括弧中的数字是相对于 Wis54-1255 比产率(%)。

③ ACV 与 GSH 总水平是以单体和双体形式的三肽量计算的:ACV=[LLD−ACV]+2[bisACV];GSH=[GSH]+2[bisGSH]。

④ 在一个样品中只能测定 ACV 和/或 bisACV 浓度。

⑤ 只能测 3 个样品之一的 ACV:bisACV 的比例。

⑥ 不能测定,因 bisACV 浓度低于测定低限。在计算胞内中间体浓度时假定胞内体积为 2.5mL/g DCW。

青霉素生物合成基因的严密调节也能说明产黄青霉的青霉素高产菌株的经典筛选原则。这种选择有利于获得含有大块青霉素整个基因簇区域得到扩增的菌种。

(3) 重组植酸酶 张嗣良等[79]分析了重组毕赤酵母(Mut^s)发酵过渡阶段关键酶的活性。结果表明,经甲醇诱导 3h,醇氧化酶(AOX2)的活性为 0,到 4h 突然增加到 0.05U,且随诱导不断缓慢增长;在过渡阶段甲醛脱氢酶和 6-磷酸葡萄糖脱氢酶分别增加 6.1 倍和 2.5 倍,而丙酮酸脱氢酶和异柠檬酸脱氢酶则分别下降为原酶活的 29.4% 和 16.4%。这很可能是经甲醇诱导后甲醇完全氧化代谢得到加强,而 EMP 途径与 TCA 循环代谢作用减弱的缘故。

陈云等[80]通过基因工程改造,过表达调控基因 $eryK$(编码 P450 羟化酶)和 $eryG$(编码需 SAM-O-甲基转移酶),提高红霉素糖多孢菌的红霉素 A(Er-A)的纯度与产量。他们发现,将 $eryK$/$eryG$ 拷贝数的比例调制到 3:2,以及其所得转录本在(2.5~3.0):1 下,Er-B 与 Er-C 几乎全被消除,从而使重组菌的 Er-A 产量提高约 25%。

于岚等[81]通过最小 PKS 基因的复制改进土霉素(羟四环素)的生物合成。由土霉素生物合成基因 $oxyA$、$oxyB$ 和 $oxyC$ 组成的,Ⅱ型最小多酮化物合成酶(最小 PKS)基因簇负责催化 19C 碳多酮化物链的合成,这是通过 8 个甲基丙二酰 CoA 的缩合形成的。作者通过引入第二拷贝的最小 PKS 基因到模型龟裂链霉菌(M4018)和工业生产菌株(SR16)的染色体中,考察其对土霉素合成的影响。采用反转录定量实时 RCP 技术监测到 $oxyA$、$oxyB$ 和 $oxyC$ 基因转录水平的增加。最小 PKS 基因的超表达会阻滞细胞的生长,却显著促进 M4018 和 SR16 突变株的土霉素的生产,分别增加 51.2% 和 32.9%。这些数据表明最小 PKS 基因在引导碳流从细胞生长流向土霉素生物合成途径上起重要作用。

4.5.3.5 提高转译水平的表达效率

重组头孢菌素 C 的脱乙酰基酶(简称 CAH)是一种在头孢菌素的 3′ 位置上催化去乙酰基的酯酶。脱乙酰基头孢菌素是各种半合成头孢菌素类抗生素,如头孢呋辛(cefuroxime)等的起始材料。Mitsushima 等成功地构建编码 CAH 基因的质粒并在大肠杆菌载体系统中表达[82]。在 Shine-Dalgarno（SD）序列与 ATG 启动密码子的间距强烈影响转译水平的表达效率。Takimoto 等构建了一系列的在 Shine-Dalgarno（SD）序列与 ATG 启动密码子的间距不同的表达质粒，结果发现带有 13 个核苷酸的间距的表达质粒 pCAH431 最有效[83]，见表 4-17。它具有 trp 启动子，从 pAT153 衍生的复制原点和间距序列：GTATCGATAC-TAT。携带此质粒的大肠杆菌在 30L 发酵罐内在 37℃培养 20h，可以获得 4.9g/L 的 CAH，占细胞可溶性蛋白质的 70%。用 12mg/L 的纯 CAH 可将 20g 的 7-氨基头孢烷酸（7-ACA）完全转化为脱乙酰基 7-ACA，而几乎没有副产物的生成。因此，该表达系统可以用于 CAH 的工业化生产。

表 4-17　各种表达质粒的重组头孢菌素 C 的脱乙酰基酶的合成[83]

| 质　粒 | SD-ATG | | CAH 的合成 |
	序　　列		酶活/(kU/mL)
pCAH411	[S1]AAGG GTATCGAT AT	ATG	0.25
pCAH421	[S2]AAGG GTATCGAT ATT	ATG	0.93
pCAH431	[S3]AAGG GTATCGAT ACTAT	ATG	1.04
pCAH441	[S4]AAGG GTATCGAT AAT	ATG	0.32
pCAH400	AAGG GTATCGAT TCC	ATG	0.44

4.5.3.6　增强重组菌的生长能力

重组菌发酵的产量是由寄主/质量系统的遗传特性、重组菌的生理状态与环境条件决定的。**提高重组菌发酵过程产率的方法有：增加质量稳定性，建立高效的表达系统，优化培养基的配方与发酵条件和设计新型的生物反应器系统。**另一种办法就是减少由于过量生产克隆基因蛋白导致的生长速率的差异。重组菌生长速率降低的结果是丢失质粒的细胞在反应器内很快占优势，重组菌细胞量减少。改进工艺条件或改造宿主细胞有助于提高重组菌的生长能力。近年发现源自 pSC101 质粒的 par 座位（locus）对重组大肠杆菌的生长有促进作用。Kim 等将来自 pSC101 质粒的 par 座位插入到一多拷贝质粒 pPLc-RP4.5 中，得到一含 par 座位的 pPLP 质粒[84]。为了考察 par 座位对生长速率的影响，他们用二级连续培养系统测试携带 pPLc-RP4.5，或 pPLP 质粒的重组菌与宿主的比生长速率。结果显示，在同样的生长条件下，携带 pPLP 质粒的重组菌的比生长速率与宿主的相似，均比携带 pPLc-RP4.5 的重组菌的高。在分批培养中尽管这两种重组菌的比生产速率相似，由于 pPLP 重组菌的细胞密度比 pPLc-RP4.5 重组菌的高许多，故前者的 β-半乳糖苷酶的产率比后者约高出 30%。

陈双喜等[85]在肌苷发酵的初始培养基中添加 10g/L 的葡萄糖酸钙，促进了菌体的生长和肌苷的合成，使肌苷产量从 10.76g/L 提高到 18.36g/L。这可能是诱导了葡萄糖酸激酶的生成，大幅度提高其比活，增强 HMP 途径的通量的缘故。

4.5.3.7　调节性启动子

这类启动子可以通过环境参数的操纵来控制克隆基因的表达水平，故被广泛用于重组菌的发酵过程。控制基因的表达时间往往有益，因克隆基因的过量表达对宿主的生长和总的蛋白质合成活性是有害的，甚至是致命的。trp 启动子是一种被广泛研究过的大肠杆菌启动子。它受色氨酸的阻遏，通过加入色氨酸的类似物，如 3β-吲哚-丙烯酸（IAA），或除去色氨酸可以解除启动子的阻遏。欲诱导克隆基因的表达，可以通过补甘油（代替葡萄糖）来诱导色氨酸酶的形成，或通过错流过滤办法以除去培养基中的色氨酸。

trp 启动子曾被广泛用于生产重组蛋白。但色氨酸对该启动子的阻遏是不完全的，因此，需要一种能完全关闭 *trp* 启动子的有效方法。要提高产率就需要完全阻遏，特别是克隆的基因产物有可能受到蛋白酶降解或细胞因包涵体的存在而伸长的情况下。在大肠杆菌内克隆基因的过量表达可能导致包涵体的形成，这可以用显微镜观察出来。一小的包涵体开始在细胞的一端出现，随后扩展；然后，包涵体又在细胞的另一端出现，随包涵体的扩展，细胞伸长，从而使产率降低。因重组细胞发酵系统的产率取决于单位细胞的克隆基因产物的浓度，通过严格的调节使克隆基因晚一些表达可以避免细胞的伸长。

Yoon 等在重组大肠杆菌补料分批发酵中通过 *trp* 启动子的调节生产牛生长激素（bST）[86]。bST 的过量表达会导致包涵体的形成，使细胞异常地伸长，bST 的产率降低。让 bST 迟一些表达可以阻止细胞伸长；然而，*trp* 启动子是有漏洞的，不能被色氨酸完全阻遏。于初始培养基添加 15g/L 的酵母膏（含有各种芳香氨基酸）可以显著推迟 *trp* 启动子的去阻遏，直到发酵结束未观察到细胞的伸长，而 bST 的产率却提高 3 倍多。胞内能降解色氨酸的色氨酸酶是影响 *trp* 启动子调节的另一种因素。色氨酸酶操纵子的表达受分解代谢物的阻遏。添加单糖，如葡萄糖、果糖或半乳糖的种子培养基中会推迟到补料分批发酵阶段 *trp* 启动子的去阻遏。

为了提高阿维菌素的产量，陶纯长等[87]以链霉素为选择压力，经 UV 处理后对除虫链霉菌进行高产菌株的推理筛选。结果筛选出来的突变株，其摇瓶的发酵水平比出发菌株提高了 30%。这表明，以链霉素抗性作为抗生素产生菌的筛选压力很有效。对这方面的机理还不大清楚，或许同抗生素合成的启动有关[88]。由严谨响应（stringent response）引发的鸟苷-5′-二磷酸-3′-二磷酸（ppGpp）的积累被认为在抗生素的启动中起关键作用。然而，链霉素抗性突变也能激活无 ppGpp 积累的菌株合成抗生素的能力[89]，且在野生型菌株中引入链霉素抗性突变能大大提高其抗生素的生产能力。这是由于编码核糖体蛋白 S12 的 *rpsL* 基因或其他基因突变，导致核糖体或核糖体蛋白的改变缘故。核糖体作为定向作用的靶位的链霉素抗性突变与其抗生素生产能力的突变具有正相关性。Ochi 等[90]发现，作为翻译控制枢纽的核糖体，不只是蛋白质合成的场所，还有动态控制基因表达的功能[91]。据此。他提倡制订核糖体工程计划，旨在建立一种基因操纵技术来定向修饰核糖体，从而激活核糖体的抗生素生产潜力。这便为构建高产基因工程菌提供新的技术。

钱江潮等[92]曾对肌苷低产菌株和肌苷生产菌 *purO* 的启动子部分进行了序列分析，认为同野生菌相比，分别有一个核苷酸位点发生了突变。为进一步了解肌苷生产菌的遗传背景，陈双喜等构建了用于研究 *purO* 的启动子与阻遏蛋白 PurR 相互作用的质粒，在大肠杆菌中进行表达，并对三段 *purR* 基因序列作了比较分析。结果表明，肌苷生产菌 *purO* 的启动子部分的点突变是其高产的主要原因，为进一步菌种基因改造提供了可操作位点。

4.5.3.8 提高菌在限氧下的生长与生产能力

透明颤菌（*Vittreoscilla sp.*）能在厌氧环境中生存是因为它具有一种能作为电子传递链中的受体的血红蛋白（VHb）[93,94]。有数据表明，FADH 还原酶血红素的结合区域同 VHb 有约 40% 的同源性。将此结合区域接上 VHb 的 N 端可以强化此融合蛋白的对 NO 的解毒能力[95]。已知 *vhb* 基因能在多种异源宿主中表达，在氧受限制的条件下明显促进异源宿主的生长，并在某些链霉菌中的表达均能有效促进抗生素的合成[96]。但透明颤菌的 *vhb* 基因在大多数链霉菌中难于表达[97]，*vhb* 基因的自身启动子受氧的调节，若能将其启动子改造成能为大多数链霉菌接受的启动子将有可能改善其生产性能。郑应华等[98]通过 *vhb* 基因首次在弗氏链霉菌作整合性表达，用以改善氧的传递和菌丝生长，提高泰乐菌素的发酵单位。

4.5.3.9 强化产物的分泌

代谢产物的积累往往直接影响产物的合成，故胞外次级代谢产物的分泌机能的效率最终影响产物的产量。先前龟裂链霉菌的 *otrC* 基因被注解为土霉素耐药性蛋白。但对 OtrC 的氨基酸序列分析显示，这是一种被公认的具有多种耐药功能的结合 ATP 盒（ABC）的运输器。于岚等[107]为了研究 OtrC 的运输器功能和与土霉素生产的关系，将 *otrC* 克隆到大肠杆菌中并让其表达。通过 ATPase 活性的测定和溴乙非啶尾气分析鉴别 OtrC 的运输器功能。同时通过最小抑制浓度（MIC）分析比较了 OtrC 超表达细胞与 OtrC 非表达细胞对几种结构不相干的药物的敏感性，由此表明 OtrC 具有广谱药物特异性的运输器功能。结果，复制突变株 M4018（$P=0.000877$）与复制突变株 SR16（$P=0.00973$）的土霉素生产分别提高了 1.6 倍和 1.4 倍；而受到破坏的 M4018（$P=0.0182$）和 SR16（$P=0.0124$）的突变株下降到 80%。这些证明 OtrC 是具有多种药物耐药性功能的 ABC 运输器，提高药物排泄机制起到自身保护作用。因此，对于龟裂链霉菌，在提高抗生素工业生产上 *otrC* 是一种可贵的遗传改造的目标。

4.5.4 合成生物学

所谓合成生物学是指重新设计、构建、装配和调试新的生物元件和系统，包括改造和优化已有的生物系统以获得人们所需的合成生物的性能。合成生物学的研究着重于生物元件的组装、模块的设计与新生物系统的构建。张嗣良提出如何把合成生物学的概念应用于发酵工程研究[99]。他认为应加强生物元件应用法则、边界条件、适应性与排他性机理的研究，以探索基因转录、转译、蛋白质表达、代谢网络及其多样性与多态性，强调从基因组到代谢网络的纵向组学研究。

应用合成生物学原理，Zhang 等以大肠杆菌作为异源宿主，设计了模块，实现了红霉素在异源宿主的全合成[100]。王勇等揭示，过量表达 S-腺苷甲硫氨酸合成酶有利于红霉素的生产，其红霉素中间体 6-脱氧红霉内酯（6-dEB）的合成提高一倍[101,102]。他们应用染色体重组技术把红霉素聚酮合酶基因整合到大肠杆菌的染色体上，获得了可稳定合成 6-dEB 的基因工程菌[103]。

王勇等[104]分析了影响 6-dEB 异源合成产率低的关键因素，提出需要改造的关键节点，强化碳代谢物流通向产物的途径，以提高红霉素异源合成潜力。宋伟杰等[105]基于计算机模拟（*in silico*）研究平台考察了大肠杆菌全局代谢网络，挖掘出了若干需要弱化的关键靶点基因，采用合成调控 RNAs 技术[106]使 sRNA 与靶基因的 mRNA 结合，从而妨碍该 mRNA 与核糖体结合，达到阻止靶基因的蛋白质表达，使 6-dEB 的异源合成提高 48.7%，达到 22.8mg/L，比出发菌株增产近 60%。

思 考 题

1. 次级代谢物及其生物合成有哪些特征？
2. 什么是抗生素生源学？你认为哪些见解较符合实际？
3. 试举 3 个初级代谢与次级代谢相连接的中间体。
4. 如何区分基质、中间体与前体？
5. 初级代谢的基本中间体通常经什么样的修饰后才用于抗生素的合成？
6. 前体有哪些作用？一般用哪些方法研究其作用？

7. 前体是如何从初级代谢叉向专门的次级代谢产物合成途径的？

8. 脂肪酸与聚酮化物（又称聚酮体）如红霉内酯的合成有哪些异同？

9. 肽类抗生素的合成与多肽、蛋白质的合成有何差异？

10. 大环内酯类抗生素的生物合成受哪些因素调节？

11. 无机磷和胞内能量水平是怎样影响金霉素的生物合成的？

12. 链霉素的链霉胍部分的两个胍基怎样合成的？

13. 在链霉素的生物合成中 A 因子扮演什么角色？简述其作用机理。

14. 为什么微生物的生长速率降低会诱导参与抗生素合成的酶的生成？

15. 向发酵液添加次级代谢物的前体不一定能促进次级代谢物的合成，其原因是什么？

16. 抗生素的合成是如何启动和终止的？

17. 叙述抗生素生物合成中磷酸盐的调节作用。

参 考 文 献

[1] Betina V. Antibiotics // Betina V, ed. Bioactive Secondary Metabolite of Microorganisms. Amsterdam: Elsevier, 1994: 98.

[2] 李友荣，王筱兰，谢幸珠. 中国抗生素杂志，1993，18 (6)：429.

[3] 刘瑞芝，张素平，曹竹安. 中国抗生素杂志，1993，18 (6)：425.

[4] 郝卫民. 国外医药抗生素分册，1997，18 (1)：31.

[5] 任林英. 国外医药抗生素分册，1996，17 (1) 24.

[6] 方金瑞. 国外医药抗生素分册，1997，18 (1)：47.

[7] 管玉霞. 黄宗平，中国抗生素杂志，1996，21 (2)：97.

[8] Turner G // Chadwick D J, et al. Secondary Metabolites: Their Function & Evolution. Chichester: John Wiley & Sons, 1992: 133.

[9] Chen Y, Huang M Z, et al. Bioprocess and Biosystems Engineering, 2013, 36: 1445.

[10] Reeves, et al. Ind Microbiol Biotechnol, 2006, 7: 600.

[11] 戚薇，王建玲，张晓静，路福平，刘连祥. 中国抗生素杂志，1999，24 (1)：19.

[12] 李友荣，刘昌焕，陈恺民等. 中国抗生素杂志，1990，15 (2)：1.

[13] 卞晨光，宫衡，付水林，立鸣. 中国抗生素杂志，2004，29 (7)：385.

[14] 卞晨光，宫衡，陈长华，付水林. 华东理工大学学报，2004，30：139.

[15] 储炬，李友荣等. 华东理工大学学报，1995，21 (4)：455.

[16] 孙新强，孟根水，金志华，金一平，王普. 中国抗生素杂志，2002，27：524.

[17] Chen Y, Wang Z J, et al. Bioresource Technology, 2013, 134: 173.

[18] Zou X, Hang H F, et al. Bioresource Technol, 2009, 100: 3358.

[19] Zou X A, Zeng W. Biotechnol Bioproc Engineering, 2010, 15: 959.

[20] Zou X, Chen C F, et al. Chemical Biochemical Engineering Quarterly, 2010, 24: 95.

[21] 胡景，储炬，谌颉，庄英萍，张嗣良，罗家立，白骅. 中国抗生素杂志，2004，29：388.

[22] Li Z L, Wang Y H, et al. Brazilian J Microbiol, 2009, 40: 734.

[23] Li Z L, Wang Y H, et al. Bioprocess and Biosystems Engineering, 2009, 32: 641.

[24] Wang Y H, Wu C H, et al. Bioproc Biosys Engineering, 2010, 33: 257.

[25] 王平，庄英萍，储炬，张嗣良. 中国抗生素杂志，2005，30 (10)：581.

[26] 谌颉，储炬，庄英萍，张嗣良. 华东理工大学学报，2005，31 (6)：731.

[27] 康源，王永红，庄英萍，储炬，张嗣良. 微生物学报，2005，45 (1)：81.

[28] Reichenbach H, Holfe G. Drugs, 2008, 9: 1.

[29] 王晓娜，李灿，任强，赵林，刘新利. 第六届全国发酵工程学术研讨会摘要集. 2014：109.

[30] 王晓晖，许先栋. 国外医药抗生素分册，2000，21 (1)：1.

［31］　张建民. 国外医药抗生素分册，2000，21（1）：3.

［32］　胡又佳，朱春宝，朱宝泉. 中国抗生素杂志，2001，26：321.

［33］　Katz L. Chem Rev, 1997, 97: 2557.

［34］　Khosla C. Chem Rev, 1997, 97: 2577.

［35］　Marsden A F A, Wilkinson B, Cortses J, et al. Science, 1998, 279: 199.

［36］　Gokhale R S, Tsuji S Y, Cane D E, et al. Science, 1999, 284: 482.

［37］　Reynolds K A. Proc Natl Acad Sci USA, 1998, 95: 12744.

［38］　Cane D E, Walsh C T, Khosla C. Science, 1998, 282: 63.

［39］　Hutchinson C R. Proc Natl Acad Sci USA, 1999, 96: 3336.

［40］　扶教龙，储炬，刘玉伟，樊涛，庄英萍，彭皓宇. 中国抗生素杂志，2002，27：141.

［41］　扶教龙，杭海峰，郭美锦，储炬，庄英萍，张嗣良. 高校化学工程学报，2004，18（1）：67.

［42］　钱秀萍，趁代杰，许文思. 中国抗生素杂志，2001，26（6）：420.

［43］　孙大辉，孙克俭. 中国抗生素杂志，1996，21（2）：147.

［44］　史荣梅. 国外医药抗生素分册，1997，18（1）：20.

［45］　史荣梅. 国外医药抗生素分册，2000，21（2）：79.

［46］　谷达. 国外医药抗生物分册，1996，17（6）：403.

［47］　Tan J, Chu J, et al. Appl Biochem and Biotechnol, 2013, 169: 1683.

［48］　郑珩，顾觉奋. 国外医药抗生素分册，1999，20（1）：1.

［49］　范铭琦，赵敏. 中国抗生素杂志，2005，30（9）：576.

［50］　范铭琦，赵敏，卜华祥等. 中国抗生素杂志，1998，23（6）：410.

［51］　赵敏，范瑾. 中国抗生素杂志，2000，25（3）：229.

［52］　朱坚屏，倪雍富. 中国抗生素杂志，1999，24（1）：16.

［53］　尚广东，王以光. 中国抗生素杂志，2000，21（3）：130.

［54］　Yamada Y, Nihira T, Sakuda S. The Natural Functions of Secondary Metabolites// Strohl W R, ed. Biotechnology of Antibiotics. New York: Marcel Dekker, 1997: 63.

［55］　Yamada Y, Nihira T. Microbial hormones and microbial chemical ecology// Barton D H R, Nakanishi K, eds. Comprehensive Natural Products Chemistry. Vol. 8. Amsterdam: Elsevier Science, 1998: 377.

［56］　Nakano H, Lee C K, Nihira T, Yamada Y. J Biosci Bioeng, 2000, 90: 204.

［57］　贾素娟，胡海峰，许文思. 国外医药抗生素分册，2004，25：149.

［58］　Ando N, Matsumori N, Sakuda S, et al. J Antibiot, 1997, 50: 847.

［59］　Onaka H, Horinouchi S. Mol Microbiol, 1997, 24: 991.

［60］　Horinouchi S, Onaka H, Yamazahi S, et al. Actinomycetologica, 2000, 14: 37.

［61］　孙新强，孟根水，金志华，金一平，王普. 中国抗生素杂志，2002，27：524.

［62］　Betina V. Antibiotics// Betina V, ed. Bioactive Secondary Metabolite of Microorganisms: Amsterdam: Elsevier, 1994: 52.

［63］　Bipp M J, Prize C. Microbiology, 1996, 142: 1335.

［64］　焦瑞身，王墙. 微生物工程. 北京：化学工业出版社，2003：308.

［65］　金玉坤，熊宗贵，白秀峰. 中国抗生素杂志，1991，16（4）：241.

［66］　Wang Y, Zhuang Y P, et al. Korean J Chemical Engineering, 2010, 27: 910.

［67］　廖福荣. 国外医药抗生素分册，1996，17：170.

［68］　陈剑锋，张元兴，郭养浩，罗义发，黄凤珠，谢涵宾. 中国抗生素杂志，2002，27：452.

［69］　顾觉奋. 国外医药抗生素分册，1999，20（5）：1.

［70］　Chu J, Qian J C, et al. Appl Microbiol Biotechnol, 2013, 97: 41.

［71］　Hu X Q, Chu J, et al. Enzyme and Microbial Technol, 2014, 55: 94.

［72］　Nagano Y, Takeuchi N, Muraantsu R, et al. J Antibiot, 1996, 49（1）：82.

［73］　Vogtli M, Chang P C, Cohen S N. Mol Microbiol, 1994, 14: 643.

［74］　Lee J Y, Hwang Y S, Kim S S, Kim E S, Choi C Y. J Biosci Bioeng, 2000, 89（6）：606.

［75］　郁静怡，阳胜利. 生物工程学报，1996，12（2）：109.

［76］　Penalva M A, Rowlands R T, Turner G. Trends Biotechnol, 1998, 16: 483.

[77] Theilgard H A, Van den Berg M A, Mulder C A, Bovenberg R A L, Nielsen J. Biotechnol Bioeng, 2001, 72 (4): 379.

[78] Theilgard H A, Nielsen J. Antonie Van Leewenhock, 1999, 75: 145.

[79] 胡光星, 郭美锦, 储炬, 杭海峰, 庄英萍, 张嗣良. 华东理工大学学报, 2004, 30 (4): 392.

[80] Chen Y, Deng W, et al. Appl Environ Microbiol, 2008, 74: 1820.

[81] Yu L, Cao N, et al. Enzyme and Microbial Technology, 2012, 50: 318.

[82] Mitsushima K, Takimoto A, Sonoyama T, Yagi S Appl Environ Microbiol, 1995, 61: 2224.

[83] Takimoto A, Yagi S, Mitsushima K. J Bioscience Bioeng, 1999, 87 (4): 456.

[84] Kim J Y, Ryu D D Y. J Bioscience Bioeng, 1997, 83 (2): 168.

[85] 陈双喜, 郭元昕, 储炬, 庄英萍, 张嗣良. 华东理工大学学报, 2005, 31 (5): 666.

[86] Yoon S K, Kang W K, Park T H. J Ferment Bioeng, 1996, 81 (2): 153.

[87] 陶纯长, 谌颉, 郭美锦, 郭元昕, 储炬, 庄英萍, 张嗣良. 中国抗生素杂志, 2002, 27: 521.

[88] Hosoya Y, Okamoto S, Muramatsu H, et al. Antimicrob Agents Chemother, 1998, 42: 2041.

[89] Hesketh K, Ochi K. J Antibiotics, 1997, 50: 532.

[90] Ochi K, Zhong D, Kawamoto S, et al. Mol Gen Genet, 1997, 256: 488.

[91] Ochi K, Hosaka T. Appl Microbial Biotechnol, 2013, 97: 87.

[92] 钱江潮, 蔡显鹏, 储炬等. 微生物学报, 2003, 43 (2): 200.

[93] 于慧敏, 沈忠耀. 微生物学报, 1999, 39: 478.

[94] 吴弈, 杨胜利. 生物工程学报, 1997, 13: 1.

[95] Kaur R, Panjana P, Sharma V, et al. Appl Environ Microbiol. 2002, 68: 125.

[96] 焦瑞身. 生物工程学报, 2003, 19: 381.

[97] 朱怡非, 朱春宝, 朱宝泉. 中国医药工业杂志, 1998, 29: 253.

[98] 陈文青, 喻子牛, 郑应华. 中国抗生素杂志, 2004, 9: 516.

[99] 张嗣良. 第六届全国发酵工程学术研讨会摘要集. 2014: 1.

[100] Zhang H, Wang Y, Wu J, et al. Chemistry Biology, 2010, 17: 1232.

[101] Wang Y, Wang Y G, Chu J. Appl Microbiol Biotechnol, 2007, 75: 837.

[102] Wang Y, Boghigian B A, Pheifer B A. Appl Microbiol Biotechnol, 2007, 77: 367.

[103] Wang Y, Pheifer B A. Metabolic Engineering, 2008, 10: 33.

[104] Meng H L, Lu Z G, Wang Y, et al. Biotechnol Bioprocess Engeering, 2011, 16: 445.

[105] 宋伟杰, 熊志强, 王勇. 2014年工业生物过程优化与控制研讨会论文集. 2014: 256.

[106] Na D, Yoo S M, Chung H. Nature Biotechnol, 2013, 31: 170.

[107] Yu L, Yan X Y, et al. Bmc Biotechnology, 2012, 12.

5

发酵过程控制与优化

　　狭义的发酵是指在厌氧条件下葡萄糖通过酵解途径生成乳酸或乙醇等的分解代谢过程。广义上则将发酵看做是微生物把一些原料养分在合适的发酵条件下经特定的代谢途径转变成所需产物的过程。微生物具有合成某种产物的潜力，但要想在生物反应器中顺利表达，即最大限度地合成所需产物却非易举。发酵是很复杂的生化过程，其好坏涉及诸多因素。除了菌种的生产性能，还与培养基的配比、原料的质量、灭菌条件、种子的质量、发酵条件和过程控制等有密切关系。因此，不论是新老品种都必须经过发酵研究这一关，以考察其代谢规律、影响产物合成的因素，优化发酵工艺条件。

　　发酵工艺被认为是一门艺术，即使有多年的经验也不易掌握。即使采用同一生产菌种和培养基配方，不同厂家的生产水平也不一定相同。这是由于各厂家的生产设备、培养基的来源、水质和工艺条件各不尽相同。因此，必须因地制宜，掌握菌种的特性，根据本厂的实际条件，制订有效的控制措施。通常，菌种的生产性能越高，其生产条件越难满足。因高产菌种对工艺条件的波动比低产菌种更敏感。故掌握生产菌种的代谢规律和发酵调控的基本知识对生产的稳定和提高具有重要的意义。

　　微生物发酵是许多用于医药、食品和化学工业的生物产品的重要来源。在过去的数十年里微生物产物有很大的发展，尤其是次级代谢产物和重组蛋白。为了提高微生物培养的效率和确保安全操作，对发酵罐的设计和附属设施作了诸多的改进。当今培养技术发展的重点放在过程的效率和确保安全上，同时还需满足公众和医药食品安全卫生条例对产品可靠性和重现性的越来越高的要求。这就要求必须改进过程监控设施、规范操作才能做到。

○ 5.1　发酵过程技术原理

　　微生物发酵受诸多要素的影响，各种因素相互制约，故必须掌握发酵代谢规律，微生物与其周围环境的相互作用和运用分子生物学的原理来控制代谢（物）流。微生物发酵过程可分为分批、补料-分批、半连续（发酵液带放）和连续等几种方式。不同的培养技术各有其优缺点。

Modak 等[1]将生物过程分为分批、补料-分批、重复补料-分批和连续培养四种模式。他们认为，在得率随基质增加的情况下分批操作最适合于得率（产物的生产与消耗的基质之比）最大化。在得率下降的情况下用连续培养；在得率达到最高的情况下用补料-分批操作；在得率不变的情况下用重复操作最适宜。从理论上看，连续培养总是可以取得最大产率，但实际上由于操作受限和菌的稳定性原因它并不可行。采用重复分批/补料-分批操作可以延长发酵过程和提高产率。此法能减少反应器的非生产时间。这在抗生素与非生长关联产物的理论研究上得到证实[2]。其最大的重复批操作次数取决于工厂配制料液的能力和有害或抑制性物质的累积程度以及菌的退化情况。尽管如此，重复补料-分批培养用于工业生产具有很大的吸引力。了解生产菌种在不同工艺条件下的细胞生长、代谢和产物合成的变化规律，将有助于发酵生产的控制。

5.1.1 分批发酵

5.1.1.1 分批发酵的基础理论

分批发酵是一种准封闭式系统，种子接种到培养基后除了气体流通外发酵液始终留在生物反应器内。在此简单系统内所有液体的流量等于零，故由物料平衡得式（5-1）～式（5-3）的微分方程：

$$\frac{\mathrm{d}X}{\mathrm{d}t} = \mu X \tag{5-1}$$

$$\frac{\mathrm{d}S}{\mathrm{d}t} = -q_S X \tag{5-2}$$

$$\frac{\mathrm{d}P}{\mathrm{d}t} = q_P X \tag{5-3}$$

式中，X 为菌体浓度，g/L；t 为培养时间，h；μ 为比生长速率，h^{-1}；S 为基质浓度，g/L；$-q_S$ 为比基质消耗速率，(g/g)/h；P 为产物浓度，g/L；q_P 为比产物形成速率，(g/g)/h。

分批发酵过程一般可粗分为 4 期，即停滞（适应）期、对数（指数）生长期、静止（稳定）期和死亡期；也可细分为六期，即停滞期、加速期、对数期、减速期、静止期和死亡期，如图 5-1 所示。**在停滞期（Ⅰ），即刚接种后的一段时间内，细胞数目和菌量不变，因菌对新的生长环境有一适应过程，其长短主要取决于种子的活性、接种量和培养基的可利用性和浓度。**

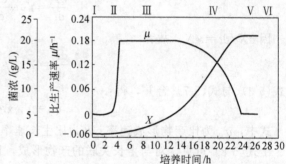

图 5-1　分批培养中的微生物的典型生长曲线

一般，种子应采用对数生长期且达到一定浓度的培养物，该种子能耐受含高渗化合物和低 CO_2 分压的培养基。工业生产从发酵产率和发酵指数以及避免染菌考虑，希望尽量缩短适应期。如发酵前期大量通气，可能出现 CO_2 成为限制因素，导致停滞期延长。加速期（Ⅱ）通常很短，大多数细胞在此期的比生长速率可在短时间内从最小升到最大值。如这时菌已完全适应其周围环境，有充足的养分而又无抑制生长的物质便进入恒定的对数或指数生长期（Ⅲ），可用方程（5-1）表示，将其积分，再取自然对数得式（5-4）：

$$\ln X_t = \ln X_0 + \mu t \qquad (5\text{-}4)$$

式中，X_0 为菌的初始浓度；X_t 为经过培养时间 t 的菌度。将菌体浓度的自然对数与时间作图可得一直线，其斜率为 μ，即比生长速率。在对数生长期的比生长速率达最大，可用 $\mu_{\max}$ 表示，表 1-8 列出一些微生物的典型 $\mu_{\max}$ 值。**指数生长期的长短主要取决于培养基，包括溶氧的可利用性和有害代谢产物的积累。**

在减速期（Ⅳ），随着养分的减少，有害代谢物的积累，生长不可能再无限制地继续。这时比生长速率成为养分、代谢产物和时间的函数，其细胞量仍在增加，但其比生长速率不断下降，细胞在代谢与形态方面逐渐蜕化，经短时间的减速后进入生长静止（稳定）期。减速期的长短取决于菌对限制性基质的亲和力（K_s 值），亲和力高，即 K_s 值小，则减速期短。

静止期（Ⅴ），生长和死亡达到动态平衡，净生长速率等于零，即 $\mu = \alpha$，式中 α 为比死亡速率。由于此期菌体的次级代谢十分活跃，许多次级代谢产物在此期大量合成，菌的形态也发生较大的变化，如菌已分化、染色变浅、形成空胞等。当养分耗竭，对生长有害的代谢物在发酵液中大量积累，便进入死亡期（Ⅵ）。这时 $\alpha > \mu$，生长呈负增长。工业发酵一般不会等到菌体开始自溶时才结束培养。发酵周期的长短不仅取决于前面五期的长短，还取决于 X_0。

Bu′Lock 等将对数期称为生长期（trophophase）；将静止期称为分化期（idiophase）。生长期末为产物的形成创造了必要的条件，这在 4.5 节次级代谢调控中有详细论述。

(1) 生长关联型 根据产物的形成是否与菌体生长同步关联，Pirt 将产物形成动力学分为生长关联型和非生长关联型。一般，初级代谢产物的形成与生长关联；而次级代谢产物的形成与生长非直接关联。与生长有联系的产物的形成可用得率 $Y_{P/X}$ 表示：

$$\frac{dP}{dX} = Y_{P/X} \qquad (5\text{-}5)$$

式中，$Y_{P/X}$ 为以生长为基准的产物得率。将此式两边乘以 $1/dt$ 得：

$$\frac{dP}{dt} = Y_{P/X} \frac{dX}{dt} \qquad (5\text{-}6)$$

因 $dX/dt = \mu X$，故：

$$\frac{dP}{dt} = Y_{P/X} \mu X \qquad (5\text{-}7)$$

将式(5-3) 与式(5-7) 合并，得：

$$q_P = Y_{P/X} \mu \qquad (5\text{-}8)$$

式中，q_P 为比产物形成速率；μ 为比生长速率。

由式(5-8) 可见，对与生长关联的产物形成，比产物形成速率随比生长速率的增长而提高。这类产物通常是微生物的分解代谢产物（如酒精）。由根霉产生的脂肪酶和由树状黄杆菌产生的葡萄糖异构酶也属于这一类型。

(2) 非生长关联型 此类型的产物形成只与细胞的积累量有关，可用式(5-9) 表示：

$$\frac{dP}{dt} = \beta X \qquad (5\text{-}9)$$

式中，dP/dt 为产物形成速率，$(g/L)/h$；β 为比例常数。

由上式可见，产物形成速率与菌的生长速率无关，而与菌量有关。次级代谢产物中的一些抗生素的合成即属于这一类。图 5-2 显示杀假丝菌素分批发酵中的葡萄糖消耗、DNA 含量和杀假丝菌素合成的变化。从中看出，在生长期菌浓（以 DNA 含量表征）不断增加，而在抗生素合成期 DNA 不再增加，趋于稳定。当糖耗竭，DNA 含量下降，菌丝趋于自溶，这时发酵单位明显下降。在生产上不允许自溶期的出现，因对后续提取工序不利。

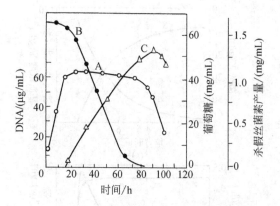

图 5-2　杀假丝菌素分批发酵中的代谢变化
A—DNA 含量变化曲线；B—葡萄糖含量变化曲线；
C—杀假丝菌素产量曲线

5.1.1.2　重要的生长参数

分批培养中基质初始浓度对菌的生长的影响如图 5-3 所示，在浓度较低的（A~B）范围内，静止期的细胞浓度与初始基质浓度成正比，可用式(5-10) 表达：

$$X = Y(S_0 - S_t) \qquad (5\text{-}10)$$

式中，S_0 为初始基质浓度，g/L；S_t 为经培养时间 t 的基质浓度，g/L；Y 为得率系数，g 细胞/g 基质。在 A~B 的区域，当 S_t 等于零时，生长停止。式(5-10)

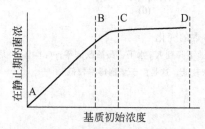

图 5-3　分批培养中基质初始浓度对
菌生长的影响

可用于预测用多少初始基质便能得到相应的菌量。在 C~D 的区域，菌量不随初始基质浓度的增加而增加。这时菌的进一步生长受到积累的有害代谢物的限制。用 Monod 方程可描述比生长速率和残留的限制性基质浓度之间的关系：

$$\mu = \frac{\mu_{\max} S}{K_S + S} \qquad (5\text{-}11)$$

式中，$\mu_{\max}$ 是最大比生长速率，h^{-1}；K_S 为基质利用常数，相当于 $\mu = \mu_{\max}/2$ 时的基质浓度，g/L，是菌对基质的亲和力的一种度量。

分批培养中后期基质浓度下降，代谢有害物积累，已成为生长限制因素，μ 值下降。其快慢取决于菌对限制性基质的亲和力大小，K_S 小，对 μ 的影响较小，当 S_t 接近 0 时，μ 急速下降；K_S 大，μ 随 S_t 的减小而缓慢下跌，当 S_t 接近 0 时，μ 才迅速下降到零，见图 5-4。

5.1.1.3　分批发酵的优缺点

对不同对象，掌握工艺的重点也不同。对产物为细胞本身，可采用能支持最高生长量的培养条件；对产物为初级代谢物，可设法延长与产物关联的对数生长期；对次级代谢物的生产，可缩短对数生长期，延长生产（静止）期，或降低对数期的生长速率，从而使次级代谢物更早形成。

分批发酵在工业生产上仍有重要地位。采用分批作业有技术和生物学方面的理由，即操作简单，周期短，染菌的机会减少，产品质量易掌握。但分批发酵不适用于测定其过程动力学，因使用复合培养基，不能简单地运用 Monod 方程来描述生长，存在基质抑制问题，出现二次生长（diauxic growth）现象。如对基质浓度敏感的产物或次级代谢物抗生素，用分批发酵不合适，因其周期较短，一般在 1~3 天，产率较低。这主要是由于养分的耗竭，无法维持下去。据此，发展了补料-分批发酵。

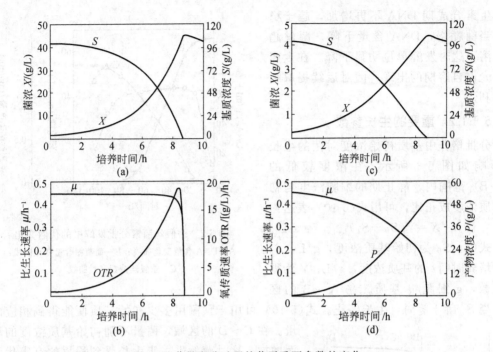

图 5-4 分批发酵过程的若干重要参数的变化

(a)，(b) 是在需氧情况下比生产速率一直维持很高，直到基质浓度迅速下降到 K_S 水平，最后跌到零；(c)，(d) 是在厌氧情况下比生产速率随乙醇抑制作用的增加而下降，其典型的最终菌浓较低，这是由于细胞得率较低

5.1.2　补料-分批发酵

5.1.2.1　理论基础

补料（流加）-分批（fed-batch）发酵是在分批发酵过程中补入新鲜料液，以克服由于养分的不足，导致发酵过早结束。由于只有料液的输入，没有输出，因此，发酵液的体积在增加。若分批培养中的细胞生长受一种基质浓度的限制，则在任一时间的菌浓可用式(5-12)表示：

$$X_t = X_0 + Y(S_0 - S_t) \tag{5-12}$$

若 $S_t \approx 0$，则其最终菌浓为 $X_{\max}$。$X_0 \ll X_{\max}$，则：

$$X_{\max} \cong Y S_0 \tag{5-13}$$

如果当 $X_t = X_{\max}$ 时开始补料，其稀释速率 $< \mu_{\max}$。实际上，当基质一进入培养液中很快便被耗竭，故得：

$$F S_0 \cong \frac{\mu X_T}{Y} \tag{5-14}$$

式中，F 为补料流速；X_T 为总的菌量（$= X_t \cdot V$），其中 V 是在 t 时罐内培养液的体积。

式(5-14)说明输入的基质等于细胞消耗的基质。故 $\mathrm{d}S/\mathrm{d}t = 0$，虽培养液中的总菌量 X_T 随时间的延长而增加，但细胞浓度 X_t 并未提高，即 $\mathrm{d}X/\mathrm{d}t = 0$，因此 $\mu \approx D$。这种情况称为准稳态。随时间的延长，稀释速率将随体积的增加而减少，D 可用式(5-15)表达：

$$D = \frac{F}{V_0 + Ft} \tag{5-15}$$

式中，V_0 为原来的体积。因此，按 Monod 方程，残留的基质应随 D 的减小而减小，导致细胞浓度的增加。但在 μ 的分批补料操作大范围内 S_0 将远大于 K_S，因此，在所有实际操作中残留基质浓度的变化非常小，可当作是零。故只要 $D < \mu_{max}$ 和 $K_S \gg S_0$ 便可达到准稳态，如图 5-5 所示。恒化器的稳态和补料-分批发酵的准稳态的主要区别在于恒化器的 μ 是不变的，而补料-分批发酵的 μ 是降低的。

补料-分批发酵的优点在于它能在这样一种系统中维持很低的基质浓度，从而避免快速利用碳源的阻遏效应和能够按设备的通气能力去维持适当的发酵条件，并且能减缓代谢有害物的不利影响。

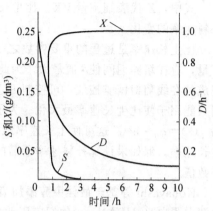

图 5-5　补料-分批发酵的准稳态
稀释速率 D、限制性基质浓度 S 与
菌浓 X 为时间的函数

5.1.2.2　分批补料的优化

为了获得最大的产率，需优化补料的策略。通过描述比生长速率 μ 与比生产速率之间的关系的数学模型，藉最大原理（maximum principle）可容易获得比生长速率的最佳方案。这可以从实际分批-补料培养中改变补料的速率（如边界控制）实现。在分批培养的前期 μ 应维持在其最大值 μ_{max}，下一阶段 μ 应保持在 μ_c 上。这种控制策略可理解为细胞生长和产物合成的两阶段生产步骤。Shioya 将生物反应器的优化分为三个步骤[3]，如图 5-6 所示，即过程的建模、最佳解法的计算和解法的实现。为此，需考虑模型与真实过程之间的差异和优化计算的难易。在建模阶段出现的问题之一是怎样定量描述包括在质量平衡方程中的反应速率。Shioya 等对分批培养进行优化和控制的方法如图 5-7 所示，用一模型鉴别和描述比生长速率与比生产速率之间的关系；藉最大原理获得比生长速率的最佳策略；这一策略的实现。在建模阶段拟解决的问题之一是定量描述物料平衡中的以基质、产物等浓度表示的各反应速率。

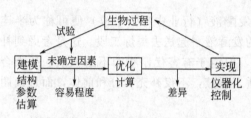

图 5-6　生物反应器优化的三个步骤

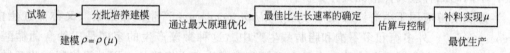

图 5-7　分批培养中实现最佳生产的方法

分批培养中的最大的目标是在一定的运转时间，t_f 下使产量最大化。其目标函数，即累积的产量 J，可将式（5-16）和式（5-17）积分，用式（5-18）表达。

对胞外产物：
$$\frac{d(VP)}{dt} = Q(\mu)VX \tag{5-16}$$

对胞内产物：
$$\frac{d(VpX)}{dt} = Q(\mu)VX \tag{5-17}$$

式中，V 和 X 分别为液体体积和细胞浓度；P 是产物浓度，g/L；p 是细胞中产物含量，mg/g。

$$j = \int_0^{t_f} Q(\mu)Z\,dt \tag{5-18}$$

式中，Z 代表细胞量 VX。比生长速率 μ 在此被看作是决定性变量，其变化取决于基质补料速率的变化。

比生长速率是过程的重要参数之一，表征生物反应器的动态特性。为了获得最大的细胞产量，应在培养期间使 μ 值最大。为此，应使培养基中的糖浓度保持在一最适范围。如没有现成的在线葡萄糖监控仪，可控制 RQ 值和乙醇浓度。但应强调指出，RQ 和乙醇浓度的控制只能用于使比生长速率最大化。为了维持分批培养中 μ 值不变，常用一指数递增的补料策略 $q(t)=q_0 \cdot e^{\mu t}$。这可使生长速率维持恒定，直到得率系数减小。故可用补料办法控制比生长速率。但如果计算补料速率所需的初始条件和参数不对，则比生长速率便根本不等于所需数值。

Kobayashi 等基于最佳甲醇添加策略用毕赤酵母补料分批发酵来生产高分泌率的重组人血清白蛋白（rHSA）[4]。他们应用动态程序编制法来获取补料分批发酵的最佳比生长速率 μ。根据比生产速率 ρ 与比生长速率 μ 之间的关系，构建了一种简单的描述生长与 rHSA 生产的数学模型，并用于计算。用此数学模型通过反复试验找到了这样一种新的甲醇添加策略，即此策略能模仿最佳的 μ 与 ρ 的变化模式，从而避免甲醇添加速率的间断性。甲醇添加速率的这一改进，明显提高 ρ 和使 rHSA 的总产量增加 18%（同最佳模式下获得的数据比较）。

5.1.3 半连续发酵

在补料-分批发酵的基础上加上间歇放掉部分发酵液（行业中称为带放）便可称为半连续发酵。带放是指放掉的发酵液和其他正常放罐的发酵液一起送去提炼工段。这是考虑到补料-分批发酵虽可通过补料补充养分或前体的不足，但由于有害代谢物的不断积累，产物合成最终难免受到阻遏。放掉部分发酵液，再补入适当料液，不仅补充养分和前体，而且代谢有害物被稀释，从而有利于产物的继续合成。

但半连续发酵也有它的不足之处：①放掉发酵液的同时也丢失了未利用的养分和处于生产旺盛期的菌体；②定期补充和带放使发酵液稀释，送去提炼的发酵液体积更大；③发酵液被稀释后可能产生更多的代谢有害物，最终限制发酵产物的合成；④一些经代谢产生的前体可能丢失；⑤有利于非产生菌突变株的生长。据此，在采用此工艺时必须考虑上述技术上的限制，不同的品种应具体情况具体分析。

半连续发酵应用于由海洋微藻 *Porphyridium cruentum* 产生的藻红素（又称藻红蛋白，phycoerythrin）、外多糖和多不饱和脂肪酸生产中。这种微藻产生的多糖是一种含葡糖醛酸和少量硫酸盐的高分子量杂多糖。它具有干扰病毒感染宿主细胞的作用，能抑制一些反转录酶病毒（一种致肿瘤病毒）的反转录酶。*Porphyridium cruentum* 也是多不饱和脂肪酸二十碳五烯酸（EPA）和二十碳四烯酸（ARA）的重要来源。藻红素可用作免疫分析中的荧光染料。

为了优化这些有价值的化合物的生产，Fabregas 等试验了 *Porphyridium cruentum* 的半连续发酵的培养基不同更新速率（即每 24h 用含有初始浓度的养分的无菌海水取代部分发酵液）对各种代谢产物合成的影响[5]。试验了 7 种更新速率：2%、5%、10%、20%、30%、40% 和 50%。结果表明，对藻红素来说，在 20%～30% 较好，藻红素在培养液中的浓度和产率分别为 65～75μg/mL 和 15～18(mg/L)/d；总可溶性外多糖与带硫酸盐的外多糖的最佳培养基更新速率及其相应产率则分别为 20%～30%、600(mg/L)/d 和 50%、34(mg/L)/d；ARA 与 EPA 的分别为 20%、7(mg/L)/d 和 50%、5.3(mg/L)/d。因此，为了获得最大的产率，对不同产物有它最佳的培养基更新速率。Febregas 等也曾将半连续发酵应用于其他品种[6]。

5.1.4 连续发酵

连续发酵是指发酵过程中一面补入新鲜的料液，一面以相近的流速放料，维持发酵液原来的体积。

5.1.4.1 单级连续发酵的理论基础

连续发酵达到稳态时放掉发酵液中的细胞量等于生成细胞量。流入罐内的料液使得发酵液变稀，可用 D 来表示稀释速率（h^{-1}）：

$$D = \frac{F}{V} \tag{5-19}$$

式中，F 为料液流速，L/h；V 为发酵液的体积 L。在一定时间内细胞浓度的净变化 $\mathrm{d}X/\mathrm{d}t$ 可用式（5-20）表示：

$$\frac{\mathrm{d}X}{\mathrm{d}t} = \mu X - DX \tag{5-20}$$

式中，μX 为生长速率，（g/L）/h；DX 为细胞排放速率，（g/L）/h。

在稳态条件下 $\mathrm{d}X/\mathrm{d}t = 0$，即 $\mu X = DX$，故：

$$\mu = D \tag{5-21}$$

即在稳态条件下可通过补料速率来控制比生长速率，因 V 不变。以 $\mu = (\mu_{\max} S)/(K_S + S)$ 代入式（5-20），可得：

$$\frac{\mathrm{d}X}{\mathrm{d}t} = \left(\frac{\mu_{\max} S}{K + S} - D \right) X \tag{5-22}$$

可用式（5-23）表示残留基质浓度的净变化 $\mathrm{d}S/\mathrm{d}t$：

$$\mathrm{d}S/\mathrm{d}t = 基质的输入 - 基质的输出 - 细胞的消耗$$

$$\frac{\mathrm{d}S}{\mathrm{d}t} = DS_0 - DS - \frac{X \mu_{\max} S}{Y(K_S + S)} \tag{5-23}$$

在稳态下，$\mathrm{d}X/\mathrm{d}t = \mathrm{d}S/\mathrm{d}t = 0$，式（5-22）与式（5-23）简化得：

$$X = Y(S_0 - S_t) \tag{5-24}$$

$$S = \frac{K_S D}{\mu_{\max} - D} \tag{5-25}$$

式中，X 和 S 分别为稳态细胞浓度和稳态残留基质浓度。

式（5-25）解释了 D 如何控制 μ。细胞生长将导致基质浓度下降，直到残留基质浓度等于能维持 $\mu = D$ 的基质浓度。如基质浓度消耗到低于能支持相关生长速率的水平，细胞的丢失速率将大于生成的速率，这样 S 将会提高，导致生长速率的增加，平衡又恢复。

连续培养系统又称为恒化器（chemostat），因培养物的生长速率受其周围化学环境（即受培养基的一种限制性组分）控制。

微生物在恒化器中培养的动力学特性可用一些常数（如 $\mu_{\max}$、K_S、Y 和 D_{crit} 等）描述。可采用的最大稀释速率受 $\mu_{\max}$ 值的影响；K_S 值影响残留的基质浓度，从而影响菌浓与可实施的最大稀释速率；Y 值也影响稳态菌体浓度；图 5-8(a) 与 (b) 分别显示一种对限制性基质具有低 K_S 值 (a) 与高 K_S 值 (b) 的细菌连续培养特性。随稀释速率的增加，残留基质浓度略升高 [图 5-8(a)]，直到 D 接近 $\mu_{\max}$ 时 S 才显著升高；而随稀释速率的增加残留基

质浓度显著提高 [图 5-8(b)]，以支持增加的生长速率。故当 D 接近 D_{crit} 时，S 逐渐增加，X 逐渐减小。

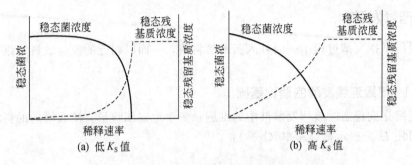

图 5-8　对不同限制性基质的细菌连续培养特性

临界稀释速率 D_{crit} 值是指 $X=0$，即细胞被洗出系统的稀释速率，可用式(5-26) 表示：

$$D_{crit}=\frac{\mu_{max}S_0}{K_S+S_0} \tag{5-26}$$

D_{crit} 受常数 μ_{max}、K_S 和变量 S_0 的影响。S_0 越大，D_{crit} 越接近 μ_{max}。但在一简单的恒化器中不可能达到 μ_{max} 值，因总是存在着基质限制条件。

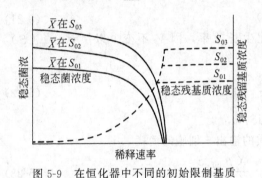

图 5-9　在恒化器中不同的初始限制基质
浓度下 D 对稳态 X 和 S 的影响

S_{01}、S_{02} 与 S_{03} 代表补料液中限制性基质浓度的增加

图 5-9 显示提高初始限制基质浓度对 X 和 S 随 D 变化的影响。当 S_0 增加时，X 也增加，但残留基质浓度未受影响。随 S_0 的增加，D_{crit} 也略有增加。

恒化器的实验结果可能与过去理论预测的结果不同。这些偏差的原因是设备的差异，如混合不全，菌贴罐壁和培养物的生理因素，或若干基质用于维持反应和在高稀释速率下基质的毒性造成的。

5.1.4.2　多级连续培养

基本恒化器的改进有多种方法，但最普通的办法是增加罐的级数和将菌体送回罐内。多级恒化系统见图 5-10。多级恒化器的优点是可以在不同级的罐内设定不同的条件。这将有利于多种碳源的利用和次级代谢物的生产。如

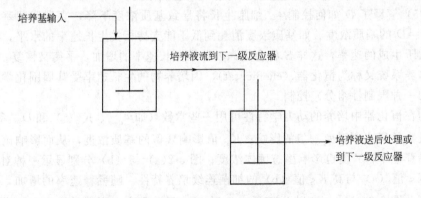

图 5-10　多级恒化器示意图

采用葡萄糖和麦芽糖混合碳源培养产气克雷伯氏菌，在第一级罐内只利用葡萄糖，在第二级罐内利用麦芽糖，菌的生长速率远比第一级小，同时形成次级代谢产物。由于多级连续发酵系统比较复杂，用于研究工作和生产实际有较大的困难。

恒化器运行中将部分菌体返回罐内，从而使罐内菌体浓度大于简单恒化器所能达到的浓度，即 $Y(S_0 - S_t)$。可通过以下两种办法浓缩菌体：①限制菌体从恒化器中排出，让流出的菌体浓度比罐内的小；②将流出的发酵液送到菌体分离设备中，如让其沉降或将其离心，再将部分浓缩的菌体送回罐内。部分菌体返回罐内的净效应为：罐内菌体浓度的增加导致残留基质浓度比简单恒化器小，菌体和产物的最大产量增加，临界稀释速率也提高。菌体反馈恒化器能提高基质的利用率，可以改进料液浓度不同的系统的稳定性，适用于被处理的料液较稀的品种，如酿造和废液处理。

5.1.4.3　连续培养在工业生产中的应用

连续培养在产率、生产的稳定性和易于实现自动化方面比分批发酵优越，但污染杂菌的机会和菌种退化的可能性增加。下面分别探讨其优缺点。

培养物产率可定义为单位发酵时间形成的菌量。分批培养的产率可用式(5-27)表示：

$$R_b = \frac{X_{max} - X_0}{t_i - t_{ii}} \tag{5-27}$$

式中，R_b 为培养物的输出，(g/L)/h；X_{max} 为达到的最大菌浓；X_0 为接种时的菌浓；t_i 为达到 μ_{max} 所需时间；t_{ii} 为从一批发酵到另一批发酵的间隔时间，包括打料、灭菌、发酵周期、放罐等。

连续培养的产率可用式(5-28)表示：

$$R_c = DX\left(1 - \frac{t_{iii}}{T}\right) \tag{5-28}$$

式中，R_c 为连续培养菌体的输出，(g/L)/h；t_{iii} 为连续培养前（包括罐的准备、灭菌和分批培养）直到稳态所需的时间，h；T 为连续培养稳态下维持的时间，h。菌体产率 DX 随稀释速率的增加而增加，直到一最大值，这之后随 D 的增加而下降，见图 5-11。故连续培养中可采用能达到最大菌体产率 DX 的稀释速率。

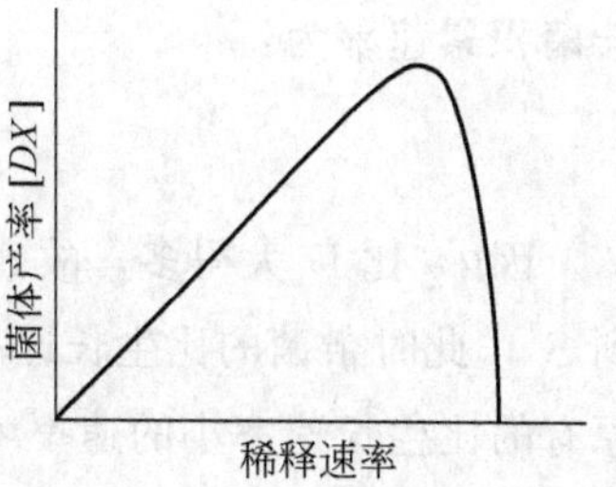

图 5-11　在稳态连续培养下稀释速率对菌体产率的影响

5.1.4.4　连续培养中存在的问题

与分批发酵比较，连续发酵过程具有许多优点：在连续发酵达到稳态后，其非生产占用的时间要少许多，故其设备利用率高，操作简单，产品质量较稳定，对发酵设备以外的外围设备（如蒸汽锅炉、泵）的利用率高，可以及时排除在发酵过程中产生的对发酵过程有害的物质。但连续发酵技术也存在一些问题，如杂菌的污染、菌种的稳定性问题。

(1) 污染杂菌问题　在连续发酵过程中需长时间不断地向发酵系统供给无菌的新鲜空气和培养基，这就增加了染菌的可能性。尽管可以通过选取耐高温、耐极端 pH 值和能够同化特殊的营养物质的菌株作为生产菌种来控制杂菌的生长，但这种方法的应用范围有限。故染菌问题仍然是连续发酵技术中不易解决的课题。

了解杂菌在什么样的条件下发展成为主要的菌群便能更好地掌握连续培养中杂菌污染的问题。在一种碳源限制性连续培养系统中用纯种微生物 X 作为生产菌。此菌的生产速率和基质浓度之间的关系如图 5-12 所示。

假设连续培养系统被外来的杂菌 Y、Z 或 W 污染。这些杂菌的积累速率可用式(5-29)的物料平衡式表示：

$$杂菌积累的速率＝杂菌进入速率－杂菌流出速率＋杂菌生长速率$$

$$\frac{\mathrm{d}X'}{\mathrm{d}t}=DX'_{\text{in}}-DX'_{\text{out}}+\mu X' \tag{5-29}$$

式中，X' 是污染的杂菌 Y、Z 和 W 的浓度，在稀释速率为 D 时残留限制性养分浓度为 S。

图 5-12 中将杂菌 Y、Z 和 W 的生长速率对基质浓度作的曲线与连续培养系统中生产菌 X 对 S 的曲线作比较。在基质浓度为 S 的情况下杂菌 Y 的生长速率 μ_Y 比系统的稀释速率 D 要小，见图 5-12(a)，故 Y 的积累速率由下式表示：

$$\frac{\mathrm{d}Y}{\mathrm{d}t}=\mu_Y Y-DY \tag{5-30a}$$

结果是负值，杂菌不能在系统内存留。

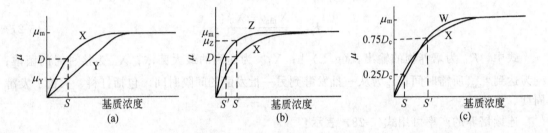

图 5-12　连续培养系统中杂菌的生长速率和基质浓度之间的关系

在图 5-12(b) 中在基质浓度为 S 的情况下杂菌 Z 能以比 D 大的比生长速率 μ_Z 下生长。杂菌积累速率为：

$$\frac{\mathrm{d}Z}{\mathrm{d}t}=\mu_Z Z-DZ \tag{5-30b}$$

因 μ_Z 比 D 大得多，故 $\mathrm{d}Z/\mathrm{d}t$ 是正值，杂菌 Z 开始积累，结果造成系统中基质浓度下降到 S'，此时杂菌的比生长速率 $\mu_Z=D$，从而建立了新的稳态。生产菌 X 在此基质浓度下比原有的比生长速率小的速率 μ_X 生长。因 $\mu_X<D$，故生产菌将从容器中被淘汰。

$$\frac{\mathrm{d}X}{\mathrm{d}t}=\mu_X X-DX \tag{5-30c}$$

杂菌 W 是否会入侵取决于系统的稀释速率。由图 5-12(c) 可见，在稀释速率为 $0.25D_c$（临界稀释速率）下，W 竞争不过 X，W 被冲走。

在分批培养中任何能在培养液中生长的杂菌将存活和增长。但在连续培养中杂菌能否积累取决于它在培养系统中的竞争能力。故用连续培养技术可选择性地富集一种能有效使用限制性养分的菌种。

(2) 生产菌种突变问题　微生物细胞的遗传物质 DNA 在复制过程中出现差错的频率为百万分之一。尽管自然突变频率很低，一旦在连续培养系统中的生产菌中出现某一个细胞的突变，且突变的结果使这一细胞获得高速生长能力，但失去生产能力的话，它会像图 5-12(b) 中的杂菌 Z 那样，最终取代系统中原来的生产菌株，而使连续发酵过程失败。而且，连续培养的时间愈长，所形成的突变株数目愈多，发酵过程失败的可能性便愈大。

并不是菌株的所有突变都会造成危害，因绝大多数的突变对菌株生命活动的影响不大，不易被发现。但在连续发酵中出现生产菌株的突变却对工业生产过程特别有害。因工业生产菌株均经多次诱变选育，消除了菌株自身的代谢调节功能，适应人们的需求，利用有限的碳源和其他养分合成所需的产物。生产菌种发生回复突变的倾向性很大，因此这些生产菌种在连续发酵时很不稳定，低产突变株最终取代高产生产菌株。

为了解决这一问题，曾设法建立一种不利于低产突变株的选择性生产条件，使低产菌株逐渐被淘汰。例如，利用一株具有多重遗传缺陷的异亮氨酸渗漏型高产菌株生产 L-苏氨酸。此生产菌株在连续发酵过程中易发生回复突变而成为低产菌株。若补入的培养基中不含异亮氨酸，那些不能大量积累苏氨酸而同时失去合成异亮氨酸能力的突变株则从发酵液中被自动地去除。

5.1.5 与产物回收结合的培养

微生物分批或分批-补料发酵过程中尽管采用各种能想到的手段，如补充合成产物所需的养分、前体、水分和优化工艺条件（包括选育耐受不利条件的突变株），但最终产物的生物合成不可避免会受到终产物的反馈阻遏和代谢有害产物的限制。连续发酵虽然能不断补充新鲜养分，更换老的发酵液，具有除去有害代谢物的作用，但在排料过程中连菌体也被排出，造成处于最佳状态的生产者的浪费。

解决产物反馈阻遏的问题，理想办法是在发酵过程中产物积累时将产物及时从发酵液中分离与回收。按产物的理化性质，如分子大小、溶解度、挥发性等，运用传统的分离办法与发酵过程耦合，在克服产物抑制、提高产率方面取得前所未有的成就，显示出巨大的生产潜力，开辟了一系列的新型生产技术。现将产物分离与发酵过程耦合的分类示于表 5-1。

表 5-1　产物分离与发酵过程耦合的分类[7]

分离与发酵耦合新技术	分离原理	应用实例
透析发酵 (dialysis fermentation)	分子量或扩散性能差异	乙醇、葡萄糖氧化酶[8]、螺旋霉素[9]发酵、电透析培养中丙酸与乙酸的生产与回收[10]
微滤发酵 (microfiltration fermentation)		葡萄糖氧化酶[11]、维生素 B₁₂发酵中用旋转陶瓷膜[12]
反渗析发酵 (reverse osmosis fermentation)		丙酮丁醇发酵
膜蒸发，又称渗透蒸发 (prevaperation)		乙醇发酵
真空发酵 (vacuum fermentation)	挥发性差异	乙醇发酵
闪蒸发酵过程 (flashferm process)		外循环单级闪蒸分离乙醇
气提发酵 (gas stripping fermentation)		以 CO_2 气提乙醇
生物蒸馏过程 (biostill process)		乙醇发酵与外循环精馏塔结合
萃取发酵 (extractive fermentation)	溶解度差异	乙醇、丙酮和丁醇发酵与溶剂萃取结合，乳酸二级萃取发酵[13]
吸附发酵 (adsorption fermentation)	选择性吸附	在香兰素发酵中添加一种聚苯乙烯树脂吸附产物[14]，维生素 B₁₂发酵中用活性炭吸附乳酸[12]

5.1.5.1 膜分离与发酵耦合

膜分离技术与发酵耦合可避免菌体丢失这一缺点，排除有害代谢物，避免或减轻产物的反馈阻遏，从而使得高密度细胞培养成为可能，更合理地利用微生物的生产性能，以提高产率。对产物不是细胞本身的发酵来说，高密度细胞培养不一定能获得高产率，因终产物浓度对其自身的合成是限制因素。与膜分离过程结合的生物反应器在这方面最能发挥它的特长。

膜分离技术的应用较广泛，它主要用于下游工段，分离生化活性物质。方法有：微滤、超滤、透析、反渗析和电透析等；用生物反应器生产酶、微生物和动、植物细胞及其代谢产物。此外，它还可用于气体如氢-甲烷、氢-CO、甲烷-CO_2 的分离；氧的富集、脱盐、脱水和浓缩大分子化合物；生物传感器的制作。

膜生物反应器是一种藉膜截留住酶、细胞器、微生物、动物或植物细胞，用以生产较为贵重的物质的一种发酵设备，或用于污水处理的装置。这种生物反应器的优点在于：能就地将产物与生物催化剂分离；使固体物质（如细胞）因为和水的停留时间不同而得以分离；高密度细胞培养和小规模运行较为经济。它也有一些缺点，即灭菌、通气和过程放大有一定困难，且规模越大，成本越高。

第一个膜生物反应器可追溯到 1963 年，Gerhardt 等首先采用一种膜透析发酵系统来提高培养过程中的微生物浓度。他们通过边补料、边透析的办法大幅度提高黏质赛氏杆菌的浓度，达到 2.5×10^{12} 个活菌/mL，离心压缩细胞体积为 50%，相当于约 70g/L 的干重细胞。他们还用半连续膜透析与发酵结合的方法大幅度提高金黄色葡萄球菌的肠毒素的产率。

按 Chang 等的报道[15]，膜生物反应器可分为两大类：第一类用膜保留培养物，使之悬浮于生物反应器中，通过微滤或透析作用让培养液体与小分子溶质通过，因而水流和培养物在反应系统中的持留时间各异；第二类把生物催化剂固定在膜表面上或网格中或夹持在两张膜的中间。因此，生物催化剂是不能运动的。以下着重介绍第一类膜生物反应器在微生物培养方面的应用。

根据发酵液的溶质扩散或渗透离开反应器的原理，又可将第一类膜生物反应器分为膜透析发酵和膜过滤发酵。前者是发酵液在透析膜的一侧循环，而透析液则在膜的另一侧循环，发酵液中的代谢产物藉浓差扩散到透析液中，如图 5-13(a) 所示。后者是以膜作为一种过滤介质，发酵液边循环边过滤，通过补料维持反应器中的体积，见图 5-13(b)[16]。

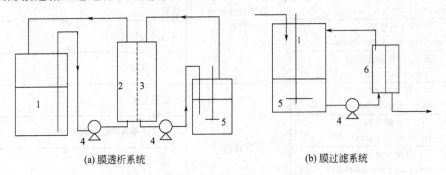

(a) 膜透析系统   (b) 膜过滤系统

图 5-13 细胞循环膜生物反应器

1—透析缸；2—膜透析器；3—滤膜；4—蠕动泵；5—发酵罐；6—膜过滤器

(1) 膜透析或过滤发酵的原理和分类 膜透析培养装置基本上由三个部分组成：生物反应器、透析器和透析液贮罐。透析器可以安装在反应器内，如图 5-14(b) 所示；也可以是外置式的，如图 5-14(a) 所示。前者由于膜表面上的浓差极化，膜的通量很快便下降，且膜的安装、灭菌均不方便。采用外置式膜透析反应器能克服内置式的缺点，由于液体以湍流切线方式经膜表面流动，可减缓膜的淤塞。

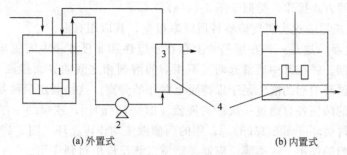

(a) 外置式　　　　　　　　(b) 内置式

图 5-14　膜过滤生物反应器
1—发酵罐；2—蠕动泵；3—膜过滤器；4—滤膜

另外，Prazeres 等[17]将酶膜生物反应器分为三大类：直接接触膜反应器，扩散膜反应器和多相膜反应器。按物料流动方式的不同，每一类又可再细分为三小类，如表 5-2 和图 5-15所示。

表 5-2　膜反应器按基质和酶的接触方式分类

直接接触	扩散接触	界面接触
再循环	单向通道	双单向通道
漏斗式	单向通道/再循环	单向通道/再循环
透析	双再循环	双再循环

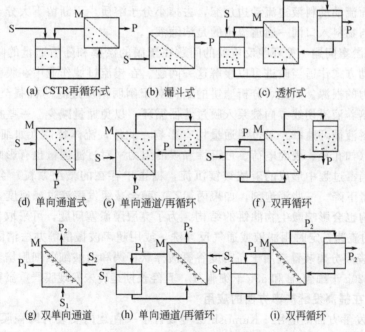

(a) CSTR再循环式　　(b) 漏斗式　　(c) 透析式

(d) 单向通道式　(e) 单向通道/再循环　(f) 双再循环

(g) 双单向通道　(h) 单向通道/再循环　(i) 双再循环

图 5-15　各种膜反应器流程图
S—基质；P—产物；M—膜过滤器

① 直接接触膜反应器　是基质一进入生物反应器便与生物催化剂（可以是酶或细胞）直接接触的一类膜反应器。其中再循环式 ［图 5-15(a)］ 是运用较广泛的一种。它是由一带搅拌的反应器和一超滤或过滤装置组成，用泵将反应液或发酵液抽出，通过膜过滤器的一边

打循环，所用滤器通常为中空纤维或管状膜过滤器。另一种漏斗式膜反应器［图 5-15（b）］是反应和分离在同一罐内进行。典型的装置类似于图 5-14（b）。膜透析反应器［图 5-15（c）］是以透析器的方式操作，类似于图 5-14（a）。

② 扩散型膜反应器　这类膜反应器传质效率很差，其应用有限。

③ 多相膜反应器　这是一种在膜基片上存在于极性和非极性相中的酶与基质之间进行界面接触的膜反应器。膜在其中通常起两互不相溶的溶剂相之间的界面接触支持物的作用。一般，两相各自打循环引起的液压足于维持膜上两相的分离。这是假定两种基质反应生成两种产物的情况下膜的两侧各自通过一次性的液流［图 5-15（g）］；或膜的一侧液流一次性通过，另一侧液流作再循环［图 5-15（h）］；膜的两侧液流均作再循环［图 5-15（i）］。位于膜上的酶起界面催化剂的作用。这类膜反应器在脂质水解反应中得到应用。

(2) 膜材料及膜滤器形式

① 膜材料　可作为超滤膜的材料主要有：纤维素、醋酸纤维素、硝酸纤维素、聚乙烯、聚丙烯、聚丙烯腈、聚酰胺、聚砜、聚酯、聚四氟乙烯、尼龙和陶瓷等。聚合物膜比陶瓷或不锈钢更易制造，但强度比后两者弱。聚合物膜可做得很薄，以获得不同功能，有的需固体支撑。陶瓷膜能耐重复灭菌，可作为超滤材料。

② 膜滤器的形式　膜可制成各种形状，如平板式、螺旋状、管状或中空纤维式。平板或螺旋式需一种间隔基（spacer）来分隔和支撑膜。同平板式、管式膜过滤器相比，中空纤维过滤器比表面积大，且纤维直径小，辐向扩散距离短，可以获得较高的反应速度和生产能力。其缺点是膜材料强度小，不耐高温高压和强酸强碱。据此，能耐反复高温灭菌的微孔陶瓷膜滤器越来越受到研究者的青睐。错流膜过滤是以错流方式进行膜过滤，物流的方向与膜平行，沿膜表面流动的料液边流动边过滤，去掉小分子溶质，不断留下大分子物质，因而起到浓缩作用，与物料入口同一通道流出的是浓缩液。

(3) 关于膜淤塞问题　循环膜反应器的问题在于膜的淤塞和随后通量的降低。对膜过滤系统和流体流动方式作适当改进可以缓解这一问题。在错流过滤作业中在膜上形成的微生物滤饼是过滤阻力的根源。因此，分析滤饼的结构对于阐明错流过滤的机制至关重要。通常，在操作过程中培养液沿切线方向被泵入膜过滤器循环，以免通量减少。一些操作参数（如横跨膜的压力、料液循环速率）对滤过通量均有影响。此外，流体特性（如细胞浓度和黏度）以及膜的特性（如孔径、表面电荷、可湿性和膜的阻力）对过滤通量也有影响。培养基的组分变化（如在消毒过程中形成的磷酸铵镁沉淀，糖蜜中存在的微细颗粒）会增加滤饼的阻力，使滤液通量下降。一些消泡剂，如聚丙烯乙二醇会减缓发酵液过滤速度，细胞壁和细胞膜的形状和结构也会影响微生物滤饼的结构。为了克服膜淤塞问题，可采取各种对策，如提高培养液循环的流速，定时用滤液或通气反冲洗，或用超声波振荡等办法清除淤塞。Nakano 等[18]将旋转陶瓷膜分离装置应用于高密度谷氨酸棒状杆菌和丙酸细菌细胞培养，其最终细胞浓度分别达到120g 干细胞/L 和53g 干细胞/L，且经长期运转未发现膜严重淤塞问题。

(4) 膜技术在提高发酵产率方面的应用

① 有机酸发酵方面的应用　Kamoshita 等设计了一种罐内安装有陶瓷膜的生物反应器，见图 5-16，并用于乳酸的快速发酵[19]。这一过滤装置可以在培养过程中进行抽滤，也可以用它来反冲清洗，补充蒸馏水。此过滤性能的改进提高了乳杆菌的生长速率与存活率，使培养液的上清液的稀释速率增加，乳杆菌细胞浓度达到 178g/L，经 178h 培养，其存活率在 98％。用于乳酸快速发酵，细胞浓度达到 80g/L 时开始抽出上清液，并更换新鲜培养基。用保留的细胞进行分批发酵，可重复 6 次。每次发酵 2h 内可形成 30g/L 的乳酸。

储炬等[20]安装了一种蠕动隔膜泵来减少膜的淤塞，其膜过滤系统可以重复在线清洗灭菌，从而延长膜细胞循环反应器（MCRBs）的发酵周期，用5L-自动发酵罐进行连续发酵生产乳酸，可稳定维持150天，最高OD_{620}值达到98.7，乳酸的最高产率为31.5 $(g/L)/h$，分别为常规补料-分批发酵的6倍和10倍。郑璞等[21]在膜生物反应器中用嗜乙酰乙酸棒杆菌连续转化合成琥珀酸。在$0.02h^{-1}$的稀释速率下连续转化合成琥珀酸80h，结果获得琥珀酸浓度61g/L。葡萄糖-琥珀酸转化率为0.75g/g，生产强度为1.22 $(g/L)/h$。

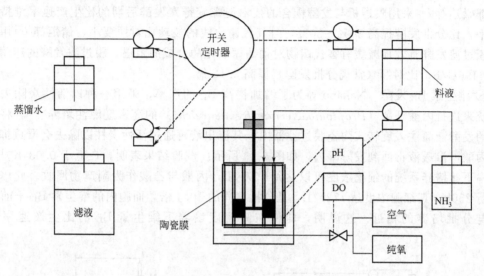

图 5-16 陶瓷膜生物反应器系统示意图

② 乙醇、丙酮、丁醇发酵方面的应用　细胞循环膜生物反应器曾广泛用于乙醇发酵，它可以减轻乙醇的反馈抑制作用。通过适宜的细胞排出速率来控制反应器中细胞的浓度，最终得210g/L。在膜反应器中连续添加淀粉原料，以同时糖化和发酵法连续生产乙醇，当补料浓度为$100kg/m^3$时，乙醇浓度为$40kg/m^3$，可维持280h。

③ 在工程菌培养方面的应用　用膜细胞循环系统进行大肠杆菌高密度培养以生产色氨酸，可得50g/L的细胞。用此法成功地进行重组大肠杆菌高密度培养，获得100g/L的细胞浓度。在一细胞循环膜反应器中培养青霉素酰化酶产生菌，重组大肠杆菌。在培养过程中通过边过滤边加糖调节葡萄糖浓度，使细胞浓度达到145g/L，是常规分批培养的10倍。应用半连续培养，即放掉2/3的培养液，换上同体积的无菌自来水，重复操作2次，可使产率比简单的分批培养提高1倍，达到5.9 $(g/L)/h$。

④ 超氧化物歧化酶生产方面的应用　用膜细胞循环系统生产超氧化物歧化酶，其最终乳链球菌的细胞浓度为19g/L，这比分批发酵高出10倍，超氧化物歧化酶的产率也比分批提高3.5倍。

⑤ 在活性污泥处理废水方面的应用　Shimizu等[22]用置于水下的过滤装置进行活性污泥边鼓泡边错流过滤。鼓泡器形成的气泡流冲刷膜的表面，造成一种适度的剪切应力，使滤层中的胶体颗粒解吸。这种方法不仅不需高压循环泵和膜的加固，还易于装备和操作。故这是一种省能和低剪切应力过滤方法。

⑥ 在单克隆抗体生产中的应用　Amos等[23]在一搅拌反应器中进行杂交瘤细胞灌注培养，生产单克隆抗体。在反应器内放置一管状透析器，用于养分供给和代谢废物的排除。结果大大减少血清的用量，大幅度降低生产成本，只需15英镑/g，常规分批培养的成本为68

英镑/g。在基础培养基上和在血清培养基上的单抗产量分别为分批的 1.4 倍和 27 倍。用此法生产的抗体的比生产速率为 $32\sim42\mu g/(10^6$ 细胞·d)，而典型分批的产率为 $11\sim21\mu g/(10^6$ 细胞·d)，且其抗体的回收率为总蛋白的 25%，而分批的回收率只占总蛋白的 2%。这是由于灌注培养能及时补充所需养分和排泄代谢废物，达到高细胞密度培养的效果。其菌浓达 4.2×10^6 细胞/mL，为分批培养的 5 倍。

⑦ 抗生素等次级代谢产物　膜透析技术曾在螺旋霉素和葡萄糖氧化酶等发酵上得到应用。邹崇达等[24]采用膜透析与发酵耦合的技术使螺旋霉素发酵后期的比生产速率维持较高的水平，比分批发酵提高 30%～50%，且其代谢曲线的波动比对照要小。储炬等[25]用膜透析或膜过滤发酵有效地减缓有害代谢物对葡萄糖氧化酶合成的阻遏。膜过滤发酵的产酶速率达到 4196U/h，比对照（常规分批发酵）提高 3.12 倍。

⑧ 维生素 B_{12} 发酵　Nakano 等为了增加提高 B_{12} 的产率，采用一种以活性炭除去丙酸的系统来进行丙酸杆菌（*Propionibacterium freudenreichi*）的高密度灌注培养[18]。将丙酸杆菌的发酵液灌注入旋转式陶瓷膜过滤器内，其流出液再通过活性炭柱以除去会严重抑制生长的丙酸，渗透液再回到发酵罐内，如图 5-17 所示。试验结果表明，在低于 $0.034h^{-1}$ 的稀释速率下此培养系统的细胞浓度可以达到 157g/L，丙酸与乙酸作为副产物回收。此培养系统运行 256h，其细胞浓度达 172g/L，是分批培养的 10.4 倍，而胞内的维生素 B_{12} ＋前体的浓度与分批培养的相近。这说明，即使在高密度培养下维生素 B_{12} 的比生产速率并未改变。

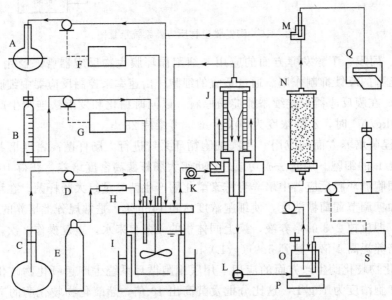

图 5-17　装备有旋转式陶瓷膜装置与活性炭柱的灌注培养系统[18]

A—废液；B—碱溶液；C—培养基；D—蠕动泵；E—N_2 钢瓶；F—液位控制器；G—pH 控制器；
H—流量计；I—发酵罐；J—旋转式陶瓷膜过滤器；K—滚柱式泵；L—可逆泵；M—pH 传感器；
N—活性炭柱；O—pH 控制罐；P—电磁搅拌器；Q—记录仪；S—pH 控制器

5.1.5.2　溶剂萃取与发酵耦合

萃取发酵的概念早在 20 世纪 60 年代中期就已形成。**发酵液中的所需产物被溶剂选择性地提取入有机相。这种方法具有强化生物反应器的动力学特性、减缓代谢产物的反馈调节、浓缩产物、简化下游工段的多重功效。**由于萃取发酵对溶剂的要求很严，要找到理想的（即具有完全的生物相容性、高的相稳定性与产物分配系数）溶剂是很困难的。

(1) 乙醇 采用磷酸三丁酯溶剂，在由中空纤维膜组件和含有固定化酵母细胞的适合反应器组成的膜萃取发酵体系中，可将高浓度的葡萄糖（500g/L）转化为乙醇，体系生产能力达48（g/L）/h。

(2) 丙酮、丁醇 萃取发酵在丙酮丁醇方面的应用取得了较乐观的结果。油醇及C-20吉儿伯特醇（Guerbet alcohol）是最适合的溶剂，其萃取丁醇的分配系数为4.3。丁醇浓度保持在低于2g/L，生产能力较常规发酵提高4倍。以油醇-癸烷（1:1）为溶剂进行丙酮-丁醇萃取发酵，经可行性的估算，年产9万吨的丁醇，其生产成本可望下降20%。

(3) 乳酸 采用经驯化的乳杆菌固定化细胞，以三烷基氧磷与三烷基胺（$C_6 \sim C_8$混合叔胺）两种溶剂进行乳酸直接接触萃取发酵。溶剂体积2.5倍于发酵液的条件下，96h分批发酵生产乳酸，较之pH不作控制的常规发酵体系分别提高3.6倍和5.3倍，有效地减轻了体系的产物抑制作用[7]。

(4) 赤霉素 赤霉素是一种次级代谢物，其生物合成受其自身产物反馈抑制，且在发酵液中不太稳定。Hollmann等[26]在赤霉素发酵213h后使发酵液在微滤膜的一侧打循环，同时通过膜的滤液不断流入萃取器，产物被溶剂提取，提余液返回发酵罐内。试验结果表明，在常规分批发酵中赤霉素的合成在发酵230h后便开始下降，而膜过滤萃取发酵的最终产量比分批发酵提高60%，其中有97%的产物在萃取液中。若采用分批补料膜过滤萃取发酵，其总产量比对照分批补料发酵提高1倍。分批补料发酵到了230h赤霉素产量已不再增长；而分批补料萃取发酵在以后的270h里产量继续增长1倍多。

5.1.5.3　膜固定化细胞反应器的原理和应用

(1) 厌气培养 将大肠杆菌固定化于单中空纤维上。细胞在纤维孔隙中繁殖达到极高的浓度，孔隙中有10^{12}个细胞/mL。反应器中β-内酰胺酶的产率比摇瓶提高100倍。

(2) 好气培养 有一种用于好气培养双中空纤维生物反应器系统。其最外侧是大玻璃管，其中含有多根硅胶管，管内又含有三根聚丙烯中空纤维，在此管内走基质，细胞被固定化于硅胶管内侧和聚丙烯管外侧之间，而空气则在硅胶管外流动。将此系统用于生产利福霉素50天，第10～50天抗生素浓度维持在70μg/mL左右。双中空纤维反应器也可用于生产柠檬酸，其转化率和体积产率分别为80%～90%和1.3（g/L）/h；而分批摇瓶培养的转化率只有70%，体积产率为0.46（g/L）/h。

(3) 纤维床反应器 方柏山等[27]利用纤维床生物反应器固定化乳糖乳杆菌细胞，以粗甘油为基质生产乳酸。其乳酸的生产强度接近游离细胞体系的4倍。通过补料分批发酵使乳酸的终浓度达到88.5g/L。该系统的稳定性良好，具有可观的工业应用的潜力。他们[28]还将此技术用于研究1,3-丙二醇的发酵优化，以粗甘油为原料，优化补料分批发酵条件，添加丰富的氮源，缩短了发酵周期，使1,3-丙二醇的生产强度提高了31%。

严强等[29]应用纤维床反应器发酵生产丁二酸。他们将活细胞吸附在纤维载体上，在3L-纤维床反应器中分别研究反复补料、分批补料和连续发酵生产丁二酸。结果表明，用纤维床反应器反复分批补料法提高了生产水平。4批平均浓度为88.1g/L，平均转化率为0.89g/g和平均生产强度为2.27（g/L）/h。纤维床反应器还被广泛应用于有机酸生产和污水处理中[30]。

5.1.5.4　挥发性产物的回收与发酵耦合

膜蒸发，又称全蒸发（pervaporation），简称PV，Kaseno曾将此法成功地应用于乙醇

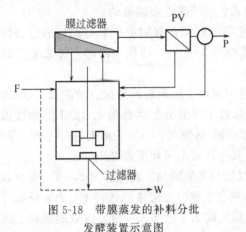

图 5-18　带膜蒸发的补料分批
发酵装置示意图

发酵[31]。乙醇发酵受反应产物的抑制，其产率随产物浓度的增加而减少。在发酵过程中除去产物可以维持高的产率。采用一种用聚丙烯做的疏水多孔中空纤维膜组件作为乙醇选择性膜。PV 组件具有 2150 根纤维管，总接触面积为 $0.5m^2$，其孔径为 $0.02\mu m$，纤维管内外直径分别为 $350\mu m$ 和 $450\mu m$，管壁厚 $50\mu m$，有效长度为 158mm。其试验装置如图 5-18 所示。微孔膜过滤器 MF 是在进行膜蒸发前用来除去悬浮杂质（包括细胞碎片）的。PV 用于连续除去乙醇。罐底的过滤器是用来阻止固定化珠子随发酵液流出的。发酵罐的装量为 3L。

利用这一装置进行乙醇补料分批发酵 72h，系统的补料速率（F）＝生产速率（P）＋料液流出速率（W）。若乙醇的除去率占总乙醇量的 84%，则能维持乙醇在发酵液中的浓度 50g/L。其表观乙醇生产速率是不用膜蒸发的发酵的两倍。其乙醇总产量为 780g，葡萄糖转化为乙醇的得率为理论得率的 96.3%，其废水量只相当于常规分批发酵的 38%。

5.1.5.5　吸附发酵

此过程的原理是在发酵适当时机添加一种能选择性吸附产物而又对产生菌无害的吸附剂。发酵结束后，再从吸附剂洗脱回收产物。Stentelaire 等在香兰酸转化为香兰素的培养中采用一种聚苯乙烯树脂——Amberlite 树脂 XAD-2（法国 Rohm et Hass 公司）来吸附香兰素（又称香草醛）[32]。在 *Pycnoporus cinnabarinus* 培养 4 天后将树脂颗粒直接加入到发酵罐中（100g/L）。加树脂后的第 3 天将树脂包括菌体一起过滤分离出来，用水洗涤，乙醇洗脱，可以从树脂回收总产量达 80% 以上的香兰素。在通气速率为 30L/h 与 90L/h 的条件下添加树脂的批号，香兰素的生产明显提高，分别达到 1398mg/L 和 1575mg/L，为对照（不加树脂）的 1.4 倍和 1.3 倍，其分子转化率为 69.6% 和 82.1%，回收率为 69.7% 和 90%。

5.1.6　高细胞密度培养

建立高细胞密度发酵试验方案需遵循以下原则：

① 使用最低合成培养基以便进行准确的培养基设计和计算生长得率。这也有助于避免引入对细胞生长不利的养分限制。

② 细胞要在这样一种比生长速率下生长，即不至于使较多的碳-能源用于形成胞内储藏物或胞外潜在抑制性的部分氧化的有机物。其生长速率应优化，使得碳源能被充分利用和获得较高的产率。用养分流加来限制菌的生长速率还能控制培养物对氧的需求和产热速率。

③ 用碳源作为限制性养分的另一好处是其用量比其他养分大，且易控制。为了能得到最大的细胞浓度和减少恒化培养所带来的不稳定问题，宜采用补料-分批培养。

代谢产物的合成是靠菌（生产者）来完成的。菌量越多，自然产量也越大，条件是菌的生产力能保持在最佳状态和具备适当的生产条件，包括足够的产物合成所需的基质、前体、诱导物等以及没有有害代谢物的积累。要满足这些条件并不容易。高细胞密度培养曾成功地应用于各种代谢产物的生产，这也是它为什么一直受到重视的原因。Riesenberg 对此作过较全面的综述[33]。

5.1.6.1 研究应用概况

细胞高密度培养一般是指微生物沉没培养时其细胞密度达到 100g/L 以上的水平。最早应用于生产单细胞蛋白、乙醇。采用多基质补料分批高密度发酵,恒 pH 条件下,硫链丝菌素获高产。Lee 等用高密度细胞培养生产羟基链烷酸的效果很好[34]。表 5-3 列举了一些细胞高密度培养成功的实例。

表 5-3 细胞高密度培养成功的实例[33]

菌种	特征	基础培养基	反应器类型	培养方法	细胞干重 /(g/L)	培养时间 /h	产率 /[(g/L)/d]
大肠杆菌	嗜温菌需氧,葡萄糖过量,形成乙酸	葡萄糖+矿物盐	搅拌罐	葡萄糖-非限制指数补料	145	32	108.7
		甘油+矿物盐	搅拌罐	甘油-限制指数方式补料	148	44	80.6
扭脱甲基杆菌	嗜温菌,高浓度甲醇抑制生长	甲醇+矿物盐	搅拌罐	补料-分批,控制甲醇、DO 与 C/N 比	233	170	32.9
枯草杆菌	嗜温菌	完全培养基含葡萄糖	搅拌罐	补料-分批,用葡萄糖控制恒 pH	184	28	157.7
真养产碱菌 NCIMB 11599	嗜温菌,利用葡萄糖突变株	葡萄糖+矿物盐	搅拌罐	补料-分批,没有氨限制	184	50	88.3
劳伦链霉菌	嗜温菌	完全培养基含葡萄糖	搅拌罐	补料-分批,用多基质补料,恒 pH	157	220	17.0
恶臭假单胞菌 BM01	嗜温菌,葡萄糖<40g/L 无抑制作用	葡萄糖+矿物盐	搅拌罐	补料-分批,控制氨与葡萄糖,恒 pH	100	30	79.9
Candida brassicae	嗜温菌	乙醇+矿物盐	搅拌罐	补料-分批,补乙醇,恒 DO	268	28	229.7
毕赤酵母	嗜温菌,甘油抑制甲醇消耗	甘油+矿物盐	搅拌罐	补料-分批,含甘油,补甲醇	约100	46~130	52.1~118.5
乳酸乳球菌	嗜温菌,受高乳酸浓度抑制	完全培养基+葡萄糖	搅拌陶瓷膜反应器	间歇补料与过滤,在高稀释速率下	141	238	
酿酒酵母	嗜温菌,过量葡萄糖,形成乙醇	完全培养基+葡萄糖	搅拌罐,内置式过滤器	连续培养,流加葡萄糖,细胞完全保留	208	77	

5.1.6.2 达到高细胞密度的手段

可用于高细胞密度培养的生物反应器类型有常用的搅拌罐和带有外置式或内置式细胞持留装置的反应器,如透析膜反应器、气升式反应器、气旋式反应器与振动陶瓷瓶等。有关膜透析或微滤发酵的原理与应用请参阅第 5.1.5.1 节。外循环错流过滤系统会导致细胞的损伤,故内循环似乎更合理些。Suzuki 等曾用一种带搅拌的陶瓷膜反应器系统来进行乳酸杆菌的高细胞密度培养[35]。其陶瓷过滤器可用于从发酵液中除去生长抑制性代谢副产物和作为气体分布器。Nakano 等采用一种含有内外两个圆筒的膜透析反应器,内筒与外筒之间用透析膜隔离[36]。内外室中均有自己的搅拌器与培养基输送管道。这类反应器对高细胞密度培养十分有用，曾用于大肠杆菌与一些极端菌（extremophiles）的培养。其优点在于能连续除去抑制性或有毒的化合物而不会损伤细胞。Holst 等将气升式发酵罐用嗜热菌的高细胞密度培养，可以改善氧的传质速率[37]。Hartbrich 等为了提高氧的浓度，开发了一种带有 NMR 光谱的膜旋风反应器，并用于谷氨酸棒杆菌高密度培养[38]。这种反应器可以无损伤地在线观察微生物。

有一种新型的可以放在普通摇床上的陶瓷膜摇瓶，可用于高细胞密度培养。此瓶含有一种陶瓷过滤器，用来抽出培养液的滤液[39]。

以上介绍的一些反应器系统用于研究是很有效的，但在工业生产上，还是采用一般的搅拌罐与补料工艺来进行高细胞密度培养。因它简单，且生产潜力高，适合于进行多参数的相关控制。有关高细胞密度培养的控制策略请参阅第 6 章。

5.1.6.3　存在问题

高细胞密度培养的主要问题是：在水溶液中的固体与气体物质的溶解度，基质对生长的限制或抑制作用，基质与产物的不稳定性和挥发性，产物或副产物的积累达到抑制生长的水平，产物的降解，高的 CO_2 与热的释放速率，高的氧需求以及培养基的黏度不断增加。采用化学成分已知的培养基可以简化补料策略，因其得率系数与生长速率等是已知的。为了达到高密度，需要得率高的基质，在基础料耗竭后必须添加这些基质。常用氨（作为氮源）来控制 pH。但氨浓度必须保持低水平，因浓度高会抑制生长。在好气培养中如碳源过量，不同的菌会形成不同的代谢副产物，大肠杆菌、枯草杆菌、乳酸杆菌与酿酒酵母的副产物分别为乙酸、丙酸、乳酸和乙醇。通常限制碳源的供给可以阻止这些副产物的积累。

5.1.6.4　成功范例

利用透析反应器，Markl 等曾获得最高细胞浓度的大肠杆菌 K12（191g/L）。用简单的搅拌罐补料分批培养形成乙酸量少的大肠杆菌，在非生长限制条件下（$\mu = \mu_{max}$）可获得 145g/L 的结果。这些试验是在成分已知的葡萄糖、矿物盐培养基上进行的。经改造，即乙羟酸支路途径被活化后大肠杆菌 B 比大肠杆菌 K12 产生的乙酸要少许多。还有一种解决乙酸问题的办法是将梭菌的丙酮操纵子在大肠杆菌中表达。这种菌在生物反应器中积累一些丙酮，但在通气搅拌过程中随气流被抽走[40]。Wang 等通过细胞分裂蛋白 FtsZ 的过量表达阻碍了大肠杆菌絮状化[41]。这种代谢工程菌适合于高细胞密度培养，具有很高的聚羟基丁酸的生产能力。Curless 等在大肠杆菌的高细胞密度培养中曾用聚磷酸盐作为磷源代替正磷酸盐，结果提高了细胞密度[42]。有关高细胞密度培养在干扰素生产中的应用，请参阅第 5.6.2 节。

近年来，大肠杆菌不仅是重组蛋白的产生菌，通过代谢工程也越来越多成为其他类型产物，如聚羟基丁酸、质粒 DNA、芳香化合物等的产生菌。要达到高细胞密度，除了改造菌种，对过程的优化也还有很大的潜力。现代监测技术，如固有的荧光光谱、荧光活化细胞的检测、流通细胞测定仪（flow cytometer）以及就地成像分析等的应用将会给高细胞密度培养提供更多的信息。

5.1.7　混合或共培养系统

混合或共培养系统可应用于某些发酵。Kondo 等采用运动发酵单胞菌与醋酸杆菌混合培养由葡萄糖生产乙酸，前者负责把葡萄糖转化为乙醇，后者再将乙醇转化为乙酸[43]。Taniguchi 等应用毕赤酵母 *P. stipitis* 与酿酒酵母的呼吸缺陷突变株共发酵，从葡萄糖与木糖化合物生产乙醇[44]。

Tohyama 等采用一种混合培养系统[45]，由德氏乳杆菌把葡萄糖转化为乳酸，再由 *Ralstonia eutropha* 将乳酸转化为聚β-羟基丁酸（PHB）。鉴于乳酸浓度对两种菌的生长都有影响，他们使用一种在线酶催化的乳酸和葡萄糖传感器，以及流动注射分析（FIA）系统，调节葡萄糖的添加速率来控制乳酸浓度在低于 5g/L 的水平。由于德氏乳杆菌偏好厌氧环境，而 *Ralstonia eutropha* 好气，他们研究了溶氧对每一种菌的发酵特性的影响。试验结果表明，通过补糖，在 13～15h、23～30h 维持糖浓度在 6～7g/L，乳酸浓度在线控制在低于 3.5g/L 的水平和溶氧作波动控制（参见第 5.2.6.5），到发酵结束（30h）时 PHB 浓度达到 8g/L，其产率为 0.275 （g/L)/h。

5.1.8　固态发酵

固态发酵（solid-state fermentation，简称 SSF）是指在无游离水的固体培养基中用一种以上的微生物进行发酵的过程。能胜任固体发酵的微生物需具备：①拥有完整的酶系，迅速应付环境的需要；②能以菌丝形式渗入固体培养基内生长；③生长过程中能有效利用有限的水分。

固态发酵也有其自身的优势[46]：①所需设备相对简单，投资规模小；②原料多为农副产品，成本低，无需预加工；③杂菌不易生长，无需严格灭菌；④产物浓度较高。近年来，用固态发酵法进行淀粉酶的生产越来越多。SSF 用于生产酶制剂具有很大的潜力，特别是一些粗发酵产物作为酶源的场合。菌种的筛选对商品酶的产率是关键。对 SSF 过程，尤其是酶的生产，一般认为农业副产物是最佳的基质。SSF 已广泛应用于轻工业领域，如发酵食品、蛋白质、生物碱、有机酸、生物能源等，还有用于一些抗生素的生产。欲详细了解 SSF 系统请参阅文献综述[46~48]。

孙舒扬等[49,50]应用固态发酵研究大曲华根霉的酯合成脂肪酶的培养基和培养条件的优化。结果使酯合成脂肪酶的活性提高 4.1 倍，达到 24432U/kg 干基。

Kunamneni 等[51]采用嗜温真菌，以固态发酵（SSF）法进行淀粉酶的生产，试用过的基质有：麦麸、糖蜜糟、米糠、玉米粉、小米、麦片、大麦麸、碎玉米、玉米芯和碎小麦。在麦麸上生产，所得淀粉酶的活性最高。在最适条件得最高酶活为 534U/g 麦麸。其最适条件为培养温度 50℃，初始湿度 90%，pH6.0，接种量 100g/L，盐溶液浓度 15%，瓶装量 1%，以可溶性淀粉（质量分数 1%）和蛋白胨（质量分数 1%）补料下培养 120h。

蔡宇杰等[52]应用固态发酵来研究竹红菌素的生产。他们研究了作为利用原料的关键酶类，如淀粉酶、蛋白酶和纤维素酶的活性与产物合成的关系。通过基因工程手段强化这些酶系，使发酵周期缩短，竹红菌素的产量提高。

5.1.9　动物细胞培养

近年来，骨髓间充质干细胞（bmMSCs）作为再生医疗与组织工程领域的有用资源而受到关注。然而，从现有供体获得的 bmMSCs 的数量有限。周浪等[53]开发了一种培养策略，在装有微载体珠的 1.5L 搅拌生物反应器中进行 bmMSCs 的扩增。首先，在接种细胞前，载体（Cytodex 3）需在含有 3%（体积分数）的牛胎儿血清（FBS）的培养基中至少平衡 30min。在接种后的前 24h，培养基中 FBS 浓度需维持在 3%（体积分数），以后维持在 1%（体积分数），并运用制定的补料策略 5 天。结果在第 5 天最高细胞密度达到 2.6×10^6 细胞/mL，使整个细胞数目增加 10.4 倍。在收获的细胞里有 98.95% 表达 CD29 和 84.48% 表达 CD90。这表明，绝大多数的 bmMSCs 仍保留其分化的潜力。

Tian 等[54] 通过与 TM4 鼠 Sertoli 细胞共培养促进 BM-MSCs 的繁殖。为了研究这些问题，应用体外 Transwell 系统作者发现，TM4 细胞能提高 BM-MSCs 生长而不抑制其多能性。细胞周期分析显示，与 TM4 细胞共培养会加速 BM-MSCs 从 G_1 到 S 期的进程。在与 TM4 细胞共培养中磷酸-akt、mdm2、pho-CDC2 与细胞周期蛋白 D1 的表达被上调。添加 PI3K/AKT 抑制剂，LY294002 显著抑制所观察到的促进作用。作者的研究表明，在 TM4 细胞生成的各种生长因子中上皮生长因子（EGF）促进 BM-MSCs 的繁殖更显著。EFG 受一种抑制性抗体中和后显著削弱其促进 BM-MSCs 生长作用。这些结果说明，TM4 细胞提供一种有利于 BM-MSCs 生长的体外环境，这涉及 EGF/PI3K/AKT 途径。

支持细胞 SCs，被认为是睾丸的护士细胞，由于其重要的生物功能曾在细胞治疗中用于同神经元一起共移植。但未搞清 SCs 是否影响神经元的通讯与存活。Deng 等[55] 在共培养系统中研究了支持细胞（SCs)-诱导神经元的生长与存活中的神经元白细胞介素的作用与机制。他们发现，约有 60% 的与 SCs 一起共培养的皮层神经干细胞（NSCs）被分化为成熟的神经元。此外，同由分化培养基诱导的分化神经元比较，在共培养系统中神经突突起与神经元存活率提高。作者在 RNA 与蛋白质水平上鉴别了 SCs 的神经元白细胞素（NLK）的分泌作用，在神经形态与生理调节方面首次系统研究了 NLK 的作用。这些研究结果不仅揭示 SCs 对 NSCs 调节的重要性，且证实了 NLK 在 NSCs 的分化与存活方面所起的作用。

5.2 发酵条件的影响及其控制

目前还不能完全做到控制发酵，使其按人的意志转移。因影响发酵的因素很多，有些因素还是未知的，且其主要影响因素也会变化。因此，了解发酵工艺条件对过程的影响和掌握菌的生理代谢和过程变化的规律，可以帮助人们有效地控制微生物的生长和生产。常规的发酵条件有：罐温、搅拌转速、搅拌功率、空气流量、罐压、液位、补料、加糖、油或前体、通氨速率以及补水（需要的话）等；能表征过程性质的状态参数有：pH、溶氧（DO）、溶解 CO_2、氧化还原电位（rH）、尾气中的 O_2 和 CO_2 含量、基质（如葡萄糖）或产物浓度、代谢中间体或前体浓度、菌浓（以 OD 值或细胞干重 DCW 等代表）等。通过直接参数还可以求得各种更有用的间接状态参数，如比生长速率（μ）、摄氧率（OUR）、CO_2 释放速率（CER）、呼吸商（RQ）、氧得率系数（$Y_{x/o}$）、氧体积传质速率（K_La）、基质消耗速率（Q_s）、产物合成速率（Q_P）等。常用的工业发酵仪器见表 5-4。

微生物发酵的生产水平取决于生产菌种的特性和发酵条件（包括培养基）。为此，了解生产菌种与环境条件（如培养基、罐温、pH、氧的供需等的相互作用）、菌的生长机理、代谢规律和产物合成的代谢调控机制，将会使发酵的控制实现从感性到理性认识的转化。为了掌握生产菌种在发酵过程的代谢规律，可通过各种监测手段了解各种状态参数随时间的变化，并予以有效的优化控制。

化学工程和计算机的应用为发酵工艺控制打下另一方面的基础。研究发酵动力学，找出能适当描述和真正反映系统的发酵过程的数学模型，并通过现代化的试验手段和计算机的应用，可以为发酵的优化控制开创一个新的局面。

表 5-4 常用的工业发酵仪器

分　类	测量对象	传感器	控制方式	评　论
就地使用的探头	温度	Pt 热电耦	盘管内冷水打循环。注入蒸汽加热	也可用热敏电阻，采用小型的加热元件
	pH	玻璃与参比电极、凝胶复合电极	加酸、碱或糖、氨水	发酵罐内常用复合电极，需耐蒸汽灭菌，有一定寿命
	溶氧(DO)	极谱型 Pt 与 Ag/AgCl 或原电池型 Ag 与 Pb 电极	对搅拌转速、空气流量、气体成分和罐压有反应	极谱型电极一般更贵和牢靠
其他在线仪器	泡沫	电导探头/电容探头	开关式加入适量消泡剂	也采用消沫桨
	搅拌	转速计、功率计	改变转速	小规模发酵罐不测量功率
	空气流量	质量流量计、转子流速计	流量控制阀	
	液位	应变规、压电晶体、测压元件（差压变送器）	溢流或流入液体	用于小规模设备的测压元件
	压力	弹簧隔膜	压力控制阀	小规模设备不常用
	料液流量	电磁流量计，工业控制计算机补料系统	流量控制阀，电子秤	用于监控补料和冷却水
气体分析	O_2 含量	顺磁分析仪/质谱仪		主要用于计算呼吸数据
	CO_2 含量	红外分析仪/质谱仪		

5.2.1　培养基对发酵的影响

许多用于生产贵重商品的培养基的配方一般都不发表，视为公司的机密，这说明发酵培养基对工业发酵生产的重要性。先进的培养基组成和细胞代谢物的分析技术加上统计优化策略和生化研究对于建立能充分支持高产、稳产和经济的发酵过程是关键的因素。

培养基的成分对微生物发酵产物的形成有很大的影响。每一种代谢产物有其最适的培养基配比和生产条件。

5.2.1.1　养分的需求

发酵培养基必须满足微生物的能量、元素和特殊养分的需求，如下：

$$碳源＋氮源＋矿物质＋O_2 \longrightarrow 细胞量＋产物＋CO_2＋H_2O＋\Delta H$$

(1) 碳源　还原型的碳化合物常用于构建细胞和形成产物。除了葡萄糖，也可采用一些其他天然有机化合物（如乙醇、甘油、乳糖等）作为碳源，用于生长和生产。培养基中的碳源浓度相当重要。如培养基中碳源浓度超过 5%，细菌的生长因细胞脱水而开始下降。酵母或霉菌可耐受更高的葡萄糖浓度，达 200g/L，这是由于它们对水的依赖性较低。并且，在某一浓度下碳源会阻遏一个或更多的调节产物合成的酶，这称之为碳分解代谢物阻遏，详见 3.2.2 节。

避免分解代谢物阻遏的一种方法是使补入碳源的速率等于其消耗速率。另一种办法是使用非阻遏性碳源，如除葡萄糖以外的其他单糖、寡糖、多糖或油。

(2) 氮源　大多数细菌、霉菌和酵母利用氨和硝酸盐来合成含氮有机物，如氨基酸、嘌呤和嘧啶等。许多微生物也可从有机含氮物（蛋白质、肽或氨基酸）的降解中获得氨。铵离子或某些易利用的氮源的积累会阻遏次级代谢产物的合成。有几种无机氮源，如 40mmol/L NH_4Cl 阻遏头孢菌素的生成。同样，200mmol/L NH_4Cl 阻遏林可霉素的生产而不影响细胞生长。添加氨的捕集试剂，如天然沸石或磷酸镁，控制氮的水平，可分别增加泰乐菌素和柱晶白霉素的生产。在青霉素的生产中通过适当的补料方式也可控制氮的水平。

(3) **矿物盐** 大多数微生物发酵需添加磷酸盐、镁、锰、铁、钾盐和氯化物。通常自来水或复合培养基中含有所需的微量元素，如铜、锌、钴和钼等以及钙盐。大多数这些金属离子，尤其是无机磷酸盐，阻遏几种次级代谢物的生物合成。在杀假丝菌素的生物合成中磷酸盐至少阻遏一种酶——对氨基苯甲酸合成酶。

(4) **特殊养分** 许多微生物需要一些它们不能合成的特殊养分和生长因子，如氨基酸、嘌呤、嘧啶、维生素等，后者是许多酵母和霉菌生长所必需。工业生产用的基础培养基一般具有一种或更多的复合养分，如酵母粉、黄豆饼粉、玉米浆等，用于供给微生物所需的特殊未知养分。

(5) **复合培养基** 工业发酵常用的复合培养基通常来自农副产物，如鱼肉加工下脚、谷物和纤维加工的副产物等，见表5-5和表5-6所示。

表 5-5　工业发酵过程常用的原材料[56]

碳　源	氮　源	碳　源	氮　源
工业葡萄糖(Cerelose)	黄豆饼粉,黄豆粉	甘油	玉米浆或其干粉
糖蜜(来自甘蔗或甜菜)	花生饼粉	油脂(大豆、玉米、花生和棉籽)油酸甲酯	蛋白胨(鱼胨、羽胨、骨胨、肉胨等)
玉米淀粉、糊精及液糖	棉籽饼粉	乳清(含65%乳糖)	亚麻籽饼粉
山芋粉	干酒糟	醇(如甲醇)	鱼粉
木薯粉	全酵母、酵母膏及酵母水解液		

表 5-6　若干复合原材料的成分[56]

成分	玉米	玉米浆	鲱鱼粉70%	酒糟	亚麻籽饼粉	甜菜糖蜜	花生饼粉	棉籽饼粉	黄豆饼粉	乳清粉	酿造酵母
干物质/%	82	50.0	93	92.0	92.0	77.0	90.5	99.0	90.0	95.0	95.0
蛋白质/%	9.9	24.0	72	26.0	36.0	6.7	45.0	59.2	42.0	12.0	43.0
糖/%	69.2	5.8		45.0	38.0	65.1	23.0	24.1	29.9	68.0	39.5
脂肪/%	4.4	1.0	7.5	9.0	0.5	0.0	5.0	4.02	4.0	1.0	1.5
纤维/%	2.2	1.0	1.0	4.0	9.5	0.0	12.0	2.55	6.0	0.0	1.5
灰分/%	1.3	8.8		8.0	6.5	5.2	5.5	6.71	6.5	9.6	7.0
钙/%	0.02		2.0	0.30	0.4	0.16	0.15	0.25	0.25	0.9	0.1
镁/%	0.11		0.14	0.65	0.56	0.23	0.32	0.74	0.25	0.13	0.25
磷/%	0.28	1.5	1.3	0.9	0.02	0.55	1.31	0.63	0.75	1.4
可利用磷/%	0.1	1.50	1.2	0.3	0.01	0.2	0.31	0.16	0.75	1.4
钾/%	0.31	1.12	1.75	1.22	4.71	1.12	1.72	1.75	1.20	1.48
硫/%	0.08		0.62	0.37	0.39	0.47	0.28	0.6	0.32	1.04	0.49
生物素/(mg/kg)		0.88		2.86			1.52				
胆碱/(mg/kg)	528		3960	4400	1848	880	1672	3270	2420	2420	4840
烟酸/(mg/kg)	22.0		88.0	110	35.2	39.6	167	83.3	30.4	11.0	498
泛酸/(mg/kg)	5.72		8.8	19.8	17.6	4.62	48.4	12.4	14.1	48.4	121
吡哆醇/(mg/kg)	7.6	19.4						16.4		2.86	49.7
核黄素/(mg/kg)	1.1		9.02	15.4	3.08	2.2	5.28	4.82	3.08	19.8	35.2
硫胺素/(mg/kg)		0.88		5.5	8.8		7.26	3.99		3.96	74.8
精氨酸/%	0.50	0.4	4.2	1.0	2.5		4.6	12.3	2.9	0.4	2.2
胱氨酸/%	0.09	0.5	0.7	0.6	0.6		0.7	1.52	0.62	0.4	0.6
甘氨酸/%	0.43	1.1	3.53	1.1	0.23		3.0	3.78		0.7	3.4
组氨酸/%	0.20	0.3	1.34	0.7	0.5		1.0	2.96		0.2	1.3
异亮氨酸/%	0.40	0.9	2.86	1.6	1.3		2.0	3.29		0.7	2.7
亮氨酸/%	1.10	1.4	4.70	2.1	2.1		3.1	6.11		1.2	3.3
赖氨酸/%	0.20	0.2	5.7	0.9	1.0		1.3	4.49	2.8	1.0	3.4
甲硫氨酸/%	0.17	0.5	2.0	0.6	0.8		0.6	1.52	0.59	0.4	1.0

成分	玉米	玉米浆	鲱鱼粉70%	酒糟	亚麻籽饼粉	甜菜糖蜜	花生饼粉	棉籽饼粉	黄豆饼粉	乳清粉	酿造酵母
苯丙氨酸/%	0.50	0.3	2.52	1.5	1.8		2.3	5.92		0.5	1.8
苏氨酸/%	0.40		2.96	1.0	1.4		1.4	3.31	1.72	0.6	2.5
色氨酸/%	0.10		0.8	0.2	0.7		0.5	0.95	0.59	0.2	0.8
酪氨酸/%		0.1	1.76	0.7	1.7			3.42		0.5	1.9
缬氨酸/%	0.40	0.5	3.61	1.5	1.8		2.2	4.57		0.6	2.4

通常，用于次级代谢物生产的复合培养基配方多半是经验性的，因对生产菌的性质及所需化合物的生物合成知道得不多。培养基配方的设计主要根据过去文献报道，并通过试验调整。尽管这种粗放的培养基的产量低，但已足够用于产物的初步分离和鉴别研究。如研究的新产物经初筛有潜力，便可在菌种选育和生化研究的同时进行培养基的优化工作。

5.2.1.2 生长能量学对产物形成的影响

如将产气气杆菌作好气碳限制恒化培养，其呼吸强度 q_{O_2}（这与能量产生的速率成正比）与生长速率之间呈线性关系，但此直线不通过原点，生长速率为零的情况下细胞仍消耗氧。这是维持生命的能量需求。那么，维持其生存所需的能量最低是多少呢？有两个证据说明除了维持生存的需要，还存在另一种能量的溢出。在产气气杆菌的恒化培养中在碳源过量（氮、硫或磷限制的）情况下，其呼吸强度 q_{O_2} 与生长速率之间仍旧存在线性关系，见图 5-19。但在 $\mu = 0$（将直线外推到纵坐标）条件下其他养分限制所得的呼吸强度比碳限制培养物的要高。因很难解释生长在过量碳源的维持能量需求比葡萄糖限制的培养物的要高，故得出这样的结论，即：在这些细胞中必然存在其他类型的能量消耗反应。

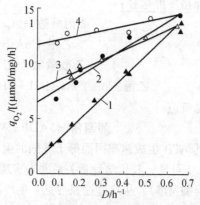

图 5-19　产气气杆菌恒化培养在含葡萄糖的培养基中碳、氮、硫或磷限制下，其呼吸强度 q_{O_2} 与生长速率之间的线性关系

1—碳限制；2—氨限制；3—硫限制；4—磷限制

另一个试验也得出同样的结论。如产气气杆菌在一好气葡萄糖限制的恒化器中在 $D = 0.1 h^{-1}$ 条件下生长，葡萄糖被耗竭，转化为 CO_2 和新的细胞。这种培养物有活力和稳定，维持细胞完整的能量消耗并无浪费。这时，如向培养液添加额外的糖，会导致氧耗与 CO_2 的释放速率迅速增加，但生长速率并未立即增加。由此得出结论，加进去的额外糖所产生的能量必然大部分被浪费掉。催化这些能量溢出（energy-spilling）反应的酶是组成型的。**从发酵生理的观点分析，可以区分三种能量消耗的反应：新细胞材料的净合成；维持细胞完整与存活的能量需求；能量溢出反应（不管其作用是什么）。**

5.2.1.3 碳和能量限制

以下将着重讨论初级代谢物的碳和能量限制问题。如生长培养基中某一必需养分的浓度低到限制生长，微生物将会保持其生存所必需的对此养分的最低需求量，胞内不会有多余养分存在。因此，可以想象，在碳源限制条件下不可能积累如糖原或聚 β-羟基丁酸这样一类储藏聚合物，除非这是菌的组成型特性。即使如此，也是在碳过量的条件下（特别是氮限制条件下）才刺激菌去生产这些储藏聚合物。

如异养生物生长在受碳-能源限制的培养基中当它们进行发酵时只生产胞外产物而不是 CO_2 和水。在这样的环境中，菌能在最高的能量效率下生长。这一概念可从以下例子得到阐明：

将粪链球菌在葡萄糖或色氨酸限制下作恒化培养。由于此菌只利用葡萄糖来产生能量（培养基中的有机养分提供新细胞材料合成所需的建筑单体），故这些试验可从能量学的观点得到解释。从表 5-7 可见，如菌的生长快些，其葡萄糖的比消耗速率与乳酸的比生产速率增加。这是由于细胞合成的能量需求更大。如生长在色氨酸限制下菌会消耗更多葡萄糖。若葡萄糖完全代谢为乳酸，其总反应如下式同型发酵所示：

$$葡萄糖 + 2NAD^+ + 2ADP + 2Pi \longrightarrow 2\ 丙酮酸 + 2NADH + 2H^+ + 2ATP$$

同型发酵途径：

$$2\ 丙酮酸 + 2NADH + 2H^+ \longrightarrow 2\ 乳酸 + 2NAD^+$$

总反应：

$$葡萄糖 + 2ADP + 2Pi \longrightarrow 2\ 乳酸 + 2ATP$$

异型发酵途径：

$$2\ 丙酮酸 + 2CoA \longrightarrow 2\ 甲酸 + 2\ 乙酰\text{-}CoA$$
$$乙酰\text{-}CoA + Pi \longrightarrow 乙酰磷酸 + CoA$$
$$乙酰磷酸 + ADP \longrightarrow 乙酸 + ATP$$
$$乙酰\text{-}CoA + 2NADH + 2H^+ \longrightarrow 乙醇 + 2NAD^+ + CoA$$

总反应：

$$葡萄糖 + 3ADP + 3Pi \longrightarrow 2\ 甲酸 + 乙酸 + 乙醇 + 3ATP$$

其 ATP 生成速率因而等于乳酸的生产速率，而后一生产速率应 2 倍于葡萄糖的消耗速率。从表 5-7 可见，其化学计量关系并未实现。这可能是由于该菌存在另一种葡萄糖发酵途径（见上式异型发酵）。从这些途径可见，生产乙酸对能量的转换有利，可获得 3ATP/葡萄糖。

表 5-7 粪链球菌在葡萄糖或色氨酸限制下恒化培养中的各参数随 D 的变化

限制性	D	q_{Glc}	q_{Lac}	q_{Ac}	q_{EtOH}	q_{For}	q_{CO_2}	q_{ATP}
葡萄糖[①]	0.22	4.9	3.8	—				>9.8
	0.31	7.5	6.8	—				>15
	0.43	9.6	17.6	—				>19.2
色氨酸[①]	0.22	12.9	13.4	—				>25.8
	0.31	16.6	20.2	—				>33.2
	0.43	16.1	30.6	—				>32.2
葡萄糖[②]	0.1	2.5	1.2	1.9	1.8	3.7	0.5	6.8
	0.3	7.4	4.1	4.0	6.7	8.1	1.4	18.8
	0.5	12.6	15.2	3.6	5.7	7.8	1.5	28.1

① $q_{ATP} > 2q_{Glc}$。

② $q_{ATP} = q_{Lac} + q_{EtOH} + 2q_{Ac}$

注：q_{Glc}、q_{Lac}、q_{Ac}、q_{EtOH}、q_{For}、q_{CO_2} 和 q_{ATP} 分别表示葡萄糖比消耗速率、乳酸比生成速率、醋酸比生成速率、乙醇比生成速率、甲酸比生成速率、CO_2 比生成速率和 ATP 比生成速率。

据此，可得出如下的结论：①如能源限制生长，菌可采用更为有效的途径来产生能量；②即使采用效率较低的能量产生途径，如能源的供应大于其生长的需求，它仍旧会产生更多的能量；③在较高的生长速率下优先生产乳酸。必须强调的是，从狭义上讲，决定发酵的最为重要的规则之一是基质-产物的还原程度必须相等。链球菌用有机化合物（例如酵母膏）来合成细胞，需要一种分开的能源（如葡萄糖）。这遵循化学计量关系，1mol 葡萄糖转化为 2mol 乳酸。比葡萄糖的还原性更强的能源（例如山梨醇）不能全转化为乳酸；比葡萄糖氧化性更强的化合物（如丙酮酸、乳酸）产生更少的乳酸和较多的氧化型代谢产物。

需氧微生物也有类似的情况。兼性需氧菌，产气气杆菌在碳限制恒化培养中利用碳-能源的效率最高的代谢，其葡萄糖代谢的唯一产物是 CO_2 和新细胞。在碳源过量的条件下葡萄糖与氧耗的比速率一直较高。葡萄糖代谢的氧化型产物被分泌到培养液中。这些化合物的积累不是由于细胞自溶，其品种与积累量取决于生长受什么样的限制。在氧限制下这些需氧菌产生大量的 2,3-丁二醇。其他微生物，如土壤杆菌、产朊假丝酵母、枯草杆菌和丁醇梭菌、大肠杆菌、假单胞菌属均有类似的性能，它们在碳源过量的条件下能量利用效率低（其碳-能源比消耗速率和呼吸强度较高）和过量生产优先代谢产物，如表 5-8 所示。

碳源对纤维素的生产有重要的影响。以葡萄糖、果糖或葡萄糖＋果糖作碳源，以玉米浆作为氮源在摇瓶或 5L 发酵罐中进行试验，Yang 等[57]发现，以葡萄糖为唯一碳源，醋杆菌 *A.xylinum* 几乎将所有葡萄糖氧化成葡糖酸，这以后才在葡萄糖限制下把培养液中堆积的葡糖酸转化为纤维素。由于醋杆菌 BRC5 不能将果糖代谢成相应的酸，果糖的发酵模式是典型的纤维素生产与生长关联。若葡萄糖与果糖同时存在于培养基中，菌优先将葡萄糖代谢成葡糖酸，待葡萄糖耗竭才开始利用果糖来生产纤维素。在发酵罐中纤维素的总产率在 0.071～0.086(g/L)/h 的范围。在培养 37h 后通过中间补果糖，使纤维素产量达到 6.8g/L，约为不补的 1.7 倍。其得率为 0.17g 纤维素/g 碳源。实际上，其中有 1/4 的碳源（葡萄糖）用于生长。

表 5-8　大肠杆菌恒化培养中生长在不同养分限制（$D=0.16$，pH5.5，35℃）下的葡萄糖消耗、氧利用与代谢产物形成的比速率　　　　　　　　单位：(mmol/g)/h

限制性养分	吡咯并喹啉醌[1]	葡萄糖（Glc）	葡糖酸（GA）	α-酮戊二酸	丙酮酸	乙酸	CO_2	O_2	GA/Glc
碳源	0	2.0	0	0	0	0	5.2	5.2	0
	0.2	1.9	0	0	0	0	5.6	5.6	0
氮源	0	2.9	0	0.5	0	0.1	8.8	9.3	0
	0.2	3.6	0.3	0.8	0	0.2	9.6	10.7	8
硫	0	2.7	0	0.5	0.7	0	7.7	8.1	0
	0.2	7.3	4.4	0	0.7	0	7.9	10.5	60
磷	0	3.2	0	0	0	0.1	12.9	12.5	0
	0.2	10.0	6.3	0	0	0.5	13.1	15.2	63
钾	0	4.6	0	0	0.6	0.9	16.3	15.4	0
	0.2	6.0	1.1	0	0.3	1.0	16.2	16.2	18

① 吡咯并喹啉醌的最终浓度为 $0.2\mu mol/L$。

碳氮源对真菌 *Humicola lutea* 110 的超氧化物歧化酶（SOD）的生产有明显的影响[58]。其最佳的发酵条件为：葡萄糖 4%，酪蛋白＋黄豆粉 0.152%，接种量 8%，培养温度 30℃。在此培养条件下 SOD 的生物合成出现两次高峰，一次在 72h，另一次在 114h，其酶活分别达到 841U/mg 蛋白和 120.8U/mg 蛋白；SOD 产率为 642.7 (U/L)/h 和 462 (U/L)/h；总单位为 46.3×10^3 U/L 和 52.6×10^3 U/L。

5.2.1.4　氮或硫限制对产物合成的影响

如产气气杆菌和产朊假丝酵母生长在氮限制的条件下，会使细胞的含氮量降低，且积累多糖（糖原）。这就是为什么有些多糖（如黄原胶）的生产过程使用氮限制培养条件。

由土壤杆菌合成的胞外多糖（琥珀聚糖）是在氮限制条件下优化的，生长在恒化培养、碳限制条件下的细胞不产生这种化合物。此多糖的生产是需能过程。氮限制也促进聚 β-羟基丁酸和缩聚磷酸盐的合成。这是由于过量的碳源导致胞内 NADH/NAD 和 ATP/ADP 比例的增加。换句话说，细胞面临能量过剩的问题。产气气杆菌在恒化培养、葡萄糖过量、氮限制条件下大量生产胞外多糖。加入 2,4-二硝基酚（一种引起能量耗散的化合物）到培养基中会阻止多糖的合成，并导致中间代谢的剧烈改组。

硫元素的主要作用是供给甲硫氨酸、半胱氨酸和若干辅酶（如焦磷酸硫胺素、辅酶 A、硫辛酸）合成的需要。这些辅酶对丙酮酸脱氢酶与 α-酮戊二酸脱氢酶很重要，它们在代谢中起核心作用。硫限制培养的性质与氮限制培养的相似，因它们都是蛋白质合成所必需的元素，不存在于糖和脂质中。如产气气杆菌生长在硫限制下，在相同的生长速率下其糖耗比速率将比碳限制下的高。此外，还生产胞外多糖和较多的丙酮酸，也分泌乙酸、α-酮戊二酸和琥珀酸。多糖的生产再一次反映出细胞处在能量过剩的条件。丙酮酸的分泌说明，硫酸盐的限制导致丙酮酸脱氢酶成为瓶颈，因这些酶的辅酶（硫氨酸焦磷酸）和基质（辅酶 A）全含硫。另一方面，乙酸和 α-酮戊二酸的产生也说明在丙酮酸脱氢酶后面的碳流仍然很大。在葡萄糖过量下三羧酸循环并未起循环作用，因 α-酮戊二酸脱氢酶的合成受阻遏。这可以解释为什么在氨以外的其他限制下只生产很少的 α-酮戊二酸。表 5-8 显示的在硫限制下丙酮酸量的增加也曾在大肠杆菌和枯草杆菌中发现，说明这是一种较为特殊的效应。

5.2.1.5　钾限制对产物形成的影响

钾是许多细胞功能的必需元素：在细菌中它被用于维持膨胀压力。在革兰氏阴性菌中胞内钾浓度维持在 150～250mmol/L 之间，在阳性菌中至少 400mmol/L。生长在钾限制条件下的菌显示出很高的能耗与产物形成速率。

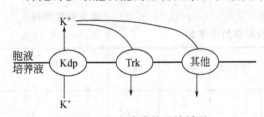

图 5-20　K⁺ 跨膜的无效循环

Kdp—负责 K⁺ 吸收的系统；Trk—引起 K⁺ 排泄的系统

大肠杆菌具有 3 种钾的吸收系统，它们被称为 Trk（K⁺ 运输的助记符）、Kup（K⁺ 吸收的助记符）、和 Kdp（需 K⁺ 的助记符）。所有这些系统都需要能量才能发挥其作用。Ttk 与 Kup 系统的表达是以组成型方式，它们吸收钾离子的 K_m 值分别为 0.9～1.5mmol/L 和 0.37mmol/L。Kdp 系统只在钾限制生长的条件下合成，并具有对钾离子很强的亲和力（K_m=2μmol/L）。由此可见，生长在钾限制的培养基中的大肠杆菌在其细胞膜内拥有全部 3 个系统。这在细胞的能量预算方面必然具有重要的后果。

由于钾限制培养的胞外钾离子的浓度很低，只有 Kdp 系统能以足够快的速率吸收 K⁺。另外，Trk 系统不能忍受如此大的膜两侧的钾梯度，开始反方向工作，使 K⁺ 从胞液泄漏到胞外。只有经 Kdp 吸收的速率大于经 Trk 排出的速率，才会引起 K⁺ 的净积累。这两种运输活动的净结果是能量的输出，见图 5-20，可用式（5-31）表示。

$$q_w = q_{Kdp} X_{ATP} - q_{Trk} Y_{ATP} \tag{5-31}$$

式中，$X_{ATP} > Y_{ATP}$。

钾离子循环的基本概念肯定是对的，只是参与泄漏的可能还有其他运输系统（Kup、KefA、KefB、KefC），这些排泄系统产生的能量加在一起还是少于 K⁺ 输入所花费的能量。有证据表明，Kdp 系统也可以用来吸收铵离子。

从表 5-8 可见，生长在钾限制的产气气杆菌分泌一些化合物到培养液中。与氮限制的培养物不同，钾限制的培养物不产生胞外多糖，它们也不储藏糖原或其他聚合物。这说明，这些细胞的 ATP/ADP 比例不高。其次，钾限制的产气气杆菌培养物产生大量的葡糖酸和 2-酮葡糖酸。葡萄糖氧化为葡糖酸是由葡萄糖脱氢酶（以 PQQ 作为辅因子）催化的。

5.2.1.6 磷、镁或铁限制对产物形成的影响

磷酸盐限制的大肠杆菌和产气气杆菌培养物可分泌大量的葡糖酸和 2-酮葡糖酸。前者在 $D = 0.15h^{-1}$ 条件下，在生长培养基中含有 $0.2\mu mol/L$ PQQ 时可以将 63％的葡萄糖转化为葡糖酸。在大肠杆菌中至少存在两种磷酸盐的吸收系统：一种是低亲和力的组成型系统；另一种是受磷酸盐限制才被解除阻遏的高亲和力系统。磷酸盐的无效循环是完全有可能存在的。因此，磷酸盐限制可用于刺激能量的消耗与产物的形成。丙丁梭菌的丙酮、丁醇的生产是由培养液中存在的弱酸启动的。磷酸盐限制恒化培养能产生更多的这些溶剂。

镁限制的产气气杆菌培养物也生产葡糖酸和 2-酮葡糖酸，条件是培养基中含有足够的钙离子。这是因为辅因子 PQQ 结合到葡萄糖脱氢酶原上需要镁或钙离子的存在。这再一次说明，生产培养基的成分必须慎重选择。同样，在大肠杆菌中镁离子的吸收也是通过至少两个一高一低的亲和力的系统进行的。

铁离子对微生物的生理有显著的影响。铁是几乎所有生物所必需的。有许多微生物生长在铁限制条件下会分泌一种称为铁载体（siderophores）的化合物。这些铁载体能将 Fe^{3+} 运送到细胞内。其分子质量较低（为 $500\sim1000Da$），并具有对 Fe^{3+} 高的亲和力。形成 Fe^{3+} 复合物的常数大于 10^{20}。这种载体对 Fe^{2+} 的亲和力很低。对其合成的调节与钾、磷酸盐或镁离子的吸收系统相似。铁载体及其结合在膜上的受体蛋白（称为 tonA 蛋白）是一种高亲和力的系统。这种系统在铁浓度低于 $1\mu mol/L$ 时被解除阻遏。低亲和力系统是特为铁充裕时使用的。铁的限制在黑曲霉的柠檬酸生产上起作用，其他金属离子（锌与镁）的限制也有同样的作用。采用乳清培养基，丙丁梭菌发酵期间，铁的限制对产生的丁醇/丙酮比例有显著的影响。在合成培养基中此菌以 2:1 的比例生产丁醇和丙酮，但用乳清，这一比例是 100:1。这可能是氢化酶（催化氢的产生）的作用在铁的限制下不正常，因而产生更多的丁醇。

李昆太等[59]研究了摇瓶中 Zn^{2+}、Co^{2+} 与二甲基苯并咪唑（DMBI）对 *Pseudomonas denitrificans* 生产维生素 B_{12} 的影响。应用中心组合设计与统计分析，优化了培养基中的 Zn^{2+}、Co^{2+} 与 DMBI 的浓度，使维生素 B_{12} 的产量从 $69.36\mu g/mL$ 提高到 $78.23\mu g/mL$。

5.2.1.7 基质浓度对发酵的影响及其控制

碳源浓度对产物形成的影响以酵母的 Crabtree 效应为例。如酵母生长在高糖浓度下，即使溶氧充足，它还会进行厌氧代谢，从葡萄糖产生乙醇，如图 5-21 所示。当葡萄糖浓度大于 $0.15g/L$ 时便产生乙醇。为了阻止乙醇的形成，需控制生长速率和葡萄糖浓度分别低于 $0.22h^{-1}$ 和 $0.15g/L$。在这种情况下采用补料-分批或连续培养可以避免 Crabtree 效应的出现（参阅 3.4.1）。如在谷氨酸发酵中以乙醇为碳源，控制发酵液的乙醇浓度在 $2.5\sim3.5g/L$ 范围内可延长谷氨酸合成时间。

在葡萄糖氧化酶（GOD）发酵中葡萄糖对 GOD 的形成具有双重作用[60]，低浓度下有诱导作用；高浓度下有分解代谢物阻遏作用。葡萄糖的代谢中间产物，如柠檬酸三钠、苹果酸钙和丙酮酸钠对 GOD 有明显的抑制作用。据此，降低葡萄糖用量，从 8％降至 6％，补入 2％氨基乙酸或甘油，可以使酶活分别提高 26％和 6.7％。培养基过于丰富，会使菌生长

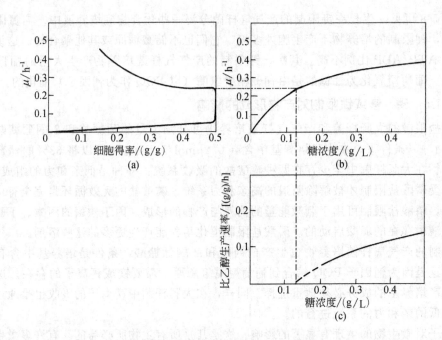

图 5-21　酵母培养中的 Crabtree 效应

过盛，发酵液非常黏稠，传质状况很差。细胞不得不耗费许多能量来维持其生存环境，即用于非生产的能量倍增，对产物的合成不利。

5.2.1.8　培养基的优化

工业发酵通常采用两种培养基：一种用于培养种子；另一种用于产物合成。前者的功能主要在于支持细胞的生长。种子培养基的优化目标在于生长，也有着眼于产生最多的孢子。生产培养基的功能不言而喻是为了高产和合成所需的组分，以减少下游工序的负担。通过对适当参数的仔细选择和优化可以筛选出高产和低成本的培养基。

典型的培养基优化方法是每次试验只改变一个成分（一维搜索）。这种方法很快被更有效的统计学方法所取代。这些方法对新老菌种的培养基优化均很有效。下面介绍几种优化培养基的统计数学方法：

(1) 布列可特-博曼（Plackett-Burman）**设计法**　培养基优化的初始阶段常常涉及许多独立的变量。若采用全析因搜寻（full factorial search）来检验这些变量，便需要经大量试验，故这种方法不那么吸引人。例如，若用全析因搜寻法筛选两种浓度下的 8 个养分（即需检验两个水平下的各种养分的组合），则需要进行 2^8 即 256 次试验。另一种只需从大量可能的变量中筛选少数重要的变量的方法是采用二-析因设计的一个部分设计，如布列可特-博曼设计法。这些设计可以应用 8～100 次试验，其增量为 4；12、20 和 28 次试验设计被证明是最有用的。尽管这些设计能处理的变量最多分别为 11 个、19 个和 27 个（即 N 次试验中 $N-1$ 个变量），实际上赋值变量的真正数目要少，因在每次设计中至少有 3 个变量是"未赋值的"（用于估算试验误差）。表 5-9 显示了布列可特-博曼设计的 12 次试验的方案。每个变量采用高（H）、低（L）两个水平试验。水平的选择应适当放宽，但高低水平相差过大对敏感变量来说，可能掩盖其他变量的试验结果。从表中试验的排列可以看出，每一种变量的高低浓度各被试验 6 次。此矩阵设计在计算变量 x_1 的影响时消除 x_2 的影响。因对其他变量也是如此，每个变量都是独立评估的，以避免任何变量与变量间相互作用的估算。这种设计的特征对变量与变量间相互作用不明显的情况下是可以接受的。

所有设计的试验完成后并测得其响应值（例如最终产物浓度），每一种变量对响应值的影响可通过对高、低浓度下的平均响应值的差值进行计算求得。对此 12 次试验例子，变量 x_1 对响应值的影响（E）可用式（5-32）求得：

表 5-9 布列可特-博曼设计的 12 次试验的方案[56]

试验编号	赋 值 变 量								未赋值变量		
	x_1	x_2	x_3	x_4	x_5	x_6	x_7	x_8	x_9	x_{10}	x_{11}
1	H	H	L	H	H	H	L	L	L	H	L
2	L	H	H	L	H	H	H	L	L	L	H
3	H	L	H	H	L	H	H	H	L	L	L
4	L	H	L	H	H	L	H	H	H	L	L
5	L	L	H	L	H	H	L	H	H	H	L
6	L	L	L	H	L	H	H	L	H	H	H
7	H	L	L	L	H	L	H	H	L	H	H
8	H	H	L	L	L	H	L	H	H	L	H
9	H	H	H	L	L	L	H	L	H	H	L
10	L	H	H	H	L	L	L	H	L	H	H
11	H	L	H	H	H	L	L	L	H	L	H
12	L	L	L	L	L	L	L	L	L	L	L

注：采用随机数表，H 表示高浓度；L 表示低浓度。

$$Ex_1 = \frac{\text{高浓度下的 6 次响应值之和}}{6} - \frac{\text{低浓度下的 6 次响应值之和}}{6} \tag{5-32}$$

其影响的方差（V_{eff}）是通过"未赋值"变量影响（本例的变量为 x_9、x_{10}、x_{11}）的平方平均求得的：

$$V_{\text{eff}} = \frac{Ex_9^2 + Ex_{10}^2 + Ex_{11}^2}{3} \tag{5-33}$$

"未赋值"变量的数目代表误差的自由度。一种试验结果的标准偏差（SE）是通过将方差开平方求得的：

$$\text{SE} = \sqrt{V_{\text{eff}}} \tag{5-34}$$

每一个影响的显著水平（P 值）是由熟悉的 t 试验测得的：

$$t_x = \frac{Ex}{\text{SE}} \text{（在 3 个自由度下）} \tag{5-35}$$

式中，t_x 受变量 x 的影响。该 t 试验提供一种随机寻找（观察到的影响）概率的评价。如所得概率小，则观察到的影响是变量水平改变的结果。基于其影响的限制性水平（即具有较高值的那个）可鉴别重要的变量。

饶志明等应用 Plackett-Burman 设计发现三种显著影响黑色素产量的因素[61]。通过最陡爬坡试验逼近最大相应中心，最后使用中心组合试验取得黑色素发酵生产的最佳培养基，其产量达到 13.7g/L（127h），比原始产量提高了 856%。

(2) 响应面设计（response surface design） 试验方案的响应面类型是指从两个或更多的变量的线性相互作用和二次的影响产生一等高线图表。这些影响可用式（5-36）的二次多项式模型，以 3 个自变量描述。

$$Y = b_0 + b_1 x_1 + b_2 x_2 + b_3 x_3 + b_{12} x_1 x_2 + b_{13} x_1 x_3 + b_{23} x_2 x_3 + b_{11} x_1^2 + b_{22} x_2^2 + b_{33} x_3^2$$

$$\tag{5-36}$$

式中，Y 是因变量（例如预测的产物得率）；b_0 是在中心点的回归系数；b_1，b_2 和 b_3 是线性系数；x_1，x_2 和 x_3 是自变量；b_{12}，b_{13} 和 b_{23} 是二阶相互作用系数；b_{11}，b_{22} 和 b_{33} 是二次系数。因在鉴别最佳值时需估算曲率效应，故试验设计中每个自变量必须至少需要有 3 个水平。尽管全 3-水平阶乘是可行的，能鉴别每个自变量的最佳值，但需要进行大量试验。这通常使得这些阶乘在培养基的快速优化上的应用缺乏吸引力。因此，通常在试验设计中采用比相应的全 3-水平阶乘更少的点。这类设计包括 Box-Behnken 设计。表 5-10 列举了用 3 个自变量的 Box-Behnken 设计。通常，赋予这 3 个水平的值是等间距的。

表 5-10　用 3 个自变量的 Box-Behnken 设计

试验	变量			试验	变量		
	x_1	x_2	x_3		x_1	x_2	x_3
1	H	H	M	8	L	M	L
2	H	L	M	9	M	H	H
3	L	H	M	10	M	H	L
4	L	L	M	11	M	L	H
5	H	M	H	12	M	L	L
6	H	M	L	13	M	M	M
7	L	M	H				

注：采用随机数表。H—高浓度；L—低浓度；M—中浓度。

一旦试验做完，测得所需的参数（因变量），二次多项式模型的系数便可用回归分析求得。可将计算方程载入能以 2 个自变量作等高线图表的程序。虽然其目标是鉴别最佳值，这些等高线图表只提供最佳值所在的区域。此法曾成功地应用于加速杀假丝菌素的生产培养基的优化。如图 5-22 所示，最佳产率点位于黄豆粉 3.2% 和葡萄糖 6.2% 之处。

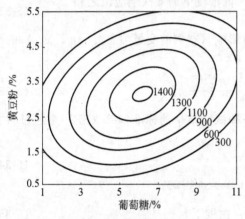

图 5-22　以 2 个自变量，黄豆粉和
葡萄糖作等高线图

Wei 等用响应面设计法优化菊粉酶的生产培养基[62]。采用 4 因子 5 水平中心组合设计的二次曲面分析显示，在 30℃发酵 24h，菊粉酶的最高活性为 59.5U/mL；经放大到 1000L 塔式发酵罐，菊粉酶的活性达 68.9U/mL。陈长华等利用响应面设计法对枯草芽孢杆菌生产腺苷的培养基进行了优化[63]，确定了主要影响因子的最佳浓度，使腺苷产量达到 7.42g/L，比优化前提高了 28.6%。储炬等[64]用此法对分批补料发酵中对红霉素生产用的便宜生物氮源进行优化，取得良好效果。庄英萍[65]等也曾用此法于优化梅岭霉素的生产培养基，提高了梅岭霉素的发酵单位。

赵劼等[66]应用响应面法（RSM）优化丙酮酸氧化酶 PyOD 发酵的培养基组分。首先用 2（6-2）分式析因设计鉴别对 PyOD 生产有重要影响的培养基组分。统计学分析显示，酵母膏、硫酸铵与复合磷酸盐为有显著影响的因子。基于 2（3）中心组合设计的结果，通过 RSM 获得这 3 个因子的最佳值。采用优化后的配方，模型预测其 PyOD 的活性为 610U/L，试验检验得 670U/L。邹祥等[67]用同样的策略优化红霉素生产培养基，鉴别出 3 个重要组分：$ZnSO_4$0.039g/L，柠檬酸 0.24g/L 与苏氨酸 0.42g/L。结合新的按 OUR 补料的策略，使红霉素的发酵单位达到 10622U/mL，比对照提高 11.7%。

(3) 均匀设计方法 均匀设计是将数论与多元统计结合起来的一种试验方法。它具有试验次数少，代表性强等优点。罗定军等采用此法对洛伐他汀发酵培养基配方的优化取得成功[68]，发酵效价比原来提高 23％，且生产成本远低于进口原材料配方，具有生产实用价值。蒋毅等用此法对利福霉素 SV 发酵培养基中的氮源配比进行优化[69]。研究了各种氮源成分对发酵单位的影响，确定了最佳配比，并用试验验证，使摇瓶发酵单位提高 10％以上。

(4) 因素重构分析法 崔大鹏等[70]应用因素重构分析法（reconstructability analysis method）来改良硫霉素产生菌卡特利链霉菌的培养基。将初步积累的试验数据输入到一般化重构分析程序（Genreex）中。根据计算结果，设计的 F5A 与 F5B 培养基的效价比对照培养基 F5 分别提高 52.6％和 36.8％。作者认为，因素重构分析法提供了一种寻找问题的简易可行办法。它不仅能给出主要因素的水平，且给出各因素的重要程度的量化数据，由此可满足优化过程的某种指标要求，在计算机软件上也有了进一步的改进[71]。

(5) 中心组合设计 庄英萍等[72]以中心组合设计（central composite design）法优化必特螺旋霉素合成培养基。他们通过部分因子析因设计法、最速上升实验、中心组合实验和利用统计学软件 SAS V8 对试验数据进行分析，优化了必特螺旋霉素合成培养基的成分，使其发酵单位从 $173\mu g/mL$ 提高到 $1883\mu g/mL$。此法也曾用于优化梅岭霉素发酵培养基，收到较好的效果[73]。

5.2.2 灭菌情况

培养基的灭菌情况对不同品种的发酵生产的影响是不一样的。一般随灭菌温度的升高、时间的延长，对养分的破坏作用增大，从而影响产物的合成，特别是葡萄糖，不宜同其他养分一起灭菌。如葡萄糖氧化酶发酵培养基的灭菌条件对产酶有显著的影响，见表 5-11。由此可见，灭菌条件中灭菌温度比灭菌时间对产酶的影响更大。

表 5-11　培养基灭菌条件对产酶的影响

灭菌蒸汽压力/(lb/in²)①	时间/min		葡萄糖氧化酶酶活/(U/mL)	
10	15	25	48.08	43.72
15	15	25	35.04	27.10

① 1lb/in² = 6894.76Pa。
注：表中酶活均为 3 个发酵摇瓶的平均值。

5.2.3 种子质量

发酵期间生产菌种生长的快慢和产物合成的多寡在很大程度上取决于种子的质和量。

5.2.3.1 接种菌龄

这是指种子罐中的培养物开始移种到下一级种子罐或发酵罐时的培养时间。选择适当的接种菌龄十分重要，太年轻或过老的种子对发酵不利。一般，接种菌龄以对数生长期的后期，即培养液中菌浓接近高峰时较为适宜。太年轻的种子接种后往往会出现前期生长缓慢，整个发酵周期延长，产物开始形成时间推迟；过老的种子虽然菌量较多，但接后会导致生产能力的下降，菌体过早衰退。

不同品种或同一品种不同工艺条件的发酵，其接种菌龄也不尽相同。一般，最适的接种菌龄要经多次试验，根据其最终发酵结果而定。

5.2.3.2 接种量

这是指移种的种子液体积和发酵液体积之比。一般发酵常用的接种量为 5％～10％；抗生素发酵的接种量有时可增加到 20%～25%，甚至更大。接种量的大小是由发酵罐中菌的生长繁殖速度决定的。通常，采用较大的接种量可缩短生长达到高峰的时间，使产物的合成提前。这是由于种子量多，种子液中含有大量胞外水解酶类，有利于基质的利用，并且生产菌在整个发酵罐内迅速占优势，从而减少杂菌生长的机会。但是，如接种量过大，也可能使菌种生长过快，培养液黏度增加，导致溶氧不足，影响产物的合成。

5.2.4　温度对发酵的影响

在发酵过程中需要维持生产菌的生长和生产的最适温度。这是保证酶活性的重要条件。

5.2.4.1　温度对产物合成的影响

温度对生长和生产的影响是不同的。一般，发酵温度升高，酶反应速率增大，生长代谢加快，生产期提前。但酶本身很易因过热而失去活性，表现在菌体容易衰老，发酵周期缩短，影响最终产量。温度除了直接影响过程的各种反应速率外，还通过改变发酵液的物理性质，例如氧的溶解度、基质的传质速率以及菌对养分的分解和吸收速率，间接影响产物的合成。

温度还会影响生物合成的方向。例如，四环素发酵中金色链霉菌同时能生产金霉素，在低于 30℃ 条件下，合成金霉素的能力较强。合成四环素的比例随温度的升高而增大，在 35℃ 条件下只产生四环素。

近年来发现温度对代谢有调节作用。在低温下（20℃），氨基酸合成途径的终产物对第一个酶的反馈抑制作用比在正常生长温度下（37℃）的更大。故可考虑在抗生素发酵后期降低发酵温度，让蛋白质和核酸的正常合成途径关闭得早些，从而使发酵代谢转向产物合成。

对梅岭霉素发酵的温度控制的研究表明，发酵前期（0～76h）将温度控制在 30℃，不仅可以缩短产生菌的生长适应期，且提前进入梅岭霉素的合成期，中后期（76h 左右）将温度调低，到 28℃，可以维持菌的正常代谢，使产物合成速率与整个发酵水平提高[74]。

温度对毕赤酵母的重组人 α 同感干扰素的诱导表达有重要作用。吴丹等[75]发现，在缓冲复合培养基中最佳的诱导温度在 15℃ 时干扰素的生物活性与比活分别达到 $2.91×10^8$ IU/mL 和 $2.26×10^8$/mg。在此条件下，细胞生长由于 AOX1 比活的提高而加速，其干扰素的表达水平提高到 1.23g/L，几乎为摇瓶对照的 30 倍，且在较低的温度下蛋白酶的活性较低，从而降低干扰素的水解和细胞的死亡速率。

在分批发酵中研究温度影响的试验数据有很大的局限性。因难以确定产量的变化究竟是温度的直接影响还是因生长速率或溶氧浓度变化的间接影响所致。用恒化器可控制其他与温度有关的因素，如生长速率等的变化，使在不同温度下保持恒定，从而能不受干扰地判断温度对代谢和产物合成的影响。

5.2.4.2　最适温度的选择

不同菌种和培养条件以及不同的酶反应和生长阶段，其最适温度是不一样的。在整个发酵周期内仅选用一个最适温度不一定好。因适合菌生长的温度不一定适合产物的合成。温度的选择还应参考其他发酵条件，灵活掌握。例如，供氧条件差的情况下最适的发酵温度也可适当地比在正常良好的供氧条件下低一些。这是由于在较低的温度下氧溶解度相应大一些，菌的生长速率相应小一些，从而弥补了因供氧不足而造成的代谢异常。此外，还应考虑培养基的成分和浓度。使用稀薄或较易利用的培养基时提高发酵温度则养分往往过早耗竭，导致菌丝早衰，产量降低。例如，提高红霉素发酵温度在玉米浆培养基中的效果就不如在黄豆饼粉培养基中的好，因提高温度有利于黄豆饼粉的同化。

在四环素发酵中前期 0～30h，以稍高温度促进生长，尽可能缩短非生产所占用的发酵周期。此后 30～150h 以稍低温度维持较长的抗生素生产期，150h 后又升温，以促进抗生素的分泌。虽然这样做会同时促进菌的衰老，但已临近放罐，无碍大局。青霉素发酵采用变温培养（0～5h 30℃，5～40h 25℃，40～125h 20℃，125～165h 25℃）比 25℃ 恒温培养可使青霉素产量提高近 15%。这些例子说明通过最适温度的控制可以提高抗生素的产量，进一步挖掘生产潜力还需注意其他条件的配合。

郭美锦等[76]研究了不同的温度诱导模式对大肠杆菌的质粒拷贝数的影响。

5.2.5　pH 的影响

pH 是微生物生长和产物合成的非常重要的状态参数，是代谢活动的综合指标。因此必须掌握发酵过程中 pH 变化的规律，及时监控，使它处于生产的最佳状态。

5.2.5.1　发酵过程中 pH 变化的规律

微生物生长阶段和产物合成阶段的最适 pH 通常是不一样的。这不仅与菌种特性有关，也与产物的化学性质有关。如各种抗生素生物合成的最适 pH 如下：链霉素和红霉素为中性偏碱，6.8～7.3；金霉素、四环素为 5.9～6.3；青霉素为 6.5～6.8；柠檬酸为 3.5～4.0。

在发酵过程中 pH 是变化的，这与微生物的活动有关。NH_3 在溶液中以 NH_4^+ 的形式存在。它被利用成为 $R-NH_3^+$ 后，在培养基内生成 H^+；如以 NO_3^- 为氮源，H^+ 被消耗，NO_3^- 还原为 $R—NH_3^+$；如以氨基酸作为氮源，被利用后产生的 H^+ 使 pH 下降。pH 改变的另一个原因是有机酸（乳酸、丙酮酸或乙酸）的积累。

pH 的变化会影响各种酶活、基质利用速率和细胞结构，从而影响菌的生长和产物的合成。产黄青霉的细胞壁厚度随 pH 的增加而减小。其菌丝直径在 pH6.0 时为 $2～3\mu m$；在 pH7.4 时为 $2～18\mu m$，呈膨胀酵母状细胞，随 pH 下降菌丝形状将恢复正常。pH 值还会影响菌体细胞膜电荷状况，引起膜渗透性的变化，从而影响菌对养分的吸收和代谢产物的分泌。基因工程菌毕赤酵母产物，重组人血清白蛋白的生产中最怕蛋白酶干扰[77]。在 pH5.0以下，蛋白酶的活性迅速上升，对白蛋白的生产很不利；pH 在 5.6 以上则可避免白蛋白的损失。

5.2.5.2　培养基 pH 对初级代谢产物合成的影响

培养液的 pH 对微生物的代谢有更直接的影响。将粪肠球菌（以前称粪链球菌）厌氧培养在丙酮酸限制的恒化器中，pH 对发酵产物的形成有显著的影响，见表 5-12。从这些数据可以求得，在厌氧条件下丙酮酸脱氢酶复合物的体内活性随培养液 pH 的降低而增加，即在pH7 下为 0.8（mmol/g 干重）/h，在 pH5.5 下为 9.3（mmol/g 干重）/h。受 pH 影响的胞内氧还电位是调节丙酮酸脱氢酶复合物的合成与活性的重要因素。在产气气杆菌中与 PQQ结合的葡萄糖脱氢酶受培养液 pH 的影响很大。在钾限制培养中，pH8.0 下不产生葡糖酸，而在 pH5.0～5.5 条件下生产的葡糖酸和 2-酮葡糖酸最多。此外，在硫或氨限制的培养中，此菌生长在 pH5.5 条件下产生葡糖酸与 2-酮葡糖酸，但在 pH6.8 下不产生这些化合物。

表 5-12　在丙酮酸限制的粪肠球菌厌氧恒化培养中，pH 对丙酮酸消耗与产物形成的比速率

pH	丙酮酸	乙酸	乳酸	甲酸	CO_2
5.5	21.2	9.3	10.1	0	10.7
6.0	13.5	7.3	5.5	2.2	6.7
6.5	12.5	7.4	3.8	3.9	4.7
7.0	11.6	8.4	2.2	6.2	2.4
7.5	9.5	7.8	1.1	7.0	1.3
8.0	9.1	7.9	0.7	7.2	0.6
8.5	9.2	8.3	0.8	7.5	0.7

注：1. 碳的回收率和氧化平衡达 91%～98%。

2. 可根据乙酸比生产速率减去甲酸比生产速率求得体内丙酮酸脱氢酶活性。

5.2.5.3　最适 pH 的选择

选择最适发酵 pH 的准则是获得最大比生产速率和适当的菌量，以获得最高产量。以利福霉素为例，由于利福霉素 B 分子中的所有碳单位都是由葡萄糖衍生的，在生长期葡萄糖

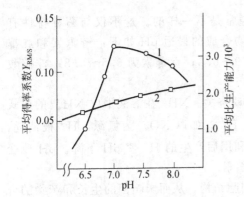

图 5-23　pH 对平均得率系数（1）及平均比生产速率（2）的影响

的利用情况对利福霉素 B 的生产有一定的影响。试验证明，其最适 pH 在 7.0～7.5 范围。从图 5-23 可见，当 pH 在 7.0 时，平均得率系数达最大值；pH6.5 时为最小值。在利福霉素 B 发酵的各种参数中从经济角度考虑，平均得率系数最重要。故 pH7.0 是生产利福霉素 B 的最佳条件。在此条件下葡萄糖的消耗主要用于合成产物，同时也能保证适当的菌量。

试验结果表明，生长期和生产期的 pH 分别维持在 6.5 和 7.0 可使利福霉素 B 的产率比整个发酵过程的 pH 维持在 7.0 的情况下的产率提高 14%。

在醋酸杆菌纤维素发酵中在搅拌和增加溶氧条件下，纤维素的生长会受到极大的限制。这是由于在分批培养中醋酸杆菌能将葡萄糖降解为葡糖酸和葡糖酮酸，从而夺走合成纤维素所需的原料。但韩国的学者所用纤维素高产菌株醋酸杆菌 A. xylinum BRC5 以葡萄糖为唯一碳源，能将发酵产生的葡糖酸转化为纤维素[78]。他们发现，在分批培养的前期葡萄糖代谢为葡糖酸的 pH 是 4.0，在生产期将 pH 调整到 5.5 可大幅度提高纤维素的产量和缩短发酵时间。消耗 40g/L 的葡萄糖可以获得 10g/L 的纤维素，约为对照（pH 恒定）产量的 1.5 倍，见表 5-13。

一种新的具有 β-1,3-葡聚糖带 1,6-键的胞外多糖（EPS）是一种具有潜在抗肿瘤活性的药物。Lee 等[79]在气升式发酵罐中实行 pH 分两阶段控制，可大幅度提高 Canoderma lucidum 的 ERS 的生产。若 pH 全程控制在 3 或 6，前一条件有利于生长，不利于 EPS 的生产；后一条件的结果恰好相反。故在培养 0～2 天 pH 控制在 3.0，以后 2～8 天控制在 6.0，可以使 EPS 的产量达到 20.1g/L，是 pH 不控制的 5 倍，是 pH 全程控制在 6.0 的 1.4 倍。在培养过程中 pH 分两阶段控制还可以维持所需的菌丝形态，从而降低发酵液的黏度与剪切应力。

表 5-13 *A. xylinum* BRC5 分批培养在不同 pH 下的纤维素生产特性

参　　数	培养 pH			
	4.0	5.0	6.0	4.0→5.5[①]
停滞期/h	0～8	0～22	0～35.5	0～8
葡糖酸生产期/h	8～18	22～30	35.5～49.5	8～20
细胞生长/纤维素生产期/h	18～38	30～43	29.5～71	20～43
总发酵周期/h	38	43	71	43
最终细胞浓度/(g/L)	2.08	3.42	3.49	3.6
最终纤维素浓度/(g/L)	2.99	4.1	2.97	5.89
得率/(g 纤维素/g 葡萄糖)	0.15	0.205	0.1485	0.2945
总纤维素产率/[(g/L)/h]	0.079	0.095	0.042	0.137

① 培养约 17h，pH 从 4.0 自然上升到约 22h 改自动控制为 5.5。

5.2.5.4　pH 的监控

控制 pH 在合适范围应首先从基础培养基的配方考虑，然后通过加酸碱或中间补料进行过程控制。如在基础培养基中加适量的 $CaCO_3$。在青霉素发酵中按产生菌的生理代谢需要，调节加糖速率来控制 pH，如图 5-24 所示。相比于恒速加糖，pH 由酸碱控制可使青霉素的产量提高 25%。有些抗生素品种，如链霉素，采用过程通 NH_3 控制 pH，既调节了 pH 在适合于抗生素合成的范围内，也补充了产物合成所需的 N 的来源。在培养液的缓冲能力不强的情况下 pH 可反映菌的生理状况。如 pH 上升超过最适值，意味着菌处在饥饿状态，可加糖调节。糖的过量又会使 pH 下降。用氨水中和有机酸需谨慎，过量的 NH_3 会使微生物中毒，导致呼吸强度急速下降。故在通氨过程中监测溶氧浓度的变化可防止菌的中毒。常用 NaOH 或 $Ca(OH)_2$ 调节 pH，但也需注意培养基的离子强度和产物的可溶性。因此，在工业发酵中维持生长和产物的所需最适 pH 是生产成败的关键因素之一。

红霉素工业发酵过程中，相比于按发酵液残糖含量来控制，利用 pH 反馈控制葡萄糖的流加，红霉素的发酵单位要提高 21.7%[64]。

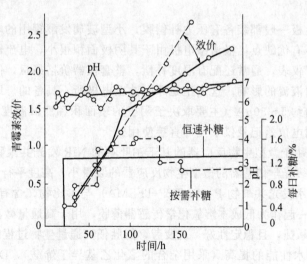

图 5-24　不同的 pH 控制模式对青霉素合成的影响

李昆太等[80,81]在 120m^3 发酵罐中通过恒 pH 控制策略提高 *Pseudomonas denitrificans*

的维生素 B_{12} 产率。摇瓶试验显示补葡萄糖和甜菜碱（三甲胺乙内酯）可以稳定 pH，有利于维生素 B_{12} 的合成。据此放大到 $120m^3$ 发酵罐，采用新的恒 pH 控制策略，将 pH 控制在 $7.15\sim7.30$；在发酵 $50\sim140h$ 期间连续添加甜菜碱，维持在 $5\sim7g/L$ 水平。结果使维生素 B_{12} 产量增加，达到 $214.3\mu g/mL$。

毕赤酵母是异源蛋白表达的有效系统，其发酵 pH 总是维持在 7.0 以下。然而，在酸性条件下有些蛋白（如 MAT）不稳定。胡晓清等[82]在发酵后期运用碱性 pH 控制策略来提高毕赤酵母的 MAT 生产。试验发现，MAT 在 pH8.0 条件下最稳定，但却抑制细胞生长，使细胞破裂，从而影响蛋白的生产。试验不同的 pH 控制策略以兼顾 MAT 的稳定性和酵母细胞的存活性。策略 A（对照）的诱导 pH 被维持在 6.0；而策略 B 的 pH 逐渐（经 25h）升高到 8.0。结果，其 MAT 活性比对照高 2 倍，达到 $0.86U/mg$。策略 C 为了增加在碱性条件下的存活率，除了添加甲醇，还添加甘油。同策略 B 比较，其 MAT 的比活几乎保持不变，而其表达水平提高到 $1.27g/L$。

5.2.6　氧的供需对发酵的影响及其控制

溶氧（DO）是需氧微生物生长所必需。在发酵过程中受多方面因素的限制，而 DO 往往最易成为控制因素。这是氧在水中的溶解度很低所致。在 28℃氧在发酵液中的 100%的空气饱和浓度只有 7mg/L 左右，比糖的溶解度小 7000 倍。在对数生长期即使发酵液中的溶氧能达到 100%空气饱和度，若此时中止供氧，发酵液中 DO 可在几分钟之内耗竭，使 DO 成为限制因素。在工业发酵中产率是否受氧的限制，单凭通气量的大小是难以确定的。因 DO 的高低不仅取决于供氧、通气搅拌等，还取决于需氧状况。故了解溶氧是否足够的最简便有效的办法是就地监测发酵液中的溶氧浓度。从 DO 变化的情况可以了解氧的供需规律及其对生长和产物合成的影响。

常用的测氧方法主要是基于极谱原理的电流型测氧复膜电极。这类电极又可分为极谱型和原电池型两种。前者需外加 0.7V 稳压电源，多数采用白金和银-氯化银电极；后者具有电池性质，在有氧条件下自身能产生一定电流，多数为银-铅电极。这两种电极在一定条件下和一定溶氧范围内其电流输出与溶氧浓度成正比。用于发酵行业的测氧电极必须经得住高压蒸汽灭菌，如能耐 130℃ 1h 灭菌，并具有长期的稳定性，其漂移不大于 1%/d，其精度和准确度一般在 ±3%。

生产罐使用的电极一般都装备有压力补偿膜，小型玻璃发酵罐用的电极通常采用气孔平衡式。这两种电极各有优缺点。极谱型电极由于其阴极面积很小，电流输出也相应小，且需外加电压，故需配套仪表，通常还配有温度补偿，整套仪器价格昂贵，但其最大优点莫过于其输出不受电极表面液流的影响。这点正是原电池型电极所不具备的。原电池型电极暴露在空气中时其电流输出约 $5\sim30\mu A$（主要取决于阴极的表面积和测试温度），可以不用配套仪表，经一电位器接到电位差记录仪上便可直接使用。

近来开发了一种用于微型生物反应器的基于铂卟啉的 NIR 发光共聚物作为高可透性溶氧传感器。这种装备有多光学传感器的微型生物反应器的装量小，高度平行和机械化。Jin 等[83]设计了一种新型的疏水发光共聚物 P（Pt-TPP-TFEMA）与参比物，含有 5,10,15,20-四苯基卟啉（TPP）部分，一起作为低成本溶氧化学传感器薄膜，用于高通量微型生物反应器。其传感器膜对 DO 的反应敏捷，且稳定性好，抗疲劳，能胜任高通量生物过程的 DO 的测量。结果显示，随共聚物的疏水性能的提高（采用杂合的氟化乙基异丁烯酸），DO 的淬灭响应增强。况且，生色团 TPP 的 650nm 长发射带有约 250nm 的 Stoke 迁移，带来一些好处，如低散射，强穿透力和发酵系统对吸收与发光的干扰最小。由此表明，其在生物过程的监测上的应用前景光明。他们还发展了一种用于生物过程的高可透性新型 DO 传感器[84]。

如何运用 DO 参数来指导发酵生产是 DO 监控技术能否推广应用的关键。以下介绍国内外应用 DO 参数来控制发酵的技术和经验。

5.2.6.1 临界氧

目前有 3 种表示 DO 浓度的单位：

第一种是氧分压或张力（dissolved oxygen tension，简称 DOT），以大气压或毫米汞柱表示，100% 空气饱和水中的 DOT 为 $0.2095 \times 760 = 159$ mmHg。这种表示方法多在医疗单位中使用。

第二种方法是绝对浓度，以 mgO_2/L 纯水或 ppm 表示。这种方法主要在环保单位应用较多。用 Winkler 氏化学法可测出水中溶氧的绝对浓度，但用电极法不行，除非是纯水。

为此，发酵行业只用第三种方法即空气饱和度（%）来表示。这是因为在含有溶质特别是盐类的水溶液中，其绝对氧浓度比纯水低，但用氧电极测定时却基本相同。用化学法测发酵液中的 DO 也不现实，因发酵液中的氧化还原性物质对测定有干扰。因此，采用空气饱和度（%）表示。这只能在相似的条件下，在同样的温度、罐压、通气搅拌下进行比较。这种方法能反映菌的生理代谢变化和对产物合成的影响。因此，在应用时，必须在接种前标定电极。方法是在一定的温度、罐压和通气搅拌下，以消后培养基被空气百分之百饱和为基准。

所谓临界氧是指不影响呼吸所允许的最低溶氧浓度。如对产物而言，便是不影响产物合成所允许的最低浓度。呼吸临界氧值可用尾气 O_2 含量变化和通气量测定。也可用一种简便的方法，用响应时间很快（95% 的响应在 30s 内）的溶氧电极测定。其要点是在过程中先加强通气搅拌，使 DO 上升到最高值，然后中止通气，继续搅拌，在罐顶部空间充氮，赶走罐顶原有的空气。这时 DO 会迅速直线下降，直到其直线斜率开始减小时，所处的溶氧值便是其呼吸临界氧值，由此求得菌的摄氧率 $[(mg\,O_2/L)/h]$。表 5-14 列出了几种微生物的呼吸临界氧值。

表 5-14　几种微生物的呼吸临界氧值

微生物	温度/℃	临界氧值/(mmolO₂/L)		温度/℃	临界氧值/(mgO₂/L)
		测量值 1	测量值 2		
大肠杆菌	37.8	0.0082	0.0031	15.0	0.26
酵母	34.8	0.0046	0.0037	20.0	0.60
产黄青霉	30.0	0.0090	0.0220	24.0	0.40

各种微生物的临界氧值以空气氧饱和度表示：细菌和酵母为 3%～10%；放线菌为 5%～30%；霉菌为 10%～15%。

青霉素发酵的临界氧浓度为 5%～10% 空气饱和度（相当于 0.013～0.026mmol/L），低于此临界值，青霉素的生物合成将受到不可逆的损害，溶氧浓度即使低于 30%（0.078mmol/L），也会导致青霉素的比生产速率急剧下降。如将 DO 调节到 >0.08mmol/L，则青霉素的比生产速率很快恢复到最大值。氧起着活化异青霉素 N 合成酶的作用，因而氧的限制可显著降低青霉素 V 的合成速率，但不至于完全中止其合成。

通过在各批发酵中维持 DO 在某一浓度范围，考查不同浓度对生产的影响，便可求得产物合成的临界氧值。实际上，呼吸临界氧值不一定与产物合成临界氧值相同。如卷须霉素和头孢菌素的呼吸临界氧值分别为 13%～23% 和 5%～7%；其抗生素合成的临界氧值则分别为 8% 和 10%～20%。生物合成临界氧浓度并不等于其最适氧浓度。前者是指 DO 不能低于其临界氧值；后者是指生物合成有一最适溶氧浓度范围，即除了有一低限外，还有一高限。如卷须霉素发酵，40～140h 维持 DO 在 10% 显然比在 0 或 45% 的产量要高。

培养液中溶氧浓度的变化可以反映菌的生长生理状况。随菌种的活力和接种量以及培养基的不同，DO 在培养初期开始明显下降的时间不同，一般在接种后 1～5h 内，这也取决于供氧状况。通常，在对数生长期 DO 明显下降，从其下降的速率可估计菌的大致生长情况。抗生素发酵在前期 10～70h 间通常会出现 DO 低谷阶段。如土霉素在 10～30h；卷须霉素、烟曲霉素在 25～30h；赤霉素在 20～60h；红霉素和制霉菌素分别在 25～50h 和 20～60h 间；头孢菌素 C 和两性霉素在 30～50h；链霉素在 30～70h 间。DO 低谷到来的早晚与低谷时的 DO 水平，随工艺和设备条件而异。二次生长时 DO 往往会从低谷处上升，到一定高度后又开始下降。这是利用第二种基质的表现。生长衰退或自溶时会出现 DO 逐渐上升的规律。

值得注意的是，在培养过程中并不是维持 DO 越高越好。即使是专性好气菌，过高的 DO 对生长可能不利。氧的有害作用在于形成新生 O、超氧化物基 O_2^-、过氧化物基 O_2^{2-} 或羟基自由基 OH^-，破坏许多细胞组分。有些带巯基的酶对高浓度的氧敏感。好气微生物曾发展一些机制，如形成触酶、过氧化物酶和超氧化物歧化酶（SOD），使其免遭氧的摧毁。次级代谢产物为目标函数时，控制生长使其不过量是十分必要的。

从溶氧浓度对补料分批发酵生产纤维素的影响[85]中可见，最佳的溶氧浓度是在 10%，其产量达 15.3g/L，是对照（DO 不控制）的 1.5 倍。溶氧控制在 15%，纤维素产量反而降低，为 14.5g/L。Kouda 等报道[86]采用其结构经改进的搅拌器可以大大改善混合效果，使纤维素的产量达 20g/L（42h）。

5.2.6.2 溶氧作为发酵异常的指示

在掌握发酵过程中 DO 和其他参数间的关系后，如发酵 DO 变化异常，便可及时预告生产可能出现问题，以便及时采取措施补救。

(1) 操作故障或事故引起的发酵异常现象 也能从 DO 的变化中得到反映。如停搅拌，未及时开搅拌或搅拌发生故障，空气未能与液体充分混合均匀等都会使 DO 比平常低许多。又如一次加油过量也会使 DO 水平显著降低。

(2) 中间补料的判断 可以从 DO 的变化看出中间补料是否得当。如赤霉素发酵，有些罐批会出现"发酸"现象。这时，氨基氮迅速上升。这是由于供氧不足的情况下，补料时机又掌握不当和间隔过密，导致 DO 长时间处于较低水平所致，见图 5-25。溶氧不足的结果，产生乙醇，并与代谢中的有机酸反应，形成一种带有酒香味的酯类，视为"发酸"。

(3) 污染杂菌 遇到杂菌严重时 DO 会一反往常，迅速（一般 2～5h 内）跌到零，并长时间不回升。这比无菌试验发现染菌要提前几个小时。但并不是一染菌 DO 就掉到零，要看杂菌的好气情况和数量，在罐内与生产菌比，看谁占优势。有时会出现染菌后 DO 反而升高的现象。这可能是生产菌受到杂菌抑制，而杂菌又不太好氧的缘故。

(4) 作为控制代谢方向的指标 在天冬氨酸发酵中前期好气培养，后期转为厌气培养，酶活可大为提高。掌握由好气转为厌气培养的时机颇为关键。当 DO 下降到 45% 空气饱和度时由好气切换到厌气培养，并适当补充养分，可使酶活提高 6 倍。在酵母及一些微生物细胞的生产中 DO 是控制其代谢方向的指标之一。DO 分压要高于某一水平才会进行同化作用。当补料速度较慢和供氧充足时糖完全转化为酵母、CO_2 和水；若补料速度提高，培养液的 DO 分压跌到临界值以下，便会

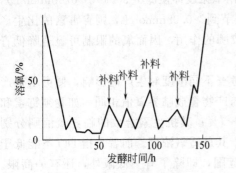

图 5-25 赤霉素发酵出现
"发酸"情况下的溶氧变化

出现糖的不完全氧化，生成乙醇，结果酵母的产量减少。DO 变化还能作为各级种子罐的质量控制和移种指标之一。

5.2.6.3 溶氧的控制

发酵液中 DO 的任何变化都是氧供需不平衡的结果。故控制 DO 水平可从氧的供需着手。供氧方面可从式(5-37)考虑：

$$dc/dt = K_L a (c^* - c_L) \tag{5-37}$$

式中，dc/dt 为单位时间内发酵液溶氧浓度的变化，$(mmolO_2/L)/h$；K_L 为氧传质系数，m/h；a 为比界面面积 m^2/m^3；c^* 为氧在水中的饱和浓度，$mmol/L$；c_L 为发酵液中的溶氧浓度，$mmol/L$。由此可见，凡是使 $K_L a$ 和 c^* 增加的因素都能使发酵供氧改善。

原则上发酵罐的供氧能力无论提得多高，若工艺条件不配合，还会出现 DO 供不应求的现象。欲有效利用现有的设备条件便需适当控制菌的摄氧率。事实上工艺方面有许多行之有效的措施，如控制加糖或补料速率、改变发酵温度、液化培养基、中间补水、添加表面活性剂等。只要这些措施运用得当，便能改善 DO 状况和维持合适的 DO 水平。

增加 c^* 可采用以下办法：①在通气中掺入纯氧或富氧，使氧分压提高；②提高罐压，这固然能增加 c^*，但同时也会增加溶解 CO_2 的浓度，因它在水中的溶解度比氧高 30 倍，这会影响 pH 和菌的生理代谢，还会增加对设备强度的要求；③改变通气速率，其作用是增加液体中夹持气体体积的平均成分。在通气量较小的情况下增加空气流量，DO 提高的效果显著，但在流量较大的情况下再提高空气流速，对氧溶解度的提高不明显，反而会使泡沫大量增加，导致逃液。

提高设备的供氧能力，以氧的体积传质（简称供氧）系数 $K_L a$ 表示，从改善搅拌考虑，更容易收效。与氧传质有关的工程参数列于表 5-15。改善设备条件以提高供氧系数是积极的，但有的还要在放罐后才能进行。改变搅拌器直径或转速可增加功率输出，从而提高 a 值。另外，改变挡板的形状、数目和位置，使剪切发生变化，也能影响 a 值。在考查设备各项工程参数和工艺条件对菌的生长和产物形成的影响时，同时测定该条件下的 DO 参数对判断氧的供需是大有好处的。以下介绍这方面的一些实例。

表 5-15　与氧传质有关的工程参数

项　目	设 备 条 件	项　目	设 备 条 件
搅拌器	类型：封闭或开放式 叶片形状：弯叶、平叶或箭叶 搅拌器直径/罐直径 挡板数和挡板宽度 搅拌器挡数和位置	搅拌转速	雷诺数 kW/t 级 "K"因子 功率准数 弗罗德准数
空气流量	每分钟体积比(VVM) 空气分布器的类型和位置	罐压	Pa

(1) 搅拌转速对 DO 的影响　在赤霉素发酵中 DO 水平对产物合成有很大的影响。通常在发酵 15~50h 之间 DO 下降到空气饱和度 10% 以下。此后，如补料不妥，使 DO 长期处在较低水平，导致赤霉素的发酵单位停滞不前。为此，将搅拌转速从 155r/min 提高到 180r/min，结果使氧的传质提高，有利于产物的合成，见表 5-16。值得注意的是，DO 开始回升的时间因搅拌加快而提前 24h，赤霉素生物合成的启动也提前 1 天，到 158h 发酵单位已超过对照放罐的水平。搅拌加快后很少遇到因溶氧不足而"发酸"和单位不长的现象。

(2) 黏度对溶氧的影响　发酵液的黏度主要影响传质，随黏度的增加传质系数降低，对

氧的体积传质系数 $K_{L}a$ 更是如此。

表 5-16　赤霉素发酵中搅拌转速改变前后各参数的变化

比　较　的　项　目	搅拌转速为 155r/min（对照）（5 批平均值）	搅拌转速为 180r/min（4 批平均值）
DO 低谷（<10％空气饱和度）的持续时间/h	35	15
DO 开始回升到大于 10％所需时间/h	56	34
起步（发酵 60h）相对单位/％	12.5	18.0
发酵 80h 的相对单位/％	35.9	48.8
发酵 158h 的相对单位/％	88.0	114.6
放罐相对单位/％	100	114.6

Choi 等在气升式生物反应器中通过改变培养基成分，降低黏度，提高了溶氧，从而使泰乐菌素的发酵单位增加 2.5 倍[87]，见表 5-17。

表 5-17　在气升式生物反应器中改变培养基成分对泰乐菌素发酵的影响

Pharmamedia /(g/L)	麸质粉 /(g/L)	发酵液表观黏度/cP	发酵 3~10d 的平均 DO 水平/％	发酵 10d 的最高效价/(g/L)	产率 /[(g/L)/h]	得率 /(g/g)
15	25	190	0	2.1	0.09	0.04
10	10	50	40	7.4	0.30	0.16

注：生产培养基的其余成分：$CaCO_3$ 3g/L，K_2HPO_4 0.5g/L，KCl 1g/L，葡萄籽油 80g/L。微量元素储备液 10mL/L，其中含：$FeCl_3$ 500mg/L，$ZnCl_2$ 600mg/L，$MnCl_2$ 1000mg/L，$CoCl_2$ 300mg/L。

需氧方面可用式（5-38）表达：

$$r = Q_{O_2} \cdot X \tag{5-38}$$

式中，r 为摄氧率，$(mmol\ O_2/L)/h$；Q_{O_2} 为呼吸强度，$(mmol\ O_2/g$ 菌$)/h$；X 为菌浓，g/L。若发酵液中 DO 暂时不变，即供氧＝需氧，则式（5-37）等于式（5-38），得：

$$K_{L}a(c^* - c_L) = Q_{O_2} \cdot X \tag{5-39}$$

显然，那些使这一方程，即供需失去平衡的因子也会改变 DO 浓度。影响需氧的工艺条件见表 5-18。

表 5-18　影响需氧的工艺条件

项　目	工　艺　条　件	项　目	工　艺　条　件
菌种特性	好气程度 菌龄、数量 菌的聚集状态，絮状或小球状	补料或加糖 温度 溶氧与尾气 O_2 及 CO_2 水平	配方、方式、次数和时机 恒温或阶段变温控制 按生长或产物合成的最适范围控制
培养基的性能	基础培养基组成、配比 物理性质：黏度、表面张力等	消泡剂或油 表面活性剂	种类、数量、次数和时机 种类、数量、次数和时机

(3) 培养基丰富程度的影响　限制养分的供给以降低菌的生长速率，也可达到限制菌对氧的大量消耗从而提高溶氧水平的目的。这看来有些消极，但从总的经济情况看，在设备供氧条件不理想的情况下，控制菌量，使发酵液的 DO 不低于临界氧值，从而提高菌的生产能力，也能达到高产目标。

(4) 温度的影响　由于氧传质的温度系数比生长速率的温度系数小，降低发酵温度可得到较高的 DO 值。这是由于 c^* 的增加，使供氧方程的推动力（$c^* - c_L$）增强，和影响了菌的呼吸（指偏离最适生长温度的情况下）。据此，采用降温办法以提高 DO 的前提是不影响产物的合成。

工业生产中采用控制气体成分的办法既费事又不经济。因氧气的成本高许多。但对产值高的品种，发酵规模较小，在关键时刻，即菌的摄氧率达高峰阶段，采用富氧气体以改善供氧状况是可取的。这应当是改善供氧措施中的最后一项措施。表 5-19 中比较了各种控制 DO 可供选择的措施。

表 5-19　溶氧控制措施的比较

措　施	作用参数	投资	运转成本	效果	对生产作用	备　　注
搅拌转速	K_La	高	低	高	好	在一定限度内，避免过分剪切
挡板	K_La	中	低	高	好	设备上需改装
空气流量	$*c,a$	低	低	低		可能引起泡沫
气体＋成分	$*c$	中到低	高	高	好	高氧可能引起爆炸，适合小型发酵罐
罐压	$*c$	中	低	中	好	罐强度、密封要求高、溶解 CO_2 问题
养分浓度	需求	中	低	高	不肯定	响应较慢，需及早行动
表面活性剂	K_L	低	低	变化	不肯定	需试验确定
温度	需求 $*c$	低	低	变化	不肯定	不是常有用

DO 只是发酵参数之一。它对发酵过程的影响还必须与其他参数配合起来分析。如搅拌对发酵液的 DO 和菌的呼吸有较大的影响，但分析时还要考虑到它对菌丝形态、泡沫的形成、CO_2 的排除等其他因素的影响。对 DO 参数的监测，发酵过程 DO 的变化规律研究，改变设备或工艺条件，配合其他参数的应用，必然会对发酵生产控制、增产节能等方面起重要作用，产生较大的效益。

在分批发酵中 DO 的控制是较困难的，因为过程和传感器动力学是时变的和滞后的。在发酵中为生物活性的各种模式建模及其对 DO 过程动力学的重大影响对取得满意的控制是很重要的。Sargantanis 等[88]将一种自适应极点配置控制算法应用于 β-内酰胺生产中的 DO 控制。这种算法带有时间滞后补偿和用带有局外输入（ARX）的反复估算的自回归模型功能，以恒定流速的混合气体中的 O_2 含量作为操纵变量，用监测和协同技术来改善其控制性能。此性能受模型预测的精度和选择的时间延迟的影响。曾将此技术应用于研究 DO 对 β-内酰胺酶产率的影响，结果发现，在延长生长低 DO 水平（3％）条件下 β-内酰胺酶活性得到改进。

5.2.6.4　溶氧参数在过程控制方面的应用

国内外都有将 DO、尾气 O_2 与 CO_2、pH 一起控制青霉素发酵的成功案例。控制的原则是加糖速率刚好使培养物处在半饥饿状态，即仅能维持菌的正常的生理代谢，而把更多的糖用于产物的合成，并且其摄氧率不至于超过设备的供氧能力 K_La。用 pH 来控制加糖速率的主要缺点是发酵中后期 pH 的变化不敏感，以致察觉不到补料系统的错乱，或察觉后也为时已晚。

利用带有氧电极的直接类比的加糖系统没有 pH 系统这方面控制的缺陷。图 5-26 所示的系统，其加糖阀由一种控制器操纵。当培养液的 DO 高于控制点时，糖阀开大，糖的利用需要消耗更多的氧，导致 DO 读数的下跌；反之，当读数下降到控制点以下，加糖速率便自动减小，甚至关闭，摄氧率会随后降低，引起 DO 读数逐渐上升。

图 5-27 的这种控制系统是按溶氧、K_La 因子、菌的需氧之间的变化来决定补糖速率的增减。K_La 因子是按 pH 的趋势调节的。要降低 pH，就需要加更多的糖，这样又会使 DO 下降到低于控制点。要维持原来的控制点就必须加强通气搅拌或增加罐压。推动 pH 上升的要求恰好相反。此控制系统的优点在于：①它能使发酵的 DO 控制更符合需求；②达到"控制"参数所需时间缩短；③可减少由于种子质量的不稳定而导致批与批间产量的波动；④能及时调节搅拌与通气以克服发酵过程中出现的干扰。此系统的缺点是发酵早期只能用人工操纵。这是由于一方面菌量少，还不足以启动 K_La 控制系统；另一方面每批种子的生理状态也有差异，没有精确的预订程序可循。但过了这一阶段便可改用自动控制加糖阀操纵。

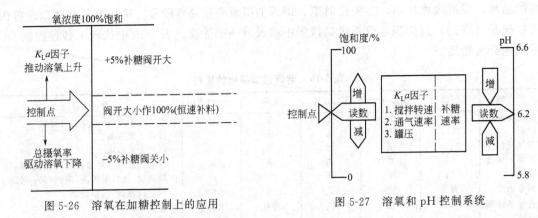

图 5-26　溶氧在加糖控制上的应用　　　　　　图 5-27　溶氧和 pH 控制系统

5.2.6.5　通过溶氧的控制提高产物合成的事例

(1) 纤维素　在补料分批培养中，控制生产期溶氧浓度在 10％空气饱和度可获得最高的纤维素产量 15.3g/L，这相当于 DO 未控制批号的 1.5 倍[72]，见表 5-20。在生产过程中发酵液的表观黏度随纤维素浓度的提高而提高。纤维素浓度 12g/L 的表观黏度相当于 10Pa·s。因此，在发酵 40h 后由于黏度很高，DO 分布不均，使后期 40～50h 纤维素产量增加较小，菌量反而略有下降。在这种情况下，进一步提高产量宜从搅拌的效果去考虑。

表 5-20　在 A. xylinum 补料分批培养中 DO 水平对纤维素生产的影响[72]

参　　数	DO 浓度/%				
	未控制	2	7	10	15
最终细胞浓度/(g/L)	4.51	4.51	4.59	4.68	3.57
最终纤维素浓度/(g/L)	10.7	10.2	14.56	15.3	14.5
得率/(g 纤维素/g 葡萄糖)	0.178	0.170	0.24	0.26	0.24
总纤维素产率/[(g/L)/h]	0.228	0.224	0.294	0.306	0.322

(2) 聚羟基丁酸（PHB）　Tohyama 等在 PHB 的生产中采用周期性地改变 DO 及通过补糖自动控制乳酸浓度的办法以满足混合培养中厌氧菌与好氧菌的需求[45]（参阅 5.1.7 节）。其在线控制策略如下：假定 DO 浓度被独立地控制，此系统具有一路输入（u_2：葡萄糖添加速率）与两路输出（y_1：乳酸浓度；y_2：葡萄糖浓度），如图 5-28 所示。这里先考虑葡萄糖浓度 y_2 与 u_2 之间闭环，然后根据乳糖浓度与其设定点之间的差值调节 y_2 的设定点，见图 5-28(a)。

控制是以修正的开、关方式，即通过继电器开、关补料泵进行，开启的持续时间取决于设定值与测量值之差。开启的持续时间（以秒计）可用下式表达：

$$t_{on} = a(y_{2S} - y_2) + b \quad 如\ y_2 < y_{2S}$$
$$t_{on} = 0 \quad 如\ y_2 \geqslant y_{2S} \tag{5-40}$$

式中，y_2，y_{2S} 分别为葡萄糖浓度的测量值与设定值；a 是为了增加发酵罐内的葡萄糖浓度 1g/L 所需时间；b 是开启期为补偿比例控制所需的额外时间。本例设定 $a=30s$，$b=20s$。补料速率为 14mL/min，料液的葡萄糖浓度为 500g/L。

上述的控制系统中只考虑改变葡萄糖浓度的设定点，因葡萄糖浓度只影响德氏乳杆菌的乳酸生产速率。但是，DO 浓度也会影响德氏乳杆菌的乳酸生产速率和 R. eutropha 的乳酸消耗速率。换句话说，若 DO 浓度较低和葡萄糖浓度较高，德氏乳杆菌的乳酸生产速率变得

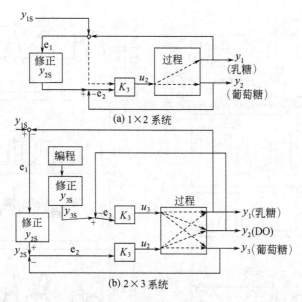

图 5-28 溶氧在线闭环控制

高，*R.eutropha* 的乳糖消耗速率变得低，其结果是乳酸迅速堆积。另外，如果 DO 浓度变得高，*R.eutropha* 的乳酸消耗速率则升高，导致乳酸浓度的降低。故控制溶氧在适当的水平是很重要的。图 5-28(b) 显示所介绍的控制系统框图。此系统具有两个输入，即葡萄糖添加速率 u_2、搅拌转速 u_3；三个输出，即乳酸浓度 y_1、葡萄糖浓度 y_2 与 DO 浓度 y_3。

Tohyama 等曾设计了几组 DO 被控制在不同水平的混合培养试验：一组的 DO 控制在 1mg/L，另一组维持在 3mg/L，第 3 组使 DO 在 0.5～3mg/L 之间间歇波动。在第一种情况下由于 DO 低于 1mg/L（相当于约 15％的空气饱和度），当乳酸浓度升高超过其设定点时，葡萄糖浓度的设定点便自动不断地降低，导致葡萄糖的间歇添加处在较低的水平，到 30h 乳酸浓度跌到 5g/L 以下才开始提高补糖速率，使得 PHB 的合成迅速上升，但为时已晚，最终才获得 4g/L 的 PHB。第二种情况，DO 控制在 3mg/L 的结果是，有利于 *R.eutropha*，乳糖浓度远低于设定点，葡萄糖浓度的设定点因而被自动地增加到最高的限度 8g/L。由于占优势的 *R.eutropha* 的生产速率较高，乳酸杆菌产生的乳酸便立即被同化掉，使在发酵很长一段时间内乳酸浓度很低，结果 PHB 在发酵 24h 便达到 12g/L。第 3 种 DO 波动试验的乳酸浓度设定点为 3.5g/L，通过调节补糖速率，乳糖浓度被控制在 2g/L 的水平。DO 在培养 18h 前控制在 1mg/L，18h 后开始进行 DO 的间歇控制，每隔 1h 交替调到 0.5mg/L、3mg/L。试验结果如图 5-29 所示，随着搅拌速率的提高，pH、DO、OUR、CER 也相应提高，PHB 的产量虽然在发酵 30h 只有 8g/L，但其得率最高，达 0.24gPHB/g 基质。

(3) 丙酮酸 Hua 等曾用维生素缺陷型酵母 *Torulopsis glabrata* 对高效丙酮酸发酵作代谢物流分析[89]。他们研究了 DO 与硫胺素浓度对特有代谢活性的影响。试验结果显示（见表 5-21），DO 浓度控制在 30％～40％，对丙酮酸的生产最有利，最终丙酮酸浓度、得率与产率分别达到 42.5g/L、44.7％和 1.06（g/L)/h。

(4) 溶氧对杀菌肽产生菌的生长与产物合成的影响 邱英华等[90]用 30L 自动控制发酵罐研究了溶氧对重组杀菌肽-X 工程菌发酵工艺的影响。他们发现，控制 DO 在 20％～30％，DO 不控制，让其自然变化，只是控制搅拌转速在 250r/min 和 150r/min 的条件下，其包涵体得率有较大差异，其干重分别为 0.05g/L、0.71g/L 和 1.24g/L。目的融合蛋白的表达量

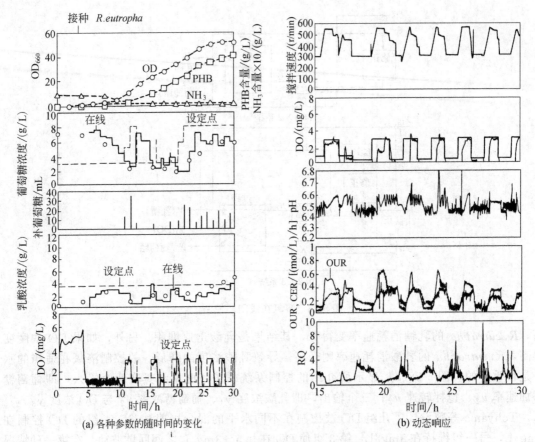

图 5-29　混合补料分批培养中 DO 浓度的周期性控制

占菌体总蛋白的 45%～50%。

表 5-21　溶氧浓度对 *Torulopsis glabrata* 丙酮酸产率的影响

培养物	葡萄糖消耗 /(g/L)	菌浓 /(g/L)	丙酮酸浓度 /(g/L)	乙醇浓度 /(g/L)	丙酮酸得率 /%	丙酮酸产率 /[(g/L)/h]
M1	100	5.55	5.6	32.5	5.6	0.11
M2	87	21.6	36.5	10.0	41.9	0.94
A1	95	18.3	42.5	5.1	44.7	1.06
A2	97	19.1	43.0	5.0	43.3	0.79

　　(5) 林可霉素　朱立元[85]在 60m³ 的发酵罐中探讨了林可霉素发酵过程的 DO 变化规律，确定了发酵前期（15～17h）、中期（60～62h）、后期（155～158h）的临界 DO 分别为 13%、25%、35%，其相应的通气量分别为 3100m³/h、2500m³/h、2100m³/h。根据连续 3 个月统计结果，平均放罐总效价提高了 4.5%，空气量节约了 4.8%。

　　(6) 庆大霉素　张达力等[91]等研究了溶氧对庆大霉素合成与分泌的影响，结果表明，在发酵罐上控制 DO 在 40% 空气饱和度左右有利于产物的合成与分泌。

5.2.7　二氧化碳和呼吸商

5.2.7.1　CO_2 对发酵的影响

　　CO_2 是呼吸和分解代谢的终产物。几乎所有发酵均产生大量 CO_2。例如，在产黄青霉的生长和产物形成中的 CO_2 来源可用式(5-41) ～式(5-43) 表示：

菌体生长：$C_6H_{12}O_6+NH_3+3.3O_2+0.06H_2SO_4 \longrightarrow$

$$0.42C_{7.1}H_{13.2}O_{4.4}NS_{0.06}+3CO_2+4.8H_2O \tag{5-41}$$

菌体维持：$C_6H_{12}O_6+6O_2 \longrightarrow 6CO_2+6H_2O \tag{5-42}$

青霉素生产：$C_6H_{12}O_6+(NH_4)_2SO_4+0.5O_2+PAA \longrightarrow C_{16}H_{17}O_4N_2S+2CO_2+H_2O$

$$\tag{5-43}$$

CO_2 也可作为重要的基质，如在以氨甲酰磷酸为前体之一的精氨酸的合成过程中。无机化能营养菌能以 CO_2 作为唯一的碳源加以利用。异养菌在需要时可利用补给反应来固定 CO_2。细胞本身的代谢途径通常能满足这一需要。如发酵前期大量通气，可能出现 CO_2 受限制，导致适应（停滞）期的延长。

溶解在发酵液中的 CO_2 对氨基酸、抗生素等发酵有抑制或刺激作用。大多数微生物适应低 CO_2 浓度（体积分数 $0.02\%\sim0.04\%$）。当尾气 CO_2 浓度高于 4% 时微生物的糖代谢与呼吸速率下降；当 CO_2 分压为 0.08×10^5Pa 时，青霉素比合成速率降低 40%。又如发酵液中溶解 CO_2 浓度为 $1.6\times10^{-2}mol/L$ 时会强烈抑制酵母的生长。当进气 CO_2 含量占混合气体流量的 80% 时，酵母活力只有对照值的 80%。在充分供氧下即使细胞的最大摄氧率得到满足，发酵液中的 CO_2 浓度对精氨酸和组氨酸发酵仍有影响。组氨酸发酵中 CO_2 浓度大于 0.05×10^5Pa 时其产量随 CO_2 分压的提高而下降。精氨酸发酵中有一最适 CO_2 分压，为 0.125×10^5Pa，高于此值对精氨酸合成有较大的影响。因此，即使供氧已足够，还应考虑通气量，需降低发酵液中 CO_2 的浓度。

CO_2 对氨基糖苷类抗生素紫苏霉素（sisomicin）的合成也有影响。当进气中的 CO_2 含量为 1% 和 2% 时，紫苏霉素的产量分别为对照的 $2/3$ 和 $1/7$。CO_2 分压为 0.0042×10^5Pa 时四环素发酵单位最高。高浓度的 CO_2 会影响产黄青霉的菌丝形态。当 CO_2 含量为 $0\sim8\%$ 时菌呈丝状；CO_2 含量高达 $15\%\sim22\%$ 时，大多数菌丝变膨胀、粗短；CO_2 含量更高，为 0.08×10^5Pa 时出现球状或酵母状细胞，青霉素合成受阻，其比生产速率约减少 40%。

纤维素发酵是一种非牛顿型高黏度的发酵。采用增加罐压的办法提高溶氧会使气相的 CO_2 分压（p_{CO_2}）也同时加大，从而降低纤维素的生产速率。这可能是由于生长或呼吸受到抑制，而纤维素的生产速率又取决于氧耗速率。纤维素的生产需要消耗 ATP，而 ATP 在胞内的含量也会受高 p_{CO_2} 的抑制。Kouda 等在 50L 发酵罐中试验通入含 10%（体积分数）CO_2 的空气对纤维素生产、摄氧率、细胞生长速率、ATP 浓度的影响[86]。试验结果表明，高 p_{CO_2}（$0.15\sim0.20atm$）会减小细胞浓度、纤维素生产速率与得率，但提高摄氧率与活细胞的 ATP 含量，从而提高纤维素的比生产速率。这说明高 p_{CO_2} 降低纤维素生产速率的原因是由于减少细胞生长而不是抑制纤维素的生物合成。这可能是由于基质过多地消耗在 ATP 的生成上。

CO_2 对细胞的作用机制是影响细胞膜的结构。溶解 CO_2 主要作用于细胞膜的脂肪酸核心部位，而 HCO_3^- 则影响磷脂，亲水头部带电荷表面及细胞膜表面上的蛋白质。**当细胞膜的脂质相中 CO_2 浓度达到一临界值时，膜的流动性及表面电荷密度发生变化。这将导致许多基质的跨膜运输受阻，影响了细胞膜的运输效率，使细胞处于"麻醉"状态，生长受抑制，形态发生变化。**

工业发酵罐中 CO_2 的影响应引起注意，因罐内的 CO_2 分压是液体深度的函数。在 10m 高的罐中，在 1.01×10^5Pa 的气压下操作，底部的 CO_2 分压是顶部的 2 倍。为了排除 CO_2 的影响，需综合考虑 CO_2 在发酵液中的溶解度、温度和通气状况。在发酵过程中如遇到泡沫上升，引起逃液时，有时采用减少通气量和提高罐压的措施来抑制逃液，这将增加 CO_2 的溶解度，对菌的生长有害。

曾用 CO_2 的释放速率来估算细胞量和比生长速率，并根据预定的方案去控制这两个状态变量。此概念被推广应用于含有玉米浆的发酵，采用的是近似碳平衡方法。有些研究用 p_{O_2}、pH、比生长速率、CO_2 释放速率来控制补料-分批发酵。有人用后一种方法结合卡尔曼滤波，以扩展 Bajpai-Reuss 模型来估算细胞量。通过补料的适应性控制可将细胞量维持在预设的轨迹上。还有人用形态上的结构模型，按所需的菌量与比生长速率对青霉素补料-分批发酵作开环与反馈控制。反馈控制是通过用过滤探头测量菌丝密度的方法进行的。

5.2.7.2 呼吸商与发酵的关系

发酵过程中的摄氧率（OUR）和 CO_2 的释放率（CER）可分别通过式(5-44)和式(5-45)求得：

$$OUR = Q_{O_2} X = F_{in}/V \left[c_{O_2 in} - \frac{c_{inert} c_{O_2 out}}{1-(c_{CO_2 out}+c_{O_2 out})} \right] f \tag{5-44}$$

$$CER = Q_{CO_2} X = F_{in}/V \left[\frac{c_{inert} c_{CO_2 out}}{1-(c_{O_2 out}+c_{CO_2 out})} - c_{CO_2 in} \right] f \tag{5-45}$$

式中，Q_{O_2} 为呼吸强度，$(mol\ O_2/g\ 菌)/h$；Q_{CO_2} 为比 CO_2 释放率，$(mol CO_2/g\ 菌)/h$；X 为菌体干重，g/L；F_{in} 为进气流量，mol/h；c_{inert}、$c_{O_2 in}$、$c_{CO_2 in}$ 分别为进气中的惰性气体、O_2 和 CO_2 浓度，%；$c_{O_2 out}$，$c_{CO_2 out}$ 分别为尾气中的 O_2 和 CO_2 浓度，%；V 为发酵液体积，L；$f = 273/(273+t_{in}) \cdot p_{in}$；$t_{in}$ 为进气温度，℃；p_{in} 为进气绝对压强，$10^5 Pa$。

发酵过程中尾气 O_2 含量的变化恰与 CO_2 含量变化成反向同步关系。由此可判断菌的生长、呼吸情况，求得菌的呼吸商 RQ 值（RQ=CER/OUR）。RQ 值可以反映菌的代谢情况，如酵母培养过程中 RQ=1，表示糖代谢走有氧分解代谢途径，仅供生长，无产物形成；如 RQ>1.1，表示走 EMP 途径，生成乙醇；RQ=0.93，生成柠檬酸；RQ<0.7，表示生成的乙醇被当作基质再利用。

菌在利用不同基质时，其 RQ 值也不同。如大肠杆菌以各种化合物为基质时的 RQ 值见表 5-22。在抗生素发酵中生长、维持和产物形成阶段的 RQ 值也不一样。在青霉素发酵中生长、维持和产物形成阶段的理论 RQ 值分别为 0.909、1.0 和 4.0。由此可见，在发酵前期的 RQ 值小于 1；在过渡期由于葡萄糖代谢不仅用于生长，也用于生命活动的维持和产物的形成，此时的 RQ 值比生长期略有增加。**产物形成对 RQ 的影响较明**

表 5-22　大肠杆菌以各种化合物为基质时的 RQ 值

基质	RQ	基质	RQ
延胡羧酸	1.44	葡萄糖	1.00
丙酮酸	1.26	乙酸	0.96
琥珀酸	1.12	甘油	0.80
乳酸	1.02		

显。如产物的还原性比基质大时，其 RQ 值就增加；反之，当产物的氧化性比基质大时，其 RQ 值就要减小。其偏离程度取决于单位菌体利用基质形成产物的量。

在实际生产中测得的 RQ 值明显低于理论值，说明发酵过程中存在着不完全氧化的中间代谢物和葡萄糖以外的碳源。如油的存在（它的不饱和与还原性）使 RQ 值远低于葡萄糖为唯一碳源的 RQ 值，在 0.5～0.7 范围，其随葡萄糖与油量之比波动。如在生长期提高油与葡萄糖量之比（O/G），维持加入总碳量不变，结果，OUR 和 CER 上升的速度减慢，且菌浓增加也慢；若降低 O/G，则 OUR 和 CER 快速上升，菌浓迅速增加。这说明葡萄糖有利于生长，油不利于生长。由此得知，油的加入主要用于控制生长，并作为维持和产物合成的碳源。

有的试验室用 CO_2 释放速率与 RQ 值来估算 μ 和所需的摄氧率。在不同的预定策略下用这两种参数去控制发酵过程，以避免氧的限制作用。庄英萍等[92]进行了多批次梅岭霉素发酵优化与放大研究后，对表征细胞特性的各种参数，如尾气中的 CO_2 与 DO、OUR 与 DO 的对应关系，及 pH、OUR、CER 和 RQ 相关特性作了分析，并根据分析结果对发酵工艺进行了优化，使梅岭霉素的发酵单位从原来的 150U/mL 提高到 520U/mL。

储炬等[93]利用 RQ 控制红霉素发酵过程中的加糖速率。他们发现，同用 pH 控制补糖比较，在发酵 45～100h 和 100～125h 期间将 RQ 分别控制在 0.85 和 0.95 对红霉素的生产有利，在 50L 和 $372m^3$ 发酵罐中分别提高红霉素发酵单位与 A 组分 8.3% 与 6.1% 和 10.5% 与 9.4%。RQ 控制发酵产物的合成方法也曾成功地应用于控制谷胱甘肽（用酿酒酵母）[94]和谷氨酸[95]的生产。邹祥等[96]在 50L 发酵罐中通过监测红霉素发酵过程中的 OUR 与氮源的调节提高红霉素的生产水平。作者在培养基中添加玉米浆 15g/L，使红霉素的发酵单位比对照提高 22%，通过数据关联发现在发酵 64h 前乳酸、丙酮酸、柠檬酸和丙酸的水平提高，玉米浆能提高菌的 OUR 和红霉素的合成。他们还以 OUR 作为放大参数，成功地将小试结果放大到 $132m^3$ 和 $327m^3$ 的生产规模。

梁剑光等[97]在补料-分批发酵期间藉 OUR 控制策略来改进阿维菌素 B-1a 的生产。在葡萄糖补料过程中，使 OUR 维持在 (12mmol/L)/h，有利于阿维菌素 B-1a 的生物合成。在生产规模，用此策略加上添加适当的有机酸前体，使阿维菌素 B-1a 的生产比对照提高 22.8%，达到 5228U/mL。

熊志强等[98]通过 RQ 反馈控制同时提高酿酒酵母还原型的谷胱甘肽（GSH）的得率与含量。过程中控制 RQ 在 0.65 取得最高的 GSH 产率为 46.9 (mg/L)/h 与细胞的产率为 3.5(g/L)/h，通过 RQ 反馈控制，与 GSH 工业生产的常规乙醇反馈控制比较，同时提高了酵母干重 11.5%、GSH 产量 75%、GSH 含量 57.5%、GSH 产率 82.5%，分别达到 126g/L、2.1g/L、1.67% 与 55.3 (mg/L)/h。另外，此技术还能减少副产物乙醇的水平，低于 0.3g/L。

5.2.8 加糖和补料对发酵的影响及其控制

分批发酵常因配方中的糖量过多造成细胞生长过旺，供氧不足。解决这个问题可在过程中加糖和补料。补料的作用是及时供给菌合成产物的需要。对酵母生产，过程补料可避免 Crabtree 效应引起的乙醇的形成，导致发酵周期的延长和产率降低。通过补料控制可调节菌的呼吸，以免过程受氧的限制。这样做可减少酵母发芽，细胞易成熟，有利于酵母质量的提高。

5.2.8.1 补料的策略

近年来对补料的方法、时机和数量以及料液的成分、浓度都有过许多研究。有的采用一次性大量或多次少量或连续流加的办法；连续流加方式又可分为快速、恒速、指数和变速流加。采用一次性大量补料方法虽然操作简便，比分批发酵有所改进，但这种方法会使发酵液瞬时大量稀释，扰乱菌的生理代谢，难以控制过程在最适合于生产的状态。少量多次虽然操作麻烦些，但这种方法比一次大量补料合理，为国内大多数抗生素发酵车间所采纳。从补加的培养基成分来分，有用单一成分的，也有用多组分的料液。

优化补料速率要根据微生物对养分的消耗速率及所设定的发酵液中最低维持浓度而定。

Ryu 等用连续发酵方法测定了不同比生产速率下产黄青霉的 C、N、O、P、S 和乙酸盐及最适生长所需的各种基质的补料速率，见表 5-23。

表 5-23 产黄青霉突变株的各种养分比吸收速率

补料成分或前体	比吸收速率	所需补料速率
己糖	0.33(mmol/g)/h	13.2(mmol/L)/h
	1.6(mmol/g)/h(最适)	64.0(mmol/L)/h
	在 $\mu=0.015$ 下为 0.12(mg/g)/h	
NH$_3$	2.0(mg/g)/h	80(mg/L)/h
PO$_4^{3-}$	0.6(mg/g)/h	24(mg/L)/h
SO$_4^{2-}$	2.8(mg/g)/h	112(mg/L)/h
苯乙酸	1.8(mg/g)/h	72(mg/L)/h

Bajpa 等通过实验确定了用于描述生长、青霉素生产和基质消耗的模型参数，并用它来优化不同设备供氧能力的补糖速率。如图 5-30 所示，**不论生物反应器的体积传质系数大小，它们均有一最佳补料速率。补糖速率的最佳点与 $K_L a$ 有关。$K_L a$ 大的（＝400h^{-1}），补糖速率也需相应加大，结果生产水平也会相应提高，见曲线 a。供氧能力差的设备，其补料速率也相应减小**，才能达到这一设备的最高生产水平，但其最高发酵单位要比供氧好的设备低 23%。

黄原胶发酵中通过间歇补糖，在生产期控制发酵液中葡萄糖含量在 30～40g/L 水平可防止细胞的衰退和维持较高的葡萄糖传质速率，从而提高黄原胶的比生产速率，发酵 96h 产胶达 43g/L，见图 5-31。

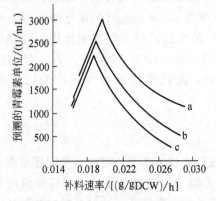

图 5-30　不同供氧能力的设备，
其补料速率对青霉素发酵单位的影响
a—$K_L a$＝400h^{-1}；b—$K_L a$＝100h^{-1}；
c—$K_L a$＝80h^{-1}

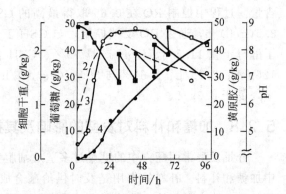

图 5-31　间歇补糖对黄原胶发酵的影响
1—葡萄糖；2—pH；
3—细胞干重；4—黄原胶

近来，Sugimoto 等用有机酸作为碳源，通过补料来提高细胞浓度，在聚 D-3-羟基丁酸 [P(3HB)] 发酵期间以 pH 稳态补料法维持乙酸浓度在 1g/L 左右[99]。在培养中乳酸钠（浓度大于 5g/L 时）对产碱杆菌有很强的抑制作用。为了达到高细胞密度，必须维持低的有机酸（作为碳源）的浓度。用常规方法很难长时间控制在如此低的水平。为了促进聚羟基链烷酸酯（PHK）的生产，Ishizaki 等采用二级补料分批发酵：一级用于乳酸乳杆菌的生长，在此阶段木糖被转化为乳酸；另一级用产碱杆菌 A.eutrophus 从乳酸生产 P(3HB)[100]。他们用酸性基质溶液自动控制培养液的 pH 在 7.0。补料液含有 45%乳酸、6.2%乳酸钠、5.8%

氨水及 1.8％磷酸钾，C/N 的摩尔比为 10，维持培养液的乳酸浓度在约 2g/L，在培养 15h 后细胞浓度达 27.4g/L。在 P(3HB) 积累期间，C/N 的摩尔比为 23，发酵 51.5h，细胞浓度与 P(3HB) 含量分别为 103g/L 和 57.6％。

已知赖氨酸的合成受 L-苏氨酸与 L-赖氨酸的协同反馈抑制。一般，采用棒杆菌或短颈细菌的苏氨酸营养缺陷型调节性突变株来生产赖氨酸。要过量生产赖氨酸，除了优化碳氮源的补料速率，在生产期控制苏氨酸的添加速率也至关重要。因补入过多会抑制天冬氨酸激酶，影响赖氨酸的生产；过少，会影响与赖氨酸合成有关的代谢活动。用 RQ 来调节苏氨酸的添加，以促进赖氨酸的生产。Tada 等在考虑苏氨酸加上赖氨酸的协同抑制作用下研究了 L-苏氨酸的指数补入对赖氨酸生产的影响[101]，试验结果表明，赖氨酸的产量比不补的对照提高 3 倍，达到 70g/L。

胡晓清等[102]研究一种新的补料策略来提高毕赤酵母的 S-腺苷-L-甲硫氨酸（SAM）生产水平。他们将诱导期划分为 10h 间隔，每一间隔前 6h 补甲醇，后 4h 补甘油。与常规方法比较，间歇添加甘油可促进生长速率与胞内 MAT 的酶活，且在非甲醇添加期间未出现酶活的显著波动。虽然 MAT 的比活减小，但 SAM 的合成速率仍旧增加，结果终产物浓度、SAM 的比产率和甲硫氨酸转化为 MAT 的转化率均提高，分别达到 13.24g/L、0.055g/g 和 32.97％。

他们先试验了 5 种甘油补料策略对 MAT 活性的影响[103]。策略 A、B 和 C 通过限制补料分别控制 DO 在 50％、25％和 0％；策略 D 通过使残甘油浓度从 2％逐渐降低到 0％；而策略 E 全程控制在 2％附近。结果 MAT 活性随采用 A～E 的顺序提高。策略 E 的最大比活达 9.05U/gDCW，这归因于 OTR、c^* 和 K_La 的提高，导致 ATP 与菌浓水平升高，使得 SAM 的得率与产量分别达到 0.058g/g 和 9.26g/L。

胡辉等[104]对重组毕赤酵母的甲醇添加策略进行优化，以期促进 SAM 的生产。作者以不同速率 [0.1(g/L)/h、0.2(g/L)/h 和 0.5(g/L)/h] 连续添加 L-甲醇，结果在 0.2(g/L)/h 的条件下 SAM 产量、得率和产率全都提高了，分别达到 8.46g/L、41.7％和 0.18(g/L)/h。过低的添加速率不行的原因是 L-Met 的供应不足；添加过量，从关键酶活性分析，使三羧酸循环与酵解途径减弱，影响 ATP 的合成，也降低 MAT 的活性，致使 SAM 的积累减少。

5.2.8.2 补料的判断和依据

补料时机的判断对发酵成败也很重要，可以用菌的形态、发酵液中糖浓度、DO 浓度、尾气中的氧和 CO_2 含量、摄氧率或呼吸商的变化作为依据。如在补料-分批发酵中通过监控 CO_2 的生成来控制 *Trichoderma reesei* 纤维素酶的生产。不同的发酵品种有不同的依据。一般以发酵液中的残糖浓度为指标。对次级代谢产物，还原糖浓度一般控制在 5g/L 左右的水平。也有用产物的形成来控制补料。如现代酵母生产是藉自动测量尾气中的微量乙醇来严格控制糖蜜的流加，这种方法会导致低的生长速率，但其细胞得率接近理论值。

不同的补料方式会产生不同的效果。如表 5-24 所示，以含有或没有重组质粒的大肠杆菌为例，通过补料控制 DO 不低于临界值可使细胞密度大于 40g/L；补入葡萄糖、蔗糖及适当的盐类，并通氨控制 pH 值，对产率的提高有利；用补料方法控制生长速率在中等水平有利于细胞密度和发酵产率的提高。

在谷氨酸发酵中菌的某一生长阶段的摄氧率与基质消耗速率之间存在着线性关联。据此，补料速率可藉摄氧率控制，将其控制在与基质消耗速率相等的状态。测定分批加糖过程中尾气氧浓度，可求得摄氧率（OUR）。OUR 与糖耗速率（$q_S X$）之间的关系式如式 5-46 所示。

$$K = \frac{OUR}{q_S X} \tag{5-46}$$

表 5-24 发酵过程补料方式对细胞密度、生长速率和产率的影响

菌 种	中 间 补 料	通气成分	细胞干重 /(g/L)	比生产速率 /(l/h)	产率 /[(g/L)/h]
大肠杆菌	补葡萄糖,控制溶氧不低于临界值	O_2	26	0.46	2.3
大肠杆菌	改变补蔗糖量,控制溶氧不低于临界值	O_2	42	0.36	4.7
大肠杆菌	按比例补入葡萄糖和氨,控制 pH 值	O_2	35	0.28	3.9
大肠杆菌	按比例补入葡萄糖和氨,控制 pH 值,低温,维持最低 DO 浓度大于 10%	O_2	47	0.58	3.6
大肠杆菌*	以恒定速率补加碳源,使氧的供应不受限制为条件	O_2	43	0.38	0.8
大肠杆菌(含重组质粒)	补碳源,限制细胞的生长,避免产生乙酸	空气	65	0.10~0.14	1.3
大肠杆菌(含重组质粒)	补碳源,控制细胞生长	空气	80	0.2~1.3	6.2

注：表中除 * 批号用合成培养基外，其余均采用完全培养基。

利用 K 值和摄氧率可间接估算糖耗。按反应式（5-47），理论上计算可得 K 值为 1.5。但实际上最佳 K 值为 1.75。图 5-32 显示三批谷氨酸发酵中糖浓度的控制受 K 值的影响。$K=1.51$ 情况下糖耗估计过高，发酵罐中补糖过量；$K=2.16$ 的情况下糖耗又过低；只有在 $K=1.75$ 的情况下加糖速率等于糖耗速率。

$$C_6H_{12}O_6 + 1.5O_2 + NH_3 \longrightarrow C_5H_9O_4N + CO_2 + 3H_2O \tag{5-47}$$

青霉素发酵是补料系统用于次级代谢物生产的范例。在分批发酵中总菌量、黏度和氧的需求一直在增加，直到氧受到限制。据此，可通过补料速率的调节来控制生长和氧耗，使菌处于半饥饿状态，以使发酵液有足够的氧，从而达到高的青霉素生产速率。

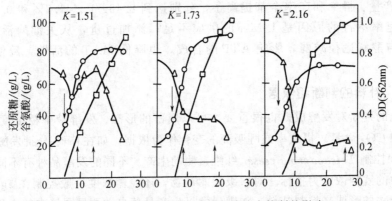

图 5-32 谷氨酸发酵中 K 值对糖浓度控制的影响
○—OD；□—谷氨酸；△—还原糖；↓—加青霉素时间；↑↑—加糖期

加糖可控制对数生长期和生产期的代谢。在快速生长期加入过量的葡萄糖会导致酸的积累和氧的需求大于发酵设备的供氧能力；加糖不足又会使发酵液中的有机氮当作碳源被利用，导致 pH 上升和菌量失调。因此，控制加糖速率使青霉素发酵处于半饥饿状态对青霉素的合成有利。对数生长期采用计算机控制加糖来维持 DO 和 pH 在一定范围内可显著提高青霉素的产率。在青霉素发酵的生产期 DO 比 pH 对青霉素合成的影响更大，因在此期 DO 为控制因素。

在青霉素发酵中加糖会引起尾气 CO_2 含量的增加和发酵液的 pH 下降，见图 5-33。这是由于糖被利用产生有机酸和 CO_2，并溶于水中，而使发酵液的 pH 下降。糖、CO_2、pH 三者的相关性可作为青霉素工业生产上补料控制的参数。尾气 CO_2 的变化比 pH 更为敏感，故可测定尾气 CO_2 的释放率来控制加糖速度。

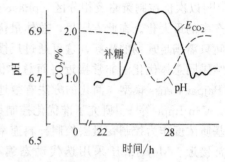

图 5-33　加糖对尾气 CO_2 和 pH 的影响

Takagi 等在头孢菌素 C 发酵中通过测定 CO_2 的生成速率来调节补糖速率，从而控制细胞的生长[105]。他们为了证实糖耗对 CER 的影响，几次突然提高补糖速率 40%30min，结果表明，培养 40h 前 CER 的响应较小，但 50h 后 CO_2 浓度在 15min 内便有明显的响应，其 CER 随糖耗速率的提高而按比例增加，其比例系数为 $13mmolCO_2/g$ 糖耗。CER 可以作为糖耗速率与生长速率的有效参数。据此，他们提出了一种控制生长策略，用于通过补糖速率，使 CER 按预设的标准轨迹进行。

谌颉等[106]建立了一种新的参数乙醇释放速率（EER）来帮助调整阿维菌素（avermectin）发酵的补料速率。EER 表征初级代谢的水平，其数值主要受氧的供应和葡萄糖的影响。在异常发酵中过量加糖导致最大的 EER 比正常发酵的高 2.5 倍，并使生产下降近 80%。EER 还有助于控制基质的利用，故可作为工业发酵过程的加糖控制的手段。

邹祥等[107]在 50L 发酵罐采用 OUR 作为红霉素发酵补料的依据，结果显示在发酵 46h 当 OUR 开始下降时补料对红霉素生产最有利。其最高发酵单位达 10622U/mL，比对照提高 11.7%。王泽建等[108]在发酵过程中 DO 限制下通过逐步降低 OUR 提高了 *P. denitrificans* 的维生素 B_{12} 生产水平。此策略被成功地放大到 $120m^3$ 的生产发酵罐规模，取得稳定的维生素 B_{12} 高产，达到 208mg/L，比对照提高 17.3%，且糖耗系数比对照降低 34.4%。

陈勇等[109]通过控制葡萄糖和丙醇的补料速率来提高红霉素的生产。在 30L 发酵罐中的试验发现，葡萄糖不是红霉素生产的限制因素，降低葡萄糖的补料有利于促进丙醇的消耗，获得红霉素高产（12.49mg/mL）。他们运用定量代谢流分析来追踪丙醇的代谢去向，发现在高丙醇消耗的情况下会增加丙酰-CoA 的库存量 2.147(mmol/g)/d 和甲基丙二酰-CoA 的库存量 1.708(mmol/g)/d，有 45%～77% 的丙醇进入 TCA 循环，使红霉素的产量显著增加。结果也说明相对低的胞内 ATP 水平未限制红霉素的生物合成，而较高的 NADPH 对红霉素的生产有利。

邹祥等[110]在 50L 发酵罐研究了红霉素糖多孢菌在补硫酸铵期间的生化参数对红霉素 A（Er-A）生物合成的调节。在最适补硫酸铵速率 0.03(g/L)/h 下，174h Er-A 的最高发酵单位为 8281U/mL，比对照提高 26.3%。同时发现，CO_2 释放速率与摄氧率增强，铵的同化可能与谷氨酸转氨途径有关。细胞代谢的提升，增强了 TCA 循环与碳流向红霉素的生物合成。

李兰等[111]采用在线电容测量来控制补料分批发酵生产多羟基链烷酸（PHAs）。他们发现，电容值能反映微生物的形态与存活率的变化。在监测电容值的同时还实时检测摄氧率、呼吸强度与比生长速。结果显示，用此法使 PHAs 生产提高 22%。

5.2.8.3　补料的优化

一般，初始基质浓度高一些，有利于产率而不是得率的提高。Luus[112]用动态编程法进行发酵控制的实际计算，用补偿函数来处理状态变量的约束，由此取得总体最优值。Diener

等[113]以次优控制策略及相分区（phase partitioning）法求补料-分批培养的产物浓度、得率和产率的最大化。在此方案里，总体最优化方法规定离线计算的相的顺序，且在每一相运行期间只需满足现场的指标，这可通过反馈控制办到。此法曾用于青霉素的生产。次优策略所得结果同总体优化法非常接近，而总体优化法在测定上需要更大的投入。Rodrigues 等[114]用 Bajpai-Reuss 模型与简化的方法有效地优化产率。

Van Impe 等[115]研究了准优化控制策略。他们采用一种启发性的控制规则，在生产期用基质浓度作为控制变量去控制补料速率取得好的模拟结果，这与总体优化方法取得的结果非常接近。Meyerhoff 采用迭代动态编程算法（IDP）[116]将描述形态分化的结构分离模型[117]（见表 5-25，图 5-34）应用于橄榄型顶头孢菌培养过程，通过加糖和加油进行动态优化[118]。

表 5-25　橄榄型顶头孢菌的高产菌株的分离模型[117]

描述项目	模型方程
①活性菌丝的生长	$\mu = \mu_S + \mu_{oil}$ $\mu_S = \mu_{Smax}[c_S/(K_S + c_S)]$ $\mu_{oil} = \mu_{oil\,max}[c_{oil}/(K_{oil} + c_{oil})] + \mu_{oil\,max}[c_S/(K_S + c_S)]$
②总菌量	$c_X = c_{X_1} + c_{X_2} + c_{X_3} + c_{X_4}$
③变态反应	
无活性细胞变成活性菌丝	$\mu_{12} = k_{12}$
活性菌丝变成膨胀菌丝	$\mu_{23} = k_{23}$
膨胀菌丝变成节孢子	$\mu_{34} = k_{34}[K_I/(K_I + K_S)]$
④膨胀菌丝的产物形成	$q_P = k_P[c_{oil}/(K_{oil}^+ + c_{oil})]$
⑤糖耗	$Q_S = -(\mu_S/Y_{XS}) \cdot c_{X_2} - (q_P/Y_{PS}) \cdot c_{X_3}$
⑥大豆油的消耗	$Q_{oil} = (\mu_{oil}/Y_{Xoil}) \cdot c_{X_2} + [m_{oil}(c_{X_2} + c_{X_3}) + (q_P c_{X_3}/Y_{Poil})] \cdot [c_{oil}/(K_{oil}^+ + c_{oil})]$
⑦油分解代谢酶的固有平衡	$dc_E/dt = \mu_{oil\,max}[c_{oil}/(K_{oil} + c_{oil})]c_E + k_{max}[K_I/(K_I + K_S)](1 - c_E) - \mu c_E$

这些模型容易应用，与基于 Pontryagin's 最大原理的方法比较，它具有良好的收敛性质[116]。曾测试几种操作指标：总产量、基于基质消耗的产物得率和经济收益。在模拟研究中作为附带的约束曾引入反应器的最大装量与最大的油浓度（8g/L）两项指标。由于油能促使气泡聚合，后一约束条件是用来维持足够的氧的供给。为了优化，固定总的发酵周期（$t_f = 150h$）和最大的补料速率（$F_S < 0.05L/h$，$F_{oil} < 12g/h$）。

图 5-35 显示控制变量，补糖速率（F_S）

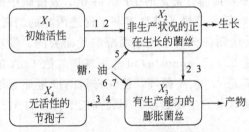

图 5-34　Meyerhoff 的分离模型的结构[117]
图中数字代表表 5-25 可用于描述该过程的模型

和加油速率（F_{oil}）的优化结果。同原过程比较，其生长期通过较高的补糖速率（接近分批条件）延长约 105h。此加糖速率在油浓度下降时也足以维持生产期中菌的生长。在状态与补料速率受限制的条件下豆油的用量可以达到最大。从模拟中通过强化生长，优化过程显示出产物浓度与产率的明显提高。这是由于产物的分解代谢似乎较弱，使得即使在对生长有利的条件下也能获高产。

5.2.9　比生长速率的影响与控制

比生长速率（μ）是代表生物反应器的动态特性的一个重要参数。例如，为了获得最大

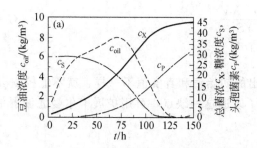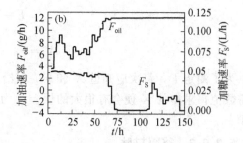

图 5-35 用分离模型对头孢菌素 C 补料分批发酵的补糖（a）和补油（b）的优化控制进行模拟[118]

c_X—总菌浓；c_S—糖浓度；c_P—头孢菌素 C；c_{oil}—豆油浓度

所有变量的单位为 kg/m^3

量的细胞生产，便需在面包酵母培养期间维持最大的 μ，这就需要将培养液中的残糖保持在最适合的浓度。为此，可用葡萄糖传感器进行在线监控。如没有这种装置，也可通过监控乙醇浓度和 RQ 值办到。但这种办法只能使比生产速率最大化，而要想控制面包酵母的质量，则需另想办法。在补料分批培养中为了维持最大 μ 值，常采用指数式补料。然而，若用于计算补料速率所需的初始条件或参数出错，其比生长速率便根本不等于所需值。因此，多数情况下需采用闭环系统来控制比生长速率。Takamatsu 等[119]曾成功地将程序控制器/反馈补偿器（PF）系统应用于设定 μ 的控制，只要能直接测得 μ 值。

5.2.9.1 程序控制器/反馈补偿器系统

如图 5-36 所示，程序控制器/反馈补偿器系统是一种由程序控制器、预补偿器组成的控制 μ 值的系统。在程序控制器的控制下 μ 值应遵循设定值变化，除非存在着噪声或干扰，且预补偿器应能补偿这方面的偏差。预补偿器采用模型参考适应性控制（MRAC）算法，因培养过程是随时间变化的，是一种高度非线性系统，整个系统称为 PF-MRAC。公称基质补料速率可由程序控制器调节，细胞浓度 X 和基质浓度 S 可分别用式（5-48）和式（5-49）表示：

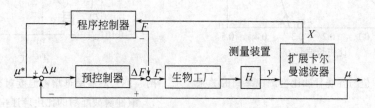

图 5-36 控制 μ 的程序控制器/反馈补偿器系统

$$dX/dt = (\mu - F/V)X \qquad (5-48)$$

式中，X 为菌浓；V 为液体体积；F 为补料速率（$=dV/dt$）。

$$dS/dt = -\mu X/Y + (S_F - S)F/V \qquad (5-49)$$

式中，Y 和 S_F 分别为细胞生长得率系数和补料的基质浓度。基于 μ 是 S 的函数的假定，如 μ 能维持恒定值 μ^* 一定时间，基质浓度 S 必然不变。如每次变换 μ^* 值能稳定不变，则公称补料速率 F 可用式（5-50）表示：

$$F = \frac{\mu^* XV}{Y(S_F - S)} \qquad (5-50)$$

假定 $S_F \gg S$，式（5-50）可简化为：

$$F = \frac{\mu^* XV}{YS_F} \tag{5-51}$$

$$V = V_0 + \int_0^{t_f} F(\tau) dt$$

为了测定 F，每次应知道 X 和 V。如给出的初始值和真实值不一样，就不能控制 μ 在所需数值，求得的 X 便会有很大的误差。为了改进这一缺点，可用扩展卡尔曼滤波器估算 X 值。

5.2.9.2 谷胱甘肽

谷胱甘肽简称为 GSH，是一种由谷氨酸、胱氨酸和甘氨酸组成的具有药用功效的三肽。近来报道，GSH 可用作肝脏药物和有毒化合物的清除剂。某些酵母中的 GSH 含量较高。它能同化葡萄糖，在生物反应器中糖浓度高时由于 Crabtree 效应会产生乙醇。GSH 的产率取决于所用碳源的种类。图 5-37 显示了 μ 值与谷胱甘肽比生产速率（Q_G）和 μ 值与乙醇比生产速率（Q_E）之间的关系。

5.2.9.3 酿酒酵母

其培养温度对比生长速率和酸性磷酸酯酶的比生产速率的影响的试验结果示于图 5-38。当温度低一些（27℃）有利于 μ 值，温度高一些（32.5℃）有利于酸性磷酸酯酶的比生产速率的提高。通过最终产物浓度与改变温度的时间（从 μ_{max} 到 μ_C）之间的关系的试验与计算，证明 6h 是最适合的。

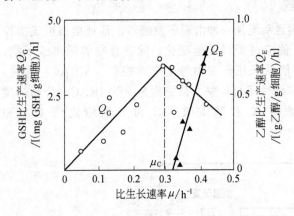

图 5-37　μ 值与谷胱甘肽比生产速率间的关系

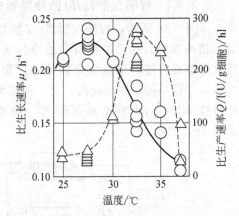

图 5-38　酿酒酵母培养温度对比生长速率（○）、酸性磷酸酯酶的比生产速率（△）的影响

5.2.9.4 其他产物

Spohr 等研究了在补料分批培养与连续培养期间米曲霉的三种 α-淀粉酶产生菌（野生型、含有附加拷贝的 α-淀粉酶基因的转化子、转化子的形态突变株）的生长与形态对产酶的影响[120]。连续培养试验的结果表表明，三种菌的葡萄糖比消耗速率在 0~0.1 比生长速率范围内与比生长速率成正比，它们的淀粉酶比生产速率与转化得率随比生长速率的变化列于表 5-26。试验数据显示，α-淀粉酶比生产速率与比生长速率之间存在线性相关，说明在米曲霉中 α-淀粉酶的生产是与生长关联的，而菌株形态的变化对产酶有显著影响。

吴丹等[121]研究了毕赤酵母 Mut（＋）突变株的比生长速率对重组蛋白比生产速率与分子间二硫键的影响。过程中毕赤酵母的 cIFN 的表达受到限制是由于不完全二硫键的形成，导致 cIFN 的降解与凝聚。吴丹等[122]用恒化培养技术证明比生长速率（μ）是形成异常

cIFN 的关键因素。在高 μ 下 cIFN 的表达水平降低。作者也阐明不正确折叠的 cIFN 会在胞内形成非共价式的聚合物。据此，在毕赤酵母表达重组蛋白期间，必须找到异源蛋白的高效表达与高细胞生长速率需求之间的平衡。

5.2.10 混合效果

发酵的好坏很大程度上取决于发酵液的混合效果。有关混合与氧传质的理论请参阅文献[117]。

表 5-26　比生长速率对淀粉酶比生产速率与转化得率的影响

试验菌株	发酵方式	基　质	比生长速率/h⁻¹	得率系数/(FAU/g 葡萄糖)	比生产速率/[(FAU/g)/h]
野生型	补料分批	麦芽糊精	0.04	90	7.7
		葡萄糖	0.04		7.7
	连续培养		0.15	98	27.4
转化子	补料分批		0.018	400	20
	连续培养		0.1	425	85
突变株	补料分批		0.038	545	48
	连续培养		0.1	570	130

注：根据文献[120]中的图 4-6 估算。

5.2.10.1　斜 6 平叶涡轮式搅拌器及不同进料方式

Lee 等用酮固氨酸短杆菌的 L-精氨酸营养缺陷型突变株研究混合效果对鸟氨酸发酵的影响[123]。他们使用 7L 发酵罐、两种不同形式的搅拌器、3 种不同的补料分批培养模式进行研究。前两种模式是采用 6 平叶涡轮式搅拌器，罐顶或罐底补料方式；第 3 种补料分批培养模式是采用斜 6 平叶涡轮式搅拌器，罐顶补料方式。这三种培养模式的发酵效果列于表 5-27。后两种模式的发酵 58h 的鸟氨酸的产量与产率分别是第一种的 1.6 倍与 2～3.5 倍，达 73g/L 和 0.04～0.07 (g/g)/h。产率的显著改进是由于添加的限制性养分在发酵罐内的混合效果好，时间缩短。

表 5-27　三种不同模式的鸟氨酸发酵的效果[123]

培　养　模　式	培养 24h 的鸟氨酸浓度/(g/L)	培养 48h 的鸟氨酸浓度/(g/L)	培养 58h 的鸟氨酸浓度/(g/L)	培养 24h 后的鸟氨酸比生产速率/[(g/g)/h]
6 平叶涡轮式搅拌器在罐顶补料方式	28	42	45	0.02
6 平叶涡轮式搅拌器在罐底补料方式	20	59	72	0.04～0.07
斜 6 平叶涡轮式搅拌器在罐顶补料方式	30	51	73	0.04～0.07

5.2.10.2　栅桨式搅拌器

Hiruta 等将栅桨式搅拌反应器（MBF）应用于透明质酸与 γ-亚麻酸发酵[124]。所用的搅拌器是一种直径占罐内径 10/13，做成一整体的栅桨式搅拌器（maxblend），如图 5-39 所示。此搅拌器特别适用于高黏稠发酵液。同涡轮式搅拌器（TBF）比较，其混合效果要好，其混合时间（θ_m）比涡轮式搅拌器缩短一半，再将环状分布器改成盘绕式，其 K_La（特别对高黏度发酵液，用羧甲基纤维素溶液做冷模试验）要高出许多，见图 5-40。在透明质酸发酵过程中，当黏度较高时 pH 在 TBF 发酵罐内的分布是不均匀的，局部区域的 pH 比透明质酸生产的最适 pH 要低。使用 MBF 则无此现象，使整个发酵生产处于最适 pH 下，从

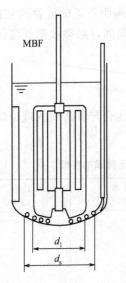

图 5-39 栅桨式搅拌器发酵罐示意图

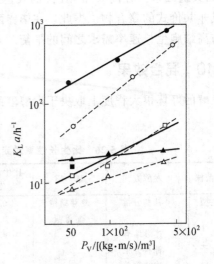

图 5-40 用羧甲基纤维素溶液在 MBF、TBF 中 K_La 与搅拌功率 (P_V) 之间的关系

通气速率为 1.0VVM，用不同黏度的羧甲基纤维素溶液试验
(○，●)—1mPa·s；(□，■)—1.0Pa·s；(△，▲)—4.6Pa·s；
实线—MBF；虚线—TBF

而产量提高 20%。对于 γ-亚麻酸发酵，采用 MBF 与盘绕式分布器的发酵，其搅拌所消耗的功率比用 TBF 低一些。前者形成实心菌团，其大小较 TBF 形成的均匀。这是因为在 MBF 中剪切应力的分布在同等条件下比 TBF 更均匀。

发酵过程中通气搅拌在促进混合、传热与传质的同时，还对丝状菌（如真菌和放线菌）的菌体产生剪切作用，从而影响菌的生长、形态和产物的合成。颜日明等[125]通过在摇瓶和发酵罐上考察不同剪切应力对梅岭霉素产生菌、南昌链霉菌的菌丝形态和生理代谢的影响。用摇瓶试验，添加一粒玻璃珠会使梅岭霉素发酵单位下跌约 80%，两粒便跌到零。在 50L 发酵罐中把 6 平叶搅拌桨改成 6 折叶搅拌桨（折角 60°），使菌丝得以正常生长，梅岭霉素发酵单位提高了 52%。郭瑞文等[126]研究了在 30L 全自动发酵罐内搅拌桨叶形式对庆大霉素产生菌的菌丝形态及其生物合成的影响。结果表明，6 箭叶比 6 平叶圆盘涡轮桨要好，其剪切力相对温和，其菌丝形态、菌体浓度和黏度均有明显改善，增强了菌丝代谢活力，使发酵单位比 6 平叶提高了近 50%。

5.2.10.3 各种搅拌器的组合及反应器流场分布特性对产物形成的影响

夏建业等[127]通过模拟和发酵试验研究不同搅拌器组合的流体动力学。他们应用计算流体力学（CFD）模型，在带有不同搅拌器组合的生物反应器中进行阿维霉素发酵试验。所用的搅拌器有下推式（down-pumping）搅拌器（DPP）、6 弯叶圆盘涡轮搅拌器（6CBDT）和 6 箭叶圆盘涡轮搅拌器（6ABDT）。模拟结果显示，在不同搅拌器组合间上两层用 DPP，底层用 6ABDT 的组合可提供给阿维霉素发酵最温和的流场环境，从而使细胞具有更好的生理特性，并有效提高了阿维菌素的产量。

杨倚铭等[128]研究了顶头孢菌发酵过程中搅拌器形式对丝状真菌生理与头孢菌素 C 生产的影响。他们在 $12m^3$ 的发酵罐中分别试验了常规的与新型搅拌器结构的作用。结果显示，细胞生长与 OUR 受搅拌器的影响很小。但不同搅拌器的组合对菌的形态，并对头孢菌素 C

有显著影响。他们发现，使用新型的搅拌器时分散的节孢子的数量增加，头孢菌素 C 的生产提高 10%。运用计算流体力学（CFD）模拟，进一步揭示用常规搅拌器的发酵罐存在传质与能量交换较差的缺陷，造成非均匀的培养环境。采用新型的搅拌器结构，其体积氧传质系数（K_La）提高 15%，其功率消耗降低 25%。

邹祥等[129]研究了红霉素发酵从 50L 发酵罐放大到 $132m^3$ 发酵罐的生理响应。发酵前期高的 OUR 有利于红霉素的生物合成。两种规模的发酵罐的最高稠度系数（K）相似。采用实时计算流体动力学模型研究的结果表明，小罐比大罐的流场更温和。大罐中的 OTR 降低不利于细胞的生理代谢和红霉素的生物合成。

谢明辉等[130]在生物反应器中研究了各种三挡搅拌器结构的整体与局部流场气液分布特性，其中包括气体滞留量、体积传质系数、流场与液相混合时间。采用四种类型的搅拌器 [Rushton 涡轮式（RT），中空叶涡轮式（HBT），下推宽叶水翼搅拌器（WHd），上推宽叶水翼搅拌器（WHu）] 构成 4 种搅拌桨组合：3RT、HBT＋2WHd、HBT＋2WHu 与 3WHu。结果显示，轴向搅拌器组合（3WHu）比其余组合 3RT、HBT＋2WHd、HBT＋2WHu 提供更有效的均匀混合，其中最差的是 3RT。

当气流表观速率在 1.625mm/s 时 3WHu 的传质系数比其余 3 组高 53%。当气流表观速率在 8.124mm/s 时所有组合的传质系数在相同功耗下几乎一样。对于 3RT，最高的滞留量是在底层搅拌器活动区域，中部与上部搅拌器则在近罐壁处。对于 HBT＋2WHd 组合，其气体滞留量除了底部搅拌器周围无多大差别。对于 HBT＋2WHu 和 3WHu 组合，在上两层上推搅拌器之间的气体滞留量较高，上层搅拌器上面的气体滞留量则较低。HBT＋2WHu 和 3RT 组合存在 3 处，3WHu 组合则有 2 处和 HBT＋2WHd 组合只有 1 处较高的内界面。在低气流速率下每一种搅拌器组合产生的流动模式，包括气泡轨道、气泡的破裂与凝聚动力学是不一样的，进而影响局部与平均气体滞留量和局部比内界面，即间接影响传质系数。在高气流速率与相同的比功耗下搅拌功率的下降与气体滞留量与传质相关。

谢明辉等[131]在含有黄原胶溶液的 50L 塑胶玻璃罐中研究不同组合的搅拌器对功耗、局部与平均传质系数的影响。在黄原胶发酵过程中传质与混合是很重要的。作者比较了 6 组搅拌器组合的功耗、局部与平均传质系数。不同搅拌器的组合可分为两类：小直径搅拌器，如 Rushton 涡轮式、中空叶涡轮式和宽叶水翼搅拌器；大直径搅拌器，包括椭圆栅状搅拌器、Intermig 搅拌器和双螺旋带状搅拌器。为了在相同功率下比较，黄原胶浓度增加时，提高小直径搅拌器组合的转速，降低大直径搅拌器组合的转速。结果显示，小直径搅拌器组合的靠近罐壁的 K_La 值随黄原胶浓度的增加而下降比其余区域要快；而大直径搅拌器组合的 K_La 的分布，除了罐底部，却是均匀的，但其气体分散能力较差。每一种搅拌器组合的通气状态下的比功率输入、表观气体速率和有效黏度对平均 K_La 的影响说明，其 K_La 受比功率输入与黏度强烈影响，而气流速率的影响较小。

5.2.10.4　流变学的测量

发酵液的流变性质会影响功率的消耗、热与物质的传递速率。这些性质对一些特别黏稠的丝状菌抗生素发酵液尤为重要。在生物反应器中常遇到三种类型的流体：牛顿型、非牛顿型与罕见的黏弹性流体。黏度，流体流动的阻力，可用于表示流体的流变学性质，也是过程常被忽略的重要参数。生物反应器的运行受培养液的流动特性的显著影响。因此，必须有适当的仪器能快速、可靠地测量发酵液的流变性质。可用剪切应力-剪切速率图来评定流体的黏度，不同类型的流体都有其独特的曲线。如牛顿型流体的黏度等于直线的斜率，这种流体具有不变的流变学性质。其他流体的黏度随剪切速率变化，故在表示该流体的黏度时需要指明是在哪一剪切速率下测量的。测量黏度常用的有：管式黏度计、锥板式黏度计、同心圆筒黏度计和无边沿液体（infinitesea）黏度计。其原理与结构请参阅文献 [132]。

黏度反映发酵液的情况。若初始基质为淀粉或纤维素，测量黏度可以提供基质被消耗的信息。若发酵产物是一种聚合物，如黄原胶或葡聚糖，则黏度与产物浓度成正比。对于丝状菌发酵，黏度可用来指示生物量。此法对极端非牛顿型特性的发酵液不适用。单细胞培养液，如细菌或酵母可用爱因斯坦公式来表示小球悬浮的黏度：

$$\frac{\mu_x}{\mu_R} = \frac{1 + 0.5x}{(1-x)^2} \tag{5-52a}$$

式中，μ_x 为细胞悬液黏度；μ_R 为参比液体黏度；x 为细胞浓度。

运用 Poiseuille 方程可以计算流经一毛细管的流体黏度：

$$\mu = \frac{R^4 \pi}{8L} \cdot \frac{\Delta P}{Q} \tag{5-52b}$$

用这些方程可以将细胞悬液的黏度与细胞浓度关联起来。

陈勇等[132]在红霉素发酵中通过动态调节硫酸铵与磷酸盐显著降低发酵液的黏度和糖耗分别为 18.2% 和 61.6%，红霉素 A 的产量增加 8.7%。研究结果发现，硫酸铵能有效控制蛋白酶的活性，从而黄豆饼粉的利用速率变慢，细胞生长得到有效控制。发酵液黏度的降低是形成菌球的缘故。在新的调控策略下胞外丙酸与琥珀酸的积累说明较高的丙醇消耗可能提高甲基丙二酰-CoA 与丙酰-CoA 的浓度，从而增加流向红霉素 A 的物流。

5.2.10.5 计算流体动力学分析在生物反应器中的应用

李超等[133]运用计算流体动力学（CFD）模拟在挡板摇瓶中形成的复杂不稳定的湍流场。试验是在装有 50～150mL 培养基的挡板摇瓶中，在 100～250r/min 振荡频率下进行。结果显示，振荡频率和装量显著影响比功率输入与比界面面积。随振荡频率的提高，K_La 大幅度地增加，而装量对 K_L 影响不大，但使比界面面积减小。同样，在挡板摇瓶中形成的剪切力（而不是装量）受振荡频率很大的影响。

Li 等[134]运用 CFD 软件包 Fluent 研究了安装有径向流搅拌器（C1）的发酵罐与安装有径向-轴向流（C2）搅拌器的发酵罐中的流场对林可霉素链霉菌代谢特性的影响。模拟结果显示，在 C2 发酵罐的流场具有更高的湍流动力学能量、气体滞留量与剪切速率。对试验测量与其模拟之间的关联分析结果表明，在 C2 发酵罐中不再有菌丝成簇与生产期细胞干重下跌的现象，而具有更高的 K_La、DO 浓度与养分消耗速率。在生长期林可霉素链霉菌的比生长速率也较高。结果：林可霉素在 60m³ 的 C2 发酵罐的发酵单位比 C1 发酵罐提高 46%，达到 7039μg/mL。

5.2.11 超声波、微波、磁场、电流对发酵的影响

5.2.11.1 超声波

超声波被广泛用于生物细胞的破碎、降解、变性与大分子共聚。它对胞内酶的生产起协同加速作用。在混合废纸的糖化与发酵期间超声波具有促进乙醇生产作用[135]。但微弱的超声波对细胞产生的破坏作用很小，能增强细胞膜的通透性，从而强化细胞的物质运输。储炬等在庆大霉素发酵期间用超声波处理罐外循环的发酵液，结果明显促进抗生素的分泌（比未处理的提高 3.8 倍），从而使总生物效价提高 1.7 倍[136]。超声波处理的时间与剂量对抗生

素的发酵单位有影响。

5.2.11.2 微波

微生物在微波处理下其自身分子会做高速运动，吸收微波能量转化为热，出现生物物理与生物化学变化，随后发生机体结构与机能的变化，称为生物效应。大剂量处理会导致菌的死亡。采用 2450MHz、127.5W 的微波，从庆大霉素发酵 60h 开始，每隔 12h 处理一次 (40s)，直到 120h 发酵结束，结果使庆大霉素的分泌率提高近 1 倍，其生物效价提高近 50%[137]。这是由于适当剂量的微波的次级效应，使菌体的膜渗透性变大，产物的反馈阻遏减轻，庆大霉素的生物合成加强所致。

5.2.11.3 磁场

近来，Shoda 等报道过高磁场对生物反应的影响[138]。Tsuchiya 等利用新构建的超导磁生物系统所产生的磁场研究不同磁场下对大肠杆菌生长的影响[139]。他们发现，高磁场（3.2~6.7T）对细菌的对数生长初期有不利的影响。但在静止期在高磁场下的细胞数目是对照的 2~3 倍，即在此期细胞数目下降的幅度在高磁场下减小。非均匀磁场（5.2~6.1T）的影响比均匀磁场的要大得多。高磁场对细菌的影响在不同生长期的效果不一样。

5.2.11.4 电流

电流对活细胞的作用的研究结果说明，对细胞的电刺激作用会诱发 DNA 与蛋白质的合成、膜渗透性与细胞生长的变化。Nakanishi 等研究了电流对酵母生长与乙醇生产的影响[140]。他们在 500mL 摇瓶中安装了一对白金电极，每个电极的面积为 $0.8cm^2$，两电极的间距为 5.5cm，给培养物加上不同强度的直流与交流电，测试其对细胞生长、发芽率、DO、pH、残糖与乙醇浓度的影响。结果表明，加上适当的电流（DC 10mA 或 Ac 100mA），使最终细胞数目、干重、糖耗与乙醇的生产比对照高出了 1~2 倍，但用 DC 30mA 严重抑制发酵。这是由于较大的电流会使培养液的 pH 从 5.3 下降到 2.2。连续施加 DC 10mA 或 AC 100mA 电流的批号在培养 30h 后的溶解 CO_2 浓度比对照低 1 倍多，为 0.5%~0.45%（体积分数）。应用 DC 10mA 电流的 DO 在培养 12h 后处在约 4mg/L 的水平，而对照与 AC 100mA 处理的 DO 只有 0~0.3mg/L。此外，还发现经 DC 10mA 或 AC 100mA 处理后，乳酸、乙酸与丙酮酸的形成明显比对照增多，分别为对照的 2.5 倍、4.7 倍和 1.3 倍，达到 240mg/L、1045mg/L 和 365mg/L 的水平。

5.2.12 氧化还原电位对发酵的影响

氧化还原电位（ORP）是指发酵液中获得或失去的自由电子，单位为 mV。ORP 值越高说明溶液的氧化水平越高，相对越容易失去电子。

在发酵过程中通常发酵液氧化还原处于不平衡的状态。这是因为细胞吸收培养基中的养分藉氧化还原反应与其代谢过程偶合来获取用于生长、维持和产物合成所需的能量。监测过程中的氧化还原电位可以：①供微生物生长在合适的氧化还原环境下；②在厌氧条件下测定溶氧电极检测极限外的痕量氧值；③ORP 值是蛋白质正确折叠，尤其是二硫键形成的关键因素。

ORP 电极的检测原理是基于溶液中的金属电极上进行的电子交换达到平衡时具有的氧化还原电位值，此值与溶氧、pH 和温度有关：

$$E=E_0+(RT/nF)\ln(\alpha_o/\alpha_R)=(RT/4F)\ln p_{O_2}+(RT/F)\ln[H^+] \tag{5-53}$$

式中，E_0 为标准氧化还原电位值；α_o 为氧化型物质的活度；α_R 为还原型物质的活度；

p_{O_2} 为溶液中溶氧平衡的氧分压。

由上式可见，若控制好发酵液的温度和 pH 值，氧化还原电位值就只与 DO 相关。

Berovic 以氧还电位控制进行柠檬酸发酵的放大[141]。其研究表明，为了在黑曲霉糖蜜发酵中取得高产，必须维持一定的氧还电位谱，最高为 260mV 与 280mV，最低为 180mV 与 80mV。调节氧还电位的最为有效的方法是调节通气和搅拌。通过通气和搅拌来控制氧还电位取得从 10L 放大到 100L 和 1000L 中试罐（甚至是几何形状不同的搅拌罐）的成功。Lin 等[142]利用氧化还原电极监测克拉维酸的生产过程，发现 ORP 对克拉维酸的生成有着比溶氧更好的关联性，利用氧化还原电极进行调控将克拉维酸的产量提高了 96%。

王永红等[143]研究了在乙醇发酵过程中氧化还原电位对乙醇生产过程的影响。他们利用氧化还原电极，在厌氧条件下将 ORP 值控制在 $-50mV$、$-100mV$、$-150mV$、$-230mV$下，测试其对乙醇发酵的影响。试验结果表明，不同的 ORP 值水平对乙醇得率、甘油形成、有机酸分泌、生物量和菌体死亡率的影响有明显的差异。当 ORP 为 $-50mV$ 时的生物量分别是后三者（$-100mV$、$-150mV$、$-230mV$）的 1.26 倍、1.86 倍 2.59 倍；甘油浓度分别是后三者的 1.2 倍、1.1 倍、1.7 倍；而乙醇浓度却分别只有后三者的 0.87 倍、0.49倍、0.51 倍。综合考虑测定的结果，将 ORP 控制在 $-150mV$ 时对乙醇发酵最佳。这说明 ORP 值可用来精确控制厌氧发酵条件，从而为酵母细胞合理分配代谢流以实现乙醇生产优化控制提供有效手段。

5.2.13 过程参数对丝状菌形态与产物合成的影响

细胞的形态是菌的一种性质，受培养条件的影响，它是抗生素生产的重要参数，因抗生素的生产与菌的生长周期密切相关。抗生素是在生长受阻、细胞成熟或开始分化时形成的。一般认为，抗生素合成是非生长状态的菌起作用。菌丝可以呈丝状，也可以呈菌团（球）状，或以两者过渡形式生长。在孢子发芽后由菌丝的活动顶端直线扩展，并通过分枝形成复杂的网状，呈菌丝丛。但在适当的条件下菌团（球）会相当稳定，菌丝细胞密度在增加，菌球直径可达数毫米，菌球形成的原因之一是孢子未长出菌丝前便聚集在一起，或附着在颗粒上。也有人认为，一个孢子长成一个球，取决于菌的遗传特性。其大小、破碎程度取决于反应器中的机械剪切应力[144]。高能量输入会导致小、光滑与结实菌球的形成，而在温和剪切应力下菌团的单位直径的密度降低，但也有一高峰。大又老的菌团的中间常常是空的，这是自溶、易破碎的缘故。自溶是由于基质（主要是氧）的运输抵达球中心受限制。用微电极测量 pH 与溶氧的时间轨迹明显支持自溶的假说[145]。自溶会加速青霉素的降解。在氧进一步受限制下自溶的发生更为突然，但菌丝的瓦解减少。恢复适当的生长条件后会出现若干细胞的重新生长。

真菌的形态很复杂，其结构随生长周期、表面或沉没培养、培养基的性质与环境条件而变化。形态的发育过程涉及许多基因与生理机制。**影响形态发育的因素有：碳、氮源种类与数量，磷与微量元素的浓度，溶氧，CO_2，pH 与温度，反应器的几何形状、搅拌系统，培养液的流变性质，培养的方式。生产菌处于某种特定形态往往会达到最佳的生产效果。** 推导出真菌的形态与过程变量、产物形成的关系式是非常艰难的任务，因有许多影响因素的作用至今仍一知半解。自动成像分析系统的应用对了解复杂的菌丝形态、生理状态与产物形成的关系是一大贡献。量化形态的信息可用于建立有预测功能的描述形态的结构模型。开发一些先进的试验技术，用于了解菌丝断裂的机制和无损测量菌丝团的浓度分布，会有利于建立按生理需求的过程控制策略。Papagianni[146]详细论述了沉没培养中影响菌丝形态与代谢物生成的因素。下面分别介绍过程中影响菌丝形态的重要因素。

5.2.13.1　种子与菌球的形成

在众多的影响真菌发酵过程与代谢的因素中，种子的数量、类型（孢子或菌丝）和种龄特别重要。黑曲霉只有在种子量低于 10^8 孢子/mL 下形成菌球，而产黄青霉在 10^4 孢子/mL 下形成菌球。在摇瓶发酵中青霉素发酵的种子量从 10^2 孢子/mL 提高到 10^4 孢子/mL，青霉素的产量提高 10 倍，达 5000U/mL。由此得出：凝聚导致菌球的形成不是只取决于菌丝间的物理接触。Znidarsic 等[147]报道了丝状真菌 Rhizopus nigricans 种子接种量对甾体生物转化的影响。其菌球大小与结构分别取决于孢子的接种量与培养温度。由较高的搅拌速率、较低的温度和高氮源浓度导致的光滑菌球形态是甾体生物转化应用的先决条件。

Papagianni 等[148,149]用黑曲霉进行的植酸酶与葡糖淀粉酶发酵，研究了种子的类型、孢子或菌丝对培养物与产物合成的影响。在小麦麦麸（缓慢释放的磷源）的发酵液中和在固体发酵中，真菌的种子以小菌球与成团的形式生长，这对植酸酶的生产有利。在无麦麸的情况下，会形成大的菌球，其产率也低于有麦麸的两种类型的发酵。在用一野生型黑曲霉进行葡萄糖淀粉酶生产的过程中通过改变种子的质和量来操纵真菌的形态，从而大大降低有害的蛋白酶的分泌。结果显示，较大的菌球比丝状菌发酵有利于葡萄糖淀粉酶比活的提高和蛋白酶比活的降低。

5.2.13.2　培养基组成对菌形态的影响

Cui 等[150]以小麦麦麸作为碳源进行 Aspergillus awamori 木聚糖酶发酵。他们发现，真菌的生长与黏附作用随种子不同而变化。接种量大于 1.8×10^4 孢子/mL 时黏附生长占优势，而在较低接种量下形成长在麦麸上的游离菌球。固体基质阻止菌生长成游离丝状形式。Schügerl 等[151]发现，在搅拌发酵罐中绝大部分真菌附着于麦麸颗粒上，使菌的形态受到保护，以免被搅拌剪切打碎。应用研磨过的麦麸时木聚糖酶的产量较低，因发酵液的黏度提高，传质成了问题。

发酵液中固体的存在往往诱导真菌菌球的形成。然而，用黑曲霉进行的植酸酶发酵情况却相反，麦麸的添加使菌成丝状形态，有利于生长和植酸酶的生产[152]。这是因为麦麸中的磷被植酸酶释放出来，其缓慢释放保证磷源不受限制。这不适用于柠檬酸发酵和木聚糖酶发酵，因磷酸盐浓度的增加会导致代谢物的生产转变为过量生长。其特征是比生长速率增加，副反应增加和菌形不适合。

5.2.13.3　碳源的影响

常规发酵的研究证实培养基的初糖浓度影响黑曲霉的柠檬酸发酵的产物形成速率、生产菌的形态[153]。在低葡萄糖浓度下平均菌丝长度减小，这是因为在发酵初期比生长速率增加导致分枝频率的增加。Müller 等[154]在沉没培养中研究了碳源对黑曲霉与米曲霉的有丝分裂与菌丝伸长的作用。两株菌的菌丝顶端部分的长度、核数目与菌丝的直径与培养基中的葡萄糖浓度相关。高糖浓度导致菌丝顶端部分的长度、核数目的增加，而低糖的结果相反。碳源受到限制还会导致真菌细胞老化与自溶，使菌丝形成许多空泡，最终断裂。

5.2.13.4　氮源与磷酸盐对形态与生产的影响

氮源与磷酸盐在代谢物高产上起重要的作用，且影响菌丝形态。在黑曲霉的柠檬酸生产中要高产必须使生长受到限制。有报道，氮源与磷酸盐受限制对柠檬酸的生产是重要的。但氮源缺失也不行，会影响菌的生长与产物的形成。Znidarsic 等[147]发现，提高氮浓度会导致 *Rhizop nigricans* 形成更大更结实的菌球，Du 等（2002）[155]研究了华根霉的氮源对菌的形态与抗生素生产的影响。他们发现，在不同的氮源下培养，其菌丝长度、分枝数目与抗生素的产量在变化。在玉米浆培养基中菌球平均直径约为 3mm，这是内紧外松的情况下取得的最高产量；若用硫酸铵为氮源则菌球较大，为 4mm，结实，光滑，抗生素产量较低。青霉素发酵也有类似情况。Papagianni 等在环管式生物反应器中研究磷酸盐浓度对黑曲菌的形态与柠檬酸生产的定量关系。他们发现，培养基中 KH_2PO_4 浓度从 0.1g/L 提高到 0.5g/L 时，柠檬酸的产率从 70% 急剧下降到 39%，而在发酵第 7 天结束时的菌浓提高 1 倍。用成像分析发现，菌形也有显著变化。在较高的磷酸盐浓度下菌团的周长提高 3 倍，菌丝体松散，从而导致黏度增加，溶氧减低，结果产率下降。在 Papagianni 等[152]的另一项用黑曲霉生产植酸酶的发酵研究中采用缓慢释放的有机磷，结果菌的形态从丝状变成球状，菌量增加，且植酸酶的产量也在提高。

5.2.13.5 金属离子与形态的关系

Haq 等（2002）[156]报道，铜离子对黑曲霉的形态与柠檬酸的生产有影响。添加 $20\mu mol/L\ CuSO_4$ 会减少 Fe^{2+} 的浓度，减少其对真菌生长的有害作用。铜离子还会导致菌球的生长较松弛，使柠檬酸的体积产率增加。锰离子参与细胞壁的合成与孢子的形成等细胞过程。锰离子缺乏，培养基中小于 $10^{-7}mol/L$，会使菌的形态异常，孢子膨胀，矮胖，形成球根状菌丝，抑制糖蛋白的周转，使得菌丝的极性生长减少，分枝与几丁质的合成增加。Papagianni 等[157]报道，添加 $30\mu g/L$ 的 Mn 到不含锰离子的培养基中会使菌的形态改变，菌丝体不结团，菌丝直径减小，也不膨胀，柠檬酸的生产减少 20%。

5.2.13.6 溶氧的影响

早期的研究表明，DO 的变化在一定浓度范围内对菌的形态无多大影响，但 DO 过低往往容易以丝状形式分散生长。生长与产物合成的临界氧浓度是不同的，对黑曲霉的柠檬酸生产来说，前者为 18～21mbar，后者为 23～26mbar（1bar＝10^5Pa）。青霉素的生产对溶氧非常敏感，DOT 低于 30% 空气饱和度，青霉素的比生产速率（q_{pen}）激烈下降。跌到 10% 时生产停止，到 7% 时显著影响生长。Higashiyama 等[158]采用富氧（含 25%～90%O_2 的气体）与改变罐压（180～380kPa）的方式研究溶氧对 *Mortiella alpina* 生产花生四烯酸的影响。他们发现，控制溶氧浓度在 10～15mg/L，其产量要比对照的 7mg/L 提高 1.6 倍。这两种供氧方式所得产量无多大差别。

Birol 等提出了一种描述分批补料培养中青霉素生产的形态结构模型[159]。该模型解释溶氧对细胞生长和青霉素生产的影响。作者认为，青霉素的生产是在菌丝次顶端的细胞间室中进行的，它受葡萄糖和氧的浓度的影响。模型广泛适用于各种生产条件，并取得令人满意的结果。为了阐明所提出的模型的应用性，曾进行过一系列的补葡萄糖的试验。结果表明，该模型对于分批补料培养期间对代谢流分析收集的试验数据的解释特别有用，因比生产速率的要素是从组分浓度的测量及其物料平衡测定的。所提出的模型可进一步用于建立控制策略和模型阶归约算法。

5.2.13.7 溶解 CO_2 的影响

生长与有些产物的合成需要适当浓度的 CO_2，然而，过程中 CO_2 浓度过高会影响菌的形态与生长和产物的合成。如在有机酸的生产中，CO_2 的固定很重要。CO_2 究竟以哪种形式［溶解 CO_2、重碳酸盐离子（HCO_3^-）或不稳定二聚物（$H_2C_2O^-$）］起作用还不清楚。

在对产黄青霉的研究中供气的 CO_2 含量低于 5%，对菌的形态与生产无显著影响，当 CO_2 含量增至 20% 时，青霉素的产量下跌到对照的 10%，同时菌的形态异常。菌丝变长、变细和散开。这是因为高浓度的 CO_2 可能会影响细胞膜的运输性能，导致渗透性增长。对产黄青霉来说，CO_2 浓度的增加会导致几丁质纤维合成的减少，单个菌丝膨胀，呈酵母式生长。此外，还影响到生物膜与胞质酶。CO_2 还可能引起胞内 pH 的变化，扰乱胞内酶的平衡。McIntyre M. 等[160] 在分批培养中研究黑曲霉的柠檬酸生产过程中 CO_2 对菌的形态与生产的影响。当供气的 CO_2 含量高于 3% 时，随基质的消耗，菌量与柠檬酸产量会降低且菌丝形态也在变化。用成像分析观察到当供气的 CO_2 含量超过 5% 时，菌丝的生长单位、平均菌丝长度和平均分枝节长在增加。

5.2.13.8 培养液 pH 与形态的关系

培养基的 pH 会影响菌的形态。产黄青霉在稳态培养中其 pH 高于 6.0 时会使菌丝长度随 pH 的提高而减小，到 pH7.0～7.4 时达到最小值。在较高的 pH 下会形成许多膨胀的细胞，这是因为菌丝细胞壁的结构受 pH 的影响，使其对搅拌剪切的耐受力减弱。产黄青霉的细胞壁的厚度与菌丝生长单位对 pH 非常敏感，在 pH6.0 时其菌丝生长单位最大。菌团的形成也受 pH 很大的影响[161]。一般，随培养液 pH 的提高，菌球形成的趋势也增加。在搅拌罐内研究 pH 对米曲霉形成菌球的影响。其接种量为 4×10^8 孢子/mL，在 pH<2.5 的条件下生长很差，菌丝细胞膨胀，形成许多空泡。在 pH3.0～3.5 下菌丝分散生长，在 pH 4.0～5.0 下以游离菌丝和菌球形式，在 pH6.0 下完全以菌球形式生长，且菌球随 pH 的提高而增大。

Papagianni 等[152] 用半自动成像分析系统研究形态参数随时间的变化，在搅拌罐反应器中，500r/min、pH2.1 下进行黑曲霉的柠檬酸发酵，获得最高的比生产速率：0.35(g/g)/h。pH<2.0 时菌丝顶端异常，许多细胞膨胀起来，菌丝变短，结成小块。pH>3.0 也不好，菌丝体结块加倍，产率很低。

5.2.13.9 温度的影响

通常，随温度的提高，生长速率与 Q_{10}（为温度每增加 10℃ 的死亡率）也在增加。原生质膜对温度的敏感性是最高生长温度的决定性因素[162]，而决定最低生长温度的因素是溶质输送系统与质子梯度无法形成，这是质膜被冻结的结果。在稳态培养条件下，当温度从 23℃ 增加到 37℃ 时构巢曲霉的呼吸强度 q_{O_2} 从 1.54 提高到 3.24。这是由于温度提高后蛋白质与核酸周转速率的增加导致能量在维持方面的需求增加所致。一般，降低温度可以诱导菌球的形成，Schügerl 等[151] 在摇瓶中研究 As. Awamori 木聚糖酶发酵时发现，在 25～35℃ 范围内细胞的体积与菌的形态取决于温度的变化，在 25℃ 下细胞体积最高，菌丝体呈球形；在 30℃ 下，起初形成的菌球在发酵 50h 后裂解为丝状菌丝体，在 35℃ 下菌形主要是丝状，只有少量呈球形或块状。这是因为在较高温度下氧的供应不足。

5.2.13.10 机械应力的作用

在发酵过程中搅拌引起的剪切应力会伤害细胞的结构，改变菌的形态，影响菌的生长和产[163]。涡轮式搅拌发酵罐对生产菌种的伤害来自叶片周围的瞬间压力变化和叶片刀刃的剪切应力。不同微生物适应这种作用力的能力不同，有些受到损害后能逐渐恢复，有些并未即刻受损，但由于流体力学作用，伤害逐渐造成。菌丝对搅拌的承受力取决于细胞的年龄。搅拌速度或输入功率会影响发酵罐的养分与氧的传质能力，最终影响体积产率。此外，搅拌作用还会引起菌丝形态的变化，改变发酵液的黏度。对不同的生产对象，有其最适的搅拌方式与搅拌速率。Li 等[164]在用米曲霉分批发酵大量生产重组酶时发现，随搅拌功率的加大，产率减小。这归咎于真菌形态的改变，菌丝体破碎增加，生物量的减少。Papagianni[165]等以搅拌罐和盘管反应器研究黑曲霉的分批与补料分批柠檬酸发酵过程中搅拌对菌的形态与柠檬酸生产的影响，结果显示随搅拌强度的增加，菌团的尺寸与其突出在外的菌丝长度减小，而菌丝的直径增加。在两种发酵罐中柠檬酸的比生产速率随搅拌速率的提高而增加。柠檬酸放罐（168h）的产量取决于搅拌速率（<500r/min 下）和循环时间。在形态发育上不同搅拌速度下也有所不同，在 168h 时 200r/min 下的菌丝老化的过程占优势，菌丝体体积较大，其中的菌丝较长，分枝较少；在 500r/min 下菌丝体被打碎后又重新生长。在两种发酵罐里菌丝体的平均直径随时间推移减小，菌丝的直径也随搅拌速度的增加而减小。补料分批发酵过程中在低葡萄糖浓度下且在 200r/min 下传质速率降低，菌丝空泡增多，柠檬酸比生产速率较低。这是由于空泡使菌丝变脆，容易破碎，又无足够的葡萄糖，导致菌丝对搅拌剪切更为敏感。

Li 等[164]用成像分析研究了米曲霉在 80m³ 生产罐中搅拌与菌丝破碎之间的关系。在补料分批培养中设两挡搅拌强度，一挡比另一挡大 50%。他们发现，与文献报道不同，提高搅拌功率对菌浓、菌形或菌丝体破碎的影响较小，结块也不多。约 80%的菌丝体呈小的游离菌丝，稀疏分枝，利用菌群模型分析形态数据，得出这样的结论：在补料分批发酵过程中菌丝体破碎占主导地位。Li 等[166]采用同样的菌株和培养条件应用湍流流体动力学理论去建立一种关系式，其形态试验数据与流体动力学可用于估算丝状真菌的相对（虚拟）拉力。他们发现，在发酵过程中运动黏滞度 ν 提高超过 100 倍。其 Kolmogoroff 微尺度（λ）与菌丝拉力[167]也随真菌发酵时间延长显著变化。在菌丝体破碎发生的区域，求得其 λ 值为700～3500μm。同典型的菌丝尺度 100～300μm 比较，这算是较大的。这说明黏稠区域的漩涡应对菌丝的破碎负责。他们发现，在发酵过程中菌丝的拉力也在显著变化。据此他们建议在改进现有的形态与破碎模型时可以将菌丝拉力考虑在内。

从上述可见，菌球的大小受搅拌强度的影响。强烈的搅拌会使菌球变小、结实。菌球大于一临界值会破裂，而此临界值是搅拌强度的函数。有两种机制[168]可以解释菌球大小的变化：一种是菌球直径的减小是表皮被削薄；另一种是因流体力学的作用而菌球被破碎。Cui 等[169]认为菌球的大小受每个菌球可利用的基质、菌球的密度、搅拌强度与菌球的年龄的影响。在同样的菌球密度与搅拌强度下发酵液中糖浓度越高，菌球数目越少，比起糖浓度减小的影响，菌球龄对菌球大小的影响更大，球龄越大，球的直径也越大。故菌球的大小更多地是受生长而不是破碎的影响。

在 10L 与 100L 装量的发酵罐中研究搅拌对青霉素发酵产率 [(U/mL)/h] 的影响，建立了描述功率、搅拌器直径等的模型参数 $P/D^3 t_c$，在不同（未包括生产）规模的反应器中运用，取得一致的结果。在关联搅拌的剪切作用时除了功率输入，必须将搅拌器的几何形状，如搅拌器直径与罐直径之比（D/T）、叶片宽度与搅拌器直径之比（W/D）、叶片的数目（n）与叶片的角度（α）考虑在内。Jüsten 等[170]用径向流搅拌器（Rushton 涡轮桨）、轴向流搅拌器（斜叶片推进器，Prochem Maxflow T）和逆流搅拌器（Intermig）来研究搅拌条件对产黄青霉的形态的影响。为了表征不同搅拌器对菌丝损害的程度，用成像分析来测量游离分散菌丝的长度和所有分散与结团菌丝的平均投影面积。在 1.4L 罐中相同的输入功率与体积的条件下，搅拌器的形式对菌的形态有显著的影响。将不同的 P/VL 与搅拌器条件下取得的数据在相等的搅拌叶尖速度与两个较为简单的混合参数（一个是基于搅拌区域中的比能量耗散速率；另一个是基于比能量耗散速率与菌丝体在此区域内循环频率）的基础上进行关联。由此概念衍生的函数被称为能量耗散/循环函数——EDC。此函数适用于关联 180L

以下规模的发酵罐的各种导致菌丝体破碎的参数[171]。

除了菌丝体破碎与渗透性的改变，胞内的一些物质受机械力的作用释放到培养液中。用 *Mucor javanicus* 与 *Rhizopus javanicus* 进行试验，泄漏的是核苷酸类物质，主要是具有最大吸收峰为 260nm 的单核苷酸。这不是菌丝破碎的结果，无论培养物的哪一部分和年龄漏出的核苷酸的组成是相同的，泄漏的速度取决于搅拌的速度和时间、培养条件、菌龄、培养液黏度、雷诺数与输入功率。核苷酸的泄漏会降低菌的比生长速率。

Papagianni 等[165]比较不同构造的生物反应器对黑曲霉的形态与柠檬酸生产的关系。他们用一参数 P（菌团突起表面平均周长）来表征菌丝体的形态，并发现 P 与柠檬酸的生产同搅拌紧密相关。在不同反应器中加强搅拌会使菌团尺寸减小。要获高产，P 不能大于临界值。

5.2.13.11　真菌的形态与培养液的流变性

发酵液的流变性能强烈影响反应器中的传输功能，从而决定了整个过程的效率与产率。丝状菌发酵液的流变性主要取决于其生物量和菌丝体的形态，而这些参数又是由工艺与设备条件决定的，尤其需要考虑菌的形态对发酵液流变性的影响。Pollard 等[172]研究了菌的形态与培养液的流变性之间的定量关系。Tucker 等[173]应用产黄青霉生产菌株发酵时菌量与形态对发酵液流变特性的影响，得出一描述流变参数（RP）的关系式：

$$RP = 常数\ c_m^\alpha (粗糙性)^\beta (结实性)^\gamma \tag{5-54}$$

式中，c_m 是菌浓；α，β 和 γ 是流变性参数的指数；粗糙性与结实性是菌团的性质，可以用成像分析法定量。Riley 等[174]建立了描述培养液稠度指数的关系式。

$$K = c_m^2 (5 \times 10^{-3} D - 10^{-3}) \tag{5-55}$$

式中，K 为稠度指数；c_m 为菌浓；D 为菌团平均最大的尺寸。

Johansen 等[175]在补料分批发酵中研究了 *As. awamori* 的形态与异源蛋白生产之间的关系。在 20L 搅拌罐中通过改变搅拌转速与接种量来控制菌的形态。结果表明，菌丝长度增加 3 倍的同时黏度提高 7 倍。作者认为，最终影响生产的主要因素是由黏度引起的传质性能的变化。

5.2.13.12　真菌发酵的形态特征的描述

真菌形态的量化描述靠成像分析技术。其步骤是图形的获取，增强色调，图像分割，目标鉴别，测量与分析。图形的获取是用数字摄像机架在显微镜上进行摄像，然后通过数字转换器把图像转换成数字。形成图像元素或像素的空间与色调上的阵列。在图像分割上把需要的部分从背景中分离出来，即全图低于所选的色调强度的被当作是黑的，高于的则被认为是白的。目标鉴别是一种约减步骤，用于显示所需对象，便于测量与分析，可进行自动重复测量，结果更为准确与具有重现性。Amanullah 等[176]应用 Tucker 等的方法描述米曲霉在分批与连续培养中菌丝结团的动力学。

Paul 等[177]对成像分析用于真菌发酵做过详尽的综述，介绍了有关沉没发酵过程中菌的形态发育，如结团的动力学、空泡的形成、破碎、自溶、生理与流变学、菌丝体积与生物量以及表面与沉没培养之间的关系、有益形态的选择、突变株的筛选等。Loera 等[178]用成像分析法将黑曲霉果胶酶生产突变株按其比生产速率进行分类，这种与生产水平相关的表型分类法有助于关联某些突变作用对不同生理过程的影响。作者认为，此法可能有助于改进高产菌株的筛选步骤，特别是适应不同类型的培养基与水活度的菌株。

在进行真菌的分化与生理研究中应用与染料技术结合的成像分析方法可用于观察细胞器

或细胞壁[179]。Vanhoutte 等[180]曾用成像分析定量方法表征产黄曲霉的生理。此法是基于不同的染色步骤显示和量化对象菌的六种生理状态：生长物质（区域 1）；颗粒增长（区域 2、3 和 4）；高度空胞化（区域 5）；枯死，已失去原生质（区域 6）。此成像分析软件含有一种二进制掩模计算步骤，以及基于模糊分类的全自动分区步骤。Hamanaka 等[179]运用荧光显微法和三维成像分析法研究花生四烯酸产生菌 *M.alpina* 菌球内胞内产物的分布。这些方法能直观显示出菌球形态随时间的变化和脂质在菌球末梢的生成，在此区域菌丝的密度比其他区域要稠密。成像分析一般受到操作时间过长的限制。

5.2.13.13　真菌发酵中的生长与产物形成的模型

文献中有许多微生物的动力学模型[181]。Paul 等[182]在前人的基础上建立了一种青霉素发酵的结构模型。基于从成像分析测量中获得的定量信息，将菌丝的分化结合到模型中。在此模型中空泡的形成被认为是菌丝生长与老化期间的很重要的生理过程。按菌丝分隔间室的活性与结构，此模型把菌丝分成三处明显不同的区域：生长活跃的菌丝末端、形成青霉素的非生长区域、退化或代谢不活泼的菌丝易破碎或自溶的区域。作者采用一种机械论方法来定量描述空泡形成的后果，分化与退化。模型假定新空泡的形成与养分受到限制有关，而青霉素的形成又与此含空泡的区域的数量相关。利用此模型曾成功地预测不同葡萄糖补料速率下青霉素补料-分批发酵中 4 处菌丝分区区域的数量和青霉素的生产。此法可作为抗生素发酵的过程模拟与控制的典范。

沉没培养时真菌会显示出分散的菌丝到菌体缠绕成球状的形态。这些形态是由菌种的遗传物质决定的。但也取决于种子的性质和化学（培养基成分）与物理（温度、压力、机械力）条件[183]。对某些发酵来说，有其最适合于获得高产的形态。丝状菌适合于果胶酶的生产，而球状菌对柠檬酸与青霉素的生产更有利。

在沉没培养过程中菌的形态变化会影响养分的消耗与氧的吸收。反过来，菌的生长形态对发酵液的流变性质有显著的影响。丝状菌的生长会使发酵液变黏稠，呈非牛顿流体和假塑性流体。这会降低培养液的传质，特别是氧传质系数。高黏度的发酵液需要消耗更大的功率以获得适当的搅拌与传质。球状菌发酵会面临球心部分难以获得足够的养分和氧而自溶，因此，一般采用较小的菌球以克服此问题。

真菌代谢物的高产要求掌握生产菌的生长特征与生理知识。不同代谢物的生产需要不同的生理条件，因此欲获高产就必须满足其生理条件和正确的发育形态。即需要注意生产菌的形态才能发挥其应有的生产潜力。过去 60 多年一些学者多半从工程学的观点去研究此问题，近年来生理学者在这方面的贡献日益增多。对涉及形态学方面的运输过程与动力学了解得越来越清楚，使菌的形态与代谢物高产关系的研究上了一个台阶。

在青霉素发酵过程中产黄青霉的菌丝形态会发生一些明显的变化。游离菌丝的形态特征有：菌丝体积或投影面积、菌丝总长、分枝数、菌丝内液泡大小等。菌丝按形态可分为生长菌丝、成熟菌丝、异常菌丝和降解菌丝四种不同生理状态的菌丝。菌丝形态与发酵参数密切相关，如搅拌速率[184]。只对菌丝形态作定性分析已不能满足对工艺监控的要求。丁乐洪等[185]对产黄青霉的形态进行了显微成像分析。对拍下来的菌丝图片中的形态特征和变化规律作系统分析。在发酵生产中控制菌丝的长度、分枝数目以及避免结球、变异和自溶是获得高产的关键要素之一。

形态决定了培养液的流变动力学，从而间接影响生产动力学。游离的菌丝使黏度增加，因而氧的气-液传递受阻，进而限制细胞生长及其生产。菌球则会降低黏度，使氧容易输送到液体中，但在基质与氧从液体进入菌球内部难免会受到阻碍。试验结果表明，菌球大小在 $200\sim400\mu m$ 最适合，对生产有利，因其黏度仍保持较低，对氧在菌球内部的运输不像大球那样会受严重限制。相信分子扩散、湍流和导向对流活动以同一数量级在菌球内部运输起作用。扩散主要在菌球中心，而湍流和穿透仅在菌球外层起作用。Pedersen 等[186]研究了菌球悬液的流变学。在计算作为优化参数的输入功率与最大的氧传质系数时应将个别的关系式包含在一完整的过程模型中。

Bushell 等[187]和 Martin 等[188]研究抗生素的生产与菌丝直径间的关系。他们发现菌丝片段存在一临界直径（$80\sim90mm$），低于此的菌丝，其生产力不强，但具有同样的生长速率[187]。用超声过滤器控制菌丝片段直径的分布可以提高抗生素比生产速率 33%[189]。有证据说明，菌丝对断裂的抗性取决于肽聚糖合成酶、磷酸-N-胞壁酰戊肽转移酶的活性[190]。Wardell 等的研究[191]表明，红色糖多孢菌 NRRL 2338 菌丝分枝速率的降低导致抗断裂能力的提高和抗生素生产的增长。分枝速率减低的突变株呈现出菌丝长度的减小（用体外微操纵技术测定）。随着菌丝强度的增加，培养液中的大部分菌丝片段直径大于 $88\mu m$。这使得抗生素的生产相应提高。

Paul 等[177]、Zangiromali 等[192]先后提出了描述生物量和青霉素生产的模型，解释了基质（葡萄糖或玉米浆）的消耗，并认为青霉素的生产是在次顶端和部分菌丝间室中进行的。Birol 等提出了一种描述分批补料培养中青霉素生产的形态结构模型[193]。作者认为，青霉素的生产是在菌丝次顶端的细胞间室中进行的。张嗣良等研究了搅拌对顶头孢霉的菌丝形态和头孢菌素 C 生物合成的影响[194]。他们采用显微图像定量分析技术计算出菌丝总长度和菌丝平均生长单位，并发现过高的搅拌转速会打断菌丝，明显降低产率。更换了 $80m^3$ 发酵罐的搅拌桨后，缓解了搅拌的剪切作用，使头孢菌素 C 的发酵单位提高 33%，达到 $22926\mu g/mL$。胡光星等在这方面的研究[195]表明，头孢菌素 C 的合成是在细长菌丝分化成膨大菌丝片段后启动，并进一步分化成节孢子的过程中合成的。

银鹏等[196]等研究了 *Streptomyces avermitilis* 的菌丝形态对生物反应器的运行与阿维菌素生产的影响。他们发现，在 50L 发酵罐内采用黄豆饼粉和酵母粉作为氮源和 4.3% 的接种量会形成菌球，这有利于在早期维持 DO 浓度高于 20%。借助成像分析，计算菌球的面积和密度，控制菌球的形成，提高 DO 水平，从而增加阿维霉素的产量。

5.2.14 发酵过程参数的相关分析

生物过程是一个涉及不同尺度的相互关联的复杂系统。其过程参数的相关分析是研究此系统的有效方法，特别是疾病与基因表型间的关系[197]，由此推测各种症状与疾病间的关系。张嗣良等[198,199]从微生物过程特点出发提出了从不同的尺度对发酵过程的参数进行相关分析。他们认为，反映不同尺度的各种状态参数之间有着内在的联系，对此进行跨尺度综合分析有利于较早找出发酵生产的症结。

基于这一见解，郭美锦等[200]对重组毕赤酵母的植酸酶发酵的过渡相进行参数相关分析。通过对发酵过程的在线摄氧率（OUR）与 DO 变化的相关分析，他们发现，葡萄糖对醇氧化酶（AOX）合成的阻遏程度明显高于甘油。根据甲醇代谢途径的关键酶酶活的变化，推测甲醇诱导后，EMP 途径和 TCA 循环的物流下降，PP 途径物流上升，甲醇氧化成为主要的代谢流。这与过渡相的 pH、OUR、CER 和 RQ 等相关分析的甲醇代谢途径的分析结果是一致的。

应用多尺度的理论，张明等[201]通过测量金霉素发酵过程中油浓度的变化与在线参数的相关性分析油在发酵中的 5 个作用，并建立了在线参数变化标准，为工厂提供生产指导。陈双喜等[202]从发酵中测得的糖、NH_2-N 和肌苷浓度同 OUR 与 CER 作相关分析，发现肌苷发酵过程中的代谢流迁移现象，进而建立了新的控制工艺，使产苷水平几乎翻了一倍。

5.2.15 发酵规模的缩小与放大

对于已建立的发酵工厂，其发酵装备基本上都已固定，为方便小试和中试成果在生产规模的实现，或针对性地解决生产规模出现的问题，有必要将现行的生产条件缩小（scale-down）到中、小试设备中，从而为生产规模的工艺改进或设备改造提供依据。

以鸟苷生产的发酵过程为对象，通过在 50L 发酵罐上的优化，蔡显鹏[203]等成功地制止了发酵过程代谢流的迁移，使鸟苷发酵产率大幅度提高，达 30g/L 的水平。但是把该工艺放大到生产规模后未能重演，针对这一放大问题，作者在中试罐上进行生产罐规模的缩小，通过发酵过程参数变化的相关分析，找到了放大过程中限制鸟苷生物合成代谢流的另一处瓶颈[204]，即 DO 的限制是重要因素，将 50L 罐的优化工艺成功地放大到生产规模，使产苷水平进一步提高 18%，达到 25.2g/L。

王冠等[205]综述了青霉素生产放大前的缩小研究。青霉素的工业生产以往在菌株选育、工艺优化、设备改造等方面取得了惊人的成就，然而，青霉素的工业生产也面临发酵环境条件管控方面的严峻挑战。这是由于发酵液的混合不充分和传质限制，导致对最终产率与产量的降低。据此，曾开发各种结合快速取样与监控参数的缩小装置，以期获取培养条件的变化对产物合成的影响。然而，对流场的影响和胞内代谢机制知之甚少。故要实现完全合理的放大仍有不少困难。解决此问题的办法是开发一种计算机系统来模拟大型发酵罐的流场，和建立与流体动力学结合的、与青霉素生产直接关联的代谢结构动力学模型。这将有助于预测发酵过程各种重要参数的变化，从而使青霉素的生产得以优化。

5.3　泡沫对发酵的影响及其控制

5.3.1 泡沫的产生及其影响

发酵过程中因通气搅拌与发酵产生的 CO_2 以及发酵液中糖、蛋白质和代谢物等稳定泡沫的物质的存在，使发酵液含有一定数量的泡沫。这是正常的现象。泡沫的存在可以增加气液接触表面，有利于氧的传递。一般在含有复合氮源的通气发酵中会产生大量泡沫，引起"逃液"，给发酵带来许多副作用，主要表现在：①降低了发酵罐的装料系数，发酵罐的装料系数一般取 0.7（料液体积/发酵罐容积）左右，通常充满余下空间的泡沫约占所需培养基的 10%，且其成分也不完全与主体培养基相同；②增加了菌群的非均一性，由于泡沫高低的变化和处在不同生长周期的微生物随泡沫漂浮，或黏附在罐壁上，使这部分菌有时在气相环境中生长，引起菌的分化，甚至自溶，从而影响了菌群的整体效果；③增加了污染杂菌的机会，发酵液溅到轴封处，容易染菌；④大量起泡，控制不及时，会引起逃液，招致产物的流失；⑤消泡剂的加入有时会影响发酵或给提炼工序带来麻烦。

发酵液的理化性质对泡沫的形成起决定性的作用。气体在纯水中鼓泡，生成的气泡只能维持瞬间，其稳定性等于零。这是由于其能学上的不稳定和围绕气泡的液膜强度很低所致。发酵液中的玉米浆、皂苷、糖蜜所含的蛋白质和细胞本身具有稳定泡沫的作用。

多数起泡剂是表面活性物质。它们具有一些亲水基团和疏水基团。分子带极性的一端向着水溶液，非极性一端向着空气，并力图在表面作定向排列，增加了泡沫的机械强度。起泡剂分子通常是长链形的。其烃链越长，链间的分子引力越大，膜的机械强度就越强。蛋白质分子中除分子引力外，在羧基和氨基之间还有引力，因而形成的液膜比较牢固，泡沫比较稳定。此外，发酵液的温度、pH、基质浓度以及泡沫的表面积对泡沫的稳定性也有影响。

5.3.2 发酵过程中泡沫的消长规律

发酵过程中泡沫的多寡与通气搅拌的剧烈程度、培养基的成分、灭菌条件有关。玉米浆、蛋白胨、花生饼粉、黄豆饼粉、酵母粉、糖蜜等是发泡的主要因素。其起泡能力随品种、产地、加工、贮藏条件不同而有所不同，还与配比有关。如丰富培养基，特别是花生饼粉或黄豆饼粉的培养基，黏度比较大，产生的泡沫多又持久。糖类本身起泡能力较低，但在丰富培养基中高浓度的糖增加了发酵液的黏度，起稳定泡沫的作用。此外，培养基的灭菌方法、灭菌温度和时间也会改变培养基的性质，从而影响培养基的起泡能力。如糖蜜培养基的灭菌温度从110℃升高到130℃，灭菌时间为半小时，发泡系数 q_m 几乎增加1倍（q_m 表征泡沫和发泡液体的技术特性，与通气期间达到的泡沫柱的高度 H_f 和自然泡沫溃散时间 τ_f 的乘积成正比；与自然泡沫起泡时间 τ_d 成反比）。这是由于形成大量蛋白黑色素和5-羟甲基（呋喃醇）糠醛所致。

在发酵过程中发酵液的性质随菌的代谢活动不断变化，是泡沫消长的重要因素。图 5-41 显示霉菌发酵过程中液体表面性质与泡沫寿命之间的关系。发酵前期，泡沫的高稳定性与高表观黏度同低表面张力有关。随过程中蛋白酶、淀粉酶的增多及碳、氮源被利用，起稳定泡沫作用的蛋白质降解，发酵液黏度降低，表面张力上升，泡沫减少。另外，菌体也有稳定泡沫的作用。在发酵后期菌体自溶，可溶性蛋白增加，又促进泡沫上升。

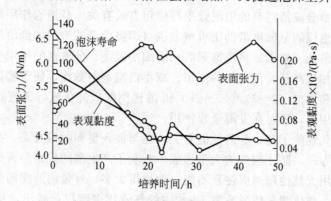

图 5-41 霉菌发酵过程中液体表面性质与泡沫寿命之间的关系
所用培养基含有：15％玉米粉，5％葡萄糖和6％的种子

5.3.3 泡沫的控制

泡沫的控制方法可分为机械和消泡剂两大类。近年来也有从生产菌种本身的特性着手，预防泡沫的形成。如单细胞蛋白生产中筛选在生长期不易形成泡沫的突变株。也有用混合培养方法，如产碱菌、土壤杆菌同莫拉氏菌一起培养来控制泡沫的形成。这是一株菌产生的泡沫形成物质被另一种协作菌同化的缘故。

5.3.3.1 机械消泡

机械消泡是藉机械引力起剧烈振动或压力变化起消泡作用。消泡装置可安装在罐内或罐外。罐内可在搅拌轴上方安装消泡桨，形式多样，泡沫借旋风离心场作用被压碎。罐外法是将泡沫引出罐外，通过喷嘴的加速作用或离心力粉碎泡沫。机械消泡的优点在于不需引进外界物质，如消泡剂，从而减少染菌机会，节省原材料，不会增加下游工段的负担。其缺点是不能从根本上消除泡沫成因。

5.3.3.2 消泡剂消泡

发酵工业常用的消泡剂分天然油脂类、聚醚类、高级醇类和硅树脂类。常用的天然油脂有玉米油、豆油、米糠油、棉籽油、鱼油和猪油等，除作消泡剂外，还可作为碳源。其消泡能力不强，需注意油脂的新鲜程度，以免造成生长和产物合成受抑制。应用较多的是聚醚类，如聚氧丙烯甘油和聚氧乙烯氧丙烯甘油（俗称泡敌）。用量为 0.03% 左右，消泡能力比植物油大 10 倍以上。泡敌的亲水性好，在发泡介质中易铺展，消泡能力强，但其溶解度也大，消泡活性维持时间较短。在黏稠发酵液中使用效果比在稀薄发酵液中更好。十八醇是高级醇类中常用的一种，可单独或与载体一起使用。它与冷榨猪油一起能有效控制青霉素发酵的泡沫。聚二醇具有消泡效果持久的特点，尤其适用于霉菌发酵。硅酮类消泡剂的代表是聚二甲基硅氧烷及其衍生物，其分子结构通式为：$(CH_3)_3SiO[Si(CH_3)_2]_nSi(CH_3)_3$。它不溶于水，单独使用效果很差。它常与分散剂（微晶 SiO_2）一起使用，也可与水配成 10% 纯聚硅氧烷乳液。这类消泡剂适用于微碱性的放线菌和细菌发酵。在 pH5 左右的发酵液中使用，效果较差。还有一种羟基聚二甲基硅氧烷是一种含烃基的亲水性聚硅氧烷消泡剂，曾用于青霉素和土霉素发酵中。消泡能力随羟基含量（0.22%~3.13%）的增加而提高。此外，氟化烷烃是一种潜在的消泡剂，它的表面能比烃类、有机硅类要小，为 0.009~0.018N/m。

5.3.3.3 消泡剂的应用

消泡剂，特别是合成消泡剂的消泡效果与使用方式有关。其消泡作用取决于它在发酵液中的扩散能力。消泡剂的分散可借助于机械方法（即将少量消泡剂加到消泡转子上以增强消泡效果）或某种分散剂（如水）将消泡剂乳化成细小液滴。分散剂的作用在于帮助消泡剂扩散和缓慢释放，可加速和延长消泡剂的作用、减小消泡剂的黏性，便于输送。如土霉素发酵中用泡敌、植物油和水按（2~3）∶（5~6）∶30 的比例配成乳化液，消泡效果很好，不仅节约了消泡剂和油的用量，还可在发酵全程使用。

消泡作用的持久性除了与本身的性能有关，还与加入量和时机有关。在青霉素发酵中曾采用滴加玉米油的方式，防止泡沫的大量形成，有利于产生菌的代谢和青霉素的合成，且减少了油的用量。使用天然油脂时应注意不能一次加得太多，过量的油脂固然能迅速消泡，但也抑制气泡的分散，使体积氧传质系数 K_La 中的气液比表面积 a 减小，从而显著影响氧的传质速率，使溶氧迅速下跌，甚至到零。油还会被脂肪酶等降解为脂肪酸与甘油，并进一步降解为各种有机酸，使 pH 下降。有机酸的氧化需消耗大量的氧，使溶氧下降。加强供氧可减轻这种不利作用。油脂与铁会形成过氧化物，对四环素、卡那霉素等抗生素的生物合成有害。在豆油中添加 0.1%~0.2% $α$-萘酚或萘胺等抗氧化剂可有效防止过氧化物的产生，消除它对发酵的不良影响。但添加这类抗氧化剂必须经试验，确保对产生菌无害，且能在下游工序中被完全除去。

现有的实验数据还难以评定消泡剂对微生物的影响。过量的消泡剂通常会影响菌的呼吸活性和物质（包括氧）透过细胞壁的运输。由电子显微镜观察消泡剂对培养了 24h 的短杆菌的生理影响时发现，其细胞形态特征，如膜的厚度、透明度和结构功能与氧受限制条件下的相似。细胞表面呈细粒的微囊、类核（拟核）含有 DNK 纤维，其内膜隐约可见。几乎所有的细胞结构形态都在改变。据此，应尽可能减少消泡剂的用量。在应用消泡剂前需做比较性试验，找出一种对微生物生理、产物合成影响最小、消泡效果最好且成本低的消泡剂。此外，化学消泡剂应制成乳浊液，以减少同化和消耗。为此，宜联合使用机械与化学方法控制泡沫，并采用自动监控系统。

5.4 发酵终点的判断与自溶的监测

5.4.1 发酵终点的判断

发酵类型的不同，要求达到的目标也不同，因而对发酵终点的判断标准也应有所不同。对原材料与发酵成本占整个生产成本的主要部分的发酵品种，主要追求提高产率（kg/m³）/h、得率（转化率）（kg 产物/kg 基质）和发酵指数［（kg 产物/m³ 罐容积）/h（发酵周期）］。如下游提炼成本占生产成本的主要部分和产品价值高，则除了要求高产率和发酵系数外，还要求高的产物浓度。如计算总的体积产率［（g 产物/L 发酵液）/h］，则以放罐发酵单位除以总的发酵时间（包括发酵周期和前一批放罐、洗罐、配料、灭菌直到接种前所需时间），如图 5-42 所示。

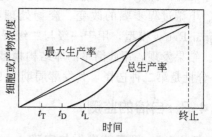

图 5-42 分批培养的产率计算

可用从发酵终点到下一批发酵终点的直线斜率来代表总产率；从原点与产物浓度曲线相切的一段直线斜率代表最高产率。切点处的产物浓度比终点最大值低。从式（5-56）可求得发酵总生产周期。

$$t=\frac{1}{\mu_m}\cdot\ln\frac{X_1}{X_2}+t_T+t_D+t_L \tag{5-56}$$

式中，t_T、t_D 和 t_L 分别为放罐检修工作时间、洗罐＋打料＋灭菌时间、生长停滞时间；X_1 和 X_2 分别为起始与放罐细胞浓度；μ_m 为最大比生产速率。

据此，如要提高总产率，则必须缩短发酵周期。即在产率降低时放罐，延长发酵虽然略能提高产物浓度，但产率下降，且消耗每千瓦电力，每吨冷却水所得产量也下跌，成本提高。放罐时间对下游工序有很大的影响。放罐时间过早，会残留过多的养分，如糖、脂肪、可溶性蛋白等，会增加提取工段的负担，这些物质会促进乳化作用或干扰树脂的交换；如放罐太晚，菌丝自溶，不仅会延长过滤时间，还可能使一些不稳定的产物浓度下跌，扰乱提取工段的作业计划。

临近放罐时加糖、补料或消泡剂要慎重。因残留物对提炼有影响。补料可根据糖耗速率计算到放罐时允许的残留量来控制。对抗生素发酵，一般在放罐前约 16h 便应停止加糖或消泡油。判断放罐的指标主要有产物浓度、过滤速度、菌丝形态、氨基氮、pH、DO、发酵液的黏度和外观等。一般，菌丝自溶前总有些迹象，如氨基氮、DO 和 pH 开始上升、菌丝碎片增多、黏度增加、过滤速率下降，最后一项对染菌罐尤为重要。老品种抗生素发酵放罐时间一般都按作业计划进行。但在发酵异常情况下，放罐时间就需当机立断，以免倒罐。新品种发酵更需探索合理的放罐时间。绝大多数抗生素发酵掌握在菌丝自溶前，极少数品种在菌丝部分自溶后放罐，以便胞内抗生素释放出来。总之，发酵终点的判断需综合多方面的因素统筹考虑。

从工厂规模考虑，需对过程步骤与放罐时机的动态安排进行优化。Yuan 等[206] 利用在产率方面的在线估算轨迹和自然变异提出一种决定放罐时间的策略。同历史数据比较，现行批号可分成好、正常与坏。通过提早终止坏批号和延长好批号，可在不改变工艺条件的情况下提高效益。此法的优点是它不直接依赖于数学模型。这只用于无法直接测量情况下的产物浓度的估算。可以将每批的动态安排与最佳动态控制相结合，作进一步的改进。

5.4.2　补料分批培养中生产经济上的优化

生物过程的优化大多数是要解决多目标的问题，如产率、得率与产品质量问题。这些目标通常不是彼此无关，一些操作变量同时影响它们。一般的办法是直接优化其经济效益。增益函数是从经济方面去描述过程的目标。一般抗生素厂的总体经济优化是根据工厂生产数据进行的。这包含以下岗位：发酵，过滤，提取，产物的终处理，如结晶。其成本的主要部分在于发酵，即原材料与能源，故对其优化具有重要意义。从经济效益可以成功地衡量操作方法、下游过程步骤的改变、废物处理与培养基的选择等的影响。通过经济平衡可以扩展 Bajpai-Reuss 模型，用于一级与二级反应器系统中衡量补料-分批、重复补料-分批和连续培养。结果发现，用此简单的非结构模型，连续培养系统表现最佳，尽管它有些缺点。重复补料-分批是第二种选择，其发酵周期为 96h，抽出率为反应器装量的 95%。

5.4.3　自溶的监测

5.4.3.1　细胞的老化与自溶

菌球生长过程的中后期会出现破损或碎裂。在培养过程中菌球浓度起初增加，随后迅速下跌，这和比生长速率的变化差不多。破碎是由于菌球内部自溶引起的，这时的菌球稳定性差，对剪切应力敏感，因老化形成空泡，菌球表面的菌丝断裂。最后菌球破碎成分散的菌丝体，改变发酵液的流变特性与传质能力。

菌丝老化有一些征兆。正在生长的具有隔膜的菌丝可以分为三个区域：①顶点区域；②充满原生质的次顶端区域；③空泡区域，空泡的大小随着离开顶端的距离（即间室年龄）的延长而增大。其细胞壁也在老化。菌丝顶端的细胞壁与其随后的部分在结构上是不同的，越靠后的细胞壁越厚。同样，细胞壁的自溶也与其菌龄有关。随菌龄的增加引起的细胞壁的成分与结构的不同也表现在其生理上和形态上的差异。对不同培养期的黑曲霉进行放射自显影的研究显示，在稳态期菌丝的有些区域失去其合成 RNA 的能力。在另一些区域，同对数生长期比较，合成速率降低 15%～20%。有人假定，这是老菌丝将其原生质与养分输送到年轻菌丝的后果，造成老菌丝在挨饿，顶端菌丝能继续生长。这种假设也不总是成立，因老菌丝若其间室能长出新的分枝，便有可能过渡到新的年轻生理状态。然后，这部分菌丝的 RNA 与蛋白的合成速率会增加到顶端的水平。

对菌球来说，其情况却与游离菌丝体有实质上的不同。菌球养分的吸收与代谢物的排泄还要克服穿越菌球内部的障碍。粗糙链孢霉突变株在其菌球内部会分泌一种对自身有害的、抑制生长的黏多糖。只在菌球周围薄层才具有生物合成活力。菌丝自溶出现在培养的稳态后期，其主要原因是内因/外因引起的菌丝内的不平衡；内因可能是对细胞器的干扰或有害代谢物的积累；外因可以是物理的或化学的因素，如养分的缺乏及酶对细胞壁结构的影响。养分的耗竭是培养物逐渐自溶的原因之一。养分的缺乏表现在自溶期前菌丝的分化增强。产黄青霉在连续培养中供给维持所需的葡萄糖会导致空泡的形成和菌丝易受机械损伤而使菌球破碎、菌丝断裂。Righelato 等断定，控制菌丝体的老化过程不是菌龄而老化与自溶，而是由可利用的能源与养分决定的，即当葡萄糖的供应低于 0.22(g/gDCW)/h 时自溶便开始。

个别菌丝组分蜕化的速度取决于培养条件。产黄青霉在补料分配发酵过程营养受限制会使菌丝形成许多空泡，随后破碎，是培养物趋向自溶的缘故。Paul 等[207]认为自溶是渐进的，其征兆就是因养分缺乏而引起菌丝分化。在对数生长期很少出现空泡，主杆菌丝与总菌丝长度、分枝数在增长或维持稳定。在生产期随着葡萄糖受限制一些参数急剧下降，空泡增多，菌丝开始破碎。从成像分析获得的形象与空泡化信息可断定，除了剪切应力，生理蜕化是使菌丝抗剪切应力减弱的主要原因。产黄青霉分批培养过程中在不同搅拌速度下菌丝自溶会使青霉素 V 减产。Harvey 等[208]发现，产黄青霉生长在过量的青霉素前体（苯乙酸）下会诱发细胞自溶，影响生长，导致减产，如能控制好发酵液中的前体浓度，便能避免前体的不利影响。White 等[209]认为，自溶不是在整个菌丝中同步进行的，且自溶的间室内各种细胞器抗自溶的能力也不同，线粒体比核糖体更稳定。同一种细胞器同步地被游离的酶降解。在真菌细胞质的自溶中溶酶体和自我吞噬无实质性作用。菌丝原生质的自溶是细胞器的数量减少或其成分缺陷或维持的能源不足所致。曾发现在老菌丝的某些部位空泡化和细胞器的瓦解，包括水解酶活性的增强。然而，生理年龄与间室的年龄不一定是一致的。菌丝的自溶从根部到顶端并非匀称的，间室的自溶区域也是无序的。溶胞酶，如 β-N-乙酰葡萄糖胺酶、β-1,3-葡聚糖酶、几丁质、转化酶和磷酸酯酶的分泌是与自溶的程度一致的。但是，菌丝拥有其自身防卫的物质，可抵抗其自身酶的水解，只有除去其防卫屏障，胞内的葡聚糖酶和几丁质酶才能降解细胞壁。虽然自溶酶位于菌丝的胞壁内，由于细胞壁的保护作用只是缓慢自溶。真菌胞壁经几天自溶后，虽其蛋白质被广泛水解，但形态仍保持完整。在菌丝内部自溶对间室的影响是不规则的，而细胞壁的瓦解是有规律地从顶端到较老的区域进行，反映出其胞壁的化学组成的不同。

由于评估真菌培养物自溶程度的方法有生物量下降平均值，细胞降解产物（如 NH_4^+）、释放出的酶的活性的检测，以及用成像分析技术直接测量自溶区域。后一方法的进展使能够在发酵液中分散生长的菌丝中提取菌丝微形态的定量信息。Papagianni[210]与 McIntyre (2001)[211]等用成像分析技术测量生长、分化和菌丝蜕化，空泡化与产率之间的关系，作为抗生素发酵的控制更为直接的策略。

5.4.3.2 发酵后期菌自溶的监测

发酵后期密切监视菌的自溶情况对稳产和提高下游工段的产物回收率有重要意义。**通常把微生物因养分的缺乏或处在不利的生长环境下受其自身的作用开始裂解的过程称为自溶。**一些真菌的自溶与蛋白酶、β-葡聚糖酶及壳多糖酶有关。研究酵母的自溶的基本过程与内部结构的变化证实了蛋白质水解是自溶的基本动力，而细胞壁的降解是次要的[212]。其典型特征是膜功能的丧失、区室化的破坏及自溶酶的释放。造成自溶的外源因素有：化学物质，如高浓度乙醇、碳氮源或氧的缺乏。

McNeil 等评价了以化学和分光光度分析方法、成像分析技术以及酶学分析法监测自溶程度的效率。即用常规的方法监测生物量与产物浓度及氨基酸脱氨生成 NH_4^+，用于反映菌的自溶情况；由计算机辅助的成像分析技术对菌的形态作定量描述，监测有自溶征兆的菌丝所占的比例；监测对自溶起作用的一些关键酶的活性，如蛋白酶和 β-1,3-葡聚糖水解酶的活性。

成像分析方法是根据每个像素的灰度等级（黑为0，白为255），将单色视频摄像机捕获的图像数字化，再转换为二进制双色图像，并对图像内的对象作分析。对象的选择由操纵者设定的临界灰度等级确定。使用 Seescan 专用成像分析系统，可将装有 XC-77CE 型 SonyCCD 视频摄像机的 Nikon Optiphot-2 显微镜获得的图像数字化，由此检定生长菌株的特征。按一定时间间隔取样 2mL，加 1mL 乳酚蓝，再加固定液（含 5.6%甲醛、2.5%冰醋酸，用 50%乙醇配成 200mL）使体积达到 20mL。处理过的样品置 4℃保存待分析。每个样品分析 50 根游离菌丝单元，测定其菌丝长度、分枝菌丝的数目和长度、自溶持续时间。每个菌丝丛的平均菌丝生长单位＝总菌丝长度/分枝数目，有关菌丝生长单位请参阅 1.4.2.2 节。成像分析的缺点是费时（每个样品约需 5h），因而限制其应用。

有些菌丝丛在生长期就呈现自溶征兆，92h 更明显，这时菌量仍在增长。这说明成像分析法检测自溶更灵敏。细胞量的测定只反映整个培养物状态的平均值。检测对象在某些区域内的下降可能被其他区域内的上升所掩盖。在发酵后期一直增加的自溶率到 164h 开始下降，这是由于一些菌丝从裂解的大量菌丝碎片和降解物质中获取营养，以支持新的生长点，此过程有人称之为"隐性生长"。

5.4.4　影响自溶的因素

在青霉素发酵中后期如果 NH_4^+ 的供给不足（＜0.25g/L），青霉素的合成中止，菌丝自溶加剧[213]。NH_4^+ 的限制可能是诱导或刺激真菌细胞自溶的外在因素。除了菌株间的遗传差异外，菌龄是影响自溶的很重要的内在因素。氧限制可显著降低青霉素 V 的合成速率，出现自溶的时间比 DO 控制≥40%空气饱和度的发酵更早。在 120h 后大多数菌丝出现自溶征兆，并伴随菌量和表观黏度的下降，NH_4^+ 的上升。在自溶的初期（120～148h），碳源继续消耗，CO_2 释放速率（CER）上升，DO 仍停留在限制水平（0%饱和度）。RQ 从 1.0（72～120h）上升到 2.0，这反映出菌的代谢由需氧呼吸转向厌氧降解。在 120h 后青霉素 V 被降解，到 142h，发酵单位降至零。在这期间的平均降解速率为 0.023（g/L）/h。

自溶初期的一种普遍现象是广泛的蛋白质水解。这是由于胞内的蛋白酶被活化，液泡中的水解酶在碳、氮源限制下被解除阻遏，或间室化的破坏，释放出水解酶。在一些酵母的自溶过程中 β-葡聚糖酶起重要作用。分批发酵过程中胞内蛋白酶活性变化可分成 3 个阶段：第一阶段在 48h，蛋白酶比活出现一高峰，其总酶活高峰出现在 72h，出现这些情况可能是在指数生长期蛋白质需要快速周转和分泌到胞外，以降解和利用培养基中的外源蛋白质；第二阶段在发酵 96h 左右蛋白酶活性降至低谷，这是对其需要减少所致；第三阶段（120～124h）蛋白酶活性又快速增长，并伴随能源的消耗与 NH_4^+ 的释放。自溶过程的顺序是膜功能的损坏、间室化的破坏、水解酶的释放。β-葡聚糖酶的比活在发酵 72h 降到最低点，随后逐渐上升到自溶期末达高峰。

5.5　发酵染菌的防治及处理

工业发酵稳产的关键条件之一是在整个生产过程中维持纯种培养，避免杂菌的入侵。行业上把过程污染杂菌的现象简称为染菌。染菌对工业发酵的危害，轻则影响产品的质和量，重则倒罐，严重影响工厂的效益。染菌的发生不仅有技术问题，也有生产管理方面的问题。为了克服染菌，除了加强设备管理，还可以选育能抗杂菌的生产菌株，改进培养基的灭菌方法，以及利用化学药剂来控制污染。在克服染菌问题上必须先树立起这样的信念：染菌是人为不注意所致，如果防范得当，是可以把杂菌拒之门外的。

5.5.1 染菌的途径分析

从技术上分析，染菌的途径有以下几方面：种子（包括进罐前菌种室阶段）出问题；培养基的配制和灭菌不彻底；设备上特别是空气除菌不彻底；过程控制操作上的疏漏。遇到染菌首先要监测杂菌的来源。对顽固的染菌，应对种子、消后培养基和补料液、发酵液、无菌空气取样做无菌试验以及设备试压检漏，只有系统严格监测和分析才能判断其染菌原因，做到有的放矢。

种子带菌的检查可从菌种室保藏的菌种、斜面、摇瓶直到种子罐。保藏菌种定期做复壮、单孢子分离和纯种培养；斜面、摇瓶和种子罐种子做无菌试验，可以用肉汤和斜面或平板培养基检查有无杂菌。显微镜观察菌形是否正常，应注意在显微镜检不出杂菌时不等于真的无杂菌，需做无菌试验才能最后肯定。培养基和设备没消透的原因有多方面，如蒸汽压力或灭菌时间不够，培养基配料未混合均匀，存在结块现象，设备未清洗干净，特别是罐冲洗不到的角落处，有结痂而未铲除干净。

设备方面特别是老设备也常会遇到各种问题，如夹层或盘管、轴封和管道的渗漏，空气除菌效果差，管道安装不合理，存在死角等是造成染菌的重要原因。过程控制主要包括接种、过程加糖补料和取样操作等是否严密规范。一级种子罐的接种可分为血清瓶针头或管道方式或火焰敞口式接种，罐与罐之间的移种前管道冲洗或灭菌不当也会出问题。

5.5.2 染菌的判断和防治

如能及时发现杂菌的侵袭，采取适当的措施可以防止其发作，减轻造成的损失。当然，最根本的措施是预防，不让杂菌有机可乘。杂菌的发现，常用镜检或无菌试验方法，这是确认染菌的依据。在染菌的初期，要从显微镜检中发现是很难的，如能从视野中发现杂菌，染菌已很严重；无菌试验通常要十来个小时才能发现，再作处理为时已晚。特别是发酵罐前一级（繁殖罐）的种子有无杂菌的确认很重要，如能及时检出，则可避免带菌接种。从一些状态参数，如 DO 变化的规律也可作为染菌预报的根据。如过程污染好气性杂菌，DO 会一反往常在较短时间内如 2～5h 下降到接近零，且长时间不回升，便很可能染菌。但不是一染菌DO 便掉到零，要看杂菌的种类和数量。在罐内杂菌与生产菌比，谁占优势。有时会出现染菌后 DO 反而升高的现象。这是因为生产菌受到杂菌的抑制，而杂菌本身又不十分好气。这样生产菌的呼吸大为减弱而使 DO 上升。一般，补料或加油也会引起 DO 迅速下降，在低谷处维持 1～3h 即回升。这与染菌使 DO 变化的规律是不同的。

红霉素发酵过程中污染噬菌体或其他不明原因会出现发酵液变稀，DO 迅速回升。如第23 批的发酵液在发酵 90h 后短时间内下降到比接种后的发酵液的黏度还要低。与此同时，DO 迅速上升，图 5-43 显示红霉素发酵生产 DO 实际监测情况。

污染噬菌体常表现在发酵液变稀，DO 迅速回升。如图 5-44 所示，谷氨酸发酵在正常情况下 DO 在 12～18h 下降到最低点，约在 10%～20% 空气饱和度的水平，维持到放罐前约5h 开始上升，到放罐时 DO 处在 50% 以上。这是很有规律的变化。菌的生长，其 OD 值在过了短暂适应期后便上升，在 12h 后菌浓的增加减缓，维持到放罐。染噬菌体后 DO 提前在15h 上升，但 OD 此时还在上升。这是由于当时的菌已受侵袭，其呼吸强度下降的缘故，直到 2～3h 后 OD 才开始下降。因此 DO 比 OD 提前 2～3h 预报发酵异常情况。染菌的后果因

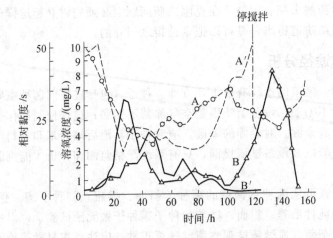

图 5-43　红霉素发酵过程溶氧和黏度的变化
A、B—第 22 批生产发酵罐的 DO 和黏度变化；A′、B′—第 23 批生产发酵罐的 DO 和黏度变化。

污染的杂菌种类、数量和发酵阶段而有所不同。一般，从染菌的种类大致可以判断其来源。染芽孢杆菌有可能是灭菌不透所致；染大肠杆菌则怀疑是否有脏水污染，如蛇管穿孔所致；染球菌、短杆菌有可能来自空气。对抗生素发酵前期染菌比较麻烦，控制不当，杂菌生长比生产菌快，则容易倒罐。遇到早期染菌，原则上可适当改变生长参数，使有利于生产菌而不利于杂菌的生长，如降低发酵温度等。加入某些抑制杂菌的化合物也不失为一种紧急处理办法，前提是这种化合物对生产菌无害、对生产影响不大、在下游精制阶段能被完全去除。中后期染菌通常后果不会那么严重，除非是噬菌体，这时发酵液中已产生一定浓度的抗生素，对杂菌已有一定抑制作用。一般，镜检不易观察到，只是无菌试验呈阳性。实际生产中常采用大接种量的原因之一是即使不慎污染了极少量杂菌，生产菌也能很快占

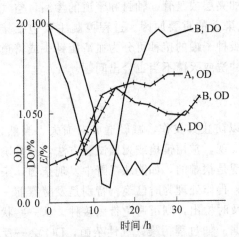

图 5-44　谷氨酸发酵遇到噬菌体后的代谢变化
A—正常发酵的菌浓（OD），与 DO 变化
B—异常发酵的菌浓（OD），与 DO 变化

优势。

也有少数污染杂菌后反而对发酵抗生素合成有利的例子。如在红霉素发酵中曹文伟等发现，污染巨大芽孢杆菌或短小芽孢杆菌对发酵单位有明显促进作用，分别比对照提高 47.8% 和 24%[214]。但不能由此得出染菌无害这样的结论，产生侥幸心理。树立严密的防范意识是非常必要的。

5.5.3　生产技术管理对染菌防止的重要性

曾经有一位对灭菌很有经验的师傅被邀请到一家经常被染菌困扰的发酵工厂协助解决染菌问题。他在较短时间内对设备几乎没有什么改造的情况下便将该厂的染菌率从 70%～80% 降到 10% 以下。其成功的经验只有一条，即加强生产技术管理，严格按工艺规程操作，分清岗位责任事故，奖罚分明。有些厂忽视车间的清洁卫生，跑冒滴漏随处可见，必然染菌

率高。由此可见，即使有好的设备，没有科学严密的管理，染菌照样难以收拾。因此，要克服染菌，生产技术和管理同样重要。

5.6 基因工程菌在生物工程中的应用

重组 DNA 技术可将所需的遗传信息直接插入到微生物的基因组中，也可通过增强基因剂量以提高基因工程菌产品的产率和质量。除非在生长期间克隆的基因在宿主细胞载体质粒中能保持稳定并能充分表达，否则用重组质粒作为提高基因工程产物的生产难以实现。近年来，分子克隆技术和表达载体方面的进展，已能做到高效生产一些临床上很重要的哺乳动物的肽，用携带适当基因的微生物生产工业用酶，以及用一些克隆基因编码的酶来生产人们所需的代谢物。有关产物表达的基因调控请参阅本书 4.5.3 节。

5.6.1 源自克隆基因的蛋白

生物技术在医学科学上也起重要作用。其热点在于通过新技术大量生产一些对医疗有重要意义、其成分已确定的蛋白。蛋白在生物医学科学上的应用分 4 个方面，即：疾病或感染的预防；临床疾病的治疗；抗体存在的诊断；新疗法的发现。这方面研究的重点着眼于应用克隆基因来生产一些称之为生物制品的蛋白质，如疫苗、诊断工具和激素等。利用重组 DNA 技术来生产蛋白质有 4 方面的理由：①品种的需求，天然蛋白的供应受到限制，使它得不到广泛应用；②数量上的满足，现有的天然蛋白将来随需求的不断增加，难以满足，需扩展新的来源；③安全方面，一些天然蛋白的原材料可能污染了致病性病毒，且难以保证这些病毒的消除或钝化；④特异性，天然原料来源的残留污染蛋白会引起诊断试验所不应有的背景读数。

有些疾病被诊断为激素缺乏症，现已能用补充天然或重组体衍生的激素的办法治疗这类疾病。以下将介绍一些基因工程产物的研究、生产和发展。

5.6.1.1 人血清白蛋白基因的合成及其表达

一种具有 1761 碱基对的编码人血清白蛋白（HSA）的人造基因是用化学方法合成的。所合成的寡核苷酸只是对应于 HSA 基因中的一股，而其互补的一股是通过酶反应和克隆步骤获得的。HSA 的完整结构基因是由高度表达酵母基因中常用的密码子组成的。这样获得的 HSA 表达系统被插入大肠杆菌-酿酒酵母穿梭载体中。此载体能指导酿酒酵母表达和正确加工所需的 HSA。生成的 HSA 具有 N 末端氨基序列，能被 HSA 的抗血清识别。

作为宿主菌，毕赤酵母被广泛应用于生产各种异源蛋白。Kobayashi 等[215]用这种酵母来生产重组 HSA（rHSA），他们发现补料分批发酵中 rHSA 被迅速降解，这与培养液中的蛋白酶活性的突然增加有关。监测发酵过程中培养液组分浓度的变化揭示此现象是氮饥饿所致。增加基础培养基中氨和磷酸可以避免在发酵过程中产生蛋白酶。采用改良的培养基可使 rHSA 稳产在 1.4g/L。尽管在改良培养基的培养液中已测不出蛋白酶，但其潜在的活性并未消失，它会随培养液的 pH 降低而被激活，在 pH4.3 的降解速率达 660mgHSA/h，但在 pH5.9 却未发生降解作用。此外，黄明志等[216]对重组人血清白蛋白发酵过程表达做过定量研究。

5.6.1.2 胰岛素

在 1982 年由大肠杆菌生产的胰岛素成为第一个获执照的重组体衍生的人用生物制品。

胰岛素用于治疗Ⅰ型糖尿病。这种病人的胰岛自己不能生成足够的胰岛素，需依赖外源供给。重组体衍生的胰岛素的生产过程涉及大肠杆菌发酵，生成胰岛素的 A-肽链和 B-肽链，随后提取、纯化，在体外将这两条链缔合。在引入重组体衍生的胰岛素前，全球用的胰岛素大多数来自猪原料。这两种胰岛素结构上的差别在于 B-链的羧基末端，人胰岛素的是苏氨酸，而猪胰岛素的是丙氨酸。

在考虑用怎样的表达系统来生成胰岛素较适合时首先想到的是重组体产物的生物活性。大肠杆菌被认为是胰岛素表达最为满意的宿主细胞。由重组体衍生的胰岛素的许多性质与猪衍生的没有多大区别。因此，用大肠杆菌的表达系统来生产胰岛素是很有吸引力的。况且重组大肠杆菌的生产很容易放大，其成本较低，安全性符合生物制品的要求。

采用发酵过程参数相关分析理论，储炬等[217]分析了毕赤酵母在不同发酵阶段利用碳源时的生理代谢参数变化特征，同时研究了不同比生长速率下重组毕赤酵母表达猪胰岛素前体（PIP）的补料分批发酵过程，建立了蛋白表达阶段的细胞生长非结构模型。该模型能较好地预测细胞生长和 PIP 表达的发酵趋势。用其控制发酵过程，使目标蛋白 PIP 的产量为优化前的 1.5 倍，达 $0.976g/L$。

杭海峰等[218]建立了一种用于有效控制毕赤酵母重组猪胰岛素前体（PIP）表达的非结构模型。此模型阐明其比生长速率（μ）与基质浓度之间的关系符合 Monod 方程。测得的最大比生长速率、饱和常数与维持系数分别为 $0.101h^{-1}$、$0.252g/L$ 和 $0.011(gMeOH/gDCW)/h$。作者在甲醇诱导期以不同的初始细胞浓度验证此非结构模型。结果显示，当 μ 控制在 $0.016h^{-1}$ 下得最大比蛋白生产速率为 $0.098(mg/gDCW)/h$，PIP 的最高产量为 $0.97g/L$，是对照的 1.5 倍。由此证明此简单的 Monod 模型可用于有效描述 PIP 的生产，并有望用于工业规模。

朱泰承等[219]通过优化 PIP 的拷贝数来强化毕赤酵母 PIP 表达潜力。结果显示，经 96h 甲醇诱导后在 0～52 拷贝数间，12 拷贝数的 PIP 基因取得最高的 PIP 表达水平（181mg/L）。高于 12 拷贝数的重组菌株的比生长速率与甲醇的利用能力显著下降。对 KAR2 的转录分析表明，高拷贝数的菌株更易受到 ER 应力的影响。他们还系统研究了多拷贝毕赤酵母的遗传稳定性[220]。在 5 株转化体（G1、G6、A2、A3 和 C3，分别携带 1 拷贝、6 拷贝、12 拷贝、18 拷贝和 29 拷贝的 PIP 基因）中 G6 和 C3 未用甲醇诱导下培养 35 代仍然维持其原有的拷贝数；经摇瓶甲醇诱导 96h 后 G1、G6 维持稳定，但 A2、A3、C3 分别跌到 10 拷贝、10 拷贝、15 拷贝。

用毕赤酵母进行异源蛋白的表达会引起对宿主细胞生理上的代谢应力，从而危及异源蛋白的产量。因此，了解分泌表达期间的这些代谢应力能让我们克服这些不需要的影响。朱泰承等[221]研究了毕赤酵母 A3 培养中混合补入不同的碳源，山梨醇和酵母膏（YE）对其生理的影响。毕赤酵母 A3 携带有 18 拷贝的 PIP 基因。对 13 种参与重要细胞过程的基因进行转录比较分析的结果显示，混合补入 YE 与甲醇会提高 A3 的比生长速率与比 PIP 产率，但其对酵母细胞的氧化应力增加。混合补入山梨醇、甲醇会改进 A3 的性能，但不影响比 PIP 产率。转录结果表明，山梨醇可能会阻遏异源蛋白的表达。这些研究不仅能指导混合补料的策略，还能较深入了解异源蛋白分泌表达的代谢负荷。

5.6.1.3　生长激素

儿童的生长和体重的增加要靠其生长激素，这是一种垂体产物。如垂体不能生产足够量的生长激素，生长便会受阻，导致侏儒症。由大肠杆菌衍生的人生长激素（hGH）已在 1985 年批准作为缺少生长激素的儿童的治疗药物。此激素的生产过程与胰岛素的相似，都是通过发酵，然后从大肠杆菌的完整细胞中分离获得。第一代重组体衍生的 hGH 的序列与天然 hGh 的区别在于前者的氨基末端多了一个甲硫氨酸残基，将其看作 met-hGH。经临床试验证明，met-hGH 在生物活性方面与天然的 hGH 一样，其附加的甲硫氨酸残基对活性无影响。如同人胰岛素的情况一样，可利用大肠杆菌表达系统来生产此激素，其生产放大和产率都能过经济这一关。现已开发出一种缺少此附加甲硫氨酸残基的第二代 hGH，已批准上市。

5.6.1.4 促红细胞生成素

促红细胞生成素（Epo）是一种为响应低氧而由肾脏产生的激素，它在骨髓中负责促进红细胞的生长和分化。已克隆编码 Epo 的基因，并在 CHO 细胞中表达，分泌生物活性激素。从培养物的上清液中纯化的重组体 Epo 已用于需血液透析的晚期肾病临床试验，结果令人鼓舞。Epo 可使血液中的血红蛋白浓度增加，无需给病人输血，从而避免输血可能带来的病毒性肝炎和艾滋病感染的危险。用过 Epo 的大多数病人感觉良好，在治疗期间无明显毒副作用或功能失调。重组体 CHO 细胞可以放大到生产规模以满足对医疗方面 Epo 的需求。

5.6.1.5 人 β₂-糖蛋白

毕赤酵母是一种甲醇（甲基营养）酵母，它是生产外源蛋白的最佳宿主之一，因它具有很强的受甲醇诱导的 AOX1 启动子。在外源蛋白生产期添加甲醇是很重要的，因甲醇不仅诱导蛋白的生产，还可作为碳-能源。能源的缺乏或甲醇的缺乏会导致生长与生产不良。Katakura 等构造了一种简单的由一半导体气体传感器和一继电器组成的甲醇控制系统[222]。利用此系统，他们研究了甲醇浓度对一种典型的外源蛋白（人 β₂-糖蛋白 I 区）生产的影响。在生产期甲醇浓度分别被维持在 1.5g/L、10g/L、17g/L 或 31g/L（±5%）。尽管随着甲醇浓度的增加，其比生长速率与甲醇的消耗降低，但其比生产速率增加。这说明，产物的合成同细胞生长争夺能源。

解决此问题的最简单的办法是增加碳源的供应以弥补能源的不足。但已知增加甲醇浓度会抑制毕赤酵母的生长。葡萄糖会阻遏 AOX1 启动子，而适当添加甘油却不影响其表达。因此，在整个生产期以 5.0（mL/L 培养基）/h 的速率添加甲醇，控制其浓度在5.5g/L。结果尽管添加甘油的速率不变，其生产初期的比生产速率也几乎不变，见图 5-45 中的空心符号。其甲醇比消耗速率与不添加甘油批号的几乎一样。在甲醇浓度为5.5g/L 下未添加甘油的比生长速率约为 $0.11h^{-1}$。添加甘油的比生长速率比不添加的高约 20%。其比生产速率为 0.14（mg/gDCW）/h，见图 5-45 中的空心三角，是未加甘油的2.3 倍。这些试验结果说明，添加甘油可以补充能量，增加毕赤酵母发酵中外源蛋白的产率。

5.6.1.6 白细胞介素

白细胞介素（interluekin，IL）是一类具有激活、增殖、成熟和分化机体免疫细胞、抗病毒、抗肿瘤及增强机体免疫功能的细胞因子。国内外相继发现的 IL 有 13 种，其研究应用概况见文献 [223]。

其生产方法[223]简述如下：所用菌种是将人 IL-2 基因藉重组载体转化到大肠杆菌中。将工程菌接到 LB 培养基中，37℃培养过夜，次日再按 5%的接种量移种到 M-9 培养基或改良 M-9 培养基中 37℃培养 23h。另一种培养方法是把工程菌直接接种于改良 M-9 培养基中，30℃培养过夜，次日按 10%接种量接入 M-9 培养基中 30℃振动培养 1h，直到 $A_{600} =$

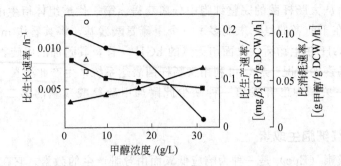

图 5-45　甲醇浓度对比生产速率与比生长速率的影响[222]
●—比生长速率；■—比甲醇消耗速率；▲—比生产速率
空心符号代表在生产期间补甘油 5(mL/L)/h 的情况下的对应参数

0.55，再转入 42℃水浴诱导 3～4h。

胡志国等[224]研究了人白细胞介素 18 基因化学合成及其在大肠杆菌中的高表达。

5.6.1.7　GFP-融合监测法在在线优化中的应用

Chae 等建立了以绿色荧光蛋白（GFP）融合监测技术在线优化大肠杆菌高密度培养中重组蛋白诱导的框架，以及一种简单的非结构数学模型[225]。此模型能很好地描述大肠杆菌的克隆的氯胺苯醇乙酰转移酶（CAT）生产的动力学。曾将顺序二次方程程序（SQP）优化算法应用于估算模型参数值和求解最佳开环控制问题，以求准确控制诱导剂的添加速率，达到优化生产的目的。阿拉伯糖诱导系统的最佳诱导剂添加轨迹与异丙基-β-D-硫代半乳糖吡喃糖苷（IPTG）诱导系统的不同。并且，建立了基于模型的在线参数估算和在线优化算法测定最佳诱导剂添加速率，用于最终从 GFP-荧光探头（用 95min 延时做直接产物监测）取得的反馈信号。由于数值算法所需的加工时间最少，可以实现基于产物和基于模型的在线最佳控制。

5.6.1.8　重组人载脂蛋白

马文峰等[226]研究了重组人载脂蛋白 ApoA-I 在大肠杆菌中表达和工艺条件的优化。汪利俊等[227]对重组人载脂蛋白 A-I（米兰变体）的复性及纯化进行了初步的研究。

5.6.2　干扰素

5.6.2.1　高密度细胞培养的策略

有关高细胞密度培养的理论与应用请参阅第 5.1.6 节。

恒化器和源自大肠杆菌 K12 的具有多重噬菌体抗性的基因工程菌 AM-7 曾被利用来研究比生长速率对菌代谢和基因产物合成的影响。构建的质粒含有一编码新的白细胞干扰素，又称为 α-复合干扰素（IFN-αCon-1）基因。这是一种含有氨苄青霉素抗性标记的由温度调节的多拷贝质粒。其干扰素基因受一强 λ 启动子的转录控制。在细胞内还有第二种含 λ 阻遏物的质粒，其复制也受温度调节。

当比生长速率大于 0.14h^{-1}时，培养液便开始积累乙酸。乙酸的积累与所用培养基有关。用大肠杆菌 K12 试验，在合成培养基中和复杂培养基中的乙酸比生成速率分别为 0.35h^{-1}和 0.20h^{-1}。据此，补料-分批高密度培养的补料速率以此（0.14h^{-1}）为准。用恒化器求得，在未诱导前菌的维持系数为 0.025（g/g）/h，细胞得率为 0.33g 细胞/g 葡萄糖。

这和用非重组菌所得试验结果相似。

5.6.2.2 重组菌的高密度培养和 α-干扰素的表达

含 IFN-α-Con-1 基因的重组菌 AM-7 分别在含有 $200\mu g/L$ 和 $500\mu g/L$ 的种子和发酵培养基中生长。在大约 38.5h 进入生长期，这时的细胞密度为 30g/L，将温度从 30℃ 提升到 37℃，导致质粒拷贝数的增加。在 46h 进入发酵阶段，温度进一步提升到 42℃，使充分诱导重组菌生产干扰素。在整个发酵期间维持乙酸浓度低于 0.5g/L，细胞密度高达约 70g/L，50～52h 干扰素单位达高峰，为 7.6×10^{12} U/L，相当于 5.5g/L。在发酵期间生成的干扰素被包裹在具折光的包涵体里。

5.6.2.3 酿酒酵母的高密度培养及人免疫干扰素的表达

要使酵母在葡萄糖培养基中高效地生长，需避免乙醇产生。乙醇的形成不仅是基质碳和能源的浪费，也会出现抑制生长的问题。试验发现，葡萄糖浓度高于 5%，便会阻遏氧化代谢，导致乙醇的堆积。即使在有氧条件下也可能堆积乙醇，这种现象称为氧化性发酵、葡萄糖或 Crabtree 效应。此外，如比生长速率高于 $0.2\sim0.25h^{-1}$ 也会堆积乙醇。故酵母高密度培养成功的关键在于：①在葡萄糖限制条件下让细胞生长，这样在培养基内不会有多余的葡萄糖存在；②酵母的生长需在低于事先确定的比生长速率下生长，以免乙醇堆积。

以构建有磷酸甘油酸激酶基因（PGK）启动子的酵母菌株作高细胞密度培养，用于表达 IFN-γ 的效果不佳，原因在于积累的 IFN-γ 对质粒的稳定性和细胞生长有不利的影响。据此，构建了一种新型的调节性启动子系统 GPD(G)，它能让细胞高密度生长，只堆积少量的 IFN-γ，此时用添加半乳糖来诱导产物的表达。此 GPD(G) 系统是由 GPD 可携带的启动子衍生的。它是通过引入一段从 GAL1 来的上游调节性序列，10 基因间的区域构成的。GPD(G) 杂合启动子只有在半乳糖或乳糖＋半乳糖的培养基中可以表达 IFN-γ，葡萄糖阻遏 GPD(G) 杂合启动子。

从不同条件下酿酒酵母 IFN-γ 表达效果的比较（见表 5-28）中可以发现，影响 IFN-γ 表达的因素有：构建工程菌所用的启动子系统、培养基、诱导方法和宿主的选择。

采用方法1宿主为 DM-1 的最高 IFN-γ 浓度比宿主为 J17-3A 的高出 1 个数量级，后者又比宿主为 RH218（启动子为 PGK）的同样高出 1 个数量级。这说明，**强有力的启动子和活力旺盛的二倍体宿主（由 RH218 和 J17-3A 接合）是 IFN-γ 表达的关键，诱导方法和培养基的影响也不容忽视。**这种高表达水平和高细胞密度发酵导致 IFN-γ 的产量高达 2.2×10^{10} U/L，相当于 2g/L。

表 5-28 酿酒酵母 IFN-γ 表达效果的比较

寄主	启动子	培养基类型	诱导方法[①]	最高细胞浓度 /(g/L)	质粒稳定性 /%	最高 IFN-γ 浓度 $\times10^8$/(U/L)	IFN-γ 的表达 $\times10^7$/(U/g)
RH218	PGK	最低	组成型	15	16	1.5	1.5
RH218	PGK	丰富	组成型	19	11	2.2	22
J17-3A	GPD(G)	丰富	1#	76	50	20	4.0
J17-3A	GPD(G)	丰富	2#	83	60	33	2.4
J17-3A	GPD(G)	丰富	3#	53	53	56	5.6
DM-1	GPD(G)	丰富	1#	110		220	20

① 方法1：在碳源限制下生长，分次补入半乳糖（每次 10g/L）到培养物中。

方法2：以流加半乳糖代替葡萄糖，半乳糖是主要的碳-能源。

方法3：前两种方法的联合应用，先用方法1接着用方法2。

储炬等[228,229]对重组人 α_{2a}-干扰素的发酵工艺进行优化。研究结果表明，适当控制葡萄糖流加和维持残糖浓度在较低的水平可减少乙醇的生成，使 IFN-α_{2a} 的生物活性提高58%，在发酵 10~20h 流加腺嘌呤的结果，乙醇的形成大大减少，生物活性进一步提高到 1.3×10^7 IU/mL。进一步研究发现，在基础培养基中若葡萄糖：蔗糖的比例控制在 1：0.1，IFN-α_{2a} 的活性与比活均提高1倍多；添加谷氨酸也明显有利于 IFN-α_{2a} 的表达。基础培养基的 pH 对产物的表达也很重要。

郝玉有等[230,231]在毕赤酵母发酵期间研究了重组人复合 α-干扰素（cINF）的表达与聚合。结果显示，最高细胞干重、cINF 浓度及其抗病毒活性分别达到 160g/L、1.24g/L 和 4.1×10^7 IU/mL。分泌到培养基中的 cINF 主要呈凝聚状态，发酵上清液用 6mol/L 盐酸胍解聚，使 cINF 的抗病毒活性达到 2.2×10^8 IU/mL。进一步研究发现，减低诱导温度，从 30℃到 20℃和在诱导时添加 0.2g/L Tween20 可以抑制 cINF 的聚合，使 cINF 的最大比活提高近 20 倍，且这两种措施有抑制 cINF 聚合的协同作用。

史琪琪等[232]研究了温度在诱导期间对毕赤酵母表达重组人复合 α-干扰素聚合的影响。陈文等[233]在分析重组毕赤酵母表达猪胰岛素前体代谢参数的基础上构建了动力学模型。姚钰舜等[234]研究了培养条件对重组毕赤酵母高密度表达猪胰岛素前体的影响。

先前的研究揭示分泌到培养液中的 cIFN 会被降解和凝聚。吴丹等[235]的研究显示此现象伴随着 cIFN 单体聚合成双体。其中上位 cIFN 只含有一个二硫键，下位 cIFN 含有多个完整的二硫键。这种形式的 cIFN 不稳定。若其中一个二硫键被断开，便可能形成三种聚合体：共价聚合体，非共价聚合体和未知二聚体。这些结果说明，未完整形成的二硫键会使 cIFN 的凝聚与降解，最终导致 cIFN 活性的显著减低。他们还对毕赤酵母 cIFN 发酵过程的甲醇诱导进行了优化[236]。

5.6.3 氨基酸

5.6.3.1 基因技术在氨基酸生产方面的应用

全球氨基酸的年产量估计在 50 万~80 万吨，其中 2/3 用于食品，其余大部分作动物饲料添加剂，还有相当数量用于医药工业和作为合成化学试剂的前体。重组 DNA 技术已成功地应用于提高棒杆菌和其他工业生产菌种的氨基酸生产。现已掌握分离氨基酸生物合成基因和将这些基因克隆到运输载体并转化到宿主的技术。有关棒杆菌基因库的构建和氨基酸生物合成基因的分离列于表 5-29。

通过多拷贝质粒引进生物合成的关键基因使菌种改良获得成功。这类编码速率限制步骤基因的放大，可增加氨基酸产量许多倍，而引进其他基因可促使氨基酸分泌到培养液中。基因重组技术不仅能用于提高氨基酸的产量和得率，还可让生产菌利用便宜的原材料。

表 5-29 基因技术在氨基酸生产方面的应用成果

氨基酸	菌 种	重组 DNA 技术的应用要点和效果
天冬氨酸	1. 大肠杆菌	克隆天冬氨酸酶重组菌,其酶活增长 30 倍
	2. 黏质沙雷氏菌	克隆天冬氨酸酶重组菌,其酶活增长 39 倍
谷氨酸	谷氨酸棒杆菌	引入高拷贝数质粒,使谷氨酸增产
组氨酸	1. 谷氨酸棒杆菌	引入克隆的编码 ATP 磷酸核糖基转移酶的 hisG 基因,使受体菌株的 L-组氨酸产量翻倍;诱导野生型过量生产 L-组氨酸
	2. 短颈细菌属	引入带有 L-组氨酸基因的重组 DNA,诱导 L-组氨酸过量生产

氨基酸	菌　种	重组 DNA 技术的应用要点和效果
苯丙氨酸	1. 谷氨酸棒杆菌	引入克隆分支酸变位酶和预苯酸脱氢酶基因，导致苯丙氨酸增产 50%，达 19g/L
	2. 谷氨酸棒杆菌	引入克隆预苯酸脱氢酶基因，导致此酶的比活增加 6 倍
脯氨酸	1. 发酵乳短颈细菌	克隆 PEP 基因并扩增，使 L-脯氨酸的生产提高 1.8 倍
	2. 黏质沙雷氏菌	克隆 proA 与 proB 基因并扩增，使 L-脯氨酸增产 1.5 倍；携带克隆脯氨酸 dpr-1 基因的质粒促进 L-脯氨酸的分泌，达 75g/L
苏氨酸	1. 谷氨酸棒杆菌	克隆大肠杆菌苏氨酸操纵子的表达，使 L-苏氨酸增产 4 倍
	2. 发酵乳短颈细菌	克隆高丝氨酸脱氢酶(HD)基因的放大，使 HD 活性提高 1 倍，L-苏氨酸增产 1.4 倍，达 25g/L。在苏氨酸产生菌中 HD 和高丝氨酸激酶的共存促进生产 30%，达 33g/L，并降低副产物的形成。引入质粒携带苏氨酸操纵子，促进 L-苏氨酸的生产
L-色氨酸	1. 大肠杆菌	构建的大肠杆菌 W3110 trpAE1 trpR tnaA(pSC101trp115·14)的色氨酸产率高达 6.2(g/L)/27h，即 0.23(g/L)/h
	2. 发酵乳短颈细菌	克隆色氨酸基因簇

5.6.3.2 利用重组大肠杆菌生产色氨酸

色氨酸的生物合成途径示于图 5-46，其化学结构见图 2-39。Imanaka 等[237]研究质粒拷贝数与色氨酸生产之间的关系发现，色氨酸产量随基因剂量（质粒拷贝数）的提高而增加，但拷贝数过高反而对色氨酸的生产不利，见表 5-30。色氨酸的产量与色氨酸对 Asase 的反馈抑制的解除程度成正比。但如解除过头，反而弄巧成拙。故对这种解除程度需进行优化。作者构建的大肠杆菌 W3110trpAE1 trpR tnaA（pSC101trp115·14）的色氨酸产率高达 6.2(g/L)/27h，即 0.23（g/L）/h。为了确保质粒的稳定性需加四环素到培养基中，并用缺失菌株（trpAE1）作为宿主菌株，以避免克隆的 trp 操纵子与染色体 DNA 重组。

表 5-30　色氨酸合酶的活性与色氨酸生产的关系[237]①

菌株(质粒)	质粒拷贝数/染色体	质粒稳定性/%	色氨酸合酶/(U/mg 蛋白)	色氨酸产量/(g/L)
Tna(RP4-trp115)	1~3	约 100	36	1.7
Tna(pSC101-trp115)	约 5	约 35	107	3.1
Tna(RSF1010-trp115)	10~50	约 35	215	2.6
Tna(pBR322-trp115)	60~80	—	—②	—

① 细胞生长在最低培养基中，37℃直到生长对数晚期。
② 难以获得稳定的转化子。

Imanaka 曾建立一种极其稳定的宿主重组质粒系统。该载体具有以下的特征：①宿主的染色体色氨酸操纵子被消除；②在宿主细胞内缺乏色氨酸的主动运输机能；③携带色氨酸操纵子的重组质粒被转化到宿主菌内。

5.6.4　肌苷酸和鸟苷酸

作为调味品，这两种核苷酸（5′-IMP 和 5′-GMP）已在日本大规模生产，年产量均数千吨。曾用重组 DNA 技术改良调味核苷酸生产菌种（枯草杆菌）的生产性能并测定了鸟苷酸

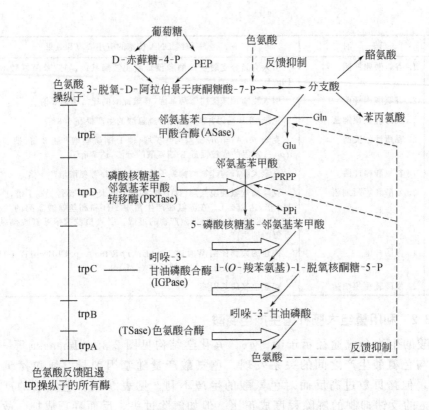

图 5-46　L-色氨酸生物合成的主要途径

PEP—磷酸烯醇式丙酮酸；PRPP—5-磷酸核糖基-1-焦磷酸；PPi—焦磷酸

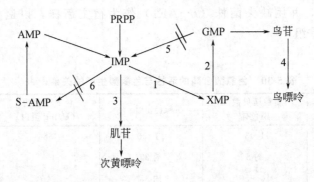

图 5-47　枯草杆菌中的嘌呤核苷酸生物合成途径的遗传阻断部位

1—IMP 脱氢酶；2—GMP 合成酶；3—5′核苷酸酶；4—嘌呤核苷磷酸化酶；

5—GMP 还原酶；6—腺苷酰琥珀酸（s-AMP）合酶；┼┼表示阻断部位

生产的速率限制性反应为 IMP 脱氢酶，见图 5-47。枯草杆菌中编码此酶的基因（*gua* A）曾被克隆到大肠杆菌中，然后，将此基因再克隆到需次黄嘌呤的枯草杆菌 NA6128 中，再将重组质粒 pBX121 引入肌苷-鸟苷生产菌株中。携带质粒的所有转化子都具有 IMP 脱氢酶，其活性比未转化的宿主的高约 10 倍，是克隆 DNA 来源菌株枯草杆菌 NA7821 的 1.6 倍。鸟苷的生产从 7.0g/L 提高到 20.0g/L，而肌苷的生产从 19.0g/L 降低到 5.0g/L。在发酵后超过 90％的细胞仍携带质粒，这可从其保留对氯胺苯醇的耐药性证实。如引入更强的 IMP 脱氢酶的启动子，使用高拷贝数的载体和强化 IMP 酶的合成，便能大幅度提高鸟苷的水平。

肌苷发酵是典型的代谢控制发酵，不仅优良的生产菌株选育是肌苷发酵的关键，而且发酵条件的控制对产苷亦至关重要，往往成为生产上影响产苷的主要因素。现已对肌苷生物合成途径及代谢调控研究得相当清楚。从文献报道，肌苷产量已提高到 52.4g/L，在生产交流中可知目前最高产量可达 80g/L，已是一相当成熟的技术。

在培养基中添加 1% 蛋白胨，产苷提高 68.5%。研究通气搅拌条件对肌苷发酵的影响时发现肌苷积累的最适氧吸收速度系数 k_d 为 $(7.0\sim5.8)\times10^{-6}$ (mol/atm)/(mL×min)。枯草杆菌发酵生产肌苷时，通气除了供氧，还具有降低培养液 CO_2 分压的作用。高 CO_2 分压对肌苷发酵有抑制作用，即使在供氧充分的条件下，若通气量小，起不到应有的换气效果，肌苷的积累也会受到抑制。此外，肌苷积累的同时还会生成 3-羟基丁酮及 2,3-丁二醇等物质，从而降低肌苷产率。向培养基中通入足量空气以降低 3-羟基丁酮及 2,3-丁二醇的生成，使肌苷产率大幅度提高。

5.6.5　微生物多糖

全球的微生物多糖的产值估计已超过 10 亿美元。这类生物高分子属于胶体，其独特功能在于它们可作为增稠剂、亲水胶体，用于水基系统中的乳化、悬浮和稳定混合物。它们在温度、pH 和盐浓度大幅度变化的条件下仍能与其他系统相容，甚至起协同增效作用。多糖的这些性质是由其结构和组成决定的，而多糖的结构和组成又取决于生产菌种、碳源和发酵条件。

基因的引入使黄原胶产生菌——黄单胞菌能生长在来源丰富的碳源上，导致黄原胶增产，成本大幅度降低。有四种与黄原胶生物合成有密切关系的基因，携带此基因簇一部分的质粒被转化到受体菌株后可以使其黄原胶增产 10%，并使其胶的丙酮酸含量提高 45%。有人用一适应广泛宿主的 Cosmid 载体将野生型黄单胞菌完整的 DNA 片段引入大肠杆菌中，然后通过接合配对，将它们转移到黄单胞菌突变株内。携带多拷贝质粒的野生型菌株可提高黄原胶的产量 1.2~2 倍。这是由于这些额外的基因拷贝数克服了酶反应中的速率限制步骤，也可能是大的质粒本身促进细胞的生长和解除对黄原胶生产的阻遏作用。这类开拓性的研究很可能导致黄原胶生产的大幅度提高，改进现有的工艺，甚至设计出新型的生物聚合物。

5.6.6　植酸酶

重组毕赤酵母表达系统的发酵过渡阶段，碳源代谢途径关键酶活性的分析[195]表明，甲醇诱导 3h，醇氧化酶（AOX2）活性为零，4h 突然增加到 0.05U，继续诱导，酶活缓慢增加；在过渡阶段甲醇脱氢酶和 6-磷酸葡萄糖脱氢酶分别增加了 6.1 倍和 2.5 倍，而丙酮酸脱氢酶和异柠檬酸脱氢酶却分别下降为原酶活的 29.4% 和 16.4%。这表明，经甲醇诱导后甲醇完全氧化代谢途径得到加强，而糖酵解与 TCA 循环途径的代谢作用减弱。

郭美锦等[238]研究了重组植酸酶在毕赤酵母工程菌 FPHY34 的表达与纯化。结果表明，在 50L 发酵罐进行补料-分批发酵过程中可用葡萄糖作为基质代替甘油用于生长，在甲醇添加速率 3.0(mL/L)/h 诱导 80h 后，其最高植酸酶活性达 2508U/mL。杭海峰等[239]采用基于实时参数控制葡萄糖补料的策略实现了毕赤酵母高密度培养，用葡萄糖作为基质代替甘油，取得重组植酸酶的高产，在甲醇诱导 100h 后产量为 2200FTU 植酸酶/mL，得率为 0.25(FTU 植酸酶/mL)/g 甲醇。

5.6.7　S-腺苷-L-甲硫氨酸

S-腺苷-L-甲硫氨酸（SAM）是维持细胞功能与存活的重要化合物。为了提高重组毕赤酵母甲硫氨酸腺苷转移酶（MAT）的活性，从而增加 SAM 的产量，胡辉等[240]通过 DNA 改组将源自大肠杆菌、酿酒酵母和 *Streptomyces spectabilis* 的 MAT 基因进行重组，改组后的基因被转化到毕赤酵母 GS115 中，获得的重组菌中筛选到两株 SAM 高产菌株，其 MAT 活性分别比对照菌株提高 201％和 65％，其 SAM 产量分别增加 103％和 65％。在 500L 生物反应器中最好的重组菌株的 SAM 产量达到 6.14g/L 的水平。

姚高峰等[241]研究了毕赤酵母的重组甲硫氨酸腺苷基转移酶 pDS16 的表达与纯化。突变株 MATpDS16 是经过 DNA 改组后构建的。pDS16 的超表达使 MAT 活性与 SAM 的积累比酿酒酵母 MAT 基因 SAM2 增加约 65％。添加 6 个组氨酸标记到 pDS16 会使酶活下降，酵母的 α-因子的信号序列不能有效引导 pDS16 的分泌。

思 考 题

1. 狭义和广义发酵各指什么？
2. 分批发酵过程可细分为几期？各期的长短受什么因素影响？
3. 分批发酵有何优缺点？
4. 与分批发酵比较，连续发酵有何优缺点？
5. 从工程角度看，有哪些办法可以减轻甚至解除产物的反馈调节和有害代谢物的积累问题？
6. 细胞高密度培养指的是什么？须具备哪些条件和存在什么问题？
7. 什么是同型发酵？什么是异型发酵？
8. 种子质量对发酵有很大的影响，如何才能保证种子的质量和减少批与批之间的质量波动？
9. 温度对发酵有何影响？怎样选择？
10. 试描述发酵过程中 pH 的一般变化规律和控制策略。有哪些因素影响 pH 的变化？
11. 发酵过程中溶氧受哪些因素的影响？
12. 临界氧浓度指的是什么？它会随工艺条件变化吗？
13. 发酵过程中可以采用哪些办法控制溶氧？比较其优缺点。
14. CO_2 对发酵有何影响？试述其对细胞的作用机制。
15. 呼吸商是什么？如何测定？对发酵有何指导意义？
16. 次级代谢物的生产多采用补料-分批发酵，一般补料根据哪些原则？
17. 产物合成对补料的需求是怎样判断的？其依据是什么？
18. 发酵过程过量的泡沫会给发酵带来许多副作用，主要表现在哪些方面？
19. 你认为用怎样的方法控制发酵过程的泡沫最好？
20. 如何进行发酵终点的判断？菌丝自溶前可能出现哪些征兆？
21. 发酵染菌是什么意思？为什么会染菌？可能有哪些途径？
22. 怎样判断发酵过程确实染菌？如何预防？一旦染菌，有无补救办法？

参 考 文 献

[1] Modak J M，Lim H C. Chem Eng Sci，1992，47：3869.
[2] Genon G，Saracco G. Chem Biochem Eng，1992，Q6：75.

[3] Shioya S. Adv Biochem Eng/Biotechnol，1992，46：111.

[4] Kobayashi K，Kuwae S，Ohya T，Ohda T，Ohyama M，Tomomitsu K J. Bioscience Bioeng，2000，90：280.

[5] Fabregas J，Garcia D，Morales E，Dominguez A，Otero A. J. Bioscience & Bioeng，1998，86：477.

[6] Otero A，Garcia D，Morales E D，Aran J，Fabregas J. Biotechnol Appl Biochem，1997，26：171.

[7] 范先国. 乳酸萃取发酵技术的研究：[博士论文]. 上海：华东化工学院，1990.

[8] Chu J，Li Y，Yu J. Appl Biochem Biotechnol，1997，67：71.

[9] 储炬，李友荣，俞俊棠. 高技术通讯，1996，6：58.

[10] Zhang S，Matsuoka H，Toda K. J Ferment Bioeng，1993，75：276.

[11] 江洁，储炬，李友荣. 华东理工大学学报，1996，22：289.

[12] Nakano K，Kataoka H，Matsumura M. J. Ferment. Bioeng，1996，81：37.

[13] Honda H，Toyama Y，Yakahashi H，Nakazeko T，Kobayashi T. J Ferment Bioeng，1995，79：589.

[14] Stentelaire C，Lesage-Meenssen L，Oddou J，Bernard O，Bastin G，Ceccaldi B C，Asther M. J Bioscience Bioeng，2000，89：223.

[15] Chang H N，Furusaki S. Adv Biochem Eng/Biotechnol，1991，44：2764.

[16] Chu J，Gang，Li Y，Yu J. Chinese J Chemical Engineering，1999，7：30.

[17] Prazeres D M D，Carbral J M S. Enzyme Microb Technol，1994，16：738.

[18] Nakano K，Matsumura M，Kataoka H. J Ferment Eng，1993，76：49.

[19] Kamoshita Y，Ohashi R，Suzuki T. J Ferment Bioeng，1998，85：422.

[20] Xu G Q，Chu J，et al. Process Biochemistry，2006，41：2458.

[21] 杨倩，郑璞. 第六届全国发酵工程学术研讨会摘要集，2014. p172.

[22] Shimizu Y，Uryu K，Okuno Y，et al. J Ferment Bioeng，1996，81：55.

[23] Amos B，Al-Rubeai，Emery A N. Enzyme Microb Technol，1994，16：688.

[24] 邹崇达，李友荣. 中国抗生素杂志，1992，17：6.

[25] 储炬，李友荣. 华东理工大学学报，1994，20：605.

[26] Hollmann D，Switalsk J，Geipel S，et al. J Ferment Bioeng，1995，79：594.

[27] 严正平，王世珍，赵耿，方柏山. 第六届全国发酵工程学术研讨会摘要集，2014. p61.

[28] 邱隆辉，王世珍，方柏山. 第六届全国发酵工程学术研讨会摘要集，2014. p55.

[29] 严强，郑璞. 第六届全国发酵工程学术研讨会摘要集，2014. p67.

[30] Jiang J，Wang J F，Liang S Z，et al. Biotechnol Bioeng，2011，108：31.

[31] Kaseno，Miyazawa I，Kokugan T. J Bioscience & Bioeng，1998，86：488.

[32] Stentelaire C，Lesage-Meenssen L，Oddou J，et al. J Bioscience & Bioeng，2000，89：223.

[33] Riesenberg D，Guthke R. Appl Microbiol Biotechnol，1999，51：422.

[34] Lee Y-S，Chang H N. Adv Biochem Eng Biotechnol，1995，52：27.

[35] Suzuki T. J Ferment Bioeng，1996，82：264.

[36] Nakano K，Rischke M，Sato S，Markl H. Appl Microbiol Biotechnol，1997，48：597.

[37] Holst O，Manelius A，Krahe M，Markl H，Raven N，Sharp R. Comp Biochem Physiol，1997，118A：415.

[38] Hartbrich A，Schnitz G，Weuster-Botz D，De Graaf A A，Wandrey C. Biotech Bioeng，1996，51：624.

[39] Bermejo L L，Welker N E，Papoutsakis E T. App Environ Microbiol，1998，64：1079.

[40] Suzuki T，Komashita Y，Ochashi R. J. Ferment. Bioeng，1997，84：133.

[41] Wang F，Lee A Y. Biotechnol Bioeng，1998，58：32547.

[42] Curless C，Baclaski J，Sachdev R. Biotechnol Progress，1996，12：22.

[43] Kondo T，Kondo M. J Ferment Bioeng，1996，81：42.

[44] Taniguchi M，Tohma T，Itaya T. J Ferment Bioeng，1997，84：59.

[45] Tohyama M，Takagi S，Shimizu K. J Bioscience Bioeng，2000，89：323.

[46] Singhania R R，Patel A K，Soccol C R，et al. Biochem Eng J，2009，44：13.

[47] Pandey A. Solid-state fermentation. Biochem Eng J，2003，13：81.

[48] Krishna C. Crit Rev Biotechnol，2005，25：1.

[49] 孙舒扬，王栋，徐岩. 微生物学通报，2006，33：10.

[50] Sun SY, Xu Y, Wang D. Bioresource Technol, 2009, 100: 2607.

[51] Kunamneni A, Permaul K, Singh S. J Biosci Bioeng, 2005, 100: 168.

[52] 高瑞杰，管正兵，廖祥儒，蔡宇杰. 第六届全国发酵工程学术研讨会摘要集，2014. p158.

[53] Zhou Lang, Kong Jiantao, Zhuang Yingping, Chu Ju, Zhang Siliang, Guo Meijin. Biotechnol Bioprocess Engineering, 2013, 18: 173.

[54] Tian H, Guo M J, et al. Molecular and Cellular Biochemistry, 2014, 393: 155.

[55] Deng L, Shi B Y, et al. Cell Transplantation, 2014, 23: 381.

[56] Greasham R L. Media for microbial fermentation. In: Rehm H-J, Reed G ed. Biotechnology. Vol. 3 Weiheim: VCH, 1993. 133.

[57] Yang Y K, Park S H, Hwang J W, Pyun Y R, Kim Y S. J. Ferment Bioeng, 1998, 85: 312.

[58] Angelova M B, Genova L K, Pashova S B, Sloskoska L S, Dolashka P A. J Ferment Bioeng, 1996, 82: 464.

[59] Li K T, Liu D H, et al. World J Microbiol Biotechnol, 2008, 24: 2525.

[60] 李友荣，张艳玲，纪西冰. 工业微生物，1993，23: 1.

[61] 郭静，饶志明，杨套伟，徐美娟，张显. 第六届全国发酵工程学术研讨会摘要集，2014. p36.

[62] Wei W, Zheng Z, Liu Y, Zhu X. J Biosci Bioeng, 1998, 86: 395.

[63] 江元翔，高淑红，陈长华. 华东理工大学学报，2005，31: 306.

[64] Zou X, Chen C F, Hang H F, Chu J, Zhuang Y P, Zhang S L. Chem Biochem Eng, 2010, 1: 95.

[65] Zhuang Y P, Chen B, Chu J, Zhang S L. Process Bichem, 2006, 41: 405.

[66] Zhao J, Wang Y H, et al. J Industrial Microbiol Biotechnol, 2008, 35: 257.

[67] Zou X, Hang HF, et al. J Industrial Microbiol Biotechnol, 2008, 35: 1637.

[68] 罗定军，周兴挺，王惠青. 中国抗生素杂志，2000，25: 339.

[69] 蒋毅，储炬，庄英萍，王永红，张嗣良. 中国抗生素杂志，2005，30: 260.

[70] 崔大鹏，王丽非，石莲英. 中国抗生素杂志，2003，28: 520.

[71] Shu G F. Adv Syst Sci Appl, 2001, 1: 52.

[72] 付启伟，王永红，庄英萍，储炬，张嗣良. 中国抗生素杂志，2005，30: 521.

[73] 陈斌，庄英萍，郭美锦，储炬，张嗣良. 高技术通讯，2002，12: 29.

[74] 晏秋鸿，陈斌，张嗣良，刘坐镇，高勇生，涂国全. 中国抗生素杂志，2002，27: 18.

[75] Wu D, Hao Y Y, et al. Appl Microbiol Biotechnol, 2008, 80: 1063.

[76] Ma, W F, Guo, M J, hu, J, Zhang, S L, Gong B Q. Source: J East China Univ Sci Technol, 2006, 32: 33.

[77] Kobayashi K, Kuwae S, Ohya T. et al. J Bioscience & Bioeng, 2000, 89: 5.

[78] Hwang J W, Yang Y K, Hwang J K, Pyun Y R, Kim Y S. J Bioscience & Bioeng, 1999, 88: 183.

[79] Lee K M, Lee S Y, Lee H Y. J Bioscience Bioeng, 1999, 88: 646.

[80] Li K T, Liu D H, et al. Bioprocess and Biosystems Engineering, 2008, 31: 605.

[81] Li K T, Liu D H, et al. Bioresource Technology, 2008, 99: 8516.

[82] Hu X Q, Chu J, et al. Biotechnol Bioproc Engineering, 2014, 19: 900.

[83] Jin P W, Chu J, et al. Aiche Journal, 2013, 59: 2743.

[84] Jin P W, Guo Z Q, et al. Industrial & Engineering Chemistry Research, 2013, 52: 3980.

[85] 朱立元. 中国抗生素杂志，2001，26: 393.

[86] Kouda T, Naritomi T, Yano H, Yoshinaga. J Ferment. Bioeng, 1998, 85: 318.

[87] Choi D B, Park E Y, Okabe M. J Biosci. Bioeng, 1998, 86: 413.

[88] Sargantanis I G, Karim M N. Biotechnol Bioeng, 1998, 60: 1.

[89] Hua Q, Yang C, Shimizu K. J Bioscience & Bioeng, 1999, 87: 206.

[90] 邱英华，沈益，王玉海，董雪吟，张洪祖，徐贤秀. 生物工程学报，2004，20: 972.

[91] 张达力，储炬，李友荣. 中国抗生素杂志，2002，27: 145.

[92] 庄英萍，陈斌，晏秋鸿，储炬，郭美锦，张嗣良. 中国抗生素杂志，2004，29: 1.

[93] Chen Y, Wang Z J, Chu J, Xi B, Zhuang Y P. Bioprocess and Biosystems Engineering, online: 2014, 22 July.

[94] Xiong Z Q, Guo M J, Guo Y X, et al. Enzyme Microb Technol, 2010, 7: 598.

[95] Xiao J, Shi Z P, Gao P, et al. Bioproc Biosyst Eng, 2006, 2: 109.

[96] Zou X, Hang H F, et al. Bioresource Technology, 2009, 100: 1406.

[97] Liang J G, Chu X H, et al. African J Biotechnol, 2010, 9: 7186.

[98] Xiong Z Q, Guo M J, et al. Enzyme and Microbial Technol, 2010, 46: 598.

[99] Sugimoto T, Tsuge T, Tanaka K, Ishizaki A. Biotechnol Bioeng, 1999, 62: 625.

[100] Tsuge T, Tanaka K, Ishizaki A. J Biosci Bioeng, 1999, 88 (4): 404.

[101] Tada K. Kishimoto M, Omasa T, Katakura Y, Suga K-I. J Bioscience Bioeng, 2000, 90 (6): 669.

[102] Hu X Q, Chu J. et al. Enzyme Microbial Technol, 2007, 40: 669.

[103] Hu X Q, Chu J, et al. J of Biotechnol, 2008, 137: 44..

[104] Hu H, Qian J C, et al. Appl Microbiol Biotechnol, 2009, 83: 1105.

[105] Takagi M, Ishimura F, Fujimatsu I. J Ferment Bioeng, 1998, 85: 354.

[106] Jie Chen, Siliang Zhang, Ju Chu, Yingping Zhang, Jiali Luo, Hua Bai. Biotechnol Lett, 2004, 26: 109.

[107] Zou X, Hang H F, et al. J Industrial Microbiol Biotechnol, 2008, 35: 1637.

[108] Wang Z J, Wang H Y, et al. Bioresource Technol, 2010, 101: 2845.

[109] Chen Y, Huang M Z, et al. Bioprocess and Biosystems Engineering, 2013, 36: 1445.

[110] Zou X, Li W J, et al. Appl Biochem Microbiol, 2013, 49: 169.

[111] Li L, Wang Z J, et al. Bioresource Technology, 2014, 156: 216.

[112] Luus R. Biotechnol Bioeng, 1993, 41: 599.

[113] Diener A, Goldschmidt B. J Biotechnol, 1994, 33: 71.

[114] Rodrigues J A D, Pilho R M. Chem Eng Sci, 1996, 51: 2859.

[115] Van Impe J F, Nicolai B M, De moor B, Vandewalle J. Chem Biochem Eng, 1993, Q7: 13.

[116] Bojkov B, Luus R. Chem Eng Res Des, 1994, 72: 72.

[117] Meyerhoff J. PhD Thesis, University Hannover, 1995.

[118] Bellgardt K H. Adv Biochem Eng Biotechnol, 1998, 60: 153.

[119] Takamatsu T, Shioya S, Okada Y, Kanda M. Biotechnol Bioeng, 1985, 27: 1672.

[120] Spohr A, Carlsen M, Nielsen J, Villadsen. J Biosci Bioeng, 1998, 86: 49.

[121] Wu D, Ma D, et al. Appl Microbiol Biotechnol, 2010, 85: 1759..

[122] Wu D, Chu J, et al. J Biotechnol, 2012, 157: 107.

[123] Lee H-W, Yoon S-J, Jang H-W, Kim C-S, Kim T-H, Ryu W-S, Jung J-K, Park Y-H. J Biosci Bioeng, 2000, 89: 539.

[124] Hiruta O, Yamamura K, Takebe H, Futamura T, Iinuma K, Tanaka H. J Ferment Bioeng, 1997, 83: 79.

[125] 颜日明, 郑华淦, 庄英萍, 郭美锦, 储炬, 张嗣良. 中国抗生素杂志, 2004, 29: 521.

[126] 郭瑞文, 储炬, 庄英萍, 张嗣良. 中国抗生素杂志, 2005, 30: 456.

[127] Xia J Y, Wang Y H, et al. Biochemical Engineering J, 2009, 43: 252.

[128] Yang Y M, Xia J Y, et al. J Biotechnol, 2012, 161: 250.

[129] Zou X, Xia J Y, et al. Bioprocess and Biosystems Engineering, 2012, 35: 789.

[130] Xie MH, Xia J Y, et al. Ind Eng Chem Research, 2014, 53: 5941.

[131] Xie M H, Xia J Y, et al. Chem Eng Sci, 2014, 106: 144.

[132] Chen Y, Wang Z J, et al. Bioresource Technology, 2013, 134: 173.

[133] Li C, Xia J Y, et al. Biochem Engin J, 2013, 70: 140.

[134] Li X, Zhang J, et al. J Biosci Bioengineer, 2013, 115: 27.

[135] Wood B E, Aldrich H C, Ingram L O. Biotechnol Prog, 1997, 13: 232.

[136] Ju Chu, Bailin Li, Siliang Zhang, Yourong Li. Process Biochem, 2000, 35: 569.

[137] 熊小彪, 储炬. 中国医药工业杂志, 2002, 33: 164.

[138] Okuno K, Tsuchiya K, Ano T, Shoda M. J Ferment Bioeng, 1994, 77: 453.

[139] Tsuchiya K, Nakamura K, Okuno K, Ano T, Shoda M. J Ferment Bioeng, 1996, 81: 343.

[140] Nakanishi K, Tokuda H, Soga T, Yoshinaga T, Takeda M. J Biosci Bioeng, 1998, 85: 250.

[141] Berovic M. Biotechnol Bioeng, 1999, 64: 552.

[142] Lin Y H, Hwang S C J, et al. Biotechnol Lett, 2005, 27: 1791.

[143] 喻扬，王永红，储炬，庄英萍，张嗣良. 生物工程学报，2007，23：878.

[144] Hotop S，Moller J，Niehoff J，Schugerl K. Proc Biochem，1993，28：99.

[145] Nielsen J，Krabben P. Biotechnol Bioeng，1995，46：588.

[146] Papagianni M. Biotechnol Adv，2004，22：189.

[147] Znidarsic P，Komel R，Pavko A. World J Microbiol Biotechnol，2000，16：589.

[148] Papagianni M，Nokes SE，Filer K. Food Technol Biotechnol，2001，39：319.

[149] Papagianni M，Moo-Young M. Process Biochem，2002，37：1271.

[150] Cui Y Q，Ouwehand J N W，van der Lans R G J M，Giuseppin M L F，Luyben K C A M. Enzyme Microb Technol，1998，23：168.

[151] Schügerl K，Gerlach S R，Siedenberg D. Adv Biochem Eng Biotechnol，1998，60：195.

[152] Papagianni M，Nokes S E，Filer K. Process Biochem，1999，35：397.

[153] Papagianni M，Mattey M，Kristiansen B. Enzyme Microb Technol，1999，25：710.

[154] Müller C，Spöhr A B，Nielsen J. Biotechnol Bioeng，2000，67：390.

[155] Du L X，Jia S J，Lu F P. Process Biochem，2002，38：1643.

[156] Haq IU，Ali S，Qadeer M A，Iqbal J. Process Biochem，2002，37：1085.

[157] Papagianni M，Mattey M，Berovic M，Kristiansen B. Food Technol Biotechnol，1999，37：165.

[158] Higashiyama K，Murakami K，Tsujimura H，Matsumoto N，Fujikawa S. Biotechnol Bioeng，1999，63：442.

[159] Birol G，Undey C，Parulekar S J，Cinar A. Biotech Bioeng，2002，77：538.

[160] McIntyre M，McNeil B. Enzyme Microb Technol，1997，20：135.

[161] Gerlach S R，Siedenberg D，Gerlach D，Schügerl K，Giuseppin M L F，Hunik J. Process Biochem，1998，33：601.

[162] Madigan M，Martinko J M，Parker J. Brock biology of microorganisms. USA：Prentice Hall，2000..

[163] Chisti Y. Shear sensitivity. In：Flickinger M C，Drew S W，editors. Encyclopedia of Bioprocess Technology：Fermentation，Biocatalysis，And Bioseparation，vol. 5. New York：Wiley，1999，p2379.

[164] Li Z J，Shukla V，Wenger K S，Fordyce A P，Pedersen A G，Gade A，et al. Biotechnol Prog，2002，18：437..

[165] Papagianni M，Mattey M，Kristiansen B. Biochem Eng J，1998，2：197.

[166] Li Z J，Shukla V，Wenger K S，Fordyce A P，Pedersen A G，Gade A，et al. Biotechnol Bioeng，2002，77：601.

[167] Li Z J，Bhargava S，Marten M R. Biotechnol Lett，2002，24：1.

[168] Nielsen J，Johansen C L，Jacobsen M，Krabben P，Villadsen J. Biotechnol Prog，1995，11：93.

[169] Cui Y Q，van der Lans R G J M，Giuseppin M L F，Luyben K C A M. Enzyme Microb Technol，1998，23：157.

[170] Jüsten P，Paul G C，Nienow A W，Thomas C R. Biotechnol Bioeng，1996，52：672.

[171] Amanullah A，Jüsten P，Davies A，Paul G C，Nienow A W，Thomas C R. Biochem Eng J，2000，5：109.

[172] Pollard D J，Hunt G，Kirschner T K，Salmon P M. Bioprocess Biosyst Eng，2002，24：373.

[173] Tucker K G，Thomas C R. Trans Inst Chem Eng，Part C，1993，71：111.

[174] Riley G L，Tucker K G，Paul G C，Thomas C R. Biotechnol Bioeng，2000，68：160.

[175] Johansen C L，Coolen L，Hunik J H. Biotechnol Prog，1998，14：233.

[176] Amanullah A，Leonildi E，Nienow A W，Thomas C R. Bioprocess Biosyst Eng，2001，24：101.

[177] Paul G C，Thomas C R. Adv Biochem Eng Biotechnol，1998，60：1.

[178] Loera O，Viniegra-Gonzalez G. Biotechnol Tech，1998，12：801.

[179] Hamanaka T，Higashiyama K，Fujikawa S. Appl Microbiol Biotechnol，2001，56：233.

[180] Vanhoutte B，Pons M N，Thomas C R，Louvel L，Vivier H. Biotechnol Bioeng，1995，48：1.

[181] Krabben P，Nielsen J. Adv Biochem Eng Biotechnol，1998，60：125.

[182] Paul G C，Thomas C R. Biotechnol Bioeng，1996，51：558.

[183] Kossen N W F. Adv Biochem Eng Biotechnol，2000，70：1.

[184] Havey L，McNeil B，Berry D R，White S，et al. Enzyme Microb Technol，1998，22：446.

[185] 丁乐洪，储炬，庄英萍，张嗣良. 中国抗生素杂志，2003，28：131.

[186] Pedersen AG，Bungaard-Nielsen M，Nielsen J，Villadsen J，Haasager O. Biotechnol Bioeng，1993，43：162.

[187] Bushell M B, Dunstan G L, Wilson G C. Biotechnol Lett, 1997, 19: 849.

[188] Martin S M, Bushell M B. Microbiology, 1996, 142: 1783.

[189] Wardell J N, Bushell M B. Enzymol Microb Technol, 1999, 25: 404.

[190] Pickup K M, Bushell M B. J Ferment Bioeng, 1995, 79: 1.

[191] Wardell J N, Stocks S M, Thomas C R, Bushell M E. Biotechnol Bioeng, 2002, 78: 141.

[192] Zangiromali T C, Johensen C L, Nielsen J, Jorgensen S B. Biotechnol Bioeng, 1997, 56: 591.

[193] Birol G, Undey C, Parulekar S J, Cinar A. Biotech Bioeng, 2002, 77: 538.

[194] 冀志霞, 万平, 储炬, 庄英萍, 张嗣良, 罗家立, 百骅. 中国抗生素杂志, 2005, 30: 392.

[195] 胡光星, 郭美锦, 储炬, 杭海峰, 庄英萍, 张嗣良. 华东理工大学学报, 2004, 30: 392.

[196] Yin P, Wang Y H, et al. J Chinese Institute of Chemical Engineers, 2008, 39: 609.

[197] Boomsma D, Busjahn A, Peltonen L. Nature Reviews: Genetics, 2002, 3: 872.

[198] 张嗣良, 储炬. 多尺度微生物过程优化. 北京: 化学工业出版社, 2003. 20.

[199] Zhang S, Chu J. Adv Biochem Eng/Biotechnol, 2004, 87: 97.

[200] 郭美锦, 储炬, 庄英萍, 杭海峰, 张嗣良. 生物工程学报, 2004, 20: 923.

[201] 张明, 樊滔, 张嗣良. 生物工程学报, 2000, 16: 750.

[202] 陈双喜, 蔡显鹏, 张嗣良. 华东理工大学学报, 2003, 29: 464.

[203] 蔡显鹏, 陈双喜, 储炬, 庄英萍, 张嗣良. 微生物学报, 2002, 2: 232.

[204] 蔡显鹏, 陈双喜, 储炬, 庄英萍, 张嗣良. 微生物学通报, 2003, 30: 61.

[205] Wang G, Chu J, et al. Appl Microbiol Biotechnol, 2014, 98: 2359.

[206] Yuan J Q, Guo S R, Schugrel K, Bellgardt K H. J Biotechnol, 1997, 54 (2): 175.

[207] Paul G C, Kent C A, Thomas C R. Biotechnol Bioeng, 1994, 44: 655.

[208] Harvey L, McNeil B, Berry D R, White S, et al. Enzyme Microb Technol, 1998, 22: 446.

[209] White S, Berry D R, McNeil B. J Biotechnol, 1999, 75: 173.

[210] Papagianni M, Mattey M, Kristiansen B. Process Biochem, 1999, 35: 359.

[211] McIntyre M, Eade J K, Cox P W, Thomas C R, White S, Berry D R, et al. Can J Microbiol, 2001, 47: 315.

[212] 史荣梅, 国外医药抗生素分册, 2000, 21 (1): 22.

[213] Paul G C, Priede M A, Thomas C R. Biochem Eng J, 1999, 3: 121.

[214] 曹文伟, 张德民, 饶可扬, 蔡妙英, 赵玉峰. 中国抗生素杂志, 1994, 19 (1): 6.

[215] Kobayashi K et al. J Biosci Bioeng, 2000, 89 (5): 479.

[216] 黄明志, 郭美锦, 储炬, 杭海峰, 庄英萍, 张嗣良. 生物工程学报, 2003, 19: 81.

[217] 陈文, 郭美锦, 储炬, 庄英萍, 张嗣良. 华东理工大学学报, 2005, 31 (3): 300.

[218] Hang H F, Chen W, et al. Korean J Chemical Engineering, 2008, 25: 1065.

[219] Zhu T, Guo M, et al. J Appl Microbiol, 2009, 107: 954.

[220] Zhu T C, Guo M J, et al. Biotechnol Lett, 2009, 31: 679.

[221] Zhu T C, Hang H F, et al. J Industrial Microbiol Biotechnol, 2013, 40: 183.

[222] Katakura Y, Zhang W, Zhuang G, Omasa T, Kishimoto M, Goto Y, Suga K. J Bioscience Bioeng, 1998, 86 (5): 482.

[223] 张金国, 闻治启, 王楷, 王瑞娟. 国外医药抗生素分册, 1997, 18: 64.

[224] 胡志国, 郭美锦, 储炬, 庄英萍, 张嗣良. 中国生化药物杂志, 2005, 26: 1.

[225] Chae H J, DeLisa M P, Cha H J, Weigand W A, Rao G, Bentley W E. Biotechnol Bioeng, 2000, 69: 275.

[226] 马文峰, 丁满生, 郭美锦, 庄英萍, 储炬, 张嗣良. 微生物学通报, 2004, 31: 27.

[227] 汪利俊, 丁满生, 郭美锦, 储炬, 庄英萍, 张嗣良. 中国生物制品学杂志, 2004, 17: 81.

[228] Ju Chu, Siliang Zhang, Yingping Zhuang. Appl Biochem Biotechnol, 2003, 111: 129-138.

[229] Ju Chu, Siliang Zhang, Yingping Zhuang. Process Biochemistry, 2004, 39: 2069.

[230] Hao Y Y, Chu J, Zhuang Y P, Zhang S L, Wang Y H. Appl Microbiol Biotechnol, 2007, 74: 578.

[231] Hao Y Y, Chu J, Wang Y H, Zhang S L, Zhuang Y P, Biotechnol Lett, 2006, 28: 905.

[232] 史琪琪, 郝玉有, 吴康华, 储炬, 庄英萍, 张嗣良. 生物工程学报, 2006, 22: 311.

[233] 陈文, 郭美锦, 储炬, 庄英萍, 张嗣良. 华东理工大学学报, 2005, 31: 300.

[234] 姚钰舜，储炬，杭海峰，庄英萍，张嗣良. 华东理工大学学报，2006，32：397.

[235] Wu D，Ma D，et al. Appl Microbiol Biotechnol，2010，85：1759.

[236] Wu D，J. Chu，et al. Jof Biotechnol，2010，150：S540.

[237] Imanaka T. Strategies for Fermentation with Recombinant Organisms. In：Rehm H-J，Reed G，eds. Biotechnology. Vol. 3. Weinheim：VCH，1993. 283.

[238] Guo M J，Zhuang Y P，et al. Process Biochemistry，2007，42：1660.

[239] Hang H F，Ye X H，et al. Enzyme and Microbial Technology，2009，44：185.

[240] Hu H，Qian J C，et al. J Biotechnol，2009，141：97.

[241] Yao G F，Qin X L，et al. Appl Biochem Biotechnol，2014，172：1241.

6

发酵过程参数检测与计算机监控

◎ 6.1 发酵过程参数监控的研究概况

  工业发酵研究和开发的主要目标之一是建立一种能达到高产低成本的可行的过程。历史上达到此目标的重要工艺手段有菌种的改良，培养基的改进和补料，生产条件的优化等。近年来，在生物技术参数的测量、生物过程的仪器化、过程建模和控制方面有了巨大的进步。生物过程的控制不仅要从生物学上还要从工程学的观点考虑。由于过程的多样性，生物过程的控制是一个复杂的问题。有关工业发酵过程监控的现状，请参阅 Schugerl[1] 撰写的《测量、建模与控制》。本章的内容参考了 Chattaway 等[2] 的《发酵监测与控制》和 Stephanopolous 等[3] 的《用于诊断与控制的发酵数据分析》。

  在发酵生产工厂中，生物过程控制是衡量过程改进的利润/成本所必须考虑的大事。这就需要引导过程走上一条良性循环的能保证过程生产的产物符合预定的质量指标的途径。其目的在于最大限度提高产率，降低成本。这种最佳工艺的确定是开环控制的一个重要部分。

  过程监测与控制的两个关键要素[4]是：测量，由此获得所需的现场过程状态变化的信息；模型，用于动态地相互关联各种过程变量，这对需要解决的任务至关重要。特别是那些能够描述过程状态的变量，即那些具有实用意义、能描述过程性能的变量。为了能够掌握过程的规律，了解能直接测量的变量及能操纵的变量之间的相互关系显得非常重要。因此，建模需要对过程的目的性和所需解决的任务进行量化。为了能在工业监测与控制上应用，模型的复杂性必须尽可能低，以减少用于维持它的人力消耗。只有确认复杂的过程控制器比常规简单的更有效，应用这种复杂的过程控制器才有实际意义。正是利润/成本决定了用简单或复杂控制器的最后标准，这还须包括提供相关人力的成本。

  发酵过程的成败完全取决于能否维持生长受控和对生产良好的环境。达到此目标的最直接和有效的方法是通过直接测量各种发酵参数来调节生物过程。故在线测量是高效过程运行的先决条件。常用发酵仪器的最方便的分类为：①就地使用的探头；②其他在线仪器；③气体分析；④离线分析培养液样品的仪器。在线测量所需的变量一般均需将采集到的电信号放大。这些信号可用于监测发酵的状态，直接用作发酵闭环控制和计算间接参数。典型生物状态变量的测量范围和准确度或培养参数（即控制变量）的精度列于表 6-1。

6.1.1 设定参数

设定参数是指过程中可设定与调控到该设定值的参数，多数是物理参数。工业规模发酵对就地测量的传感器的使用十分慎重，不轻易采用一些无保证的未经考验的就地测量仪器。目前采用的发酵过程就地测量仪器是经过考验很可靠的传感器，如用热电耦测量罐温，压力表指示罐压，转子流量计读空气流量，测速电机显示搅拌转速。选择仪器时不仅要考虑其功能，还要确保该仪器不会增加染菌的机会。常规在线测量和控制发酵过程的设定参数有罐温、罐压、通气量、搅拌转速、液位等。

表 6-1 典型生物状态变量的测量范围和准确度或培养参数（即控制变量）的精度

变　量	测量范围	准确度（精度）/%	变　量	测量范围	准确度（精度）/%
温度	$0 \sim 150℃$	0.01	MSL 挥发物		
搅拌转速	$0 \sim 3000 r/min$	0.2	甲醇,乙醇/(g/L)	$0 \sim 10$	$1 \sim 5$
罐压	$0 \sim 2 bar^①$	0.1	丙酮/(g/L)	$0 \sim 10$	$1 \sim 5$
质量	$0.90 \sim 100 kg$	0.1	丁醇/(g/L)	$0 \sim 10$	$1 \sim 5$
	$0 \sim 1 kg$	0.01	在线 FIA		
液体流量	$0 \sim 8 m^3/h$	1	葡萄糖/(g/L)	$0 \sim 100$	<2
	$0 \sim 2 kg/h$	0.5	NH_4^+/(g/L)	$0 \sim 10$	1
稀释速率	$0 \sim 1 h^{-1}$	<0.5	PO_4^{3-}/(g/L)	$0 \sim 10$	$1 \sim 4$
通气量	$0 \sim 2 VVM$	0.1	葡萄糖/(g/L)	$0 \sim 10$	<2
泡沫	开/关		在线 HPLC		
气泡	开/关		酚	$0 \sim 100 mg/L$	$2\% \sim 5\%$
液位	开/关		酞酸盐(酯)/(g/L)	$0 \sim 100$	$2 \sim 5$
pH	$2 \sim 12$		有机酸/(g/L)	$0 \sim 1$	$1 \sim 4$
DO	$0 \sim 100\%$空气	1	红霉素/(g/L)	$0 \sim 20$	<8
p_{CO_2}	$0 \sim 100 mbar$	1	其他副产物/(g/L)	$0 \sim 5$	$2 \sim 5$
尾气 O_2	$16\% \sim 21\%$	1	在线 GC		
尾气 CO_2	$0 \sim 5\%$	1	乙酸/(g/L)	$0 \sim 5$	$2 \sim 7$
荧光	$0 \sim 5V$	—	3-羟基丁酮/(g/L)	$0 \sim 10$	<2
氧还电位	$-0.6 \sim 0.3V$	0.2	丁二醇/(g/L)	$0 \sim 10$	<8
RQ	$0.5 \sim 20$	取决于误差传播	乙醇/(g/L)	$0 \sim 5$	2
OD 传感器	$0 \sim 100 AU$	变化很大	甘油/(g/L)	$0 \sim 1$	<9

① $1 bar = 100000 Pa$。

6.1.2 状态参数

状态参数是指能反映过程中菌的生理代谢状况的参数，如 pH、DO、溶解 CO_2、尾气 O_2、尾气 CO_2、黏度、菌浓等。现有的监测状态参数的传感器除了必须耐高温蒸汽反复灭菌，还应避免探头表面被微生物堵塞导致测量失败的危险。特别是 pH 和 DO 电极有时还会出现失效和显著漂移的问题。为了克服这类问题，曾发明探头可伸缩的适合于大规模生产的装置。这样，探头可以随时拉出，重新校正和灭菌，然后再推进去而不会影响发酵罐的无菌状况。

在发酵生产中需要一些能在过程出错或超过设定的界限时发出警告或作自动调节的装置。例如，向过程控制器不断提供有关发酵控制系统的信息。当过程变量偏移到允许的范围外时，控制器便开始干预，自动报警。

最有价值的状态参数或许是尾气分析和空气流量的在线测量。用红外和热磁氧分析仪可分别测定尾气 CO_2 和 O_2 含量，也可以用一种快速、不连续、能同时测多种组分的过程质谱仪测定。尽管得到的数据是不连续的,这种仪器的速度相当快,可用于过程控制。

6.1.3 间接参数

间接参数是指那些通过基本或第一线参数计算求得的参数。如摄氧率(OUR)、CO_2 释放速率(CER)、比生长速率(μ)、体积氧传质速率(K_La)、呼吸商(RQ)等,见表 6-2。通过对发酵罐作物料平衡可计算 OUR、CER 以及 RQ 值,后者反映微生物的代谢状况,尤其能提供从生长向生产过渡或主要基质间的代谢过渡指标。用此法也能在线求得 K_La,它能提供培养物的黏度状况。故间接测量是许多测量技术、推论控制和其他先进控制生物反应器方法的基础。

表 6-2　通过基本参数求得的间接参数

监测对象	所需基本参数	换算公式
摄氧率(OUR)[①]	空气流量 V(mmol/h),发酵液体积 W(L),进气和尾气 O_2 含量 $c_{O_2 in}$,$c_{O_2 out}$[⑤]	$OUR = V(c_{O_2 in} - c_{O_2 out})/W = Q_{O_2} X$
呼吸强度(Q_{O_2})[②]	OUR,菌体浓度 X	$Q_{O_2} = OUR/X$
氧得率系数($Y_{X/O}$)[③]	Q_{O_2},μ	$Q_{O_2} = Q_{O_2 m} + \mu/Y_{X/O}$
	基质得率系数,Y_S[⑥]基质分子量,M	$1/Y_{X/O} = 16\left(\dfrac{2[C]+[H]/2-[O]}{Y_S M} + [O]/1600 + \right.$ $\left. [C]/600 - [N]/933 - [H]/200\right)$
CO_2 释放率(CER)	空气流量 V(mmol/h),发酵液体积 W,进气和尾气 CO_2 含量 $c_{CO_2 in}$,$c_{CO_2 out}$[⑦]	$CER = V(c_{CO_2 out} - c_{CO_2 in})/W = Q_{CO_2} X$
比生长速率(μ)[④]	Q_{O_2},$Y_{X/O}$,Q_{O_m}[⑧]	$\mu = (Q_{O_2} - Q_{O_m})Y_{X/O}$
菌体浓度(X_t)	Q_{O_2},$Y_{X/O}$,Q_{O_m},$X_0 t$	$X_t = [e^{Y(Q_{O_2} - Q_{O_m})t}]X$
呼吸商(RQ)	进气和尾气 O_2 和 CO_2 含量	$RQ = CER/OUR$
体积氧传质系数(K_La)	OUR,c_L,c^*[⑨]	$K_La = OUR/(c^* - c_L)$

① OUR:单位体积发酵液,单位时间的耗氧量(又称为摄氧率),(mmol/L)/h。

② Q_{O_2}:单位质量的干菌体,单位时间的耗氧量(又称为呼吸强度),(mmol/g)/h。

③ $Y_{X/O}$:耗氧量所得菌体量,$Y_{X/O} = \Delta X/\Delta c$。

④ μ:单位重量的菌体,单位时间增长的菌体量,$\mu = dX/(Xdt)$。

⑤ $c_{O_2 in}$,$c_{O_2 out}$:分别为进出口氧含量。

⑥ Y_S:消耗的基质量所得的菌体量,$Y_S = \Delta X/\Delta S$。

⑦ $c_{CO_2 in}$,$c_{CO_2 out}$:分别为进出口 CO_2 含量。

⑧ Q_{O_m}:$\mu = 0$ 时的呼吸强度。

⑨ c_L,c^*:分别为液体中的 DO 浓度和在液体中的 O_2 饱和浓度。

尾气分析能在线测量即时反映生产菌的生长状况。不同品种的发酵和操作条件,OUR、CER 和 RQ 的变化不一样。以面包酵母补料-分批发酵为例,有两种主要原因导致乙醇的形成。如培养基中基质浓度过高,或供氧不足,便会形成乙醇,前一种情况称为反巴斯德效应。当乙醇产生时 CER 升高,OUR 维持不变。因此,RQ 的增加是乙醇产生的标志(参阅 5.2.7.2 节)。应用尾气分析控制面包酵母分批发酵收到良好的效果。将 RQ 与 DO 控制结合,采用适应性多变量控制策略,可以有效地提高酵母发酵的产率和转化率。

综合各种状态变量可以提供反映过程状态、反应速率或设备性能的宝贵信息。例如,用于维持环境变量恒定的过程控制操作(加酸/碱,生物反应器的加热/冷却,消泡剂的添加等)常需根据生长和产物合成的需要调整。尽管这些操作也受过程干扰、代谢迁移和其他控制操作的影响,如用于调节 pH 的酸/碱可以反映过程的代谢速率。将这些速率随时间积分可用于估算反应的进程。从冷却水的流量和测得的温度,可以准确计算几百升罐的总的热负荷和热传质系数。后者是一种关键的设计参数，对它的监测能反映高黏度或积垢问题。

6.1.4　发酵样品的离线分析

　　除了 pH、DO、光密度（OD）外，还没有一种可就地监测培养基成分和代谢产物的传感器。这是由于可灭菌探头的开发或无菌取样系统的建立有一定困难。故发酵液中的基质（糖、脂质、核苷酸、氨基酸），前体和代谢产物（抗生素、酶、有机酸和氨基酸）以及菌量的监测目前还是依赖人工取样和离线分析。所采用的分析方法从简单的湿化学法、分光光度分析、红外光谱分析、原子吸收、HPLC、GC、GCMS 到核磁共振（NMR），无所不包。离线分析的特点是所得的过程信息是不连贯的和迟缓的。测定生物量的离线方法见表 6-3，参阅 1.1.2.2 节。除流动细胞光度术外没有一种方法能反映微生物的状态。为此，曾采用几种系统特异的方法，如用于测定丝状菌的形态的成像分析，胞内酶活的测量等。

表 6-3　离线测定生物（菌或细胞）量的方法

方法	原理	评价
压缩细胞体积	离心沉淀物的体积	快速,但不精确
干重	悬浮颗粒干后的重量	如培养基含固体,难以解释
光密度	浊度	要保持线性需稀释,缺点同上
显微观察	血细胞计数器上进行细胞计数	费力,通过成像分析可最大化
荧光或其他化学法	分析与生物量有关的化合物,如 ATP、DNA、蛋白等	只能间接测量,校正困难
平板活计数	经适当稀释,数平板上的菌落	测量存活的菌,需长时间培养

　　红外过程分析技术可以快速、简易和无破坏性地获得样品或反应过程体系的红外光谱。衰减全反射探头可用于水溶液的多成分定量分析[5]。红外光谱对应于化学键的振动和转动产生的吸收，含有丰富的化学组成及结构信息，同时也会受到环境条件的影响。采用峰高、峰面积的传统定量法解决此问题时有一定局限性，故杭海峰等采用人工神经元网络法来解决[6]。他们考察了螺旋藻培养中 pH 对碳酸盐红外吸收光谱的影响，用人工神经元网络建立了直接通过红外吸收光谱的变化确定 pH 和总碳浓度的方法，对实际过程进行测定，取得了满意的结果。

6.2　生物过程控制的特征

　　发酵过程相比于化学反应过程，有两种易受控制的特性：首先，生物反应过程在很大程度上能自我调节。这是微生物靠长期进化压力培养出来的适应环境的能力。故突然消失的反应在生物过程中是不存在的，如遇条件不适，过程反应会自然衰减。许多生物过程运行并非绝对依赖过程的控制，但这并不等于不能通过优化控制来改进生物过程。如有现成的探头和激励器，如温度或 pH 测量，便可在较大的范围内控制过程向所需方向进行。例如，带有精确调节的控制回路通常可以维持过程条件很接近所需值，如±0.3℃、±0.2pH。

　　发酵过程的第二种易受控特征是其相当大的时间常数。此特征性生物过程的运行更为直接，对其过程控制进程相对慢些。控制是发酵操作的关键。例如，权威部门把操作的一致性看作是 GMP 的关键。尽管生物过程具有这些有利的特征，但要维持运行的一致性却不那么容易。传统的发酵过程反馈控制只局限于少数几种简单和相当可靠的控制回路。对有些发酵过程，需要调节基质或代谢物浓度。如前所述，由于时间常数相当长，故可通过人工取样、离线分析、采用控制补料速率获得。

为了较好地控制过程的进展，常采用开环或前馈控制策略。这主要应用于分批-补料发酵的补料方案。此策略使次级代谢产物，特别是抗生素发酵得以优化。这样不仅能发挥高产菌种的潜力，同时可以按发酵设备的传热和氧传递能力来优化过程控制。现代计算机技术可以控制各种参数在设定值的范围内。这不仅可应用于通气搅拌的控制，以减少工业发酵的大量的能量消耗，同时也可用于控制 pH、溶氧或温度在有利于生产的范围。改变温度或添加某些化合物以诱导重组体（可诱导的启动子）启动产物的形成也属于此范畴。此过程是高度过程特异性的，因此是保密的，不轻易公开。

前馈控制策略的另一种趋势是以确定的事态为契机。这也有一点反馈的意思，这种策略利用了发酵监测仪器。例如，达到需氧高峰时启动补料或那些在代谢上（如呼吸商）、在形态上（如黏度、K_La）可辨别的迁移。同样，移种是基于若干可测量的标准，而不是固定的生长时间。毫无疑问，这种基于事态的策略多来自 GMP 要求过程一致性的压力以及对过程优化的要求。此类控制方式也是高度特异性的。这些策略来自过程控制方面积累的许多经验。

为了达到高产目的，可以提高重组体技术、代谢工程和在选择压力下筛选，以减少或甚至消除有害的副产物。现已可能建立一种补料分批培养的策略，让菌在不受限制或无抑制作用下生长[7]，即 $\mu = \mu_{max}$。这需要用适当的方法来反馈控制补料，如采用葡萄糖生物传感器或在线葡萄糖 FIA 方法来检测葡萄糖浓度，用在线近红外分光光度计来检测甘油和在线气相色谱监测甲醇等。

6.2.1　对生物过程控制规范化的要求

随着生物过程变得更为成熟和 GMP 要求更为严格，对过程控制，提高其效率的呼声愈来愈高。虽然获得最大的产率和得率仍然是重要的目标，由于 GMP 和市场压力，对产品的质量和稳定以及减少三废方面也给予更多的重视。控制终产物的质量有一定的难度，这是因为它受以下一些因素的影响：种子的活力、酶的性质及其活性、食物产品的风味和结构、杂质（来自次级代谢产物合成途径的支路代谢）、医药蛋白的氨基酸序列等。产品的质量受发酵和下游加工过程的影响，这很难决定控制的重点应放在何处。统计学方法，数据分析的应用，如可用产物质量控制图检验出整个步骤中的薄弱环节。但当过程出现偏差而采取措施时并不总能奏效。

过程的仪器化是势在必行，但如何用好使其出效益却不是轻而易举的事，这涉及对过程基本现象的理解，且那些基于线性理论的控制设计难以用在具有非线性特性的生物过程。设计一种有效控制系统的先决条件是对过程进行准确的描述。故生物过程控制上的改进取决于建立动态系统模型。

对某些过程专一的基本特性进行建模常需作各种假设，以便获得一种易处理的解法。复杂的系统性质加上大型发酵罐的不同环境条件，导致错综复杂的变化。实际上对什么因素决定发酵的状态知之甚少，要确定任一时间的微生物最佳环境条件是很难的。因此，了解有关过程的生物基础理论，便能有效地构建适当的模型，并通过控制技术的应用促进生产。

6.2.2　在线发酵仪器的研究进展

为了解决一些养分和代谢物的测定需依赖离线分析仪的问题，曾开发了一些新的就地检测的传感器。一些在线生物传感器和基于酶的传感器所具备的高度专一性和敏感性能满足在线测量的要求，只是还存在灭菌、稳定性和可靠性问题。为此，发展了一些连续流动管式取样方法和临床实验室技术。此外，还研究了一些菌量的测量方法。这些方法是基于声音、压电薄膜、生物电化学、激光散射、电导纳波谱、荧光、热量计和黏度。

一般，用传感器测得的信号并不与发酵过程变量呈简单的线性关联，但也能使测量值与状态变量相关联，如 ATP 或 NAD(P)$^+$ 与菌量的关联。在适当的校验条件下，采用菌量测量的新技术，如导纳波谱（admittance spectroscopy）、IR 光导纤维光散射检测、测定 NAD(P)H 的在线荧光探头，测得的结果与菌量均显示相当好的直接关联，但受生物的与物化等因素的影响。同样，各式各样的离子选择电极的发展可用于测定许多重要的培养基成分，但所测得的值是活度，需要进行一系列的干扰离子、离子效应和螯合的校正。这些装置有许多已商品化，但还存在一些灭菌、解释探头响应的问题。这也是它们未得到推广的原因，目前主要在实验室和中试规模下应用。

随着计算机价格的下跌和功能的不断增强，发酵监测和控制得到更大的改进。这为装备实验室和工厂规模的联（计算）机发酵监控提供机会。有一种自动在线葡萄糖分析仪与适应性控制策略结合可用于高细胞密度培养时控制葡萄糖的浓度在设定的范围[8]。还有一种基于葡萄糖氧化酶固定化的可消毒的葡萄糖传感器曾用于大肠杆菌补料分批发酵中[9]。采用流动注射分析法（FIA）同一些智能数据处理方法，如基于知识的系统、人工神经网络、模糊软件传感器[10]与卡尔曼滤波器结合[11]，用于在线控制，可快速可靠地监测样品，所需时间少于 2min。在线 HPLC 系统结合计算机曾用于监控重组大肠杆菌补料分批发酵的乙酸浓度[12]。

光学测量方法在工业应用上更具吸引力，因此法是非侵入性的，且牢靠。曾开发了一种二维荧光分光术，用于试验和工业规模生产，以改进生物过程的监测性能[13]。此法是基于荧光团（fluorphore），可用于监测蛋白质。曾将近红外分光术应用于重组大肠杆菌培养中的碳氮养分及菌量与副产物的在线测量[14]。采用就地显微镜监测可以获得有关细胞大小，体积，生物量的信息[15]。

Katakura 等构造了一种简单的由一半导体气体传感器和一继电器组成的甲醇控制系统[16]。如图 6-1 所示，传感器的加热器被连接上 5V 的稳压电源（此加热器消耗 660mW 功率）。带有一串联电阻 R_1 与一电位器的 R_2 的传感器被连接到 10V 的稳压电源上。传感器被并联到一常规的高阻抗记录仪和检测继电器上。由于传感器的电阻对可燃气体浓度的响应在 10kΩ 范围内，电压输出的范围可用电位器 R_2 调节到 0～5V。甲醇进料泵由对应于所需电压的检测继电器作开关控制。可通过拨动标度盘改变所需电压。可用一常规电子秤监测甲醇加量。将发酵罐的所有尾气引入到传感器盒内。传感器盒与连接发酵罐的管道用带状加热器加热到 50～60℃，以免冷凝成露珠延迟响应，甚至损坏传感器。甲醇被直接通入培养液内，以避免蒸发损失。为了防止逃液毁坏传感器，采用一种自动消泡系统。这种装置的传感器的输出电压随甲醇浓度指数升高（1～10g/L）而呈指数下降（0.3～1V），具有良好的线性关系。其他可燃气体，包括乙醇、氧对甲醇在线监测的干扰可忽略。温度的影响很大是因为直接影响甲醇在气液相中的平衡，故需将温度控制在（30±0.1）℃，以使温度漂移的影响减到最小。搅拌速度在 300～1000r/min 间并不影响甲醇浓度的在线测量，但空气流量的影响不可忽视，被固定在 3L/min。

Yoshida 等[17]研究了丙酮-丁醇（A-B）发酵的代谢分析与在线生理状态的诊断。他们将 A-B 发酵方程应用于不同条件，即在不同 pH 与高 NADH 周转率下作丙丁梭菌培养的反应网络代谢分析。结果显示，各种速率变化的模式反映了生理状态的变化。在 NADH 产生

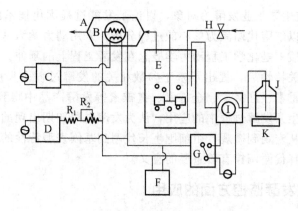

图 6-1 甲醇浓度控制系统的流程图[16]

A—传感器盒；B—半导体传感器；C 和 D—稳压直流电源 5V 和 10V；E—5-L 台式发酵罐；
F—记录仪；G—检测继电器；H—流量控制阀；I—蠕动泵；J—甲醇储瓶；K—数字式重量传感器；
R₁—10kΩ 电阻；R₂—10kΩ 电位器

与高丁醇生产速率 ［通过添加甲基紫精（methyl viologen）］ 之间存在线性关系。将一自动测量系统与发酵模型结合可以完成培养物状态的在线估算。基于 A-B 发酵模型，他们定义了一些用于在线诊断生理状态与决定最佳新参数，即增强 NADH 产生的时机参数（可通过添加甲基紫精的办法获得 NADH 产生的增强时机），以提高丁醇的生产水平。作者提出了一种达到高水平溶剂生产的最佳的控制方法，这涉及某些速率的相关性。

Sato 等在清酒糖化期间采用一种 ATP 分析仪（ATPA-1000）在线测量酿酒酵母的胞内 ATP[18]。用一种含有 0.08％苯索氯铵（benzethonium chloride）的试剂萃取胞内 ATP。萃取液中的 ATP 浓度用 FIA 法测定，用光度计测量细菌的荧光素-荧光素酶反应的生物荧光强度。这些反应在分析仪中自动进行。经不锈钢筛网过滤的酵母细胞萃取液（滤液 2）被生理盐水自动稀释，然后将 50μL 经稀释的样品注入分析仪中。测量一个样品所需时间为 4min。这些操作与测量都是在一定间隔时间自动进行的。

Tanaka 等利用尾气分析对纤维素酶产生菌工业发酵过程进行在线参数估算[19]。他们利用一种基于 CO_2 释放速率（CER）、耗氧速率（OUR）与化学计量关系方法对过程的基质消耗速率（SCR）、细胞生长速率（CGR）与酶生产速率（EPR）进行在线测定。

虽然控制技术在实验室规模的应用效果不错，但在工业规模的应用却远不尽如人意。在大的生物反应器中由于搅拌不够充分，导致基质周期性变化，从而显著降低菌的得率。现在对许多环境条件的测量（如前体、基质浓度）还不能进行在线直接反馈控制。因此，常用的发酵环境调节方法是基于把离线和在线测量联合应用于单回路反馈控制。反馈回路中离线测量的应用对控制的质量有重要的影响。

用反馈控制能很好地维持发酵条件，但不一定能使发酵在最佳的条件下运行。为了改进发酵系统的性能，需考虑一些能反映菌的生理代谢的条件，而不只是其所处环境条件。通过改变基质添加速率，可直接控制 OUR，从而控制微生物的生长。利用 DO 变化与 OUR 的指示来控制补料-分批青霉素发酵的补料。热的生成（由能量平衡求得）可用于反映若干代谢活性。在新生霉素发酵中利用热的释放，通过补料速率来调节其比生长速率（也有用质量平衡来进行在线估算）。此技术曾用于补料-分批发酵、连续酵母发酵和次级代谢物发酵。平衡技术更适合于用合成或半合成培养基的发酵，即使这样，也会有部分碳不知去向。

张嗣良等[20]以抗生素工业发酵为对象，讨论了发酵过程优化技术的进展。认为当前存在的主要问题是缺乏以细胞代谢流为核心的过程分析，采用动力学为基础的最佳工艺点为依据的静态操作方法实质上是化学工程动力学概念在发酵工程上的延伸。在研究反应器物料流与微生物代谢流的相关特性后，提出了基于参数相关的发酵过程多尺度问题研究的优化技术，先后成功地在青霉素、红霉素、金霉素、链霉素等发酵产品中得到应用[21]。他们讨论了优化控制理论在抗生素发酵过程中的应用，认为发酵过程初期出现的混沌现象，应从细胞生物学角度找原因，从宏观到微观，由细胞生长代谢到基因表型特性的分析，对提高抗生素的生产和从理论上解释代谢调控有着重要的意义。

6.2.3　计算机在发酵监控方面的应用

计算机在发酵中的应用有三项主要任务：过程数据的储存，过程数据的分析和生物过程的控制。数据的储存包含以下内容：顺序地扫描传感器的信号，将其数据条件化，过滤和以一种有序并易找到的方式储存。数据分析的任务是从测得的数据用规则系统提取所需信息，求得间接（衍生）参数，用于反映发酵的状态和性质。过程管理控制器可显示这些信息，打印和作曲线，并用于过程控制。控制器有 3 个任务：按事态发展或超出控制回路设定点的控制；过程灭菌，投料，放罐阀门的有序控制；常规的反应器环境变量的闭环控制。此外，还可设置报警分析和显示。一些巧妙的计算机监控系统主要用于中试规模的仪器装备良好的发酵罐。对生产规模的生物反应器，计算机主要应用于监测和顺序控制。

最先进形式的优化控制可使生产效率达到最大，这即使在中试规模也还未成熟。近年来，曾将知识库系统用于改进（提供给操作人员的）信息质量和提高过程自动监测水平。

6.3　用于控制的生物过程建模

从控制过程出发，密切跟踪和运行生物反应器的先决条件是了解发酵过程的性质。要想将发酵的环境控制从纯物理的方式转变为生物控制，需要对错综复杂的生产过程有一定的了解，建立一些能准确关联所有重要的过程输入（菌种、培养基、补料、环境条件）和过程输出（生物量、产物、pH、温度、DO、尾气成分等）的数学模型，将有助于揭示发酵状态的变化，从而改进过程的控制。一般，用于控制目的的过程模型有 4 种不同的形式：

① 生理模型，是一种用因果关系来表达生长过程的生理变化的非数学术语。这些模型可用于构成初始控制策略，在知识库系统（专家系统）的建立上起更为重要的作用。

② 结构模型，是指用部分微分和代数方程来描述生产过程的动态性质。其基本概念为生物量是结构性的，由细胞生长、活性、代谢等的胞内特性代表。分类的基础是细胞内的化学物质（DNA、RNA 等）、细胞的质量、体积或世代学上的菌龄（即细胞群体的菌龄分布）。有时，方程被简化，以获得分块参数模型（lumped parameter model）。但这种简化不能解释胞内状态对过程运行及其动态特性的影响。

③ 非结构模型，是指发酵的性质可用单个同质的生长中的生物代表。尽管有限制，这类模型最常用于建立发酵控制策略。

④ 黑箱或输入-输出模型，可用于发酵控制，其主要模型变量（输出变量）是有关过程输入（控制或操纵）变量的函数。这种模型的参数无需任何生物方面的信息。

Voit 等在其编著的生化系统的计算分析中详细介绍了以正则模型为基础的生化系统的

建模方法[22]。作者先介绍生化系统，为建模制订准则，详细讨论参数估算与模型分析的数学和计算方法，最后联系现代文献中的一些研究实例，从定量角度理解生化代谢网络，使产物的代谢物流最大化，代谢调控理论不再停留在经验型的艺术、工艺水平上，真正走上理性、科学的轨道。

人们已认识到，新生物系统的改造只有用新的数学、非线性系统分析和建模才有可能做到。数学与计算方法的结合已变成生物学的研究前沿。此新前沿的任务要求综合功能实体的思路；系统、网络和模型的思路。在过去 40 多年里，已展开涉及这些问题的数学结构研究。这是基于一些理论和严密分析的数值计算法。它具有这样的优点：不具备高深数学背景的科学家也能理解。此数学结构称为**正则模型**（canonical modelling）。正则模型可以用最少量的信息构建，其设计过程和求值方法遵循少数广泛应用的原理和规则。正则模型总是具有相同的结构，这有利于建立特定的、非常有效的算法。

一旦对过程机制有所了解，下一步便是用一种能针对问题的模型来恰当地代表此机制。所提供的模型应能包罗所有控制要素和兼顾数学解法的难度。它需简化到可以用试验方法直接测得其关键的参数。现有的结构模型和分块参数模型难以应用，原因在于结构模型涉及的参数过多，而分块参数模型不能准确预测过程的动态性质。

控制工程提供两种可以在线估算不能测量的变量方法：观察器与滤波器。这两种估算方法都需要过程模型。采用简单模型和基于物料平衡方程的软件传感器是很有吸引力的，这已广泛用于工业生产。滤波器（如卡尔曼扩展滤波器）是随机状态估算器。这两种方法都曾用于高密度细胞培养中在线估算一些生物量和基质浓度[8]。

用于过程监控的计算机辅助系统是很有用的。软件传感器与滤波器可用来检测与诊断传感器的故障。这些方法也需要定量的数学模型。如没有这类机械模型，可用定量信息或数据库模型来检测故障。定量信息可用于群集分析或聚类分析（cluster analysis）[23]、模式识别系统、知识库系统（KBS）或专家系统。有些发酵工厂如 Novartis 公司曾采用实时 KBS，例如 Gensym's G2[24]。这些系统通过采集整理方法，利用专家或知识库系统或源自从前的数据进行故障检测。

近来，生化途径的修饰模型预测领域受到关注，其目的在于增加微生物系统的产率。Conejeros 等[25]对作为动态系统的发酵的敏感性进行研究，测定了其最佳反应步骤的限制。作者也考虑酶的活性（通过激活或抑制）对代谢的影响。他们进一步介绍了一种对生化反应系统进行动态建模的新概念：①在整个酶库中酶的超表达或低表达（放大或弱化）；②代谢物浓度或参与途径的代谢物的动力学表达式中表观级数（apparent order）的修饰。此新的数学表述能预测（与酶浓度同其他代谢物相互作用相关）途径性能指标（目标函数）的敏感度。依据此观点，分析了青霉素 V 生产的实例，获得了最为敏感的反应步骤（或瓶颈）和最明显的对系统的调节作用，这是由于胞内代谢物浓度对酶的影响所致。

6.3.1 传统过程模型

最常用的基于模型的发酵过程控制策略的设计对象是均匀单细胞形式，它常假定只有一种限制性基质。Bajpai 等构建了适合于高细胞密度发酵，如青霉素发酵的补料-分批发酵模型。此模型能较好地反映生长与基质浓度的关联。

$$\frac{dX}{dt} = \frac{\mu_{max}SX}{K_X X + S} - \frac{X dV}{V dt} \tag{6-1}$$

式中，S 为基质浓度；μ_{max} 为最大比生长速率；X 为菌浓；V 为发酵液体积；K_X 为限制性基质的 Contois 饱和常数。

青霉素生产与基质浓度、菌浓关联，得式(6-2)；

$$\frac{\mathrm{d}P}{\mathrm{d}t}=\frac{q_P SX}{K_P+S\left(1+\dfrac{S}{K_I}\right)}-KP-\frac{P\mathrm{d}V}{V\mathrm{d}t} \tag{6-2}$$

式中，P 为青霉素产量，q_P 为最大比生产速率；K_P 是 Monod 饱和常数；K_I 是产物形成的抑制常数；K 是青霉素水解的一级速率常数。

假定得率和维持需求不变，基质浓度的变化可用式(6-3) 表示：

$$\frac{\mathrm{d}S}{\mathrm{d}t}=-\frac{1}{Y_{X/s}}\frac{\mathrm{d}X}{\mathrm{d}t}-\frac{1}{Y_{P/S}}\frac{\mathrm{d}P}{\mathrm{d}t}-m_X X+F-\frac{S\mathrm{d}V}{V\mathrm{d}T} \tag{6-3}$$

式中，$Y_{X/s}$ 为菌体得率；$Y_{P/S}$ 为产物得率；m_X 是维持需求；F 是补料速率。

假定 CO_2 的释放与生长、维持和青霉素的生物合成有关，其关系式见 (6-4)：

$$\mathrm{CER}=k_G\frac{\mathrm{d}X}{\mathrm{d}T}+m_C X+k_P \tag{6-4}$$

式中，CER 是单位体积发酵液 CO_2 释放速率；k_G、m_C 和 k_P 分别为生长、维持和青霉素生产释放的 CO_2。

6.3.2 线性黑箱模型

对微生物学家来说，鉴别重要的过程变量是比较容易做到的，但对模型结构的解析却极其困难。问题在于用怎样的数学结构最适合于描述所观察到的现象，这往往是建模的主要障碍。另一种办法可在某种程度上克服结构解析问题，即采用"普通"结构类型的模型，并让此模型"学习"过程结构的特性。最直截了当地描述这一过程的方法是采取线性表达式。普通的线性输入-输出过程模型方法同用于建立适应性控制定律的办法相似。

通常假定该模型是自回归移动平均（autoregressive moving average，简称 ARMA）或受控自回归移动平均（controlled autoregressive moving average，简称 CARMA）形式。

$$A(z^{-1})y(t)=z^{-k}B(z^{-1})u(t)+z^{-m}\mathrm{L}(z^{-1})\cdot v(t)+C(z^{-1})e(t) \tag{6-5}$$

式中，A、B 和 L 是在后移算子 z^{-1} 中的多项式［后移算子实质上是延迟信息，例如 $z^{-1}y(t)=y(t-1)$，$z^{-2}y(t)=y(t-2)$］。$y(t)$、$u(t)$ 和 $v(t)$ 分别是系统的输出、操纵输入和可测量的负载扰动。$e(t)$ 是随机的。为简化起见，$C(z^{-1})$ 常被看作是一整体。

另一模型即 CARMA 形式具有不同的优势，它具有积分作用。过程扰动在这里被描述成为 $e(t)/\Delta$，其中 Δ 是差分算子（differencing operator）$(1-z^{-1})$。扰动项 $e(t)/\Delta$ 可看作是布朗运动，为了控制器设计目的，可逼真地代表影响过程的扰动形式。

线性表示法只在某些情况下有效，实际上在真实过程中很少用这样一种模型。因此，线性表示法只用于反映相关（围绕预期操作区域的）系统动力学。如系统动力学是近线性的，用线性模型可提供可接受的工作情况。但是，如过程为高度非线性，线性的假定将不能反映实际工作情况。在某些情况下，也可以考虑线性模型参数的适应作用，但这会降低模型的稳健性。据此，需要开发这样一种技术，它具有模型结构的要点（易于快速开发，便宜），但却能学习和表达过程非线性和复杂特性。

6.3.3 非线性黑箱模型

人工神经网络（ANN）是一种用于生物技术控制的成熟的数据库建模方法[26]。例如，如果没有现成的确定性模型与定性的信息，可将 ANN 应用于软件传感器的数据库设计。所谓的神经模糊系统综合了模糊逻辑与自学习 ANN 两者的稳健与灵活的优点。Ye 等在重组大肠杆菌培养期间将模糊神经网络用于指数补料速率的前馈控制[27]。

ANN 近年来获得重视，这类模型几乎不需知道过程的结构知识。基于神经网络的过程模型不像其他常用的黑箱方法，能更精确地描述复杂过程动力学的性质。图 6-2 显示基本的前反馈网络。标度数据（通常在 0～1 范围）在输入层上进入网络，数据通过网络向前（经隐蔽层连接到输出）传播，网络被完全连接在一起（即在一层中的每一神经元连接到相邻层的每一神经元上）。每一次连接起到修饰所携带信号的长度的作用。在基本网络中信号用标量乘法运算。神经元的总输入强度用一求和式(6-6)概括，所得值通过式(6-7)所示的 Sigmoid 函数进行加工。

$$N_s = wt_b + \sum_{i=1}^{N_{in}} wt_i \cdot S_i \tag{6-6}$$

$$N_{out} = 1/(1 + e^{-N_s}) \tag{6-7}$$

式中，N_{in} 是神经元输入的个数；wt_b 是偏置量。数据流向前通过相继的各网络层，神经元的输出 N_{out} 变成下一层的神经元的输入信号的强度（S）。数据最终抵达输出层，接着它被重新标成工程单位。按已知过程数据构建 ANN 模型的步骤在很大程度上依赖于对过程问题的一般了解。按图 6-2 所示的结构需测定：

① 网络的输入和输出数目　其选择主要基于对问题的工程评价。由于采用线性鉴别技术，高度的相关输入会降低所得模型的质量，因此在网络信息中需尽量减少多余的信息。

② 隐蔽层的数目　有人认为两层好，有人认为一层好，可先试一层，不行，再试两层。

③ 每隐蔽层的神经元数目　采用反复试验法测定每层最佳神经元数，以获得可接受的结果。

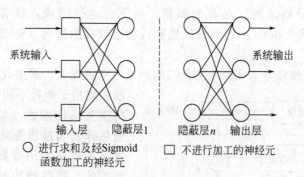

图 6-2　前馈神经网络

一旦网络拓扑结构已被决定，必须获得网络的权重和系统误差。因所要解决的问题主要是非线性拟合误差最小化，解决这一问题有几种方法，例如：准牛顿方法，或非线性最小二乘法等。

6.3.4　生产过程建模

抗生素的生产过程受培养基、发酵条件与生产菌种的性能的影响，故其生产动力学比初级代谢复杂得多。发酵过程的重现性较差，其原因是量化这些影响因素较为困难，另外，将它们与培养物的形态及其对产率变化的后果关联也很难。数学模型有助于揭示细胞水平上的动力学与机制，并将它与观察到的宏观动力学关联。抗生素生产动力学涵盖胞内反应网络、菌丝与菌球生长的时空、基质吸收与产物形成、菌丝丛与菌球群体动力学的所有过程。由于生产与形态变化的关系密切，采用形态上的结构与分离模型来为 β-内酰胺类抗生素的生产过程建模是正确的。Bellgardt 建立了产黄青霉、产黄头孢菌的几种模型[28]。这些模型有助于人们了解培养期间的宏观动力学现象和种子培养、操作条件、生长与生产之间的相互关系；这些模型还可用于评价控制策略和优化生产过程。有些论文与综述讨论了丝状真菌的培养生化与形态发育及其建模[29,30]。

Gulik[31] 曾详细论述如何构建描述生长与产物形成的化学计量模型。这种模型不太复杂，能相当准确描述代谢网络结构随生长条件的变化而变化；可应用于估算某些微生物氧化磷酸化的 ATP 的生成与维持需求。应用 ATP 化学计量估算模型可以预测不同基质，培养基配比与代谢网络结构条件下的生物量与产物的最大得率。其先决条件是这些计算不能违背热力学定律。

Heijnen 从热力学角度描述微生物的生长与产物的形成[32]。微生物的生长通常可用双曲线型与基质消耗有联系的 (μ^{max}, k)，和与 Herbert-Pirt 关联的 (Y_{SX}^{max}, m) 四种参数来表征。这 4 种参数值在微生物过程的设计上有重要意义。

6.4　发酵过程估算技术

现有用于生物反应器的传感器并不能满足所需重要变量的监测。最为重要的内在参数，如表征发酵状态和进程的生物量、基质和次级代谢物的浓度难以测量，所得结果不太可靠且不够快，难以用于发酵的监控。这里应强调一点，使用不准确的测量生物量的方法会导致发酵偏离其原先确定的最佳轨迹，使发酵工艺得不到有效控制。因此，需阶段性地通过某种形式的直接测量和分析来校正估算的菌量。尽管有这些困难，目前流行使用相关变量（次级变量），如气相氧和 CO_2 的测量来估算或推断难以测量的（初级）变量，如生物量、产物等。

在关联初级与次级变量时需要将测量与噪声误差考虑进去，采用数字估算技术。估算方法主要用于两种不同目的：估算事先定义的模型结构参数（参数的估算或鉴别），或估算真实过程变量（状态变量）。综合发酵过程模型的参数通常是物理和生化性质的，模型结构是非线性的。如通过离线计算方法进行估算，便可用许多已知的数值优化算法，也可采用递归算法进行估算。大多数方法采用基于最小二乘的概念。如证明过程模型的线性和加法的假定是正确的，那么最佳的估算器

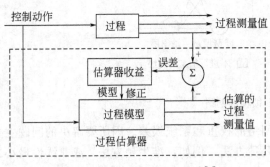

图 6-3　估算程序的基本思路[2]

便是卡尔曼滤波器。图 6-3 显示估算程序的基本思路。这里，过程的测量值（如离线分析）和预测值的误差被用于修正过程模型参数。估算器收益的选择主要考虑过程的条件和估算器响应的速度。显然，估算算法的形式在很大程度上取决于所采用的过程模型。最有用的和可靠的算法是为线性系统建立的，而生物技术方面的估算，本质上是属于非线性的。

6.4.1 传统的基于模型的估算

标准的非线性估算器，如扩展卡尔曼滤波器（extended Kalman filter，简称 EKF）会遇到若干数值问题和收敛困难，特别是在过程噪声特性还不怎么熟悉的情况下。EKF 的应用也需要有一种足够准确的发酵生化模型。尽管存在这些问题，EKF 仍然是进行生物反应器鉴别的有效估算方法。

自适应波滤器的使用是基于 Jazwinski 建立的技术，它被用于克服若干由于滤波器不敏感所带来的问题，如对过程和测量的波动和生长模型的不准确。在实际应用过程中常常会遇到的一个问题是模型参数（如得率系数、维持系数）的变化——它们随发酵时间或环境条件改变而变化。在这种情况下为了获得可靠的结果，有必要同时测定模型参数和过程状态变量。原则上这可以采用经修饰的滤波方法或非线性滤波方法办到。

经改进的静态扩展适应性卡尔曼滤波法和适应性扩展卡尔曼滤波法很适用于菌量的估算。但其算法对基质初始估算值的误差敏感，并取决于噪声协方差（covariances）的初始估算。此法应用于带小棒链霉菌抗生素生产系统，证实该法可靠、有效。Shioya 等将扩展卡尔曼滤波法用于比生产速率的估算和控制。他们使用移动平均法，动态质量平衡，根据预测误差，改变其噪声协方差，从而改进了滤波法，并用于补料分批面包酵母发酵，获得良好的效果。

6.4.2 基于线性黑箱模型的估算

图 6-4 显示这种自适应线性估算器的结构。用于建立自适应线性估算器模型算法的变量是次级测量变量 v（例如反应器尾气中的 CO_2）、控制变量 y（例如生物量）和操纵变量 u（生物反应器补料），故该算法可连续测定生物量（其速率取决于次级变量的测量速率）。这种测量并不费时，因而给过程处理器提供有用的信息。给估算器输入不连续的和非定时的实验室干重数据、连续的 CO_2 尾气分析和稀释速率数据，便能预测每小时的菌浓。图 6-5 显示了一批用黑箱模型估算的工业发酵生物量。用离线测定检验此模型对过程受干扰时的响应，结果发现，在 210h 左右菌浓突然下降，估算器对此也有相应的响应。故此估算器是技术员控制发酵生物量的有力工具。

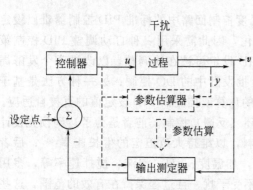

图 6-4　自适应线性估算器结构
- - -表示当初级测量存在时才起作用

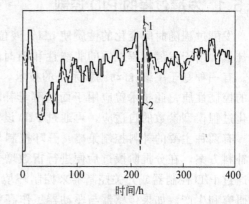

图 6-5　用线性黑箱模型（离线验证）测定生物量
1—估算值；2—实测值

Heijnen 曾系统论述黑箱模型在生长与产物生成中的应用[33]。所提方法相当简单，无需生物过程中代谢的详细信息，可用于发酵过程的设计与优化。作者举了不同例子阐述如何用几个参数来描述生长与产物形成动力学。

6.4.3 基于非线性黑箱模型的估算

采用一种在结构上更为近似的估算器模型可以减少适应工作的需要，从而提高估算器的可靠性，对离线样品的需求也大为减少。曾建立一种人工神经网络，用此网络可以从容易得到的在线过程变量来估算青霉素发酵期间的菌浓。以在线测量数据作为网络输入，菌浓作为网络输出。有三种过程变量可提供最有用的信息：CO_2 的释放（CER），菌龄和补料。因此，以这些变量作为神经网络的输入。由于存在两种基质补料，且比例也在变，将料液两种组分分开补是可取的。因此，具体网络的布局是 4 个输入、2 层隐蔽层和 1 个输出。然后以选定的发酵数据训练该网络。图 6-6 显示出完全用在线信息获得的菌量测定结果。以离线菌量测量结果和网络估算进行比较，可以看出在两种不同操作条件下网络估算过程的走向与实测值趋势一致，尽管其噪声较高。这说明人工网络模型可以描述非线性过程的特性。

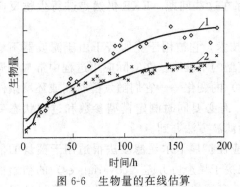

图 6-6　生物量的在线估算

◇—第 1 批测量值；×—第 2 批测量值；
1—第一批估算值；2—第二批估算值

6.5　发酵过程的控制策略

在工业条件下的实际生物过程呈现非线性和时变性质，并常常受到不明原因的干扰，所建立的控制策略必须能有效应付这些过程干扰。在控制策略设计上主要有 4 种方法可以采用：①线性 PID（比例-积分-微分）控制；②推理控制；③适应性（预估）控制；④非线性控制。

6.5.1 发酵过程的 PID 控制

发酵过程随时间变化的性质使 pH、液位、温度控制回路中的标准 PID 控制器难以设定最佳值。由于发酵过程性质的非线性和随时间变化，因此需采用一种自动调整 PID 控制策略。有一种基于中继-自动调整系统的技术，其 PID 设定可被在线调整，以改进整个发酵周期的控制性质，此技术曾应用于面包酵母补料-分批发酵中的 DO 控制；另一种方法是基于简化过程模型参数的自适应，再通过 PID 设定值的计算或控制器 PID 设定值的直接自适应。

有两种主要的补料控制策略：开环控制与闭环（反馈）控制。前者是为了达到预先设计的补料方案，在分批阶段过后便进行指数增长补料，以维持大致恒定的生长速率[34]；后者是通过 PID 控制器或开关控制器来控制环境参数，如温度、pH、泡沫、搅拌速率等，多用于研究和生产。如果传感器与驱动器工作高效，不受干扰，且过程保持在有效的范围，这些控制器的工作在一定条件下是能胜任的。

有一种用于设计酿酒酵母高密度细胞发酵的控制方法[35]，能评估比例（P）、比例＋积分（PI）、前馈和经估算的前馈、基于摄氧率和指数预定控制的策略，并可以设计和调整各种控制策略，以便更好地调节和控制各种性质不同的发酵操作，例如停滞期、生长期、氧限制、传感器失效和没有尾气测量装置的情况。他们的试验显示出设计控制策略的重要性，为了应付高低细胞浓度的情况，需要不同的控制特性。

6.5.2　发酵过程的推理控制

如能获得关键过程参数的估算值，便可利用它们在上述的闭环系统中控制该系统的既定走向；其最终目标是调节所有过程状态，以达到优化生产的目标。要详细设计最佳过程走势是极其困难的，一种更可行的方法是调节最重要的状态参数。借助过去的发酵批报可以详细设置恰当的过程方案。下面的例子说明，如何设计一种能使青霉素发酵的生物量，即生长速率按既定程序进行的 PI 控制器。PI 控制器利用生物量估算值（从一种基于神经网络估算器中获得的）与所需值之间的误差来调节补入碳源的速率。图 6-7 示出了这一种推理控制系统。

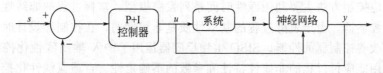

图 6-7　推理控制系统

s—统设定值；u—控制动作（加糖）；v—系统次级输出；y—系统初级输出

图 6-8 显示在中试工厂应用推理控制菌浓的结果。在发酵 40h 启动闭环控制。在此早期闭环控制阶段，控制器提高加糖速率（控制动作 u）以使菌浓达到设定值。然后按设定值进行控制直到 135h 出现一干扰。从曲线走向可见，在干扰消失后控制器又很快回到过程的正常控制上来。

生物参数，如细胞与代谢物的浓度及比生长速率的测量，是生物过程的成功监测与控制的关键。在线测量发酵罐的生物参数的一种实际方法是利用 CER 及其他可测量的变量，借物料平衡来直接估算。为了将非直接估算法应用于碳平衡及细胞得率在变化的培养物，需要按现有的培养过程数据来估

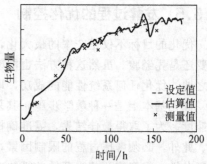

图 6-8　菌浓的推理控制

算变化着的碳平衡与细胞得率。若能成功地估算变化着的物料平衡，此方法将会有广泛用途。Horiuchi 等用模糊推理来鉴别培养期，并将此技术应用于在线模糊控制谷氨酸、α-淀粉酶、β-半乳糖苷酶及维生素 B_2[36] 的生产。他们曾根据物料平衡借模糊推理对重组大肠杆菌进行生物参数的估算[37]，在克隆有 β-半乳糖苷酶及热诱导表达系统的大肠杆菌分批培养中用尾气 CO_2 来估算细胞、葡萄糖、乙酸的浓度与比生长速率。

6.5.3　发酵过程的适应性(预估)控制

闭环发酵控制中的主要问题是控制器参数的调整。为此，对这样一种自适应控制器作广泛研究，即可鉴别和在线改变随发酵过程变化的参数。尽管如此，只有少数自适应控制器能对一些生产过程发挥作用。所设计的控制依据是使用一种识别过程模型来预估在某一预定时间的受控过程的输出。最初发展的算法考虑固定-间距-向前预估，其要素是系统的有效延时。近来，采用多-间距-向前估算基本原理，又称为预估控制器（例如，远程预估控制）。它以自适应或非自适应形式将固定间距和多间距向前控制器固化。这类控制系统能应付和克

服生物过程中遇到的控制方面的困难。尽管人们的注意力现已集中在远程预估或线性二次形式，但究竟哪一种算法最适合某一类型的过程还无定论。

近年来，对自适应预估控制方法作了进一步的研究和扩展，并将此技术用于各种生物过程。其早期鉴别研究和控制基本原理为生物过程自适应控制方法的设计作出宝贵的贡献。线性二次型控制曾应用于酿酒酵母连续发酵。在中试车间模拟的连续酵母发酵中，把内在模型控制（IMC）方法同非自适应与自适应线性二次型控制方法作比较，结果除了在抗干扰方面和 PI 的响应有些迟钝外，PI、非自适应 LQ 和 IMC 具有相似的控制性能。研究表明，用在线模型调整可获得性能改进的 PI 控制器。但为了能应付发酵的动态变化，需降低控制器的增益。

6.5.4　发酵过程的非线性控制

上述自适应控制方法主要利用线性时间系列发酵模型。掌握过程的非线性行为的知识可以建立非线性控制器。由于发酵过程的基本性质是非线性的，在控制器设计时考虑过程的非线性特性可以改善控制器的性能。SISO 生物反应器运用了输入-输出线性化控制法则，该法使控制适应作用能应付过程的非线性特性和参数的不确定性。自适应线性化控制方法曾推广到具有等量输入和输出的 MIMO 搅拌生物反应器。尽管有一些关于在模拟和中试规模的非线性控制器研究的成功报道，但其算法还需做到位，以便在无需人工干涉或监控的情况下达到稳定一致的控制。

6.5.5　发酵过程的优化控制

优化的目标不仅是产率的最大化，也需考虑生产成本和发酵周期。目前工业发酵的优化主要还是凭经验。虽然这种方法也能改进操作性能，但现代数学优化理论在这方面将会有用武之地。优化任何系统性能的成功，取决于是否具有描述该过程的数学模型和适当的优化程序。优化基本上是一种数学步骤，其复杂性取决于系统的性质和对过程的需求，如解法的计算速度。为了取得最佳结果，需准确描述一过程，而忠实地描述过程的模型往往是相当复杂的。此外，必须考虑过程的限制因素，如氧、温度和原材料的限制等。所有这些均增加问题的复杂性，求解需要相当巧妙的算法，如使用较简单的模型不可能获得最佳的结果。更为困难的是，影响过程性能的外部不确定因素增加了准确建模的困难。任何优化程序均应采用尽可能简单的数学式，并包含能处理不确定因素和不能预见的过程干扰的方法，以及提供较简单的操作步骤。

张嗣良等[38]认为，菌种改良与发酵优化是发酵工业的两大任务。多尺度研究在工业发酵优化方面发挥重要的作用[39]。数据关联在各尺度之间的观察与操作上的应用属于非直接的经验式的，仍有待进一步改进。作者高通量测量 mRNA、蛋白质、小分子代谢物随时间与工艺条件的变化，对复杂的生物系统有了进一步的认识。系统生物学可根据组学数据将微生物的基因组同生物反应器的培养条件进行关联，从中鉴别一些新的代谢工程研究对象，以阐明环境影响的分子机制。此方法提供一种将菌种改良与过程优化研究整合在一起的有力工具。

6.5.6　用于发酵监督与控制的知识库系统

虽然上述的算法可以提供许多信息，用于改善过程的可操作性，但发酵过程的综合管理要求更高。"专家"与"知识库系统（KBS）"不能完全解决问题，但人工智能（AI）技术确实可提供一些解决的策略。这曾在污水处理、抗生素、酶、氨基酸、酵母的生产方面得到应用。有一种用于中试规模工业发酵的智能远程警报系统，它能进行自动数据分析、有效性检查、过程故障查找及放罐时机的判断。人们可以设计这样的知识库系统，它能应付不确定的事物，以启发式方法，结合定量与定性或符号表达式来再现老练工人的操作。因此，可把它们当作在线助手或者帮助管理人员运行与维持生物过程处于最佳的操作条件下。

现已具备实时专家系统软件条件。有一种采用 KBS 的集成化系统——Bio-SCAN（全名：Bioprocess Supervision Control and Analysis），用于改进发酵监督控制。这是利用 G2 实时专家系统开发的实时 KBS。图 6-9 显示了此系统的组织结构。系统的内部采用各种控制策略（例如补料方式、设定值），具有快速检测任何过程故障的能力。如出现故障，系统将诊断其问题所在，并给过程操作人员提供恢复系统正常运行的建议。

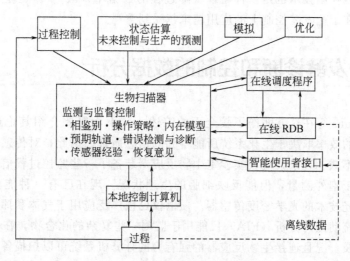

图 6-9　知识库系统的示意图[40]

Kishimoto 等在菌种、产物、反应器类型与规模等信息的基础上建立了一种专家系统，用于协助操作人员判断适当的发酵条件（如培养基配比与操作策略）[41]。用于监控的专家系统也能使用模糊规则，越来越多的发酵技术公司采用模糊控制器作为过程的稳健控制。在生物工艺学者中模糊逻辑已越来越受青睐。为生物技术设计的模糊控制器的普通方法是基于生理状态控制概念。例如在使用重组枯草杆菌生产维生素 B_2 期间，补糖是作为实际发酵过程各期（停滞期、生长期、生产期 I 与生产期 II）的函数控制的，其中模糊规则应用在线数据，如尾气的 CO_2 含量、DO 来判断过程进行到哪一期[42]。

由于不同的发酵过程是基于不同的操作基本原理，要进行最佳监督控制，显然需要特殊的知识库（规则集）。这些监督性的规则集是用来管理通常的发酵操作，它可以通过鉴别生长或生产期，按需要调用其他特殊的规则集（即监督性规则集），起次规则（meta-rules）的作用。管理程序负责分析温度/pH 的变化趋向，安排补料以及按过程变化（如发生故障）来在线调整补料程序。特殊规则集则用来估定和响应发酵过程的代谢变化。为了诊断硬件的故障，需要编写更通用的可应用于整个发酵过程的规则。将诊断程序组织成若干分立的规则集，次规则是用来确定下一步应采用哪一规则集。调用某一具体规则集的决定是根据现有原始或经加工的数据与所期望的发酵状态进行比较后作出的。这样可确保有限的程序均应用于解决问题上。一旦故障被侦察到，便可在留言板上通知操作人员问题所在，列举问题发生的可能原因以及纠正故障的办法。

6.5.7　工业规模的发酵故障分析系统

工业规模的生化工厂需要监督发酵过程以判断其运行是否正常。有经验的操作工通过直接监测过程数据，包括 pH、DO、尾气 CO_2 与 O_2 等的变化来执行监控任务。为此，操作人员必须在整个发酵过程不断地注意控制系统的指示器。Tanaka 等在碱性纤维素酶的工业规模发酵中采用改良的基于模糊推理的故障检测系统，以减少操作人员的监督时间[43]。此检测系统可自动将发酵过程分成正常、较不正常和异常 3 种状态，只有在较不正常的状态下才需要操作人员去监督操作。采用这种改良系统在 $125m^3$ 发酵罐中做了 200 批试验，只有 2 批属于异常，1 批属于较不正常。使用结果：操作人员的总监督时间大为减少。

多元统计过程控制技术也是一种监督发酵过程的数据库方法[44]。这些方法主要用于故障监测和诊断，在工业发酵控制上的应用越来越受到重视。

6.6　用于发酵诊断和控制的数据分析

Stephanopolous 等在这方面作了较全面的综述[3]，下面简要介绍其论述。生物过程的发展和过程控制的效率取决于生化系统所能得到的信息质量。据此，对传感器的发展和应用的浓厚兴趣一直不减。近来，现代实验室生物反应器装备了一些监控过程信息的探头。尽管这些测量仍然属于胞外测量，但能反映细胞的生理状况。现在已有一种能精确测量细胞密度，基于最新激光技术的光学密度传感器。质谱仪已被广泛应用于气体和挥发性化合物的测量。一些市售的流动注射分析（FIA）仪能用于监测一些复杂的化合物，在生物技术实验室的应用已开始普及。况且连接生物反应器的强有力的计算机系统可以扫描各传感器，收集数据以不同的格式和平台存入数据库，以便随时调用。

尽管生物过程的监测装置越来越巧妙，生物系统的性质仍然难以解释和控制，还有一般传感器和控制系统所不能监测到的生理现象。由于这些现象往往对生物过程非常重要，必须在过程的发展和控制系统的设计上予以考虑。这里主要关心的是生物过程信息的有效利用。生物技术的日常操作表明这些有用信息只被部分利用于在线控制目的，离线设计和优化。发酵数据的解析是复杂的和多方面的，问题的实质是需要从测得的生物过程信号中提取与生理有关的信息。衍生的变量（间接参数）（例如基质消耗和代谢产物生产速率）常比原始测量值（如浓度）更能看出过程的内在性质。因此，把原始测量数据转化为新的变量往往得益匪浅。

6.6.1　发酵测量与估算变量分类

通常以生物过程的变量（参数）的性质来分类：物理变量、化学变量和生物化学变量。这种分类方法对控制设计和过程发展的应用效果不大，因其忽视了生物过程变量中的因果关系。由于这类关系的重要性，这里采用一种基于生物过程结构的输入-输出表示法的分类方案。

6.6.1.1　生物过程的输入-输出表示法

生物过程变量间固有的输入-输出关系构成各种控制系统的基础。该系统的两个主要部分是生物反应器（BR）和生物量（BM）。这与传统的系统描述不同，传统的系统描述未将生物量作为生物反应器的一个部分。现代生物反应器装备有几个控制器从环境参数（EVs）到操纵参数（MVs）构成反馈回路。想象一下正在维持正常 EVs 的生物反应器系统（见图 6-10），可将接种看作是将生物量（BM）与 EVs 连接。显然对 BM 来说，EVs 起变量输入的作用。那些在生物反应器中的细胞开始消耗基质，从而降低相应基质的浓度，以产生若干代谢物质，如终产物和生物量。由 BM 输出的变量，以（体积或比）消耗或生产速率表示其活性，例如葡萄糖吸收速率、摄氧速率、生长速率、CO_2 释放速率等。按自然规律，它们描述流体进入或离开 BM；但它们全都依赖于 EVs，并受其控制。SUR、OUR、HER 和 PPR 可看作是 BM 的输出，这些变量与 BM 的生理活动关系密切，可将这些变量称为生理变量（PVs）。

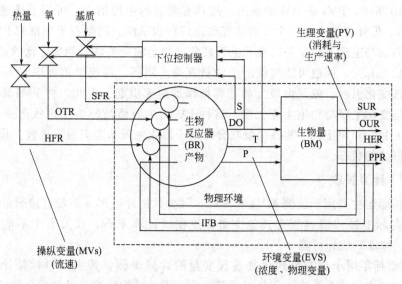

图 6-10　基于操纵变量（MV）、环境变量（EV）和生理变量（PV）
的生物过程的高级输入-输出表示法

SFR—基质流速；OTR—氧传质速率；HFR—热传递速率；S—基质；DO—溶氧；T—温度；
P—产物浓度；SUR—基质消耗速率；OUR—摄氧率；PPR—产物生产速率；IFB—内反馈控制

　　因培养是在 BR 中进行，所有的 PVs 均会影响 BR 的环境。BM 不仅取决于其环境，也不断影响其环境。例如，PV 基质消耗速率使得 EV 基质浓度下降。与此同时，MV 补料速率增加其浓度。BM 怎样影响 EVs 的过程可由图 6-10 显示的内反馈（IFB）表示。形式上这可以用从相应的输入物流速率减去或加上 PVs 来表达。当然，这种连续是抽象的，实际上并不存在，但有助于理解过程的主要相互作用。对某些变量来说 IFB 是负值，因 BM 的代谢活性降低相应的 EV（例如，基质和 DO 浓度）；对其他却是正值，如由于 BM 产生的热使温度上升。下位控制器的主要任务是抵消 IFB 的作用。由于细胞产生若干在接种前 BR 所没有的物质（细胞、产物），这些可用附加的物流来表示，从而出现新的 EVs。通常，这些物流不能用 MVs 直接控制。从图 6-10 所示的图解可归纳成以下几点：

　　（1）基于输入和输出的关系，生物过程可用两个互相连接的部分 BR 和 BM 来表示。其中每个借其自身的输入和输出来描述，故有其本身的状态。BR 是一种较为简单的物理系统，其状态完全可用 BR 输出即 EVs 来描述；而 BM 则更为复杂，其状态只能由 PVs 作部分描述。BR 和 BM 的状态相互依赖，但它们有根本的区别，不可混淆。换句话说，生物过程不能恰当地用 EVs 和 PVs 混在一起的单一状态矢量来表示。这会导致该系统的两个部分统一的误解，忽视两种类型输出变量间的实际相互依赖关系会使分析复杂化。

（2）从过程控制的角度看，在生物过程中存在三种有明确定义的变量：MVs，EVs 和 PVs。这些变量通过物质的输入-输出关系关联，每种变量在上述系统中均有其明确的位置。如 PVs 可表征培养物的代谢状态，而其他类型的变量可用于描述 BM，例如：胞内浓度，与细胞形态有关的变量。

（3）常规的现场控制器在 BR 与 EVs/MVs 构成回路，因而只利用部分有用的数据。BM 仍然被排斥在控制回路外，其存在只是间接地由 IFB 反映。这就是为什么在现场控制器的级别下，BM 的影响被当作是一种干扰；它与 EVs 的关系仍旧看不见。从系统的角度看，如控制回路覆盖整个系统，会得到更好的结果。

如图 6-10 所示，PVs 是 BM 的输出，故具有明显的生理信息，可用于描述培养物的生理状态（PS），但还必须多加一个步骤才能改进这种表示法。问题在于个别的 PVs 有些含糊不清，因它们既与生理过程又与其他非生理现象（如运输）关联。例如，低的基质吸收速率可能与生理状态有关，但也可能与低的生物量有关。同样，在连续培养中 CO_2 释放率的降低可能由生理变化引起，或只由较低的葡萄糖添加速率引起。据此，将 PVs 转化成一种变量，其数值与变化主要与细胞生理关联。这种 PV 衍生数值被称为生理状态变量（PSVs），并归纳于图 6-11。可将 PSVs 的各变量联合，用于形成生理状态矢量，这种矢量能全面完整地表达细胞群体的状态。

6.6.1.2 计算关联

现有的传感器主要用于监测 MVs 和 EVs。除少数例外，PVs 不能直接测量。由于 IFB、PVs 的作用实际上被传播到所有其他变量，使在线计算 PVs，以及若干不能直接测量的 EVs（例如，浓度）成为可能。

图 6-11 概括了用于估算反映生物过程变量的计算步骤。其主要目标是计算代谢速率（即 PVs）。这通常用质量平衡方程便可做到。此方程的结构取决于某种化合物的特性和培养方式。对气体组分（如 O_2 和 CO_2）来说，这种计算相当简单，但对其他基质却不那么容易，因缺乏测定这些基质的传感器，因此需要更精细的估算技术。通常，应用平衡生物反应中的特定元素（C、O、H 和 N）的化学计量方程便易于进行计算。

一旦测得代谢速率，便可计算大量 PSVs。可将其分成几组，其中最重要的是比速率和速率比（rate ratios），包括差分得率、限制的程度。除少数例外，PSVs 的计算直截了当，其中大多数是由两种或以上代谢速率的简单联合求得的。一般，速率的测定是计算方法中的最困难部分。除了熟悉的 PSVs，还可能用非常规传感器，如氧化-还原电位（ORP）、荧光、电容-电导率、黏度等，来构建能代表细胞培养物状态的新变量。但对这些信号的生理作用还难以解释。

迄今所提的所有变量均具有瞬时特征，这使得它们适合于作控制用。还有一组变量，能在线计算，但却不具备这种特性。它们是一些积分的平均数值。积分变量显示总共有多少物质被补入、消耗或产生，例如总的氧耗、总的 CO_2 的形成、累计补入的氨等。平均变量代表某一瞬时变量的平均值，例如得率或产率。这两组数据对过程的经济评价是重要的，它们代表培养过程的总效率。虽然这些变量不能用于控制过程，但在某些情况下它们可用于启动特殊的控制措施。

6.6.1.3 动态过程代谢状态的在线化学计量与鉴别

一种生物过程或菌种的性能常以某一代谢物的产率或得率系数衡量。这类化学计量得率

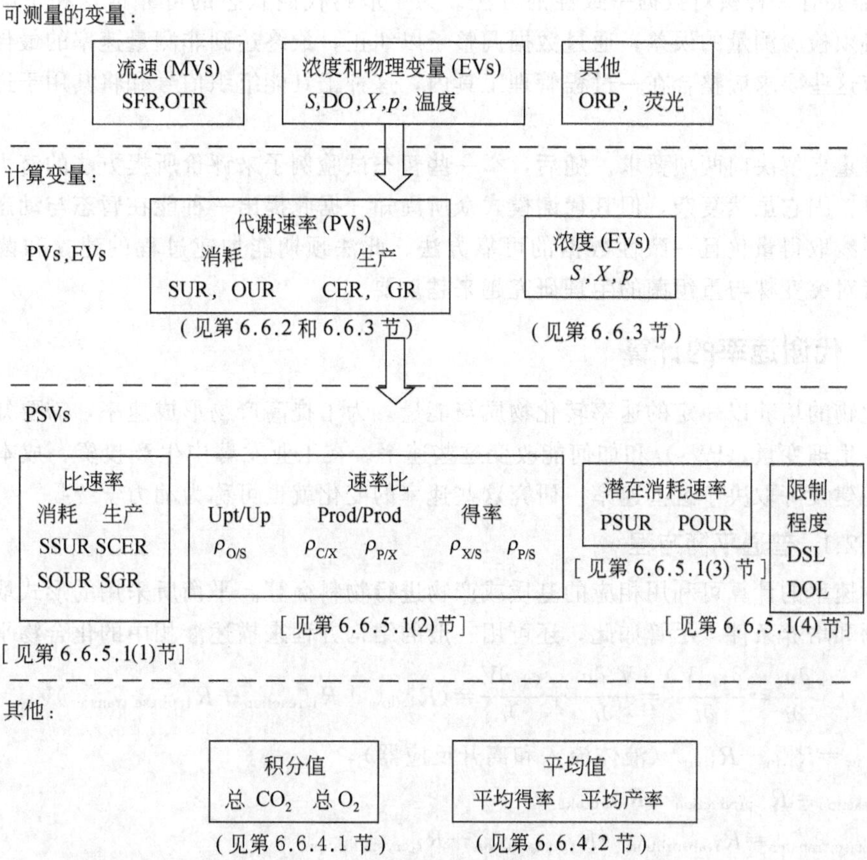

可测量的变量：

流速 (MVs)	浓度和物理变量 (EVs)	其他
SFR,OTR	S,DO,X,p,温度	ORP，荧光

计算变量：

PVs,EVs

代谢速率 (PVs)	浓度 (EVs)
消耗　　　　生产	S,X,p
SUR, OUR　　CER, GR	
（见第 6.6.2 和 6.6.3 节）	（见第 6.6.3 节）

PSVs

比速率	速率比	潜在消耗速率	限制程度
消耗　生产	Upt/Up　　Prod/Prod　　得率	PSUR　POUR	DSL
SSUR SCER	$\rho_{O/S}$　$\rho_{C/X}$　$\rho_{P/X}$　$\rho_{X/S}$　$\rho_{P/S}$		DOL
SOUR SGR		［见第 6.6.5.1(3) 节］	
	［见第 6.6.5.1(2)节］	［见第 6.6.5.1(4) 节］	
［见第 6.6.5.1(1)节］			

其他：

积分值	平均值
总 CO_2　　总 O_2	平均得率　　平均产率
（见第 6.6.4.1 节）	（见第 6.6.4.2 节）

图 6-11　用于表征生物过程的变量的计算流程

PSVs—生理状态变量；SFR—基质流速；OTR—氧传质速率；ORP—氧化还原电位；SUR—基质消耗速率；
OUR—摄氧率；CER—CO_2 释放速率；GR—生长速率；SSUR—比基质消耗速率；SOUR—呼吸强度；
SCER—比 CO_2 释放速率；SGR—比生长速率；PSUR—潜在基质消耗速率；POUR—潜在摄氧率；
DSL—基质比消耗速率/潜在的基质比消耗速率；DOL—氧比消耗速率/潜在的氧比消耗速率

系数的估算是生物过程的开发和菌种特性识别的主要手段。为了获得可靠的有关生物过程特性的信息，必须确认，关键变量的数据不存在严重的测量误差且包含所有重要的代谢物的数据。

为了测定关键过程变量，可以建立计算各种反应速率的物料平衡。主要困难在于积累项的计算，此积累项对非稳态过程的描述是不能忽略的。况且，测量噪声可能干扰一种物质浓度测量两次之间的导数直接计算。在线和离线获得的原始数据转换为可靠的表示代谢状态信息的方法仍不完善。为此，需要从动态试验中获得有关代谢的更多信息。特别是瞬态试验被证明是菌种识别和研究生理代谢的有效方法[45]。

Herwig 等建议的方法[46]不用任何结构模型，对每一种被测化合物只用质量平衡。使用这种更为直接的方法的优点是明显的：它可用于任何模式的暂态操作，只需有一点代谢知识。为了将所建议的方法用于在线，需满足以下一些要求：

① 建立一生物过程需要有多种在线传感器。这些传感器能准确测量各种参数，其测量频率高到足以跟踪培养物的动态。

② 具有一种用于计算过程动态平衡的可靠方法，此法包含质量平衡的累积项。

③ 需要有一种核对数据一致性的方法。为了取得代谢状态的可靠信息和正确量化转换速率，必须检验测量的误差，通过数据调整予以纠正，最终达到非测量速率的最佳估算值。

所有这些要求应整合在一过程管理工具内，这种工具能组织信号和将其用于进一步在线计算。

作者重点解决前两项要求。随后，举一些暂态试验例子来评价所提方法的潜力。故选用酿酒酵母，因它虽然复杂，但其代谢模式众所周知。据此提出一种能在暂态与动态培养过程条件下在线取得量化且一致性数据的可靠方法。此法预期能加速过程的建立和菌种特性识别，后者对突变株与重组菌的生理研究越来越重要。

6.6.2　代谢速率的计算

微生物的培养以一定的速率转化物质与能量。为了提高产物形成速率，需要知道各种代谢速率（生理变量，PVs）和如何能改变这些速率。在工业发酵中生产投资、成本、基础建设与设备建设等取决于这些速率。研究这些速率的变化就也可称为动力学[47]。

6.6.2.1　普通平衡方程

代谢速率的计算可利用相应的基质或产物进行物料衡算。平衡所采用的形式取决于化合物的限制和培养条件。尽管如此，还可用一般的结构方程来描述液相中的化合物平衡：

$$\frac{\partial n_i}{\partial t}=\frac{\partial(c_i V)}{\partial t}=\frac{V \partial c_i}{\partial t}+\frac{c_i \partial V}{\partial t}=(R_{i,flow}+R_{i,reaction}+R_{i,phase\ transfer})V \qquad (6-8)$$

$R_{i,flow}=R_{i,in}-R_{i,out}$（液体流入和离开反应器）

$R_{i,reaction}=R_{i,production}-R_{i,uptake}$

$R_{i,phase\ transfer}=R_{i,absorbtion}+R_{i,evaporation}+R_{i,crystallization}$

式中，n 和 V 分别为化合物 i 在液相中的数量（总 moles）和液相的体积；c_i 和 R_i 分别代表化合物 i 在液相中的浓度和体积比速率，这些变量导致反应器中 i 的总量的变化。$R_{i,in}$ 和 $R_{i,out}$ 分别为流体进、出反应器，而 $R_{i,absorbtion}$ 和 $R_{i,evaporation}$ 考虑到气相的运输形式。式(6-8) 的左边通常看作是积累项，过程在稳态下被设定为零。

为了评定过程的生物活性，必须求得消耗速率和生产速率。假设液体体积 V 是已知的，可用式(6-8)来描述各种不同的情况。在大多数情况下测定某种代谢速率的唯一要求是反应器中的相应化合物的浓度。

6.6.2.2　消耗速率

这里提供三种不同类型基质消耗（吸收）速率的计算方法，如下：

(1) 非挥发性基质(如葡萄糖)　葡萄糖在正常条件下既不挥发也不会结晶。故其平衡可以简化为：

$$\frac{\partial n_{gluc}}{\partial t}=\frac{V \partial c_{gluc}}{\partial t}+\frac{c_{gluc} \partial V}{\partial t}=(R_{gluc,in}-R_{gluc,out}-R_{gluc,uptake})V \qquad (6-9)$$

分批过程中 $R_{gluc,in}$ 和 $R_{gluc,out}$ 均为零，其体积 V 是不变的，故式（6-9）可进一步简化为：

$$\frac{\partial n_{gluc}}{V \partial t}=\frac{\partial c_{gluc}}{\partial t}=-R_{gluc,uptake} \qquad (6-10)$$

式中，c_{gluc} 是液相中葡萄糖浓度。显然，为了测定消耗速率必须知道培养基中的葡萄糖浓度。在补料分批培养的情况下只有 $R_{gluc,out}$ 为零。同样，$R_{gluc,uptake}$ 的计算需要知道葡萄糖浓度和该体积。但在若干葡萄糖限制的补料分批培养中其葡萄糖浓度是可忽略的、不变的，因此葡萄糖的消耗速率等于葡萄糖补入速率：

$$R_{gluc,uptake} = R_{gluc,in} = \frac{Fc_{feed}}{V} \tag{6-11}$$

式中，F 和 c_{feed} 分别为总体积补料速率和料液中的葡萄糖浓度。式（6-11）提供了一种从两种参数 F 和 c_{feed} 直接求得葡萄糖消耗速率的简易、可靠的方法。式（6-11）的两个基本假定（葡萄糖浓度不变和可以忽略）需要进一步探讨。

首先，虽然在补料分批发酵中发酵罐的液体体积在改变，补料速率可能随时间变化，但葡萄糖和其他化合物的浓度在准稳态条件下不变。这就需要控制补料速率，使葡萄糖的消耗速率总是等于葡萄糖添加速率。形成准稳态条件的补料速率是由式（6-12）决定的：

$$\frac{\partial n_{gluc}}{\partial t} = D(c_{feed} - c_{gluc}) - \frac{\mu c_x}{\rho_{x/gluc}} \tag{6-12}$$

式中，D 是稀释速率（$=F/V$）；μ 是比生长速率；c_x 是菌浓；$\rho_{x/gluc}$ 是生长速率与葡萄糖消耗速率之比。在连续培养中固定一个比最大比生长速率小的稀释速率便可获得稳态，补料分批培养与此不同，稀释速率需按式（6-12），并设定 $\partial c_{gluc}/\partial t = 0$ 才能获得准稳态：

$$D = \frac{\mu c_x}{\rho_{x/gluc}(c_{feed} - c_{gluc})} \tag{6-13}$$

如对 μ 有准确的动力学表达式，式（6-13）可作为测定稀释和补料速率方案的基础；否则需要更为精细的控制结构。

为了测定准稳态的葡萄糖浓度，式（6-13）需与其对应生物量平衡一起求解：

$$\frac{\partial c_x}{\partial t} = -Dc_x - \mu c_x = 0 \tag{6-14a}$$

设定左边累积项为零。假定 μ 遵循 Monod 动力学关系，式（6-14a）可重写为：

$$\frac{\partial c_x}{\partial t} = -Dc_x + \frac{\mu_{max} c_{gluc} c_x}{K_{gluc} + c_{gluc}} \tag{6-14b}$$

求解准稳态葡萄糖浓度，得：

$$c_{gluc} = \frac{DK_{gluc}}{\mu_{max} - D} \tag{6-15}$$

式中，K_{gluc} 和 μ_{max} 分别为饱和常数和最大比生产速率，属生长动力学 Monod 模型。从式（6-15）可见，在准稳态的葡萄糖浓度与 K_{gluc} 成正比；对低浓度葡萄糖来说，低饱和常数是必需条件。

(2) 挥发性基质（如乙醇）　假定细胞只消耗乙醇而不产生乙醇，式（6-8）可转换为：

$$\frac{\partial n_{EtOH}}{\partial t} = (R_{EtOH,in} - R_{EtOH,uptake} - R_{EtOH,eva} - R_{EtOH,out})V \tag{6-16}$$

这里多了一项乙醇蒸发为气相。在高乙醇浓度和剧烈通气搅拌情况下，蒸发速度会很高，不应忽略。蒸发是一种物理现象，它取决于一些变量，如温度、压力、通气、搅拌、生物反应器的几何形状等，这些均可通过乙醇浓度变化在线测得。实际上，在分批或非限制性补料分批和连续培养的情况下，$R_{EtOH,uptake}$ 是唯一需要计算的。使用葡萄糖，在基质限制（低 K_{EtOH}）下可使计算大为简化。在很低的乙醇浓度下和无堆积的情况下可消去 $R_{EtOH,eva}$ 和 $R_{EtOH,out}$ 两项，那么，$R_{EtOH,uptake}$ 便等于 $R_{EtOH,in}$。

(3) 气体基质（如 O_2）　摄氧率 OUR 是一种重要的生理变量。由于其意义重大，容易测量和计算，现已变成发酵监测的标准项目。在液相中的 O_2 平衡可用式(6-17) 表示：

$$\frac{\partial n_{O_2}}{\partial t} = (R_{O_2,in} - R_{O_2,uptake} - R_{O_2,absorb} - R_{O_2,out})V \tag{6-17}$$

由于氧在液体中的溶解度很小，其对流（convective）和积累项可以忽略（将 $\partial n_{O_2}/\partial t$，$R_{O_2,in}$ 和 $R_{O_2,out}$ 设置为零）。因此，可设置摄氧率等于氧传质速率：

$$R_{O_2,uptake} = OUR = R_{O_2,absorb} = OTR = K_L a(c^* - c_L) \tag{6-18}$$

从测定的 DO 浓度 c_L，c^*（饱和浓度）和亨利定律可以求得体积氧传质系数 $K_L a$。最好还是从 O_2 在气相中的总平衡求得 OUR，以避免进行 $K_L a$ 的估算，过程烦琐，且结果不可靠。

在典型的通气生物反应器中存在两种气相：一为夹持在液相中的气泡，即滞留；二为反应器罐顶空间，液相上面的气相。可假设所有气泡离开滞留层进入罐顶空间的气相具有相同的浓度，$Y_{O_2,out}$。假定准稳态，即忽视在滞留层中的积累项，藉夹持在液相中的气相的平衡便可用式(6-19) 求得 OTR 与 OUR。

$$OUR = OTR = \frac{F_{in} y_{O_2,in} - F_{out} y_{O_2,out}}{V} \tag{6-19}$$

式中，F 是通入反应器的流速，mol 料液/h。可用气体分析仪或质谱仪测量反应器罐顶空间或尾气中的 O_2 的物质的量 $y_{O_2,me}$。假定 $y_{O_2,out} = y_{O_2,me}$，即忽略罐顶空间的积累，用式(6-19) 便可求得摄氧率。如 F_{out} 不等于 F_{in}，通常只要能用质谱仪测量气体浓度，便可以从惰性气体平衡（氮或氩）求得摄氧率：

$$F_{out} = \frac{F_{in} y_{N_2,in}}{y_{N_2,out}} \text{或} F_{out} = \frac{F_{in} y_{Ar,in}}{y_{Ar,out}} \tag{6-20}$$

在应用式(6-19) 前，应先检查一下积累项是否真的可以忽略。为此，假定 $F_{out} = F_{in}$，可推导出 $y_{O_2,out}$ 与 $y_{O_2,me}$ 间的关系：

$$\frac{PV_H}{RT} \cdot \frac{\partial y_{O_2,me}}{\partial t} = F_{in}(y_{O_2,out} - y_{O_2,me}) \tag{6-21a}$$

或经重排后得：

$$\frac{\partial y_{O_2,me}}{\partial t} = \frac{y_{O_2,out} - y_{O_2,me}}{\frac{PV_H}{F_{in}RT}} = \frac{y_{O_2,out} - y_{O_2,me}}{\tau} \tag{6-21b}$$

首先，式(6-21) 代表反应器罐顶空间的平衡，其中 V_H 是罐顶空间的体积，τ 是由罐顶空间的一级延迟的时间常数。τ 越大表示 OUR 的真实值偏离由式(6-19) 求得的值越远。

其次，在气相中的积累项可从 O_2 的完全平衡求得：

$$OTR = \frac{F_{in} y_{O_2,in} - F_{out} y_{O_2,out}}{V} - \frac{\varepsilon p}{(1-\varepsilon)RT} \cdot \frac{\partial y_{O_2,out}}{\partial t} \tag{6-22a}$$

假定 $F_{out} = F_{in}$，式(6-22a) 可改写为：

$$OTR = \frac{F_{in} \Delta y_{O_2}}{V} - \frac{\varepsilon p}{(1-\varepsilon)RT} \cdot \frac{\partial y_{O_2,out}}{\partial t} \tag{6-22b}$$

表 6-4 解释了各种符号并列举了细菌发酵的各种典型值。假定表 6-4 中的黑体是最保守的数值，用式(6-21) 可求得罐顶空间的时间常数为 1.8min。这说明只要氧浓度在 7min（= 4τ）内无明显变化，可以认为式(6-19) 的估算是准确的。在较快的过程中 $F_{in} y_{O_2,in}$ 滞后于 $F_{out} y_{O_2,out}$。假定因忽略滞留项而引起的误差比估算大一个数量级，在最保守的情况下用

式(6-22b) 可求得 OTR＝16(mol/m³)/h＋0.2(mol/m³)/h，其误差为1.25％。

表6-4　细菌发酵中的气体平衡参数的典型值

符　号	描　述	范　围	单　位
$\gamma=V_H/V$	反应器罐顶空间体积与液相体积之比	0.2～0.3	
F_{in}/V	比通气速率	800～2700	(mol/m³)/h
		(0.3～1.0)	VVM
Δy_{O_2},	进气与排气的氧物质的量间的差值	**0.020**～0.050	％
		(2.0～5.0)	
$\varepsilon=V_G/(V+V_G)$	滞留＝夹持在液体中的气相体积与总体积	0.1～**0.2**	
	(滞留＋液体)之比	(10～20)	％
P	反应器压力	(1～**2**)×10⁵	N/m²
		(1～2)	bar
R	通用气体常数	8.314	(J/mol)/K
T	反应器温度	**305**～310	K
		(32～37)	℃
$\partial y_{O_2,out}/\partial t$	氧物质的量变化速率	−0.005～**−0.010**	h⁻¹
		(−0.5～−1.0)	％/h

注：氧物质的量变化速率是负的，因其物质的量通常减少。

对液相采用同样的方法，式(6-17) 可为分批反应器改写为带一积累项的公式：

$$\text{OUR}=\text{OTR}-\frac{\partial c_{O_2}}{\partial t} \tag{6-23}$$

尽管式(6-23) 适用于分批反应过程，但用于补料分批和连续反应过程也能获得很接近的结果。假定DO浓度在2h，2bar罐压下从饱和状态跌到零，这属于非常旺盛的培养，可求得在30℃的DO变化速率：$\partial c_{O_2}/\partial t=c_{O_2}^*/\partial t=-4.6\cdot10^{-4}/[2(\text{mol/L})/h]=-0.23(\text{mol/m}^3)/h$。在较高温度和较低压力下，上述值会小一些，这是由于氧的饱和浓度 $c_{O_2}^*$ 减小。比较DO的变化速率与式(6-22b)的OTR，可见在大多数情况下在液相中的积累项也可忽略。由于这种设定，OUR的计算值一般比真实值要小，因式(6-19) 只考虑从反应器外面的氧的供应。此外，一些存在于液体和气相的氧在发酵开始时便被消耗，这就导致DO浓度和物质的量的下降。若忽视此变化，式(6-19) 便低估其消耗。

需强调的是，通常表6-4的和式(6-23) 中的所有变量是可获得的，滞留项可能除外，必须进行估算。因此，如有必要，可将积累项包括进去。但如用噪声大的测量数据去计算变化速率，则需谨慎，因这涉及减去两个同一数量级的数目会使相对误差放大许多。Heinzle等[48]对涉及气体分析的计算提出了新的方法。

6.6.2.3　生产速率

生产速率的测定同样重要。不管培养方式如何，产物浓度与基质浓度不同，不能忽略。因此，为了从式(6-8) 计算 $R_{i,prodn}$，产物浓度 c_i 应是已知的。

细胞往往生产和降解同一物，故产物的消耗速率不能忽略。这类情况复杂，其真实的生产速率很难测定。如产物浓度 c_i 是已知的，其唯一的可能性是计算表观生产速率，即 $R_{i,prodn}$ 减去 $R_{i,uptake}$ 的差值。如消耗与生产同时存在的话，以后指的是表观生产速率。

(1) 非挥发性产物（如氨基酸）如不存在培养液的循环，流入的料液不含产物 i，$R_{i,in}$ 项为零。则由式(6-8) 可得：

$$\frac{\partial n_i}{\partial t}=(R_{i,prodn}-R_{i,out})V \tag{6-24}$$

由此式，从 c_i 可计算 $R_{i,prodn}$。

(2) 挥发性产物（如乙醇） 在工业发酵过程中产物挥发是一大问题。最明显的例子是乙醇发酵，如不采取适当防御措施，在生产过程中可能大量损失。但在出现产物抑制的情况下便需要靠蒸发除去产物，条件是产物能从尾气中被回收。把蒸发考虑在内，式（6-8）可变成：

$$\frac{\partial n_{EtOH}}{\partial t} = (R_{EtOH,prodn} - R_{EtOH,eva} - R_{EtOH,out})V \tag{6-25}$$

如为挥发性基质，可测定产物浓度 C_{EtOH}，$R_{EtOH,eva}$。$R_{EtOH,prodn}$ 可从已知的 c_{EtOH} 求得。利用质谱仪可以很准确测定气相中的乙醇浓度，这样 $R_{EtOH,eva}$ 的测定便可简化。在这种情况下可用气相平衡来计算 $R_{EtOH,eva}$。

(3) 气相产物（如 CO_2） 在好氧和厌氧培养中有一广泛应用的参数 CER。CO_2 的液相平衡为：

$$\frac{\partial n_{CO_2}}{\partial t} = (R_{CO_2,in} + R_{CO_2,prodn} - R_{CO_2,eva} - R_{CO_2,out})V \tag{6-26}$$

除非在 pH5～6 以上发酵进行（参看表 6-5），式（6-26）可改写为：

$$R_{CO_2,prodn} = CER = R_{CO_2,eva} = CTR = K_L a_{CO_2}(c_{CO_2} - c^*_{CO_2}) \tag{6-27}$$

式中 CTR 为 CO_2 传质速率。虽然早就有可靠的溶解 CO_2 浓度传感器商品出售，但还未普及应用。常从气相平衡和尾气 CO_2 物质的量 $y_{CO_2,out}$ 的测量求得 CER：

$$CER = CTR = \frac{F_{out} y_{CO_2,out} - F_{in} y_{CO_2,in}}{V} \tag{6-28}$$

由于 CO_2 在空气中的浓度很低，式（6-28）的第二项通常被忽略，除非生物活性很低。在 6.6.2.2 节 （3）中曾描述 F_{out} 的计算。如同对氧那样进行分析，结果显示 CO_2 在气相中的积累实际上可忽略。在液相中情况更为复杂，因形成碳酸氢盐和碳酸盐：

$$CO_2(溶解) + H_2O \Longleftrightarrow HCO_3^- + H^+ \Longleftrightarrow CO_3^{2-} + 2H^+$$

如表 6-5 所示，CO_2 被离解的量取决于发酵液的 pH。尽管 CO_2 的离解一般比传质快，总是不能忽略其相应的积累。为了研究其动态误差，估算培养液的总无机碳浓度的变化速率，并从气体平衡 [参看 6.6.2.2 （3）类似 O_2 平衡的方法] 测得传质速率，与其比较。如已有溶解 CO_2 浓度传感器，应清楚它测量的是总的无机碳还是只测量溶解 CO_2。

表 6-5　溶解 CO_2、HCO_3^- 和 CO_3^{2-} 在不同 pH 的水中的分布　　单位：%

pH	溶解 CO_2	HCO_3^-	CO_3^-	总无机 C	pH	溶解 CO_2	HCO_3^-	CO_3^-	总无机 C
5	96	4	0	100	8	2	97	1	100
6	70	30	0	100	9	0	95	5	100
7	19	81	0	100	10	0	64	36	100

如没有现成的传感器，用气体的溶解度可大致获得总的无机碳浓度，但此估算值往往过低。如反应器压力改变（会影响 CO_2 气提）或通气速率改变，情况会变得更为复杂。况且，像 Ca^{2+} 一类离子的存在，由于 $CaCO_3$ 沉淀，可能使积累的 CO_2 剧烈增加。Heinzle 等[48] 发现采用一种与气体分析有关的不同计算方法可以解决这些问题。

(4) 结晶产物 有些产物浓度过高时会结晶出来，例如色氨酸、苯丙氨酸和抗生素。结晶可自然形成，也可随意通过改变温度或添加某些化学物质诱导其结晶。结晶减少液相中产物的高浓度，从而减缓产物抑制作用。但此现象使 $R_{i,prodn}$ 的测定复杂化。其平衡见式(6-29)：

$$\frac{\partial n_i}{\partial t} = (R_{i,\text{prodn}} - R_{i,\text{crystn}} - R_{i,\text{out}})V \tag{6-29}$$

式中，$R_{i,\text{crystn}}$ 取决于产物浓度和其他一些物理化学因素。如能定量此关系式，只要 c_i 是已知的，便能计算 $R_{i,\text{crystn}}$。为达到此目的，可离线分析含有该沉淀的发酵液样品，通过改变 pH 或温度使沉淀溶解，再作分析。

(5) 生物量比转化速率（q-速率）　前面提到的代谢速率，如基质消耗速率、产物生成速率，是通过基质与产物的量与浓度随时间的变化计算出来的。这只能显示过程总的转化速率，并未涉及细胞的量。如生产速率的增加有可能是细胞（生产者）的数量增加或细胞数量未变，其生产能力的提高所致，故采用 q-速率（$q = $ 速率$_i$/生物量$_x$）便能辨别转化速率变化的原因。基质消耗速率、产物生成速率、细胞生长速率各除以其生物量便分别得基质比消耗速率、产物比生成速率、细胞比生长速率。q-速率无法直接测量，可在过程中通过试验，按测得的浓度、体积、流速求得。其步骤是：事先设计试验方案，化合物 i 的物料平衡；测量菌浓与培养液体积，求得总生物量 M_x 随时间的变化；测量输入/输出的化合物 i 的浓度随时间的变化，从化合物 i 的物料平衡计算 i 的总的转化速率随时间的变化；最后从 M_x 和速率计算 q_i 随时间的变化，具体实例请参阅文献 [47]。

Heijnen[47] 运用热力学与化学计量学来计算产物的形成。产物的形成可大致分为两类：分解代谢产物与组成代谢产物。

对于分解代谢产物来说，其产物与生长直接相关。典型的例子是厌氧发酵产物（乙醇、乙酸、乳酸等）。由于没有外来的受体，可以把还原度平衡（balance of degree of reduction）写成：

$$\gamma_D q_D + \gamma_x \mu + \gamma_P q_P = 0 \tag{6-29a}$$

式中，γ_D 为还原度；q_D 为比产物形成速率。

进而以 Herbert-Pirt 关系式表示：

$$-q_D = \frac{1}{Y_{DX}^{\max}}\mu + (-m_D) \tag{6-29b}$$

通过把式(6-29b) 代入式(6-29a)，消除 q_D，得 q_P 与 μ 的关系式：

$$q_P = \left(\frac{\gamma_D}{\gamma_P Y_{DX}^{\max}} - \frac{\gamma_D}{\gamma_P}\right)\mu + \frac{\gamma_D}{\gamma_P}(-m_D) \tag{6-29c}$$

用热力学方法完全可以计算式(6-29c) 的 $Y_{DX}^{\max}$ 和 $(-m_D)$。故热力学可用于计算任何分解代谢物的 q_P-速率。按此定义，人们可以计算给予电子供体的产物得率（molP/mol 电子供体）：

$$Y_{DP} = \frac{\left(\dfrac{\gamma_D}{\gamma_P Y_{DX}^{\max}} - \dfrac{\gamma_X}{\gamma_P}\right)\mu + \dfrac{\gamma_D}{\gamma_P}(-m_D)}{\dfrac{1}{Y_{DX}^{\max}}\mu + (-m_D)} \tag{6-29d}$$

此关系式显示只有在两种情况下产物得率才是 μ 的函数。

$\mu = 0$，在生长停滞的情况下 $Y_{DP} = \gamma_D/\gamma_P$，这是代谢反应的化学计量比率，因代谢处于维持状态，故完全是分解代谢型的。

μ 非常大，则维持可以忽略，$Y_{DP} = \dfrac{\gamma_D}{\gamma_P}\left(1 - \dfrac{\gamma_X}{\gamma_D}Y_{DX}^{\max}\right)$

当 $\mu=0$，产物的得率会小一些，这是可以理解的，因部分电子供体用于合成代谢。将热力学关系式用于 Y_{DX}^{max}，如 μ 足够大，可将产物得率的关系式改写成：

$$Y_{DP} = \frac{\gamma_D}{\gamma_P} \times \frac{1}{\left[1 + \frac{\gamma_X(\Delta G_{CAT}/\gamma_D)}{\gamma_{XG}}\right]} \qquad (6\text{-}29e)$$

此关系式显示，当 $\Delta G_{CAT}/\gamma_D$（为单位电子获得的分解代谢能量）较小和较大（会导致较低的生物量得率）时，分解代谢产物的得率会接近于其分解代谢 γ_D/γ_P 的最大值。已知 Y_{XG} 越大，生物量得率越小。

Heijnen[47] 得出结论，用化学计量法测定速率的结构同热力学方法预测值迥异，说明存在异常分解代谢和/或组成代谢途径。故热力学方法不仅能提供化学计量法的预测值，还能发现一些新的途径。

6.6.3 不能直接测量的生物过程参数的估算

6.6.3.1 概念和实例介绍

对一些关键的生理变量 PVs（例如，代谢物生产速率 $R_{i,prodn}$）和环境变量 EVs（例如，菌浓 c_x）缺乏快速、可靠和准确的在线测量装置。这可从一般变量（如 DO 或 CER）藉过程的数学模型来建立计算这类变量的方法。通常称这些方法为在线状态估算器或"软传感器"。

举一简单例子来说明此概念。假定一分批过程，其菌浓 $c_x(t)$ 只能离线测量（如细胞干重或计数），但可以进行 CER(t) 的在线测量（如用气体分析仪）。以下的模型可以很好地描述该过程：

$$CER(t) = \frac{\mu c_x(t)}{\rho_{x/CO_2}} \qquad (6\text{-}30)$$

式中，μ 和 ρ_{x/CO_2} 是两种不随时间变化的参数；μ 是比生长速率；ρ_{x/CO_2} 是速率比，即单位 CO_2 形成量所生成的菌量。此关系式是通过比较在线 CER 和离线测量的菌浓推导的。将 μ 和 ρ_{x/CO_2} 合并为一个时间不变参数，$\mu/\rho_{x/CO_2} = p$，可将式（6-30）改写为：

$$CER(t) = p c_x(t) \qquad (6\text{-}31)$$

一旦从过去的数据（如正在发酵期间，或过去的一批数据）测得参数 p，如能测 CER 便可在线计算菌浓 $c_x(t)$：

$$c_x'(t) = CER(t)/p \qquad (6\text{-}32a)$$

显然，$c_x(t)$ 的计算受 CER 测量误差和 p 值的影响。因此，由式（6-32a）求得的 $c_x(t)$ 值只是真实值的一种估算，在 c 右上角加上一撇。因数字计算机是以与时间有关的离散操作为特征的，以后将会使用时间离散记号，即时间 t 等于 kT，其中 k 和 T 分别为无因次的离散时间和采样期。况且，用离散记号可大大简化基于观察者的状态估算式。故式（6-32a）可改写为：

$$c_x'(k) = CER(k)/p \qquad (6\text{-}32b)$$

6.6.2 节所示例子中的每一项可作独立分析，与此不同，状态估算是基于不同化合物（如生物量与 CO_2）之间的关系。文献中所描述的大多数技术属于以下两种基本方案：①直接构建，包括元素平衡、经验化学计量模型和 ANN；②由观察者进行状态估算。元素平衡和经验化学计量模型均能估算（不能测量的）PVs，而观察者能估算（不能测量的）环境变量 EVs。采用平衡方程可将 EVs 转换为相应的 PVs。当然，反过来也行。ANN 可估算这两类变量。估算一些不能测量的变量需要多少可测量的变量，取决于该过程和所用的估算技术。后一种常比前一种多。

除了很少数元素平衡情况外，所有技术涉及"训练步骤"或校正步骤，其中不能测量的变量与可测量的变量间的关系是由以前在发酵过程中收集的试验数据即"训练内容"推导的。显然，在此阶段必须通过一适当的离线方法去测量那些不能测量的变量值（如细胞干重）。如果可能的话，训练内容应分成较大的开发部分和较小的交互证实部分。正如名称提示的，开发部分用于设计估算器，其预测能力则由交互证实部分来评估。每一种技术都有其优点，究竟采用哪一种，最后应根据过程本身的性质来决定。

6.6.3.2 估算方法

(1) 元素平衡 此技术用一般的全（生物）化学元素守恒原理去导出可测量的与不可测量的 PVs 之间的限制。为达到此目的，存在于过程中的所有化合物 i 的单一反应和随时间变化的化学计量系数可用式(6-33) 表示：

$$\underset{\text{基质}}{C_{sc}H_{sh}O_{so}}+\nu_{NH_3}(k)\underset{\text{氮源}}{NH_3}+\nu_{O_2}(k)O_2 \longrightarrow \nu_{pi}(k)\underset{\text{产物 i（代谢物，细胞）}}{C_{pic}H_{pih}O_{pio}N_{pin}}+\nu_{CO_2}(k)CO_2+\nu_{H_2O}H_2O \tag{6-33}$$

例如，基质中的所有被消耗的碳必须同发酵期间形成的细胞、产物与释放的 CO_2 中所有碳达到平衡。基质的化学计量系数被任意设为 1 （$\nu_s=1$），而未失去普遍化。生物量被认为是另一种产物，NH_3 代表任何一种氮源。

在只有一个产物（如细胞）的情况下，只有 5 个未知的化学计量系数 $\nu_i(k)$。从 4 个元素平衡（C、H、N、O）和 2 个 PVs、OUR(k) 与 CER(k) 可以求出这些系数。这给予相应的化学计量系数附加的限制：

$$\frac{CER(k)}{OUR(k)}=\frac{\nu_{CO_2}(k)}{\nu_{O_2}(k)} \tag{6-34}$$

经重排后得：

$$\frac{\nu_{O_2}(k)}{OUR(k)}=\frac{\nu_{CO_2}(k)}{CER(k)} \tag{6-35}$$

将式(6-33) 的元素平衡同现有的测量值组合，在矩阵符号中得：

$$\begin{array}{c} \\ C \\ H \\ O \\ N \\ Rates \end{array} \begin{matrix} NH_3 & O_2 & Pi & CO_2 & H_2O & S \\ \begin{pmatrix} 0 & 0 & pic & 1 & 0 \\ -3 & 0 & pih & 0 & 2 \\ 0 & -2 & pio & 2 & 1 \\ -1 & 0 & pin & 0 & 0 \\ 0 & (OUR(k))^{-1} & 0 & -(CER(k))^{-1} & 0 \end{pmatrix} & \begin{pmatrix} \nu_{NH_3}(k) \\ \nu_{O_2}(k) \\ \nu_{pi}(k) \\ \nu_{CO_2}(k) \\ \nu_{H_2O}(k) \end{pmatrix} = \begin{pmatrix} sc \\ sh \\ so \\ 0 \\ 0 \end{pmatrix} \end{matrix} \tag{6-36}$$

式(6-36) 的矩阵（5×5）头 4 行指的是组分矩阵，因每一列代表一种化合物的元素组分。反应物用负号表征（如氧和氨）。在实践中，可测量摄氧率 OUR(k) 和二氧化碳释放速率 CER(k)，于是可求解 5 个线性方程的系统，以获得 5 个未知化学计量系数。这样在式(6-33) 中的任何物质的消耗或生产速率都能计算出来。

例如，基质的消耗速率 $R_{s,uptake}(k)$ 可由式(6-37) 求得：

$$R_{s,uptake}(k)=\frac{\nu_s CER(k)}{\nu_{CO_2}(k)}=\frac{\nu_s OUR(k)}{\nu_{O_2}(k)} \tag{6-37}$$

式中，ν_s 是时间-随机变量（并等于1）。假定除了水与 CO_2，生物量是唯一的产物，其生产速率用下式表示：

$$R_{s,prodn}(k) = \frac{\nu_x CER(k)}{v_{CO_2}(k)} = \frac{v_x OUR(k)}{v_{O_2}(k)} \tag{6-38}$$

在分批反应器中，基质浓度 $c_s(k)$ 与菌浓 $c_x(k)$ 可用下式计算：

$$c_s(k) = c_s(0) - \int_0^{kT} R_{s,uptake}(t)\,dt \approx c_s(0) - T\sum_{j=1}^{k} R_{s,uptake}(j) \tag{6-39}$$

$$c_x(k) = c_x(0) + \int_0^{kT} R_{x,prodn}(t)\,dt \approx c_x(0) + T\sum_{j=1}^{k} R_{x,prodn}(i) \tag{6-40}$$

式中，$c(0)$ 和 T 分别是初始浓度和取样时间，这些被假定是已知的。对不同的反应器操作，包括系统的流入和（或）流出，表达式变得复杂些，但可以从第 6.6.2.1 节导出。如需测量两个以上的速率（如氨的消耗速率），类似于式（6-35）的限制可被加到式（6-36）的系统中。如所得方程系统被多种因素决定，那些系数可用线性回归求得或其多余信息可用于校验传感器的故障。

由于其简单和普遍性，元素平衡曾在状态估算与故障检测方面得到更多的关注。因环境的变化，从一代谢途径转移到另一途径情况已被时间随机变量化学计量法考虑在内。如事先已知所有的组分及其准确的组成（从文献），其训练步骤可减少，可直接进行交互证实。然而，元素平衡在生物过程中的适应性是有限的，因即使用训练数据也不总能每次满足完全一样的需求。弄清楚含有复合成分，如玉米浆或酵母水解物的工业培养基与所有主要副产物，需要花很大的精力与代价，难以做到。况且，如形成两个或两个以上的产物的话，采用常规的测量方法，根据 CO_2 的释放、氧与氨的消耗速率不足以求解所得线性方程系统。

(2) 经验化学计量模型 此技术很适合于其生化反应的数目或所有反应物或产物或其组分均未鉴别的复杂系统。以下分别介绍其训练和应用步骤：

① 训练 使用此训练组的数据，所有在线或离线测量的 PVs 值可用平衡方程（第 6.6.2 节）求得。假定不同化合物的 ν 被测量 n 次数，所有现存的数据被组合到一大的、单一（nxv）矩阵 D 中。矩阵 D 由两个子矩阵 D_{me} 和 D_{um} 组成：

$$D = \begin{pmatrix} PV_{me,1}(0) & PV_{me,2}(0) & \cdots & PV_{ume,1}(0) & PV_{um,2}(0) & \cdots \\ PV_{me,1}(1) & PV_{me,2}(1) & \cdots & PV_{um,1}(1) & PV_{um,2}(1) & \cdots \\ \vdots & \vdots & \vdots & \vdots & \vdots & \vdots \\ PV_{me,1}(k) & PV_{me,2}(k) & \cdots & PV_{um,1}(k) & PV_{um,2}(k) & \cdots \\ \vdots & \vdots & \vdots & \vdots & \vdots & \vdots \\ PV_{me,1}(n-1) & PV_{me,2}(n-1) & \cdots & PV_{um,1}(n-1) & PV_{um,2}(n-1) & \cdots \end{pmatrix} = [D_{me}\ D_{um}]$$

$$\tag{6-41}$$

$$D_{me} = \begin{pmatrix} PV_{me,1}(0) & PV_{me,2}(0) & \cdots \\ PV_{me,1}(1) & PV_{me,2}(1) & \cdots \\ \vdots & \vdots & \vdots \\ PV_{me,1}(k) & PV_{me,2}(k) & \cdots \\ \vdots & \vdots & \vdots \\ PV_{me,1}(n-1) & PV_{me,2}(n-1) & \cdots \end{pmatrix} \tag{6-42}$$

$$D_{um} = \left\{ \begin{array}{ccc} PV_{ume,1}(0) & PV_{um,2}(0) & \cdots \\ PV_{um,1}(1) & PV_{um,2}(1) & \cdots \\ \vdots & \vdots & \vdots \\ PV_{um,1}(k) & PV_{um,2}(k) & \cdots \\ \vdots & \vdots & \vdots \\ PV_{um,1}(n-1) & PV_{um,2}(n-1) & \cdots \end{array} \right\} \tag{6-43}$$

[量纲：D：$(n \times v)$；D_{me}：$(n \times m)$；D_{um}：$(n \times u)$；$u + m = v$]

式中，下标"me，1"和"me，2"分别为第一种在线可测量的和第2种在线不能测量的组分。D的每一行代表从某一时刻收集的数据。m和u分别为可测量与不能测量的化合物。反应物的PVs在结合到D前应乘以-1。从不同培养模式（分批、补料分批与连续培养）来的数据应结合到单一的D矩阵中以覆盖最大可能范围的操作条件和过程变量。

应用奇异值分解法（singular value decomposition），D可重写成三矩阵的乘积U、S和V：

$$D = U \binom{S_v}{\theta_{n-v,v}} V^T \tag{6-44}$$

[矩阵量纲：$(n \times v) = (n \times n)(n \times v)(v \times v)$]

式中，S_v是一种带v元素的对角矩阵。$\theta_{n-v,v}$是零矩阵，其量纲为$(n-v, v)$。只有S_v的第一个d元素是有效的，除非D被测量误差所讹误，其余$v-d$元素为零。因D是由一些测量数据所组成的，在实际应用中很难找到无误差的例子。因d等于独立反应的数目，其本身是有价值的信息，故必须首先测量d。测定d，便相当于得到大致的D、D'：

$$D \approx D' = ZN = DN^T N \tag{6-45}$$

式中，Z与N分别是$(n \times d)$和$(d \times v)$矩阵$(d < v \leqslant n)$。N是第一个d的V列，Z是第一个d的U列的乘积，由含有第一个d的S元素的对角矩阵组成。每一行的N含有第一d的元素S_v的抽象化学计量系数。它们都是抽象系数，因它们没有化学和生物学意义。尽管如此，每一行N代表D中的各列的信息限制，可随后用于状态估算。由于D与D'间的差别是试验误差和可能是少数反应的作用，D'输入项比D的更接近PVs的真实值。随d的增加，D与D'间的差别变得越来越小。因此，测定d的一个办法是增加d直到D与D'间的差别与试验误差处在同一个因次。

考虑式（6-41）～式（6-43）的D的一个分区，以及Z与N的因次，以下两个等式成立：

$$D_{me} \approx D'_{me} \approx ZN_{me} \tag{6-46}$$

$$D_{um} \approx D'_{um} \approx ZN_{um} \tag{6-47}$$

式中，同一矩阵Z出现在两个等式中。后两个等式可用在某一时刻k的数据重写（参看上述D的定义）：

$$\left\{ \begin{array}{c} PV_{me,1}(k) \\ PV_{me,2}(k) \\ \vdots \\ PV_{me,m}(k) \end{array} \right\} = \boldsymbol{PV}_{me}(k) = (N_{me})^T z(k) \tag{6-48}$$

$$
\begin{cases}
PV_{\mathrm{um},1}(k) \\
PV_{\mathrm{um},2}(k) \\
\vdots \\
PV_{\mathrm{um},u}(k)
\end{cases} = \boldsymbol{PV}_{\mathrm{um}}(k) = (N_{\mathrm{um}})^T z(k) \tag{6-49}
$$

式中，$z(k)$ 是矩阵 Z 的第（k）行。同样，$z(k)$ 在两个等式中是一样的。PV_{me} 和 PV_{um} 分别为 m-因次和 u-因次的列向量，其转置等于 D_{me} 和 D_{um} 的第（$k+1$）行（参看上述 D 的定义）。如通过适当地分裂 N 来计算两个矩阵 N_{me} 和 N_{um}，训练步骤便完成了。

② 应用 在线运行期间，可以从 PV_{me}、N_{um} 和 N_{me} 求得 $PV_{\mathrm{um}}(k)$。后两个矩阵是在训练期间计算的。只要 N_{me} 的反向（$m=d$）或伪逆（$m>d$）存在，式（6-48）代表 $z(k)$ 线性方程的系统，用现成的数据便可解。

$$m=d: \qquad\qquad z(k) = ((N_{\mathrm{me}})^T)^{-1} \tag{6-50a}$$

$$m>d: \qquad\qquad z(k) = (N_{\mathrm{me}}(N_{\mathrm{me}})^T)^{-1} N_{\mathrm{me}} PV_{\mathrm{me}}(k) \tag{6-50b}$$

在训练期间，一旦获得 N_{me}，便可核对这些矩阵的存在。然后 $z(k)$ 可用于式（6-49）来计算不可测量的 PVs 估算值。合并式（6-50）的两个步骤[$z(k)$ 的计算与评价]，可导出 PV_{me} 与 $PV_{\mathrm{um}}(k)$ 之间的关系：

$$m=d: \qquad\qquad PV_{\mathrm{um}}(k) = ((N_{\mathrm{me}})^T N_{\mathrm{um}})^{-1} PV_{\mathrm{me}}(k) \tag{6-51a}$$

$$m>d: \qquad\qquad PV_{\mathrm{um}}(k) = (N_{\mathrm{um}})^T (N_{\mathrm{me}}(N_{\mathrm{me}})^T)^{-1} N_{\mathrm{me}} PV_{\mathrm{me}}(k) \tag{6-51b}$$

若在线可测量变量的数目大于独立反应 d 的数目，式（6-51）便确定。其多余信息可用于检测传感器的故障或减少噪声。后者可以通过式（6-51b）（实际上为一线性回归）得到。

有两个独立反应便足以描述一组训练的数据，即使 8 个化合物中被测量的只有 5 个。因此，可以在线测量 OUR 与 CER 来监测许多过程，只要 OUR 与 CER 是独立变量（即 RQ≠1）。这种因次的减少是代谢调节使得已知途径或不同途径（作为一整体，如能量产生与生长）的许多反应同步的结果。由于此技术是基于历史数据的内推法，因此，在训练包中应覆盖尽可能多的发酵条件。

如同元素平衡，EVs 可以从 PVs 求得〔参看第 6.6.3.2 节(1)〕。用于结构动力学模型的抽象化学计量系数转化为具有生物化学意义。元素平衡法和经验化学计量法具有相似的基本结构。

(3) 人工神经网络 与元素平衡法和经验化学计量法不同，人工神经网络是一种描述输入变量（测量的 PVs 与 EVs）与输出变量（要预测的 PVs 与 EVs）之间非线性关系的数学结构，它虽然没有明显的物化或生物学意义，但人工神经网络的以下几个突出的优点使它近年来引起人们的极大关注：

◆ 可以充分逼近任意复杂的非线性关系。

◆ 所有定量或定性的信息都等势地储存于网络内的各神经元，有很强的稳健性和容错性。

◆ 采用并行分布处理方法，使进行大量快速运算成为可能。

◆ 可学习和自适应不知道或不确定的系统。

◆ 能够同时处理定量和定性知识。

人工神经网络有多种类型和训练方法，其所包含的内容很多，限于篇幅，本节仅介绍最常用的前向多层神经网络及其训练算法。图 6-12 表示一种典型的前向多层神经网络，它由输入层、隐蔽层和输出层组成，每一层都具有一定数目的节点，相邻层间节点互连，同一层内节点不互连。

为达到状态估算的目的，测量的与要预测的变量分别构成网络的输入与输出层，故输入与输出层的节点数分别为测量和要预测的变量的数目 M 与 N（图 6-12 中 $M=3$，$N=2$），隐蔽层的节点数 H 是由经验决定的（图 6-12 中 $H=2$）。从某一层第 i 节点到下一层第 j 节点的连接权重由标量 W_{ij} 表示。

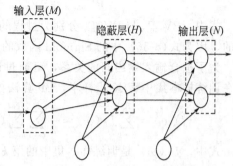

图 6-12　一种典型的多层前馈神经网络示意图

前向多层神经网络的使用分为训练和应用两个阶段。在训练阶段，使用一定的训练样本集来训练神经网络，使其能拟合训练样本集所隐含的输入输出变量间的关系，其训练一般使用误差反传（back propagation，BP）算法，信息可先后在两个方向传播，即输入前向传播和误差反向传播；在应用阶段，信息仅前向传播，由输入变量来预测输出变量。输入前向传播的步骤如下：

① 第 m 个输入变量 y_m^{in} 由测量变量 PVs 的归一化表示：

$$y_m^{\text{in}} = \frac{\text{PV}_{\text{me},m} - \text{PV}_{\text{me},m}^{\min}}{\text{PV}_{\text{me},m}^{\max} - \text{PV}_{\text{me},m}^{\min}} \quad (m=1,\cdots,M) \tag{6-52}$$

式中，$\text{PV}_{\text{me},m}^{\min}$ 与 $\text{PV}_{\text{me},m}^{\max}$ 分别为过程的第 m 个可测量变量的最小值与最大值。此步骤主要是将每一输入变量变换到 $[0,1]$ 区间。

② 第 h 隐蔽节点的活度 a_h^{hid} 由输入层的所有输出 y_m^{in} 的加权和及偏差 b_h^{hid} 计算：

$$a_h^{\text{hid}} = b_h^{\text{hid}} + \sum_{m=1}^{M} w_{mh}^{\text{in}\to\text{hid}} y_m^{\text{in}} \quad (h=1,\cdots,H) \tag{6-53}$$

式中，$w_{mh}^{\text{in}\to\text{hid}}$ 是从输入层第 m 个到隐蔽层第 h 个节点的权重。

③ 第 h 隐蔽节点的输出 y_h^{hid} 用 Sigmoid 函数（参看图 6-13）计算：

$$y_h^{\text{hid}} = f(a_h^{\text{hid}}) = \frac{1}{1+e^{-a_h^{\text{hid}}}} \tag{6-54}$$

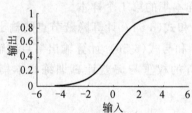

图 6-13　隐蔽层与输出层节点的 Sigmoid 函数

④ 第 n 输出节点活度 a_n^{out} 由前一层的所有输出 y_h^{hid} 的加权和及偏差 b_n^{out} 求得：

$$a_n^{\text{out}} = b_n^{\text{out}} + \sum_{h=1}^{H} w_{hn}^{\text{hid}\to\text{out}} y_h^{\text{hid}} \quad (n=1,\cdots,N) \tag{6-55}$$

⑤ 第 n 个输出节点的输出 y_n^{out} 用 Sigmoid 函数（参看图 6-13）计算：

$$y_n^{\text{out}} = f(a_n^{\text{out}}(k)) = \frac{1}{1+e^{-a_n^{\text{out}}}} \tag{6-56}$$

⑥ 最后，从 y_n^{out} 决定要预测的 PVs 的估算值：

$$PV_{um,n} = PV_{um,n}^{min} + y_n^{out}\left[PV_{um,n}^{max} - PV_{um,n}^{min}\right] \tag{6-57}$$

式中，$PV_{um,n}^{min}$ 与 $PV_{um,n}^{max}$ 分别为过程的第 n 个要预测量的最小值与最大值。此步骤是需要的，因为式(6-56)中的 Sigmoid 函数的值被限制在 $[0,1]$ 区间。

为了拟合输入输出间的关系，可通过误差逆传播（BP）算法对神经网络进行训练。假定在训练样本集中有 K 组样本，BP 算法把以下权重 w 的二次函数 $J(w)$ 最小化：

$$J(w) = \sum_{k=1}^{K} J_k(w) = \frac{1}{2}\sum_{k=1}^{K}\sum_{n=1}^{N}(y_n^{out,m}(k) - y_n^{out}(k))^2 \quad (k=1,\cdots,K) \tag{6-58}$$

式中，$J_k(w)$ 是训练样本集中的第 k 个网络预测与测量值之间的方差；$y_n^{out}(k)$ 代表式(6-56)的预测值；$y_n^{out,m}(k)$ 是测量值（经下面 a 项归一化处理）。在每一次迭代步骤 p，新权重 $w_{ij}(p)$ 与偏差项 $b_j(p)$ 可通过最速下降法（steepest-descent algorithm）从先前值递归地求得：

$$w_{ij}(p) = w_{ij}(p-1) - \alpha\frac{\partial J(w)}{\partial w_{ij}} + \beta[w_{ij}(p-1) - w_{ij}(p-2)] \tag{6-59}$$

$$b_j(p) = b_j(p-1) - \alpha\frac{\partial J(w)}{\partial b_j} + \beta[b_j(p-1) - b_j(p-2)] \tag{6-60}$$

式中，常数 α 是学习速度，第 3 项是所谓动量项（$0<\beta<1$）。虽然后者不是纯最速下降算法的一部分，但它起加速收敛作用。从式(6-58)～式(6-60)可看出，训练样本集的每一样本对梯度的贡献与其他样本无关。

BP 算法的步骤如下：

a. 按式(6-61)和式(6-62)把训练样本集中的每一输入输出数据归一化：

$$y_m^{in}(k) = \frac{PV_{me,m}(k) - PV_{me,m}^{min}}{PV_{me,m}^{max} - PV_{me,m}^{min}} \tag{6-61}$$

$$y_n^{out,m}(k) = \frac{PV_{um,n}(k) - PV_{um,n}^{min}}{PV_{um,n}^{max} - PV_{um,n}^{min}} \tag{6-62}$$

b. 设迭代的数目 $p=0$。

c. 设所有权重 w 与偏差项 b 等于 -0.5 与 0.5 间的随机数。

d. 设 $k=0$，即挑取训练样本集的第 1 个样本。

e. 用 $y_m^{in}(k)$ 与式(6-53)和式(6-54)计算隐蔽节点的输出 $y_h^{hid}(k)$。

f. 用 $y_h^{hid}(k)$ 与式(6-55)和与式(6-56)计算输出节点的输出 $y_n^{out}(k)$。

g. 计算 $J_k(w)$，即用现有的权重与偏差计算训练样本集的第 k 个样本对目标函数的贡献：

$$J_k(w) = \frac{1}{2}\sum_{n=1}^{N}(y_n^{out,m}(k) - y_n^{out}(k))^2 \tag{6-63}$$

h. 测定训练样本集的第 k 样本对式(6-59)与式(6-60)中的权重与偏差项调节值的贡献：

$$\frac{\partial J_k(w)}{\partial w_{ij}} = -\delta_j(k)y_i(k) \tag{6-64}$$

$$\frac{\partial J_k(w)}{\partial b_j} = -\delta_j(k) \tag{6-65}$$

式(6-64)与式(6-65)对每一层的权重与偏差项均适用。$y_i(k)$ 是 w_{ij} 连接的开始节点的输出。误差项 $\delta_j(k)$ 是用以下方法计算的：

ⅰ. 对隐蔽层与输出层之间的权重及输出层的偏差项：

$$\delta_n(k) = [y_n^{\text{out},m}(k) - y_n^{\text{out}}(k)]y_n^{\text{out}}(k)[1 - y_n^{\text{out}}(k)] \tag{6-66}$$

ⅱ. 对输入层与隐蔽层之间的权重及输出层的偏差项：

$$\delta_h(k) = y_h^{\text{hid}}(k)[1 - y_h^{\text{hid}}(k)]\sum_{n=1}^{N}\delta_n^{\text{hid}\to\text{out}}(k)w_{hn} \tag{6-67}$$

式(6-64)～式(6-67) 是 BP 算法的核心，其名称是从这样的事实衍生的，即用于纠正隐蔽层与输出层之间的权重，式(6-66) 可通过式(6-67) 反向传播到隐蔽层，以估算前一层的误差函数。如网络具有 1 层以上的隐蔽层，式(6-67) 仍适用。

i. 设 $k = k + 1$，即选择训练样本集的另一个样本。

j. 如 k 小于 K，继续执行 e 以后的步骤。

k. 为了当前的权重与偏差项的组合，估算误差函数的值及其梯度：

$$J(w) = \sum_{k=1}^{K}J_k(w) \tag{6-68}$$

$$\frac{\partial J(w)}{\partial w_{ij}} = \sum_{k=1}^{K}\frac{\partial J_k(w)}{\partial w_{ij}} \tag{6-69}$$

$$\frac{\partial J(w)}{\partial b_j} = \sum_{k=1}^{K}\frac{\partial J_k(w)}{\partial b_j} \tag{6-70}$$

l. 若误差函数仍未收敛到设定值，设 $p = p + 1$，按式(6-69) 与式(6-70) 调节网络参数，继续运行 d 以后的步骤。

m. 网络训练完成。

自 1986 年以来，对基本的 BP 算法有过几次修改，以克服局部极小值或加速收敛。训练样本集的每一样本经训练后往往需对网络参数作调整，而不是等所有样本评价结束后再调整，但还没有一般的步骤可以决定隐蔽节点的数目。隐蔽节点数目的选择往往是为了在交叉验证中（而不是训练中）使预测误差减到最小。

除了状态估算，神经网络也用于故障探测与诊断，预测动态过程模型的分类与开发。为了进行动态建模，一阶循环网络（first-order recurrent network）在时间 t 时的输出层输出 $y_n^{\text{out}}(t)$ 可在时间 $t+1$ 时形成对隐蔽层的输入，其性能比上述介绍的前向网络更佳。

6.6.3.3 用观察器进行状态估算

根据控制系统理论，只要有适当的模型与输入是已知的，观察器便可在某一时刻从对一套变量的了解预测过程未来的性质。在 6.6.1.1 节描述的准则中 EVs 便起这种作用。这与观察器用来获取浓度估算值的经验是一致的。从图 6-14 可见，为了应用观察器，需要有两种过程模型。第一种模型描绘生物反应器的动态（BR，通常是质量平衡方程）和预测未来的 EVs（作为过去操纵变量 MVs 的函数），EVs 与 PVs。PVs 与 BR 相互作用，所以 EVs 通过内反馈 IFB 起关键作用。在图 6-14 中未显示 IFB，实际上已包含在 BR 模型中。第二种模型主要描述在一已知时间 PVs 对 EVs，即细胞生长的依赖性。

这些模型与真实过程平行运行，均受限于同一 MVs（例如，补料速率）和预测在时间 k 的 3 种类型的变量：①可测量的 EVs（如 DO 浓度）$\widetilde{EV}_{\text{me}}(k)$；②可测量的 PVs（如 CO_2 产生速率）$\widetilde{PV}_{\text{me}}(k)$；③不能测量的 EVs（如菌浓）$\widetilde{EV}_{\text{um}}(k)$。然后，前两类与过程实际测量值 $\widetilde{EV}_{\text{me}}(k)$ 和 $\widetilde{PV}_{\text{me}}(k)$ 比较。第二步，为了获得 $\hat{E}V_{\text{um}}(k)$ 与 $\hat{E}V_{\text{me}}(k)$ 估算值，按照预测值与实际测量值之差，用一增益变量 $K(k)$ 加权来纠正 EVs 的预测。此两步方法常称

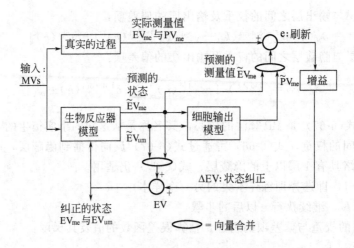

图 6-14 基于状态估算的观察器

为预测器-纠正器法，被广泛用于在线系统鉴别与适应性控制。初看纠正 $\widetilde{E}V_{me}(k)$ 似乎是多余的，甚至是误导。但必须认识到，$EV_{me}(k)$ 受模型误差干扰。$K(k)$ 的选择常表示模型精确度（有预测值代表）与测量精确度之间的最佳折中。故从统计学角度看，$\hat{E}V_{me}(k)$ 比 $\widetilde{E}V_{me}(k)$ 更接近真实值。增益 $K(k)$ 愈大，加在测量值上的权也愈重，加在模型预测上的权则愈轻〔参看下面的式（6-75）〕，$\hat{E}V_{um}(k)$ 与 $\widetilde{E}V_{me}(k)$ 的估算值在下一步被依次用作预测的基础。

卡尔曼滤波器是一种由卡尔曼（Kalman）提出的用于时变线性系统的递归滤波器。这个系统可用包含正交状态变量的微分方程模型来描述，**这种滤波器是将过去的测量估计误差合并到新的测量误差中来估计将来的误差。**

虽然状态观察器主要是用来估算不能测量的 EVs，其对应的 PVs 可通过应用第 6.6.2 节的方法或 BM 的模型从 EVs 估算值衍生 PVs。值得注意的是，被测量的变量数目不一定需要等于或大于状态变量的数目。实际上，在大多数实际应用中，系统的全部状态实质是可以从少量的可测量变量重建。除了需要有精确的模型，还需要有这样的状态重建条件，即所有状态变量对至少一种测量值（指用于观察器算法的修正器）具有直接的影响。

由于控制系统理论采用的术语与符号同第 6.6.1.1 节建立的准则有所不同，表 6-6 列举了在控制系统理论中常用的术语与符号及其在第 6.6.1.1 节的准则中的解释。在介绍卡尔曼滤波器之前，为了阐述其概念，曾在引言中介绍过一种观察器。用观察器所作的状态估算，由式(6-31) 表示的模型是不够的，因它不能预测 EVs 的未来值，即它没有任何动力学性质。故需要另一种模型来预测 $EVc_x(k)$：

$$c_x(k) = (1 + \mu T)c_x(k-1) \tag{6-71}$$

式(6-71) 是分批反应器中指数生长的一种大致离散的表达式。在很简单的情况下，MVs 不影响该过程。以下的算法列举了所有在线计算菌浓 $c_x(k)$ 的估算值：

（1）预测器

① 采用时间 $k-1$ 的估算值和 BR 模型或状态方程式(6-71)，可计算 EVs 或状态变量的预测值：

$$\widetilde{c}_x(k) = (1 + \mu T)\hat{c}_x(k-1) \tag{6-72}$$

② 采用 BM 模型或测量方程式(6-31)，可预测：

$$\widetilde{CER}(k) = p\hat{c}_x(k) \tag{6-73}$$

表 6-6　在控制系统理论中常用的术语与符号及其在第 6.6.1.1 节的准则中的解释

系 统 理 论	符　　号	第 6.6.1.1 节的准则
在时间 k 的状态向量	$x(k)$	带有在时间 k 的所有 EVs 的列向量
在时间 k 的测量向量	$y(k) = \begin{pmatrix} y_{PV}(k) \\ y_{EV}(k) \end{pmatrix}$	带有在时间 k 的所有在线可测量的 PVs 与 EVs 的列向量
在时间 k 的输入向量	$u(k)$	带有在时间 k 的所有 MVs 的列向量
状态方程	$x(k) = f[x(k-1), u(k-1)]$	用于描述 EVs 动力学的 BR 模型
测量方程	$y(k) = g[x(k), u(k)]$	用于描述所有 EVs 与可测量的 EVs 与 PVs 之间的关系的 BM 模型

(2) 修正器

① 将真实测量值与预测值比较：

$$e(k) = CER(k) - \widetilde{CER}(k) \tag{6-74}$$

在此例子中没有一种 EVs 是可测量的。否则，也可以计算 EVs 的测量值与预测值之差。

② 按所选的一种特别算法（例如卡尔曼滤波器）求观察器的 EVs。由于不同技术（确定性算法与猜测的算法观察器）的增益 $K(k)$ 算法有很大的差别，这里不具体介绍，可参看以下描述的卡尔曼滤波器算法。

③ 通过修正预测值 $\tilde{c}_x(k)$ 计算最终的 $\tilde{c}_x(k)$：

$$\tilde{c}_x(k) = \tilde{c}_x(k) + K(k)e(k) \tag{6-75}$$

式(6-72)～式(6-75) 可以合并形成一递归方程，用于计算 $\tilde{c}_x(k)$ 的估算值：

$$\tilde{c}_x(k) = [1 - K(k)p](1 + \mu T)\tilde{c}_x(k-1) + K(k)CER(k) \tag{6-76}$$

大多数 BM 模型是相当粗略的，因此，只在很有限的操作条件范围内起作用。为了扩展观察器的应用性，估算的变量的名单常扩大到不仅包括环境变量，也包含未知的、集合形式的或变化的模型参数（如比生长速率 μ），μ 往往与状态变量一起被测量。为了方便预测，通常假定这些参数是不随时间变化的。因此，式(6-77) 的 μ 可理解为：

$$\mu(k) = \mu(k-1) \tag{6-77}$$

一种可应用于非线性状态系统与测量方程的扩展卡尔曼滤波器基本方程：

状态方程：
$$x(k) = f[x(k-1), \mu(k-1)] + w(k-1) \tag{6-78}$$

测量方程：
$$y(k) = g[x(k), \mu(k)] + v(k) \tag{6-79}$$

式中，$w(k-1)$ 与 $v(k)$ 均为正常分布随机数目的序列，分别带有零平均与协变矩阵 $Q(k-1)$ 与 $R(k)$。w 是 f 的模型误差度量，而 v 代表与 y 有关的测量误差。

(1) 预测器

① 用在时间 $k-1$ 的估算值与状态方程式(6-78) 计算在时间 k 的状态的预测值 $\tilde{x}(k)$：

$$\tilde{x}(k) = f[\hat{x}(k-1), u(k-1)] \tag{6-80}$$

② 用预测的状态 $\tilde{x}(k)$ 与测量方程式(6-79) 来预测在时间 k 的测量值：

$$\tilde{y}(k) = g[\tilde{x}(k), u(k)] \tag{6-81}$$

③ 预测状态预测值 $x(k)$ 的协方差 $\tilde{p}(k)$：

$$\tilde{p}(k) = \phi(k-1 \rightarrow k)\hat{p}(k-1)\phi(k-1 \rightarrow k)^T + Q(k) \tag{6-82}$$

式中，ϕ 是线性化的，离散状态转换矩阵。ϕ 的元素 (i, j) 由下式得：

$$\phi_{i,j} = \partial f_i / \partial x_j |_{x(k-1)} \tag{6-83}$$

式(6-83) 规定用在时间 $k-1$ 的状态估算值评估 f_i 对 x_j 的导数。

(2) 纠正器

① 实际测量值与预测值的比较：

$$e(k) = y(k) - \tilde{y}(k) \tag{6-84}$$

② 卡尔曼滤波器增益 $K(k)$：

$$K(k) = \tilde{P}(k)C(k)^T[C(k)\tilde{P}(k)C(k)^T + R(k)]^{-1} \tag{6-85}$$

式中，$C(k)$ 是线性化测量方程矩阵，由下式得：

$$C_{i,j}(k) = \partial g_i / \partial x_{j|x(k-1)} \tag{6-86}$$

式(6-86) 找到模型预测准确度与测量不确定性之间的最佳平衡。

③ 通过预测值 $x(k)$ 的修正计算最终的 $\tilde{x}(k)$：

$$\hat{x}(k) = \tilde{x}(k) + K(k)e(k) \tag{6-87}$$

④ 计算修正的状态转换矩阵：

$$\tilde{P}(k) = [I_n - k(k)M(k)]\tilde{P}(k)[I_n - k(k)M(k)]^T + K(k)R(k)K(k)^T \tag{6-88}$$

修正的状态转换矩阵 $\tilde{P}(k)$ 的对角元素的平方根可大致指示状态估算值的准确度。

6.6.3.4 不同技术的评估

比较观察器中的真实与预测测量可以获得一些有关所用模型的有效性，以及状态估算值的准确性。它取决于计算增益 K 时所用的模型，在一定程度上考虑到未知的干扰与模型的误差，如测量噪声、错误的初始浓度、近似的动力学。若估算值用于反馈控制，此特性便很重要。偏差过大的估算值会导致（即使是完善的控制器的）永久偏离设定点。

除了人工神经网络，所有技术都提供若干标准来验证那些不可测量的参数是否真的可以估算。一般，这是指可观测性分析。元素平衡法与经验化学计量法足以显示某一矩阵具有满秩（full rank）性质。可以给观察器作类似的稍复杂的分析。在观察器中用于预测所需的动力学模型，通过模拟（随机最优控制）预测不同在线控制策略的效果，而直接重建表示严格的静态的关系或限制。虽然从技术观点看，观察器是优级的，但其设计与开发成本也较高，且在运行期间需要较强的运算能力。

6.6.4 积分与平均数量的计算

6.6.4.1 积分变量

通过把分批、补料分批或连续培养过程的补料速率、消耗速率或生产速率对时间的积分可以计算这些变量。例如，基质 i 消耗到现时的量，经积分得：

$$I_i = \int_0^t R_{i,\text{uptake}}(t)V(t)dt \tag{6-89}$$

式中，$t = 0$ 对应于发酵的开始（即 $I_i(0) = 0$）。在发酵结束时它们代表某些关键基质的总的周转。这类典型变量是 CO_2 生成总量，葡萄糖或 O_2 消耗总量等。尽管积分变量不具生理意义，它们确实提供有关整个培养进程的定量信息。这就是为什么有时利用它们进行过程控制。例如，在动物培养中用于控制 pH 的氢氧化钠总用量可用于启动分批阶段过后的新鲜培养基的流加。这种临时权宜策略被证明是对的，因缺少能代表细胞培养物真实状态的更为适合的测量方法。

6.6.4.2 平均变量

这类典型变量是过程的平均得率和产率。从相应的积分变量便可求得：

得率：
$$Y_{i/j}(t)=\frac{I_i(t)}{I_j(t)} \tag{6-90}$$

产率：
$$P_i(t)=\frac{I_i(t)}{tV(t)} \tag{6-91}$$

式中，i 和 j 分别代表产物和基质。通常这些变量是用于离线过程判断和优化，而不是用于在线过程控制的。常见用得率和产率来代表总的过程效率（在发酵放罐时计算的）。应强调的是，这两种数值均只有统计学上的意义。实际上没有理由限制其计算一定要在发酵结束时进行。这也可以在其整个培养周期的任一瞬间 t 进行，计算直到 t 时的平均得率和产率。

对时间的平均量变曲线显示出有比通常发酵结束时高得多的最大值。这才是该发酵过程必须结束的时候。这对结束时间的动态判断（基于事态，而不是时间来启动）或对事后剖析过程判断和计划是重要的。在线平均值的计算可结合多参数标准，提供一种在得率、产率和产物浓度之间的最佳选择。

6.6.5 生理状态变量的计算

先前提到过传统的生物反应器控制完全着重于 EV-MV 的相互关系，从而把培养物对生物反应器环境的影响当作仅仅是一种干扰。对 BM 和 EV 间的因果关系的更为清楚的了解将会显著提高控制性能。需要做的第一步是，鉴别细胞群体的状态变量特征。本节将提出如何从现有的测量数据来计算这类生理状态变量（PSVs）的方法。

图 6-11 显示 PSVs 的主要类群。大多数的 PSVs 是代谢速率（PV）与菌浓（EV）或两个代谢速率之比。一些新传感器的应用，例如入口装备有膜过滤装置的质谱仪、用于监测各种复杂物质的 FIA 和 HPLC 系统，会显著拓宽可测量的变量的种类，与此同时还提高了这些相当昂贵的仪器的使用率。

6.6.5.1 生理状态变量的分类

(1) 比速率 这是指消耗或生产速率与菌浓（活性催化剂的量）之比。其意义在于在反应器中的总代谢活性与菌量成正比。代谢速率变化本身是含糊的，因这可以是菌浓变化和/或代谢改变的结果。与此相反，比速率不会仅仅因菌量的变化而改变。因此，它可以提供一种更好的过程性质的指示。但是，以这种方式计算的比速率不具有纯粹的"生理"意义。例如，在葡萄糖限制的培养中低摄氧率可能不是生理原因，这也可能是补料速率太低造成的。通过分析比速率可以消除这些不确定性（见下一节）。在任何情况下要计算比速率就必须连续监测菌浓。利用激光光密度传感器技术现已能满足许多培养物生长监测的需要[49]。

两类代谢比速率被定义为：

① 比消耗速率（SiUR）

$$SiUR=\frac{化合物消耗速率}{菌浓} \tag{6-92}$$

这类典型的变量是比葡萄糖消耗速率（SGUR）和比氧耗速率（SOUR），又称为呼吸强度。

② 比生产速率（SiPR）

$$SiPR=\frac{化合物生产速率}{菌浓} \tag{6-93}$$

这类最常见的变量是比 CO_2 生产速率，又称为比 CO_2 释放速率（SCER）和比生长速率（SGR 或 μ）。终产物的比生产速率对一过程的经济评价是发酵过程的关键变量。

(2) 速率比（$\rho_{i/j}$）　用通式可以描述一大群变量的比例系数：

$$\rho_{i/j} = \frac{\text{化合物 i 的消耗(生产)速率}}{\text{化合物 j 的消耗(生产)速率}} \qquad (6\text{-}94)$$

实际上可将任何两种速率结合于比例系数中。有些是最普通的生物过程变量，而另一些不那么常见，但在适当的背景下它们仍携带重要的信息。按式(6-94)的分子与分母可区分三类比例系数：

① 消耗与消耗之比　在这种情况下 i 和 j 均为基质。例如，在好气葡萄糖限制培养中，可在线计算氧消耗速率与葡萄糖消耗速率之比（$\rho_{O_2/gluc}$），并且发现其可以提供许多有用的信息，但至今仍未推广应用。氨消耗速率与葡萄糖消耗速率之比（$\rho_{NH_3/gluc}$）可用于表征菌生长的效率。除非氨的浓度可以忽略，这种变量的计算需要一种氨传感器。

② 生产与生产之比　这类比例的典型代表是细胞生长速率与 CO_2 生产速率之比（ρ_{X/CO_2}），用于表示单位 CO_2 的释放，合成了多少菌量。同样，乙醇生产速率与 CO_2 生产速率之比（ρ_{EtOH/CO_2}）能可靠地监测乙醇发酵中的生理改变。

③ 生产与消耗之比　这些比例已知有微分、即时和瞬间的得率。例如，细胞生长速率与葡萄糖消耗速率之比（产物以葡萄糖为基准的生物量得率（$\rho_{X/gluc}$）；产物得率（$\rho_{P/S}$）；细胞生长速率与氨消耗速率之比（ρ_{X/NH_3}）。呼吸商（RQ），定义为 CO_2 释放速率与 O_2 消耗速率之比，是最为普通的，因现已有办法测量 OUR 和 CER，且在一些菌（如酵母）培养中发现 RQ 的明显改变。不应将微分得率与平均得率混淆。后者累积的标记，通常是在培养结束后计算的，用于定量生物过程的总效率。

(3) 潜在的消耗速率（PiUR）　连续培养的最普通的特征是在单基质限制条件下进行。这样做，其基质消耗速率等于补料速率。后者的任何变化均会诱导前者的变化。由此可见，现行的消耗速率和比消耗速率本身的信息不多，它们只是简单地反映外部条件的作用，而不是实际的培养物的状态。据此，细胞培养物的最大比稀释速率，简称潜在消耗速率（PiUR），因它与细胞状态的关系密切，且在一些培养中其变化特别大。

可惜并无直接的方法来计算在化合物 i 限制下的 PiURs。通过人工干扰，暂时忽视基质限制问题，可以测定 PiURs。因此，如在短时间（几分钟）内通过一次大量添加基质 i，使其浓度超过饱和浓度，则比消耗速率 SiUR 会达到其最大值（假定适应很快），由此提供一种 PiUR 的测定方法。此技术称为诱导干扰，曾用于氧限制的氨基酸发酵中测定潜在的氧耗速率，以及用于甲醇限制的细胞生产中潜在甲醇消耗速率的测定。但如应用于高浓度基质的过程，需留意其是否对细胞有害。诱导干扰法不适用于分析生产速率。有些物质的比生产速率应在估算一物质的 PiURs 期间同时测量，以便计算相应的速率比。

(4) 限制程度（DiL）　这些变量是由 PiURs 衍生的，可方便地提供 PSV 控制的设定点。其限制程度可用式(6-95)表示：

$$DiL = \frac{\text{化合物 i 的比消耗速率}}{\text{化合物 i 的潜在消耗速率}} \qquad (6\text{-}95)$$

DiLs 从区间 [0,1] 取值；完全限制对应于 0，而无任何限制则对应于 1。一限制程度控制器比比消耗速率控制器更为有效，因它把潜在的消耗速率考虑在内，而不需改变其设定点。这当然假定 PiUR 能被定期测量。

(5) 未来的 PSVs　毫无疑问，随着新测量装置的开发与推广应用，将涌现一些新的 PSVs。即使现在，有些传感器相当吸引人，但仍未获得充分研究。其中一例是培养基的电容与菌浓之比。电容传感器制造商声称该装置的响应与活菌量成正比，而由激光 OD 传感器测得的光密度与总细胞浓度有关。由此可见，其比值（电容/菌量）应代表培养物的存活率，这对动物细胞培养显得特别重要。不过，这种方法仍未确证，有待进一步研究。

其他生物量-比值可推荧光和生物发光测量，后者可用于研究重组体生物发光菌株的生理现象。如生理变化伴随着细胞形状和大小的变化，便需要在线监测这些数值。然而，现有的测量方法还不能胜任此任务。假定它与微生物的大小和形状有关，发酵液黏度与菌量之比曾用于表征和控制真菌发酵。

6.6.5.2　生理状态细胞水平级的监测方法

Schuster 发表了一篇有关生物过程方面监测细胞水平级生理状态的综述[50]。监控生物过程趋势的对象应反映菌的生理状态，这就要求被测的过程变量应具有生物学上的意义，以便将它们应用于生产菌的生理代谢控制策略上。现有的在线监测设施从培养液的变量获得大多数有关生理状态的间接信息。作者介绍的方法中直接分析微生物细胞以获得胞内变量的信息。此法以整体（单个或群体）细胞为对象分析其组分，以及作为某种生理状态标记的特殊化合物；以物理化学分离方法（色谱法、电泳）和化学反应分析方法分析细胞的元素与大分子成分；应用光谱分析法（质谱、介电吸收谱、核磁共振、红外与拉曼光谱）分析微生物细胞，见表 6-7；用化学计量法和充分利用光谱法与分离技术获得的大量数据来解析一些生理现象。用其中一些方法不仅可以获得微生物细胞群体信息的平均值，也可以得到亚群体的分布状况。

表 6-7　生理状态细胞水平级的监测方法[50]

方　法	分　类	主要结果	测量目标	
显微术与成像分析		形态	单个细胞	
流通式细胞计		群体分布		
拉曼(微-)光谱术	光谱术	化学模式	群体细胞	整体细胞
红外光谱术				
裂解质谱术				
核磁共振				
介电光谱术				
特殊分析	化学分离或反应性分析	元素组分	细胞组分	
特殊分析		大分子组分		
层析		脂质模式		
电泳		蛋白质模式		
特殊分析		小的关键代谢物	特殊化合物(标记化合物)	
特殊分析或 mRNA 印迹		酶活		
电泳或 mRNA 印迹		应力标记物		

生物过程控制的主要目标是过程的优化，这需要掌握有关过程与生产菌种的特性。简单的过程只凭实践经验便可以掌握；过程越复杂越难以用过程参数与控制策略上的经验来优化。先进的方法用一套与菌的状态有关的过程变量来描述菌的生理变化，过程控制就是要保持这种状态在所需范围内。所用的过程变量应具有生物学上的意义。此外，它们应在不干扰菌的代谢和不会导致污染的条件下，从在线实时可测量变量中衍生。这便是非干扰性监测的概念。

生理状态纯粹是一种在线可测量变量的矢量。问题是在线很难获取胞内代谢变化的信息，对胞内的代谢网络没有引起足够的重视。作者认为，生理状态可以看作是代谢网络活性的某种背景（setting），它造成一种基质消耗与产物形成的特征模式，这种模式在同一种菌中因背景不同而异。在不同条件下这类背景和迁移的著名例子有：酵母细胞周期的生理进程，在高基质浓度下的溢流代谢，重组蛋白生产的诱导，或次级代谢途径如抗生素生产的诱导作用。

6.6.5.3 生理状态控制结构

图 6-10（6.6.1.1 节）显示常规控制器只与 BR 构成回路，未将 BM 包括在内。因 PSVs 提供有用的信息，将 PSVs 包含在控制回路内有可能改进控制系统的性质。基于现代控制理论的控制结构已在 6.2～6.5 节中讨论过，以下将介绍三种不同方法：

(1) 直接 PS 控制　在这种情况下，把附加的控制回路从 PSVs 直接连接 MVs，后者并未参与局部（现场）回路，见图 6-15。目前试图以这种方式控制分立的 PSVs，而无任何明显意图来处理培养物的积分 PS。用补葡萄糖的速率（GFR）可控制比生长速率和 RQ。PSVs 通常作为独立的变量，故其控制器与现场控制器很相似，虽然它将过程的两个部分连成回路。

迄今还没有一种系统能同时监测和控制几项 PSVs，从而能精确地处理培养物的 PS。其发展需要一种准确的过程数学模型，但由于 BM 的复杂性，难以获得这种模型。并且，控制器需要复杂的逻辑运算，只用常规形式的算法是难以表达的。现场控制器和 PSV 控制器各自独立工作，分别控制环境变量（EVs）和生理状态变量（PSVs）。

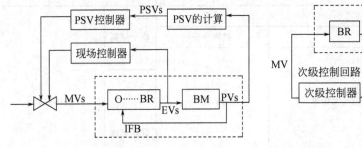

图 6-15　直接生理状态控制

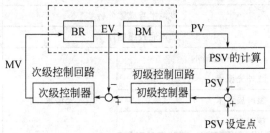

图 6-16　生理状态变量（PSV）的级联控制
初级控制器的输出为次级控制器提供设定点，以控制
环境变量（EV），从而决定所需的 PSV

(2) 级联 PS 控制　图 6-16 所示的级联控制可大大促进 PSV 的严谨控制，只要能满足有关过程动力学的某些需求。这两种控制器的技术都是可应用的，如 MV 被用于控制一 PSV，而后者又主要取决于一 EV。PSV 控制器（即初级控制器）并不直接设定 MV，但提供次级控制器的设定点。后者将此值与 EV 当前值比较，然后对 MV 作相应的调节。

在 PS 直接控制里，PSV 设定值是唯一需要用户指定的。除了用两次测量来指导一 MV，从而更好地利用现有的信息，此配置能在它们影响 PSV 前克服在 EV 上的干扰。但这只有次级回路的动力学比初级的快得多才是可行的。在运行级联控制前，必须仔细检查此要求，如此要求得不到满足，此系统的稳定性会降低。

(3) 管理 PS 控制　图 6-17 显示另一种结构的控制系统，用于监测和控制培养物的 PS。

与第一种方案相反，该系统是按等级组成两个水平，高一级的水平清楚地鉴别 PS（利用现有的 PSVs 数值和趋势）和以此为基础，监督低一级控制的活动。典型的监督命令是控

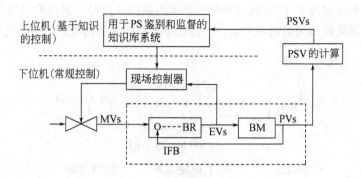

图 6-17　监督性生理状态控制

PSVs 是知识库系统最高层次的输入。PS 经鉴别后，此系统调节设定点和
现场控制器（负责低水平的环境变量的控制）的参数

制算法的活化/钝化（控制策略的改变），设定点的变化，和/或控制算法参数的分析。由于涉及 PS 鉴别方法的复杂性和它的非正式的知识密集的特点，特别青睐基于知识的和/或模式识别技术对较高层次的设计。另一方面，较低层次的系统只进行标准控制，可用传统的控制技术进行设计。它由各标准控制器（如温度、pH、DO 等）和若干其他依情况而定的控制器组成，并由计算机执行。所有这些都必须能够解释上述的监督命令。这种非直接的 PS 控制结构可用于建立发酵过程的新的高性能和灵巧的控制系统。

6.6.5.4　整合转录轮廓与代谢物轮廓信息指导发酵生产过程

Askenazi 等研究了转录轮廓与代谢物轮廓关联，并用于指导洛伐他汀（lovastatin）产生菌（真菌）的生产过程[51]。在此扼要介绍如下：

微生物是代谢物和酶的宝贵资源，它们对许多生物制品，包括药物与药物前体的生产至为重要。此外，由微生物产生的生物合成酶类是新的和高度立体专一性的催化剂的丰富资源。为了充分实现以代谢工程指导工业菌种的开发，有必要建立一些灵活的方法来了解代谢物的遗传控制，以指导高产的工艺路线[52~54]。

建立综合性估算基因表达的方法有可能了解整体基因表达模式与特殊代谢物生产之间的关系。作者描述了一种称之为关联分析（association analysis）的方法，用于简化代谢轮廓数据的复杂性，以便鉴别哪些基因表达同代谢物的生产最紧密地关联。重要的是，关联分析可用于所有生物系统，包括工业用途的生物，其基因组序列的信息往往是有限的。

关联分析曾用于测定与洛伐他汀和（＋）-地曲霉素产率关联的基因表达模式［图 6-18（a）］，这两种次级代谢物是由丝状真菌土曲霉生产的。洛伐他汀是强效的羟甲基戊二酸（单）酰基辅酶 A（HMG-CoA）还原酶的抑制剂，可用于临床减少血清中的胆固醇浓度。（＋）-地曲霉素是由蒽醌大黄素（emodin）衍生的，它是许多天然产物的生物合成中的中间体。土曲霉是洛伐他汀和其他具有生物活性的天然产物的重要菌种，对土曲霉工程菌相关背景的应用研究，使关联分析在指导理性化菌种改良方面取得成功。

(1) 代谢物组与基因表达数据组　为了进行关联分析，需要不同水平的各种代谢物和整体基因表达模式的数据组。据此，将一些土曲霉菌株进行基因改造，以获得不同生产水平的洛伐他汀（表 6-8）。将这些菌进行基因工程改造，以揭示那些涉及洛伐他汀合成的基因，例如 *lovE*[55,56]；或编码那些明显调节次级代谢的蛋白，例如 *creA* 和编码 Gα 蛋白的基因 *fad*A、*gna*B、*gna*3、*gpa*1 和 *gna*1[57,58]；或通过基于酿酒酵母中的报告基因的遗传选择表达的那些基因，即被鉴别为从酵母 *FLO11* 启动子促进表达的基因。此外，通过特殊氨基酸置换或通过转录因子与转录活化区域的编码序列结合，表达形成一些使蛋白表达增强的突变体。

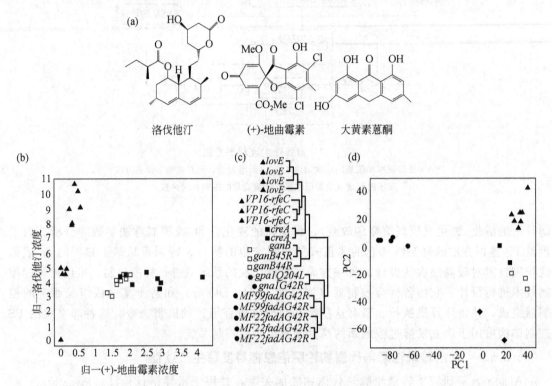

图 6-18　代谢与转录多样性的特征[51]

（a）洛伐他汀、（＋）-地曲霉素和大黄素蒽酮（emodinanthrone）的化学结构；（b）洛伐他汀、（＋）-地曲霉素单位的分散标点，以相关参比菌株的平均单位进行规一化，见表 6-8 的参比菌株；（c）转录分布数据组的阶组聚类（同皮尔逊关联系数平均连锁）；（d）通过对同样数据组的主成分分析（PCA）的应用产生的第一和第二成分数据的分散标点

用高压液相色谱（HPLC）、电喷质谱仪（MS）分析次级代谢物的浓度。除了洛伐他汀和有关的红曲菌素，次级代谢物简要鉴别了各种（＋）-地曲霉素相关的化合物，对照菌株的（＋）-地曲霉素本身是培养液中最为丰富的次级代谢物。用 NMR 光谱仪证实此化合物的特性。工程菌的洛伐他汀和（＋）-地曲霉素的相对浓度列于表 6-8。

表 6-8　工程菌株与对比菌株的代谢物的相对浓度[51]

转录体数目分布	工程菌株	对比菌株	洛伐他汀相对浓度[①]	地曲霉素相对浓度[①]
4	MF22＋lovE(MF99)	MF22	9.28	0.42
3	MF22＋VP16-rfeC	MF22	4.89	0.12
2	MF22＋rfeH	MF22	3.00	未测
2	MF22＋creA	MF22＋控制性载体	4.16	2.66
1	MF22＋ganB	MF22＋控制性载体	4.44	1.95
1	MF22＋gan3^{G44R}	MF22＋控制性载体	4.07	1.62
1	MF22＋ganB^{G45R}	MF22＋控制性载体	3.18	1.43
1	MF22＋gpa1^{Q204L}	MF22	＜0.13	＜0.02
1	MF22＋gna1^{G42R}	MF22＋控制性载体	＜0.16	＜0.06
3	MF22＋fadA^{G42R}	MF22	＜0.13	＜0.02
2	MF99＋fadA^{G42R}	MF99	＜0.07	＜0.05

① 代谢物的平均分子浓度，从对比菌株和工程菌株中用 HPLC 测得的。相对浓度为工程菌相对于相应参比菌的平均比例。

为了鉴别与洛伐他汀和（＋）-地曲霉素或两者的生产关联的基因表达，应用了从每一组被操纵的菌株衍生的代表性转化子，从72个发酵样品中取得转录分布图。由于现成的土曲霉的基因组的序列信息有限，Askanazi等建立了一种基因组碎片微阵列方法来检测全基因组的表达模式[51]。具体地讲，用大小为2kb的任意基因组碎片构成大约由21000个单位组成的微阵列。此外，在此阵列中还包含先前提到的土曲霉基因，如编码洛伐他汀生物合成组分的基因。这些阵列被用于构成由21个洛伐他汀生物合成水平高和低的菌种组成的和由19个不同（＋）-地曲霉素水平组成的分布图。

图 6-18 提供用上述菌种取得的代谢物和转录分布图。不同基因的超表达的结果得到不同的洛伐他汀与（＋）-地曲霉素的生产模式［图 6-18（b）］，由此说明这些基因是通过不同的作用机制引起代谢的响应。转录分布数据组的分级聚类［图 6-18（c）］说明显示同样的代谢物分布的菌株有类似的转录分布。例如，产生高水平的洛伐他汀和低水平的（＋）-地曲霉素群集在一起，而产生这两种低水平的代谢物的菌种是各自群聚的。主成分分析（PCA）［图 6-18（d）］有助于测定几种线性基因组合，这解释了数据组中的大部分变化，有利于进一步了解能辨别各种菌种的基本变量。前两个组分（PC1，PC2）占总数据组变化的61％。受 FadA（在结构上具有活性形式）的超表达高度影响的基因可以最好地解释PC1 的变化。许多受影响的基因也参与次级代谢。PC2 的分布阐明了洛伐他汀的生物合成基因是这些数据组的重要部分变化的原因。作者在总体转录响应（通过聚类和PCA）的初步研究阐明了转录数据中具有生物意义的变化。然而，这也说明此变化的一大部分同洛伐他汀与（＋）-地曲霉素的研究的那些次级代谢物并无直接关联，因此需要更为直接的分析方法。

(2) 关联分析　用组合的代谢和转录数据组进行关联分析。次级代谢物与转录数据组用从工程菌与参比菌取得的比值表示。随后采用两种统计方法来定义反映杂交元素（elements）与次级代谢物水平的基因之间的关系。在第一个方法里，从转录分布比值和代谢物比值计算皮尔逊积矩相关系数（Pearson product-moment correlation coefficients）。为了避免所得关联值中有些数据点不在范围内的影响，还采用了另一种关联方法，即用对每一种工艺专一的变换技术将两种数据类型变换成简化的顺序表达式，然后把标准分类数据分析方法应用于对检测有重要意义的关联。

在顺序方法中基因表达比值被归类为增长、不变和下跌。比值的重要性是以存在于"自行"试验（见试验规程）的比值的相似比率的可能性定义的。由于转录分布比值差异（变量）在信号强度范围的低端增大很多，作者把基因表达显著改变的比值定义为其信号强度的函数。对于代谢物的测量，HPLC 为基础的方法在检测样品与样品间的微差异上足够稳健和敏感。其次，给每对数组元素和代谢物计算 Goodman 与 Kruskal 伽玛系数（相关系数）。由伽玛系数表示的检测到的绝大部分元素同代谢物生产的关联也存在于由皮尔逊关系式产生的较大的元素组。因此，对这些数据组，用顺序或连续表达式的关联方法聚集于公共元素组上。

人们可以从许多表示表达模式的微阵列元素获得测序信息，这些模式同洛伐他汀或/和（＋）-地曲霉素的生产关联。在测序之后进行同源性搜索和重叠群分析结果，发现具有同样表达模式的多克隆含有重叠的序列。表 6-9 总结了关联分析的结果，这些分析展示具有与已知序列（指由具有与洛伐他汀或/和)-地曲霉素的正生产关联的表达元素编码的，$p < 0.05$)同源的蛋白。

表 6-9　编码与洛伐他汀或/和（＋)-地曲霉素的生产正向关联的元素的蛋白[①][51]

类　别	洛伐他汀和(＋)-地曲霉素	洛伐他汀	(＋)-地曲霉素
洛伐他汀生物合成的蛋白簇	LovA(细胞素 P450,单加氧酶)LovC(烯酰还原酶)	LovB(九酮化物 PKS),LovD(酯基转移酶),LovF(二酮化物 PKS),LvrA（HMG CoA 还原酶),ORF2,ORF5,ORF10（ABC转运蛋白),ORF17(单加氧酶)	
阐述过的和预测的(＋)-地曲霉素生物合成蛋白	双氢地曲霉素氧化酶,大黄素蒽酮 PKS,黄素结合单加氧酶,卤化酶,O-甲基转移酶		
附加的次级代谢物生物合成蛋白	米曲霉二甲代烯丙基-环乙酰-L-色氨酸合酶,真菌色素/真菌毒素 PKS,真菌毒素同系物/Lov/细菌的 PKS,N.haematococca 植保菌脱甲基酶(细胞色素 P450,单加氧酶),酚水解酶,水杨酸水解酶	真菌非核糖体肽合成酶	与 DOPA4,5-双加氧酶有关的 B.fuckeliana 蛋白
脂肪酸代谢	乙酰-CoA 氧化酶,C-14 甾醇氧化酶,溶血磷酯酶	Δ-12 脂肪酸去饱和酶	乙酰-CoA 脱氢酶
硫同化与甲硫氨酸生物合成	腺苷半胱氨酸酶,高丝氨酸 O-乙酰转移酶,O-乙酰高丝氨酸（硫醇)-裂合酶		
其他初级代谢蛋白	甲酸脱氢酶,丝氨酸羟甲基转移酶		转醛醇酶
糖的利用	几丁质去乙酰基酶	α-糖苷酶（麦芽糖酶),糖原磷酸化酶	
ABC 转运蛋白	粗 糙 脉 孢 霉 Yor1,V.inaequalis Abc1		氨基酸透酶
蛋白酶	碱性蛋白酶(弹性蛋白酶)	羧肽酶 Y	
孢子形成		粗糙脉孢霉协调特异蛋白,粗糙脉孢霉 Pro1	
转译	rDNA,多核糖体蛋白		
编码几种酶邻近基因(可能是次级代谢物生物合成基因簇)	AMP-结合蛋白（NRPS/CoA 合成酶),真菌异木霉素 C-15 羟化酶,短链醇脱氢酶,酿酒酵母 YOL119c 单羧酸透酶		
其他	酸性磷酸酯酶,B.graminis Qde2,细胞色素 b5 还原酶,真菌 Cot-1Ser/Thr 激酶,谷胱甘肽-S-转移酶,GMC氧化还原酶,组蛋白去乙酰酶,AflR同系物,凝集素,粗糙脉孢霉有待证实的蛋白,NADPH,醌氧化还原酶,钾转运蛋白,非常可能的生物素-蛋白连接酶	醛脱氢酶,酿酒酵母 Gpr/Fun34 家族蛋白,酮还原酶,草酸脱羧酶,带 RNA 结合区的肽基脯氨酰基-反异构酶,钾转运蛋白,Rel-关联的 pp40,粟酒裂殖酵母待证实的蛋白,UbcM4-互作用蛋白 83,遍在蛋白类蛋白,耐钒酸盐蛋白(可能的甘露糖转运蛋白)	米曲霉 EST,芳香氨基酸氨基转移酶,亲环蛋白类肽基脯氨酰基顺-反异构酶,Rho1GTP 酶

① 所有列出的蛋白（或这些蛋白的同系物）是由存在于洛伐他汀或/和（＋)-地曲霉素关联元素的基因编码的（p＜0.05,用伽玛或关联系数计算)。

　　作者归纳了关联分析具有以下的作用:①揭示次级代谢物生物合成的基因簇和生物合成机制,鉴别那些被预测或已知编码次级代谢物生产的合成酶的基因;②提高现有代谢工程的技术,使易于发现新的生物合成基因,开发那些可以解除特殊生物合成途径协调控制的合理工具;③揭示关键的代谢趋势,即分析与次级代谢物生产相关的基因表达模式和提供促进次级代谢物生物合成应有的生理状态;④建立合理的代谢工程策略,即与代谢工程关联的基因可以作为代谢工程的有用工具。例如,来自洛伐他汀关联的基因的启动子序列可用于建立基于报告基因的育种,以迅速鉴别洛伐他汀高产菌株。

6.7 基于模式识别技术的新方法

6.7.1 模式识别的好处

大多数模式识别系统的应用已有一些年头，并在其他领域（如图像分析）得到充分的发展，计算机和先进的分析仪器大大提高了常规方法收集的数据的质和量。因此，模式识别技术得到重视，用此技术有望从这些数据获得有用的信息，且其成本低于机械模型。

应强调的是，由模式识别的数据分析的整个概念是基于这样一种假定，即显性但隐藏胞内过程的影响可从测量变量中反映出来。形象化地讲，**模式辨识能帮助检测已在数据中存在的东西。它提供一种一致的、合理和定量的方法来进行过程诊断和数据解释，能处理大量的数据。**

本节先以普通方式列举若干有前途的新方法——形状和趋势分析谱和有约束的鉴别是这些方法的基础，然后对过程监督和控制所作的实时形状分析作更详细的描述，以介绍模式辨识是怎样工作的。

6.7.2 模式识别方法与数据分析

有经验的操作工和工程师根据批报中各参数变化曲线的特征来判断趋势分析过程的动向和特性。前者可能注意 OUR 高峰的出现以便启动补料；而后者可能从 DO 浓度特征的有无（例如，是否出现耗竭取决于补料速率）来判断过程的优化状况。它们以随时间的量变曲线或其中一部分来诊断、分析、比较和区分不同的分批和补料分批过程或改变操作策略（如高、低补料速率）对过程的影响。

(1) 趋势检测 通常，基本特征性趋势必须从有噪声的信号中提取，其噪声包含测量上的两种随机的不确定性；一种源自测量过程的；另一种是信号，虽然真实但变化很小，无特殊意义 [见图 6-19(a)]。小波分析提供一种非常一致的和严密的解决问题的方法[59]。多项式拟合是一种不那么复杂、更为实际和启发式的方法。

(2) 特征提取 必须定义和提取一种重要特征，即能描述（以一种方便和独特的方法）检测到的趋势 [图 6-19(b)]。一种办法是将信号分解成节，在这两节之间，第一和第二与时间有关（>0，=0，<0）的导数符号不会改变。考虑到如第一导数为零，第二导数总是零，将存在 7 种不同的组合，见表 6-10。具有相同符号的节被赋予相同的标签或特征（例如字符 A、B …）。因此，每一批的特征用一串字符描述，这些字符表示一系列的具有不同特征的节（例如，A、B、C、D、F 和 G）。

必须强调的是，此方法不限于定性特征，因对节的描述也可以包括定量信息，这些基本节的联合（例

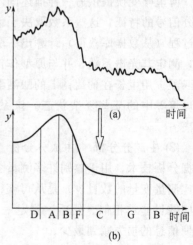

图 6-19　趋势分析与特征提取
(a) 步骤 1，稳定趋势的测定；
(b) 步骤 2，特征提取（节）

如，"经过最高点"对应于 B 和 C），用于表征和描述事态发展，并采用一种所谓特征形状的文库。例如，表 6-10 中出于在线监控目的，实时测定定性和定量特征，并将它们与那些具有特定性质，如具有特殊故障的批号的历史数据库进行比较。其目标在于寻找最佳的或充分的匹配，由此可得出有关现行过程状态的结论。对一后验分析（a-posteriori analysis）或过程评价，从几批分批或补料分批试验中提取特征，这些批号在模型性质（如操作策略和最终的得率和产率）上是不同的。那么，在各不同性质的批与批间，可用决策树来鉴别具有最大判断能力的特征，并假定这些特征实际上是过程的不同结果造成的。

表 6-10 用于特征提取（取决于与时间有关的信号 y 的第一和第二导数的符号的）的定性特征的定义

偏导数	特征 A	特征 B	特征 C	特征 D	特征 E	特征 F	特征 G
$\partial y / \partial t$	>0	<0	<0	>0	>0	<0	$=0$
$\partial^2 y / \partial t^2$	<0	<0	>0	>0	$=0$	$=0$	$=0$

图 6-20 显示出一简化的例子。有 5 个"好"发酵，和 3 个"坏"发酵。每次发酵都用两个特性 f_1 和 f_2 表征（例如，维生素浓度和补料速率）。如用 f_1 来判断"好"与"坏"，这种归类方法不如 f_2。因此，f_2 被认为是更典型或更能反映观察到的结果的差别，即补料速率是一种更加重要的参数。

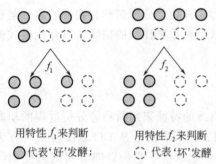

用特性 f_1 来判断　　用特性 f_2 来判断

● 代表'好'发酵；　○ 代表'坏'发酵

图 6-20　用决策树来比较特性 f_1
和特性 f_2 的判断力

对一些具有许多其结论不清晰的特性的问题，可用几个层次的决断，并按其判断力为每次决断计算运行程度。通过仔细选择所分析的变量的类型，可以达到不同的目标。为了评价过程，显然，宜包括 MVs 以获得最佳操作策略。此方法曾成功地应用于建立适用于复杂工业补料分批发酵的详细而不难实现的规则。

傅里叶变换提供另一种描述固定长度的随时间的量变曲线的方法。此法用其光谱系数来区分信号的特征，这些系数取决于信号的相应频率。使用历史性数据可以给每一种类型的发酵过程（从数据库获得）计算出一套光谱系数。这些成套系数代表所谓原型。如获得新的数据，测定其光谱系数，并与原型作比较。将新数据赋值于发酵类型，提供光谱系数之间的最佳匹配。用生长在葡萄糖上的酿酒酵母连续培养物来研究该方法的性能。该算法能正确识别酵母培养中的某些复杂状态。该系统还能检测传感器的故障，将其从整个过程的图像中隔离。

(3) 主成分分析　　主成分分析（PCA）的应用是一种完全不同的方法，它是一种多变量数据分析技术，用于鉴别许多测量变量之间的线性关系。在第一步中，主成分的数目 d（通常比测量变量的数目少）是从可获得的试验数据测定的，这一步与测定经验化学计量模型的反应数目非常相似。然后，测定一套新的较少的变量，用于代替原来的测量的变量（d），而使信息的损失减到最少。

为了阐述此方法，假定测量了 OUR、CER、基质消耗速率 SUR 和 DO，并发现主成分或因子的数目为 2（$d=2$）。那么，用主成分 1（z_1）和主成分 2（z_2）的线性联合可以代替表征每一种测量，例如：

$$OUR(k) = \alpha_1 z_1(k) + \alpha_2 z_2(k) \tag{6-96}$$
$$CER(k) = \beta_1 z_1(k) + \beta_2 z_2(k) \tag{6-97}$$
$$SUR(k) = \gamma_1 z_1(k) + \gamma_2 z_2(k) \tag{6-98}$$
$$DO(k) = \delta_1 z_1(k) + \delta_2 z_2(k) \tag{6-99}$$

式中，α、β、γ 和 δ 是由 PCA 测定的常数。虽然 z_1 和 z_2 不含物理意义，但它们大多数保存原来变量的可变性。因此，可用它们代替原有的变量，用于过程监督等用途上或只用于显示发酵数据。在投影空间 (z_1, z_2) 出现相似过程批号的分类归并（clustering of runs）与形成过程的样式可作为过程诊断的基础。

应注意的是，测量变量不是完全独立的，因它们必须满足式（6-96）～式（6-99）的要求。对一已知任何时间 k 的 $OUR(k)$ 和 $CER(k)$ 值，需测定 $SUR(k)$ 和 $DO(k)$ 的大致数值，反之亦然。假定过程遵循标准行为，这些限制只要还起作用，便可用于建立过程监督计划。

6.7.3　用于监控的时序的量变曲线分析

典型生物过程控制系统的时间限制在很窄的范围（图 6-21）。在大多数情况下使用的只有过程变量的当前值。这种方法能维持 pH、温度和 DO 于固定的设定点，但不能解释过程性质和用现有数值进行监督。为了检测和解释复杂的生理现象，控制系统应能维持时序量变曲线或过程变量在足够长的时间内的趋势。

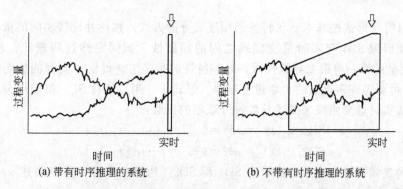

(a) 带有时序推理的系统　　　　　(b) 不带有时序推理的系统

图 6-21　基于知识库的控制系统的时间范围带有和不带有时序推理的比较

现行的生物过程控制系统在处理现有的数据方面是相当好的，但它们不能处理趋势或历史信息。如能获得一套一致的特征，让控制系统利用历史数据便可以显著拓宽其范围，更可靠地解释整个工厂的运行状况。实际上，具备这种能力是任何高度变动的复杂环境所必不可少的条件。

Konstantinov 等曾定性描述生物过程变量的时序形状[60]。这种算法是为基于知识的实时系统（专家系统）特别设计的。它是一种独立的前端（front-end）方法，提供一种能携带指定变量的时序形状的推理机（inference engine）。此算法的效率很高，在性能较低的计算机上也能应用。

此法通过以下普通形式处理规则的能力来提高专家系统的效率：

$$\left[\begin{array}{l} \text{如} \\ \\ \text{则} \\ \text{（结论）} \end{array}\right. \qquad (\text{时间间隔} \quad \text{变量} \quad \text{形状描述器}) \left.\right] \tag{6-100}$$

式中，时间间隔指过程历史的某一阶段 (t_1, t_2)。变量是某一过程的变量，和形状描述器是指时间量变曲线的期望模式。这种规则可用下式表示：

$$\begin{bmatrix} 如 \\ (在前 2h，RQ \ 已通过高峰) \\ 时间间隔 \quad 变量 \quad 形状描述器 \\ 则 \\ (结论) \end{bmatrix}$$

通常，t_2 的正确边界与当前时间重叠，即其推理是追溯到最近的过程历史。左边的时间边界 t_1 可被指定为显式或者是有关过去的某一事件。形状描述器可能指定简单的趋势，或更复杂的形状。每次规则可联合数个事实，提供巧妙的逻辑，用于捕捉和处理复杂的现象。每一事实的特征最终用确定性的程度 $dc(\varepsilon[0,1])$ 来描述，这可以显示已知事实在时间 t_2 真实的程度。

dc 的计算需要引入一适当的步骤 P，用于指定一 dc 给出一事实：

$$dc = P(事实) \tag{6-101}$$

借推理机制，估算的 dc 可用于计算（各）相应规则的条件的确定性程度。为了推导 dc，提出了一种方法用于评价一已知过程变量在某一时间间隔 (t_1, t_2) 的时间量变曲线之间相似性，并采用形状描述器以语言方式来表示所期待的时间量变模式。形状描述器从模板形状文库（例如"增加""凸形降低""通过高峰"等）提取其数值，储存到计算机中，参看图 6-22。

通过（以符号形式按基本形状特征的顺序成分的方式）描述并比较实际的量变曲线和文库形状，定性研究文库与实时量变曲线之间的相似性。如同定性过程理论，使用在间隙 $[t_1, t_2]$ 的变量的第一与第二导数符号。这些特征的顺序组合提供一大套的量变曲线（参看图 6-22），这可覆盖许多现有的生物过程形势。形式上，用运算符 SD1 和 SD2 分别作为第一和第二导数从实时量变曲线来描述导数符号顺序的提取：

$$SD1[x_j(t)] = sd1 = (+, -, \cdots) t\varepsilon[t_1, t_2] \tag{6-102}$$

$$SD2[x_j(t)] = sd2 = (+, -, \cdots) t\varepsilon[t_1, t_2] \tag{6-103}$$

这可分别转换连续变量为连续字符号串 SD1 和 SD2。用这些字符串可以描述 $x_j(t)$ 的定性形状（图 6-22）。

$$qshape[x_j(t)] = \{SD1[x_j(t)]; SD2[x_j(t)]\} = \{(+, -, \cdots); (+, -, \cdots)\} t\varepsilon[t_1, t_2]$$

$$\tag{6-104}$$

因此，两个时间形状被认为定性相等，如这两 qshape 一致。分析方法先实时提取间隙 $[t_1, t_2]$ 的 sd1 和 sd2，然后将它们与形状文库作比较。文库形状的特征串 sd1 和 sd2 以相同的字符形式（参看图 6-23）储存于计算机的记忆中。确定性程度 dc 代表一种现实和文库形状的方法、转换成定性形式和顺序实行 dc 的计算。

由于推理机的响应时间对在线应用总嫌不够快，曾提出一种快速算法，即使在超载多任务的情况下，其响应时间也能够用。方法的第一步是用一正确的分析函数 $x_j^*(t)$ 在间隙 $[t_1, t_2]$ 内对变量 $x_j(t)$ 进行估算。这需要：①提供一方便的模型用于后来的分析；②减少噪声；③从现实的量变曲线消除非主要的（附加的）细节。然后用分析方法从 $x_j^*(t)$ 提取由 $x_j(t)$ 的定性表达式之间的相似性的度量。如图 6-24 所示，对 dc 的评价是由三个模式组成的，近似模型 qshape 组成的特征字符串 sd1 和 sd2。最后，计算此事实相应的确定性的程度 dc。

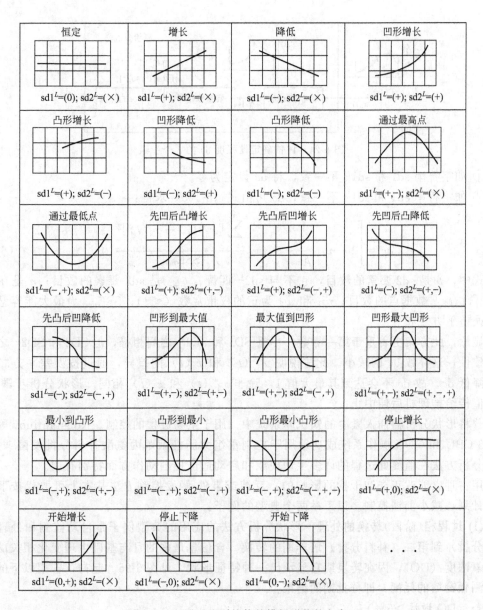

图 6-22　用于鉴别趋势的模板形状的文库

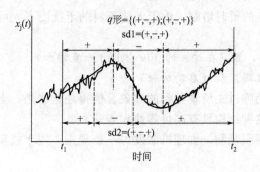

图 6-23　序列萃取的例子

连续时间的 t_1 与 t_2 间的量变曲线被转化为 sd1 与 sd2 表征的定量形状

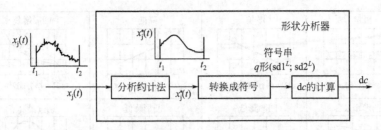

图 6-24　评估确定性程度 dc 的 3 个步骤

① 如字符串 sd1 和 sd1^L 不一致，将 dc 设定为零。

② 如字符串 sd1 和 sd1^L 不一致，dc 可由式（6-105）求得：

$$dc = \left[1 - w_1 \frac{p}{p_{max}} - w_2 \frac{\sum_{i=1}^{n} [x_j^*(i) - x_j(i)]^2}{SSE_{max}} , 0 \right] \qquad (6\text{-}105)$$

式中，p 是 sd2 要素的数目，它不与 sd2^L 匹配；p_{max} 是 sd2 要素的数目；n 是在时间间隔 $[t_1, t_2]$ 数据点的数目；w_1 和 w_2 为正的权重常数（<1）；SSE_{max} 为最大能容忍的偏差（误差平方之和）。

显然，此方案更着重于第一导数。尽管 SD1 和 SD1^L 之间相符，但 SD2 和 SD2^L 之间缺乏一致性，这导致 dc 的减小。此法说明 $x_j^*(t)$ 和 $x_j(t)$ 的差异，通过按误差平方之和的比例降低 dc。故 dc 不会达到其最大值 1，除非 $x_j^*(t)$ 和 $x_j(t)$ 相同。形状分析步骤将 dc 计算值传给推理机后便中止。

曾将形状分析器插入紧凑的知识库系统中，用于生物过程的控制。Konstantinov 等曾将 80286 CPU 和 QNX 操作系统成功地用于控制重组大肠杆菌苯丙氨酸补料分批发酵[61]。此形状分析方法在监测此过程的许多生理现象和启动适当控制动作方面特别有用。

用一种（能改正未知干扰的影响的）反馈或事件-触发控制方法基本上可取代按事先确定的计划，减小前馈控制。以下举两个典型的例子：

(1) 过程相(阶段)转换的处理　形状分析方法的应用的典型例子是自动监测和处理从第一（分批）到第二（补料分批）培养期的转换。含信息最多的且与基础生理变化相关的变量是溶氧浓度（DO），因在转换期它显示出一种特征形状，见图 6-25。起初，曾用以下的规则来检测葡萄糖的耗竭，即分批期的结束：

如（DO 增幅＞5％），

则（报告：葡萄糖耗竭）和（启动加糖）

但此规则只依据 DO 的暂时增幅，由于无法预料的干扰而不太可靠，故被下面的规则所取代：

如（DO 增幅＞5％），且（在过去的 30s 中 DO 一直增加），

则（报告：葡萄糖耗竭）和（启动加糖）

这种纠正实际上可消除过去所观察到的假象。值得注意的是，上述的规则是一种定性和定量推理的有效结合。这种结构具有高可靠性和表达力。

为了证实转换进行得很顺利，推理机激发另一条规则，用于核实补料后几分钟内所期待的 DO 形状：

如（自启动加糖后 DO 已经从一高峰开始下降），

则（报告：正常转换到第二期）

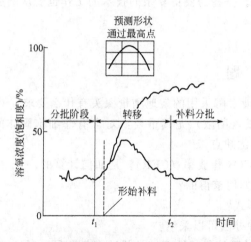

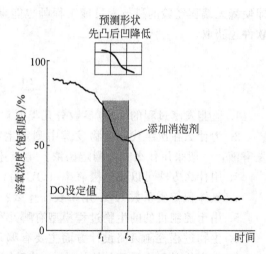

图 6-25　过程阶段转换怎样处理：启动补料的例子　　图 6-26　特殊事件，起泡是怎样检测到的例子

如此规则不起作用，系统会诱发其他规则来鉴别问题所在，并找出可能的原因。

(2) 泡沫的检测　　在培养的第一阶段培养物产生泡沫，加入一种消泡剂可以将它消除。由于不可能使用一种特殊的泡沫传感器，得用其他信号来检测泡沫的出现。与 DO 类似的分析显示出其值的下降在过程的这一阶段遵循一种凸形模式。在起泡的情况下此模式变成凹形，见图 6-26，可用一形状分析规则检测这种模式。

如（在此前 1h 如 DO 一直凸形凹形地下降），

则（报告：起泡）和（加消泡剂）

这些例子阐明形状分析算法怎样帮助将操作经验和因果关系的定性知识结合到一先进控制系统中。但所有这些规则已知在此应用中是先验（由因及果）的。先前描述的若干方法从收集到的数据自己提取那些规则，而无先验的信息。这些规则随后可以用于如上述所示的在线控制或过程优化。

Stephanopoulos 等借模式辨识对发酵数据库进行整理、分析和解释[62]，在典型的发酵或其他过程中常规收录大量数据提供了过程文件归档所需基础，并偶尔也用于过程分析与改进。这些数据的信息密度通常较低，极需自动压缩、分析与解释（简称数据库整编 database mining）。作者提出了一种处理过程变量的方法，以创建过程总式样、中间趋势和局部特性的典型数据库（导数过程定量的）。随后用一种强有力的搜索算法来提取特异的过程变量，其特点是能表征一类过程的结果，如高产或低产发酵。

作者的模式识别的基本要素是描述与应用来自工业发酵的两套数据。其研究结果指出，在典型的发酵数据中确实存在可真正区分的变量，这些变量可用于鉴别不同的过程结果的原因与征兆。此法曾编成对使用者友好的软件，称为 dbminer，此软件能高效快速分析发酵过程的数据。

6.7.4　结论

前面几节描述了怎样把原始测量转变为具有更多基础生物现象信息的变量。为了从所有（如分析仪器、实验室人工测量的）数据获得最高的回报，所用方法必须能常规应用。必须强调的是，大多数需要进行的计算，从它的计算能力和复杂性来看，要求都不是很高。因此，用现今的个人计算机、电子制表软件或类似的数据处理软件便可以直接进行这项工作，即使毫无编程经验的科技人员或工程师也能操作。一些需要更复杂的技术的工作也能从商品软件包获取。

思 考 题

1. 监测发酵过程的变量/参数分几类？对工业发酵采用的就地测量探头有什么要求？

2. 为什么在次级代谢产物发酵中测定生物量（菌浓）尤其重要？对含有非细胞固体的发酵液，一般采用什么方法测定菌浓？请叙述其优缺点。

3. 用什么方法可以测定摄氧率（OUR）和 CO_2 释放率（CER）？是如何计算的？

4. 氧体积传质系数 K_La 用来表征什么？是如何求得的？

5. 用于控制目的的生物过程模型有哪几种形式？

6. 生物过程控制策略设计方面主要有哪几种办法可以采纳？

7. 由生物过程变量间的输入-输出关系构成的系统与传统系统的描述有何不同？输入-输出表示法的基本要素有哪些？

参 考 文 献

[1] Schugerl K. Measuring, Modelling, and Control. In: Rehm H-J, and Reed G., eds. Biotechnology, 1993. Vol4. p8.

[2] Chattaway T, Montague G A, Morris A J. Fermentation Monitoring and Control, 1993. 321.

[3] Stephanopolous G, Konstantinov K, Saner U, Yoshida T. In: Rehm H-J, Reed G, ed, Biotechnology. 2nd Ed., Weinheim: VCH, 1993. Vol 3. p354.

[4] Lubbert A and Simutis R. Measrurement and control. In: Ratledge C and Kristiansen B, Eds. Basic Biotechnology. England: Cambridge University Press, 2001. p213.

[5] 邱江，叶勤，张嗣良. 生物工程学报，1998，14：1.

[6] 杭海峰，储炬，叶勤，张嗣良. 华东理工大学学报，2005，31：521.

[7] Schroeckh V, Kujau M, Knuper U, Wenderoth R, Morbe J, Riesenberg D. J Biotechnol, 1996, 49: 45.

[8] Park Y S, Kai K, Iijima S, Kobayashi T. Biotechnol. Bioeng, 1992, 40: 686.

[9] Phelps M R, Hobbs J B, Kiburn D G, Turner R F B. Biotechnol Bioeng, 1995, 46: 514.

[10] Pfaff M, Wagner E, Wenderroth R, Kaupfer U, Guthke R, Riesenberg D. In: Munack A, Schugerl K. (eds) Proceeding of the 6th Intenational Conference on Comparative Applied Biotechnology. Garmisch-Partenkirchen, Oxford: Elsevier Science, 1995. 6.

[11] Wu X, Bellgardt K-H. J Biotechnol, 1998, 62: 1.

[12] Turner C, Gregory M E, Thornhill N F. Biotechnol Bioeng, 1994, 44: 819.

[13] Hitzmann B, Marose S, Lindemann C, Scheper T. In: Yoshida T, Shioya S. (eds) Proceeding of the 7th Intenational Conference on Computer Application in Biotechnology. Osaka, Oxford: Elsevier Science, 1998. 231.

[14] Macaloney G, Draper I, Preston J, Anderson K B, Rollins M J, Thompson B G, Hall J W, McNeil B. Trans Inst Chem Eng, 1996, 74: 212.

[15] Bittner C, Wehnert G, Scheper T. Biotechnol Bioeng, 1998, 60: 24.

[16] KatakuraY, Zhang W, Zhuang G, Omasa T, Kishimoto M, Goto Y, Suga K. J Bioscience & Bioeng, 1998, 86: 482.

[17] Chaucatcharin S, Sirjpatana C, Seki T, Takagi M, Yoshida T. Biotechnol Bioeng, 1998, 58: 561.

[18] Sato K, Yoshida Y, Hirahara Y, Ohba T. J. Bioscience Bioeng, 2000, 90: 294.

[19] Tanaka T, Yamada N. J Bioscience Bioeng, 2000, 89: 278.

[20] 张嗣良，储炬，庄英萍. 中国抗生素杂志，2002，27：572.

[21] 张嗣良. 中国工程科学，2001，8：37.

[22] Voit E O 著. 生物化学系统的计算分析. 储炬，李友荣译. 北京：化学工业出版社，2006.

[23] Gomersall R, Hitzmann B, Guthke R. Bioprocess Eng, 1997, 17: 69.

[24] Montague G A, Hiden H G, Kornfeld G. In: Yoshida T, Shioya S. eds. Proceeding of the 7th Intenational Conference on Computer Application in Biotechnology. Osaka, Oxford: Elsevier Science, 1998. 423.

[25] Conejeros R, Vassiliadis V S. Biotechnol Bioeng, 2000, 68: 285.

[26] Montague G A, Morris A J. Trends Biotechnol, 1994, 12: 312.

[27] Ye K, Jin S, Shimizhu K. J Ferment. Bioeng, 1994, 77: 663.

[28] Bellgardt K-H. In: Bellgardt K H, ed. Bioreactor Engineering, Modelling & Control. Springer-Verlag Berlin, 2000. p391.

[29] Schugerl K, Seidel G. Chem Ind Tech, 1998, 70: 1596.

[30] Bellgardt K H. Adv Biochem Eng Biotechnol, 1998, 60: 153.

[31] van Gulik WM. In: Smolke CD, ed. The metabolic Pathway Engingeering Handbook. CRC Press, 2010, p10-1.

[32] Heijnen J I. In: Smolke CD, ed. The metabolic Pathway Engingeering Handbook. CRC Press, 2010, p11-1.

[33] Heijnen J I. In: Smolke CD, ed. The metabolic Pathway Engingeering Handbook. CRC Press, 2010, p9-1.

[34] Korz D J, Rinas U, Hellmuth K, Sanders E A, Deckwer W-D. J Biotechnol, 1995, 39: 59.

[35] Connor G M, Sanchez-Riera F, Cooney C L. Biotechnol Bioeng, 1992, 39: 263.

[36] Horiuchi J-I, Hiraga K. Proc of Computer Application in Biotechnology, 1998. 7.

[37] Horiuchi J-I, Kishimoto M. J Bioscience Bioeng, 1998, 86: 111.

[38] Zhang S L, Ye B C, et al. Journal of Chemical Technology and Biotechnology, 2006, 81: 734.

[39] Ye X H, Chu J, et al. Frontiers in Bioscience, 2005, 10: 961.

[40] Alford J. In: Chiu Y, Gueriguian J, Eds. Drug Biotechnology Regulation, Scientific Basis and Practices. Washington DC: US Food and Grug Administration, 1991.

[41] Kishimoto M, Suzuki H. J Ferment Bioeng, 1995, 80: 58.

[42] Horiuchi J, Hiraga K. In: Yoshida T, Shioya S, eds. Proceeding of the 7th Intenational Conference on Computer Application in Biotechnology. Osaka, Oxford: Elsevier Science, 1998. 281.

[43] Tanaka T, Taya M. J Bioscience Bioeng, 2001, 91: 106.

[44] Kresta J V, MacGregor J F, Martin T E. Can J Chem Eng, 1991, 69: 35.

[45] Duboc P, von Stockar U. Biotechnol Bioeng, 1998, 58: 428.

[46] Herwig C, Marison I, von Strockar U. Biotechnol Bioeng, 2001, 75: 345.

[47] Heijnen J I. In: Smolke CD, ed. The metabolic Pathway Engingeering Handbook. CRC Press, 2010. 7-1.

[48] Heinzle E, Dunn I J. In: Rehm H —J, Reed G, eds, Biotechnology 2nd Ed. Weinheim: VCH, Vol4, 1993. p27.

[49] Yamane T, Hibino W, Ishihara K, Kadotani Y, Kominami M. Biotechnol Bioeng, 1992, 39: 550.

[50] Schuster K C. Adv Biotechnol Bioeng, 2000, 66: 185.

[51] Askanazi M, Driggers E M, Holtzman D A and Madden K T et al. Nature Biotechnol, 2003, 21: 150.

[52] Parekh S, Vinci V A, Strobel R J. Appl Microbiol Biotechnol, 2000, 54: 287.

[53] Nielsen J. Curr Opin Microbiol, 1998, 1: 330.

[54] Nielsen J. Appl Microbiol Biotechnol, 2001, 55: 263.

[55] Kennedy J, et al. Science, 1999, 284: 1368.

[56] Hutchinson C R, et al. Antonie Van Leeuvenhoek, 2000, 78: 287.

[57] Hicks J K, Yu J H, Keller N P, Adams T H. EMBO J, 1997, 16: 4916.

[58] Tag A, et al. Mol Microbiol, 2000, 38: 658.

[59] Bakshi B R, Stephanopoulos G. IFAC Symp. "On-line Fault Detection and Supervision in the Chemical Process Industries". Newark, 1992. 69.

[60] Konstantinov K B, Yoshida T. AICHE J, 1992, 38: 1803.

[61] Konstantinov K B, Yoshida T. Proc IFAC Symp. Modeling and Control of Biotechnology Process, Keystone. Oxford: Pergamon Press, 1992.

[62] Stephanopoulos G, Locher G, Duff M J, Kamimura R. Biotechnol Bioeng, 1997, 53: 443.